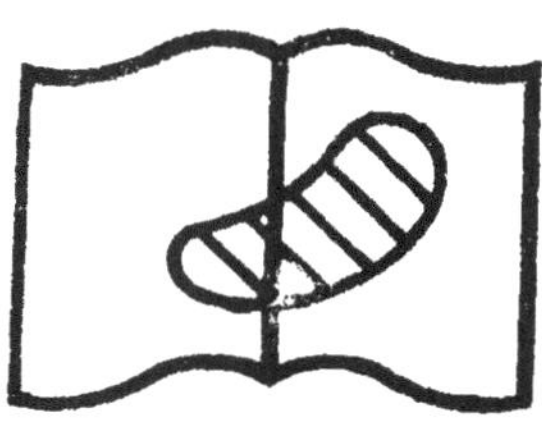

Illisibilité partielle

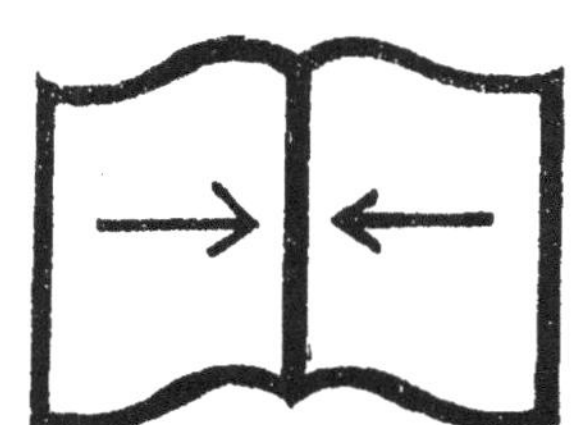

RELIURE SERREE
Absence de marges intérieures

PAGINATION MULTIPLE

VALABLE POUR TOUT OU PARTIE DU DOCUMENT REPRODUIT

Couverture supérieure manquante

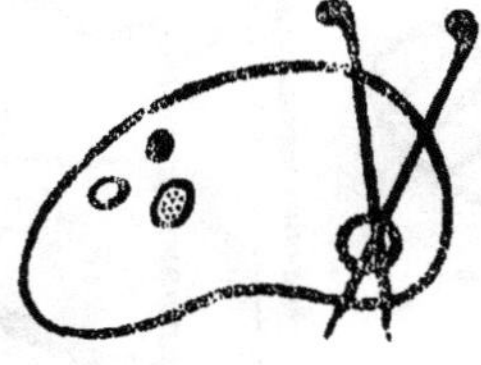

Original en couleur

NF Z 43-120-8

MUSEUM d'HISTOIRE NATURELLE
PHANÉROGAMIE
DE PARIS

LINNÉ FRANÇOIS.

TOME PREMIER.

LINNÉ FRANÇOIS,

OU

TABLEAU DU RÈGNE VÉGÉTAL

D'APRÈS LES PRINCIPES ET LE TEXTE DE CET ILLUSTRE NATURALISTE,

CONTENANT les Classes, Ordres, Genres et Espèces; les caractères naturels et essentiels des Genres; les phrases caractéristiques des Espèces; la citation des meilleures Figures; le climat et le lieu natal des Plantes; l'époque de leur floraison; leurs propriétés et leurs usages dans les Arts, dans l'Économie rurale et la Médecine:

AUQUEL ON A JOINT L'ÉLOGE HISTORIQUE DE LINNÉ PAR VICQ-D'AZYR.

TOME I.

A MONTPELLIER,

Chez AUGUSTE SEGUIN, Libraire.

1809.

AVIS.

En reproduisant aux yeux du public la meilleure traduction françoise des ouvrages qui ont placé l'immortel Linné au premier rang des Botanistes du 18e siècle, nous croyons honorer sa mémoire et servir les jeunes élèves qui se livrent à l'étude des plantes, ainsi que les amateurs nombreux qui dans ces derniers temps en ont fait ou leur occupation ou leur amusement.

L'assemblage immense des productions du règne végétal est sans aucun doute soumis à un ordre de filiation établi par l'Auteur de la nature, dont la recherche et la démonstration constituent ce qu'on nomme *la méthode naturelle*; mais il n'a pu être qu'apperçu; son entier développement est encore après des siècles un problème à résoudre. Une observation assidue a pu indiquer les anneaux les plus essentiels de cette grande chaîne, et cependant elle laisse encore bien des vides à remplir. Aussi les partisans les plus zélés de cette recherche conviennent-ils eux-mêmes qu'une *méthode artificielle* est indispensable pour servir de guide dans le vaste dédale que l'élève doit parcourir. Tous s'accordent à rendre hommage au génie de Linné, à reconnoitre la supériorité de son système sur toutes les méthodes que ses prédécesseurs avoient données, à applaudir à l'art qu'il a mis non-seulement à distribuer, à coordonner au principe unique et fécond du sexe des plantes, tous les végétaux connus, mais encore à assigner le rang que doivent occuper ceux que de nouvelles découvertes pourroient nous offrir. Linné a su agrandir le domaine de la mémoire humaine, et la soulager par l'invention des noms triviaux, en lui donnant des forces dont elle ne paroissoit pas susceptible.

L'ouvrage que nous présentons aux élèves a paru à Lyon en 1804, chez Bruyset aîné et Buynand, sous le titre de

Système des Plantes extrait et traduit des ouvrages de Linné ; par M. Mouton-Fonteniille. La traduction faite avec un soin et une exactitude qu'on ne trouve point dans celles qu'on a données partiellement de quelques ouvrages de Linné, a déjà été appréciée ; on a reconnu sa fidélité dans une matière où l'exacte observation de la nature est quelquefois le seul interprète de l'auteur et de la nouvelle langue botanique qu'il a créée. Dans un ouvrage didactique du genre de celui-ci, la signification propre des expressions devient d'autant plus importante que la rareté des éditions latines de Linné empêche beaucoup de personnes d'y recourir, et qu'elles seroient consultées en vain par ceux à qui la langue latine n'est pas familière.

Nous avons cru rapporter d'une manière plus intime au premier auteur de l'ouvrage, la gloire que lui a acquis son ingénieux système, en lui donnant le titre de *Linné François* ou *Tableau du règne végétal d'après les principes et le texte de cet illustre Naturaliste.* Si les étrangers s'empressent de s'approprier les productions de nos meilleurs auteurs en tout genre, la France à son tour ne se feroit-elle pas un honneur d'adopter le travail de l'homme de génie né hors de son sein, et de lui offrir pour ainsi dire une nouvelle patrie ? Depuis long-temps nos sociétés savantes avoient prononcé cette honorable adoption, et on n'a fait que suivre l'impulsion de leurs suffrages en plaçant à la tête des travaux de Linné, l'éloge historique de l'auteur, par M. Vicq-d'Azyr, aussi digne d'apprécier le mérite qu'habile à le célébrer.

ÉLOGE HISTORIQUE

DE CHARLES LINNÉ

PAR VICQ-D'AZYR.

CHARLES LINNÆUS, chevalier de l'Ordre royal de l'étoile polaire, premier médecin du roi de Suède, professeur de médecine et de botanique dans l'université d'Upsal, un des huit associés étrangers de l'Académie royale des sciences de Paris; des académies de Montpellier, de Toulouse et de Marseille; de la Société royale de Londres, des académies de Berlin, de Pétersbourg, de Stockholm, d'Upsal, de Bologne, de Florence, de Berne, d'Edimbourg, de Tronhiem en Norwege; de Rotterdam, de Philadelphie, de celle des Curieux de la nature, et de celle de Zéelande (1), naquit le 23 mai 1707, dans la province de Smolande en Suède, de Nicolas Linnæus, ministre de la paroisse de Stembrohalt, et de Christine Broderson.

On sera peut-être surpris que nous n'annoncions point le savant auquel cet éloge est consacré, avec le titre de *chevalier Von-Linné*; mais ayant à choisir entre deux noms, dont l'un a été illustré par les sciences, et l'autre créé par la faveur, nous avons dû préférer le premier.

Le goût de la botanique étoit en quelque sorte inné dans sa famille; son père s'amusoit à cultiver des plantes. M. Linnæus ressentit dès son enfance le désir le plus pressant de les étudier et de les connoître. Les talens distingués qu'il avoit reçus de la nature pour ce genre de travail, et la brillante réputation que ses succès lui ont acquise, démontrent assez l'injustice et la fausseté

---

(1) M. Linnæus a été aussi pendant quelque temps secrétaire de l'académie d'Upsal.

de l'assertion par laquelle un savant professeur (1) taxoit de médiocrité tous les sujets qui se destinoient à l'étude de la botanique. Cette science présente en effet une multitude d'objets qui n'exigent que de la mémoire; mais plus ces détails sont nombreux et variés, plus il est difficile et important de les comparer, de les classer, et d'en apprécier les rapports. Sous ce point de vue, un botaniste peut être un grand homme; et c'est ainsi que M. Linnæus doit être considéré.

En 1717, il fut envoyé au collége de Vexio, seule ville de la province de Smolande. Ses maîtres en furent peu satisfaits; ils attribuèrent au défaut de disposition et d'aptitude une indifférence pour leurs leçons, qui n'étoit due qu'à l'ardeur avec laquelle M. Linnæus se sentoit entraîné vers un autre travail. Son unique plaisir étoit de parcourir les campagnes voisines pour y recueillir des plantes; et toute son ambition se bornoit, disoit-il, à pouvoir acquérir assez de connoissances pour parvenir un jour à être chargé du soin du seul jardin de botanique un peu considérable qui fût alors en Suède, et qui appartenoit à M. Rudbeck.

En 1727, il vint à Lund en Scanie, dans le dessein d'y achever ses études. Il connoissoit déja les végétaux de plusieurs provinces sans avoir jamais lu dans aucun autre livre que dans celui de la Nature. Il trouva enfin chez le docteur Kilian Stobæus, médecin et savant antiquaire, divers traités de botanique, et il les dévora avec cette avidité que donne la jouissance d'un plaisir désiré depuis long-temps.

M. Linnæus se rendit l'année suivante à Upsal. Olaüs Celsius (2), oncle du célèbre astronome de ce nom, conçut pour lui cet attachement que les grands talens inspirent; et il lui ouvrit une bibliothèque riche dans tous les genres et sur-tout en histoire naturelle.

---

(1) Kaw Boërhaave.

(2) Olaüs Celsius professoit alors la théologie à Upsal, et il avoit su allier cette étude avec celle de la botanique et de l'histoire naturelle. Il étoit aussi très versé dans la littérature orientale. Il a paru en 1745 un ouvrage de lui, intitulé *Hiero-botanicum*.

Le célèbre Rudbeck, accablé d'années, continuoit d'enseigner la botanique à Upsal. Aussitôt qu'il connut M. Linnæus, il lui confia les fonctions de sa chaire, dont le nouveau professeur s'acquitta de la manière la plus distinguée.

Un succès si brillant enflamma son courage : il avoit alors vingt-trois ans. Lorsqu'il eut fait pendant deux années le cours de botanique, il communiqua à la Société royale d'Upsal le désir qu'il avoit de voyager. Son génie vif et bouillant auroit eu peine à se concentrer dans une sphère dont tous les points lui étoient connus. Il savoit que celui qui n'a jamais considéré que des objets d'histoire naturelle réunis pour le luxe, et rangés suivant une méthode, est plutôt un curieux qu'un naturaliste ; et il regardoit ces riches collections, pour lesquelles on a mis l'ancien et le nouveau monde à contribution, comme une sorte de chaos où les individus que le plus grand éloignement sépare se trouvent souvent confondus ; où la situation des lieux, la position des corps environnans, la forme même des substances, n'étant point conservées, tout est altéré et soumis à l'empire de l'imagination. M. Linnæus sentit combien un pareil assemblage est insuffisant pour former un observateur, et il désiroit de le devenir.

Il connoissoit déja la province de Smolande et la Scanie ; il avoit même éprouvé dans cette dernière un accident auquel il s'en est peu fallu qu'il n'ait succombé. En herborisant en 1728, il fut piqué par cette espèce de ver délié qui tourmente si souvent les habitans des plages marécageuses situées au nord de la Suède, où il tombe du milieu des airs sur les corps des animaux, sans que l'on connoisse la source funeste qui le produit. M. Linnæus en a gardé un souvenir profond ; et il en a consacré la mémoire, en donnant le nom de *furia infernalis* à l'animal qui lui avoit fait courir un si grand danger.

En 1732 (1), l'Académie d'Upsal désira qu'il fit un

(1) Voyez le *Systema naturæ*, Xe édition, *Fauna Suecica*, 2070; et les Mémoires de l'Académie d'Upsal en 1774, par M. Solander.

voyage en Laponie (1). M. Linnæus parcourut, au milieu des glaces et des frimas, ce pays où la Nature, resserrée par le froid le plus vif, ne peut donner à ses productions tout le développement dont elles ont besoin. Il publia, à son retour, la suite des plantes qu'il y avoit observées (2). Pendant l'hiver suivant (3), il visita les mines de la Suède; il fut témoin de leur exploitation, et il communiqua en 1733, dans un cours de docimasie, les connoissances qu'il avoit acquises.

En 1734, le baron de Reuterholm, gouverneur de la Dalécarlie, province dont les habitans jouissent encore de cette force et de cette rudesse que donnent la nature et l'indépendance, pria M. Linnæus d'y faire un voyage, et d'en examiner les productions; ce qu'il exécuta avec le plus grand soin. Il pénétra même, en traversant les montagnes les plus escarpées, et par des chemins presque inaccessibles, jusqu'en Norwege (4). Quel spectacle pour un jeune naturaliste que ces contrées, où les hommes, en petit nombre et peu industrieux, n'ont fait que les changemens nécessaires à leur subsistance, et où l'art n'a presque rien défiguré! Il est certain d'y retrouver au moins les traces des premières formes. C'est dans cette école que M. Linnæus a puisé ses premiers élémens.

En 1735, un nouveau théâtre s'ouvrit à ses yeux: il voyagea en Danemarck, en Allemagne, dans les Pays-Bas autrichiens et en Hollande. Il arriva pendant le mois de juillet à Harderovic, où il fut reçu docteur (5): il vint ensuite à Amsterdam.

M. Linnæus, que son père avoit laissé sans fortune,

---

(1) *Alpes lapponicæ nutriunt plantas Alpium Helveticarum, Pyrenaïcarum et Scoticarum.* Flora Suecica.

(2) *Flora lapponica*, 1732 et 1733.

(3) En 1733.

(4) Il a donné la description d'une mine de cuivre qu'il y a observée, et qui lui a présenté des singularités intéressantes.

(5) Il publia, pour sa réception, une dissertation sur les fièvres: *Dissertatio de febribus*. Harderovici, 1735.

voyageoit de la manière la moins dispendieuse et la plus instructive, marchant toujours à pied, à la manière des botanistes, muni d'un stylet et d'une loupe, chargé de plantes qu'il vouloit conserver, et accoutumé à se nourrir des alimens les plus grossiers : jamais on n'acquit tant de gloire avec si peu de frais.

L'illustre Boërhaave et le docteur Burmann (1) connurent bientôt le mérite de notre voyageur, et ils lui fournirent l'occasion de développer toute l'étendue de ses talens, en le recommandant à M. Cliffort, qui avoit un superbe jardin de botanique à Hartecamp. M. Linnæus y fut accueilli de la manière la plus flatteuse; et l'illustre amateur qui le reçut si bien le combla de présens, et le fixa pendant plusieurs années dans sa maison, en cachant toujours sous le voile de la délicatesse la plus scrupuleuse tous les services qu'il lui rendoit.

Quel bonheur pour M. Linnæus d'être, à vingt-huit ans, en quelque sorte le maître d'un jardin orné des plantes les plus précieuses, où l'art savoit produire tous les degrés de chaleur nécessaires au développement des végétaux, et dans lequel enfin tout obéissoit à ses dispositions !

Quel plaisir aussi pour M. Cliffort de posséder, au milieu des plantes qu'il cultivoit, l'homme qui lui sembloit être né pour changer la face de la botanique !

M. Linnæus fit le meilleur usage des secours et des facilités qu'il y trouva. Il publia, pendant son séjour à Hartecamp, un grand nombre d'écrits qui annoncèrent dès ce moment la place qu'il devoit occuper parmi les plus illustres botanistes.

Son premier ouvrage fut le fruit de ses réflexions sur le système de la nature. Rien ne prouve mieux l'ordre et l'enchaînement de ses idées que cette production, qui a été en quelque sorte la première et la dernière dont il se soit occupé. En 1735, ce Traité

(1) Le docteur Burmann étoit alors professeur de botanique à Leyde.

consistoit seulement en sept tableaux (1) : depuis cette époque, il en a paru onze éditions très-augmentées, dont plusieurs ont été soignées par des savans du premier ordre (2), tels que MM. Bernard de Jussieu (3), Hartmann et Gronovius. La dernière qui a été faite en 1776, est la plus complète ; elle offre le plan le plus vaste et le plus hardi que l'on ait publié jusqu'ici sur les trois règnes.

M. Linnæus a placé l'auteur de la nature en tête de son Système : Dieu lui-même est exprimé par une phrase qui renferme ses principaux attributs. Les astres qui roulent avec majesté sur nos têtes, le globe que nous habitons, et les élémens des corps naturels, sont examinés successivement et décrits par une suite d'expressions mesurées et sentencieuses. L'homme considéré dans les quatre parties du monde, et les quadrupèdes, sont ensuite rangés en sept ordres (4), à raison des différences et des rapports qui existent entre les parties les plus essentielles à la mastication, à la digestion, à l'allaitement et au déplacement de l'individu, telles que les dents, les mammelles, les estomacs et les

(1) Il y a ajouté en 1736 un huitième tableau méthodique, qui contient la manière d'exposer les propriétés, les attributs et les divisions d'un sujet quelconque. C'est un très-beau plan de travail et d'analyse, auquel il s'est presque toujours conformé dans la suite.

(2) *Anno* 1740, *Holmiæ* ; 1740, *Halæ* ; 1744, *Parisiis* ; 1747, *Halæ* ; 1748, *Holmiæ* ; 1748, *Lipsiæ* ; 1753, *Holmiæ* ; 1762, *Lipsiæ* ; 1766, *Holmiæ*.

Il est nécessaire de remarquer que l'on n'a tiré qu'un petit nombre d'exemplaires de chaque édition. Ainsi M. Linnæus étoit à portée d'ajouter ses nouvelles observations toutes les fois que l'on réimprimoit cet ouvrage.

(3) M. B. de Jussieu a ajouté les noms françois à l'édition qu'il a soignée. Le *Systema naturæ* ne consistoit encore à cette époque qu'en un seul volume in-8.°

(4) 1.° *Primates* ; 2.° *bruta* ; 3.° *feræ* ; 4.° *glires* ; 5.° *pecora* ; 6.° *belluæ* ; 7.° *cete*.

Ces divisions ont l'inconvénient de n'être point assez nombreuses ; elles ont conduit M. Linnæus à plusieurs invraisemblances.

extrémités. Les dents offrent sans doute un caractère commode ; mais ce qui auroit dû empêcher M. Linnæus d'en faire son premier chef de division, c'est que l'homme et la chauve-souris se trouvent alors nécessairement dans un même ordre, auquel il a donné le nom de *primates* (1). Il n'avoit pas réfléchi que la présence d'une même partie dans plusieurs animaux ne prouve nullement qu'ils puissent se rapprocher d'ailleurs. C'est sans doute parce que cette vérité n'est pas assez connue, que plusieurs naturalistes ont établi des genres dont les espèces sont si opposées entre elles. Les becs et les pieds dans les oiseaux (2) ; la manière de se mouvoir, de respirer et de nager, dans les amphibies (3) et dans les poissons (4) ; le nombre et la nature des ailes et des étuis dans les insectes (5) ; l'état de mollesse, la nature de la substance qui sert d'appui, et le nombre des valves dans les vers (6), sont les principaux caractères que M. Linnæus a choisis. Il a disposé les

(1) On répond à cette objection que M. Linnæus, en plaçant la chauve-souris auprès de l'homme, a seulement voulu dire qu'elle a les dents disposées d'une manière analogue ; mais alors il ne falloit pas donner à cet ordre le titre de *primates*, qui ne peut convenir aux animaux que sa méthode l'a forcé de rapprocher de l'homme. Sous ce point de vue, l'ouvrage en entier ne devoit point être intitulé *Systema naturæ*, puisque, loin de contenir une méthode naturelle, celle qui y est adoptée est en beaucoup d'endroits artificielle et arbitraire.

(2) Ses divisions pour les oiseaux sont les suivantes : 1.° *accipitres* ; 2.° *picæ* ; 3.° *anseres* ; 4.° *grallæ* ; 5.° *gallinæ* ; 6.° *passeres*.

(3) 1.° *Reptiles pedati spirantes ore* ; 2.° *serpentes apodes spirantes ore* ; 3.° *nantes spirantes bronchiis*. M. Linnæus a confondu (et beaucoup d'auteurs après lui) les amphibies et les reptiles, quoiqu'il y ait beaucoup de différence entre ces deux ordres d'animaux.

(4) La division des poissons est la suivante : 1.° *apodes* ; 2.° *jugulares* ; 3.° *thoracici* ; 4.° *abdominales*.

(5) 1.° *Coleopteres* ; 2.° *hémipteres* ; 3.° *lépidopteres* ; 4.° *neuropteres* ; 5.° *hyménopteres* ; 6.° *dipteres* ; 7.° *apteres*. M. Linnæus a fait moins de genres que M. Geoffroy.

(6) 1.° *Intestina* ; 2.° *mollusca* ; 3.° *testacea* ; 4.° *lithophyta* ; 5.° *zoophyta*.

plantes suivant la méthode sexuelle (1), qu'il auroit étendue à tout le règne animal, si un motif de pudeur ne l'avoit retenu.

M. Linnæus est un des premiers qui aient rangé avec un certain détail les divers minéraux en classes (2). Il a de plus le mérite d'avoir donné pour base de ses divisions les formes de trente-neuf cristallisations bien déterminées. On sait combien cette idée est devenue féconde entre les mains des chymistes et des minéralogistes (3). C'est à M. Linnæus qu'on en doit la première exécution.

Telle est l'esquisse d'un travail immense, dans lequel, quoique l'ordre et la distribution pèchent en quelques endroits, les détails bien présentés sont si nombreux, qu'on ne peut lui refuser les plus grands

---

(1) M. Linnæus a simplifié ses genres botaniques dans la dernière édition de son *Systema naturæ*. Ayant plusieurs additions et corrections à faire à la partie des végétaux, il a donné successivement deux supplémens connus sous le nom de *Mantissa* et de *Mantissa altera*. Les botanistes étant embarrassés pour les comparer avec le texte, M. Murray, professeur de botanique à Gottingue, a refondu le tout et en a fait un ouvrage complet.

(2) Ses principales divisions sont les suivantes : 1.° *Petræ*; 2.° *mineræ*; 3.° *fossilia*. Dans ces trois ordres sont compris les pierres vitrescibles, calcaires et apyres; les sels, les soufres, les métaux; les pierres composées, les pétrifications et les terres. On peut encore lui reprocher de n'avoir pas établi un nombre suffisant de divisions principales. Ainsi il a confondu ensemble les cristallisations et les stillicidia, les gypses striés et les sélénites.

On trouvera dans la Minéralogie de M. Jean-Antoine Scopoli, depuis la page 9 jusqu'à la page 19, un exposé très-bien fait des différens systèmes de minéralogie, *Pragæ*, 1772.

(3) L'ouvrage de Wallerius sur la minéralogie est de beaucoup postérieur aux premières éditions du *Systema naturæ* de M. Linnæus; il a paru en 1747.

Dans les premières éditions du *Systema naturæ*, et même dans celle qui a été donnée à Paris par M. B. de Jussieu, le règne minéral étoit placé le premier; les végétaux occupoient le second rang, et les animaux le troisième. Ils occupent au contraire la première place, et les minéraux la dernière, dans l'édition de 1766.

éloges. Il est, à la vérité, écrit d'un style trop concis et quelquefois obscur; de sorte que cet ouvrage, qui a plus besoin d'être étudié que d'être lu, a peut-être un inconvénient, fait sur-tout pour être senti par une nation accoutumée à trouver dans ses philosophes autant d'éloquence que de profondeur, celui d'instruire en parlant toujours à l'esprit sans rien dire à l'imagination; de fatiguer, d'effrayer en quelque sorte la mémoire, en lui présentant à la fois un trop grand nombre d'objets, et d'exiger de la part des lecteurs une attention long-temps soutenue, qu'il n'est pas toujours en leur pouvoir d'accorder lorsqu'on n'a pas eu soin de répandre quelque agrément sur la science dont on les occupe.

C'est sur-tout en botanique que M. Linnæus a excellé. Doué d'un génie ardent et entreprenant, sa réforme s'est étendue sur toutes les branches de cette science. Essayons de présenter en abrégé ses vues.

Les anciens ne savoient pas même combien il est important en botanique d'établir des caractères. Les systèmes adoptés depuis Gesner, ou n'avoient point un seul organe pour base dans tout leur enchaînement, ou ils étoient fondés sur des parties qui ne sont point essentielles aux végétaux. Les genres n'étoient point déterminés avec assez d'exactitude, la nomenclature ne reconnoissoit aucune règle constante, et les phrases employées étoient trop longues pour servir de noms aux plantes, et trop courtes pour en indiquer invariablement les espèces. Celui qui vouloit éviter ces défauts devoit imaginer un nouveau système, former une nouvelle suite de genres, créer des noms, et donner de nouvelles descriptions de dix mille plantes. L'homme qui a conçu un projet aussi vaste pouvoit être regardé comme téméraire, avant d'en avoir commencé l'exécution; mais il a des droits à notre admiration et à notre reconnoissance, s'il a réussi. En vain on lui reprochera quelques erreurs dans une révolution pareille; on doit être moins étonné de ses fautes que de ses succès.

Ce fut en 1736 que M. Linnæus fit connoître son système de botanique, dans un tableau intitulé *Methodus sexualis.* Vingt-quatre figures offrent les principales divisions de ses classes ; et ce qui annonce avec quelle précision son plan étoit formé, c'est que cet ordre n'a éprouvé aucun changement dans les nombreuses éditions qui en ont été faites.

Il semble que M. Linnæus ait voulu justifier ses grandes entreprises par des ouvrages préliminaires. Il a établi, dans un traité intitulé *Fundamenta botanica* (1) que de toutes les fonctions propres aux végétaux, il n'y en a aucune pour laquelle la nature ait préparé des organes aussi constans que pour la réproduction des individus ; que par conséquent la structure et la proportion des étamines et des pistils doivent former les principales divisions de ses classes ; que les genres doivent être déterminés par les organes de la fructification, les espèces par les autres parties de la plante en général, et les variétés par les altérations que le sol et la culture peuvent produire dans les semences de la même plante.

Après avoir donné une nouvelle manière de diviser les productions du règne végétal, M. Linnæus a classé les botanistes eux-mêmes (2) dans un ouvrage intitulé *Bibliotheca botanica* (3). Tous ceux qui ont écrit depuis Théophraste y sont caractérisés et rangés en neuf sections (4).

(1) L'ouvrage intitulé *Fundamenta botanica* (in-12 de 34 pag.) contient un abrégé de ceux qui sont intitulés *Critica*, et *Bibliotheca botanica* ; il y est aussi fait mention des vertus inhérentes à chaque espèce de plante.

(2) Il les divise de la manière suivante : 1.° *Collectores* ; 2.° *methodistæ* ; 3.° *ichnographi* ; 4.° *descriptores* ; 5.° *monographi* ; 6.° *curiosi* ; 7.° *adonistæ*, 8.° *floristæ* ; 9.° *peregrinatores*.

(3) Cet ouvrage a été publié en 1738. Les systèmes y sont divisés en naturels et artificiels, et les méthodes en universelles et partielles. Les premières sont relatives, 1.° au fruit, 2.° à la fleur, 3.° à la fructification en général. Les secondes, les plus célèbres, concernent les ombellifères, les graminées, les mousses, les champignons et les fougères. M. Linnæus a annoncé, dans la préface de cet ouvrage, qu'il travailloit déjà à la synonymie dont il avoit formé le plan.

(4) Toujours plein de son sujet, M. Linnæus s'est servi, dans la

L'histoire des botanistes l'a nécessairement conduit à celle de leurs systèmes, qu'il a exposés dans son traité intitulé *Classes plantarum*. La première division renferme ceux qui ont pris les parties de la fructification pour caractères, et il les appelle *orthodoxes* : ceux qui ont suivi une méthode contraire sont placés dans la seconde division ; il les rejette comme hétérodoxes. Ainsi, M. Linnæus regardoit l'étude de la nature comme une sorte de religion, dans laquelle il avoit peut-être le défaut de n'être pas assez tolérant.

L'art de donner des noms devient important lorsque l'on a un grand nombre d'individus à examiner (1). Ray, Rivin et Tournefort (2) avoient commencé à changer l'ancienne nomenclature des plantes ; mais aucun n'a porté dans cette réforme le courage et l'intrépidité de M. Linnæus (3).

Tous les noms composés de deux mots grecs ou latins (4), ceux que la chymie ou une autre science étrangère avoit pu introduire, ceux qui avoient été

---

préface de cet ouvrage, d'un singulier emblème pour désigner les différentes phases et les progrès de la botanique, en la comparant à une plante que les Grecs ont cultivée avec soin, qui, après avoir poussé quelques tiges à Rome, a été transportée en Asie et en Arabie, où elle a langui jusqu'au douzième siècle. Rendue à l'Europe, on l'a vu se fortifier pendant trois siècles ; à la fin du seizième une fleur a paru, et dans les deux suivans elle s'est couverte de fruits.

(1) *Nomina si nescis, perit cognitio rerum.* ISIDOR.
Confusis nominibus, omnia confundi necesse est. CÆSALPIN.

(2) Il s'éleva à cette époque des dissentions parmi les botanistes au sujet des noms que l'on devoit donner à certaines plantes. La nomenclature de Tournefort fut préférée.

(3) La nomenclature botanique de la plupart des auteurs est, dit-il, un chaos : *cujus mater est barbaries, pater autoritas, et præjudicium nutrix.*

(4) Ainsi le mot *belladona* a été changé par M. Linnæus en celui d'*atropa*. Il a rejeté les noms qui finissent en *oïdes*, et ceux formés d'un *adjectif* et d'un *substantif*. L'ouvrage intitulé *Critica botanica* a été publié en 1734 : c'est la quatrième partie de ses *Fundamenta botanica*.

défigurés pour désigner quelque analogie, ceux enfin qui avoient été créés par d'autres que par des botanistes, ont été condamnés à l'oubli le plus absolu. M. Linnæus a conservé tous les noms de botanistes donnés à des plantes (1); mais il a proscrit ceux des autres savans qui jouissoient des mêmes honneurs : il n'a pas même respecté les noms consacrés au culte de quelques saints. Les astronomes et les anatomistes ne prodiguent pas, disoit-il, les droits qu'ils ont à l'immortalité. Les botanistes devant, selon lui, agir de même, il s'est élevé avec force contre un usage qu'il taxoit d'usurpation. Plusieurs hommes célèbres ont été exclus et mécontens. L'ouvrage intitulé *Critica botanica*, dans lequel il s'est montré si sévère (2), est devenu pour lui une source de divisions; et il a eu pour ennemis tous les savans dont il avoit choqué l'amour-propre. Le petit nombre de ceux qui en ont parlé avec impartialité auroit seulement désiré qu'il eût montré plus d'égards pour les noms donnés par Tournefort et par Plumier. Plusieurs ont interprété cette conduite d'une manière peu favorable à sa mémoire; ils l'ont accusé d'avoir voulu augmenter sa gloire en déprimant celle de ces deux grands hommes, et ils ont cru rendre leur cause plus intéressante en se présentant comme enveloppés dans la même injustice.

Mais les difficultés irritoient M. Linnæus, loin de le rebuter. C'étoit peu pour lui d'avoir fait les innovations dont nous avons rendu compte; il imagina un grand nombre d'expressions qui, en renfermant beaucoup d'idées en peu de mots, rendent les descriptions plus courtes et plus faciles.

Les élémens de ce nouvel idiome, qui a été adopté

---

(1) Il a même proposé une suite de noms de botanistes anciens et modernes, qui peuvent, selon lui, être donnés à des plantes.

(2) Il faut rendre à M. Linnæus une justice qui lui est due, en annonçant qu'il a rétabli beaucoup de noms anciens qui étoient tombés dans l'oubli et auxquels on avoit substitué des noms nouveaux et vraiment défectueux. Il a sur-tout beaucoup puisé dans les auteurs grecs.

dans presque toute l'Europe, sont consignés dans un ouvrage intitulé *Philosophia botanica* (1). Il seroit à souhaiter que les termes dont M. Linnæus s'est servi fussent toujours aussi clairs qu'ils sont précis ; mais n'est-ce pas trop exiger d'un seul homme, qu'il crée une langue, et qu'il la perfectionne en même temps (2) ?

Après avoir établi ces principes, M. Linnæus fit enfin connoitre son Système de botanique et ses genres dans toute leur étendue.

Suivant Conrad Gesner (3), c'est principalement par les parties de la fructification que l'on peut déterminer les genres des plantes. Cæsalpin, Morison et Tournefort ont développé de plus en plus cette vérité ; mais il y a encore loin de cette assertion à la connoissance du sexe des végétaux, et au système dont il est la base. L'Allemagne a disputé à la Suède la gloire de cette application ; et l'on a vu, en 1750, Heister faire réimprimer une lettre écrite en 1702 à Leibnitz par le docteur Burckard (4), dans laquelle ce dernier a

---

(1) M. Linnæus a réuni dans ce savant traité ses *Fundamenta critica*, et *Bibliotheca botanica* avec les *Classes plantarum*, et des vues nouvelles et très-intéressantes, que ses ouvrages précédens ne renferment point. On ne peut s'empêcher de regretter, en le lisant, qu'il ne soit pas écrit avec autant de clarté que l'*Isagoge ad rem herbariam* de Tournefort, qui est vraiment un modèle dans ce genre. M. Linnæus s'est contenté de présenter des idées fécondes et hardies, qui avoient peut-être besoin d'être développées avec plus de méthode. Ses coups de pinceau ont presque toujours été des coups de maître. Mais, après avoir fortement exprimé les principaux traits de ses tableaux, entraîné par son ardeur naturelle, il semble qu'il n'ait pas voulu prendre la peine d'y mettre la dernière main.

(2) Il a annoncé dans la préface du traité intitulé *Philosophia botanica*, qu'il travailloit à l'ouvrage qu'il a publié ensuite sous le nom de *Species plantarum*.

(3) Voyez ses lettres posthumes.

(4) La préface, qui est de l'éditeur, n'a pas d'autre but que de déprimer la gloire de M. Linnæus. A la vérité, il est assez bien prouvé que Bauhin, Malpighi, Menzel, Camerarius, Valdehmid, Ray, Gakenholz, Tournefort et Vaillant, n'ont pas ignoré les détails relatifs à plusieurs organes sexuels des plantes ; mais ce que l'on ne

décrit les anthères sous le nom de *vésicules séminales*, et les a considérées comme pouvant, par leurs différences, suffire aux divisions d'une méthode.

Au milieu de cette dispute, que la jalousie, toujours adroite à chercher et à trouver des prétextes, suscitoit à M. Linnæus, ce savant se montra plus équitable que ses adversaires. Il attribua au célèbre Vaillant l'honneur d'avoir exposé de la manière la plus exacte et la plus vraie la structure et l'usage des parties sexuelles des plantes. A la vérité, le traité de Burckard a paru quinze ans avant le discours du professeur français (1) ; mais on ne pourra s'empêcher de porter à ce sujet le même jugement que M. Linnæus, si, sans s'en tenir aux dates, on consulte l'ouvrage du premier, dans lequel on ne trouve qu'une notice très-abrégée de quelques organes sexuels des plantes ; et celui de M. Vaillant, qui en a décrit les dispositions et les mouvemens avec cette chaleur et cet enthousiasme que le plaisir d'avoir observé le premier une suite de phénomènes intéressans peut seul inspirer.

Toutes les parties de la fructification avoient à peu près la même valeur aux yeux de Tournefort. Il a choisi la corolle pour base de son sytème, parce qu'elle est très-apparente et qu'elle se développe de bonne heure ; mais il n'a jamais oublié que les genres et les principes d'une méthode artificielle, étant purement arbitraires, on doit s'en écarter toutes les fois que l'ordre naturel l'exige (2). Ainsi il a rangé plusieurs plantes

---

peut refuser à M. Linnæus, c'est qu'il a mis cette fonction dans la plus grande évidence, qu'il l'a démontrée dans tous les végétaux qui en sont pourvus, et qu'il a fait connoître la structure de toutes les parties qui y sont destinées.

(1) Discours sur la structure des fleurs, leurs différences et l'usage de leurs parties, prononcé, etc. le 10 juin 1717 ; traduit en latin et imprimé à Leyde en 1718.

(2) On distingue en botanique deux systèmes, ou méthodes d'exposition, l'une naturelle et l'autre artificielle. La première suppose des rapports constans dans la forme et dans la structure, qui conduisent, par des nuances insensibles, d'un individu à ceux qui le

monopétales parmi les liliacées ; ainsi, quoique les caractères génériques dussent être pris dans la fleur et le fruit, il a cependant établi des genres du second ordre, qu'il caractérisoit par les tiges, les feuilles ou les racines.

M. Linnæus a trouvé dans les organes sexuels des plantes un grand nombre de caractères qui étoient inconnus, dont il s'est servi pour la division de ses classes, et même quelquefois pour déterminer ses genres. Son système offre, dans ses treize premières classes, beaucoup de vraisemblance et d'unité ; mais la marche de celles qui suivent est plus difficile et plus inconstante (1) ; quelquefois même la délicatesse et la ténuité des parties arrêtent l'observateur dans ses recherches (2). Fidèle à l'ordre qu'il s'est prescrit, M. Linnæus s'y est conformé

---

précèdent et le suivent. Jusqu'ici on a trouvé des familles nombreuses dans lesquelles l'uniformité des caractères semble prouver une analogie parfaite ; mais ces observations ne sont pas assez générales pour que l'on puisse en conclure qu'il existe ou qu'il puisse exister un rapprochement entre les differens ordres des végétaux ; il seroit d'ailleurs difficile d'apporter aucune raison convaincante pour faire pressentir la nécessité de cette analogie. Ce que l'on sait des quadrupèdes qui sont les moins nombreux, les mieux connus, et entre plusieurs ordres desquels on ne trouve aucune liaison, semble jeter des doutes légitimes sur la possibilité d'une méthode naturelle. Les systèmes, ou méthodes artificielles sont donc indispensables : mais il ne faut les donner et les recevoir que pour ce qu'elles valent.

(1) La monadelphie, la diadelphie, la polyadelphie et la polygamie, offrent les plus grandes difficultés dans la distribution des genres et des espèces.

Il s'étoit élevé une discussion très-vive entre Klein et M. Linnæus. Le premier soutenoit que dans plusieurs plantes on ne trouve point de véritables étamines ; de-là est venue la dénomination d'*Anandria Kleinii.*

(2) Burckard, qui a écrit (page 125 de sa dissertation) que l'on pourroit établir un système sur le sexe des plantes, a ajouté (pag. 155) que la finesse de certaines parties lui paroissoit cependant rendre l'exécution de ce projet impossible : *Quoniam partes genitales minus sunt conspectæ, nec spectantium oculos facilè afficiunt, consultiùs esse dicam, si earum conformatio in comparatione stirpium prætermittatur, et vesicularum tantùm seminalium situs et numerus attendatur.*

par-tout avec rigueur : peut-être aussi auroit-il dû ne point employer les expressions de noces et de polygamie, qui paroissent peu convenables aux végétaux. Avec beaucoup plus d'étendue dans l'ensemble, et une précision beaucoup plus grande dans les détails, l'ordre qu'il a adopté s'éloigne plus de la nature que celui de Tournefort (1). C'est cependant ce système ingénieux et plein de défauts qui lui a acquis le plus de réputation ; c'étoit aussi celui de ses ouvrages dont il parloit avec le plus de complaisance. Ainsi, un père préfère souvent celui de ses enfans qui, sans être le meilleur, sait le mieux capter sa bienveillance, en flattant son amour-propre.

M. Linnæus ne s'est pas borné à un système : la fécondité de son imagination lui a fait trouver, dans la seule disposition des calices, des caractères suffisans pour établir une nouvelle méthode. Magnol avoit déja exécuté le même projet, mais il avoit été forcé de recourir souvent à la forme du fruit.

Au reste, c'est un avantage pour les progrès de la science, que les méthodes artificielles se multiplient : chacune des parties qui leur sert successivement de base, étant bien connue dans les végétaux, leur structure et leurs rapports seront enfin mieux approfondis. Nous osons même espérer que bientôt la connoissance des

---

(1) On sera peut-être surpris qu'une méthode fondée sur la corolle, partie simplement accessoire, soit plus naturelle que le système fondé sur les étamines qui sont des organes essentiels. Mais M. Linnæus a préféré dans les étamines les caractères les moins essentiels, tels que le nombre, la proportion et la réunion. Tournefort, en distinguant les plantes apétales, monopétales et polypétales, a saisi sans le savoir le caractère le plus essentiel des étamines, qui est leur situation relativement au pistil. Lorsque la corolle est monopétale, elle porte ordinairement les étamines ; si elle est polypétale, les étamines sont attachées au même point que le pistil. Dans les sections, il distingue les plantes qui ont le fruit enfoncé dans le calice, de celles dans lesquelles il est dégagé ; et, par ces distinctions, les étamines attachées au calice se trouvent séparées de celles qui sont portées sur le support du pistil. Le docteur Alston d'Edimbourg est un de ceux qui ont montré le plus d'attachement pour la méthode de Tournefort : il l'a conservée dans ses ouvrages et dans le jardin qui lui étoit confié,

différens organes des plantes conduira les physiciens à une méthode plus savante et plus sage, dans laquelle, sans se restreindre à un seul caractère principal, on les emploiera tous, et on les disposera de manière à faire voir que la botanique n'est pas seulement l'art de nommer, mais celui de connoître les végétaux. Tel étoit le plan d'un botaniste célèbre que nous regrettons, et dont la perte nous seroit beaucoup plus sensible si son travail n'étoit pas continué par celui auquel il a transmis ses connoissances et ses talens.

M. Linnæus n'a pas tout-à-fait négligé ce que l'on appelle la méthode naturelle. Il a publié, dans cette vue, soixante-cinq ordres (1), à la vérité sans faire part des motifs qui l'ont déterminé. Toutes ces considérations sont réunies dans un de ses meilleurs ouvrages, intitulé *Genera plantarum* (2).

Tels furent les travaux dont notre académicien projeta et commença l'exécution pendant son séjour à Hartecamp. Il étoit juste qu'une partie de la gloire qu'il lui avoit acquise rejaillît sur le Mécène auquel il devoit de si doux loisirs. Il donna en 1736 la description du bananier qui avoit fleuri dans le jardin de M. Cliffort. Cette plante singulière (3) croît naturellement en Asie et en Afrique. M. Linnæus l'a rapportée à la famille des palmiers.

En 1739, il fit connoître les richesses de son protecteur, en publiant la description de son herbier et celle de son jardin de botanique. Cette dernière est ornée de

(1) Au sujet des plantes qui restent et dont il n'a point trouvé le rapprochement, il dit : *Qui paucas quæ restant benè absolvet plantas, omnibus magnus erit Apollo.* (Fragm. meth. nat.) Cette réflexion donne une nouvelle force à notre opinion sur la grande difficulté d'établir une méthode naturelle.

(2) Édition de 1737. La meilleure est celle de 1764.

(3) Elle tient le milieu entre les herbes et les arbres ; son fruit est très-agréable : les philosophes de l'Inde s'en nourrissent. Elle est aussi cultivée en Amérique. De la Guinée, on l'a transportée aux iles Canaries, et de là à Saint-Domingue. *Musa Cliffortiana*, Leyd. 1736. *Viridarium Cliffortianum*, Amstel. 1737.

trente-deux planches, dont les dessins sont très-élégamment finis; elle sera pour la postérité un gage de la générosité de M. Clifford, et des talens distingués du botaniste dont il a vu la renommée s'accroître à l'ombre de ses bienfaits.

M. Linnæus quitta Hartecamp vers la fin de l'année 1738 pour achever ses voyages; et il reçut, avant son départ, un honneur auquel il fut très-sensible. Boërhaave le consulta sur les changemens qui devoient être faits dans le jardin de botanique de Leyde. La France et l'Angleterre lui restoient à parcourir; et il n'avoit point encore vu Dillenius ni M. Bernard de Jussieu. Celui-ci se lia intimement avec M. Linnæus pendant son séjour à Paris. Ces deux hommes célèbres, dont l'un étoit le seul rival que l'autre pût redouter, se réunirent dans plusieurs herborisations. L'impatience et l'activité de M. Linnæus, qui ne disoit rien sans chaleur, opposées à la naïveté et au sang-froid de M. Bernard de Jussieu, qui voyoit toujours les beautés de la nature avec des yeux également satisfaits, durent offrir à tous les deux un contraste bien étonnant. Ils se quittèrent pénétrés d'une estime réciproque. M. Linnæus ne trouva point dans M. de Jussieu un admirateur, mais un juge équitable qui savoit apprécier ses travaux et ses projets, et qui voyoit s'élever un botaniste dont les systèmes devoient subjuguer toute l'Europe, sans être tenté de lui disputer cette conquête lorsqu'il en avoit tous les moyens. M. Linnæus lui a tenu compte de ce désintéressement, et il a rendu à M. de Jussieu vivant, des hommages qu'il a souvent refusés à la mémoire de l'illustre Tournefort.

M. Linnæus revint en 1739 à Stockholm, où il fut reçu comme un savant qui honore sa patrie. Il fut nommé aux places de médecin de l'amirauté et de président de l'Académie qui avoit été établie d'après son plan; il lui communiqua, peu de temps après son retour, des observations sur un nouveau genre d'orchis (1).

(1) *Orchidum novum genus.* Acta Upsal. 1740.

Il fit des leçons publiques au collége des mines, et il pratiqua la médecine jusqu'en 1741, époque à laquelle il fut nommé professeur à la place de M. Olof Rudbeck le fils (1).

Le jardin de botanique de cette ville devint bientôt florissant par les soins de M. Linnæus; il en publia le catalogue et les démonstrations, avec les détails de ses herborisations aux environs d'Upsal (2).

L'histoire naturelle feroit des progrès plus rapides et plus assurés, si chacun de ceux qui s'en occupent étudioit et décrivoit les productions de son pays. M. Linnæus a rempli cette tâche dans son traité, intitulé *Fauna Suecica*, qui a paru pour la première fois en 1746 (3). M. Rudbeck le fils lui avoit communiqué des dessins d'oiseaux; Artedi l'avoit mis à portée de décrire un grand nombre de poissons; de Géer et Joseph Leche lui avoient donné des insectes. Il est résulté de ces différentes recherches un ouvrage très-curieux sur tous les animaux de la Suède (4).

---

(1) M. Linnæus avoit été professeur d'anatomie : il céda cette chaire au docteur Rosen. Jusqu'à l'époque à laquelle le gouvernement lui procura les moyens nécessaires à sa subsistance, il prit dans plusieurs de ses ouvrages l'épigraphe suivante : *Laudatur et alget.*

(2) *Hortus Upsaliensis. Demonstrationes Upsalienses. Herbationes Upsalienses*, 1753.

(3) Cet ouvrage a été réimprimé en 1761. On voit en tête une estampe allégorique singulière, représentant la Suède environnée d'animaux de toute espèce, avec des formes très-bizarres et à peu près dans le genre du frontispice du traité de Becker intitulé *Physica subterranea.*

(4) On trouve dans cet ouvrage le style ordinaire de M. Linnæus. Les Lapons, les Norwégiens, etc. y sont classés et désignés par des phrases, ainsi que les quadrupèdes. Dans un autre endroit de ce traité, il fait remonter l'origine de la botanique au moment où le premier homme, placé dans le jardin d'Eden, en examina et en nomma les productions.

La méthode de description que M. Linnæus a adoptée pour les animaux en général, et qui est celle des botanistes, a été regardée par quelques auteurs comme très-insuffisante pour en faire connoître

Le roi, voulant récompenser les services rendus par M. Linnæus, lui donna le titre de son premier médecin. Cette distinction auroit augmenté son zèle, si son amour pour le travail avoit été susceptible de quelque accroissement; il ne fit que suivre son goût en continuant ses recherches.

Il avoit déja fait connoître en 1747 (1) ses idées sur les vertus des plantes. Deux années après, il publia son Traité de matière médicale, dans lequel il n'a fait mention que des substances médicamenteuses tirées du règne végétal : il regardoit les deux autres règnes comme ayant une efficacité très-inférieure. Quoiqu'il ait fait de louables efforts pour substituer des plantes indigènes aux plantes étrangères (2), nous ne pouvons dissimuler que cette production est peu digne de son auteur (3) : comme elle n'a contribué en rien à sa réputation, cet aveu ne peut faire aucun tort à sa mémoire.

Il a fait, dans plusieurs de ses ouvrages, l'application de ses connoissances à l'économie rurale et domestique (4). En 1749, il a tenté plus de deux mille

---

la structure. Elle en présente à la vérité quelques caractères; mais on n'y retrouve pas cet ensemble des traits propres à chaque individu, que l'on pourroit appeler sa physionomie.

(1) Il publia en 1747 un discours sur les insectes, *Oratio de insectis*; des recherches sur les plantes vénéneuses, *De plantis venenatis*, 1747; et une dissertation intitulée : *Vires plantarum à viribus classicis. De nuptiis arborum.*

(2) *Revocavit ipecacuanham ad caprifolium, cocculos ad menispermum, been album ad centauream, myrobolanos emblicos ad phyllantum, et pareiram bravam ad cyssampelon.*

(3) L'ordre de la division est très-défectueux; ses subdivisions sont prises de la méthode sexuelle, qui ne convient nullement dans un traité de matière médicale.

Le frontispice offre une boutique de pharmacie, sur les côtés de laquelle les remèdes incisifs sont représentés par des instrumens tranchans, les stimulans par des pointes, et les remèdes héroïques par des épées.

(4) *Fructus esculenti*, 1763; *Plantæ esculentæ patriæ*, 1752 (*hic cicer coffe et calendula croco substituitur*); *Culina mutata*, 1757; *Hortus culinaris*, 1764; *Frumentum suecicum*, 1758.

expériences pour déterminer quelles sont les plantes agréables, utiles ou nuisibles aux bestiaux de différentes espèces. On trouve les détails de ces essais dans un ouvrage intitulé *Pan Suecus*. M. Linnæus s'est assuré que plusieurs plantes malfaisantes lorsqu'elles sont fraîches, cessent de l'être lorsqu'elles ont été desséchées. Il a recherché dans une Dissertation, en 1751, à quels végétaux devoit être attribuée une épizootie qui régnoit alors; et il a disculpé entièrement la plante appelée *œnanthe*, que l'on regardoit comme la cause de ce fléau. En 1759, il a publié des remarques intéressantes sur les plantes qui contiennent des parties colorantes (1), que l'on peut employer dans l'art de la teinture. Dès 1745, il avoit découvert cette propriété dans plusieurs racines qui n'avoient jamais servi à cet usage. Ces différens traits ne devoient pas être oubliés dans l'éloge de M. Linnæus. Les savans méritent sans doute d'être accueillis et considérés par toutes les nations; mais lorsqu'ils se montrent vraiment utiles, ils acquièrent des droits à leur reconnoissance et à celle de la postérité.

Depuis long-temps, M. Linnæus avoit formé le projet de donner la description de toutes les plantes connues; et il avoit invité les botanistes à l'aider dans ce travail. Il avoit lui-même parcouru les jardins et examiné les herbiers les plus célèbres de l'Europe. Des élèves nombreux répandus dans les deux continens, et animés du zèle qu'il leur avoit inspiré, avoient augmenté chaque jour sa collection. Tandis que le docteur Martin recueilloit des végétaux parmi les glaces du Spitzberg, et Montin parmi celles de la Laponie, Alstrœmer bravoit les chaleurs de l'Europe australe; Kalmius parcouroit le Canada; Osbeck, la Chine; Pontin, le Malabar; Forskahl, le Levant; Kœler, l'Italie; Lœfling, l'Espagne; et Hasselquist voyageoit

(1) *Plantæ tinctoriæ*, 1759. *Lycopus ad nigrum colorem facit, et cortex berberis ad flavum.*

Olandska och gottlanska resa Stock. 1745. Shonska-resa Stock. 1751. *Plantæ officinales*, 1753.

en Egypte, où il est mort victime de son amour pour l'histoire naturelle (1). Placé au centre d'une correspondance aussi étendue, recevant sans cesse de nouveaux envois que chaque partie du globe sembloit lui offrir par les mains de ses élèves, quelle idée M. Linnæus ne devoit-il pas avoir de la Nature ! Ce fut au milieu de cet enthousiasme que, plein de mépris pour de vils détracteurs auxquels il n'a jamais opposé que des vues utiles, et prêt à publier celui de ses ouvrages qui réunit ses travaux avec ceux de ses plus célèbres coopérateurs, il déclara dans sa préface qu'il n'avoit jamais été sensible aux traits lancés par la main de l'envie ; que les critiques injurieuses et les persécutions lui paroissoient moins propres à flétrir le mérite qu'à le faire connoître ; et que plus on lui opposeroit d'obstacles, plus il montreroit de courage pour les surmonter (2).

Après avoir recueilli les matériaux destinés à faire partie de son Traité sur les espèces des plantes, trois objets fixèrent principalement son attention. Le premier étoit de donner une synonymie exacte ; le second consistoit à rendre la nomenclature plus simple. On avoit été jusqu'alors obligé, pour désigner une espèce quelconque, d'employer une phrase entière : M. Linnæus y a substitué un adjectif, qui, joint au mot générique, indique le caractère propre et distinctif de la plante ; c'est ce qu'il a appelé le nom trivial. Cette idée l'a conduit à une réforme vraiment utile, parce qu'elle est indépendante de toute méthode. Le troisième objet étoit la description des plantes. Les phrases de M. Linnæus sont uniquement destinées à cet usage. Les botanistes les regardent comme très-exactes ; et elles ne seroient peut-être susceptibles d'aucune perfection, si

(1) Les docteurs Forskahl et Lœfling périrent aussi dans leurs voyages. *Tantus amor florum !* HASSELQUIST, Resa Stock. 1757.

(2) *Acerrima convitia, insinuationes, cavillationes, buccinationes præstantiorum longè virorum omni ævo laboris præmia, tranquillo animo sustinui, nec ipsorum autoribus invideo, si indè ipsis apud vulgus gloria major evadat.* Præfat. *Spec. plant.*

M. Linnæus, en considérant toujours les mêmes parties de chaque plante dans un ordre constant, avoit rendu ses phrases plus comparatives qu'elles ne le sont. Malgré ces légers défauts, l'ouvrage de M. Linnæus, intitulé *Species plantarum*, est une de ses plus belles productions; et on ne peut lui refuser la gloire d'avoir déterminé par ce travail l'état exact des connoissances acquises en botanique, et sur-tout, ce qui est le plus important, d'avoir enrichi cette science d'un très-grand nombre d'observations neuves et intéressantes (1).

M. Linnæus s'est cru obligé, comme professeur de médecine pratique à Upsal, de publier ses idées sur les maladies. Il a fait paroître en 1763 et en 1766, dans ce dessein, deux ouvrages intitulés, l'un, *Genera morborum*, et l'autre, *Clavis medicinæ*. Le premier est un tableau nosologique, dans lequel l'auteur a employé, avec une sorte de profusion, des expressions inusitées et barbares pour indiquer et classer les différentes maladies, et même les incommodités les plus légères : de sorte qu'en le lisant il semble que le nombre des maux dont l'espèce humaine est affligée soit au moins augmenté de moitié. Le second est un abrégé très-systématique des quatre parties de la médecine. Ce dernier ayant été dédié aux praticiens les plus célèbres du siècle, devoit avoir quelque part à leur indulgence (2), dont nous sommes forcés d'avouer qu'il avoit besoin. Il étoit moins permis à M. Linnæus qu'à tout autre d'écrire sur les objets qui lui étoient étrangers, parce qu'il y portoit cet esprit de détail et ce style aphoristique et figuré que l'on a regardé comme

(1) M. de Haller, dans sa Bibliothèque de botanique, appelle cet ouvrage *eximium opus et immortalitate dignum.*

On compte deux éditions du traité intitulé *Species plantarum*. La seconde a eté copiée à Vienne.

(2) M. Linnæus reconnoît deux clefs nécessaires à ceux qui étudient la médecine : *Clavis duplex, interior et exterior*. La peau et l'intérieur du corps soumis à des lois différentes, d'après lesquelles cet ouvrage est divisé.

des défauts, même dans les ouvrages qui ont établi sa réputation (1).

Les différens Voyages qu'il a publiés (2), et dans lesquels les plantes de la Suède, de l'île d'Eulande, de la Scanie, du Danemarck, des Pays-Bas, d'une partie du Languedoc, de l'Angleterre, de la Palestine, de plusieurs cantons de l'Afrique, de la Jamaïque, du Canada, et de l'île de Ceylan (3), sont exposées avec soin suivant sa méthode; et la description de plusieurs cabinets (4), rangés suivant son système, ont beaucoup contribué à répandre ses principes. C'est ainsi qu'il a opéré dans le monde savant une de ces révolutions que la puissance des rois tenteroit en vain, et qu'un seul homme peut exécuter lorsqu'il réunit, comme M. Linnæus, à ce coup d'œil qui apercevoit un objet sous toutes ses faces, cette force qui combine les rapports, et cette activité qui en se communiquant au-dehors, enflamme les esprits susceptibles des mêmes impressions, et développe en eux la passion de l'étude et la noble émulation de la gloire.

---

(1) M. Linnæus envoya à l'Académie des sciences de Pétersbourg un discours intitulé : *Disquisitio de sexu plantarum*, en 1751.

En 1766, il a publié une dissertation sur l'usage des muscles : *De usu musculorum*.

En 1773, il prononça un discours, intitulé *Deliciæ naturæ*, qui fut imprimé la même année.

(2) *Iter œlandicum*, 1745. *Westrogoticum*, 1747. *Scanicum*, 1751. *Palestinum*, 1757. *Hasselquistii*, 1757. *Læflingii*, 1757. *Rariora Norwegiæ*, 1768.

(3) *Florula lapponica*. *Flora lapponica*, 1732; *Suecica*, 1745; *Ceylanica*, 1747; *Anglica*, 1754; *Monspeliensis*, 1756; *Danica*, 1757; *Belgica*, 1760; *Capensis*, 1759; *Palæstina*, 1756; *Alpina*, 1756; *Acheroensis*, 1769; *Jamaïcensis*, 1759; *Pugillus Jamaïcensis*; *Specifica Canadensium*, 1756; *Plantæ Africanæ rariores*, 1760; *Plantæ Kamtschatkenses*, 1752; *Surinamenses*, 1775.

(4) *Musæum Tessinianum*, 1753. On y trouve une belle suite de cornes d'Ammon. *Musæum Adolphi Frederici*, 1754; *Musæum reginæ*, 1764; *Ferberi Hortus*, 1739; *Amphibia Glylenborgiana*. Ups. 1745.

M. Linnæus étoit devenu un de ces hommes rares vers lesquels la curiosité, plus souvent que le désir de s'instruire, porte la foule des étrangers. La ville d'Upsal étoit en quelque sorte peuplée de naturalistes et de botanistes. Wallerius y enseignoit en même temps la minéralogie (1). Tous les deux étant célèbres à peu près dans le même genre, il étoit bien difficile qu'ils ne fussent pas au moins rivaux (2). Une émulation réciproque les engageoit à publier leurs observations. Celles auxquelles M. Linnæus a eu part ont été réunies en sept volumes in-8°, depuis 1749 jusqu'en 1769, sous le titre d'*Amœnitates academicæ*. La variété et le choix de cette collection lui ont mérité les suffrages de tous les savans. Ici M. Linnæus démontre l'utilité des voyages dans sa patrie (3), et il indique les plantes utiles qu'il y a découvertes : plus loin, il annonce les propriétés médicales de plusieurs substances (4), et il apprend quelle est l'origine de la sarcocolle, du baume de Tolu, et de la gomme-gutte (5). Dans un autre endroit, il divise les médicamens et leurs vertus, à raison des odeurs et des saveurs (6). Deux dissertations sont destinées à déterminer sur quelles espèces de plantes vivent les différens insectes qu'il regarde comme propres à modérer l'accroissement du système végétal (7), (8).

---

(1) Wallerius a publié *Decades binæ thesium medicarum*, où il a attaqué et critiqué M. Linnæus à chaque page. Wallerius avoit sollicité la chaire de botanique que M. Linnæus a occupée avec tant de célébrité. Telle fut la source de leurs divisions.

(2) Sigesbeck est un de ceux qui ont le plus écrit contre M. Linnæus, dont M. Brovalius, alors évêque d'Albo, et M. Gleditsch, ont pris la défense avec chaleur.

(3) *De necessitate peregrinationum per patriam*. Leyde, 1743.

(4) *Fungus Melitensis contra jacturas sanguinis*, 1755.

(5) *Plantæ Martino-Burserianæ*.

(6) *De sapore medicamentorum*, 1751. *Odores medicamentorum*, 1752.

(7) *Pandora insectorum*, 1748. *Hospita insectorum*, 1752.

(8) *Œconomica naturæ*, 1747. Dans cet ouvrage il recherche quels rapports d'utilité se trouvent entre les trois règnes.

Ailleurs (1), il s'occupe de plusieurs analogies fondées sur des observations fines et vraiment philosophiques, et il s'égaye par des rapprochemens singuliers et bizarres des végétaux avec les hommes. Les mousses, qui croissent et se nourrissent dans des lieux arides, peuvent, dit-il, être comparées aux pauvres, les gramens aux habitans des campagnes ; et les arbres, à l'ombre desquels les autres productions sèchent et dépérissent, sont l'emblème des grands seigneurs. Les plantes produisent, comme on sait, des espèces de mulets (2). M. Linnæus en a décrit deux, dont un tient le milieu entre la véronique et la verveine, et l'autre entre la primevère et la corthuza. Ces nouvelles plantes, qui sont le produit d'une génération extraordinaire, servent difficilement à la réproduction de leurs espèces. Enfin, il a fait connoître les plantes les plus propres à croître dans un pays sec et aride, et à fixer les sables en un terrain qui puisse être utilement cultivé.

Pour faire sentir combien les connoissances de M. Linnæus étoient précises, il suffira de dire qu'il a déterminé tous les phénomènes du développement des arbres ou arbustes en Suède dans les différens mois de l'année, et l'époque de leur floraison (3). Il a porté plus loin l'exactitude de ses observations. Ayant connu à peu près l'heure à laquelle différentes fleurs s'épanouissent dans la journée pendant une certaine saison, il a indiqué le moyen de disposer dans un parterre une espèce d'horloge botanique. Il s'est permis de conjecturer que plusieurs végétaux jouissent d'une espèce de sommeil (4) ; que parmi leurs organes, quelques-uns sont vraiment irritables ; qu'il y a entre l'œuf d'un animal et la semence d'une plante de très-

(1) *Politia naturæ*, 1760.

(2) *Plantæ hibridæ*, 1751.

(3) *Calendarium Floræ*, 1755; *Vernatio arborum*, 1753; *Arbustum suecicum*, 1756; *Gemmæ arborum*, 1749.

(4) *Somnus plantarum*, 1755.

grands rapports (1); que le pistil tient au tissu médullaire; que l'étamine est un produit de l'écorce, et que par conséquent l'extérieur est toujours modifié par les organes mâles (2).

C'est à regret (3) que nous finissons ici l'extrait des *Amœnitates academicæ* : les bornes d'un éloge nous empêchent de parcourir toutes les beautés de ce recueil (4).

La considération de M. Linnæus en Suède ne le cédoit en rien à sa célébrité. Déja plusieurs médailles avoient été frappées en son honneur (5) : l'Ordre royal de l'étoile polaire, dont aucun savant n'avoit encore été décoré, lui fut conféré en 1753 : à cette époque, après avoir été reçu chevalier (6), il fut appelé *Von Linné*. N'auroit-il pas été plus convenable de conserver, sans aucun changement, un nom qui, étant illustré par les suffrages de toutes les nations, étoit fait pour honorer toutes les listes? Le roi Adolphe-Frédéric lui donna en 1761 un rang parmi la noblesse suédoise (7);

---

(1) *Sponsalia plantarum*, 1746; *Surinamensia grilliana*, Ups. 1748. *De prolepsi plantarum*, 1749.

(2) *Generatio ambigena*, 1763.

(3) *Vide orbis eruditi judicium de Caroli Linnæi scriptis*, in-12. *Icones plantarum omnium Caroli Linnæi equitis.*

(4) Il a toujours évité les querelles littéraires, dans lesquelles ses ennemis se sont efforcés de l'entraîner. Il se contentoit de répéter souvent à ce sujet un proverbe suédois : Har jag ratt sa far jag en gang ratt. En français : Si j'ai raison, il faudra bien enfin qu'on me rende justice.

(5) M. le comte de Tessin a fait frapper une médaille offrant d'un côté le portrait de M. Linnæus, et de l'autre trois couronnes avec les attributs des trois règnes de la nature, et cette légende : *Illustrat.*

En 1746, une autre médaille a été frappée en son honneur, aux dépens du même comte de Tessin, du baron Palmstierna et du baron Harleman.

(6) La légende suivante lui fut assignée pour ses armes : *Famam extendere factis.*

(7) La reine douairière avoit toujours eu pour lui une estime distinguée; elle le consultoit souvent sur différens objets relatifs à l'administration.

et le roi actuellement régnant (1) lui accorda en 1776 une augmentation de ses honoraires, avec permission de se faire suppléer dans les fonctions de sa chaire. Ce prince, qui avoit été témoin, pendant son séjour en France, de la justice que l'on y rendoit à M. Linnæus, fut chargé, lors de son départ pour la Suède, par le feu roi Louis XV, de lui remettre des graines très-rares recueillies dans le jardin de Trianon, et qui lui étoient destinées depuis long-temps. Peu de savans ont eu, comme M. Linnæus, l'avantage de recevoir les envois d'un aussi grand prince des mains même de leur souverain : heureuse correspondance, dans laquelle l'étude approfondie de la nature a rapproché trois hommes, dont deux étoient nés pour le trône et un pour la philosophie !

Le gouvernement ayant arrêté que la Bible seroit traduite en langue suédoise, M. Linnæus fut un des commissaires chargés de ce travail ; ce qui annonce en même temps l'étendue de ses connoissances en littérature et le degré de confiance dont il jouissoit.

Sa santé, qui avoit toujours été très-bonne, fut interrompue en 1750 par une forte attaque de goutte, dont il croyoit s'être guéri en mangeant beaucoup de fraises. Vers la soixantième année de sa vie, une légère apoplexie le jeta dans un grand affaissement, et détruisit presque entièrement sa mémoire. Il étoit cependant encore possible de lui rendre une partie de son activité, en le conduisant dans son muséum (2), et en lui faisant parcourir ses herbiers. Tout y étoit disposé d'après son système ; ses idées se présentoient alors dans leur enchaînement naturel, et il se retrouvoit lui-même en examinant ses productions. Il se montra toujours très-

(1) Ce prince a donné à M. Linnæus une preuve signalée de sa bonté en lui faisant une visite dans la maison de campagne qu'il avoit à Hammaby près d'Upsal.

(2) M. Linnæus avoit un cabinet d'histoire naturelle riche dans tous les genres. Il étoit rangé suivant son système, et il avoit lui-même écrit les noms des différentes substances suivant sa nomenclature.

sensible à l'attachement de ses élèves (1), qui s'empressoient de lui envoyer ce qu'ils recueilloient de plus précieux ; et la reconnoisance est la dernière impression qui se soit effacée de son souvenir.

Peu de temps avant sa mort, il traça dans une feuille écrite en latin, son caractère, ses mœurs, et sa conformation extérieure. Que l'on ne regarde pas l'amour-propre comme la cause de cette singularité : M. Linnæus s'y est peint avec des couleurs défavorables ; il s'y est accusé d'impatience, d'une extrême vivacité, même d'un peu de jalousie. On aperçoit aisément que ce tableau a été fait dans un de ces instans où l'homme le plus vertueux n'est frappé que par ses défauts : au reste, on y reconnoit un naturaliste dans la manière précise dont il parle de sa personne. Il a porté la modestie et la vérité jusque dans cette esquisse ; et l'on peut dire qu'après avoir décrit la nature entière dans tous ses détails, il a mis la dernière main à son ouvrage, qui seroit resté incomplet, s'il ne s'étoit pas décrit lui-même.

Il avoit épousé mademoiselle Elizabeth Moræa, fille d'un médecin de Falum. Il en a eu un fils, qui lui a succédé dans sa chaire de médecine, à Upsal (2).

Vers la fin de 1777, il perdit l'usage de presque tous ses sens : il fut pendant plusieurs mois dans cet état de dépérissement, et il mourut le 10 janvier 1778, âgé de 71 ans. S'étant occupé sans cesse de la contemplation de la nature, sa vie pouvoit être regardée comme un culte non interrompu consacré à son auteur, pour

---

(1) Un de ses disciples lui a érigé un monument dans une des églises d'Edimbourg.

(2) M. Linnæus fils a eu part aux ouvrages suivans : *Decas* I et II *plantarum*, Ups. 1762, in-fol. *Supplementum systematis naturæ*, edit. XIII.

Les frères de M. Linnæus lui ont survécu ; ils ont montré ainsi que lui, pendant leur jeunesse, un goût très-vif pour l'étude de la botanique, et ils auroient montré le même zèle pour les progrès de cette science, si leur famille ne s'étoit pas fortement opposée à leur penchant.

lequel il fut toujours pénétré de la vénération la plus profonde (1).

Le gouvernement de Suède lui a fait élever un magnifique tombeau dans l'église cathédrale d'Upsal ; et le roi a fait frapper une médaille, offrant d'un côté le portrait de M. Linnæus, et de l'autre une Cybèle, avec les attributs des trois règnes, et cette légende : *Deam luctus angit amissi.* Sa majesté a ordonné que l'on ajoutât *jubente rege*, afin de faire mieux connoître sa volonté à cet égard. En effet, les monumens sont moins destinés à perpétuer la mémoire des grands hommes qu'à honorer celle des nations et des rois qui savent rendre hommage à la science et à la vertu.

---

(1) Il avoit fait écrire en grosses lettres dans le lieu le plus apparent de son cabinet ces mots : *Innocuè vivito, numen adest.*

PRÉFACE.

L'OUVRAGE que nous publions aujourd'hui, ayant été spécialement entrepris en faveur des Élèves en Médecine qui cultivent la Botanique, nous croyons devoir leur faire connoître les objets essentiels qu'il renferme, et que nous analyserons dans l'Introduction qui suit, divisée en quatre parties. I. Le *Plan* d'après lequel l'Ouvrage a été conçu et exécuté. II. La *Traduction* et la *Ponctuation*. III. La *Synonymie*. IV. La *Disposition typographique*.

Nous prions nos Lecteurs d'excuser la longueur des détails dans lesquels nous sommes obligés d'entrer, et de vouloir bien s'armer de patience pour lire jusqu'au bout une Introduction raisonnée, dans laquelle nous avons des observations nouvelles à publier, des vérités à dire, et un travail immense à développer. Tout est important dans l'Ouvrage scientifique, critique, instructif et moral que nous mettons au jour, et dans lequel nous ferons connoître avec impartialité les erreurs et les vices introduits dans l'étude de l'Histoire Naturelle et de la partie de la Médecine qui y a rapport, avec cette franchise qui sied si bien à l'écrivain ami de la vérité, lorsqu'en attaquant pour l'intérêt de la science les abus en général, mais en ne critiquant par acharnement ou jalousie aucun Botaniste en particulier, il plaint toutefois d'avance ceux qui pourroient se reconnoître dans ses tableaux.

Si quelque Lecteur trouvoit dans notre Introduction des choses déplacées, nous les prions de considérer que l'Ouvrage que nous publions ayant été entrepris en faveur des Élèves, dont l'éducation physique et morale a été très-négligée pendant les longues années de la révolution, nous avons cru devoir retracer à leur mémoire les principes qui peuvent influer sur leur conduite dans la société, et développer pour leur avantage des idées qui paroîtront philosophiques à qui sait philosopher.

INTRODUCTION.

I. *PLAN DE L'OUVRAGE.*

L'utilité généralement reconnue des Ouvrages de *Linné*, nous a engagé à offrir aux Élèves qui se destinent à l'étude de la Botanique et de la Médecine, une traduction du *Genera* et du *Species Plantarum* de cet immortel Botaniste, faite sur l'édition de *Reichard* de 1778 et 1779.

Nos motifs en publiant cette traduction, ont été, 1.° de conserver le texte pur de *Linné*, et de le rendre intelligible à tous nos lecteurs, en employant pour le rendre en françois des mots adaptés au génie de cette langue; 2.° de mettre notre Ouvrage soit par son format, soit par la modicité de son prix, à la portée des jeunes gens qui desirent acquérir les notions de Botanique relatives à l'étude de la Médecine; 3.° de faire imprimer en françois deux ouvrages latins dont la traduction étoit vivement desirée depuis long-temps, et dont les originaux ne se trouvent que très-difficilement dans la Librairie. En cela nous n'avons fait que suivre l'exemple que nous ont donné les Espagnols et les Allemands qui ont traduit les Ouvrages de *Linné* dans leur langue respective (1).

(1) Nous observerons ici que les Naturalistes Lyonnois *Rozier*, *la Tourrette*, *Gilibert*, *Villers*, et à Montpellier le célèbre professeur *Gouan*, après lesquels nous n'avons pu que glaner dans le vaste champ de la Nature, ont été les premiers à faire connoître en France le langage Linnéen si peu entendu, si injustement critiqué et si digne de nos méditations. Honorés de leur confiance et de leur amitié, nous faisons hommage à leur mémoire du peu d'épis ramassés sous leurs pas, et que leur faulx dédaigna peut-être de recueillir.

Nous nous sommes déterminés à traduire l'édition de *Reichard* par plusieurs raisons, 1.° parce que cette édition est la seule qui renferme un *Genera* suivi d'un *Species* faits par le même Auteur ; 2.° parce que *Reichard* ayant réuni dans son *Systema Plantarum* non-seulement les Tables synoptiques et les Caractères essentiels naturels des Genres que *Linné* avoit publiés dans son *Systema Vegetabilium*, mais encore toutes les observations que cet immortel Botaniste avoit consignées dans ses *Mantissa* et autres écrits ; nous avons dû adopter son ouvrage qui présente la nomenclature et la disposition méthodique des Genres et des Espèces connus par *Linné*.

Si on nous objectoit que nous aurions dû donner la traduction du *Genera* de *Schreber* qui est postérieur à celui de *Reichard* ; nous répondrons, 1.° que voulant donner un *Genera* avec un *Species*, nous avons dû choisir de préférence l'ouvrage de *Reichard* qui présente tous les caractères naturels, essentiels naturels, artificiels ou factices, et spécifiques. 2.° Que le *Genera* de *Schreber* plus volumineux, puisqu'il renferme 1767 Genres, n'ayant été suivi d'aucun *Species* fait par cet Auteur, ne convenoit nullement au plan que nous nous sommes proposés. 3.° Notre but étant de ne publier qu'un Ouvrage élémentaire qui manquoit en Botanique, nous avons pensé que l'édition de *Reichard* qui renferme 1343 Genres et environ 8300 Espèces, étoit plus que suffisante pour des personnes qui ne veulent pas faire de la Botanique une étude approfondie.

Linné écrivoit au Dr *Gilibert*, qu'il n'avoit pu connoître parfaitement que trois mille espèces de plantes. On sait également que le Botaniste doué de la mémoire la plus heureuse, ne peut retenir que les noms de trois ou quatre mille végétaux. D'après ces exemples nous pensons que notre Ouvrage qui en renferme plus de huit mille, c'est-à-dire un nombre équivalent à celui que peuvent retenir deux Botanistes les plus avantagés par la mémoire, présenteroit aux Élèves un nombre de plantes bien supérieur à celui qu'ils doivent et peuvent connoître. Notre intention dans ce premier ouvrage a été de publier en françois toutes les plantes connues jusqu'à la mort de *Linné*, nous réservant de donner dans un second qui fera suite à celui-ci, tous les nouveaux Genres et toutes les nouvelles Espèces découvertes depuis la mort de *Linné*, et décrites dans l'édition de *Wildenow*. Le premier de ces deux Ouvrages sera destiné pour les Élèves, le second, pour les Amateurs et les Botanistes.

Persuadés qu'un *Genera* sans *Species* seroit peu utile pour les Élèves, nous avons combiné ces deux ouvrages en les réunissant en un seul, ainsi qu'il suit. Nous avons substitué aux Tables qui présentent la série numérique des genres contenus dans chaque classe du *Genera*, les Tables synoptiques du *Systema* de *Reichard*, parce que nous connoissons depuis long-temps leur utilité soit en théorie, soit en pratique, pour faciliter la détermination des genres. Il ne sera point inutile de citer ici à ce sujet une anecdote connue de peu de personnes.

Lorsque *Linné* eut publié son *Genera Plantarum*, *Haller* après avoir lu cet ouvrage, dit qu'il auroit été beaucoup plus utile, si ce Botaniste avoit marqué en lettres italiques les caractères qui séparent les genres d'une même classe, parce qu'alors le lecteur auroit pu voir d'un coup d'œil les attributs qui distinguent les genres d'un même ordre, sans être obligé de lire en entier la description de chaque genre et de les confronter. *Linné* qui sentit toute la force de cette objection, surpassa l'attente d'*Haller*, en composant par un effort de génie dont lui seul étoit capable, ses Tables synoptiques qui se trouvent à la tête de chaque Classe du *Systema Vegetabilium*, et qui seront toujours regardées comme un chef-d'œuvre d'analyse.

En effet, ces tables présentent deux grands avantages méconnus par la plus grande partie des Botanistes en

France : savoir, 1.° de conduire l'Élève à déterminer les plantes ; 2.° d'indiquer en lettres italiques les espèces aberrantes désignées par une croix, et placées à la fin des divisions où elles doivent naturellement se trouver.

Les Tables synoptiques de *Linné* présentent une méthode rigoureusement artificielle, et conduisant par conséquent d'une manière plus facile l'Élève au diagnostique du genre. Après avoir établi ses premières divisions et sous-divisions, c'est-à-dire les Classes et les Ordres, déduits des étamines et des pistils, il distribue le plus souvent ses genres dans chaque classe, d'après la méthode de *Tournefort*, en Monopétales, Polypétales, Apétales, etc. ; suit ensuite une troisième sous-division très-essentielle, puisée dans la méthode de *Tournefort*, savoir la situation de l'Ovaire dans la corolle ou au-dessous de la corolle, qu'il désigne sous le nom de *corolle inférieure* ou *supérieure*. Dans la quatrième sous-division, les genres sont rapprochés par partition ou relativement aux divisions de la corolle ou au nombre des pétales, ou à la nature du fruit, à capsule, en baie, à une ou plusieurs loges, ou des semences nues, etc.

Pour faire sentir l'utilité trop peu connue de ces tables, supposons qu'un Élève trouve une espèce de *Prunella*, qui est un des derniers genres du premier Ordre de la *Didynamie*. Après avoir reconnu que sa plante est une didyname, il sera obligé de lire trente-quatre descriptions de Genres naturels, de les confronter les unes avec les autres pour savoir quelle est celle qui convient à sa plante ; methode qui entraîne une perte de temps et souvent le dégoût. On ne doit recourir au *Genera*, a dit le professeur *Gouan*, que pour éclaircir ses doutes, lorsqu'on hésite entre deux genres voisins, parce que ce Livre présentant tous les caractères naturels, offre par conséquent dans chaque genre plusieurs attributs communs aux différens genres du même ordre et de la même classe.

Avec le secours des Tables synoptiques, au contraire, l'Élève voit que le premier ordre de la Didynamie se divisant en deux sections prises de la forme du calice ; la plante dont il veut découvrir le nom appartient à la seconde division, et n'ayant à lire que les caractères artificiels de quinze genres, il verra avec un peu d'attention, que le caractère des *filamens fourchus au sommet*, isole le genre *Prunella* de tous les autres genres de cet ordre. Par cette méthode il trouve non-seulement le nom de sa plante, mais il retient avec facilité dans sa mémoire l'attribut qui isole ce genre de la famille des Labiées.

Aux Tables synoptiques nous avons fait succéder les *Caractères naturels* des genres ; à la suite de ceux-ci, les *Caractères essentiels naturels*, après lesquels viennent immédiatement les *Caractères spécifiques* ou le signalement des espèces. Au-dessous de la phrase spécifique, nous avons cité en latin et traduit en françois le synonyme de G. *Bauhin*, avec la page et le numéro des espèces de cet Auteur, en observant toutefois ici que l'idée d'indiquer le numéro des espèces du *Pinax*, n'a été jusqu'à présent adoptée par aucun Botaniste (2), et que cette citation est d'autant plus nécessaire qu'elle évite une perte de temps au lecteur.

En traduisant les Synonymes du *Pinax*, nous avons rendu aux Élèves un service essentiel, et nous avons évité le défaut dans lequel est tombé un traducteur d'un ouvrage de botanique, qui citant en françois au lieu de citer en latin les Synonymes de *Tournefort*, sans indiquer les numéros des espèces, a accumulé des citations qui deviennent absolument inutiles, parce qu'il est impossible à ceux qui ne connoissent pas la langue latine, et difficile à ceux qui l'entendent, de trouver le synonyme qu'on a voulu traduire, par la raison que chaque traducteur peut varier

(2) *Jean Bauhin* cite dans son *Historia* les numéros du *Phytopinax*.

sa version, au lieu que dans le latin le texte ne change point. Ainsi en leur offrant la phrase latine originale et la traduction françoise à côté, l'Élève peut facilement trouver ses citations dans le *Pinax*, et en comprendre le sens dans notre ouvrage, qui présentant ainsi la traduction de ce Livre dont aucun Botaniste ne peut se passer, acquiert par-là un degré de mérite de plus.

Nous observerons ici qu'en traduisant les phrases du *Pinax*, nous avons évité le défaut dans lequel est tombé un traducteur de ne point saisir le sens de *G. Bauhin*. Quand cet auteur dit *Cuscuta major*, *Cuscuta minor*, (Pin. 219, n.os 1 et 3) il ne faut pas rendre sa phrase par grande ou petite Cuscute, mais par Cuscute plus grande, Cuscute plus petite; parce que ses descriptions spécifiques sont toujours comparatives, comme le savent tous ceux qui ont lu son ouvrage.

Desirant rendre notre ouvrage intelligible aux Élèves; nous avons commenté le sens des phrases du *Pinax* : ainsi quand son auteur dit, *Narcissus albus*, *oblongo calyce*, (*Pin.* 53, n.° 12) nous n'avons pas traduit : Narcisse blanc, à calice oblong; mais Narcisse à fleur blanche, à calice oblong; dès-lors notre traduction a l'avantage de faire sentir quel est le substantif auquel se rapporte l'adjectif *albus*. Cette phrase de *G. Bauhin*, *Cytisus incanus*, *siliquâ longiore*, (Pin. 390, n.° 4) ne doit pas être traduite par Cytise blanchâtre, à silique plus longue; mais par Cytise à feuilles blanchâtres, à silique plus longue; parce qu'on désigne alors quelle est la partie de la plante à laquelle se rapporte l'adjectif *incanus*. Enfin, dans les deux phrases de *G. Bauhin*, *Lotus pentaphyllos*, *vesicaria*, (*Pin.* 332, n.° 4) et *Colutea vesicaria*, (*Pin.* 396, n.° 1) il faut dire Lotier à cinq feuilles, à calice enflé comme une vessie, et Baguenaudier à gousses enflées comme une vessie, afin de désigner aux Élèves à quelle partie de ces deux plantes se rapporte l'adjectif *vesicaria*; ce qu'ils ignoreroient, si on traduisoit Lotier et Baguenaudier à vessies.

Nous nous sommes déterminés d'autant plus volontiers à n'omettre aucun des synonymes de *G. Bauhin*, adoptés la plupart par *Tournefort*, que ses phrases étant comparatives, ou portant sur des attributs proscrits par *Linné*, elles aident singulièrement au diagnostique des espèces, comme *Digitalis folio Verbasci*, ou Digitale à feuille de Molène; phrase qui distingue les feuilles de la Digitale pourpre, qui sont velues et se rapprochent de celles du Bouillon-blanc, des autres espèces qui les ont vertes.

Après la phrase de *G. Bauhin*, nous citons par ordre chronologique et d'après une marche simple et uniforme que nous ferons connoître à l'article *Synonymie*, les figures des Botanistes tant anciens que modernes, mais sans nous permettre aucune observation sur le degré de mérite de leurs figures; travail que nous réservons, ainsi que nous le dirons au même article *Synonymie*, pour une nouvelle édition du *Pinax* de *G. Bauhin*. Nous citons ensuite deux objets essentiels, la localité des plantes, et l'époque de leur floraison.

Quant à la localité des plantes Alpines, nous l'indiquons d'une manière absolument neuve. Dans nos voyages sur les Alpes des environs de Grenoble, nous avons observé que les plantes Alpines pouvoient se diviser en deux classes, savoir celles qui viennent sur les montagnes calcaires et qui ne s'élèvent jamais au-dessus de neuf cents à mille toises; et les autres qui croissant sur les montagnes granitiques, s'élèvent jusqu'à la hauteur des glaciers, mais ne descendent jamais au-dessous de mille toises. La grande Gentiane, *Gentiana lutea*, L. nous offre un exemple des premières, et la Gentiane des neiges, *Gentiana nivalis*, L. présente un exemple des secondes. *Haller* dans son Histoire des Plantes de la Suisse, n.° 647, dit que cette dernière espèce ne descend jamais dans la plaine, et qu'elle habite constamment le sommet des Alpes. Dès-lors nous avons indiqué par les abréviations suivantes,

Alp. (Alpines), les plantes qui se trouvent à une élévation au-dessus de mille toises; par *S.-Alp.* (Sous-Alpines), celles qui s'élèvent jusqu'à mille toises; et par *Alp.* et *S.-Alp.* (Alpines et Sous-Alpines), celles qui croissent également et sur les montagnes granitiques et sur les montagnes calcaires, c'est-à-dire à une hauteur plus ou moins considérable : telle est la *Véronique des Alpes* qui se trouve à une élévation de 800 et même 1200 toises.

Cette manière d'observer la localité des végétaux, présente deux avantages, 1.° de pouvoir estimer d'une manière assez précise l'élévation d'une montagne; 2.° d'indiquer le climat et la température des lieux où croissent les plantes. *Haller* avoit avancé d'après *Columna*, cette dernière assertion, confirmée sur un très-grand nombre de plantes dans les plaines de Lithuanie par le Dr *Gilibert*, et développée dans notre Mémoire, ayant pour titre : *Observations sur les différentes espèces de végétaux propres aux montagnes calcaires et granitiques des environs de Grenoble*, imprimé à la suite de notre *Tableau des Systèmes de Botanique*.

Cette distinction étoit nécessaire pour les Élèves, parce que dans l'ouvrage de *Linné*, où la localité des plantes Alpines est désignée sous le nom génerique d'Alpes, le degré d'élévation de chaque plante n'y est pas indiqué. Il y a même deux choses à observer, et que nous avons fait sentir dans notre ouvrage. La première, qu'une plante désignée sous le nom d'*Alpina*, telle que l'Arabette des Alpes, peut se trouver dans la plaine; et qu'une plante qui ne porte point le nom d'Alpine, peut venir sur les hautes Alpes, comme l'*Androsace lactea*, L.; ou sur les montagnes sous-Alpines, comme le *Myagrum saxatile*, L.

Nous avons eu soin également de diviser la localité des plantes de la France en trois points principaux; savoir, 1.° le Midi; 2.° le centre ou partie intermédiaire; 3.° le Nord. Nous citons pour le premier, les Ouvrages de *Garidel*, *Gérard*, *Gouan*; pour le second, les Flores de

Gilibert, *la Tourrette*, *Durande*, *Villars*, *Delarbre*; pour le troisième, *Lindern*, *Mappi*, *Tournefort*, *Vaillant*, *Dalibard*, *Bulliard*, *Thuiller*, etc. : ainsi quand nous disons qu'une plante croît à Montpellier, nous renvoyons aux ouvrages de *Gouan*, dans lesquels sont indiqués d'une manière précise les différens lieux de la Flore de Montpellier, où croît la plante dont il est question.

En nous attachant à indiquer avec soin la localité des plantes, nous avons desiré que notre onvrage présentât une Flore Françoise : ainsi quand nous ne citons aucun ouvrage françois pour la localité, c'est une preuve que la plante ne croît pas en France; quand nous disons qu'elle croît en France, nous indiquons sa localité précise d'après tel ou tel ouvrage; enfin quand les plantes sont communes dans toute l'Europe, nous nous contentons de les indiquer comme Européennes.

En indiquant la localité des plantes relativement à la France, nous avons eu soin de citer les diverses Flores où elles sont figurées, comme la Flore de Danemarck d'*Oeder*, celle d'Autriche de *Jacquin*, etc. Dès-lors, l'Élève verra dans quelle partie de l'Europe se trouvent les plantes que nous indiquons comme appartenant à la Flore Françoise.

Nous pensons que la manière la plus utile d'indiquer la station de chaque plante, seroit de la désigner suivant les degrés de longitude ou de latitude, et qu'au lieu de dire une telle plante se trouve dans tel ou tel pays, il seroit plus avantageux de dire : la Gesse hétérophylle, *Lathyrus heterophyllus*, L., par exemple, s'étend depuis la Méditerranée jusqu'en Suède : la Gesse hérissée, *Lathyrus hirsutus*, L., depuis la Méditerranée jusqu'en Allemagne : méthode qui conduiroit à faire des cartes botaniques susceptibles d'un certain degré de perfection, et qui, en indiquant seulement une ou deux espèces de chaque genre, deviendroient aussi utiles que les cartes minéralogiques de *Guettard* et la grande carte zoologique de *Zimmermann*.

La floraison des plantes nous a paru indiquée d'une manière souvent fautive dans les Ouvrages de Botanique, parce qu'on a voulu citer l'époque précise que diverses causes peuvent accélérer ou retarder. L'époque précise de la floraison est cependant utile à consigner dans un herbier ; mais on sait qu'une plante qui fleurit dans la plaine au printemps, ne se développe sur les montagnes qu'en été, et qu'en général l'époque de la floraison est relative au climat. Nous avons mieux aimé, pour éviter toute erreur, prendre une plus grande latitude, et indiquer la saison au lieu du mois ; dès-lors nous divisons les Plantes en *Vernales*, *Estivales*, *Automnales*, *Hivernales*, d'après les saisons où elles fleurissent.

Nous avons eu soin d'exprimer par des signes usités la durée de chaque plante ; 1.° Annuelle, par le signe du Soleil ☉ ; 2.° Bisannuelle, par celui de Mars ♂ ; 3.° Vivace par celui de Jupiter ♃ ; 4.° Ligneuse, par celui de Saturne ♄.

Desirant que des additions utiles concourussent à la perfection de notre Ouvrage et à l'instruction des Élèves, nous y avons fondu trois thèses des *Aménités académiques* de *Linné* ; savoir, 1.° le Pan Suédois, *Pan Suecus*, (tom. 2, p. 236) dans lequel il traite de la nourriture des bestiaux, et y rend compte des expériences qui ont été faites à ce sujet sur le *Bœuf*, le *Cheval*, le *Mouton*, le *Cochon*, la *Chèvre*, auxquels on pourroit joindre l'*Ane* qui ne se trouve pas en Suède, le *Mulet*, les *Lapins* ; 2.° la nourriture des Oiseaux de basse-cour, *Esca Avium domesticarum*, (tom. 8, page 215) ; thèse faite d'après le plan du *Pan Suédois*, et dans laquelle sont indiquées les plantes et les diverses parties des plantes qui peuvent servir de nourriture au *Canard*, au *Coq*, au *Dindon*, à l'*Oie* ; auxquels on pourroit joindre le *Pigeon* qui n'y est pas compris ; 3.° les plantes colorantes, *Plantæ tinctoriæ*, (tom. 5, pag. 321) ; dissertation dans laquelle sont désignées les plantes et les diverses parties de ces plantes qui servent à la teinture, et les différentes couleurs qu'elles donnent. En indiquant les plantes qui peuvent servir de nourriture aux animaux, notre but a été d'engager les Amateurs à faire de nouvelles expériences sur cet objet important et à accroître ainsi le domaine des connoissances actuelles.

Jaloux de rendre notre ouvrage aussi utile aux Élèves que les connoissances actuelles peuvent le permettre, nous y avons fait entrer la Matière médicale de *Linné*, d'après l'édition de *Schreber*. Nous avons suivi en partie la traduction qu'a donné de cet ouvrage *Bernard Peyrilhe*, parce qu'elle renferme divers objets qui ne sont pas mentionnés dans le texte latin, et nous avons indiqué par les chiffres suivans les articles que nous avons traités : savoir, 1.° les noms pharmaceutiques latins et françois ; 2.° les parties des plantes qui sont usitées, telles que les feuilles, fleurs, racines, écorce, semences, etc. ; 3.° leurs qualités ; 4.° leurs principes ; 5.° les maladies dans lesquelles on les emploie ; 6.° les usages économiques auxquels elles peuvent servir. Nous avons mieux aimé indiquer les maladies qu'elles peuvent combattre avantageusement, que leurs vertus générales qui sont le plus souvent arbitraires : en effet, les véritables praticiens nous assurent tous que rien n'est plus hasardé que les propriétés indiquées sous les noms d'*incisif*, *apéritif*, *incrassant*, etc.

Mais ce qui a le plus resserré la matière médicale dans ce siècle, c'est que de très-célèbres médecins attachés à la doctrine d'*Hippocrate*, ont cru s'être assuré qu'un très-petit nombre de plantes suffit pour remplir toutes les indications médicinales. Ils ont cru entrevoir par exemple, qu'en employant comme stomachiques et toniques, trois plantes amères de différens degrés, comme la grande Gentiane, *Gentiana lutea*, L. ; la Chausse-trape ou Chardon étoilé, *Centaurea Calcitrapa*, L. ; la Saponaire officinale, *Saponaria officinalis*, L., ils pouvoient abandonner toutes les autres plantes qui excitent une sensation d'amertume.

Une autre raison péremptoire qui a déterminé les médecins partisans d'*Hippocrate*, à l'emploi d'un très-petit nombre de végétaux, comme médicamens, c'est qu'ils se sont assurés par un suffisant nombre d'observations, que précisément les maladies pour le traitement desquelles on a vanté le plus grand nombre de plantes, sont celles qui guérissent tout aussi bien abandonnées aux seuls efforts de la nature, comme les fièvres, les inflammations, les maladies qui exigent la dépuration de la masse du sang, les plaies, les fractures, etc.

Nous voyons avec regret que la matière médicale, cette branche importante de la médecine, ne fera que des progrès peu rapides, si toutefois elle en fait : la raison en est dans l'état même des choses. Le médecin qui le plus souvent n'est pas botaniste, s'occupe peu de l'étude des plantes ; et le botaniste qui est rarement médecin, ne consacre pas son temps à l'étude des maladies. Le premier qui fait son état de la médecine, calcule le temps que lui déroberoit l'étude de la botanique ; et le botaniste aime mieux employer à la recherche des plantes, les momens qu'il consacreroit à l'étude de la médecine. Cependant des connoissances en médecine sont utiles au botaniste qui voyage, et l'étude des plantes officinales est absolument nécessaire et même indispensable au médecin dans la campagne. Voilà donc des connoissances qui séparées ne concourent en rien au progrès de la matière médicale. Associer pour cet objet un botaniste et un médecin, est chose assez difficile ; réunir leurs connoissances dans une seule tête, est encore moins facile. Mais en supposant leur association possible, il résulteroit alors que le botaniste indiqueroit au médecin les plantes que l'analogie botanique lui feroit présumer utiles ; et le médecin instruit feroit alors avec la prudence qui doit accompagner les actions d'un homme circonspect, les expériences qu'il jugeroit convenables.

Un autre vice s'est introduit dans l'étude de la médecine. Les jeunes gens qui se destinent à cet état, négligent entièrement la connoissance des plantes dans leurs études. Devenus docteurs, ils prescrivent dans leurs ordonnances des plantes qu'ils ne connoissent point, mais qu'ils savent être indiquées dans telle maladie. Sûrs que leur ordonnance portée chez le pharmacien sera remplie, ils s'inquiètent peu de chercher à connoître les plantes qu'ils prescrivent. Le pharmacien, à son tour, peu instruit dans la connoissance des simples, se repose sur l'herboriste qui lui vend les plantes, mais dont l'ignorance donne souvent lieu à des méprises fâcheuses.

Le défaut d'études en botanique dans les médecins et pharmaciens, occasionne des erreurs dans le choix et dans la confection des médicamens ; c'est ainsi que dans plusieurs grandes pharmacies on a préparé pendant long-temps l'extrait de *Ciguë* avec le *Chærophyllum temulum*, L. : mais il résulte de ces sophistications, ou que les remèdes actifs préparés avec des plantes peu actives, ne produisent aucun effet et trompent l'attente du médecin ; ou que les remèdes doux, préparés avec des plantes suspectes ou très-actives, occasionnent des accidens graves dont le malade devient la victime : accidents qui n'arriveroient point, si le médecin et le pharmacien connoissoient les plantes qu'ils emploient, et savoient ce qu'il ne leur est pas permis d'ignorer.

Les herboristes qui prétendent connoître l'art de guérir parce qu'ils ont vu quelques plantes, sont dans la classe de ceux qui, n'ayant que des connoissances de tradition, de routine, sans études, sans principes, traitent d'après leur caprice toutes les maladies, purgent, font vomir, suer, donnent des potions. Ignorant jusqu'à l'art de dessécher les végétaux, ils vendent des plantes mal choisies, desséchées à l'ombre, pressées dans des sacs et des boîtes mal fermées, où elles s'altèrent, se moisissent, se corrompent : ainsi celles qui étoient salutaires au moment où elles ont été cueillies, deviennent des poisons sous la plume des médecins qui les ordonnent. D'après cet apperçu, les maux que causent les herboristes sont plus grands que l'on ne pense.

Les droguistes qui sont des marchands qui tournent leurs spéculations sur la nature et le prix des remèdes étrangers usités dans la pratique, font encore plus de mal. Tout le monde connoît les falsifications des drogues. Dans les pays où elles croissent, les habitans avides y font entrer des matières étrangères pour en augmenter le poids. Desséchées sans soin, elles sont altérées en partie avant d'être embarquées : il en résulte que les unes fermentent, que d'autres perdent leur arome, d'autres se moisissent ; l'humidité qui règne dans les vaisseaux, la négligence des marchands, la compression, les emballages, les mélanges ; tout concourt à augmenter les premières altérations. Arrivées en Europe, on ne les jette pas en mer, lorsqu'elles sont corrompues ; on les sophistique, on les travaille, jusqu'à ce que l'altération ne soit plus sensible. La plupart sont remplacées par des substances du pays, qui leur ressemblent assez par les qualités extérieures pour tromper les plus attentifs. Les résines, les aromates, les bois sont presque tous contrefaits : on ajoute des bois analogues qui prennent un peu d'arome par le contact, on les colore, etc.

Les droguistes empiétant sur les droits des apothicaires, vendent hardiment des préparations pharmaceutiques, chimiques et galéniques, qu'ils composent eux-mêmes ou qu'ils achètent préparées dans le Midi ; mais ces préparations en grand offrent des inconvéniens majeurs, sur-tout pour les remèdes actifs ; 1.° parce que l'artiste ne donne pas cette attention minutieuse, si nécessaire lorsqu'il s'agit de la vie des hommes ; 2.° parce que les corps ne réagissent

réagissent pas assez partie par partie ; 3.° parce qu'ils subissent des altérations étrangères ; 4.° parce que les manipulations sont peu exactes ; 5.° parce que dans les préparations en grand où l'on vise à l'économie, on n'emploie que des matières altérées, on n'y en met ni la quantité, ni la qualité, ni le poids, ni le nombre ; 6.° que les marchandises altérées, vendues au plus bas prix possible aux colporteurs qui les distribuent par-tout, ont plus de cours que les drogues préparées sans falsification : de là vient que les droguistes honnêtes sont obligés pour vendre sans perte, d'employer à leur tour des drogues de mauvaise qualité, de supprimer les plus précieuses dans les préparations, pour les vendre au même prix que les autres ; dès-lors le mal devient universel et aussi grand qu'il peut l'être.

Les droguistes qui prétendent aussi à l'exercice de la médecine, parce qu'ils ont acquis le coup d'œil des drogues, s'imaginent tous, eux, leurs femmes, leurs enfans, leurs commis, d'en savoir autant que les plus célèbres médecins. Ils réforment leurs ordonnances, s'arrogent le droit de traiter presque toutes les maladies, et s'inquiètent peu du succès de leurs remèdes, pourvu que l'argent tombe en abondance.

Aux maux qu'occasionnent l'ignorance et la mauvaise foi des pharmaciens, des herboristes, et des droguistes, il faut joindre ceux qui sont journellement occasionnés par cette foule de charlatans qui inondent sans cesse nos places publiques, qui jouant sur les mots, disent qu'ils ont trouvé beaucoup de *simples*, lorsque des hommes peu instruits et malheureusement trop crédules sont la dupe de leurs mensonges.

Tels sont les abus introduits dans les différentes parties de l'art de guérir. En gémissant sur les maux qu'ils occasionnent, nous desirons vivement pour le bien de l'humanité, que le Gouvernement prenne des mesures rigoureuses pour les faire cesser.

Nous avons placé à la suite de la Cryptogamie ou vingt-quatrième classe du Système des plantes, trois objets essentiels, 1.° le tableau des Ordres naturels de *Linné*, d'après l'ouvrage de *Gisèke*.

2.° Le tableau de la Méthode naturelle de *Jussieu*, d'après l'ouvrage de *Ventenat*, en faveur des personnes qui suivent cette méthode. Nous avons présenté sur deux colonnes la concordance des noms génériques de *Jussieu* avec ceux de *Linné*, de la manière suivante. La première renferme les noms du Botaniste François, en caractère romain; la seconde, ceux du Botaniste Suédois, en caractère italique. Lorsque le nom de *Linné* est le même que celui de *Jussieu*, nous avons laissé la colonne correspondante en blanc, afin d'éviter un double emploi de nom. Lorsque le nom de *Linné* est différent de celui de *Jussieu*, nous l'avons indiqué en mettant le nom de *Linné* en italique : enfin, une série de points placés après le nom de *Jussieu*, et prolongée jusqu'à la fin de la colonne des noms Linnéens, indique que les Genres à la suite desquels ils se trouvent, sont nouveaux et ne sont point cités dans notre Système des plantes.

3.° Le tableau du Système de *Ludwig* sur la régularité et l'irrégularité de la corolle et le nombre des Pétales. Nous avons également présenté la concordance des Genres de *Ludwig* avec ceux de *Linné* sur deux colonnes, en suivant pour ce système la même marche que nous avons adoptée pour celui de *Jussieu*, avec cette différence seulement que les Genres de *Ludwig* sont disposés par série numérique depuis 1. jusqu'à 1242, et que nous avons placé dans la colonne des noms de *Linné* les numéros de ses genres vis-à-vis les noms de *Ludwig* auxquels ils correspondent (3)

Persuadés que les Tables dans un ouvrage d'histoire naturelle, y ajoutent un prix infini, quand elles sont bien

(3) Voyez à la Table alphabétique des Auteurs de botanique l'article de *Ludwig*.

conçues et faites avec soin, nous en avons placé à la suite de notre Système des plantes un assez grand nombre pour satisfaire les amateurs de ce genre de travail, et leur éviter l'embarras des recherches et l'ennui qu'elles occasionnent.

Les deux premières sont des Tables alphabétiques françoise et latine des Genres, disposées sur quatre colonnes de chiffres, dont la première en romain indique le tome de l'Ouvrage; la seconde, le numéro du genre; la troisième, le nombre des espèces contenues dans chaque genre; la quatrième, la page du tome: les chiffres de ces trois dernières colonnes sont arabes.

La troisième est une Table françoise des Genres disposés par série numérique, depuis 1 jusqu'à 1343 inclusivement. Au moyen de cette disposition un Élève qui cherche un genre d'après son numéro, le trouvera avec la plus grande facilité et sans perte de temps.

La quatrième est une Table alphabétique nosologique ou des maladies disposées par genres. Nous avons indiqué au-dessous de chaque maladie les plantes employées pour la combattre, et placé à la suite des noms Linnéens de chaque plante, deux colonnes de chiffres, dont la première indique le numéro du tome où se trouve le nom des plantes, et la seconde désigne la page.

La cinquième est une Table pharmaceutique qui présente les noms françois des plantes employées en pharmacie, avec leurs renvois aux noms Linnéens. Ainsi un Élève qui desire savoir par quel nom *Linné* a désigné l'*Assa fœtida*, verra en cherchant dans cette Table *Assa fœtida*, que nous lui indiquons le tome premier de notre Système des plantes, et la page 463 de ce tome, où la plante qui fournit cette gomme-résine est désignée sous le nom de *Ferula Assa fœtida*, L., et ainsi de suite pour tous les noms contenus dans cette Table.

La sixième est une Table alphabétique françoise des plantes qui peuvent servir de nourriture au *Cheval*, au *Bœuf*, au *Mouton*, au *Cochon*, à la *Chèvre*, au *Canard*, au *Coq*, au *Dindon* et à l'*Oie*. Comme cette Table renferme deux Thèses des Aménités académiques de *Linné*, savoir *Pan Suecus* et *Esca Avium domesticarum*, disposées dans cet ouvrage d'après le Système sexuel, nous avons mieux aimé pour éviter de copier le texte de *Linné*, les présenter dans le nôtre selon l'ordre alphabétique.

La septième est une Table des plantes colorantes, qui offre selon l'ordre du Système sexuel, le tableau de la Dissertation des Aménités académiques de *Linné*, intitulée *Plantæ tinctoriæ*, dans laquelle nous avons fondu l'analyse de l'ouvrage original et précieux de *Dambourney* sur les teintures solides que les végétaux indigènes communiquent aux laines et aux lainages. Nous avons placé à côté du nom Linnéen de chaque plante, deux colonnes dont la première indique les diverses parties des plantes qu'on emploie pour la teinture; et la seconde les différentes couleurs qu'elles donnent (4).

La huitième est une Table alphabétique latine des Synonymes du *Pinax* de *G. Bauhin* cités dans notre Système des plantes. Il résulte de cette Table que sur environ six mille espèces ou variétés de plantes que renferme cet Ouvrage (5), on n'a pu en déterminer ou ramener à la nomenclature de

(4) Comme l'ouvrage de *Dambourney* ne nous est parvenu qu'à la fin de notre travail, nous n'avons pu insérer dans le texte de notre Système des plantes, ses observations, nous les avons présentées dans notre septième Table.

(5) Le Pinax de *G. Bauhin* renferme 5992 espèces ou variétés de plantes, dont 5753 désignées par des chiffres romains, indiquent les plantes que ce Botaniste regardoit comme des espèces; et 239, marquées par des chiffres arabes, désignent les plantes qu'il regardoit comme variétés.

Linné qu'environ 3250 ; dès-lors il en reste donc 2742 qui ne sont pas déterminées (6).

En présentant les synonymes du *Pinax* de *G. Bauhin*, d'après l'ordre alphabétique, nous avons conservé en entier la disposition de ses genres. Le travail absolument neuf que nous présentons, est d'autant plus utile qu'au moyen de cette Table, les Botanistes pourront désormais mettre la synonymie de *Linné* sur leurs exemplaires de cet ouvrage.

La neuvième est une Table alphabétique latine des synonymes des genres, disposée ainsi qu'il suit. A la suite de chaque synonyme, nous avons placé en capitales la lettre initiale du nom de l'Auteur auquel il appartient. Ainsi quand nous citons *Alaternus* T, le T majuscule indique que ce synonyme est de *Tournefort*. Nous ajoutons ensuite Voyez *Rhamnus* : ce qui désigne que le synonyme *Alaternus* de *Tournefort* se rapporte au genre *Rhamnus* de *Linné*, méthode qui présente la concordance des synonymes. Après le nom de *Linné* suivent quatre colonnes de chiffres, dont la première indique le tome de notre Système des plantes où est décrit le genre *Rhamnus* ; la seconde, le numéro de ce genre ; la troisième, l'espèce de ce genre à laquelle est appliqué le nom d'*Alaternus* ; la quatrième, la page du tome où sont indiqués tous les synonymes qui se rapportent au genre *Rhamnus*.

La dixième Table présente les noms des Auteurs de Botanique cités dans notre Système des plantes, et disposés

(6) Nous entendons par *Plantes déterminées*, celles que *Linné* ou ses successeurs ont ramenées aux espèces qu'ils ont signalées par des phrases caractéristiques ; et par *Plantes indéterminées*, cette multitude d'espèces signalées et figurées dans nos anciens auteurs, et même dans quelques modernes, comme *Plukenet*, *Barrelier*, *Zanoni*, *Rhéède*, *Rumphius*, etc. dont *Linné* n'a pu obtenu des échantillons assez bien préparés, pour les décrire et les classer, ou qui n'ont pas été vérifiées sur les lieux par de nouveaux voyageurs.

par ordre alphabétique. Convaincus qu'une table qui ne renfermeroit qu'une simple énumération des noms d'Auteurs et de leurs ouvrages, telle qu'on la trouve dans la plus grande partie des livres de botanique, ne rempliroit nullement le but que nous nous sommes proposés, nous avons indiqué pour chaque Auteur, d'après un plan absolument neuf, avec une clarté et une précision dont aucun Ouvrage de botanique connu jusqu'à présent n'offre d'exemples, I.° la citation en abrégé du titre de son Ouvrage; II.° le même titre en entier, dans la langue où il est écrit; III.° la ville où il a été imprimé; IV.° l'année de son édition; V.° le nombre et le format des volumes qu'il renferme; VI.° le nombre des planches et des figures qu'il contient; VII.° la matière des Planches 1.° sur *bois*, 2.° sur *cuivre*, 3.° sur *étain*; VIII.° les dessins caractéristiques des diverses Figures 1.° au *trait* ou *sans ombre*, 2.° *en noir* et *ombrées*, 3.° *enluminées*. Nous les distinguons suivant leur degré de mérite, 1.° en *médiocres*, c'est-à-dire qui expriment assez bien l'ensemble de la plante et plusieurs de ses parties, mais qui ont été négligées relativement à quelques parties essentielles; 2.° *mauvaises*, qui expriment le port de la plante, mais qui sont défectueuses pour la forme et la situation des parties; 3.° *exactes*, lorsque dessinées sans art et mal gravées, elles expriment cependant avec vérité la forme et la situation des différentes parties des plantes; 4.° *bonnes*, qui expriment bien, même quoique réduites, le port, l'ensemble et les différentes parties des plantes. Les figures bonnes sont 1.° *complètes*, 2.° *incomplètes*. Les complètes sont celles qui expriment avec vérité non-seulement l'ensemble et les diverses parties des plantes, mais encore les différentes parties de la fructification suivant leur développement, depuis l'épanouissement de la fleur jusqu'à la graine. Les incomplètes sont celles où on a omis quelques parties essentielles des végétaux, comme la fleur, le fruit, les étamines, les pistils, les nectaires, etc. IX.° Les noms que nous donnons aux Botanistes dont nous citons les ouvrages, et que nous distinguons, 1.° en

Systématiques orthodoxes, lorsqu'ils ont établi les classes, les ordres et les genres de leurs systêmes ou méthodes, sur les parties de la fructification ; 2.° en *Systématiques hétérodoxes*, lorsqu'ils ont fondé les classes, les ordres et les genres de leur systêmes ou méthodes sur d'autres parties que celles de la fructification ; 3.° en *Inventeurs*, lorsqu'ils ont découvert dans leurs voyages, décrit et fait graver de nouvelles espèces ; 4.° en *Descripteurs*, lorsqu'ils ont décrit d'après nature les espèces qu'ils ont énoncées, quoique leurs descriptions ne soient pas accompagnées de figures ; 5.° en *Dénominateurs*, lorsqu'ils ont les premiers signalé ou dénommé par une phrase spécifique les nouvelles espèces ou celles qui étoient déjà connues. Nous les distinguons en Dénominateurs *anciens* et *nouveaux*. Les premiers sont ceux qui ont indiqué les plantes par des attributs non inhérens à l'espèce, comme la localité, la grandeur, la couleur, la saveur, etc. ; les seconds sont ceux qui ont dénommé par une phrase spécifique rédigée d'après les principes du *Philosophia botanica* de *Linné*, les espèces nouvelles ou celles qui étoient déjà connues. 6.° En *Collecteurs*, lorsqu'ils ont publié et fait graver de nouvelles espèces d'après des échantillons desséchés en herbiers (7).

N'ayant jamais perdu de vue l'instruction des Élèves pour lesquels notre Système des plantes a été entrepris, nous avons placé à la suite de l'analyse de chaque ouvrage que nous avons cité, un jugement impartial, également éloigné de cette critique aigre et mordante qui déshonore un Écrivain, et de cette vile adulation qui le rend méprisable ; nous n'avons eu en vue que la vérité, nous ne dédions notre livre qu'à elle. L'approbation que nous

(7) Nous avons placé à la suite de la Table alphabétique des Auteurs de botanique et marqué par une croix les Ouvrages que nous n'avons pu nous procurer pour en faire l'analyse, et en vérifier les figures que nous n'avons citées que d'après *Reichard*.

desirons est celle des honnêtes gens et des lecteurs impartiaux.

Nous avons évité dans notre Table alphabétique des Auteurs de botanique, les défauts que présentent celles qui ont été publiées jusqu'à ce jour, savoir 1.° d'indiquer en plus ou en moins le nombre des figures contenues dans chaque ouvrage ; tel est le *Pemptades* de *Dodoens* auquel on ne donne que 848 figures, tandis qu'il en renferme 1328 ; 2.° de donner à un ouvrage autant de figures que de plantes ou de descriptions, comme l'*Historia* de *Jean Bauhin* et de *Morison*, à laquelle on attribue autant de figures que de plantes, tandis que le nombre des plantes décrites est bien plus considérable que celui des figures, vû que chacune d'elles n'est pas accompagnée d'une figure ; 3.° de ne pas faire connoître le degré de mérite des figures de quelques ouvrages, comme celui de *Feuillée*, dont on cite comme médiocres les figures qui sont bonnes ; 4.° de ne point distinguer le nombre des planches d'avec celui des figures qu'elles renferment, chose aussi essentielle à discerner que la partie d'avec le tout ; 5.° de ne pas faire connoître en citant un ouvrage, l'édition que l'on a suivie, et de citer quelquefois plusieurs éditions d'un même ouvrage, faute qu'a commis *Reichard*, qui cite dans son *Systema Plantarum* les deux éditions in-4° et in-8° du Voyage de *Tournefort* au Levant ; 6.° de citer à faux, premièrement les années des éditions, par exemple les Élémens de *Tournefort*, édition de l'Imprimerie Royale, de 1700, à laquelle on a substitué la date de 1788 ; secondement, le format des Ouvrages, tels que ceux de *Villars*, auxquels on donne quatre volumes in-4°, au lieu de quatre volumes in-8 ; et de *Leers*, auquel on assigne le format in-4, tandis que sa Flore est in-8° et ses planches in-4.°

La onzième est une Table chronologique qui renferme les noms des Auteurs cités dans le Système des plantes, disposés sur cinq colonnes, dont la première indique le nom de chaque Auteur, la seconde sa patrie, la troisième l'année de sa naissance, la quatrième l'époque de sa mort, la cinquième la durée de sa vie.

Notre Table chronologique des Auteurs est divisée en deux parties, les Auteurs morts et les Auteurs vivans. Dans la première, nous avons cité ceux dont nous avons pu nous procurer les dates des années de la mort et de la naissance ; et à la suite de ceux-ci, les Auteurs pour lesquels il nous a été impossible de connoître ces dates : mais dans ce dernier cas on pourra recourir à la Table alphabétique des Auteurs de botanique, où les années des éditions de leurs ouvrages sont citées exactement, et on aura alors une idée du temps et du siècle où ils vivoient.

On ne doit point regarder nos deux Tables sur les Auteurs de botanique comme complètes, car nous ne nous sommes point proposés de publier une Bibliothèque botanique, mais seulement des notices exactes sur tous les Auteurs cités par *Linné*. Cependant comme ce prince des Botanistes a indiqué avec beaucoup de soin et une grande sagacité pour chaque espèce, ceux qui en ont donné la meilleure figure ou la meilleure description, on peut croire que ces notices que nous publions aujourd'hui serviront au moins à faire connoître les Auteurs qui ont le plus contribué aux progrès de la science.

Enfin notre Ouvrage est terminé par une douzième et dernière Table alphabétique et étymologique latine des Genres que nous avons jugé nécessaire pour faciliter aux Élèves le moyen de retenir les noms des plantes. Mais nous avouons avec franchise que ce travail ingrat est peu satisfaisant, et que la plupart des étymologies sont très-insignificatives. Les Auteurs que nous avons consulté pour ce travail sont, les *Bauhin*, *Tournefort*, *Vossius*, *Linné*, *Boehmer*, *Ventenat*, etc.

Tous les noms grecs des plantes étant significatifs, leurs étymologies peuvent être considérées sous trois points de vue. 1.° Plusieurs noms de genres sont des noms propres d'Auteurs, de Protecteurs, ou des noms de la Fable. Dans ce sens il est intéressant pour l'Élève de se former, avec le secours de nos deux Tables des Auteurs ou d'un Dictionnaire de la Fable, une notion précise du rapport du nom avec la plante : car on ne doit pas oublier que *Linné* en consacrant les nouveaux Genres aux célèbres Botanistes, a le plus souvent saisi des points d'analogie entre les Auteurs et les plantes qui portent leurs noms, comme on peut s'en assurer en lisant le *Critica Botanica* (8).

2.° Plusieurs des noms grecs des anciens Botanistes offrent des rapports réels entre l'espèce qu'ils ont connue et l'objet avec lequel ils l'ont comparée, comme *Buglosse*, *Cynoglosse*, *Hélianthème*.

3.° Une foule d'autres noms grecs quoique comparatifs, sont peu intéressans pour leur synonymie, vû les rapports plus ou moins directs du nom de la plante avec la chose comparée. Cependant plusieurs d'entr'eux en offrent de réels, comme *Hydrocotyle*, *Hydrophyllum*, etc.

Tel est le plan de notre Ouvrage ; nous allons examiner les autres objets essentiels qu'il renferme.

II. *TRADUCTION ET PONCTUATION.*

Nous avons prouvé dans un de nos Ouvrages que les traductions françoises de *Linné* étoient vicieuses ou infidelles. Ces défauts viennent de l'habitude de franciser les noms latins, c'est-à-dire de les terminer par un *e* muet. Mais quand on dit à un Élève *Feuille acinaciforme*, *dolabriforme*, ces deux mots francisés sont inintelligibles pour lui, sur-tout en supposant, ainsi qu'on doit le faire, qu'il ne connoît point la langue latine ; mais si on lui dit : *Feuille en sabre*, *en doloire*, il se rappelle un sabre qu'il connoît, une doloire qu'il connoît ou ne connoît peut-être

(8) Voyez *Critica Botanica*, pag. 426 et suiv.

pas, mais dont il trouve dans ce dernier cas la signification dans un Dictionnaire françois. Il y a donc cette différence entre ces deux manières d'instruire les Élèves, que la première ne fixe leurs idées sur aucun objet déterminé, et que la seconde en leur rappelant des objets connus, tels que celui de sabre, leur apprend ce qu'ils retiennent par la suite avec facilité.

Si quelques personnes étoient blessées de la hardiesse avec laquelle nous avons élagué de notre traduction presque tous les termes grecs et latins conservés par les traducteurs très-modernes, nous leur dirons, que les Philosophes et les Naturalistes Grecs, lorsqu'ils ont créé la nomenclature technique des sciences, ont précisément adopté notre méthode. Convaincus qu'il falloit connoître les bornes de la mémoire de leurs Élèves, ils n'imaginoient pas autant de substantifs et d'adjectifs qu'ils reconnoissoient d'espèces et d'attributs dans les animaux et les végétaux, etc.; mais ils savoient d'une manière très-philosophique désigner chaque espèce et ses attributs caractéristiques par les sujets déjà connus du vulgaire, avec lesquels ces espèces et ces attributs avoient quelque analogie. Par exemple, s'ils vouloient signaler une plante monopétale à cinq semences nues au fond du calice, ils annonçoient la ressemblance de la feuille de cette plante avec la langue d'un chien, et l'appeloient *Cynoglosse* ou *Langue de chien*.

On nous dira que cette analogie n'est point exacte; mais qui ne voit que les premiers Naturalistes n'employoient ce mot comme mille autres que pour soulager la mémoire de leurs disciples. *Hippocrate* lui-même, en dénommant les genres des maladies, a imité les Naturalistes de son temps; car ceux qui connoissent le mieux la langue grecque, savent que pour exprimer les genres et les espèces des maladies, de même que pour désigner leurs divers symptômes, ils n'employoient que des expressions généralement connues, même du peuple.

Pour faire sentir d'une manière bien évidente la supériorité de notre traduction sur les traductions partielles ou générales de quelques ouvrages de *Linné*, nous ne citerons qu'un seul exemple. Dans la description spécifique de l'*Euphorbia palustris*, *Linné* dit : *Umbella multifida : subtrifida : bifida* : etc. de quatre traducteurs de *Linné* que nous avons sous les yeux, deux plus laconiques encore que le texte latin, disent : *Ombelle à plus de cinq rayons*, et suppriment les mots *subtrifida*, *bifida*, qu'ils ont jugé superflus ou dont ils n'ont pas entendu le sens. Les deux autres, peu heureux dans leurs commentaires, disent : *Ombelle multifide, ordinairement trifide ou comme trifide, bifide* ; mais aucun de ces traducteurs n'ayant saisi le sens de la phrase Linnéenne, nous disons : *Ombelle à plusieurs rayons : chaque rayon divisé le plus souvent en trois parties, sous-divisées elles-mêmes en deux.* On voit que, sans rien omettre, sans rien ajouter, mais en commentant le sens du texte et en lui donnant sa vraie signification, nous exprimons parfaitement la valeur des mots *Umbella multifida : subtrifida : bifida* : qu'aucun de ces quatre traducteurs n'a rendue fidellement.

Notre traduction réunit au mérite de la fidélité, une construction de phrase plus sonore et plus intelligible, comme on peut en juger par la comparaison suivante. Dans la description spécifique de la Bruyère à trois fleurs, *Erica triflora*, L. un traducteur dit : *Anthères en crête ; corolles globuleuses, campanulées ; style renfermé ; feuilles ternées ; fleurs terminales* ; nous disons : Bruyère à trois fleurs, (*Erica triflora*, L.) *à anthères en crête ; à corolles arrondies, en cloche ; à style renfermé dans la corolle ; à feuilles trois à trois ; à fleurs terminant les rameaux.*

Nous avons tâché de conserver dans notre traduction toutes les graces de la diction relativement à l'oreille. Ainsi dans la description spécifique de la Menthe sauvage, *Mentha sylvestris*, L. où il est dit, *spicis oblongis ; foliis oblongis* ; etc. nous disons : *à fleurs en épis alongés ; à feuilles oblongues*, et non pas *épis oblongs, feuilles oblongues* ; comme ont fait les quatre traducteurs de *Linné* cités plus haut, évitant ainsi de répéter deux fois les mots *oblong, oblongue*, qui flattent peu agréablement l'oreille.

Il y a dans le texte de *Linné* des mots dont il faut long-temps méditer le sens pour le comprendre. Lorsque dans le signalement spécifique de l'Indigotier à feuilles étroites, *Indigofera angustifolia*, L. il est dit : *foliis pinnatis, linearibus*, il ne faut pas traduire, *à feuilles pinnées, linéaires*, mais *à feuilles pinnées ; à folioles linéaires* ; parce que dans cette phrase le mot *foliole* est sous-entendu.

Dans la description de la Vesce de Cassubie, *Vicia Cassubica*, L. où il est dit : *foliolis denis*, il ne faut pas traduire *à dix folioles*, mais *à feuilles pinnées ; à dix folioles* ; parce que dans cette phrase le mot *feuille* est sous-entendu.

Dans le caractère naturel essentiel des *Dentaires*, où *Linné* dit : *Calyx longitudinaliter connivens*, il faut traduire *feuillets du calice réunis dans leur longueur*, et non pas *calice réuni dans sa longueur*, parce que dans cette phrase il faut prendre la partie pour le tout.

Dans la description de l'Immortelle à feuilles de bruyère, *Gnaphalium ericoïdes*, L. il est dit *Gnaphalium fruticosum, foliis sessilibus, linearibus ; calycibus exterioribus, rudibus : interioribus incarnatis* : il ne faut pas traduire *Immortelle à tige ligneuse ; à feuilles assises, linéaires ; à calices extérieurs rudes : les intérieurs couleur de chair* ; mais *à écailles extérieures du calice sans éclat : les intérieures couleur de chair*, etc. parce que dans ce second exemple il faut entendre les écailles du calice, et non pas le calice, et prendre comme dans le précédent la partie pour le tout.

Dans la description de l'Orchis pyramidal, *Orchis pyramidalis*, L. où il est dit : *nectarii labio bicorni, trifido, æquali, integerrimo*, il ne faut pas traduire : *à lèvre du nectaire à deux cornes*, *à trois divisions peu profondes*, *égale*, *très-entière*; mais *à lèvre du nectaire à deux cornes*, *à trois divisions peu profondes*, *égales*, *très-entières*, parce que ces deux derniers mots *æquali*, *integerrimo*, se rapportent aux divisions de la lèvre du nectaire, et non pas à la lèvre du nectaire, parce qu'il y auroit un contre-sens, la lèvre du nectaire ne pouvant pas être en même temps et entière et divisée en trois parties.

Enfin, pour faire sentir par un dernier exemple, la nécessité de commenter le sens de *Linné*, nous citerons la phrase spécifique de deux espèces d'Acalyphe; savoir, *Acalypha Virginica et Indica*, L. où il est dit : *Involucris masculis et femineis cordatis* : il faut traduire, *feuillets des collerettes des fleurs mâles et femelles en cœur*, et non pas comme a fait un traducteur, *collerettes mâles et femelles en cœur*, parce que cette traduction présente deux contre-sens; le premier, en ce que le mot *cordatis* ne se rapporte pas aux collerettes, mais aux feuillets des collerettes qui sont sous-entendus; et le second, en ce que les mots *masculis* et *femineis* se rapportent aux fleurs qui sont sous-entendues; car tout le monde sent qu'il est ridicule de faire rapporter ces mots *masculis* et *femineis* aux collerettes qui ne sont et ne peuvent être ni mâles ni femelles. On voit d'après cet exemple quel cas on doit faire de toutes ces prétendues traductions, dont les Auteurs n'ont pas voulu se donner la peine de commenter le texte. Nous savons que les explications neuves et exactes ne seront pas généralement adoptées, parce qu'elles ne sont pas généralement connues; la raison en est simple : l'erreur est vulgaire, la science ne l'est pas.

Les traductions de *Linné* fourmillent en général de fautes contre le sens et contre la langue. Dans le signalement du *Lotus cytisoïdes*, où *Linné* dit : *capitulis dimidiatis*, un traducteur a dit : *têtes ramincies* (ce dernier mot n'est pas françois), au lieu de *fleurs en demi-tête*.

Dans la description de l'Alysson épineux, *Alyssum spinosum*, L. où *Linné* dit : *racemis senilibus spiniformibus, nudis*, un traducteur a dit, on ne sait trop pourquoi : *rameaux floréales en forme d'épines, nus* ; au lieu de traduire, *à tige ligneuse, dont les vieux rameaux dénués de feuilles, deviennent épineux.*

Nous avons sévérement banni de notre traduction toutes ces expressions plus que barbares, comme *paillassés* et *pailleux*, pour *garnis de paillettes*, etc. 2.° Les mots à double sens, tels que *terne*, *cordé*, *aiguillonné*, pour *trois à trois*, *en cœur*, *terminé en pointe*, etc. 3.° Les mots à contre-sens, comme *retourné* pour *renversé*, *baillante* pour *béante*, *décliné* pour *incliné*, etc. Enfin toutes ces expressions nouvelles dont on surcharge aujourd'hui la botanique, qu'on s'est plu à hérisser de termes et de définitions bizarres contre les lois de la saine logique.

En nous bornant à une simple traduction des espèces, notre intention a été de diminuer la grosseur des volumes de cet Ouvrage, et de renvoyer pour les descriptions placées dans le texte latin à la suite des espèces, à la quatrième édition des *Démonstrations élémentaires de botanique*, où on les trouvera traduites avec toute la précision et la clarté qui caractérisent un Botaniste célèbre qui entend parfaitement le sens du langage Linnéen. Nous avons évité par cette méthode de faire réimprimer ce qui l'a déjà été, c'est-à-dire de faire des livres avec des livres, comme le font aujourd'hui la plupart des Auteurs, qui se copient, qui se critiquent par jalousie et ne s'entendent pas. Dès-lors on doit regarder notre Systême des plantes comme une traduction du quatrième volume latin des Démonstrations élémentaires de botanique, qui donne ce que nous avons évité de donner ; comme aussi nous offrons la série complète des espèces qui ne sont pas mentionnées dans ce livre : ainsi ces deux Ouvrages se prêtent un mutuel appui.

Quant à la *Ponctuation*, nous l'avons extrêmement soignée, parce qu'elle est presque toujours fausse dans *Reichard*, *Murray*, *Schreber*, *Witmann*, *Willdenow*, *Persoon*, au moins dans les phrases spécifiques; nous n'en citerons qu'un exemple. Dans la Knautie plumeuse, *Knautia plumosa*, L., la ponctuation est mise ainsi qu'il suit : *foliis superioribus pinnatis, calycibus decaphyllis, seminibus papposis.* Mais il faut ponctuer : *foliis superioribus pinnatis ; calycibus decaphyllis ; seminibus papposis.* Alors on doit traduire, Knautie plumeuse, *Knautia plumosa*, L. à feuilles supérieures pinnées; à calices à dix feuillets; à semences aigrettées.

En analysant cette phrase, on voit qu'elle renferme trois substantifs, qui sont, *feuilles*, *calices*, *semences*, et plusieurs adjectifs : or chaque substantif suivi d'un adjectif, coupant le sens de la phrase, il est nécessaire de l'exprimer, et nous le faisons sentir par la ponctuation que nous substituons à celle qui est suivie dans *Reichard*. On doit isoler chaque adjectif par une virgule qui indique son degré de liaison avec le substantif qui régit la phrase en tout ou en partie; et séparer chaque substantif suivi d'un ou plusieurs adjectifs, par un point et une virgule, qui indiquent la terminaison d'une partie du sens de la phrase, et placer un point après l'adjectif ou les adjectifs qui suivent les derniers substantifs. On trouve dans *Reichard*, *Murray*, etc. des phrases entières qui ne sont pas ponctuées; mais nous osons avancer sans crainte d'être contredit, que toute ponctuation qui s'écarte de la règle que nous donnons, est vicieuse.

Il existe une seconde ponctuation qu'on doit employer dans les phrases qui ne présentent qu'un seul substantif suivi de plusieurs adjectifs. Dans le Doronic Scorpion, *Doronicum Pardalianches*, L. la description spécifique doit être ainsi ponctuée : *foliis cordatis, obtusis, denticulatis : radicalibus petiolatis : caulinis amplexicaulibus.* Il faut traduire : *à feuilles en cœur, obtuses, dentelées : les*

radicales

radicales pétiolées ; celles de la tige embrassantes. Dans cette phrase, le mot substantif *foliis* étant suivi de sept adjectifs dont deux plus distincts, savoir *radicalibus* et *caulinis*, remplacent en quelque sorte deux substantifs, et coupent le sens de la description en deux parties bien distinctes : la ponctuation que nous substituons à celle qui est suivie dans *Reichard*, indique d'une manière sensible la valeur plus ou moins considérable de chaque adjectif, et évite de mettre sept virgules de suite, qui auroient donné moins de force à la description.

En suivant la marche des phrases de *Linné*, nous avons mis la même exactitude à ne point intervertir l'ordre des mots qui les composent, parce qu'ils sont ordinairement disposés par rapprochement et opposition, comme on peut en juger par l'exemple suivant. Dans la description spécifique des Véroniques fausse et maritime, *Veronica spuria et maritima*, Linné dit : *spicis terminalibus ; foliis ternis, æqualiter serratis*, pour la première : et *spicis terminalibus ; foliis ternis, inæqualiter serratis*, pour la seconde ; il faut traduire ainsi : *Véronique fausse et maritime, à fleurs en épis terminans ; à feuilles trois à trois, également et inégalement dentées*, ou bien *à dentelures égales et inégales* ; d'où il suit que les mots *également* ou *inégalement* qui font une opposition bien prononcée, caractérisent parfaitement chacune de ces espèces. Mais si dans la traduction on mettoit le mot feuilles avant épis, l'opposition ne seroit pas aussi sensible. Il est important que les Élèves (ainsi que nous l'avons dit dans notre *Dictionnaire* des *termes techniques de Botanique*, à l'article *Phrasis botanica*), soient avertis, que dans les genres nombreux plusieurs termes de la phrase ne servent point à isoler rigoureusement la plante, mais à faire connoitre son analogie par les attributs principaux avec les espèces précédentes : dès-lors on voit que les phrases de *Linné* sont non-seulement caractéristiques, mais encore comparatives ; ce qui est le complément de l'art.

Nous terminerons cet article par quelques observations sur les noms françois des Genres. Le choix des noms génériques a dû fixer notre attention, parce qu'ils peuvent induire les Élèves en erreur. Nous prévenons donc les Lecteurs, 1.° que nous n'avons adopté que les noms des genres généralement reçus, comme ceux de *Mouron*, *Panicaud*, etc. quoiqu'ils ne correspondent point aux noms latins pour les terminaisons ; 2.° que nous avons francisé tous les noms génériques latins, dont la terminaison françoise nous a paru devoir être conforme au texte ; 3.° que nous avons rejeté tous les noms génériques françois, composés de deux noms de genres. La méthode de franciser les noms génériques a l'avantage de rappeler à l'Élève le nom latin, et de lui éviter la peine de retenir deux noms, savoir un latin et un françois, pour une seule et même plante.

Il existe en botanique un grand nombre de genres dont les dénominations françoises correspondent aux noms latins. Nous citerons en exemple, Angélique, *Angelica* ; Campanule, *Campanula* ; Centaurée, *Centaurea* ; Circée, *Circæa* ; Véronique, *Veronica* ; Héliotrope, *Heliotropium* ; Jasmin, *Jasminum* ; Asphodèle, *Asphodelus* ; Asperge, *Asparagus* ; Romarin, *Rosmarinus*, etc. Il en existe dont la terminaison est la même dans les deux langues ; tels sont : *Amaryllis*, *Coris*, *Iris*, *Paris*, etc. : d'autres qui se rapprochent beaucoup sans se terminer par le même son, comme Bourrache, *Borago* ; Plantain, *Plantago*, etc.

En francisant les noms des Genres, nous avons évité les noms composés de deux mots, comme Langue de chien pour *Cynoglosse* ; Pain de pourceau, pour *Cyclame* ; Pied de loup, pour *Lycope* ; Pied d'alouette, pour *Delphin* ; Patte d'oie, pour *Chénopode* ; Langue de serpent, pour *Scolopendre*, etc. : ou, ce qui est pire, les noms composés d'un nom de genre avec lesquels ils n'ont aucun rapport ; tels sont ceux de Lys-Asphodèle pour *Hémérocalle* ; de

Trèfle d'eau, pour *Ményanthe*; de Jonc-fleuri pour *Butome*, et de Laurier St.-Antoine, pour *Épilobe*, etc.

Nous pensons donc qu'on doit rejeter sévèrement toutes les dénominations inventées par les Jardiniers fleuristes et par les personnes peu instruites en botanique, parce qu'elles présentent une idée fausse des objets qu'on veut désigner, ainsi qu'on en peut juger par les exemples que nous venons de citer, et d'après lesquels il résulte, 1.° que le *Lys-Asphodèle* qui rappelle deux noms de genres, n'est ni un *Lys* ni un *Asphodèle*, mais un *Hémérocalle*; 2.° que le *Trèfle d'eau* n'est point un *Trèfle*; 3.° que le *Jonc-fleuri* n'est point un *Jonc*; 4.° enfin que le *Laurier St.-Antoine* n'est point un *Laurier*, mais un *Épilobe*.

Toutes ces imperfections dans le langage de la botanique, nous font souhaiter de voir s'opérer dans cette science une réforme semblable à celle qui a eu lieu en chimie. Il seroit à desirer qu'une assemblée de Botanistes instruits, sans préjugés et sur-tout sans esprit de parti, fixât la valeur de chaque mot, déterminât quels sont les noms qu'il convient de franciser, ceux qu'il faut traduire; publiât une nomenclature qui universellement adoptée, fixeroit l'incertitude inséparable de la manière de philosopher de chaque traducteur de *Linné*.

Cette assemblée détermineroit les genres des noms, tels que *bulbe*, *panicule*, qui sont masculins et féminins dans les livres de botanique; et donneroit des règles pour l'orthographe qui varie, comme dans les mots *bâle* et *balle*, *pédoncule* et *péduncule*, *papilionacée* et *papillonacée*, qu'on écrit de deux manières différentes. Quant à nous, nous préférons écrire *bâle*, *péduncule*, *papilionacée*. On nous objectera peut-être que des noms dérivés du latin, comme *undulatus*, *unguis*, quoique prenant un *u* en latin, s'écrivent en françois par *ondulé*, *onglet*; mais il nous semble qu'il seroit peut-être plus sage de conserver les racines latines que l'on s'efforce aujourd'hui de faire oublier, par la nouvelle orthographe qu'on introduit.

Il existe dans notre langue des expressions qui sont contraires au langage de la Botanique; tels sont les mots *épine* et *aiguillon*. On dit *les épines du rosier*, *de la ronce*, etc.; mais on devroit dire, *les aiguillons du rosier*, *de la ronce*, parce que les épines ainsi nommées en françois, ne sont selon la rigueur du langage de la Botanique, que des aiguillons adhérens à l'écorce de ces plantes, tandis que les épines sont des productions formées par le bois même de la plante; ainsi les épines de la *Rose* ne sont que des piquans, et les piquans du *Prunus spinosa* sont de véritables épines.

III. *SYNONYMIE.*

On appelle *Synonymie*, la collection et la concordance des noms donnés à chaque espèce de plantes par les différens Auteurs, depuis les pères de l'art jusqu'à nos contemporains. Une *synonymie* pour être véritablement utile, doit désigner avec une exactitude scrupuleuse la page et la figure de chaque ouvrage; travail qui exige la plus grande attention. Les Botanistes même les plus célèbres sont souvent en défaut sur cet article.

Nous osons nous flatter qu'aucun Ouvrage françois publié jusqu'à ce jour, ne présente une *synonymie* aussi complette et travaillée avec autant de soin. Elle est le fruit de plusieurs années d'études. Le moyen que nous avons employé pour rendre nos citations exactes, a été de les vérifier premièrement en composant notre manuscrit; secondement de les confronter une seconde fois sur la première épreuve sortie de l'impression. Méthode qui en doublant notre travail, nous a obligé de vérifier deux fois chaque citation; ce qui étoit d'autant plus nécessaire que le *Pinax* de *G. Bauhin* n'indiquant point les pages et les figures, nous avons été obligés de les chercher pour les citer, et que le *Systema* de *Reichard*, dans lequel les pages et les figures des Ouvrages sont citées, fourmille de fautes, ainsi que nous le prouverons dans cet article.

Nous avons divisé notre synonymie en *synonymie des Genres* et *synonymie des Espèces*. Cette dernière est toujours chronologique, c'est-à-dire qu'après avoir cité la phrase latine du *Pinax* avec sa traduction françoise, en désignant la page et le numéro de chaque espèce dans cet ouvrage, nous indiquons successivement par ordre de date, les Auteurs anciens et modernes. Ainsi après *G. Bauhin* nous citons rigoureusement *Dodoens*; après *Dodoens*, *Lobel*; après *Lobel*, *l'Écluse*; après *l'Écluse*, *Dalèchamp*, etc.; cette manière de présenter la *synonymie*, uniforme pour toutes les plantes citées dans le *Pinax*, a l'avantage d'indiquer aux Élèves, que lorsqu'après la citation du *Pinax* nous ne donnons point la figure de *Dodoens*, mais celle de *Lobel*, c'est une preuve que *Dodoens* n'a point connu la plante, et *vice versâ* pour tous les Ouvrages cités dans le *Pinax*. Quant aux figures des Inventeurs, tels que *Brunsfels*, *Fuschs*, *Tragus*, *Matthiole*, nous ne nous sommes point astreints à les citer pour chaque plante, nous ne les avons indiquées qu'autant que *Linné* les cite.

Le travail de synonymie que nous publions aujourd'hui, quoique très-grand en lui-même, ne doit être regardé que comme l'avant-coureur d'un Ouvrage immense que nous nous proposons de publier incessamment dans une nouvelle édition du *Pinax* de *G. Bauhin*. Nous y indiquerons non-seulement les phrases et les figures avec la citation des pages des Auteurs nommés par *G. Bauhin*, depuis l'Inventeur de chaque plante jusqu'à lui, mais encore ceux qui sont postérieurs à ce Botaniste, et dont il n'est pas fait mention dans son Ouvrage, tels que *J. Bauhin*, *Morison*, *Bellevat*, *Barrelier*, etc.; nous aurons soin d'ajouter à chaque espèce du *Pinax* le nom Linnéen, afin qu'à l'aide de la nomenclature de *Linné*, ce livre rajeunisse de deux cents ans, et puisse être au niveau des connoissances actuelles, en présentant la *synonymie* ancienne et moderne complète.

En indiquant les figures des Auteurs avec la page de leurs Ouvrages, nous avons fait un travail qui ne se trouve point dans le *Pinax*, et le *Pinax* à son tour citant les phrases des Auteurs, nous avons jugé à propos de ne point les donner, 1.° pour éviter de grossir inutilement notre Ouvrage ; 2.° afin de réunir en quelques lignes un grand nombre de citations de figures et de pages, qui sont souvent au nombre de dix et même de douze pour une seule plante : ainsi l'on doit regarder notre *synonymie* comme le complément du *Pinax*, que la traduction françoise qui se trouve présentée dans notre Ouvrage, rendra désormais intelligible aux personnes qui ne connoissent point la langue latine.

En citant les Botanistes anciens tels que *Dodoens*, *Lobel*, *l'Écluse*, *Daléchamp*, *J. Bauhin*, etc., nous avons eu soin d'indiquer les numéros de leurs figures de la manière la plus simple, en les prenant dans le sens de l'écriture, c'est-à-dire de gauche à droite (9). Cette méthode qui

(9) Nous entendons parler ici de notre manière d'écrire, mais qui n'est pas générale. Il y a eu plusieurs manières de tracer les lignes en écrivant ; elles ont été formées de droite à gauche par les Hébreux, les Chaldéens, les Samaritains, les Syriens, les Turcs, les Persans, les Arabes, les Tartares, etc. ; de gauche à droite par les Grecs, les Romains, les Arméniens, les Éthiopiens, les Georgiens, les Serviens, les Esclavons, et les autres peuples du côté de l'Europe ; de haut en bas par les Chinois et les Japonois ; de bas en haut par les Peuples du Mexique ; enfin de droite à gauche pour la première ligne, revenant de gauche à droite à la seconde, et ainsi alternativement jusqu'à la fin de la page. Cette manière d'écrire étoit en usage chez les Grecs ; on la nommoit *Boustrophedon*, mot qui indique l'action par laquelle un bœuf laboure un champ, en allant et en revenant. On a écrit aussi du milieu à la circonférence en tournant. Voyez le *Manuel typographique*, par *Fournier*, tome 2, page 258.

présente une marche uniforme pour tous les Ouvrages que nous citons, est infiniment préférable à l'indication des figures, usitée dans la plupart des livres de botanique, par les mots supérieures, intermédiaires, inférieures; intérieures ou extérieures; ou figure à droite ou à gauche. Elle présente en outre l'avantage de ne point varier comme l'autre, selon le format des Ouvrages et le nombre des figures contenues dans chaque page, et d'indiquer aux Élèves d'une manière précise la figure que l'on cite. Ceux d'entr'eux qui posséderont quelques-uns des livres mentionnés dans notre Ouvrage, pourront avec le secours de nos citations, écrire ainsi que nous et le Dr *Gilibert* l'avons fait, la *synonymie* de *Linné* sur leurs Ouvrages de botanique; travail qui leur donne un très-grand prix, sur-tout lorsque cette *synonymie* y est indiquée d'une manière sûre par un Botaniste exact et instruit.

Nous avons distingué dans notre *synonymie* des Espèces, deux sortes de synonymies bien distinctes, celles des plantes *Européennes* et celles des plantes *exotiques*.

La première, très-soignée et nombreuse, présente quelquefois jusqu'à douze citations pour une seule plante, toutes vérifiées sur les Ouvrages que nous indiquons, et nous espérons qu'on les trouvera exactes; la seconde, moins riche, ne présente qu'un petit nombre de figures pour chaque espèce, ce qui est facile à concevoir, parce qu'il y a beaucoup moins d'Auteurs qui se sont occupés des plantes exotiques que des Européennes. Mais il y a cette différence dans notre travail, qu'ayant eu sous les yeux à peu près tous les Ouvrages cités pour la *synonymie* des plantes indigènes, nous pouvons répondre de nos citations pour celles-là; mais dans la seconde qui comprend les Ouvrages que nous n'avons pu nous procurer, nous les avons faite d'après *Reichard*; aussi nous n'en répondons point. Mais comme il est juste que chacun ne soit chargé que de ses propres fautes, nous avons eu soin dans la Table alphabétique des Auteurs de botanique que nous donnons à la fin de notre Système des Plantes, de marquer par un astérisque les Ouvrages dont nous n'avons pu vérifier les citations et les figures ; dès-lors les fautes qui se trouveront dans les citations de ces Ouvrages, ne nous appartiennent pas.

La synonymie des Genres dans notre Système, est présentée par ordre chronologique ou sans ordre chronologique. Elle est chronologique, lorsque le nom de *Tournefort* a été adopté par *Linné*, et celui de *Linné* par *Lamarck*. Elle ne l'est point, lorsque le nom de *Tournefort* n'a pas été adopté par *Linné*, et que celui de *Linné* au contraire a été suivi par *Lamarck*; parce que pour éviter de répéter deux fois le nom Linnéen, nous avons fait suivre immédiatement celui de *Lamarck*, et avons cité ensuite celui de *Tournefort* comme synonyme. Nous en disons autant pour tous les Genres, de *Plumier*, *Micheli*, *Dillen*, etc.

Pour rendre nos citations plus exactes et plus utiles, nous avons indiqué non-seulement le numéro des Planches de *Tournefort*, *Plumier*, *Micheli*, etc. mais encore les folios des pages. Quant à l'Ouvrage de *Lamarck*, nous n'avons donné que le numéro de la Planche de l'Encyclopédie méthodique, le texte n'étant pas achevé.

Nous avons mis la plus grande attention à vérifier la citation des synonymes de *G. Bauhin*, parce qu'il y a des plantes auxquelles se rapportent plusieurs synonymes de cet Auteur : telle est la *Nigella sativa* à laquelle sont appliqués deux synonymes du Pinax; *Nigella flore minore simplici, candido* (*Pin.* 145, n.° 5), et *Nigella flore minore, pleno et albo* (*Pin.* 146, n.° 6). Nous avons placé à la suite de chacun de ces synonymes les figures des Auteurs qui y ont rapport, et nous avons évité avec le plus grand soin de rapporter au n.° 5 celle du n.° 6, et *vice versâ*, parce qu'alors il y auroit eu confusion dans la citation de nos synonymes (10).

Reichard est tombé dans un défaut que nous avons évité. Cet Auteur cite en abrégé les Genres du *Pinax* ; mais cette méthode a l'inconvénient d'induire en erreur. En citant le synonyme du *Pinax* pour la *Gentiana acaulis*, L. il l'écrit par un *G*, qu'on croiroit être la lettre initiale du mot *Gentiana*, tandis qu'elle est celle de *Gentianella*. Le genre des *Gentianes* présentant quatre divisions dans *G. Bauhin*, dont trois sous le nom de *Gentiana*, et une sous celui de *Gentianella*, il s'ensuit que *Reichard* en citant par un *G* initial les synonymes du *Pinax*, n'indique point si c'est *Gentiana* ou *Gentianella*. Nous avons préféré, pour éviter toute erreur ou équivoque, écrire le nom du *Pinax* en entier. Nous observons que *Reichard* a commis cette faute pour le genre entier des *Gentianes*.

Une *synonymie* exacte est un travail qui ne peut être apprécié que par le petit nombre des Botanistes qui s'en sont occupés. En effet, démêler les espèces dont chaque Auteur a entendu parler, chercher à concilier les Auteurs entr'eux, comparer leurs observations, rapporter à chaque espèce ses vrais synonymes, distinguer exactement les prétendues nouvelles espèces et les variétés d'avec celles qui sont bien connues, est un travail ingrat, pénible, rebutant, et immense en lui-même. On sent combien il a dû nous en coûter de recherches, d'observations et de

(10) On a reproché avec raison à *G. Bauhin* 1.° de n'avoir point suivi dans son *Pinax*, pour les citations des Auteurs, l'ordre chronologique ; 2.° de n'avoir point cité les volumes ni les pages de leurs Ouvrages ; 3.° d'avoir fait de doubles emplois de synonymes et de figures ; 4.° d'avoir rapporté des synonymes à des plantes auxquelles ils n'appartenoient point. Cependant, malgré les défauts que présente le *Pinax*, le jugement que la postérité en a porté lui a assuré une place distinguée parmi les livres les plus utiles qui ont été publiés en Botanique.

temps pour parvenir à compléter notre synonymie, que nous avons tâché de rendre lumineuse et utile. Peu d'Auteurs sans doute auroient eu comme nous le courage de vérifier à deux reprises différentes plus de vingt-cinq milie synonymes, dont l'exactitude donnera à notre Système des plantes un très-grand prix.

Les Botanistes qui ont étudié la *synonymie*, savent qu'il existe dans les rapports des synonymes une confusion qu'il est presque impossible de débrouiller. C'est ainsi qu'on a confondu les synonymes des *Blitum capitatum* et *virgatum*, L., des *Salicornia herbacea* et *fruticosa*, des *Salicornia Arabica* et *Anabasis aphylla*, L., des *Salsola Kali* et *Tragus*, L., des *Salvia Syriaca* et *spinosa*, L., des *Mirabilis Jalappa* et *dichotoma*, L., des *Ipomæa Bona nox* et *Smilax Bona nox*, L., des *Tamarix Germanica* et *Gallica*, L., des *Hyacinthus botryoïdes* et *racemosus*, *non scriptus* et *cernuus*, L., des *Allium arenarium* et *carinatum*, L., des *Trientalis Europæa* et *Cornus Suecica*, L., des *Tropæolum majus* et *minus*, L., des *Erica Mediterranea* et *multiflora*, L., des *Dianthus plumarius* et *superbus*, L., des *Anagyris fœtida* et *Cytisus Laburnum*, L., des *Rezeda canescens* et *purpurascens*, L., des *Potentilla verna* et *aurea*, L., *hirta* et *intermedia*, L., des *Delphinium Ajacis* et *ambiguum*, des *Scrophularia canina* et *Chrysanthemum corymbosum*, L., des *Antirrhinum Alpinum* et *glaucum*, L., des *Cochlearia Anglica* et *Danica*, L., des *Lunaria annua* et *rediviva*, L., des *Fumaria claviculata* et *capreolata*, L., des *Lupinus luteus* et *varius*, L., des *Lathyrus sylvestris* et *latifolius*, L., des *Hedysarum Onobrychis* et *caput galli*, L., des *Astragalus Stella* et *sesameus*, L., des *Trifolium agrarium* et *Medicago lupulina*, L., des *Crepis rubra* et *fœtida*, L., des *Scolymus Hispanicus* et *maculatus*, L., des *Carduus defloratus* et *Monspessulanus*, L., des *Doronicum Pardalianches* et *Arnica scorpioïdes*, L., des *Santolina Chamæcyparissus* et *rosmarinifolia*, L., des *Artemisia Judaïca* et *Santonica*, *glacialis* et *rupestris*, L., des *Centaurea splendens* et *paniculata*, *erucæfolia* et *muricata*, L., des *Micropus erectus* et *supinus*, L., des *Orchis abortiva* et *Ophrys Nidus-avis*, L., des *Carex elongata* et *vesicaria*, L., des *Empetrum album* et *nigrum*, L., des *Ephedra distachia* et *polystachia*, des *Ephedra distachia* et *Equisetum hyemale*, L., des *Zostera marina* et *Oceanica*, L., etc.

Les réductions des Synonymes de ces diverses plantes peuvent être regardées comme des problèmes botaniques, dont nous proposons la solution à la sagacité de nos Lecteurs, et qui pourront fournir matière à leurs méditations. S'il est difficile de ramener des synonymes cités par divers Auteurs pour deux espèces différentes, comment espérer de débrouiller ceux des genres nombreux, tels que les *Chénopodes*, *Cornillets*, *Cistes*, *Anemones*, *Menthes*, *Dentaires*, *Orchis*, *Cucurbitacées*, *Amaranthes*, *Pins*, *Chênes*, d'une foule d'*Ombellifères*, etc. etc.

Nous observerons encore que quelques reproches que l'on ait fait à *Linné*, d'avoir si prodigieusement diminué le nombre des espèces dans son *Hortus Cliffortianus*, en présentant comme variétés, une multitude de plantes qu'il a élevées dans ses dernières éditions à la dignité d'espèces, cependant nous pouvons assurer que des recherches ultérieures fondées sur l'évaluation exacte de la puissance du climat, de l'élévation des terres, de la qualité du sol, forceront nos successeurs à annuller plusieurs centuries d'espèces Linnéennes tant exotiques qu'indigènes. Ils s'assureront, par exemple, que plusieurs espèces de *Véroniques* Linnéennes ne sont, comme l'a déjà entrevu *Scopoli*, que des variétés dues à l'élévation du sol ou à la qualité du terroir, comme les *Veronica spicata*, *Virginica*, *spuria*, *maritima*, *Teucrium*, *prostrata*, *Chamædrys*, *verna*, *Romana*, *acinifolia*, *peregrina* et *triphyllos*. Plusieurs genres paroîtront certainement par des observations ultérieures, formés par un grand nombre d'espèces hybrides; nous citerons en preuve le genre *Chenopodium*. Nous en pouvons dire autant du genre *Campanula*, nous étant assurés par des observations directes que plusieurs espèces Alpines descendant dans les plaines, changent tellement de forme qu'on en a constitué plusieurs espèces différentes : telle est, par exemple, une variété de la *Campanula thyrsoidea*, qui offre une forme si singulière par l'alongement de la tige et l'écartement des feuilles, qu'elle devient intermédiaire entre les *Campanula glomerata* et *thyrsoïdea*.

Nous savons que les Botanistes de nos jours qui se plaisent à multiplier les espèces, n'approuveront point les réductions que des hommes sensés voudroient introduire pour le bien de la science. Nous leur citerons à ce sujet une anecdote que peu d'entr'eux connoissent. *Haller* à qui on disoit que *Linné* avoit trop resserré les espèces, répondit à la personne qui lui faisoit cette observation : « Si j'ai élevé à la dignité d'espèces, dans mon *Histoire des Plantes de la Suisse*, des variétés que j'aurois pu regarder comme telles, c'est parce que je n'avois à décrire que les plantes d'un pays circonscrit, pour lesquelles j'ai dû entrer dans des détails plus minutieux ; mais si j'avois entrepris une histoire générale des Plantes, j'aurois été encore plus sévère que *Linné* sur la réduction des espèces. »

Nous avons dit dans un de nos Ouvrages, que la Botanique n'avoit pas fait depuis la mort de *Linné* les progrès que sembloient devoir lui présager les travaux de ce laborieux observateur. Nous allons prouver dans celui-ci que cette science ne peut que dégénérer en France. Nous appuyerons cette assertion sur les raisons suivantes : I.° La diminution des fortunes. II.° La cherté des Livres de botanique et des herborisations. III.° Le luxe des Ouvrages modernes, et sur-tout des figures enluminées. IV.° Le défaut de voyages dans l'intérieur de la République. V.° Le nombre prodigieux de plantes exotiques qu'on découvre journellement. VI.° L'imperfection des lois sur la Librairie. VII.° La manière de philosopher des Botanistes de nos jours, et leur caractère.

I.° La diminution des fortunes en France, sera un obstacle d'autant plus grand aux progrès de la Botanique, qu'il résulte qu'au moment où les fortunes ont diminué, tout a augmenté de valeur. Pour travailler utilement aux progrès des sciences, il faut que l'homme de lettres n'éprouve pas le besoin et qu'il ne soit pas réduit à calculer ses moyens d'existence. Il y auroit beaucoup plus de gens instruits, et par conséquent les sciences feroient beaucoup plus de progrès, si les personnes qui sont nées avec un goût décidé pour un art ou une science quelconque pouvoient s'y livrer. Mais pour s'instruire en Histoire naturelle, il faut acheter des livres, faire des voyages qui entraînent à des dépenses considérables, bien supérieures à la fortune du plus grand nombre des particuliers, qui ne pouvant se les permettre, sont forcés d'abandonner une carrière où ils auroient pu réussir, pour en suivre une où ils puissent trouver des moyens d'existence. En Botanique sur-tout on voit des jeunes gens pleins de courage et d'ardeur se livrer à cette science qui est vraiment attrayante, avec une espèce de fureur, avec toute l'énergie de la nature. Les deux ou trois premières années ils trouvent un aliment à la faim qui les dévore; mais après avoir parcouru les environs de leur domicile, ils commencent à se lasser de voir toujours les mêmes plantes; ils sentent alors le besoin de voyager, pour entretenir leur ardeur et acquérir des connoissances. Mais les voyages sont coûteux, fatigans, pénibles, dangereux: le courage manque aux uns, la fortune aux autres; la santé à quelques-uns; la réflexion vient, le découragement la suit de près, et presque tous abandonnent une science qui ne leur offre aucun avantage. Voilà pourquoi il y aura toujours très-peu de vrais Botanistes, et qu'en Histoire naturelle, science qui ne s'apprend pas dans le repos du cabinet, et en Botanique sur-tout il est vrai de dire : *Apparent rari nantes in gurgite vasto.*

II.° La cherté des livres de Botanique, sera un obstacle invincible aux progrès de cette science. Il est des Ouvrages dont la valeur a quadruplé ; tel est le *Barrelier* dont le prix étoit de 18 à 21 fr. avant la Révolution, qui s'est vendu 100 fr. à Paris dans les dernières ventes : d'autres dont la valeur a quintuplé ; l'*Historia Plantarum* de *J. Bauhin*, qui coûtoit 20 fr. il y a vingt ans, s'est vendu 120 f. l'année dernière. La plupart même des Ouvrages de botanique ne se trouvant plus dans la Librairie, on ne peut se les procurer qu'avec beaucoup de peine dans les ventes publiques, où recherchés soit par les Libraires, soit par les Amateurs, ils sont vendus à l'enchère à un prix bien supérieur à celui qu'ils devroient avoir.

Trois causes concourent à la cherté des livres ; 1.° les achats faits par les étrangers, qui ont soin d'accaparer à tout prix les Ouvrages d'Histoire naturelle ; 2.° le nombre des Amateurs qui s'est multiplié depuis quelques années, et dont chacun a voulu se procurer les Auteurs les plus nécessaires, au moins dans les livres anciens avec gravures sur bois ; 3.° les livres enfouis dans les collections des Bibliomanes et dans les grandes bibliothèques publiques.

Si l'on ajoute à cette cherté excessive des livres (dont on ne peut cependant pas se passer si l'on veut étudier avec fruit), celle des voyages, des herborisations, des transports, des guides, des papiers dont la valeur a augmenté d'un quart, et les dépenses qu'entraîne l'étude de la Botanique, on verra que toutes ces raisons empêcheront une infinité d'Amateurs de se livrer à leur penchant pour cette science.

Si l'on pouvoit avant la Révolution se procurer, ainsi que l'a calculé le Dr *Gilibert*, les Ouvrages fondamentaux les plus utiles avec trois ou quatre mille francs, il faut aujourd'hui, en évaluant les livres de botanique dans une proportion triple de la valeur qu'ils avoient il y a vingt ans, porter ce calcul à neuf ou douze mille francs : or quel est le Botaniste qui en ce moment puisse se permettre une pareille dépense pour sa bibliothèque ?

Cet obstacle à jamais invincible que présente la cherté des livres de botanique, seroit nul pour bien des personnes, si l'on pouvoit trouver dans les villes principales des savans aussi communicatifs qu'un *Gilibert* à Lyon, un *Jussieu* à Paris, un *Banks* à Londres, dont les cabinets d'Histoire naturelle et les riches bibliothèques, également ouverts à tous ceux qui aiment et cultivent les sciences, offrent des ressources aux Savans, et enflamment l'émulation des jeunes gens qui aspirent à le devenir (11).

Les Ouvrages les plus estimés du siècle dernier sont dûs à la magnificence des têtes couronnées. Les immortels Instituts de *Tournefort* et son *Voyage au Levant*, n'auroient jamais été publiés sans la protection de *Louis XIV*, que *Linné* par cette raison appelle *maximus*. (12) Les magnifiques Ouvrages de *Linné*, de *Jacquin*, de *Pallas*, *Oeder*, *Cavanilles*, les Voyages de la plupart des disciples de *Linné*, des *Jussieu*, *Commerson*, *Dombey*, etc., sont dûs à la protection des Souverains ou des riches Amateurs. Aussi les Botanistes reconnoissans ont-ils immortalisé les noms de leurs Mécènes, en leur consacrant des plantes qu'ils ont dénommées *Borbonia*, *Gustavia*, *Gastonia*, *Cliffortia*, *Fagonia*, etc.

---

(11) Nous saisissons avec empressement cette occasion de témoigner notre reconnoissance à un de nos amis, le Cit. *Sionet*, qui nous a confié avec une aménité de caractère que l'amour seul de la science peut inspirer, ses livres, ses notes, et sa magnifique Cryptogamie. Si notre travail dans cette famille a quelque mérite, nous le devons en grande partie à ses soins obligeans.

(12) Voyez *Critica botanica*, page 423.

Par une fatalité inhérente à la science, des Botanistes avec de grands talens ne publieront jamais rien. Une timidité poussée à l'excès, le desir de vivre inconnu, le peu d'habitude d'écrire, la difficulté de coordonner ses idées, la cherté de l'impression, l'incertitude de la réussite d'un Ouvrage, sont autant d'obstacles qui les arrêtent. A leur décès, leurs bibliotheques, leurs manuscrits, leurs herbiers, leurs collections, tombent entre les mains de parens qui ne partageant pas leur goût, vendent, morcellent, divisent l'héritage, et les fruits d'une vie laborieuse sont perdus et pour la réputation de l'Auteur et pour la société. Tel est le sort des travaux de la plupart des Botanistes.

Si nous portons nos regards sur le passé, nous verrons que de très-grands Botanistes ont été privés de la consolation de publier leurs Ouvrages. Le *Botanicon Parisiense* de *Vaillant* a été publié par *Boerrhaave*; les cuivres de *Barrelier* ont été mis au jour par *A. Jussieu*; ceux de *Belleval* par *Gilibert*; ceux de *Gesner* par *Camerarius* et *Schmidel*; les manuscrits de *Dombey*, en partie par l'*Héritier*; ceux de *Commerson* par plusieurs Naturalistes; ceux de *Plumier* ont été déposés à la Bibliothèque nationale. Le zèle des Botanistes peut-il braver tous les obstacles?

O infausto sidere nata scientia absque ullo præmio! tu sola! (13)

III.° Le luxe des Ouvrages modernes de botanique, la beauté et le fini des figures sur cuivre qui ont été portés depuis un siècle à un degré de perfection qui ne laisse rien à desirer, leur donne un prix excessif. La mauvaise méthode des figures enluminées en triple souvent la valeur; cependant on peut assurer qu'elles sont inférieures en tout point aux belles gravures en noir qui expriment mieux le port et le caractère des plantes que les enluminures dont les couleurs presque toujours fausses, et qui

(13) Voyez *Critica botanica*, page 429.

tendent

tendent à se rembrunir avec le temps, ne rendent que très-imparfaitement les nuances et les différentes teintes des corolles et des feuilles. Le prix excessif de la plupart de ces Ouvrages, comme un *Flora Danica*, un *Flora Austriaca*, etc. qui coûtent 1500 fr. chacun, rend leur acquisition impossible au plus grand nombre des Botanistes, et dès-lors leur utilité est d'un usage trop limité ; ce qui est un malheur pour la science.

On ne sauroit trop regretter que l'art des gravures sur bois soit abandonné. Les figures sur bois qui forment la plus grande partie des Ouvrages anciens, avoient été portées à un degré de perfection qu'on n'a pu ni surpasser ni égaler, ainsi qu'on peut le voir par les grandes figures de *Matthiole*, édition de *Valgrise*, et par les petites figures de *Camerarius*, qui sont des chefs-d'œuvre. Les figures sur bois pouvoient être tirées jusqu'au nombre de trente mille épreuves sans être très-usées. Elles avoient un avantage bien prononcé sur les planches en cuivre qui s'usant plus promptement, ne peuvent tirer qu'environ trois mille exemplaires (plus ou moins selon les soins de l'Artiste) après quoi on est obligé de les retoucher ; ce qui donne une valeur numérique et une perfection réelle aux premières épreuves, et jette une défaveur très-grande sur celles qui suivent, qui n'ont jamais la perfection ni la beauté des premières. La modicité du prix des ouvrages en gravures sur bois, permettant à tout le monde de pouvoir se les procurer, leur usage devenoit d'une utilité bien plus générale que celle des gravures sur cuivre, dont le prix souvent exhorbitant ne permet qu'à un très-petit nombre d'Amateurs aisés d'en faire l'acquisition. Ainsi la rareté et la cherté des livres anciens, le luxe des gravures et des enluminures des Ouvrages modernes, concourent à rendre l'étude approfondie de la Botanique impossible au plus grand nombre des Amateurs.

Les figures sur bois ont été extrêmement multipliées, parce que les Auteurs s'étant copiés, il en résulte que la figure d'une seule plante est répétée dans cinq ou six Ouvrages différens, faute que les Botanistes auroient évitée si chacun d'eux avoit eu le bon esprit de ne publier que les figures des plantes rares, et de ne faire graver de nouveau celles de ses prédécesseurs, qu'autant qu'elles auroient été vicieuses, au lieu de les copier toutes indistinctement. Par cette méthode on auroit vu d'un coup d'œil les figures propres à chaque Ouvrage, au lieu qu'on ne peut discerner qu'avec peine celles qui appartiennent à chacun d'eux.

Malgré cette multiplication des figures et des ouvrages anciens, il n'est que trop vrai que les livres de botanique sont devenus et fort rares et fort chers. Cependant on pourroit les faire graver de nouveau, en ayant soin de ne donner que celles qui sont propres à chaque Auteur. Une pareille entreprise bien conçue et exécutée avec intelligence, dédommageroit amplement par le succès qu'elle auroit, et l'Auteur et l'Imprimeur qui l'exécuteroient (14).

Pour remédier à la cherté des Ouvrages de botanique avec figures, des Amateurs éclairés et animés du desir des progrès de la science, travaillent depuis long-temps à un Ouvrage élémentaire, qui paroîtra incessamment ; il sera intitulé : *Herbier portatif* ou *Flore d'Europe*, contenant tous les genres de Plantes et une ou plusieurs espèces de chaque genre gravées d'après nature par *C. V. de Boissieu*, élève et neveu de *J. J. de Boissieu* ; ouvrage destiné spécialement à faire suite au *Système des Plantes*, aux *Démonstrations élémentaires de Botanique* et généralement à toutes les descriptions génériques et spécifiques des Plantes, et dans lequel l'élégance et les graces du dessin se trouvent réunies à la sévérité d'une exacte imitation.

(14) Voyez les *Démonstrations élémentaires de Botanique*, partie des Figures, tom. 1, pag. 8.

Tous les Botanistes ne connoissent pas également l'utilité des figures : elles servent à s'assurer de la détermination rigoureuse des espèces. Quand on a dénommé une plante d'après les Ouvrages de *Linné*, on va consulter la figure de l'Inventeur qu'il cite toujours, et ensuite celles des Auteurs qui l'ont perfectionnée. Par ce moyen on s'assure, en confrontant la plante que l'on a sous les yeux avec la gravure qui la représente, si celle-ci est exacte ou non. On apprend par cette méthode quel est le Botaniste qui l'a décrite et fait graver le premier, qui sont ceux qui l'ont copiée, ce qu'ils ont ajouté à sa description, les lieux où ils l'ont trouvée, l'époque où elle fleurit, si elle est annuelle, vivace, etc. ; et l'on apprend ainsi la partie théorique de la synonymie.

On voit que la Botanique étudiée d'après ce plan, n'est pas, comme on l'a prétendu, une science de mots, une nomenclature sèche et aride, une étude de noms et de définitions barbares, mais une branche importante de l'Histoire naturelle, faite pour attirer nos regards, captiver notre imagination, récréer notre esprit, et nous faire goûter dans des travaux amusans et instructifs les charmes et les douceurs qu'on chercheroit en vain au milieu des faux plaisirs de cette vie passagère, et qui sont les plus propres à nous distraire de nos adversités.

IV.° Le défaut de voyages dans l'intérieur de la République, retardera en France les progrès de la Botanique. Combien de pays dans ce vaste état n'auroit-on pas à parcourir ! Quelles moissons abondantes ne nous offriroient pas les Départemens des hautes et basses Alpes, de l'Ardèche, de l'Aveiron, de la Lozère, des Pyrénées Orientales et Occidentales, qui n'ont été visités que très-imparfaitement, et qui produisent des plantes nouvelles ou qu'on regardoit comme n'appartenant point à la Flore Françoise ?

Mais si les fatigues ou les dangers rebutoient quelque Botaniste timide, nous demanderions, quel est le Naturaliste qui ayant parcouru les Alpes, ne se rappelle avec émotion les sensations délicieuses qu'il a éprouvées, et les spectacles magnifiques offerts sans cesse à ses regards. Ces déserts! ces hauteurs! ces mers immenses de glaces! ces précipices affreux! ces majestueuses et bruyantes cascades! ces masses énormes qui paroissent suspendues dans les airs! ces terribles avalanches de neige, de glaces, de rochers qui tombent, retombent, bondissent, sifflent, roulent, se précipitent avec un fracas épouvantable! ces pics énormes, dont les uns élèvent vers le ciel leurs cimes chargées de neiges et de glaces éternelles, tandis que les autres, dépouillées de cet aspect sauvage, n'offrent au contraire que des gazons émaillés de fleurs.

C'est là qu'au milieu des plus douces haleines du zéphir, des plus belles fleurs du printemps, des parfums les plus suaves et des tapis de verdure, on respire en paix le printemps, la nature et la vie, et que l'ame s'abandonne à tous les charmes de la saison et du lieu. Avec quel regret on quitte ces déserts à la fois enchanteurs et terribles! on en sort riche de mille idées, de mille sensations qu'on ne peut recueillir que sur cette magnifique scène de la Nature, et que cette scène en quelque sorte reproduit. Ah! combien il en coûte de détacher ses regards d'un pareil spectacle, au moment où on l'abandonne!

V. Le nombre prodigieux de plantes nouvelles que les voyageurs apportent sans cesse des pays étrangers, tend à introduire dans la Botanique une confusion d'idées et de nomenclature, une richesse surabondante et nuisible dans les genres et les espèces, et rendra désormais l'étude des plantes exotiques impossible, faute de méthode pour pouvoir se guider. La plupart des Botanistes s'attachent à ramasser des plantes exotiques et négligent l'étude des plantes indigènes. Aussi leur appliquerons-nous cette phrase de *Scheuchzer* : *Cœci ruimus in rerum remotissimarum à nobis amplexus, patriam et ignari et incurii.*

« Maintenant la Botanique avance à pas de géant, dit un Écrivain de nos jours (15), et n'a plus à redouter que l'esprit de nouveauté. Plus nos richesses en ce genre augmentent, plus il est nécessaire de s'en tenir au système généralement reçu, c'est-à-dire au système de *Linné*. Si chacun veut bâtir le sien comme anciennement ; si on mutile ou bouleverse celui de ce grand homme, sous prétexte de quelques erreurs qu'il a commises ; si on se livre enfin à la manie de toujours diviser ou refondre les genres établis par ses prédécesseurs, on replongera la *Botanique* dans le chaos d'où les célèbres frères *Bauhin* l'ont tirée, et elle périra par trop de science, comme un corps fort et robuste périt quelquefois par trop d'embonpoint. »

Le peu d'espérance que laisse entrevoir pour l'avenir l'étude de la Botanique, nous engage à donner aux Élèves un conseil dont nous aurions dû profiter ; c'est de ne point se livrer à leur penchant pour l'Histoire naturelle, s'ils ne jouissent d'une fortune assurée. Ce goût qui deviendroit pour eux une passion, leur feroit perdre un temps précieux qu'ils peuvent employer plus utilement à des études relatives à l'art de guérir, auquel se destinent la plupart d'entr'eux. En ce moment sur-tout où l'étude de l'Histoire naturelle est devenue par l'augmentation effrayante de toutes choses, impossible au plus grand nombre d'Amateurs, ils ne doivent espérer aucun avantage pour l'avenir ; ils peuvent la cultiver comme une branche de la médecine, mais non point en faire leur seule et unique occupation.

(15) Voyez le nouveau *Dictionnaire d'Histoire Naturelle*, Paris, an XI-1803, tome 3, page 349.

VI.° L'étude de l'Histoire naturelle partage l'influence générale des lois sur la Librairie.

Dans un moment où les passions, le choc des partis et la lutte des opinions ont exagéré les principes et porté tout à l'extrême, on a substitué une liberté indéfinie à des réglemens résultans de l'expérience et des lumières de plusieurs siècles, susceptibles sans doute de réforme, mais dont l'absence totale devoit produire le résultat qu'on peut toujours attendre d'un défaut absolu de lois dans une réunion quelconque de Commerçans ou d'Artistes.

Une loi imparfaite, sévère dans son intention, impuissante ou trop rigoureuse dans le fait, en cherchant à établir avec plus de force la propriété littéraire, l'a affoiblie par la facilité d'éluder ses dispositions. On n'en a pas moins contrefait avec impunité, on a plus souvent encore reproduit le même Ouvrage sous un titre différent, sous une forme qui le dénaturant aux yeux de la loi, le multiplie pour l'acheteur trompé qui acquiert deux fois le même livre sous une apparence différente. La loi de 1793 a si peu remédié aux contrefaçons, qu'elle ne prohibe point celles qui pourroient être faites dans l'étranger, où à la longue elle porteroit en entier le commerce et la fabrication de ceux de nos livres qui peuvent avoir un succès de durée; et quand, au lieu de les passer sous silence, elle les auroit prohibées, il est aisé de voir qu'elle n'a pris aucune mesure pour en empêcher l'introduction.

De là l'impuissance de se livrer à de vastes entreprises, à l'exécution d'ouvrages qui exigent de la part de celui qui les exécute, des soins et des connoissances acquises; le fruit de ses travaux et de ses sueurs, le résultat de ses dépenses sont à la merci du premier occupant. Aussi cette impuissance n'est-elle plus problématique, elle est de fait. Il n'est aucun genre de commerce où les faillites se soient plus multipliées, où le prix de ses produits constamment avili et dont le cours s'est toujours éloigné de l'augmentation de tous les autres objets nécessaires à la vie, atteste d'une manière plus marquée la pénurie et souvent l'ineptie de ceux qui l'exercent.

Ce désordre reconnoît encore d'autres causes; l'admission illimitée dans cette profession si accessible au premier venu qui ne veut qu'acheter et revendre, si pénible pour l'homme instruit qui veut en remplir dignement toutes les parties, a introduit dans la Librairie des sujets de toute espèce; les Lettres ont pu quelquefois s'indigner des mains qui les servoient, et se trouver avilies d'une dépendance honteuse. L'émulation entre ceux qui se sont voués au plus noble, au plus utile et au plus dangereux des Arts, a dû s'éteindre par une concurrence qui leur a donné pour émules des rivaux sans instruction et sans expérience, en même temps qu'elle tendoit à détériorer leurs moyens et à provoquer leur découragement. Pouvons-nous ne pas craindre dans un moment où la fermentation des esprits et une ardeur généreuse anime notre jeunesse, de repousser de l'exercice de cette profession utile des sujets qui pourroient l'honorer?

Comment cette décadence visible de la Librairie ne nuiroit-elle pas aux Sciences et aux Lettres? L'impuissance d'entreprendre en rendant stériles les travaux des Savans, les empêche de naître, et interdit au Libraire les moyens de satisfaire noblement aux travaux des Gens de lettres, la plupart aussi étrangers à toute espèce de fortune qu'aux moyens de s'en faire une.

Les contrefaçons qui sont un attentat manifeste au droit de propriété, tendent à ruiner les propriétaires d'un ouvrage pour enrichir les contrefacteurs. On conçoit facilement qu'un Imprimeur qui contrefait un livre, n'ayant point de manuscrit à payer, et payant la composition moins chèrement sur un ouvrage imprimé que d'après un manuscrit, économise un tiers au moins et même une moitié sur les frais d'impression. Il peut dès-lors vendre à un rabais considérable les exemplaires contrefaits; le propriétaire, au contraire, qui a fait imprimer l'ouvrage, est obligé de calculer sur la vente ses déboursés qui sont beaucoup plus considérables que ceux qu'a fait le contrefacteur, et par une suite nécessaire de mettre à un plus haut prix ses exemplaires, qui par cette raison auront moins de cours que les exemplaires contrefaits qui sont vendus à un plus bas prix.

Espérons que ces vœux susceptibles d'un développement qui nous est étranger, fixeront l'attention d'un Gouvernement réparateur dont l'active vigilance s'étend sur toutes les parties de l'administration qui intéressent le bonheur et la gloire de la France.

VII.° La manière de philosopher des Botanistes de nos jours, qui tend à obscurcir la Botanique au point de la rendre inintelligible, porte 1.° sur la multiplication des *Genres* par les espèces, et des *Espèces* par les variétés; 2.° sur leur méthode de philosopher, et leur caractère.

1.° La multiplication des Genres et des Espèces, est une maladie épidémique malheureusement incurable parmi les Botanistes de nos jours. S'ils avoient observé les modifications et les changemens que produisent dans les plantes la culture, la surabondance de la sève, la localité, le climat, l'action de la lumière, le froid, le chaud, l'humidité, la sécheresse, etc. (causes qui occasionnent la perte des piquans et des épines, engendrent des variétés de grandeur, dénaturent souvent toutes les parties de la fleur, multiplient le nombre des étamines et des pistils, changent les étamines en pétales, font avorter ou châtrent les étamines, rendent les fleurs prolifères, etc.) ils auroient été plus réservés à créer cette foule de prétendues nouvelles espèces, qu'un Botaniste instruit ramène d'un simple coup d'œil à leur type primitif.

La plupart qui ne connoissent que les plantes des jardins où la culture accélère leur dégénération, ne les ont jamais cueillies dans leur climat natal. Les uns achètent des plantes ou les acquièrent en échange, et après en avoir retenu les noms, se croient Botanistes. D'autres, sans sortir de leur cabinet, se procurent par correspondance des plantes, des notes, des observations, et publient les Flores des pays qu'ils n'ont jamais visité. Quelques-uns même travaillent sans herbier; et la plupart possèdent des collections de plantes qui renferment sous différens noms des individus appartenans à une même espèce, recueillis dans des saisons différentes, et offrant des différences frappantes, ou bien diverses espèces sous le même nom, et par conséquent mal déterminées.

Cette multiplication des genres qui tend à surcharger la mémoire des Élèves, augmente l'embarras de la nomenclature. Nous n'en citerons qu'un exemple. Le genre des *Geranium* a été divisé par *Burmann* en deux genres, savoir *Geranium* et *Pelargonium*. Le premier renfermoit les espèces dont la corolle est régulière; et le second, les espèces dont la corolle est irrégulière. *L'Héritier* a divisé ce genre en trois, d'après la régularité et l'irrégularité de la corolle, le nombre des étamines et les différences du fruit, savoir *Erodium*, *Geranium*, *Pelargonium*. Cet exemple a été suivi par *Gmelin*, *Willdenow*, *Ventenat*, etc. : *Linné*, *Reichard*, *Murray*, *Schreiber*, *Cavanilles*, ont conservé dans son entier le genre des *Geranium*. Voilà donc cinq Botanises qui ont divisé ce genre, et quatre qui ne l'ont point divisé : dès-lors ils ne s'accordent point.

La manie de vouloir multiplier les espèces a fait commettre à quelques Auteurs des fautes énormes dans les emplois doubles, triples et quadruples d'une même plante désignée sous des noms différens. C'est ainsi que dans le genre seul des *Lichens*, *Gmelin* a donné trente espèces répétées sous deux noms différens; dix sous trois noms différens, et une sous quatre noms différens : d'où il suit que le total de ces espèces multipliées, au lieu de s'élever à 94, ne va réellement qu'à 41 ; ce qui diminue considérablement leur nombre. Quelle confiance peut-on ajouter d'après cet exemple, à toutes ces prétendues nouvelles espèces ? *Ab hoc uno, disce omnes !*

Les faiseurs d'espèces ont plusieurs raisons qui les portent à les augmenter : 1.° l'amour propre : chaque Auteur d'une Flore voulant avoir l'honneur de la découverte de quelque nouvelle espèce ; 2.° l'intérêt : parce que ceux qui font le commerce des plantes sèches, en publiant de prétendues nouvelles espèces, excitent l'intérêt des acquéreurs, qui, au lieu de recevoir de nouvelles espèces, ne reçoivent que des variétés de telle ou telle plante. Nous conseillons aux personnes qui auroient envie de se procurer les nouvelles espèces d'une Flore, de ne jamais les acheter sur la parole des vendeurs, mais de les examiner auparavant ; car la mauvaise foi s'est glissée dans cette partie de l'Histoire Naturelle, comme dans celle des coquilles, des oiseaux, etc.

Les espèces ont été augmentées dans la même proportion, d'après le nombre des variétés, dans les Ouvrages nouveaux. Il ne sera pas inutile de faire connoître ici la méthode qu'on a employée pour porter à plus de vingt mille le nombre des espèces qui, à la mort de *Linné*, n'alloit pas à dix mille.

Un Auteur se propose-t-il de publier un nouveau *Species ?* voici le plan qu'il suit. Il commence par vérifier genre par genre dans tous les Ouvrages de botanique nouveaux, les nouvelles espèces qui y sont décrites ou mentionnées : s'il trouve, par exemple, dix espèces nouvelles de *Gentianes*, il n'hésite pas à les adopter sans choix, sans examen, sans avoir sous les yeux des échantillons desséchés, qui pourroient lui donner des idées plus justes que les figures et les descriptions ; mais il résulte deux grands inconvéniens de cette manière de travailler.

Le premier, c'est qu'une même espèce étant désignée quelquefois sous deux noms différens dans les nouveaux Ouvrages, l'Auteur du *Species* en fait un double emploi. Le second, encore plus grand, consiste en ce qu'une même espèce est quelquefois désignée sous deux genres différens, et que l'Auteur du *Species* qui n'a pas sous les yeux les objets dont il parle, adopte les genres et les espèces nouvelles, surcharge son Ouvrage de doubles emplois, et augmente ainsi l'embarras de la nomenclature qui exige aujourd'hui une étude très-pénible, et qui a déjà plongé cette science dans un chaos pire que celui où elle étoit avant *G. Bauhin*. Cet Auteur n'ayant donné dans son *Pinax* qu'environ six mille espèces ou variétés, il pouvoit rassembler les noms que ses prédécesseurs leur avoient donnés ; mais aujourd'hui où le nombre des plantes est porté à plus de vingt mille, où celui des Ouvrages a plus que doublé, et où les noms qu'on leur a donnés dans les Ouvrages modernes sont innombrables, il s'ensuit que l'embarras de la nomenclature sera un nœud gordien qu'aucun Auteur ne pourra délier. Quel sera le *G. Bauhin* moderne qui voudra l'entreprendre ? et quand il l'entreprendroit, l'achèvera-t-il ? Supposons même que son travail soit conduit heureusement à sa fin, sera-t-il aussi parfait que celui de *G. Bauhin* ? Nous ne présumons pas qu'il puisse exister en Europe une tête assez forte et assez courageuse pour entreprendre un *Pinax* de toutes les plantes connues, et assez bien organisée pour le conduire à sa perfection. Ce travail est au-dessus des efforts de la capacité humaine et de la durée de la vie d'un homme.

2.° Si l'on jette un coup d'œil rapide sur cette foule d'Ouvrages d'Histoire naturelle qui paroissent chaque jour, on verra qu'avec une richesse apparente il existe une pénurie réelle. Les livres sont aujourd'hui plutôt une branche de commerce que de littérature ; bons ou mauvais, on les préconise, et il faut les louer pour ne pas ruiner le Libraire qui en a fait l'acquisition. Ce sont toujours ou des analyses que personne ne lit, ou des éloges excessifs, appuyés sur une ou deux phrases de la Préface, comme si deux phrases pouvoient nous faire connoître le mérite d'un Ouvrage en trois ou quatre volumes.

Dans le siècle orageux où nous vivons, chacun veut parvenir à la fortune par tous les moyens, *per fas et nefas* ; les Auteurs dont l'état ne les a jamais enrichi, ont également voulu s'enrichir par leurs Ouvrages, et la plupart qui font un trafic honteux de la science, travaillent *pro fame* et non point *pro famâ*.

C'est un malheur pour les sciences que des Auteurs doués de talens, soient obligés pour vivre, de faire des livres à tant la feuille, comme d'autres personnes font des ouvrages à tant la toise. On sent fort bien qu'un homme de lettres qui travaille à un prix convenu pour chaque feuille d'impression, ne soigne pas beaucoup ses ouvrages. Un article qui demanderoit douze à quinze jours pour être perfectionné, est achevé dans une journée, et cela parce que l'Auteur ne pourroit pas vivre s'il ne faisoit qu'une feuille en quinze jours. Par un excès opposé, lorsqu'un Auteur trouve son compte à augmenter un article, il s'étend le plus qu'il peut, et traite en trente pages ce qu'il pouvoit faire en dix : de là vient que les productions du moment sont ou trop laconiques, lorsque l'Auteur ne veut pas soigner son travail ; ou trop longues lorsqu'il ne travaille que pour gagner davantage.

Il y a plus : un ouvrage commencé à telle époque, doit être fini à une époque fixe ; le Libraire ayant fait paroître ses *Prospectus*, et pris ses engagemens en conséquence, presse de son côté l'Auteur qui, travaillant à la hâte, ne peut jamais donner à son ouvrage la perfection dont il seroit susceptible. De là vient que dans les livres d'Histoire naturelle et en Botanique sur-tout, les citations des pages et des figures sont en grande partie fautives; que les synonymes souvent écrits de mémoire, sont dénaturés; que la correction des épreuves que l'Auteur ne veut pas se charger de revoir, parce que ce travail lui feroit perdre une partie de son temps, confiée à des Imprimeurs qui ne connoissent pas les termes techniques des sciences, est mal soignée, et que les Ouvrages fourmillent de fautes.

La plupart des livres d'Histoire naturelle ne sont aujourd'hui que des entreprises pécuniaires. Lorsque l'édition d'un Ouvrage est épuisée, on s'empresse d'en publier une nouvelle; mais au lieu de la perfectionner, on la rend plus vicieuse ou moins correcte, en y laissant subsister non-seulement toutes les fautes de la première, mais encore celles que font l'Auteur et l'Imprimeur; par la même raison, la seconde épuisée, la troisième sera encore moins exacte, et *vice versâ* pour toutes les éditions suivantes. Nous allons prouver cette vérité par des exemples incontestables.

Dans l'édition du *Species Plantarum* de Stockholm de 1762, page 525, le synonyme de *G. Bauhin*, *Pisum vesicarium, fructu nigro, albâ maculâ notato*, cité pour le *Cardiospermum halicacabum*, L. qui est indiqué page 743 du *Pinax*, doit être cherché page 343, n.° 10, parce qu'il y a erreur dans la citation de la page. Si on ouvre le *Systema Plantarum* de *Reichard*, tome 2, page 220, et le *Species Plantarum* de *Willdenow*, tome 2, page 467, on trouvera dans ces deux Ouvrages la même citation fautive du *Pinax*, page 743, au lieu de 343 : ce qui prouve que *Reichard* a copié le *Species* de *Linné*, et *Willdenow* le *Systema* de *Reichard*, sans avoir pris la peine ni l'un ni l'autre de vérifier cette citation : voilà un exemple d'une faute copiée; en voici un d'une faute qui n'existe pas dans le

Species, et qui se trouve dans l'Ouvrage de *Reichard* et de *Willdenow*.

Linné dans la même édition du *Species*, page 715, cite pour la *Potentilla subacaulis*, le synonyme de *G. Bauhin*, *Fragariæ affinis, sericea, incana*, Pin. 327, n.° 8, que *Reichard* et *Willdenow* rapportent à cette plante et à la *Sibbaldia procumbens*; tandis que *Linné* non-seulement n'a pas fait un double emploi de ce synonyme, mais qu'il ne cite même aucun synonyme du *Pinax* pour cette dernière plante. Voilà donc une faute dans l'ouvrage de *Reichard* et de *Willdenow*, qui ne se trouve pas dans le *Species*.

Les fautes de l'édition du *Species* de Stockholm, qui sont très-nombreuses, viennent de ce que *Linné* dont l'écriture étoit très-difficile à lire, composant ses manuscrits à Upsal, et ses Ouvrages étant imprimés à Stockholm, ce plan de composition ne lui permettoit pas de corriger les épreuves avec le même soin que si elles avoient été faites sous ses yeux. Peut-être aussi confioit-il, comme cela se voit malheureusement trop aujourd'hui, la correction des épreuves à ses Élèves, qui n'ayant ni son génie ni son érudition, laissoient passer des erreurs qui n'auroient pas échappé à la sagacité de leur maître. Nous citerons quelques exemples des fautes que présente le *Species* de Stockholm :

1.° On y lit, page 1143, espèce 2, ligne première, un synonyme de *G. Bauhin*, ainsi conçu : *Cichorium latifolium, seu Indivia vulgaris*; mais il faut corriger : *Intybus sativa latifolia, sive Indivia vulgaris*, Pin. 125, n.° 1.

2.° On lit, page 1152, espèce 11, ligne 6, un autre synonyme de *G. Bauhin*, *Cirsium seu Carduus angustifolius*; mais il devroit y avoir, *Cirsium angustifolium*, Pin. 377, n.° 9.

3.° On lit, page 1226, espèce 7, ligne 7, le synonyme suivant, *Aster Atticus, cæruleus Alpinus*, rapporté à *G. Bauhin*, Pin. 905, tandis qu'il appartient à *Camerarius*, *Epitome*, pag. 905.

Ces trois fautes et un très-grand nombre d'autres que nous pourrions citer, ont été copiées mot à mot par *Reichard*, tome 3, page 665, genre 1000, espèce 2, ligne 4; page 680, genre 1004, espèce 14, ligne 11; et page 805, genre 1034, espèce 6, ligne 5.

Deux causes concourent à perpétuer les erreurs, savoir, 1.° la négligence des Auteurs qui préfèrent copier mot à mot les citations bonnes ou mauvaises, sans vouloir prendre la peine de les vérifier; 2.° le préjugé absurde, qu'on doit par respect pour la mémoire des Naturalistes qui nous ont précédé, laisser subsister leurs fautes. Ce dernier raisonnement favorable seulement à la paresse ou à l'ignorance, mais absolument opposé aux progrès des sciences, émane d'un principe si évidemment faux qu'il ne mérite pas d'être réfuté.

L'étude de l'Histoire naturelle semble devoir rapprocher l'homme de la nature, c'est-à-dire le rendre vertueux, et l'exempter des défauts qu'il faut laisser pour apanage au vulgaire des humains. Mais parmi ceux qui cultivent cette science, il en est dont la plume empoisonnée distille avec fureur le fiel de la satire; d'autres dont l'humeur sombre et farouche les porte à fuir le commerce et la société de leurs collègues. Les uns ne trouvant de bon que ce qu'ils ont fait, s'admirent sans cesse dans leurs œuvres et blâment toutes les productions qui n'émanent pas d'eux; d'autres, sous prétexte qu'ils ont des Ouvrages à publier, offrent d'entrer en correspondance, commencent par demander, promettent beaucoup, reçoivent, publient sous leurs propres noms les nouveautés qu'on leur a communiquées, s'approprient les découvertes des autres, et ne daignent pas seulement citer les personnes qui les leur ont fait parvenir.

La politesse et les égards que l'on se doit dans la société, semblent bannis de la correspondance botanique. Un Auteur qui publie un Ouvrage, en envoie-t-il un exemplaire à un Botaniste, comme un hommage rendu à ses talens ? on ne daigne pas seulement lui en accuser la réception. Fait-on passer à un Naturaliste, à titre de dépôt, un objet rare ou nouveau, avec prière de le renvoyer ? mille prétextes sont inventés pour ne pas le rendre, et l'objet est perdu.

Si du caractère des Maîtres nous passons à celui des Élèves, nous verrons que la plupart d'entr'eux dont l'éducation morale a été très-négligée pendant les temps malheureux qui n'ont que trop régné, en général très-entêtés dans leurs opinions, entrent dans le monde sans avoir fini leurs études, sans pouvoir comparer deux idées, parlant très-haut et n'écoutant jamais. Tandis que le vrai savant toujours prudent et modeste, ne prononce qu'avec beaucoup de circonspection, et trouve qu'il est beau de dire *j'ignore*, les jeunes gens légers et orgueilleux ne doutent de rien, décident sur tout, et leur jugement est sans appel. On ne connoît plus aujourd'hui le respect pour l'âge, et la déférence que l'on doit aux décisions des maîtres de la science.

Nous exhortons sincèrement les Élèves à se corriger de ces défauts qui les conduiroient à l'égoïsme. Doux et communicatifs, qu'ils sachent goûter dans toute sa pureté le plaisir de donner, et apprennent à établir une lutte intéressante entre *l'amitié qui offre et la reconnoissance qui accepte et promet !*

Que l'affreux poison de la jalousie ne se glisse jamais dans leurs ames ! Cette terrible passion leur feroit envisager leurs maîtres comme des hommes dont le nom et le savoir leur seroient insupportables, et leurs condisciples comme des rivaux odieux, dont les succès seroient sans cesse pour eux un sujet de désespoir. Dévorés par des chagrins cuisans,

cuisans, insupportables à eux-mêmes, et encore plus aux autres, ils seroient réduits à l'affreuse nécessité *de vivre et de mourir sans amis.*

Qu'ils se défendent des illusions de l'amour propre, défaut presque dominant aujourd'hui ; qu'ils n'attachent à leurs idées qu'une légère importance, et qu'ils déférent toujours aux avis de ceux qui ont sur eux l'avantage de l'âge et de l'expérience ; que la modestie accompagne toujours leurs paroles, elle est l'apanage du vrai mérite, et la parure des vertus ; qu'ils s'abstiennent de censurer sans nécessité les Ouvrages de ceux qui parcourent la même carrière : les critiques sont des êtres parasites qui vivent presque toujours aux dépens de la réputation d'autrui. A cette habitude de censurer les ouvrages des hommes, se joint aussi celle infiniment plus dangereuse de critiquer ceux de la Divinité. On blâme ce qu'on ne peut comprendre ou ce qui déplaît ; on ne trouve par-tout que désordre, et on se plaint que le cruel épervier déchire à la face du ciel l'innocente et timide colombe.

Cet esprit de critique, dit un Écrivain de nos jours, conduit à l'athéisme, et devient fatal à la Religion qui est le lien naturel du genre humain, l'espoir de nos passions sublimes, le dédommagement et la consolation de nos maux. Insensibles au spectacle du monde, les athées se privent de la douce consolation de trouver dans l'Auteur de la nature un rémunérateur, un père et un ami.

L'étude de l'Histoire naturelle, en occupant tous les momens de ceux d'entr'eux qui pourront s'y livrer, leur rendra léger le poids du temps qui pèse sur tant de personnes. Elle leur apprendra à supporter avec courage la faim et la soif, le chaud et le froid ; elle les accoutumera à la tempérance et à la sobriété ; les fatigues endurciront leur corps, les contretemps exerceront leur patience ; un simple repas pris sur l'herbe, à l'abri d'un rocher mousseux, leur paroîtra plus délicieux que les festins les plus splendides, et leur procurera des jouissances d'autant plus douces, que ne pouvant être goûtées que par les seuls amans de Flore, elles ne sauroient exciter la jalousie des ambitieux du siècle. Ainsi s'écouleront dans l'observation des phénomènes de la Nature les plus beaux momens de leur existence; ainsi se passera dans l'innocence, la paix et le bonheur, la longue suite de leurs jours. Les fruits de leurs courses, de leurs méditations et de leurs études, seront utiles à leurs neveux, et ils payeront à la société le tribut que lui doivent tous les bons citoyens.

Ainsi ils s'élèveront à la dignité de l'homme, cette machine merveilleuse qu'un souffle immortel anime, qui par son ame spirituelle et presque divine, dit le Professeur *Lacépède*, « a soumis la matière, calculé le temps, mesuré l'espace, pesé l'univers, prescrit des lois aux corps célestes, fertilisé la terre, dompté les animaux utiles, vaincu les animaux féroces et carnassiers; et par tous ses travaux a mérité de s'asseoir sur le trône du monde, et d'en ceindre le diadême. »

DISPOSITION TYPOGRAPHIQUE.

UNE *Disposition typographique* bien ordonnée est absolument nécessaire dans un ouvrage de Botanique, auquel elle ajoute un nouveau degré de mérite. Il existe des traductions françoises de *Linné*, où cette partie essentielle a été entièrement omise, et les Auteurs de ces livres sont d'autant moins excusables, qu'ils ne pouvoient avoir de meilleurs modèles en ce genre que les Ouvrages de *Linné*, dont nous dirons ce que disoit un savant très-versé dans la partie typographique, que si ce grand homme n'avoit pas été le premier Naturaliste du monde, il en auroit été le premier Typographe.

Cette partie essentielle étant très-négligée dans les livres de Botanique, parce qu'elle est la moins étudiée, nous croyons nécessaire de faire connoître succinctement celle que nous avons adoptée.

Dans les Tables qui se trouvent à la tête de chaque Classe, et que nous avons appelées *Tables synoptiques* ou *Caractères artificiels génériques*, et dont nous avons fait sentir l'utilité dans le plan de cet Ouvrage, nous avons indiqué le nom françois des Genres en petites capitales romaines, et les noms latins en petites capitales italiques, et disposé à la suite de ces derniers, le caractère artificiel de chaque Genre, en distinguant par des abréviations en italique les parties qui le constituent, telles que *Cal. Cor.*, etc.

Reichard qui dans son *Systema Plantarum*, n'avoit qu'un seul nom générique à écrire, a employé dans ses Tables synoptiques les grosses capitales; mais nous qui en avions deux, savoir un françois et un latin, nous avons jugé nécessaire de les composer en petites capitales, pour éviter des difficultés et un mauvais effet dans la composition.

Dans les Genres naturels qui sont placés à la suite des Tables synoptiques, nous avons indiqué le nom générique françois en grosses capitales romaines, et le nom générique latin en grosses capitales italiques, et désigné successivement par abréviation en petites capitales romaines, les différentes parties qui constituent chaque Genre, telles que COR. CAL. ÉTAM. PIST. PÉR. SEM. etc.

A la suite de chaque nom générique, nous avons indiqué la synonymie des Genres, en petites capitales romaines, quoique *Reichard* ne les indique qu'en lettres minuscules (ou de *bas de casse*), parce qu'il nous a paru qu'elle ressortoit mieux de cette manière.

Les deux signes *, † placés à côté du nom générique latin, indiquent l'un (*) que *Linné* a examiné et décrit le Genre sur des plantes vivantes ; l'autre (†) que ce Botaniste n'a pu le décrire que sur des échantillons secs ; et les genres à côté desquels il n'existe ni * ni †, sont ceux que *Linné* a décrits d'après les gravures, et dont il n'a pu se procurer des échantillons ni frais ni secs. De là vient la différence que présente la description de ses Genres. Ceux qu'il a vu vivans, ne laissent rien à desirer ; ceux qu'il a décrits d'après des échantillons souvent mal desséchés ou d'après des gravures, sont moins exacts, parce que l'on sent la difficulté de décrire des objets d'après des modèles le plus souvent incomplets.

Au-dessous de la description de chaque genre naturel, nous avons placé les observations qui sont consignées dans le *Genera Plantarum*, et que nous avons cru nécessaire de faire connoître aux Élèves.

A la suite des observations que nous avons rapportées, ou au-dessous de chaque genre naturel lorsqu'il n'est suivi d'aucune observation, nous avons donné en petit-romain le caractère essentiel naturel du genre, à la suite duquel se trouvent rangées par série numérique les espèces comprises dans chaque genre. Au lieu d'isoler les noms spécifiques, en les mettant en marge, comme ils le sont dans le *Systema Vegetabilium*, (méthode qui augmente la difficulté de l'impression) nous avons préféré les disposer en ligne pleine, comme ils le sont dans l'Ouvrage de *Reichard ;* dès-lors, nous avons indiqué le nom générique francois en grosses capitales, et les noms spécifiques en même caractère que le texte (gaillarde) : ainsi nous disons ALCHEMILLE vulgaire ; mais en latin nous nous sommes contentés d'indiquer le nom générique en abréviation par la lettre initiale et capitale du nom du genre, et le nom spécifique en lettres minuscules, et alors nous disons *A. vulgaris*, L.

A la suite de chaque espèce nous avons indiqué, 1.° sa synonymie par ordre chronologique ; 2.° sa localité ; 3.° sa durée, par les signes ☉, ♂, ♃, ♄, qui désignent que la plante est annuelle, bisannuelle, vivace, ligneuse.

Personne n'ignore que la lettre initiale d'un nom générique doit toujours être désignée par une capitale, et celles d'un nom spécifique par des lettres minuscules, qu'on appelle en termes d'Imprimerie lettres de *bas de casse*; ainsi il faut écrire, *Alchemille vulgaire*, et non pas *alchemille vulgaire* ou *alchemille Vulgaire*.

Les lettres initiales des noms spécifiques doivent être indiquées de deux manières, 1.° en lettres minuscules ou de bas de casse, 2.° en grosses capitales. On doit les désigner en lettres minuscules lorsque ces noms sont adjectifs, comme le mot *vulgaire* qui caractérise la première espèce d'Alchemille. On doit les indiquer en grosses capitales dans trois cas différens, 1.° lorsqu'ils sont tirés d'un nom de lieu, comme dans l'Alchemille des Alpes, qu'il faut écrire *Alchemilla Alpina*, Alchemille des Alpes, parce que désignant la localité des plantes en capitales, il faut que le nom de lieu qui est alors adjectif, soit également écrit par une capitale; dans le cas contraire il y auroit une irrégularité typographique.

2.° Lorsque ces noms spécifiques, c'est-à-dire adjectifs dans *Linné*, formoient avant lui dans les ouvrages de Botanique des noms substantifs; ainsi il faut écrire: *Convolvulus Soldanella*, et non pas *Convolvulus soldanella*, parce que la Soldanelle étant désignée dans les livres des Anciens sous ce nom, *Linné* a cru devoir le conserver, et indiquer par une capitale qu'il étoit un nom substantif propre, reçu dans les ouvrages de Botanique.

3.° Lorsque les noms spécifiques sont tirés des noms d'Auteurs, comme dans le *Sonchus Plumieri*, qu'il faut écrire comme nous l'écrivons, et non pas *Sonchus plumieri*.

Il existe un quatrième cas où nous aurions pu désigner par des capitales les noms spécifiques, c'est lorsque ces noms sont comparatifs, comme *Senecio Abrotanifolius*, Seneçon à feuilles d'aurone, que nous aurions pu écrire *Senecio Abrotanifolius*, Seneçon à feuilles d'Aurone ; mais nous avons mieux aimé supprimer les capitales dans ces noms spécifiques, afin de ne point les trop multiplier.

La manière d'écrire les noms spécifiques, varie dans le latin et le françois. On doit 1.° les écrire par des capitales dans les deux langues, dans les mots *Brassica Alpina*, L., Chou des Alpes, en conservant la capitale pour le nom spécifique latin et françois.

2.° Le nom spécifique françois seul doit être désigné par une capitale, et le nom latin par une minuscule, dans les mots *Mesambryanthemum cristallinum*, *Spartium purgans*, qu'on doit écrire sans capitales, parce que ces deux noms triviaux sont simplement adjectifs, tandis que dans le françois on doit écrire *Ficoïde Glaciale*, *Spartie Griot*, par la raison que les mots *cristallinum* et *purgans* sont seulement adjectifs, et les noms françois au contraire substantifs, vû que l'on appelle ces deux plantes *Glaciale* et *Griot*, sans être obligé de les rapporter aux genres *Ficoïde* et *Spartie*.

3.° Le nom spécifique latin doit être écrit par une capitale et le nom françois par une lettre minuscule, dans les mots *Lathyrus Aphaca*, qu'on doit écrire *Gesse sans feuilles*, en traduisant le mot *Aphaca*, qui désignoit chez les Anciens, cette espèce de plante qui, quoique rapportée au genre *Lathyrus* (Gesse), n'en conserve pas moins son ancien nom substantif.

D'après ces règles, l'ouvrage de *Reichard* présente des fautes de typographie, lorsque cet Auteur orthographie 1.° *Hedysarum Caput galli*, *Crista galli*, par des capitales, au lieu de les indiquer par des lettres minuscules, par la raison que ces mots *Crista* et *Caput galli* sont seulement adjectifs, servant à caractériser spécifiquement ces deux plantes, et non des noms substantifs ; 2.° lorsqu'il écrit *Centaurea stabe* par une minuscule, tandis que ce nom spécifique doit commencer par une capitale, parce qu'il est un nom substantif générique dans *l'Ecluse* et *G. Bauhin*. On voit par cet exemple avec quelle attention nous avons soigné la disposition typographique de notre Ouvrage, dans lequel il n'existe pas une seule lettre qui y soit placée sans raison, et c'est en cela que consiste l'art si peu senti, et méconnu jusqu'à présent en grande partie dans les livres de Botanique de rendre l'écriture significative.

Linné indique d'une manière très-ingénieuse dans sa *Philosophia botanica*, le mérite des Auteurs par la manière dont il écrit leurs noms. C'est ainsi qu'il désigne, CLUSIUS, G. BAUHIN, TOURNEFORT, par de grosses capitales; RIVIN, HERMANN, PLUMIER, par de petites capitales; Matthiole, Lobel, Daléchamp, par des minuscules romaines; et *Lonicer*, *Pena*, *Pona*, par des minuscules italiques : indiquant ainsi par quatre caractères différens, les différences que présentent les Ouvrages de ces Botanistes, et exprimant par leurs noms seuls, le rang qu'ils occupent en Botanique. Leur éloge consiste dans la manière dont leurs noms sont écrits.

Pour faire sentir la supériorité de la disposition typographique de notre traduction sur celle de l'Ouvrage de *Reichard*, nous citerons deux exemples. Dans les genres qui offrent un grand nombre de divisions, comme les Becs-de-grue (*Geranium*), *Reichard* s'est contenté de marquer par des astérisques le nombre de ses divisions. Cette disposition pèche, à notre avis, en ce qu'elle nécessite souvent une série nombreuse d'astérisques qui flattent peu le coup d'œil, et qui n'indiquent point le numéro de la division. Nous avons préféré marquer chaque division par un astérisque suivi d'un chiffre romain, qui indique le numéro de la division; ainsi au lieu de dire comme *Reichard*, *, **, ***, ****, *****, ******, nous écrivons, * I, * II, * III, * IV, * V, * VI : dès-lors on voit de suite, sans être obligé de compter le nombre des astérisques, et sans uniformité pénible pour la vue, les numéros de chaque division du genre, et le nombre des divisions qu'il renferme.

Dans les genres qui offrent plusieurs sous-divisions, comme les Morelles (*Solanum*), *Reichard* s'est contenté de signaler ses divisions de la manière suivante : * *inermia*, ** *aculeata*, *** *spinosa* ; en simplifiant ses divisions et en les rendant plus claires, nous disons * I. *Morelles sans piquans*, * II. *Morelles à piquans*, * III. *Morelles épineuses*. En répétant à chaque division le nom du genre désigné en petites capitales, et précédé d'un chifre romain avec un astérique, nous indiquons de suite et le nom du genre, et le numéro de sa division.

La supériorité de la disposition typograghique de notre Ouvrage paroîtra d'une manière évidente dans l'arrangement des genres nombreux et difficiles des *Ombellifères*, *Labiées*, *Légumineuses*, *Syngénèses*, etc, dans les *Tables synoptiques* des Classes dans lesquelles nous avons suivi une marche toujours uniforme, qui facilite aux Élèves l'intelligence du texte.

Les fautes de typographie, sensibles à l'impression, ne le sont pas autant à la copie, parce que dans cette dernière on n'a pour différencier les caractères, que la seule ressource de souligner les mots : méthode qui ne présente jamais au coup d'œil les caractères d'une manière aussi distincte que l'impression, composée de différens caractères frappans. Nous en citerons un exemple pris de cette phrase qui se trouve si souvent répété dans *Linné*, *Calyx nullus. Corolla monopetala.* Il seroit plus élégant de traduire ainsi : sans *Calice. Corolle* monopétale. Mais nous observerons que cette traduction pèche pour la typographie, en ce que ce mot *Calice* écrit en italique, et qui termine la première phrase, est suivi du mot *Corolle*, également écrit en italique, et qui commence la seconde phrase. On doit éviter de faire suivre à la fin d'une phrase et au commencement de la suivante, des mots écrits en italique. D'après cette règle, il faut traduire, *Calice* nul, *Corolle* monopétale, parce que le mot nul, mis en romain, placé entre les mots *Calice* et *Corolle*, les isole parfaitement, et remédie à cette faute typographique que nous venons d'observer et qui ne se trouve pas dans le texte latin. Il seroit à desirer, pour la perfection des Ouvrages d'Histoire Naturelle, que les Auteurs connussent la partie typographique, c'est-à-dire les signes de convention, par lesquels on exprime les fautes d'impression, et les corrections avec le secours desquelles on y remédie.

Les personnes initiées dans l'art typographique, avoueront avec regret, comme l'avoient avancé *Linné* et *Haller*, qu'il est impossible de pouvoir faire imprimer un Ouvrage de Botanique sans fautes. Plusieurs raisons concourent à les multiplier. 1.° L'insouciance des Auteurs qui ne savent point corriger les épreuves ou qui ne voulant pas en prendre la peine, en confient la correction à des Imprimeurs qui, malgré leurs talens, ne connoissant point et ne pouvant connoître les mots techniques de tous les Livres de sciences qui leur passent sous les yeux, laissent nécessairement échapper un grand nombre d'erreurs. 2.° L'incorrection des épreuves à la tierce. 3.° Les lettres qui s'enlèvent des formes mises sous presse, soit que les lignes des pages ne soient pas bien justifiées, ou que les pages elles-mêmes ne soient pas assujetties selon les dimensions requises. 4.° La manie des compositeurs ou des correcteurs de vouloir corriger selon leur caprice le texte de l'Auteur. 5.° La précipitation avec laquelle les Ouvrages sont exécutés. 6.° La mauvaise habitude de faire les épreuves au rouleau et non point sous la presse.

Il résulte de ce dernier inconvénient, que la lecture des épreuves au rouleau est beaucoup plus difficile, parce que l'empreinte des caractères étant défectueuse, il n'est guère possible de s'appercevoir de toutes les fautes, sur-tout à la fin des lignes, où les lettres sont sujettes à doubler ou à se remplir : il arrive de là que souvent lorsqu'on jette un coup d'œil sur les feuilles sortant de dessous presse, où le caractère est imprimé avec beaucoup plus de netteté, on apperçoit des fautes échappées à la lecture des épreuves faites au rouleau.

De là naissent les erreurs occasionnées par des lettres retournées, doublées, mises l'une pour l'autre ; ces dernières sont désignées en termes d'imprimerie, sous le nom de *coquilles*, qui varient dans les voyelles et les consonnes.

Les *coquilles* dans les voyelles sont ordinairement beaucoup plus graves que dans les consonnes, comme on peut en juger en françois par l'*e* au lieu de l'*o*, comme *fermé* pour *formé* ; par l'*i* au lieu de l'*o*, comme dans *mille* pour *molle* ; dans l'*a* pour l'*o*, comme dans *Crotalaria latifolia*, pour *lotifolia*. Cette dernière erreur est énorme puisqu'elle dénature un nom spécifique, où l'on doit lire *Crotalaire à feuilles de Lotier*, et non pas *Crotalaire à larges feuilles*, ainsi que l'a fait *Reichard* dans son *Systema Plantarum*.

Dans les consonnes, les *coquilles* ne sont jamais aussi graves ; il en est de même des lettres doublées, comme *commestible* pour *comestible*, qui n'influent point sur le sens ou la valeur des mots.

Il échappe souvent à la lecture des épreuves au rouleau, des *coquilles* difficiles à appercevoir, comme *c*, *e* ; *o*, *c* ; *o*, *a* ; *n*, *r* ; *u*, *n* ; *ſ*, *f* ; et qu'on ne voit que lorsque la feuille est sortie de sous presse.

Nous ajouterons que les soins qu'exigeoit l'impression d'un Ouvrage aussi compliqué que notre *Système des Plantes*, ont surpassé même la difficulté et les peines que nous a coûtée la composition du manuscrit. Il est facile sans doute de rectifier avec la plume les erreurs qui échappent en écrivant, mais il n'en est pas de même à l'impression, où il faut expliquer aux Compositeurs le plan de son travail, et les mettre au fait du manuscrit.

Il existe dans les ouvrages deux espèces de fautes; 1.° celles que l'Auteur ne peut appercevoir, et qui résultent des raisons que nous venons de développer; les autres qui sont réellement à sa charge, et dont il est seul responsable: elles consistent dans les phrases altérées, tronquées, changées, mutilées; dans la citation fausse des Ouvrages, des synonymes, des volumes, des figures, des pages, des numéros; et ces dernières erreurs malheureusement très-essentielles, nuisent avec raison à la perfection et au succès des Ouvrages.

De tout cela il faut conclure que puisqu'il est absolument impossible de faire imprimer un Ouvrage de botanique sans fautes, l'Auteur doit donner tous ses soins pour en diminuer le nombre, et que le meilleur Ouvrage en ce genre sera celui qui présentera le moins d'erreurs.

La perfection typographique des Ouvrages d'Histoire naturelle sur-tout exigeroit deux choses essentielles, qu'il est presque impossible de réunir; la connoissance de la typographie dans les Auteurs, et celle des mots techniques de la science dans les Imprimeurs. Sans ces deux qualités réunies dans une seule tête, on doit espérer difficilement de voir sortir de la presse des ouvrages bien soignés, et qui ne présentent des erreurs.

Nous osons nous flatter que l'Ouvrage que nous publions aujourd'hui, par la fidélité de la traduction, l'exactitude dans la citation des synonymes et la ponctuation, la proscription de tous les mots francisés, l'élégance de la disposition typographique, la netteté des caractères, la correction pénible et soignée des épreuves, ne démentira pas la célébrité des presses dont il sort; et sera distingué de cette foule d'*Élémens*, d'*Abrégés*, de *Manuels*, de *Vocabulaires*, de *Traités*, de *Lettres*, de *Philosophies*, de *Dictionnaires de Botanique*, qui paroissant journellement, sans aucune utilité réelle pour la science, se succèdent avec rapidité et sont oubliés de même.

En nous résumant, nous prévenons nos Lecteurs que les motifs qui nous ont engagés à publier cet Ouvrage, ont été 1.° de nous rendre utiles aux Élèves qui depuis la Révolution ont négligé l'étude de la langue latine; aux personnes du sexe qui sachant dérober à la frivolité un temps précieux, le font tourner aux progrès de la science; en un mot, à tous ceux qui, rebutés par la barbarie des mots francisés, pourront désormais étudier la botanique à l'aide de notre Ouvrage, qui sera aussi intelligible que les autres Livres de sciences écrits en françois. Heureux si, n'ayant pu répandre des fleurs sur la route qui conduit à la Botanique, nous sommes parvenus du moins à arracher les épines dont elle est hérissée; 2.° de rendre au génie d'un grand homme, un hommage d'autant plus sincère, qu'il n'est dicté que par l'admiration, et que nous dirons de lui ce que *Dalembert* disoit de *Montesquieu* : notre reconnoissance ne veut que tracer ici ces lignes AU PIED DE SA STATUE.

EXPLICATION DU SYSTÈME SEXUEL.

LA division première et générale du *Système Sexuel*, porte sur deux considérations fondamentales : I.° Les deux Sexes sont visibles, leurs Noces publiques, (*Nuptiæ publicæ*) ; II.° les deux Sexes sont peu apparens, leurs Noces cachées, (*Nuptiæ clandestinæ*). La première de ces considérations renferme vingt-trois Classes, fondées sur un des quatre attributs suivans et principaux, qui sont 1.° le *Nombre* ; 2.° la *Figure* ou *Proportion* ; 3.° la *Situation* ; 4.° la *Connexion* des Étamines.

Le *Nombre*, qui est le premier attribut, comprend les onze premières Classes ; savoir, la *Monandrie*, *Diandrie*, *Triandrie*, *Tétrandrie*, *Pentandrie*, *Hexandrie*, *Heptandrie*, *Octandrie*, *Ennéandrie*, *Décandrie* et *Dodécandrie*. La douzième, *Icosandrie*, et treizième, *Polyandrie*, consistent moins dans le nombre que dans l'insertion des étamines sur le *Calice* pour la douzième, et sur le *Réceptacle* pour la treizième.

La quatorzième, *Didynamie*, et quinzième, *Tétradynamie*, sont fondées sur le second attribut ; savoir, la *Figure* ou *Proportion* des Étamines, tantôt deux longues et deux courtes dans la quatorzième, *Didynamie*, et tantôt quatre longues et deux courtes dans la quinzième, *Tétradynamie*.

Les cinq suivantes ; savoir, la *Monadelphie*, *Diadelphie*, *Polyadelphie*, *Syngénésie* et *Gynandrie*, sont établies sur le troisième attribut, la *Connexion* des Étamines, unies par leurs *filamens* en un, deux ou trois corps dans la *Monadelphie*, *Diadelphie* et *Polyadelphie*; par leurs *Anthères* ou sommets des Étamines dans la *Syngénésie*, et par leur *adhérence au Pistil* dans la *Gynandrie*.

Le quatrième attribut, pris de la *Situation* des Fleurs, constitue les vingt-unième et vingt-deuxième Classes, la *Monoécie* et *Dioécie*, qui comprennent les Plantes unisexuelles, situées sur un ou deux individus; et la vingt-troisième, *Polygamie*, qui réunit en elle seule les avantages de toutes les Classes précédentes, c'est-à-dire des Fleurs hermaphrodites et unisexuelles.

Enfin, la vingt-quatrième Classe, *Cryptogamie*, à laquelle se rapporte la seconde considération fondamentale, le *peu d'apparence des Sexes*, renferme les Plantes qui ne sont pas visibles à l'œil nu.

Linné, ayant employé les Étamines ou parties mâles pour la formation de ses Classes, a fait servir les Pistils ou parties femelles pour celle de ses Ordres, dans les treize premières Classes. Mais dans celles où les Pistils ne pouvoient lui fournir cette ressource, il a pris ses Ordres du *Fruit*, pour deux Classes seulement, savoir : pour la *Didynamie Gymnospermie* et *Angiospermie*, c'est-à-dire à semences nues ou couvertes, et la *Tétradynamie Siliculeuse* ou *Siliqueuse*, c'est-à-dire à fruit, à silicule ou silique. Dans la *Monadelphie*, *Diadelphie*, *Polyadelphie*, *Gynandrie*, *Monoécie*, *Dioécie* et *Polygamie*, il a pris ses Ordres du *nombre des Étamines*, en ramenant dans ces Classes, les Classes précédentes pour en constituer les divisions.

Dans la *Syngénésie*, les Ordres sont fondés sur la considération du sexe des fleurons.

Le premier Ordre, *Polygamie égale*, comprend les Fleurs

composées dont les fleurons du centre et ceux de la circonférence ou rayon, sont tous hermaphrodites et fertiles.

Le second, *Polygamie superflue*, renferme les Fleurs composées dont les fleurons du centre sont hermaphrodites et fertiles, et ceux du rayon femelles et fertiles.

Le troisième, *Polygamie frustranée*, présente les Fleurs composées dont les fleurons du centre sont hermaphrodites et fertiles, et ceux du rayon stériles.

Le quatrième, *Polygamie nécessaire*, comprend les Fleurs composées dont les fleurons du centre sont hermaphrodites et stériles, et ceux du rayon femelles, mais fécondés par les mâles des fleurons du centre.

Le cinquième, *Polygamie séparée*, renferme les Fleurs composées dont les fleurons du centre et du rayon sont tous hermaphrodites et fertiles, et divisés entr'eux par autant de calices partiels renfermés dans un calice commun.

Dans le sixième Ordre, *Monogamie*, se trouvent les Fleurs simples hermaphrodites à cinq anthères réunies autour du pistil.

CLEF DU SYSTÈME SEXUEL.

LES NOCES DES PLANTES SONT :

I.° Publiques, et leurs fleurs visibles.

Monoclines ;
Maris et femmes dans un seul et même lit,
Fleurs hermaphrodites : étamines et pistils dans la même fleur.

Sans affinité
Les maris n'étant point parent entr'eux,
Les étamines n'étant réunies par aucune de leurs parties.

Sans subordination ni affinité.
Les maris ne gardant entr'eux aucune subordination.
Les étamines n'offrant aucune proportion déterminée.

1 *Monandrie.*
2 *Diandrie.*
3 *Triandrie.*
4 *Tétrandrie.*
5 *Pentandrie.*
6 *Hexandrie.*
7 *Heptandrie.*
8 *Octandrie.*
9 *Ennéandrie.*
10 *Décandrie.*
11 *Dodécandrie.*
12 *Icosandrie.*
13 *Polyandrie.*

Avec subordination

Des maris préférés aux autres.
Deux étamines toujours plus courtes.

14 *Didynamie.*
15 *Tétradynamie.*

Avec affinité

Les maris étant parens entr'eux.
Les étamines étant unies entr'elles, ou avec le pistil.

16 *Monadelphie.*
17 *Diadelphie.*
18 *Polyadelphie.*
19 *Syngénésie.*
20 *Gynandrie.*

Diclines,

Maris et femmes dans des lits différens.
Fleurs mâles et femelles dans la même espèce.

21 *Monoécie.*
22 *Dioécie.*
23 *Polygamie.*

II.° Cachées, et leurs fleurs à peine visibles.

24 *Cryptogamie.*

RÈGNE

RÈGNE VÉGÉTAL.

CLASSE I.

MONANDRIE.

I. MONOGYNIE.

Table Synoptique ou Caractères Artificiels Génériques.

* I. *Scitaminées, inférieures : Fruit à capsule, inférieur.*

2. AMOME, *AMOMUM.*	*Corolle* à trois divisions profondes : lèvre inférieure ovale.
6. CURCUME, *CURCUMA.*	*Cor.* à trois divisions profondes : lèvre inférieure ovale. Quatre *Étamines* stériles.
8. THALIE, *THALIA.*	*Cor.* à cinq divisions profondes : *Drupe* à noyau à deux loges.
5. GALANGA, *MARANTA.*	*Cor.* à cinq divisions profondes, en masque : lèvre inférieure grande, à deux divisions profondes.
7. ZÉDOAIRE, *KÆMPFERIA.*	*Cor.* à six divisions profondes : lèvre inférieure plane, à deux divisions profondes.
1. BALISIER, *CANNA.*	*Cor.* à six divisions profondes : lèvre inférieure à deux divisions profondes, roulée.
4. ALPINIE, *ALPINIA.*	*Cor.* ventrue, à six divisions peu profondes : deux lobes latéraux, échancrés.
3. COSTE, *COSTUS.*	*Cor.* en masque : lèvre inférieure à trois divisions peu profondes, l'intermédiaire échancrée.

† *Valeriana rubra*, *calcitrapa*.

* II. *Plantes à une semence.*

9. BOERRHAAVE, *BOERRHAAVIA*. *Cal.* nul. *Cor.* monopétale, en cloche.

11. PESSE, *HIPPURIS*. *Cal.* nul. *Cor.* nulle.

10. SALICORNE, *SALICORNIA*. *Cal.* d'un seul feuillet. *Cor.* nulle.

II. DIGYNIE.

* I. *Plantes.*

12. CORISPERME, *CORISPERMUM*. *Cal.* nul. *Cor.* deux pétales. Une *Semence*.

13. CALLITRICHE, *CALLITRICHE*. *Cal.* nul. *Cor.* deux pétales. *Caps.* à deux loges.

14. BLITE, *BLITUM*. *Cal.* en baie, à trois segmens peu profonds. *Cor.* nulle. Une *Semence*.

* II. *Graminées.*

15. CINNE, *CINNA*. *Cal.* balle à une fleur. *Cor.* balle à deux valves.

MONANDRIE.

I. MONOGYNIE.

1. BALISIER, *CANNA*. * Lam. Tableau Encyclopéd. pl. 1.re
CANNACORUS. *Tournef.* Inst. 367, tab. 192.

CAL. *Périanthe* à trois *Feuilles* lancéolés, droits, petits, colorés, persistans.

COR. Monopétale, à six *Divisions* profondes, lancéolées, comme collées à la base, dont *trois extérieures* droites, plus grandes que le calice; *trois intérieures* plus grandes que les extérieures, (dont deux redressées, une recourbée), formant la lèvre supérieure.

Nectaire ou *Miellier* : en forme de pétale, divisé profondément en deux parties, ayant la longueur et la figure des pétales : la division supérieure ascendante, l'inférieure roulée, imitant la lèvre inférieure de la corolle.

ÉTAM. *Filament* nul. *Anthère* linéaire, adhérente à la marge de la division supérieure du nectaire.

PIST. *Ovaire* arrondi, inférieur, raboteux. Un seul *Style* en lame d'épée, adhérent à la division du nectaire qui porte l'étamine, lancéolé, ayant la longueur et la figure du pétale. *Stigmate* linéaire, adhérent à la marge du style.

PÉR. *Capsule* arrondie, raboteuse, terminée en forme de couronne, à trois sillons, à trois loges, à trois battans.

SEM. Plusieurs, globuleuses.

Corolle à six divisions profondes, droite : lèvre divisée profondément en deux parties, roulée en dehors. *Style* lancéolé, adhérent à la corolle. *Calice* à trois feuillets.

1. BALISIER des Indes, *C. Indica*, L. à feuilles ovales, pointues aux deux extrémités, nerveuses.

Arundo Indica latifolia; Roseau des Indes à larges feuilles. *Bauh. Pin.* pag. 19, n.° 9. *Lob. Ic.* 1, p. 36, fig. 2. *Clus. Hist.* 2, p. 82, fig. 2. *Lugd.* p. 1001, f. 2 et 3. *Bauh. Hist.* 2, p. 752, f. 1. *Camer. Epit.* 731.

Entre les tropiques en Asie, en Afrique et en Amérique. ♃

2. BALISIER à feuilles étroites, *C. angustifolia*, L. à feuilles lancéolées, pétiolées, nerveuses.

Moris. Hist. 3, sect. 8, tab. 14, fig. 6.

Entre les tropiques en Amérique, dans les endroits ombragés. ♃

3. BALISIER glauque, *C. glauca*, L. à feuilles pétiolées, lancéolées, sans nervures.

Dill. Elth. tab. 59, fig. 69.

Dans les lieux aquatiques de la Caroline. ♃

1. AMOME, *AMOMUM*. Lam. Tab. Encyclop. pl. 2.

CAL. *Périanthe* à trois dents, irrégulier, supérieur.

COR. Monopétale. *Tube* court. *Limbe* à trois divisions profondes, oblongues, l'intermédiaire plus grande, la sinuosité qui lui est opposée plus ouverte.

Nectaire d'un seul feuillet, surpassant à peine les divisions de la corolle, inséré sur la division la plus grande de la corolle.

ÉTAM. Un seul *Filament*, oblong, semblable aux divisions de la corolle. *Anthère* adhérente.

PIST. *Ovaire* arrondi, inférieur. *Style* filiforme, de la longueur de l'étamine. *Stigmate* obtus.

PÉR. Coriace, comme ovale, à trois côtés, à trois loges, à trois battans.

SEM. Plusieurs.

Corolle à quatre divisions peu profondes, l'intermédiaire ouverte.

1. AMOME Gingembre, *A. Zingiber*, L. à hampe nue; à épi ovale.
ZINGIBER, Gingembre. *Bauh. Pin.* 35, n.° 1. *Icon. Pl. Med.* t. 401.

1. *Zingiber communis*, Gingembre. 2. Racine. 3. Acre, aromatique, brûlante. 4. Arome ou esprit recteur. 5. Colique, diarrhée, histérie, toux stomacale, humeurs visqueuses ou glaires des premières voies. 6. Employée comme assaisonnement, aliment.

Dans l'Inde Orientale et à la Jamaïque. ♃

2. AMOME Zérumbet, *A. Zerumbet*, L. à hampe nue; à épi ovale, obtus.

Herm. Lugd. 636, tab. 637. *Icon. Pl. Med.* t. 419 et 420.

Dans l'Inde Orientale. ♃

3. AMOME Cardamome, *A. Cardamomum*, L. à hampe très-simple, très-courte; à bractées alternes, lâches.

Rumph. Herb. Amb. 5, tab. 65, fig. 1. *Icon. Pl. Med.* t. 336.

1. *Cardamomum minus*, Cardamome. 2. Gousses, Semences. 3. Acres, aromatiques, très-odorantes, brûlantes. 4 Huile essentielle ou légère, résine. 5. Anorexie, (dégoût), imbécillité, mélancolie, colique, spasme, convulsions. 6. On mange les graines confites; on les mâche crues; on les emploie dans les ragoûts.

Dans l'Inde Orientale. ♃

4. AMOME Graine de paradis, *A. Grana paradisi*, L. à hampe rameuse, très-courte.

Grana paradisi officinarum; graine de paradis des boutiques. *Bauh. Pin.* 413, n.° 1. *Lob. Ic.* 2, p. 204, fig. 4. *Lugd.* 1811.

1. *Grana paradisi*; Graine de paradis, grand Cardamome, Maniguette. 2. Semences. 3. Odeur aromatique; Saveur âcre, chaude,

piquante, tenace. 4. Huile essentielle; Substances résineuse et extractive; Extraits aqueux et résineux. 5. Comme le Gingembre et le Cardamome. 6. Les Epiciers le mêlent avec le poivre.

A Madagascar, à la Guiane, à Ceylan. ♃

3. COSTE, *COSTUS.*

CAL. *Périanthe* à trois dents, très-petit, supérieur.

COR. à trois *Pétales*, lancéolés, légèrement redressés, concaves, égaux.

Nectaire d'un seul feuillet, grand, oblong, en tube renflé, à deux *Lèvres* : l'*Inférieure* plus large, plus longue que la corolle, à limbe ouvert, à trois divisions peu profondes, l'intermédiaire profondément divisée en trois parties ; la *Supérieure*, lancéolée, plus courte, remplissant les fonctions de filament.

ÉTAM. *Filament* remplacé par la lèvre supérieure du nectaire, à laquelle est adhérente l'*Anthère*, profondément divisée en deux parties.

PIST. *Ovaire* inférieur, arrondi. *Style* filiforme, de la longueur du filament. *Stigmate* en tête, comprimé, échancré.

PÉR. *Capsule* arrondie, en couronne, à trois loges, à trois battans.

SEM. Plusieurs, triangulaires.

Corolle intérieure enflée, en masque : lèvre inférieure à trois divisions peu profondes.

1. COSTE d'Arabie, *C. Arabicus*, L.

Costus Arabicus seu Dioscoridis ; Coste d'Arabie ou de Dioscoride. *Bauh. Pin.* 36, n.° 1. *Icon. Pl. Med.* tab. 403.

1. *Costus arabicus* ; Coste arabique. 2. Racine. 3. Légèrement amère, âcre, aromatique, d'une odeur forte, tirant sur la violette. 4. Huile essentielle; Extraits aqueux et spiritueux. 5. Apoplexie, paralysie, anorexie, colique venteuse, maladies malignes, contagieuses.

Dans les deux Indes. ♃

4. ALPINIE, *ALPINIA.* † ALPINIA. *Plum. Gen.* 26, tab. 12.

CAL. *Périanthe* à trois segmens peu profonds, petit, supérieur.

COR. Monopétale, inégale, et comme double : l'*Extérieure* à trois divisions peu profondes : la *supérieure* concave, tubulée, les *latérales* planes. L'*Intérieure* plus courte, à limbe à trois divisions peu profondes, l'*inférieure* s'étendant au-delà de la réunion des divisions latérales de la corolle extérieure, les *deux autres* échancrées. *Base* de la corolle, ventrue.

ÉTAM. Un *Filament* semblable à la division de la corolle intérieure. *Anthère* linéaire, adhérente au bord du filament.

PIST. *Ovaire* arrondi, inférieur. *Style* simple. *Stigmate* à trois côtés obtus.

PÉR. *Capsule* charnue, ovale, à trois loges, à trois battans.

SEM. Plusieurs, ovales, saillantes au *sommet*, tronquées, terminées à leur base par une queue. *Réceptacle* pulpeux, très-grand.

Corolle à six divisions peu profondes, ventrue, à trois lobes ouverts.

1. ALPINIE à grappe, *A. racemosa*, L.
Plum. Ic. 10, tab. 20.
Dans l'Amérique Méridionale. ♃

5. GALANGA, *MARANTA*. * Lam. Tab. Encyclop. pl. 1.

CAL. *Périanthe* à trois feuillets, lancéolé, petit, supérieur.

COR. Monopétale, en masque. *Tube* oblong, comprimé, oblique, courbé. *Limbe* à six *Divisions* peu profondes : les *Extérieures alternes* ovales, égales, plus petites, dont une inférieure, deux supérieures; les *deux autres latérales alternes* très-grandes, arrondies, représentant la lèvre inférieure : la *Supérieure* petite, divisée profondément en deux parties.

ÉTAM. Un *Filament* membraneux, semblable aux divisions de la corolle. *Anthère* linéaire, adhérente sur un bord du filament.

PIST. *Ovaire* arrondi, inférieur. *Style* simple, de la longueur de la corolle. *Stigmate* à trois côtés inégaux, recourbé.

PÉR. *Capsule* arrondie, à trois côtés inégaux, à trois battans.

SEM. Une seule, ovale, ridée, dure.

Corolle en masque, à cinq divisions peu profondes, dont deux alternes, ouvertes.

1. GALANGA roseau, *M. arundinacea*, L. à chaume rameux.
Plum. Gen. pag. 16, tab. 36.
Dans l'Amérique Méridionale. ♃

2. GALANGA Galanga, *M. Galanga*, L. à chaume simple.
Galanga, Galanga. *Rumph. Amb.* 5, pag. 143, tab. 63.
1. *Galanga majus et minus*; Galanga. 2. Racine. 3 Acre, aromatique, légèrement amère, plus piquante que le gingembre, odorante. 4. Huile essentielle; Extraits aqueux et spiritueux. 5. Vertige, hoquet, vomissement des navigateurs, colique, dartres, paralysie de la langue, fièvre intermittente, même quarte. 6. Elle sert d'assaisonnement.
Dans l'Inde Orientale. ♃

6. CURCUME, *CURCUMA*. †

CAL. *Périanthe* supérieur, irrégulier.

COR. Monopétale. *Tube* étroit. *Limbe* à trois divisions profondes, lancéolées, s'ouvrant davantage d'un côté.

Nectaire d'un seul feuillet, ovale-pointu, plus grand que les divisions de la corolle, inséré sur la division la plus ouverte.

ÉTAM. Cinq *Filamens*, dont quatre droits, linéaires, dépourvus d'anthères; le *cinquième* inséré sur le nectaire, linéaire, en forme de pétale, divisé peu profondément au sommet en deux parties. *Anthère* adhérente.

PIST. *Ovaire* arrondi, inférieur. *Style* de la longueur des étamines. *Stigmate* simple, en crochet.

PÉR. *Capsule* arrondie, à trois loges, à trois battans.

SEM. Plusieurs.

Quatre *Étamines* stériles, la cinquième fertile.

1. CURCUME rond, *C. rotunda*, L. à feuilles lancéolées-ovales: à nervures latérales très-rares.

Rumph. Amb. 5, t. 67. *Ic. Pl. Med.* t. 254.

Racine colorante en jaune.

Dans l'Inde Orientale. ♃

2. CURCUME long, *C. longa*, L. à feuilles lancéolées: à nervures latérales très-nombreuses.

Herm. Lugd. tab. 209. *Icon. Pl. Med.* tab. 421.

1. *Curcuma*, Terre-mérite, Safran des Indes. 2. Racine. 3 Amère, aromatique. 4. Huile essentielle, Extraits aqueux et spiritueux. 5. Ictère, cachexie, hydropisie, galle, fièvres intermittentes. 6. Employée comme assaisonnement tonique. Racine colorante en jaune.

Dans l'Inde Orientale. ♃

7. ZÉDOAIRE, *KÆMPFERIA.* * Lam. Tab. Encyclop. pl. 1, fig. 3.

CAL. *Périanthe* supérieur, irrégulier.

COR. Monopétale. *Tube* long, grêle. *Limbe* plane, à six divisions profondes: dont *trois alternes* lancéolées, égales; les *deux autres* ovales: la *supérieure* divisée profondément en deux parties, en cœur renversé; toutes d'égale longueur.

ÉTAM. Un seul *Filament*, membraneux, comme ovale, échancré. *Anthère* linéaire, double, entièrement adhérente, s'élevant à peine au-dessus du tube de la corolle.

PIST. *Ovaire* arrondi. *Style* de la longueur du tube de la corolle. *Stigmate* à deux lames, arrondi.

PÉR. *Capsule* arrondie, à trois côtés, à trois loges, à trois battans.

SEM. Plusieurs.

Corolle à six divisions profondes, dont trois plus grandes étalées, une seule divisée peu profondément en deux parties. *Stigmate* composé de deux lames.

1. ZEDOAIRE Galanga, *K. Galanga*, L. à feuilles ovales, sans pétiole.

Hort. Cliff. pag. 2, tab. 3.

Dans l'Inde Orientale. ♃

2. ZEDOAIRE rond, *K. rotunda*, L. à feuilles lancéolées, pétiolées.

Zedoaria rotunda; Zédoaire ronde. *Bauh. Pin.* 36, n.° 2. *Icon. Pl. Med.* tab. 503.

1. *Zedoaria longa*, Zedoaire longue. 2. Racine. 3. Odeur forte; Saveur aromatique, amère, chaude. 4. Huile essentielle, Extraits aqueux et spiritueux. 5. Hystéricie, asthme, nausées habituelles, vers.

Dans l'Inde Orientale. ♃

8. THALIE, *THALIA.* † CORTUSA. *Plum. Gen.* 26, tab. 8.

CAL. *Périanthe* . . . . . .

COR. Cinq *Pétales*, ovales-oblongs, ondulés, concaves, dont *deux semblables à un spathe* plus petits, roulés; les *autres* égaux, droits, concaves.

ÉTAM. Un seul *Filament*. *Anthère* . . . . . .

PIST. *Ovaire* ovale.

PÉR. *Drupe* ovale, à une loge.

SEM. *Noix* osseuse, à deux loges.

Corolle à cinq pétales, ondulés. *Drupe* renfermant un noyau à deux loges.

1. THALIE genouillée, *T. geniculata*, L.

Plum. Gen. 26, tab. 8.

Dans l'Amérique Méridionale. ♃

9. BOERRHAAVE, *BOERRHAAVIA.* * Lam. Tab. Encyclop. pl. 4.

CAL. Nul.

COR. Monopétale, en cloche, droite, à cinq angles, plissée, entière.

ÉTAM. Un ou deux *Filamens*, courts. *Anthère* didyme, globuleuse.

PIST. *Ovaire* inférieur, anguleux, oblong. *Style* filiforme, court. *Stigmate* en forme de rein.

PÉR. Nul.

SEM. Une seule, oblongue, obtuse, rétrécie à la base, à six angles.

OBS. *Ce genre a beaucoup d'affinité avec les* Valérianes.

Calice nul. *Corolle* d'un seul pétale, en cloche, plissée. Une *Semence* nue, inférieure. Une ou deux *Étamines*.

1. BOERRHAAVE droite, *B. erecta*, L. à tige droite, lisse; à fleurs à deux étamines.

Burm. Ind. 3, tab. 1, fig. 1.

A Vera-Crux. ♃

2. BOERRHAAVE étalée, *B. diffusa*, L. à tige lisse, étalée; à feuilles ovales.

Herm. Parad. p. 237.

Dans l'Inde Orientale. ♃

3. BOERRHAAVE hérissée, *B. hirsuta*, L. à tige lisse, étalée; duvetée; à feuilles ovales, peu sinuées.

Jacq. Hort. tab. 7.

A la Jamaïque. ♃

4. BOERRHAAVE grimpante, *B. scandens*, L. à tige droite; à fleure à deux étamines; à feuilles en cœur, aiguës.

Jacq. Hort. tab. 4. *Pluk.* tab. 226, f. 7; et 113, f. 7.

A la Jamaïque, aux environs de Jago de la Vega. ♃

5. BOERRHAAVE rampante, *B. repens*, L. à tige rampante.

En Nubie, entre Mocho et Tangas. ♃

6. BOERRHAAVE à feuilles étroites, *B. angustifolia*, L. à feuilles linéaires, aiguës.

On ignore son lieu natal.

10. SALICORNE, *SALICORNIA*. * *Tournef.* Coroll. 51, tab. 485. *Lam.* Tab. Encyclop. pl. 4.

CAL. à quatre côtés, tronqué, ventru, persistant.

COR. Nulle.

ÉTAM. Un seul *Filament*, simple, plus long que le calice. Une seule *Anthère*, oblongue, didyme, droite.

PIST. *Ovaire* ovale-oblong. *Style* simple, placé sous l'étamine. *Stigmate* divisé peu profondément en deux parties.

PÉR. Nul.

SEM. Une seule, recouverte par le calice renflé, ventru.

Calice un peu ventru, entier. *Pétales nuls*. Une *Semence*.

1. SALICORNE herbacée, *S. herbacea*, L. herbacée, étalée; à articulations comprimées au sommet, échancrées, à deux divisions peu profondes.

Salicornia, Salicorne. *Dod. Pempt.* 82, f. 1. *Lob. Ic.* 1, p. 395, f. 2. *Lugd.* 1378, fig. 1. *Barrel. Ic.* 192. *Icon. Pl. Med.* t. 264.

1. *Soda*, Soude, Salicor, Boucard, 2. Toute la plante. 3. Salée,

un peu mordante. 4. Sel marin, *natrum* ou soude, après et peut-être avant l'incinération. 5. Scorbuts, galle, hypersarcose, abcès. 6. Employée par les Zélandois en été, cuite, en salade, comme aliment antiscorbutique. On la confit dans le vinaigre. Nutritive pour le Cochon.

En Europe, en Virginie, sur les bords de la mer. ☉

2. SALICORNE ligneuse, *S. fruticosa*, L. à tige droite, ligneuse.

Kali geniculatum, majus; Kali genouillé, plus grand. *Bauh. Pin.* 289, n.° 9? *Lugd. Hist.* 1378, fig. 3.

En Europe, sur les bords de la mer. ♄

3. SALICORNE de Virginie, *S. Virginica*, L. herbacée, droite; à rameaux très-simples.

En Virginie.

4. SALICORNE d'Arabie, *S. Arabica*, L. à articulations obtuses, renflées à la base; à épis ovales.

Kali geniculatum alterum vel minus; autre Kali genouillé ou plus petit. *Bauh. Pin.* 289, n.° 10.

En Arabie.

5. SALICORNE Caspienne, *S. Caspica*, L. à articulations cylindriques; à épis filiformes.

Sur les bords de la mer Caspienne et de Médie. ♄

11. PESSE, *HIPPURIS*. * *Lam.* Tab. Encyclop. pl. 5.

CAL. Nul.

COR. Nulle.

ÉTAM. Un seul *Filament*, inséré sur le réceptacle de la fleur. *Anthère* à moitié divisée en deux parties.

PIST. *Ovaire* oblong, supérieur. Un seul *Style*, en alène, placé entre l'étamine et la tige, plus long que l'étamine. *Stigmate* aigu.

PÉR. Nul.

SEM. Une seule, arrondie, nue.

Calice nul. *Pétales* nuls. *Stigmate* simple. Une *Semence*.

1. PESSE commune, *H. vulgaris*, L.

Equisetum palustre, brevioribus foliis, polyspermum; Prêle des marais, à feuilles plus courtes, à plusieurs semences. *Bauh. Pin.* 15, n.° 4. *Dod. Pempt.* 113, fig. 2. *Lob. Ic.* 2, p. 792, fig. 2. *Lugd.* 1072, f. 1. *Bauh. Hist.* 3, P. 2, p. 732. *Camer. Epit.* 689. *Bul. Paris.* tab. 1.

Nutritive pour la Chèvre.

En Europe, dans les lacs et les fossés aquatiques.

II. DIGYNIE.

22. CORISPERME, *CORISPERMUM*. * Lam. Tab. Encyc. pl. 5.

CAL. Nul.

COR. Deux *Pétales*, comprimés, recourbés, pointus, opposés; égaux.

ÉTAM. Un seul *Filament*, filiforme, plus court que les pétales. *Anthère* simple.

PIST. *Ovaire* aigu, comprimé. Deux *Styles*, capillaires. *Stigmates* aigus.

PÉR. Nul.

SEM. Une seule, ovale, comprimée, bossuée d'un côté, entourée d'un bord tranchant.

OBS. *Dans les fleurs inférieures, on trouve deux, trois, quatre ou cinq étamines; et dans les autres, une seule.*

Calice nul. Deux *Pétales*. Une *Semence* ovale, nue.

1. CORISPERME à feuilles d'hyssope, *C. hyssopifolium*, L. à fleurs latérales.

En Tartarie près du Volga, en Russie, à Montpellier, dans les lieux sablonneux. ☉

2. CORISPERME sec et roide, *C. squarrosum*, L. à épis secs et roides.

En Tartarie près du Volga, et dans les désert. des Cosaques. ☉

23. CALLITRICHE, *CALLITRICHE*. * Lam. Tab. Encyclop. pl. 5.

CAL. Nul.

COR. Deux *Pétales*, recourbés, pointus, creusés en gouttière, opposés.

ÉTAM. Un seul *Filament*, long, recourbé. *Anthère* simple.

PIST. *Ovaire* arrondi. Deux *Styles*, capillaires, recourbés. *Stigmates* aigus.

PÉR. *Capsule* arrondie, quadrangulaire, comprimée, à deux loges.

SEM. Solitaires, oblongues.

OBS. *C.* verna, *monoïque.*

Calice nul. Deux *Pétales*. *Capsule* à deux loges, à quatre semences.

1. CALLITRICHE printanier, *C. verna*, L. à feuilles supérieures, ovales; à fleurs androgynes.

Stellaria aquatica; Stellaire aquatique. *Bauh. Pin.* 141, n.° 13. *Lob. Ic.* 1, p. 792, fig. 1.

Nutritive pour le Bœuf.

En Europe dans les fossés aquatiques. Vernale.

2. CALLITRICHE automnal, *C. autumnalis*, L. à feuilles toutes linéaires, divisées peu profondément au sommet en deux parties ; à fleurs hermaphrodites.

Alsine aquatica, minor et fluitans ; Alsine aquatique, plus petite et flottante. *Bauh. Pin.* 251, n.° 3. *Loesel.* 140, n.° 38 ?

Nutritive pour le Bœuf.

En Europe dans les fossés aquatiques. Automnale.

14. BLITE, *BLITUM.* * Lam. Tab. Encyclop. pl. 5.

CAL. *Périanthe* à trois *Segmens* profonds, ouverts, persistans, ovales, égaux, dont deux plus ouverts.

COR. Nulle.

ÉTAM. Un *Filament*, sétacé, plus long que le calice, s'élevant dans le segment intermédiaire du calice. *Anthère* didyme.

PIST. *Ovaire* ovale, pointu. Deux *Styles*, droits, s'écartant l'un de l'autre, de la longueur de l'étamine. *Stigmates* simples.

PÉR. *Capsule* très-grêle (elle ne sert que d'enveloppe à la semence), ovale, légèrement comprimée, recouverte par le calice qui se change en baie.

SEM. Une seule, globuleuse, comprimée, de la grandeur de la capsule.

Calice à trois segmens peu profonds. *Pétales* nuls. Une *Semence* recouverte par le calice en baie.

1. BLITE en tête, *B. capitatum*, L. à têtes disposées en épis, terminales.

Atriplex sylvestris, lappulas habens ; Arroche sauvage, à crochets. *Bauh. Pin.* 119, n.° 7. *Prod.* 58, n.° 2, f. 1. *Barrel. Ic.* 1181. *Theat. Flor.* tab. 62, f. 2.

Dans le Tyrol. ⊙

2. BLITE à verge, *B. virgatum*, L. à têtes éparses, latérales.

Atriplex sylvestris, mori fructu ; Arroche sauvage, à fruit de mûrier. *Bauh. Pin.* 119, n.° 6. *Clus. Hist.* 2, p. 135.

En Tartarie, en Espagne, à Narbonne. ⊙

3. BLITE à feuilles de chénopode, *B. chenopodioïdes*, L. à têtes disposées en anneaux, sèches.

En Tartarie et en Suède. ⊙

15. CINNE, *CINNA.* *

CAL. *Bâle* à une seule fleur, à deux valves, comprimée, linéaire, en carène, pointue, une valve plus courte, piquante.

COR. *Bâle* à deux valves, comprimée, linéaire : la valve extérieure placée dans la valve plus petite du calice, plus longue, garnie d'une arête au-dessous du sommet : la valve intérieure, grêle, plus courte.

ÉTAM. Un seul *Filament* capillaire. *Anthère* oblongue, fourchue aux deux extrémités.

PIST. *Ovaire* en toupie. Deux *Styles* capillaires, très-courts. *Stigmates* plus longs que les styles, plumeux.

PÉR. Nul.

SEM. Une seule, cylindrique, enveloppée par la balle de la corolle.

Calice balle formée par deux valves, renfermant une seule fleur. *Corolle* bâle composée de deux valves. Une *Semence*.

1. CINNE roseau, *C. arundinacea*, L.
En Canada. ♃

CLASSE II.

DIANDRIE.

I. MONOGYNIE.

Table Synoptique ou *Caractères Artificiels Génériques.*

* I. *Fleurs inférieures, monopétales, régulières.*

20. Olivier, *Olea.*	*Corolle* à quatre divisions peu profondes. *Drupe* à une loge.
21. Chionanthe, *Chionanthus.*	*Cor.* à quatre divisions peu profondes, très-longues.
19. Filaria, *Phillyrea.*	*Cor.* à quatre divisions peu profondes. *Baie* à une semence.
18. Troêne, *Ligustrum.*	*Cor.* à quatre divisions peu profondes. *Baie* à quatre semences.
22. Lilac, *Syringa.*	*Cor.* à quatre divisions peu profondes, très-étroites. *Capsule* à deux loges.
24. Éranthême, *Eranthemum.*	*Cor.* à cinq divisions peu profondes, presque ovales, planes. *Capsule.*
17. Jasmin, *Jasminum.*	*Cor.* à cinq divisions peu profondes. *Baie* à deux coques.
16. Nyctante, *Nyctantes.*	*Cor.* à huit divisions. *Baie* à deux coques.

* II. *Fleurs inférieures, monopétales, irrégulières. Fruit à capsule.*

27. Pédérote ; *Pæderota.*	*Cor.* à quatre divisions peu profondes. *Cal.* à cinq segmens profonds.
26. Véronique ; *Veronica.*	*Limbe* de la *Corolle* à quatre divisions profondes, l'inférieure plus étroite.

30. GRATIOLE, *GRATIOLA*. *Cor.* à quatre divisions peu profondes, irrégulière. Quatre *Étamines*, dont deux sans anthères ou stériles.

31. SCHWENKE, *SCHWENKIA*. *Cor.* presque égale : gorge fermée par cinq plis en étoile. *Corps glanduleux* placé sur les angles extérieurs des plis. Trois *Étamines* stériles.

28. CARMANTINE, *JUSTICIA*. *Cor.* en masque. *Capsule* à onglet élastique.

29. DIANTHÈRE, *DIANTHERA*. *Cor.* en masque. Deux *Anthères* sur chaque filament.

32. CALCÉOLAIRE, *CALCEOLARIA*. *Cor.* en masque, enflée. *Cal.* à quatre segmens peu profonds.

33. GRASSETTE, *PINGUICULA*. *Cor.* en masque, à éperon. *Cal.* à cinq segmens peu profonds.

34. UTRICULAIRE, *UTRICULARIA*. *Cor.* en masque, à éperon. *Cal.* à deux feuillets.

† *Bignonia catalpa.*

* III. *Fleurs inférieures, monopétales, irrégulières. Fruit nu.*

35. VERVEINE, *VERBENA*. *Cor.* à divisions presque égales. Segment supérieur du *Calice* plus court.

36. LYCOPE, *LYCOPUS*. *Cor.* à divisions presque égales. *Étamines* écartées.

37. AMÉTHYSTÉE, *AMETHYSTEA*. *Cor.* à divisions presque égales, l'inférieure concave.

39. ZIZIPHORE, *ZIZIPHORA*. *Cor.* labiée : lèvre supérieure renversée. *Cal.* très-menu.

40. MONARDE, *MONARDA*. *Cor.* labiée : lèvre supérieure très-étroite, enveloppant les étamines et les pistils.

41. ROMARIN, *ROSMARINUS*. *Cor.* labiée : lèvre supérieure en faucille. *Étamines* courbées.

42. SAUGE, *SALVIA.* *Cor.* labiée. *Filamens* coupés vers leur base par un pédicule.

38. CUNILE, *CUNILA.* *Cor.* labiée : lèvre supérieure plane. Quatre *Étamines* : deux espèces de filamens sans anthères.

43. COLLINSONE, *COLLINSONIA.* *Cor.* presque labiée : lèvre inférieure à divisions nombreuses très-étroites.

* IV. *Fleurs inférieures, à cinq pétales.*

23. DIALI, *DIALIUM.* *Calice* nul. *Cor.* à cinq pétales.

* V. *Fleurs supérieures.*

44. MORINE, *MORINA.* *Cal. du Fruit* à dentelures en arête. *Cal. de la Fleur* à deux segmens peu profonds.

25. CIRCÉE, *CIRCÆA.* *Cal.* à deux feuillets. *Cor.* à deux pétales en cœur-renversé.

45. GLOBBE, *GLOBBA.* *Cal.* à trois segmens peu profonds. *Cor.* à trois divisions peu profondes. *Capsule* à trois loges.

† *Valeriana cornucopiæ.*

† *Bourrhaavia diandra, scandens, erecta.*

II. DIGYNIE.

46. FLOUVE, *ANTHOXANTHUM.* *Cal.* à balle renfermant une fleur, oblongue. *Cor.* à balle en barbe.

III. TRIGYNIE.

47. POIVRIER, *PIPER.* *Calice* nul. *Corolle* nulle. *Baie* à une semence.

DIANDRIE,

DIANDRIE.

I. MONOGYNIE.

16. NYCTANTE, *NYCTANTES*. * *Lam. Tab. Encyclop.* 91. 6.

CAL. *Périanthe* d'un seul feuillet, à moitié divisé en huit segmens, cylindrique, très-petit, à denelures en alêne, persistant.

COR. Monopétale, en soucoupe. *Tube* comme cylindrique, plus long que le calice. *Limbe* plane, étalé, à huit *Divisions* profondes, oblongues.

ÉTAM. Deux *Filamens*, en alêne, très-petits, insérés sur le réceptacle. *Anthères* droites, un peu aiguës.

PIST. *Ovaire* arrondi, déprimé. *Style* simple, de la longueur du tube. Deux *Stigmates*, droits.

PÉR. *Baie* arrondie, à deux coques, à deux loges.

SEM. Solitaires, grandes, arrondies.

Corolle à huit divisions peu profondes. *Calice* à huit segmens peu profonds. *Péricarpe* à deux coques.

1. NYCTANTE arbre-triste, *N. arbor tristis*, L. à tige à quatre côtés; à feuilles ovales, pointues; à péricarpes membraneux, comprimés.

Arbor tristis, Arbre triste. *Bauh. Pin.* 469, n.° 2. *Clus. Exot.* p. 225, f. 1. *Lugd.* 1852, f. 1. *Rheed. Mal.* 1, p. 35, t. 21.

Dans l'Inde Orientale. ♄

2. NYCTANTE Sambac, *N. Sambac*, L. à feuilles inférieures en cœur, obtuses : les supérieures ovales, aiguës.

Syringa Arabica, foliis Mali aurantii; Syringa d'Arabie, à feuilles d'Oranger. *Bauh. Pin.* 398, n.° 2. *Clus. Cur.* 3, t. 3. *Alp. Ægyp.* 2, p. 39? *Barrel. Ic.* 61. *Till. Pis.* t. 31. *Rumph. Amb.* 5, p. 52, t. 30.

Dans l'Inde Orientale. ♄

3. NYCTANTE ondulé, *N. undulata*, L. à feuilles ovales, pointues, ondulées; à rameaux arrondis.

Rheed. Mal. 6, p. 97, t. 55.

Au Malabar. ♄

4. NYCTANTE velu, *N. hirsuta*, L. à pétioles et péduncules velus.

Rheed. Mal. 4, p. 99, t. 48.

Dans l'Inde Orientale. ♄

5. NYCTANTE à feuilles étroites, *N. angustifolia*, L. à feuilles obtuses, lancéolées, ovales.

Rheed. Mal. 6, p. 93, t. 53.

Au Malabar dans les lieux sablonneux.

17. JASMIN, *JASMINUM.* * *Tournef. Inst.* 597, tab. 368. *Lam. Tab. Encyclop.* pl. 7.

CAL. *Périanthe* d'un seul feuillet, tubulé, oblong, persistant, à *orifice* à cinq dents, droit.

COR. Monopétale, en soucoupe. *Tube* comme cylindrique, long. *Limbe* à cinq divisions profondes, plane.

ÉTAM. Deux *Filamens*, courts. *Anthères* petites, enfermées dans le tube de la corolle.

PIST. *Ovaire* arrondi. *Style* filiforme, de la longueur des étamines. *Stigmate* divisé peu profondément en deux parties.

PÉR. *Baie* ovale, glabre, à deux loges ou à deux capsules.

SEM. Deux, grandes, ovales-oblongues, enveloppées par un arille, convexes d'un côté, aplaties de l'autre.

Corolle à cinq divisions peu profondes. *Baie* à deux coques. *Semences* enveloppées par un arille. *Anthères* enfermées dans le tube de la corolle.

1. JASMIN officinal, *J. officinale*, L. à feuilles opposées, pinnées : à folioles distinctes.

Jasminum vulgatius, flore albo; Jasmin ordinaire, à fleur blanche. *Bauh. Pin.* 397, n.° 1. *Dod. Pempt.* 409, f. 2. *Lob. Ic.* 2, p. 105, f. 2. *Lugd.* 1430, f. 1. *Bauh. Hist.* 2, p. 101, f. 1. *Camer. Epit.* 36. *Duham. Arb.* 1, t. 122. *Bul. Paris.* t. 2. *Icon. Pl. Méd.* t. 133.

Inusitée en Médecine, d'un grand usage dans l'art du Parfumeur.

Dans l'Inde Orientale, la Suisse et le Languedoc. ♄ Estivale.

2. JASMIN à grande fleur, *J. grandiflorum*, L. à feuilles opposées, pinnées : les dernières folioles se confondant.

Jasminum humilius, magno flore; Jasmin nain, à grandes fleurs. *Bauh. Pin.* 398, n.° 3. *Lugd.* 1431, f. 1. *Bauh. Hist.* 2, p. 102, f. 1. *Rheed. Mal.* 6, p. 91, t. 52. *Camer. Epit.* 37.

Au Malabar. ♄ Cultivé dans les jardins.

3. JASMIN Azore, *J. Azoricum*, L. à feuilles opposées, ternées.

Plukn. 195, t. 303, f. 1; et t. 423, f. 6.

Dans l'Inde Orientale. ♄ Cultivé dans les jardins.

4. JASMIN jaune, *J. fruticans*, L. à feuilles alternes, ternées et simples; à rameaux anguleux.

Jasminum luteum, vulgò dictum Bacciferum; Jasmin jaune, vulgairement nommé Baccifère. *Bauh. Pin.* 398, n.° 5. *Dod. Pempt.* 571, f. 1. *Lob. Ic.* 2, p. 52, f. 1. *Lugd.* 1187, f. 3. *Bauh. Hist.* 1, P. 2, p. 374, f. 3.

En Orient, en Languedoc. ♄ Vernale.

5. JASMIN nain, *J. humile*, L. à feuilles alternes, un peu aiguës, ternées et pinnées; à rameaux anguleux.

Jasminum humile, luteum; Jasmin nain, jaune. *Bauh. Pin.* 397, n.° 2. *Lob. Ic.* 2, p. 106, f. 1. *Bauh. Hist.* 2, p. 102, f. 2.

On ignore son lieu natal. ♄

6. JASMIN très-odorant, *J. odoratissimum*, L. à feuilles alternes, obtuses, ternées et pinnées; à rameaux arrondis.

Barrel. tab. 62.

Dans l'Inde Orientale. ♄ Cultivé dans les jardins.

18. TROÈNE, *LIGUSTRUM.* * *Tournef. Inst.* 596, tab. 367. *Lam. Tab. Encyclop.* pl. 7.

CAL. *Périanthe* d'un seul feuillet, tubulé, très-petit; à *orifice* à quatre dents, droit, obtus.

COR. Monopétale, en entonnoir. *Tube* comme cylindrique, plus long que le calice. *Limbe* ouvert, à quatre *divisions* profondes, ovales.

ÉTAM. Deux *Filamens*, opposés, simples. *Anthères* droites, presque aussi longues que la corolle.

PIST. *Ovaire* arrondi. *Style* très-court. *Stigmate* divisé peu profondément en deux parties, obtus, un peu épais.

PÉR. *Baie* globuleuse, glabre, à une loge.

SEM. Quatre, convexes d'un côté, anguleuses de l'autre.

Corolle à quatre divisions peu profondes. *Baie* à quatre semences.

1. TROÈNE vulgaire, *L. vulgare*, L.

Ligustrum Germanicum, Troène d'Allemagne. *Bauh. Pin.* 475, n.° 1. *Dod. Pempt.* 773. *Lob. Ic.* 2, p. 131, f. 1. *Lugd.* 212, f. 1. *Camer. Epit.* 89. *Bauh. Hist.* 1, P. 1, p. 528, f. 2. *Bul. Paris.* tab. 3. *Icon. Pl. Méd.* tab. 112.

Nutritive pour le Mouton, le Bœuf, la Chèvre.

Baies colorant en pourpre.

En Europe dans les forêts, les haies. ♄ Cultivé en palissade dans les jardins.

19. FILARIA, *PHILLYREA.* * *Tournef. Inst.* 596, tab. 367. *Lam. Tab. Encyclop.* pl. 8.

CAL. *Périanthe* d'un seul feuillet, tubulé, à quatre dents, très-petit, persistant.

COR. Monopétale, en entonnoir. *Tube* à peine sensible. *Limbe* à quatre *divisions* profondes, ovales, roulées, aiguës.

ÉTAM. Deux *Filamens*, opposés, courts. *Anthères* simples, droites.

PIST. *Ovaire* arrondi. *Style* simple, de la longueur des étamines; *Stigmate* un peu épais.

PÉR. *Baie* globuleuse, à une loge.

SEM. Une seule, globuleuse, grande.

Corolle à quatre divisions peu profondes. *Baie* à une semence.

1. FILARIA moyen, *P. media*, L. à feuilles ovales-lancéolées, à peine crénelées.

Phillyrea Ligustri folio, Filaria à feuille de Troëne. *Bauh. Pin.* 476, n.° 4. *Dod. Pempt.* 776, f. 2. *Lob. Ic.* 2, p. 131, f. 2. *Clus. Hist.* 1, p. 52, f. 2. *Lugd.* 238, f. 1. *Camer. Epit.* 90. *Bauh. Hist.* 1, P. 1, p. 359, f. 1.

Dans l'Europe Méridionale, en Languedoc. ♄

2. FILARIA à feuilles étroites, *P. angustifolia*, L. à feuilles linéaires, lancéolées, sans dentelures.

Phillyrea angustifolia, prima et secunda; Filaria à feuilles étroites, premier et second. *Bauh. Pin.* 476, n.os 5 et 6. *Dod. Pempt.* 776, f. 1. *Lob. Ic.* 2, p. 132, f. 1. *Clus. Hist.* 1, p. 52, f. 3. *Lugd.* 238, f. 2. *Camer. Epit.* 90. *Bauh. Hist.* 1, P. 338, f. 1.

En Italie, en Espagne, à Montpellier. ♄

3. FILARIA à larges feuilles, *P. latifolia*, L. à feuilles ovales en cœur, à dents de scie.

Phillyrea latifolia spinosa; Filaria épineux à larges feuilles. *Bauh. Pin.* 476, n.° 2. *Clus. Hist.* 1, p. 51. *Lugd.* 234, f. 1. *Camer. Epit.* 90. *Bauh. Hist* 1, P. 1, p. 548 et suiv.

Dans l'Europe Méridionale, en Languedoc. ♄

20. OLIVIER, *OLEA*. * *Tournef. Inst* 598, tab. 370. *Lam. Tab. Encyclop.* pl. 8.

CAL. *Périanthe* d'un seul feuillet, tubulé, petit, à *orifice* à quatre dents, droit, caduc-tardif.

COR. Monopétale, en entonnoir. *Tube* comme cylindrique, de la longueur du calice. *Limbe* plane, à quatre *divisions* profondes, comme ovales.

ÉTAM. Deux *Filamens*, opposés, en alène, courts. *Anthères* droites.

PIST. *Ovaire* arrondi. *Style* simple, très-court. *Stigmate* divisé peu profondément en deux parties, échancré, un peu épais.

PÉR. *Drupe* comme ovale, glabre, à une loge.

SEM. Noix ovale-oblongue, ridée.

Corolle à quatre divisions peu profondes, comme ovales. *Drupe* à une semence.

1. OLIVIER d'Europe, *O. Europea*, L. à feuilles lancéolées.

Olea sativa, Olivier cultivé. *Bauh. Pin.* 472, n.° 1. *Dod. Pempt.* 821. *Lob. Ic.* 2, p. 135, fig. 1. *Clus. Hist.* 1, p. 26, f. 1. *Lugd.* 343. *Camer. Epit.* 120. *Bauh. Hist.* 1, P. 2, p. 1, f. 1. *Icon. Pl. Med.* tab. 319.

1. *Olea*, Olivier. 2. Fruit, son huile. 3. *Fruit* confit, austère, salé, agréable; Huile grasse, douce, inodore, presque insipide.

4. Huile, extrait amer, léger, aromatique. 5. Venin, poison, pleurésie, néphrétique, entérite, dyssenterie, ténesme, colique, rhumatisme, toux, morsure des animaux enragés et venimeux, même l'ascite, (en onctions.) 6. Huile, les ragoûts: *Fruit* aliment et condiment.

L'Olivier se divise en *sauvage* et *cultivé*.

Dans l'Europe Méridionale, en Languedoc et en Provence. ♄ Estivale.

2. OLIVIER du Cap, *O. Capensis*, L. à feuilles ovales.

Dill. Elth. tab. 170, fig. 194.

Au cap de Bonne-Espérance. ♄

3. OLIVIER d'Amérique, *O. Americana*, L. à feuilles lancéolées, elliptiques.

Catesb. Carol. 1, 61.

A la Caroline. ♄

21. CHIONANTHE, *CHIONANTHUS*.* *Lam. Tab. Encyclop.* pl. 9.

CAL. *Périanthe* d'un seul feuillet, à quatre segmens profonds, droit, pointu, persistant.

COR. Monopétale, en entonnoir. *Tube* très-court, de la longueur du calice, ouvert. *Limbe* à quatre *divisions* linéaires, droites, aiguës, obliques, très-longues.

ÉTAM. Deux *Filamens*, très-courts, en alêne, insérés sur le tube. *Anthères* en forme de cœur, droites.

PIST. *Ovaire* ovale. *Style* simple, de la longueur du calice. *Stigmate* obtus, divisé peu profondément en trois parties.

PÉR. *Drupe* ronde, à une loge.

SEM. *Noix* striée.

Corolle à quatre divisions peu profondes, très-longues. Drupe à noyau strié.

1. CHIONANTHE de Virginie, *C. Virginica*, L. à pédoncules divisés peu profondément en trois parties, à trois fleurs.

Catesb. Carol. 1, p. 68, t. 68.

Dans l'Amérique Septentrionale. ♄

2. CHIONANTHE de Zeylan, *C. Zeylanica*, L. à pédoncules paniculés, à plusieurs fleurs.

Pluk. tab. 241, fig. 4.

A Zeylan. ♄

22. LILAC, *SYRINGA*.* LILAC. *Tournef. Inst.* 601, tab. 372. *Lam. Tab. Encyclop.* pl. 7.

CAL. *Périanthe* d'un seul feuillet, tubulé, petit, à orifice à quatre dents, droit, persistant.

Cor. Monopétale, en entonnoir. *Tube* comme cylindrique, très-long. *Limbe* ouvert et roulé, à quatre *divisions* profondes, linéaires, obtuses.

Étam. Deux *Filamens*, très-courts. *Anthères* petites, enfermées dans le tube de la corolle.

Pist. *Ovaire* oblong. *Style* filiforme, de la longueur des étamines. *Stigmate* divisé peu profondément en deux parties, un peu épais.

Pér. *Capsule* oblongue, comprimée, pointue, à deux loges, à deux battans, à cloison opposée.

Sem. Solitaires, oblongues, comprimées, pointues aux deux extrémités, à rebords membraneux.

Corolle à quatre divisions peu profondes. *Capsule* à deux loges.

1. LILAC vulgaire, *S. vulgaris*, L. à feuilles ovales-en cœur.

Syringa cærulea; Lilac à fleurs bleuâtres. *Bauh. Pin.* 398, n.° 1. *Dod. Pempt.* 778. *Lob. Ic.* 2, p. 100, f. 2. *Clus. Hist.* 1, p. 56, f. 1. *Lugd.* 355. *Bauh. Hist.* 1, P. 2, p. 204, f. 1. *Bul. Paris.* t. 4. *Duham. Arb.* 2, t. 138.

Dans les haies en France, en Suisse, en Allemagne. ♄ Vernale.

2. LILAC de Perse, *S. Persica*, L. à feuilles lancéolées.

Cette espèce présente deux variétés à feuilles *a* entière, *b* laciniées, cultivées dans les jardins.

En Perse. ♄ Vernale.

23. DIALI, *DIALIUM*.

Cal. Nul.

Cor. Cinq *Pétales* égaux, assis, elliptiques, obtus, caducs-tardifs.

Étam. Deux *Filamens*, coniques, très-courts, insérés sur le côté supérieur du réceptacle. *Anthères* oblongues, obtuses, paroissant comme réunies par paires.

Pist. *Ovaire* supérieur, ovale. *Style* en alêne, renversé en dehors, de la longueur des étamines. *Stigmate* simple, ascendant vers le sommet des anthères.

Pér. *Gousse?*

Sem. . . . . .

Corolle à cinq pétales. *Calice* nul. *Étamines* insérées sur le côté supérieur du réceptacle.

1. DIALI des Indes, *D. Indicum*, L.

Rumph. Amb. 3, t. 37.

Dans l'Inde Orientale. ♄

24. ERANTHÈME, *ERANTHEMUM*. * *Lam. Tab. Encyclop.* pl. 17.

Cal. *Périanthe* à cinq segmens peu profonds, subulé, très-étroit, droit, court, pointu, persistant.

COR. Monopétale, en entonnoir. *Tube* filiforme, très-long. *Limbe* plane, à cinq *divisions* profondes, (quelquefois à quatre) ovales.

ÉTAM. Deux *Filamens*, très-courts, insérés dans la gorge de la corolle. *Anthères* comme ovales, comprimées, saillantes hors du tube.

PIST. *Ovaire* ovale, très-petit. *Style* filiforme, de la longueur des étamines. *Stigmate* simple.

PÉR. . . . . .

SEM. . . . . .

Corolle à cinq divisions peu profondes. *Tube* filiforme. *Anthères* saillantes hors du tube. *Stigmate* simple.

1. ÉRANTHÊME du Cap, *E. Capense*, L. à feuilles lancéolées-ovales, pétiolées.

En Éthiopie.

2. ÉRANTHÊME à feuilles étroites, *E. angustifolium*, L. à feuilles linéaires, éloignées, étalées.

En Éthiopie. ♄

3. ÉRANTHÊME à petites feuilles, *E. parvifolium*, L. à feuilles ovales-linéaires, en recouvrement.

Au cap de Bonne-Espérance. ♄

25. CIRCÉE, *CIRCÆA*. * *Tournef. Inst.* 301, tab. 155. *Lam. Tab. Encyclop.* pl. 16.

CAL. *Périanthe* à deux *Feuillets* ovales, concaves, repliés, caducs-tardifs.

COR. Deux *Pétales*, en cœur-renversé, un peu plus courts que le calice, étalés, égaux.

ÉTAM. Deux *Filamens*, capillaires, droits, de la longueur du calice. *Anthères* arrondies.

PIST. *Ovaire* en toupie, inférieur. *Style* filiforme, de la longueur des étamines. *Stigmate* obtus, échancré.

PÉR. *Capsule* en toupie-ovale, velue, à deux loges, à deux battans, s'ouvrant de la base au sommet.

SEM. Solitaires, oblongues, rétrécies à la base.

Corolle à deux pétales. *Calice* à deux feuillets, supérieur. Une *Semence* à deux loges.

1. CIRCÉE Parisienne, *C. Lutetiana*, L. à tige droite; à plusieurs grappes; à feuilles ovales.

Solanifolia, circæa dicta major; Plante à feuille de Solanum, appelée Circée plus grande. *Bauh. Pin.* 168, n.° 1. *Lob. Ic.* 1, p. 266, f. 2. *Lugd.* 1338, f. 1. *Bauh. Hist.* 2, p. 977, f. 2. *Bellev.* t. 143. *Moris.* sect. 5, t. 34, f. 1. *Bul. Paris.* t. 5. *Flor. Dan.* t. 256.

Nutritive pour le Mouton.

En Europe, et en Amérique, dans les bois. ♃

2. CIRCÉE des Alpes, *C. Alpina*, L. à tige couchée ; à une seule grappe ; à feuilles en cœur.

Solanifolia Circæa Alpina ; Plante à feuilles de Solanum ou Circée des Alpes. *Bauh. Pin.* 168, n.° 2. *Colum. Ecphras.* 1, p. 79 et 80, f. 2. *Moris.* sect. 5, t. 34, f. 2. *Bul. Paris*, t. 6. *Flor. Dan.* 210.

Nutritive pour le Mouton.

En Europe dans les forêts des Alpes. ♃ *S-Alp.*

26. VÉRONIQUE, *VERONICA*. * *Tournef. Inst.* 143, tab. 60. *Lam. Tab. Encyclop.* pl. 13.

CAL. *Périanthe* à quatre *segmens* profonds, lancéolés, aigus, persistans.

COR. Monopétale, en roue, *Tube* presque aussi long que le calice. *Limbe* plane, à quatre *divisions* profondes, ovales ; l'inférieure plus étroite, opposée à la supérieure qui est plus large.

ÉTAM. Deux *Filamens*, rétrécis à la base, ascendans. *Anthères* oblongues.

PIST. *Ovaire* comprimé. *Style* filiforme, de la longueur des étamines, incliné. *Stigmate* simple.

PÉR. *Capsule* en cœur-renversé, comprimée au sommet, à deux loges, à quatre battans.

SEM. Plusieurs, arrondies.

OBS. *Le tube de la* Corolle *varie selon les espèces : dans quelques-unes, il est très-court ; dans celles dont la fleur est en épi, il est long.*

Le Calice *est à cinq segmens peu profonds dans les V. Sibirica, teucrium, prostrata, pectinata, Austriaca, multifida et latifolia. Dans la V. pinnata, la* Capsule *est ovale ; dans la V. montana, le* Fruit *est orbiculaire, échancré à la base et au sommet ; dans la V. biloba, la* Capsule *est comprimée, profondément divisée en deux lobes divergens et demi-orbiculaires.*

Corolle à limbe à quatre divisions profondes, l'inférieure plus étroite. *Capsule* à deux loges.

* I. *VÉRONIQUES à fleurs en épi.*

1. VÉRONIQUE de Sibérie, *V. Sibirica*, L. à épis terminans la tige ; à feuilles sept à sept, en anneau ; à tige comme velue.

Amm. Ruth. pag. 20, tab. 4.

Dans la Daurie. ♃

2. VÉRONIQUE de Virginie, *V. Virginica*, L. à épis terminans ; à feuilles cinq à cinq ou six à six.

Plukn. tab. 70, fig. 2.

En Virginie. ♃

3. VÉRONIQUE fausse, *V. spuria*, L. à épis terminans ; à feuilles trois à trois, à dentelures égales.

Veronica spicata, angustifolia ; Véronique en épi, à feuilles étroites. *Bauh. Pin.* 246, n.° 4. *Lob. Ic.* 1, p. 473, f. 1.

Clus. Hist. 1, p. 347, f. 2. *Bauh. Hist.* 3, P. 2, p. 284, f. 1. *Barrel. Ic.* 891, 681 et 682.

Dans l'Europe Méridionale, en Allemagne, en Sibérie. ♃

4. VÉRONIQUE maritime, *V. maritima*, L. à épis terminans; à feuilles trois à trois, à dentelures inégales.

Lysimachia spicata, cærulea; Lysimachie en épi, à fleurs bleues. *Bauh. Pin.* 246, n.° 2. *Dod. Pempt.* 86, f. 2. *Lob. Ic.* 1, p. 344, f. 1. *Clus. Hist.* 2, p. 52, f. 1. *Lugd.* 1060, f. 2. *Bauh. Hist.* 2, P. 2, p. 284, f. 2. *Flor. Dan.* t. 374.

Nutritive pour le Mouton, la Chèvre, le Bœuf.

Sur les bords de la mer en Europe. ♃

5. VÉRONIQUE à longues feuilles, *V. longifolia*, L. à épis terminans; à feuilles opposées, lancéolées, à dents de scie, pointues.

Veronica spicata, latifolia; Véronique en épi, à larges feuilles. *Bauh. Pin.* 246, n.° 3. *Clus. Hist.* 1, p. 346, f. 1.

En Tartarie, en Allemagne, en Suède. ♃

6. VÉRONIQUE blanchâtre, *V. incana*, L. à épis terminans; à feuilles opposées, crénelées, obtuses; à tige droite, duvetée.

A Samara. ♃

7. VÉRONIQUE en épi, *V. spicata*, L. à épi terminant; à feuilles opposées, crénelées, obtuses; à tige droite, très-simple.

Veronica spicata, minor; Véronique en épi, plus petite. *Bauh. Pin.* 247, n.° 5. *Lob. Ic.* 1, p. 472, f. 1. *Clus. Hist.* 1, p. 347, f. 3. *Lugd.* 1319, f. 3. *Bauh. Hist.* 3, P. 2, p. 274, f. 3. *Moris.* sect. 3, t. 22, f. 4. *Vaill. Bot.* t. 33, f. 4.

Nutritive pour le Mouton, le Bœuf.

En Europe dans les champs. ♃

8. VÉRONIQUE hybride, *V. hybrida*, L. à épis terminans; à feuilles opposées, à dents de scie obtuses, rudes; à tige droite.

On la trouve rarement en Europe. ♃

9. VÉRONIQUE pinnée, *V. pinnata*, L. à épi terminant; à feuilles linéaires, dentées-pinnées.

En Sibérie. ♃

10. VÉRONIQUE officinale, *V. officinalis*, L. à épis latéraux, pédunculés; à feuilles opposées; à tige couchée.

Veronica mas supina et vulgatissima; Véronique mâle couchée et très-vulgaire. *Bauh. Pin.* 246, n.° 2. *Dod. Pempt.* 40, f. 1. *Lob. Ic.* p. 471, f. 1. *Bauh. Hist.* 3, P. 2, p. 274, f. 1. *Camer. Epit.* 461. *Moris.* sect. 3, t. 22, f. 7. *Bul. Paris.* tab. 7. *Flor. Dan.* t. 248. *Icon. Pl. Med.* tab. 189.

1. *Veronica*, Véronique mâle, Thé d'Europe. 2. Toute la plante. 3. Récente, légèrement odorante, styptique. 4. Extrait aqueux

et résineux, presque en même proportion. 5. Cachexie, asthme, toux. 6. On la prend comme le thé.

Nutritive pour le Cheval, le Mouton, le Boeuf, la Chèvre.

En Europe dans les bois, les coteaux. ♃ Estivale.

* II. *VÉRONIQUES à fleurs en corymbe en grappe.*

21. VÉRONIQUE sans feuilles, *V. aphylla*, L. à fleurs en corymbe terminant la tige; à hampe nue.

Chamadrys Alpina minima, hirsuta; Chamédrys des Alpes très-petite, hérissée. *Bauh. Pin.* 148, n.° 7. *Plukn.* tab. 144, f. 3. *Seg. Veron.* tab. 3, f. 2. *Bellev. Ic.* 43, f. B.

Sur les Alpes de Suisse, du Dauphiné, et sur les Pyrénées. ♃ *Alp.*

22. VÉRONIQUE à feuilles de pâquerette, *V. bellidioïdes*, L. à fleurs en corymbe terminant la tige; à tige droite; à deux feuilles, obtuses, crénelées; à calices hérissés.

Veronica Alpina, Bellidis folio, hirsuta; Véronique des Alpes, à feuilles de Pâquerette, hérissées. *Bauh. Pin.* 217, n.° 8. *Hall. Helv.* n.° 543, t. 15, f. 1. *Bellev. Ic.* 43, f. A.

Sur les Alpes de Suisse, du Dauphiné, et sur les Pyrénées. ♃ *Alp.*

23. VÉRONIQUE ligneuse, *V. fruticulosa*, L. à fleurs en corymbe terminant la tige; à feuilles lancéolées, un peu obtuses, crénelées; à tiges ligneuses.

Veronica Alpina, frutescens; Véronique des Alpes, ligneuse. *Bauh. Pin.* 247, n.° 7. *Clus. Hist.* 1, p. 347, f. 1. *Pon. Bald.* p. 337, f. 1. *Bauh. Hist.* 3, P. 2, p. 284, f. 5. *Moris.* sect. 3, t. 22, f. 5. *Plukn.* t. 232, f. 5. *Bellev. Ic.* 44.

Sur les Alpes de Suisse, du Dauphiné, et sur les Pyrénées.

24. VÉRONIQUE des Alpes, *V. Alpina*, L. à fleurs en corymbe terminant la tige; à feuilles opposées; à calices hérissés.

Veronica caule floribus terminato; foliis ovatis, crenatis; Véronique à fleurs terminant la tige; à feuilles ovales, crénelées. *Flor. Lap.* 7, t. 9, f. 4. *Hall. Helv.* n.° 744, t. 15, f. 2. *Flor. Dan.* t. 16.

Nutritive pour le Mouton, le Boeuf, la Chèvre.

En Europe, sur les Alpes de Suisse, du Dauphiné. ♃ *Alp.* et *S-Alp.*

25. VÉRONIQUE à feuilles de serpolet, *V. serpillifolia*, L. à fleurs en corymbe terminant la tige, comme en épi; à feuilles ovales, glabres, crénelées.

Veronica pratensis serpillifolia; Véronique des prés à feuilles de Serpolet. *Bauh. Pin.* 247, n.° 6. *Dod. Pempt.* 41. *Lob. Ic.* 1, p. 472, f. 2. *Lugd.* 1030, f. 1. *Bauh. Hist.* 3, P. 2, p. 285, f. 1. *Moris.* sect. 3, t. 22, f. 8. *Flor. Dan.* t. 492. *Bellev. Ic.* 46.

Nutritive pour le Mouton.

En Europe, et dans l'Amérique Septentrionale, dans les champs, les chemins. ♃ Estivale.

16. VÉRONIQUE Beccabunga, *V. Beccabunga*, L. à fleurs en grappes latérales ; à feuilles ovales, planes ; à tige rampante.

Anagallis aquatica major et minor, folio subrotundo ; Mouron d'eau plus grand et plus petit, à feuilles arrondies. *Bauh. Pin.* 252, n.os 1, 2. *Dod. Pempt.* 593. *Lob. Ic.* 1, p. 466, f. 2. *Camer. Epit.* 396 ? *Moris.* sect. 3, t. 24, f. 24. *Bul. Paris.* tab. 9. *Lon. Pl. Med.* t. 202. *Flor. Dan.* t. 511.

Nutritive pour le Cheval, la Chèvre, le Bœuf.

En Europe dans les fossés d'eau vive. ♃

17. VÉRONIQUE mouron d'eau, *V. Anagallis*, L. à fleurs en grappes latérales ; à feuilles lancéolées, à dents de scie ; à tiges droites.

Anagallis aquatica major, folio oblongo ; Mouron d'eau plus grand, à feuilles oblongues. *Bauh. Pin.* 252, n.o 3. *Bauh. Hist.* 3, P. 2, p. 791, f. 1. *Moris.* sect. 3, t. 24, f. 25. *Bul. Paris.* t. 10.

En Europe, et dans l'Orient, dans les fossés d'eau vive. ☉ Estivale.

18. VÉRONIQUE à écussons, *V. scutellata*, L. à fleurs en grappes latérales, alternes ; à pédicules pendans ; à feuilles linéaires, très-entières.

Anagallis aquatica angustifolia, scutellata ; Mouron d'eau à feuilles étroites, à écussons. *Bauh. Pin.* 252, n.o 8. *Bauh. Hist.* 3, P. 2, p. 791, f. 2. *Flor. Dan.* t. 209.

Dans les lieux inondés, en Europe. ♃

19. VÉRONIQUE petit chêne, *V. Teucrium*, L. à fleurs en grappes latérales, très-longues ; à feuilles ovales, ridées, dentées, un peu obtuses ; à tiges couchées.

Chamædrys spuria major, angustifolia ; Fausse Chamédrite plus grande, à feuilles étroites. *Bauh. Pin.* 249, n.o 14. *Dod. Pempt.* 43. *Lob. Ic.* 1, p. 473, f. 2. *Clus. Hist.* 1, p. 349, f. 2. *Lugd.* 1162, f. 2 ; et 1337, f. 2. *Bauh. Hist.* 3, P. 2, p. 285, f. 2 ? *Moris.* sect. 3, t. 23, f. 10. *Belley. Ic.* 45.

En Allemagne, en Suisse, en France, sur le bord des haies. ♃ Estivale.

20. VÉRONIQUE velue, *V. pilosa*, L. à fleurs en grappes comme en épis ; à feuilles ovales, obtuses, plissées ; à tige couchée, velue.

Chamædrys spuria minor, latifolia ; Fausse Chamédrite plus petite, à larges feuilles. *Bauh. Pin.* 249, n.o 16. *Clus. Hist.* 2, p. 350. *Bauh. Hist.* 3, P. 2, p. 286, f. 3.

En Autriche. ♃

21. VÉRONIQUE couchée, *V. prostrata*, L. à fleurs en grappes latérales ; à feuilles oblongues-ovales, à dents de scie ; à tiges couchées.

Chamædrys spuria minor, angustifolia ; Fausse Chamédrite plus petite, à feuilles étroites. *Bauh. Pin.* 249, n.o 18. *Bauh. Hist.* 3, P. 2, p. 289, f. 1. *Moris.* sect. 3, t. 23, f. 18.

En Allemagne, en Italie, en Suisse, en Dauphiné.

22. VÉRONIQUE à peigne, *V. pectinata*, L. à fleurs en grappes latérales feuillées; à feuilles oblongues, en peigne à dents de scie; à tiges couchées.

Buxb. Cent. 1, p. 39, f. 2.

A Constantinople. ♃

23. VÉRONIQUE des montagnes, *V. montana*, L. à fleurs en grappes latérales peu garnies de fleurs; à calices hérissés; à feuilles ovales, ridées, crénelées, pétiolées; à tige foible.

Chamædrys spuria affinis, rotundifolia, scutellata; congénère de la Chamédrite fausse, à feuilles rondes, à écussons. *Bauh. Pin.* 249, n.° 19. *Colum. Ecphras.* 1, p. 286 et 288.

En Allemagne, en Suisse, en Dauphiné, dans les lieux ombragés. ♃

24. VÉRONIQUE Chamédrite, *V. Chamædrys*, L. à fleurs en grappes latérales; à feuilles ovales, sans pétiole, ridées, dentées; à tige velue des deux côtés.

Chamædrys spuria, minor, rotundifolia; Fausse Chamédrite, plus petite, à feuilles rondes. *Bauh. Pin.* 249, n.° 15. *Lob. Ic.* 2, p. 490, f. 2. *Lugd.* 1163, f. 3; et 1337, f. 1. *Bauh. Hist.* 3, P. 2, p. 286, f. 2. *Moris. sect.* 3, t. 23, f. 12. *Flor. Dan.* t. 448. *Bellev. Ic.* 48.

Nutritive pour le Bœuf et la Chèvre.

En Europe dans les prés. ♃ Vernale.

25. VÉRONIQUE d'Autriche, *V. Austriaca*, L. à fleurs en grappes latérales; à feuilles linéaires-lancéolées, pinnées-dentées.

Chamædrys Austriaca, foliis tenuissimè laciniatis; Véronique d'Autriche, à feuilles très-finement découpées. *Bauh. Pin.* 248, n.° 9. *Bauh. Hist.* 3, P. 2, p. 287, f. 2. *Moris. sect.* 3, t. 23, f. 17.

En Autriche, en Sibérie. ♃

26. VÉRONIQUE divisée, *V. multifida*, L. à fleurs en grappes latérales; à feuilles à plusieurs divisions peu profondes, découpées; à tiges droites.

Buxb. Cent. 1, tab. 38.

Dans l'Ibérie et l'Arménie. ♃

27. VÉRONIQUE à larges feuilles, *V. latifolia*, L. à fleurs en grappes latérales; à feuilles en cœur, ridées, dentées; à tige roide.

Chamædrys spuria major, latifolia; Fausse Chamédrite plus grande, à larges feuilles. *Bauh. Pin.* 248, n.° 11. *Lugd.* 1165, f. 1. *Bauh. Hist.* 3, P. 2, p. 283, f. 1. *Bellev. Ic.* 47. *Buxb. Cent.* 1, t. 34.

En Suisse, en Dauphiné, en Autriche, en Bithynie, en Lithuanie. ♃

28. VÉRONIQUE paniculée, *V. paniculata*, L. à fleurs en grappes latérales très-longues; à feuilles lancéolées, trois à trois, à dents de scie; à tige droite.

En Tartarie. ♃

29. VÉRONIQUE à deux lobes, *V. biloba*, L. à fleurs en grappes latérales; à feuilles oblongues, dentées; à capsules à deux divisions profondes.

Chamædrys spuria latifolia, minima; Fausse Chamédrite à larges feuilles, très-petite. *Bauh. Pin.* 249, n.° 17. *Colum. Ecphras.* 289 et 290, f. 1. *Buxb. Cent.* t. 36.

En Cappadoce. ⊙

* III. *VÉRONIQUES à péduncules à une fleur.*

30. VÉRONIQUE rustique, *V. agrestis*, L. à fleurs solitaires; à feuilles en cœur, découpées, plus courtes que les péduncules.

Alsine chamædrifolia, flosculis pediculis oblongis insidentibus; Alsine à feuilles de Chamédrite, à fleurs portées sur des pédicules oblongs. *Bauh. Pin.* 250, n.° 3. *Dod. Pempt.* 31, f. 2. *Lob. Ic.* 1, p. 464, f. 2. *Lugd.* 1232, f. 3; et 1239, f. 1. *Bauh. Hist.* 3, P. 2, p. 367, f. 1. *Moris.* sect. 3, t. 24, f. 22.

Nutritive pour le Cheval, le Mouton, le Bœuf, la Chèvre.

En Europe, dans les champs. ⊙

31. VÉRONIQUE des champs, *V. arvensis*, L. à fleurs solitaires; à feuilles en cœur, découpées, plus longues que les péduncules.

Alsine Veronicæ foliis, flosculis cauliculis adhærentibus; Alsine à feuilles de Véronique, à fleurs adhérentes aux tiges. *Bauh. Pin.* 250, n.° 2. *Lugd.* 1239, f. 2. *Bauh. Hist.* 3, P. 2, p. 367, f. 3. *Moris.* sect. 3, t. 24, f. 21.

Nutritive pour le Cheval.

En Europe dans les champs. ⊙

32. VÉRONIQUE à feuilles de Lierre, *V. hederæfolia*, L. à fleurs solitaires; à feuilles en cœur, planes, à cinq lobes.

Alsine Hederulæ folio; Alsine à feuilles de Lierre. *Bauh. Pin.* 250, n.° 1. *Dod. Pempt.* 32, f. 1. *Lob. Ic.* 1, p. 463, f. 1. *Lugd.* 1238, f. 1. *Moris.* sect. 3, t. 24, f. 20. *Flor. Dan.* t. 428.

Nutritive pour le Cheval, le Mouton, le Bœuf, la Chèvre.

En Europe, dans les champs, les jardins. ⊙

33. VÉRONIQUE digitée, *V. triphyllos*, L. à fleurs solitaires; à feuilles à digitations profondes; à péduncules plus longs que le calice.

Alsine triphyllos cærulea; Alsine digitée à fleur bleue. *Bauh. Pin.* 250, n.° 4. *Lob. Ic.* 1, p. 464, f. 1. *Lugd.* 1240, f. 1. *Bauh. Hist.* 3, p. 368, f. 1. *Moris.* sect. 3, t. 24, f. 23. *Flor. Dan.* t. 627.

Nutritive pour le Cheval, le Mouton, le Bœuf, la Chèvre.

En Europe, dans les champs. ⊙

34. VÉRONIQUE printanière, *V. verna*, L. à fleurs solitaires; à feuilles à digitations profondes; à péduncules plus courts que les calices.

Flor. Dan. tab. 252. Elle varie à fleurs roses.

En Allemagne, en France, en Suisse, en Espagne. ⊙

35. VÉRONIQUE Romaine, *V. Romana*, L. à fleurs solitaires presque assises ; à feuilles oblongues, comme dentées ; à tige droite.

Dans l'Europe Méridionale, dans les champs. ☉

36. VÉRONIQUE à feuilles de faux thym, *V. acinifolia*, L. à fleurs pédunculées, solitaires ; à feuilles ovales, glabres, crénelées ; à tige droite, comme hérissée.

Vaill. Bot. tab. 23, fig. 3.

37. VÉRONIQUE étrangère, *V. peregrina*, L. à fleurs solitaires, assises ; à feuilles lancéolées-linéaires, glabres, obtuses, très-entières ; à tige droite.

Veronica terrestris annua, folio Polygoni, flore albo ; Véronique terrestre annuelle, à feuilles de Polygonum, à fleur blanche. *Moris.* sect. 3, t. 24, f. 19. *Flor. Dan.* t. 407.

Nutritive pour la Chèvre.

En Europe dans les champs, les jardins. ☉

38. VÉRONIQUE du Marilan, *V. Marilandica*, L. à fleurs solitaires, assises ; à feuilles linéaires ; à tiges étalées.

En Virginie.

27. PÉDÉROTE, *PÆDEROTA*. † *Lam. Tab. Encyclop.* pl. 13.

CAL. *Périanthe* à cinq *segmens* profonds, linéaires, égaux, ouverts ; persistans.

COR. Monopétale, comme en roue, à quatre divisions peu profondes, obtuses ; la supérieure plus large, le plus souvent échancrée.

ÉTAM. Deux *Filamens*, filiformes, ascendans, plus courts que la corolle. *Anthères* rapprochées, ovales, aiguës, à deux valves.

PIST. *Ovaire* ovale. *Style* en alène ; courbé, de la longueur des étamines, persistant.

PÉR. *Capsule* ovale, plus longue que le calice, à deux loges, s'ouvrant au sommet.

SEM. Plusieurs, arrondies.

OBS. *Ce genre a beaucoup d'affinité avec les* Véroniques, *mais il en diffère par le* calice *divisé profondément en cinq segmens.*

Corolle à quatre divisions peu profondes. *Calice* à cinq segmens profonds. *Capsule* à deux loges.

1. PÉDÉROTE du Cap, *P. Bonæ Spei*, L. à feuilles pinnées.

Plukn. tab. 320, fig. 5.

Au cap de Bonne-Espérance.

2. PÉDÉROTE Agerie, *P. Ageria*, L. à feuilles à dents de scie : les inférieures alternes.

Bauh. Hist. 3, P. 2, pag. 289 ?

Au mont Suman.

3. PÉDÉROTE Bonarote, *P. Bonarota*, L. à feuilles à dents de scie, opposées.

Chamædrys alpina, saxatilis; Chamédrite alpine, des rochers. *Bauh. Pin.* 248, n.° 6. *Michel. Gen.* 19, t. 15, f. 12.

Sur les Alpes d'Italie.

28. CARMANTINE, *JUSTICIA.* * *Lam. Tab. Encyclop.* pl. 12. ADHATODA. *Tournef. Inst.* 173, tab. 79.

CAL. *Périanthe* d'un seul feuillet, très-petit, à cinq segmens profonds, aigu, droit, étroit.

COR. Monopétale, en masque. *Tube* bossué. *Limbe* à deux lèvres: la *supérieure* oblongue, échancrée; l'*inférieure* de la même longueur, renversée, à divisions peu profondes.

ÉTAM. Deux *Filamens*, en alêne, cachés sous la lèvre supérieure. *Anthères* droites, divisées peu profondément à leur base en deux parties.

PIST. *Ovaire* en toupie. *Style* filiforme, ayant la longueur et la situation des étamines. *Stigmate* simple.

PÉR. *Capsule* oblongue, obtuse, rétrécie à la base, à deux loges, à deux valves, à cloison opposée aux battans, s'ouvrant par le ressort d'un onglet élastique.

SEM. Arrondies.

Corolle en masque. *Capsule* à deux loges, s'ouvrant par le ressort d'un onglet élastique. *Anthères* divisées peu profondément à la base en deux parties.

* I. *CARMANTINES ligneuses.*

1. CARMANTINE en arbre, *J. Adhatoda*, L. en arbre; à feuilles lancéolées-ovales; à bractées ovales, persistantes; la lèvre supérieure des corolles, concave.

Herm. Lugd. pag. et tab. 642. *Plukn.* t. 173, f. 3.

A Zeylan. ♄

2. CARMANTINE à crochet, *J. echolium*, L. ligneuse; à feuilles lancéolées-ovales; à épis à quatre côtés; à bractées ovales, ciliées; à lèvre supérieure des corolles, renversée.

Burm. Zeyl. 7, t. 4, f. 1. *Plukn.* t. 171, f. 4.

Au Malabar, à Zeylan. ♄

3. CARMANTINE betoine, *J. betonica*, L. ligneuse; à feuilles lancéolées-ovales; à bractées ovales-pointues, veinées à réseau, colorées.

Rheed. Mal. 2, p. 33, tab. 21.

Dans l'Inde. ♄

4. CARMANTINE scorpioïde, *J. scorpioïdes*, L. ligneuse; à feuilles lancéolées-ovales, hérissées, assises; à épis recourbés.

A Vera-Cruz. ♄

5. CARMANTINE peinte, *J. picta*, L. ligneuse; à feuilles lancéolées-ovales, peintes; à corolles enflées à la gorge.

Rheed. Mal. 6, t. 60. *Rumph. Amb.* 4, p. 73, t. 30.

En Asie. ♄

6. CARMANTINE en entonnoir, *J. infundibuliformis*, L. ligneuse; à feuilles lancéolées-ovales, quatre à quatre; à bractées lancéolées, ciliées.

Rheed. Mal. 9, p. 121, t. 62.

Dans l'Inde. ♄

7. CARMANTINE épineuse, *J. spinosa*, L. ligneuse; à épis axillaires; à pédoncules latéraux.

Jacq. Amer. 2, tab. 2, f. 1.

8. CARMANTINE fastueuse, *J. fastuosa*, L. ligneuse; à feuilles elliptiques; à thyrses terminans.

Plukn. tab. 193, fig. 1.

Dans l'Arabie heureuse. ♄

9. CARMANTINE assise, *J. sessilis*, L. ligneuse; à fleurs axillaires, assises.

Jacq. Amer. 3, t. 2, f. 2.

En Amérique. ♄

10. CARMANTINE à feuilles d'hyssope, *J. hyssopifolia*, L. ligneuse; à feuilles lancéolées, très-entières; à pédoncules à trois fleurs, à deux tranchans; à bractées plus courtes que le calice.

Plukn. tab. 280, fig. 1.

Aux Isles Fortunées. ♄

* II. *CARMANTINES herbacées.*

11. CARMANTINE couchée, *J. procumbens*, L. herbacée; à feuilles lancéolées, très-entières; à épis terminans et latéraux, alternes; à bractées sétacées; à tige couchée.

Plukn. tab. 56, f. 3; et tab. 393, f. 4.

A Zeylan. ♃

12. CARMANTINE à peigne, *J. pectinata*, L. herbacée, étalée; à épis axillaires, assis, duvetés, tournés d'un seul côté, en recouvrement; à bractées moitié lancéolées.

En Asie.

13. CARMANTINE rampante, *J. repens*, L. herbacée; à feuilles ovales, presque crénelées; à épis terminans; à bractées lancéolées; à tige rampante.

Burm. Zeyl. 7, tab. 3, fig. 2.

A Zeylan. ♃

14. CARMANTINE

14. CARMANTINE de la Chine, *J. Chinensis*, L. herbacée; à feuilles ovales; à fleurs latérales; à péduncules à trois fleurs; à bractées ovales.

Burm. Ind. 8, tab. 4, fig. 1.

A la Chine.

15. CARMANTINE à feuilles de viperine, *J. echioïdes*, L. herbacée; à feuilles lancéolées-linéaires, obtuses, assises; à grappes ascendantes, tournées d'un seul côté; a bractées sétacées.

Herm. Lugd. 668 et 669.

Dans l'Inde Orientale, dans les lieux humides.

16. CARMANTINE à six angles, *J. sexangularis*, L. herbacée; à feuilles ovales, très-entières; à bractées en forme de coin; à rameaux à six angles.

Pluk. t. 279, f. 6.

A Vera-Crux, à la Jamaïque. ⊙

17. CARMANTINE de Carthagène, *J. Carthaginensis*, L. herbacée; à feuilles lancéolées-ovales; à fleurs en épis; à bractées oblongues, en forme de coin.

Jacq. Amer. 11, tab. 5.

En Amérique.

18. CARMANTINE droite, *J. assurgens*, L. herbacée; à feuilles ovales, très-entières; a bractées en alène; à rameaux à six côtés.

A la Jamaïque.

19. CARMANTINE tubuleuse, *J. nasuta*, L. herbacée; à feuilles lancéolées-ovales, tres-entières; à péduncules dichotomes.

Rheed. Mal. 9, p. 135, t. 69.

Dans l'Inde Orientale.

20. CARMANTINE à deux valves, *J. bivalvis*, L. herbacée; à feuilles lancéolées-ovales; à péduncules à six fleurs: à pédicules latéraux à deux fleurs; à bractées ovales, parallèles.

Rheed. Mal. 9, p. 81, t. 43.

Dans l'Inde Orientale, à Malabar.

21. CARMANTINE pourprée, *J. purpurea*, L. herbacée; à feuilles ovales, pointues aux deux extrémités, très-entières, glabres; à tige genouillée; à épis tournés d'un seul côté.

Rumph. Herb. Amb. 6, p. 51, tab. 22, fig. 1.

A la Chine.

22. CARMANTINE du Gange, *J. Gangetica*, L. herbacée; à feuilles ovales; à grappes simples, longues; à fleurs alternes, tournées d'un seul côté; à bractées irrégulières.

Rheed. Mal. 9, p. 109, tab. 56.

Dans l'Inde, à Madagascar.

29. DIANTHÈRE, *DIANTHERA.* *

CAL. *Périanthe* d'un seul feuillet, tubulé, à cinq *segmens* peu profonds, lancéolés, égaux, de la longueur du tube, persistans.

COR. Monopétale, en masque. *Tube* court. *Lèvre supérieure* un peu aplatie, renversée, à deux divisions peu profondes, très-obtuse; *l'inférieure* à trois divisions profondes, oblongues, égales, obtuses, écartées; l'intermédiaire plus large.

ÉTAM. Deux *Filamens*, filiformes, plus courts que la corolle, adhérens au dos de la corolle, de la longueur de la lèvre supérieure. *Anthères* au nombre de deux sur chaque filament, oblongues, dont une un peu plus élevée.

PIST. *Ovaire* oblong. *Style* filiforme, de la longueur des étamines. *Stigmate* obtus.

PÉR. *Capsule* à deux loges, à deux battans, en forme de nacelle, alternativement comprimée au sommet et à la base, s'ouvrant par le ressort d'un onglet élastique.

SEM. Solitaires, en forme de lentilles.

Corolle en masque. *Capsule* à deux loges, s'ouvrant par le ressort d'un onglet élastique. Chaque *Étamine* surmontée de deux anthères alternes.

1. DIANTHÈRE d'Amérique, *D. Americana*, L. à épis solitaires, alternes.

Plukn. tab. 423, fig. 5.

En Virginie et dans la Floride. ♃

2. DIANTHÈRE chevelue, *D. comata*, L. à épis filiformes, en anneau : les inférieurs en ombelle.

Sloan. Jam. 1, t. 103, f. 2.

A la Jamaïque.

30. GRATIOLE, *GRATIOLA.* * *Lam. Tab. Encyclop.* pl. 16.

CAL. *Périanthe* à cinq *segmens* profonds, droits, en alêne, persistans.

COR. Monopétale, inégale. *Tube* plus long que le calice, anguleux. *Limbe* petit, à quatre divisions profondes; la *supérieure* plus large, échancrée, renversée; les autres droites, égales.

ÉTAM. Quatre *Filamens*, en alêne, plus courts que la corolle, dont deux inférieurs plus courts, stériles : *deux supérieurs* adhérens au tube de la corolle. *Anthères* arrondies.

PIST. *Ovaire* conique. *Style* droit, en alêne. *Stigmate* à deux lames, qui se rapprochent après la fécondation.

PÉR. *Capsule* ovale, pointue, à deux loges, à deux battans.

SEM. Plusieurs, petites.

OBS. *Le caractère essentiel de ce genre consiste dans les deux étamines sans anthères.*

Corolle irrégulière, renversée. Deux *Étamines* stériles. *Capsule* à deux loges. *Calice* à sept feuillets, dont deux extérieurs, étalés.

1. GRATIOLE officinale, *G. officinalis*, L. à feuilles lancéolées, à dents de scie; à fleurs pédunculées.

Gratiola centauroïdes; Gratiole à feuille de petite centaurée. *Bauh. Pin.* 279. *Dod. Pempt.* 362, f. 1. *Lob. Ic.* 1, p. 435, f. 2. *Lugd.* 1085. *Flor. Dan.* tab. 363. *Icon. Pl. Med.* tab. 449.

1. *Gratiola*, Gratiole, Herbe à pauvre-homme. 2. Toute la plante: elle est plus active récente que sèche. 3. Inodore; saveur très-amère, désagréable, persistante. 4. Extraits aqueux et spiritueux. 5. Hydropisie, vers: purgatif ordinaire des habitans des campagnes dans quelques Départemens.

Dans les prairies humides, en France, en Portugal. ♃ Estivale.

2. GRATIOLE de Monnier, *G. Monnieria*, L. à feuilles ovales-oblongues; à péduncules à une fleur; à tige rampante.

Sloan. Jam. 1, t. 129, f. 1.

A la Jamaïque.

3. GRATIOLE à feuilles rondes, *G. rotundifolia*, L. à feuilles ovales, à trois nervures.

Rheed. Mal. 9, p. 111, tab. 57.

A Malabar dans les lieux sablonneux.

4. GRATIOLE à feuilles d'hyssope, *G. hyssopioïdes*, L. à feuilles lancéolées, presque à dents de scie, plus courtes que l'articulation des tiges.

Pluk. tab. 193, f. 1.

Dans l'Inde Orientale, dans les champs de riz. ⊙

5. GRATIOLE de Virginie, *G. Virginica*, L. à feuilles lancéolées, obtuses, presque dentées.

Pluk. t. 193, f. 2. *Rheed. Mal.* 9, p. 165, t. 85.

En Virginie et à Malabar.

6. GRATIOLE du Pérou, *G. Peruviana*, L. à fleurs presque assises.

Fewil. Per. 3, t. 47.

Au Pérou.

31. SCHWENKE, *SCHWENKIA.*

CAL. *Périanthe* d'un seul feuillet, tubulé, strié, droit, à cinq dents, persistant.

COR. Monopétale. *Tube* cylindrique, de la longueur du calice. *Limbe* presque régulier, de la longueur du calice, renflé à la gorge qui est fermée par cinq plis en étoile; un corps glanduleux placé sur les angles extérieurs des plis : deux glandes supérieures plus longues.

ÉTAM. Cinq *Filamens*, dont trois plus courts, sétacés, sans anthères; *deux* supérieurs plus longs, fertiles. *Deux Anthères* ovales, aiguës, à deux loges.

PIST. *Ovaire* globuleux. *Style* simple, de la longueur des étamines. *Stigmate* obtus.

PÉR. *Capsule* comprimée en forme de lentille, glabre, plus longue que le calice agrandi, à deux loges, à deux battans.

SEM. Plusieurs, très-petites, comme anguleuses. *Réceptacle* comme globuleux.

OBS. *Dans la méthode naturelle, ce genre se rapproche des* Browallia.

Corolle presque égale, à gorge plissée, glanduleuse. Trois *Étamines* stériles. *Capsule* à deux loges, à plusieurs semences.

1. SCHWENKE d'Amérique, *S. Americana*, L.

32. CALCÉOLAIRE, *CALCEOLARIA*. * *Lam. Tab. Encyclop.* pl. 15.

CAL. *Périanthe* d'un seul feuillet, ouvert, égal, persistant, à quatre *segmens* profonds, ovales.

COR. Monopétale, à deux lèvres : l'inférieure renversée. *Lèvre supérieure* très-petite, resserrée en globe, divisée antérieurement en deux parties peu profondes. *Lèvre inférieure* très-grande, en forme de sabot, enflée, béante antérieurement.

ÉTAM. Deux *Filamens*, très-courts, dans la lèvre supérieure. *Anthères* versatiles, en massue.

PIST. *Ovaire* arrondi. *Style* très-court. *Stigmate* un peu obtus.

PÉR. *Capsule* presque conique, pointue, à deux sillons, à deux loges, à quatre battans.

SEM. Nombreuses, ovales.

Corolle en masque, enflée. *Capsule* à deux loges, à quatre battans. *Calice* à quatre segmens profonds, égaux.

1. CALCÉOLAIRE pinnée, *C. pinnata*, L. à feuilles pinnées.

Feuill. Per. 3, t. 12, f. 7.

Au Pérou, dans les lieux humides. ⊙

2. CALCÉOLAIRE à feuilles entières, *C. integrifolia*, L. à feuilles entières.

Feuill. Per. 3, p. 13, t. 7.

Au Pérou.

33. GRASSETTE, *PINGUICULA*. * *Tournef. Inst.* 167, tab. 74. *Lam. Tab. Encyclop.* pl. 14.

CAL. *Périanthe* en masque, petit, aigu, persistant. *Lèvre supérieure* droite, à trois divisions peu profondes : *Lèvre inférieure* renversée, à deux divisions peu profondes.

COR. Monopétale, en masque. La *lèvre la plus longue*, droite, obtuse, à trois divisions peu profondes, couchées : la *lèvre la plus courte*, à deux divisions peu profondes, plus obtuse et ouverte.

Nectaire en cornet, formé par le prolongement de la base postérieure de la corolle.

ÉTAM. Deux *Filamens*, cylindriques, courbés, ascendans, plus courts que le calice. *Anthères* arrondies.

PIST. *Ovaire* globuleux. *Style* très-court. *Stigmate* à deux lèvres : la *supérieure* plus grande, plane, renversée, couvrant les anthères : l'*inférieure* plus étroite, droite, à deux divisions peu profondes, plus courte.

PÉR. *Capsule* ovale, comprimée à l'extrémité, s'ouvrant au sommet, à une loge.

SEM. Plusieurs, comme cylindriques. *Réceptacle* libre.

Corolle en masque, terminée à sa base par un éperon. *Calice* à deux lèvres, à cinq segmens peu profonds. *Capsule* à une loge.

1. GRASSETTE de Portugal, *P. Lusitanica*, L. à nectaire épaissi au sommet.

En Portugal. ♃

2. GRASSETTE vulgaire, *P. vulgaris*, L. à nectaire comme cylindrique, de la longueur de la corolle.

Sanicula montana, flore calcari donato ; Sanicle de montagne, à fleur garnie d'un éperon. *Bauh. Pin.* 243, n.° 5. *Clus. Hist.* 1, p. 310, f. 2. *Lugd.* 1206, f. 1. *Bauh. Hist.* 3, p. 546, f. 1. *Bul. Paris.* t. 15. *Flor. Dan.* t. 93. *Icon. Pl. Medic.* 451.

En Europe dans les lieux marécageux. ♃ Vernale.

3. GRASSETTE des Alpes, *P. Alpina*, L. à nectaire conique, plus court que la corolle.

Flor. Lap. tab. 12, f. 3. *Flor. Dan.* tab. 453.

Sur les Alpes de Laponie, de Suisse, du Dauphiné. ♃ S-Alp.

4. GRASSETTE velue, *P. villosa*, L. à hampe à peine velue.

Flor. Lap. 13, tab. 12, f. 2.

Sur les Alpes de Laponie, de Sibérie, du Dauphiné. ♃ Estivale. S-Alp.

34. UTRICULAIRE, *UTRICULARIA*. * *Lam. Tab. Encyclop.* pl. 14.

CAL. *Périanthe* à deux *Feuillets*, ovales, concaves, très-petits, égaux, caducs-tardifs.

COR. Monopétale, en masque. *Lèvre supérieure* plane, obtuse, droite. *Lèvre inférieure* plus grande, plane, entière. *Palais* en cœur, saillant entre les deux lèvres.

Nectaire en cornet, formé par le prolongement de la base de la corolle.

ÉTAM. Deux *Filamens*, très-courts, recourbés. *Anthères* petites, réunies.

PIST. *Ovaire* globuleux. *Style* filiforme, de la longueur du calice. *Stigmate* conique.

PÉR. *Capsule* globuleuse, grande, à une loge.

SEM. Plusieurs.

Corolle en masque, terminée à sa base par un éperon. *Calice* à deux feuillets, égaux. *Capsule* à une loge.

1. UTRICULAIRE des Alpes, *U. Alpina*, L. à nectaire en alêne; à feuilles ovales, très-entières.

Jacq. Amer. 7, tab. 6.

Sur les Alpes de l'isle de la Martinique.

2. UTRICULAIRE feuillée, *U. foliosa*, L. à nectaire conique; à fruits penchés; à radicules sans utricules.

Plum. Spec. 6, ic. 165, f. 2.

Dans l'Amérique Méridionale.

3. UTRICULAIRE commune, *U. vulgaris*, L. à nectaire conique; à hampe garnie d'un petit nombre de fleurs.

Millefolium aquaticum lenticulatum; Millefeuille aquatique lenticulaire. *Bauh. Pin.* 141, n.° 11. *Lob. Ic.* 1, p. 791, f. 2. *Beller.* t. 74. *Bul. Paris.* t. 16. *Flor. Dan.* t. 138.

Nutritive pour le Canard.

En Europe dans les fossés d'eau vive. ♃ Estivale.

4. UTRICULAIRE naine, *U. minor*, L. à nectaire en carène.

Pluk. t. 99, f. 6. *Bul. Paris.* t. 17. *Flor. Dan.* t. 128.

En Europe dans les fossés d'eau vive. Estivale.

5. UTRICULAIRE en alêne, *U. subulata*, L. à nectaire en alêne.

En Virginie.

6. UTRICULAIRE bossuée, *U. gibba*, L. à nectaire bossué.

En Virginie.

7. UTRICULAIRE de la Chine, *U. bifida*, L. à hampe nue, à deux divisions peu profondes.

A la Chine.

8. UTRICULAIRE bleue, *U. cærulea*, L. à hampe nue; à écailles alternes, vagues, en alêne.

Rheed. Mal. 9, p. 137, tab. 70.

A Zeylan.

35. VERVEINE, *VERBENA.* * *Tournef. Inst.* 200, tab. 94. *Lam. Tab. Encyclop.* pl. 17.

CAL. *Périanthe* d'un seul feuillet, anguleux, tubulé, linéaire, à cinq dents dont la *cinquième est tronquée*, persistant.

COR. Monopétale, inégale. *Tube* comme cylindrique, droit, de la longueur du calice, se renflant peu à peu, recourbé. *Limbe* ouvert, à moitié divisé en cinq parties, arrondies, presque égales.

ÉTAM. Deux ou quatre *Filamens*, sétacés, très-courts, cachés dans le tube de la corolle, dont deux plus courts. *Anthères* recourbées, en nombre égal à celui des filamens.

PIST. *Ovaire* à quatre côtés. *Style* simple, filiforme, de la longueur du tube. *Stigmate* obtus.

PÉR. Très-grêle, à peine visible.

SEM. Deux ou quatre, oblongues, renfermées dans le calice.

Corolle en entonnoir, presque égale, courbée. *Calice* à une dent tronquée. Deux ou quatre *Étamines.* Deux ou quatre *Semences* nues.

* I. *VERVEINES à fleurs à deux étamines, à deux semences.*

1. VERVEINE d'Oruba, *V. Orubica*, L. à fleurs à deux étamines; à épis très-longs, feuillés.

Pluk. t. 228, f. 4; et t. 327, f. 7.

Dans l'isle d'Oruba, dans l'Amérique Septentrionale.

2. VERVEINE des Indes, *V. Indica*, L. à fleurs à deux étamines; à épis très-longs, charnus, nus; à feuilles lancéolées-ovales, dentées obliquement; à tige lisse.

Jacq. Obs. 4, t. 86.

A Zeylan. ☉

3. VERVEINE de la Jamaïque, *V. Jamaicensis*, L. à fleurs à deux étamines; à épis très-longs, charnus, nus; à feuilles en spatule, ovales, à dents de scie; à tige hérissée.

Sloan. Jam. t. 107, f. 1. *Jacq. Obs.* 4, t. 85.

A la Jamaïque et dans les isles Caribes. ♃ ☉

4. VERVEINE prismatique, *V. prismatica*, L. à fleurs à deux étamines; à épis lâches; à calices alternes, prismatiques, tronqués, à arêtes; à feuilles ovales, obtuses.

Pluk. t. 76, f. 1. *Sloan.* t. 107, f. 2.

A la Jamaïque.

5. VERVEINE du Mexique, *V. Mexicana*, L. à fleurs à deux étamines; à épis lâches; à calices du fruit réfléchis, arrondis, didymes, hérissés.

Dill. Elth. t. 302, f. 389.

Au Mexique. ♃

6. VERVEINE à crochets, *V. lappulacea*, L. à fleurs à deux étamines; à calices du fruit arrondis, enflés; à semences hérissonnées.

Sloan. Jam. 1, t. 110, f. 1. *Jacq. Obs.* t. 24.

A la Jamaïque.

7. VERVEINE de Curaçao, *V. Curassavica*, L. à fleurs à deux étamines; à épis longs; à calices à arêtes; à feuilles ovales, à dents de scie.

A Curaçao en Amérique.

8. VERVEINE à feuilles de stœchas, *V. stœchadifolia*, L. à fleurs à deux étamines; à épis ovales; à feuilles lancéolées, à dents de scie, plissées; à tige ligneuse.

En Amérique.

* II. *VERVEINES à fleurs à quatre étamines.*

9. VERVEINE nodiflore, *V. nodiflora*, L. à fleurs à quatre étamines; à épis en tête-conique; a feuilles à dents de scie; à tige rampante.

Verbena nodiflora; Verveine nodiflore. *Bauh. Pin.* 269, n. 4. *Prod.* 125, f. 1. *Bauh. Hist.* 3, p. 444, f. 2. *Barrel.* tab. 854 et 855.

En Virginie et en Sicile. ⊙

10. VERVEINE de Buenos-Aires, *V. Bonariensis*, L. à fleurs à quatre étamines; à épis en faisceau; à feuilles lancéolées, embrassantes.

Dill. tab. 300, fig. 387.

A Buenos-Aires. ♃

11. VERVEINE à fer de hallebarde, *V. hastata*, L. à fleurs à quatre étamines; à épis longs, pointus; à feuilles en fer de hallebarde.

Herm. Parad. pag. et tab. 242.

Au Canada dans les lieux humides. ♃

12. VERVEINE de la Caroline, *V. Caroliniana*, L. à fleurs à quatre étamines; à épis filiformes; à feuilles entières, lancéolées, à dents de scie, un peu obtuses, comme sessiles.

Dill. tab. 301, fig. 388.

Dans l'Amérique Septentrionale. ♃

13. VERVEINE à feuilles d'ortie, *V. urticifolia*, L. à fleurs à quatre étamines; à épis filiformes, en panicule; à feuilles entières, ovales, à dents de scie, aiguës, pétiolées.

Barrel. tab. 1146. *Moris. Hist.* sect. 11, t. 25, f. 3.

En Virginie et au Canada, dans les lieux secs. ♃

14. VERVEINE fausse, *V. spuria*, L. à fleurs à quatre étamines; à épis filiformes; à feuilles à plusieurs divisions peu profondes, laciniées; à tiges nombreuses.

Dans le Canada et la Virginie.

15. VERVEINE officinale, *V. officinalis*, L. à fleurs à quatre étamines; à épis filiformes, en panicule; à feuilles à plusieurs divisions peu profondes, laciniées; à tige solitaire.

Verbena communis, flore cæruleo; Verveine commune, à fleur bleue. *Bauh. Pin.* 269, n.° 1. *Dod. Pempt.* 150, f. 1. *Lob. Ic.* 1, p. 534, f. 2. *Clus. Hist.* 2, p. 45, f. 2. *Lugd.* 1335, f. 1 et 2. *Camer. Epit.* 797. *Bauh. Hist.* 3, p. 443. *Bul. Paris.* tab. 18. *Flor. Dan.* tab. 628. *Icon. Pl. Med.* tab. 38.

1. *Verbena*, Verveine. 5. Ophthalmie, mal de tête, douleur de côté, pleurésie, extérieurement. 6. Peu ou point usitée. Nutritive pour le Mouton.

En Europe, sur les revers des chemins. ⊙ Estivale.

16. VERVEINE couchée, *V. supina*, L. à fleurs à quatre étamines; à épis filiformes, solitaires; à feuilles deux fois pinnatifides.

Verbena tenuifolia; Verveine à feuilles menues. *Bauh. Pin.* 269, n.° 2. *Dod. Pempt.* 150, f. 1. *Lob. Ic.* 535, f. 1. *Clus. Hist.* 2, p. 46, f. 1. *Lugd.* 1337, f. 3. *Bauh. Hist.* 3, P. 2, p. 444, f. 1.

En Espagne, en Languedoc.

36. LYCOPE, *LYCOPUS*. * *Tournef. Inst.* 190, tab. 89. *Lam. Tab. Encyclop.* pl. 18.

CAL. *Périanthe* d'un seul feuillet, tubulé, à moitié divisé en cinq *segmens*, étroit, aigu.

COR. Monopétale, inégale. *Tube* comme cylindrique, de la longueur du calice. *Limbe* obtus, ouvert, à quatre *divisions* peu profondes, presque égales; la *supérieure* plus large, échancrée; l'*inférieure* plus petite.

ÉTAM. Deux *Filamens*, en quelque sorte plus longs que la corolle, inclinés vers la division supérieure de la corolle. *Anthères* petites.

PIST. *Ovaire* divisé peu profondément en quatre parties. *Style* filiforme, droit, de la longueur des étamines. *Stigmate* divisé peu profondément en deux parties, réfléchi.

PÉR. Nul. Le calice renferme les semences.

SEM. Quatre, arrondies, émoussées.

Corolle à quatre divisions peu profondes, dont une échancrée. *Étamines* écartées. Quatre *Semences*, terminées par un sinus obtus.

1. LYCOPE d'Europe, *L. Europeus*, L. à feuilles sinuées, à dents de scie.

Marrubium palustre, glabrum; Marrube des marais, à feuilles glabres. *Bauh. Pin.* 230, n.° 2. *Dod. Pempt.* 595, f. 2. *Lob. Ic.* 1, p. 524, f. 2. *Lugd.* 1117. *Barrel. Ic.* 154. *Bul. Paris.* tab. 19.

En Europe dans les lieux humides. ♃ Estivale.

2. LYCOPE de Virginie, *L. Virginicus*, L. à feuilles dentées également.
En Virginie. ♃

37. AMÉTHYSTE, *AMETHYSTEA.* * *Lam. Tab. Encyclop.* pl. 18.

CAL. *Périanthe* d'un seul feuillet, tubulé-en cloche, anguleux, à moitié divisé en cinq segmens, presque égal, pointu, persistant.

COR. Monopétale, en masque, un peu plus longue que le calice. *Limbe* à cinq divisions profondes, presque égal, à deux lèvres: la *supérieure* droite, arrondie, concave, à deux divisions peu profondes, ouverte: l'*inférieure* à trois divisions profondes; les latérales arrondies, droites, plus courtes; l'intermédiaire très-entière, concave, de la longueur de la lèvre supérieure.

ÉTAM. Deux *Filamens*, filiformes, rapprochés, cachés sous la lèvre supérieure de la corolle et la dépassant en longueur. *Anthères* simples, arrondies.

PIST. *Ovaire* divisé peu profondément en quatre parties. *Style* de la grandeur des étamines. Deux *Stigmates*, aigus.

PÉR. Nul. Le calice en cloche, ouvert, renferme les semences.

SEM. Quatre, plus courtes que le calice, obtuses, bossuées, anguleuses sur leur bord intérieur.

Corolle à cinq divisions peu profondes, l'inférieure plus ouverte. *Étamines* rapprochées. *Calice* presque en cloche. Quatre *Semences* bossuées.

1. AMÉTHYSTE bleu-d'azur, *A. cærulea*, L.
Dans les montagnes de la Sibérie. ☉

38. CUNILE, *CUNILA.* * *Lam. Tab. Encyclop.* pl. 19.

CAL. *Périanthe* d'un seul feuillet, cylindrique, persistant, à dix stries; à *orifice* comme labié, à cinq dents, persistant.

COR. Monopétale, en masque. *Lèvre supérieure* droite, plane, échancrée. *Lèvre inférieure* à trois divisions peu profondes, arrondies; l'intermédiaire échancrée.

ÉTAM. Deux *Filamens*, filiformes, et comme deux espèces de filamens sans anthères. *Anthères* arrondies, didymes.

PIST. *Ovaire* profondément divisé en quatre parties. *Style* filiforme, de la longueur des étamines. *Stigmate* divisé peu profondément en deux parties, aigu.

PÉR. Nul. Le calice dont la gorge est fermée par des poils, renferme les semences.

SEM. Quatre, ovales, très-petites.

Corolle labiée: lèvre supérieure droite, plane. Deux *Filamens* sans anthères. Quatre *Semences*.

1. CUNILE mariane, *C. mariana*, L. à feuilles ovales, à dents de scie; à fleurs en corymbes terminans, dichotomes.

Moris. Hist. sect. 11, t. 19, f. 7. *Pluk.* t. 344, f. 1.

En Virginie. ♃

2. CUNILE à feuilles de pouillot, *C. pulegioïdes*, L. à feuilles oblongues, à deux dents; à fleurs disposées en anneaux.

En Virginie et au Canada, dans les lieux secs. ☉

3. CUNILE à feuilles de thym, *C. thymoïdes*, L. à feuilles ovales, très-entières; à fleurs disposées en anneaux; à tige à quatre côtés.

Moris. Hist. sect. 11, tab. 19, fig. 6.

A Montpellier. ☉

39. ZIZIPHORE, *ZIZIPHORA*. * *Lam. Tab. Encyclop.* pl. 18.

CAL. *Périanthe* d'un seul feuillet, tubulé, cylindrique, très-long, strié, hérissé, à *orifice* à cinq dents, très-petit, a gorge barbue.

COR. Monopétale, en masque. *Tube* cylindrique, de la longueur du calice. *Limbe* très-petit, à deux lèvres : la *supérieure* ovale, recourbée en bas, entière; l'*inférieure* ouverte, plus large, à trois divisions peu profondes, arrondies, égales.

ÉTAM. Deux *Filamens*, simples, étalés, presque aussi longs que la corolle. *Anthères* oblongues, éloignées.

PIST. *Ovaire* divisé peu profondément en quatre parties. *Style* sétacé, de la longueur de la corolle. *Stigmate* pointu, recourbé.

PÉR. Nul. Le calice qui ne change point, renferme les semences.

SEM. Quatre, beaucoup plus courtes que le calice, oblongues, obtuses, bossuées d'un côté, anguleuses de l'autre.

Corolle labiée : à lèvre supérieure renversée, entière. *Calice* filiforme. Quatre *Semences*.

1. ZIZIPHORE en tête, *Z. capitata*, L. à fleurs ramassées en têtes terminant la tige; à feuilles ovales.

Pluk. tab. 164, fig. 4. *Buxb. Cent.* tab. 51, f. 1.

En Syrie, en Arménie, en Sibérie. ☉

2. ZIZIPHORE d'Espagne, *Z. Hispanica*, L. à feuilles ovales; à fleurs à grappes-en épis; à bractées en ovale-renversé, nerveuses, aiguës.

En Espagne. ☉

3. ZIZIPHORE effilée, *Z. tenuior*, L. à fleurs latérales; à feuilles lancéolées.

Moris. Hist. sect. 11, tab. 19, fig. 3 et 4.

En Syrie? ☉

4. ZIZIPHORE à feuilles de faux-thym, *Z. acinoïdes*, L. à fleurs latérales; à feuilles ovales.

En Sibérie. ☉

40. MONARDE, *MONARDA.* * *Lam. Tab. Encyclop.* pl. 19.

CAL. *Périanthe* d'un seul feuillet, tubulé, cylindrique, strié, persistant, à *orifice* à cinq dents, égal.

COR. Inégale. *Tube* cylindrique, plus long que le calice. *Limbe* en masque, à deux lèvres : la *supérieure* droite, étroite, linéaire, entière : l'*inférieure* renversée, plus large, à trois divisions peu profondes ; l'intermédiaire plus longue, plus étroite ; échancrée ; les latérales obtuses.

ÉTAM. Deux *Filamens*, sétacés, de la longueur de la lèvre supérieure, par laquelle ils sont enveloppés. *Anthères* comprimées, tronquées dans leur partie supérieure, réunies dans leur partie inférieure, droites.

PIST. *Ovaire* divisé peu profondément en quatre parties. *Style* filiforme, enveloppé ainsi que les étamines par la lèvre supérieure de la corolle. *Stigmate* divisé peu profondément en deux parties, aigu.

PÉR. Nul. Le *Calice* renferme les semences.

SEM. Quatre, arrondies.

OBS. *M. didyma a quatre Étamines, dont deux sans anthères.*

Corolle inégale, à lèvre supérieure linéaire, enveloppant les filamens. Qatre *Semences*.

1. MONARDE fistuleuse, *M. fistulosa*, L. à fleurs ramassées en têtes, terminales ; à tige à angles obtus.

Barrel. tab. 1221. *Icon. Pl. Med.* tab. 575.

1. *Monarda*, Monarde. 3. Odorante, amère. 5. Fièvres intermittentes.

Au Canada. ♃

2. MONARDE didyme, *M. didyma*, L. à fleurs ramassées en têtes, presque didynames ; à tige à angles aigus.

En Pensylvanie. ♃

3. MONARDE à feuilles de clinopode, *M. clinopodia*, L. à fleurs ramassées en tête ; à feuilles très-légérement dentées.

En Virginie. ♃

4. MONARDE ponctuée, *M. punctata*, L. à fleurs disposées en anneaux ; à corolles ponctuées ; à bractées colorées.

Moris. Hist. sect. 1, t. 8, f. 8. *Pluk.* tab. 24, f. 1.

En Virginie. ♃

5. MONARDE ciliée, *M. ciliata*, L. à fleurs disposées en anneaux ; à corolles plus longues que la collerette.

Pluk. tab. 164, f. 3. *Moris. Hist.* sect. 11, tab. 8, f. 6.

En Virginie.

41. ROMARIN, *ROSMARINUS.* * *Tournef. Inst.* 195, tab. 92. *Lam. Tab. Encyclop.* pl. 19.

CAL. *Périanthe* d'un seul feuillet, tubulé, comprimé supérieurement : à *orifice* droit, à deux lèvres ; la *supérieure* entière, l'*inférieure* à deux divisions peu profondes.

COR. Inégale. *Tube* plus long que le calice. *Limbe* en masque, à deux lèvres : la *supérieure* a deux divisions profondes, droite, plus courte, aiguë, repliée sur les bords : l'*inférieure* renversée, à trois divisions peu profondes ; l'*intermédiaire* très-grande, concave, rétrécie à la base ; les latérales étroites, aiguës.

ÉTAM. Deux *Filamens*, en alêne, simples, à une dent, inclinés vers la lèvre supérieure, et la dépassant en longueur. *Anthères* simples.

PIST. *Ovaire* divisé peu profondément en quatre parties. *Style* ayant la forme, la situation et la longueur des étamines. *Stigmate* simple, aigu.

PÉR. Nul. Les semences sont renfermées dans le fond du *Calice*.

SEM. Quatre, ovales.

OBS. *Ce genre a beaucoup d'affinité avec les* Sauges, *mais il en diffère par les étamines qui ne sont point fourchues.*

Corolle inégale, à lèvre supérieure à deux divisions profondes. *Filamens* longs, courbés, simples, à une dent.

1. ROMARIN officinal, *R. officinalis*, L.

Rosmarinus hortensis, angustiore folio ; Romarin des jardins, à feuilles plus étroites. *Bauh. Pin.* 217, n.° 1. *Dod. Pempt.* 272, f. 2. *Lob. Ic.* 1, p. 429, f. 1. *Lugd. Hist.* 967, f. 1. *Icon. Pl. Med.* tab. 318. *Bul. Paris.* tab. 20.

1. *Rosmarinus Hispanicus, flores anthos* ; Rosmarin, Romarin. 2. Fleurs, feuilles. 3. Odorantes, chaudes ; saveur amère, aromatique. 4. Huile essentielle, extraits spiritueux et aqueux. 5. Syncope, asthme humide, hystéricie, chlorose, apoplexie, paralysie, diarrhée, fleur blanche, fièvres intermittentes. 6. Les Italiens en aromatisent le riz : il donne un excellent goût aux chairs des moutons qui le broutent. Le *Romarin* est un des principaux ingrédiens de l'eau spiritueuse connue sous le nom d'*Eau de la Reine de Hongrie.* On prépare avec ses fleurs le *Mel Anthosatum.*

En Espagne, en Languedoc, en Italie, en Suisse. ♄ Estivale.

42. SAUGE, *SALVIA.* * *Tournef. Inst.* 180, tab. 83. *Lam. Tab. Encyclop.* pl. 20. HORMINUM. *Tournef. Inst.* 178, tab. 82. SCLAREA. *Tournef. Inst.* 179, tab. 82.

CAL. *Périanthe* d'un seul feuillet, tubulé, strié, renflé et comprimé insensiblement dans sa partie supérieure : à *orifice* droit, à deux lèvres, l'inférieure garnie de deux dents.

COR. Monopétale, inégale. *Tube* renflé et comprimé supérieurement. *Limbe* labié, à deux lèvres : la *supérieure* concave, comprimée, recourbée, échancrée : l'*inférieure* large, à trois divisions peu profondes ; l'*intermédiaire* plus grande, arrondie, échancrée.

ÉTAM. Deux *Filamens*, très-courts, sur lesquels sont attachés presque transversalement deux autres filamens, présentant une *glande* à leur extrémité inférieure, et une *anthère* à leur extrémité supérieure.

PIST. *Ovaire* divisé peu profondément en quatre parties. *Style* filiforme, très-long, ayant la situation des étamines. *Stigmate* divisé peu profondément en deux parties.

PÉR. Nul. Les semences sont renfermées au fond du calice, dont les bords sont légèrement réunis.

SEM. Quatre, arrondies.

OBS. *La bifurcation singulière des* Filamens, *constitue le caractère essentiel de ce genre.*

Corolle inégale. *Filamens* reposant transversalement sur un pédicule.

1. SAUGE d'Egypte, *S. Ægyptiaca*, L. à feuilles lancéolées, dentelées ; à fleurs pédunculées.

Jacq. Hort. tab. 108.

En Égypte.

2. SAUGE de Crète, *S. Cretica*, L. à feuilles lancéolées ; à calices à deux feuillets.

Clus. Hist. 1, p. 343, f. 3. *Pluk.* tab. 57, f. 1.

Dans l'isle de Crète.

3. SAUGE lyrée, *S. lyrata*, L. à feuilles radicales lyrées, dentées ; à lèvre supérieure de la corolle très-courte.

Moris. Hist. sect. 11, tab. 13, fig. 27.

En Virginie et à la Caroline.

4. SAUGE officinale, *S. officinalis*, L. à feuilles lancéolées ovales, entières, crénelées ; à fleurs en épis ; à calices aigus.

Salvia major, Sauge plus grande. *Bauh. Pin.* 237, n.° 1. *Dod. Pempt.* 290, f. 1. *Lob. Ic.* 1, p. 554, f. 1. *Lugd. Hist.* 879. *Bauh. Hist.* 3, p. 2, p. 304, f. 1. *Camer. Epit.* 475 et 476. *Icon. Pl. Med.* tab. 165.

1. *Salvia*, Sauge des jardins. 2. Toute la plante, sur-tout les fleurs. 3. Odeur aromatique, forte et fatigante ; saveur amère, tirant un peu sur celle du camphre, chaude. 4. Huile essentielle ; extraits aqueux et spiritueux. 5. Atonie des viscères, foiblesse dans les convalescences, fureur utérine, vieillesse, affections de poitrine.

En Languedoc, en Provence. ♄ Estivale.

5. SAUGE pomifère, *S. pomifera*, L. à feuilles lancéolées, ovales, entières, crénelées ; à fleurs en épis ; à calices obtus.

Salvia baccifera, Sauge baccifère. *Bauh. Pin.* 237, n.° 9. *Lob. Ic.* 1, p. 554, f. 2. *Lugd. Hist.* 880, f. 2. *Tournef. Coroll.* 10. Voyage au Lev. 1, pag. et tab. 77.

Dans l'isle de Crète.

6. SAUGE à feuilles d'ortie, *S. urticifolia*, L. à feuilles ovales-oblongues, à doubles dentelures ; à calices à trois dents.

Moris. Hist. sect. 11, tab. 13, fig. 31. *Plukn.* tab. 420, f. 1.

En Virginie et dans la Floride. ♄

7. SAUGE tardive, *S. serotina*, L. à feuilles en cœur, à dents de scie, molles ; à fleurs en grappe-à épis ; à corolles à peine plus longues que le calice. *Ard. Specim.* t. 1.

A Calo. ♂ ♄

8. SAUGE verte, *S. viridis*, L. à feuilles oblongues, crénelées ; à lèvre supérieure des corolles en demi-rond ; à calice du fruit, renversé.

On ignore son lieu natal.

9. SAUGE Hormin, *S. Horminum*, L. à feuilles obtuses, crénelées ; à bractées-terminales stériles, plus grandes, colorées.

Horminum sativum, Ormin cultivé. *Bauh. Pin.* 238, n.° 1. *Dod. Pempt.* 294. *Lob. Ic.* 1, p. 555, f. 2. *Lugd.* 964, f. 2. *Barrel.* t. 1233.

Moins usitée en Médecine que la Sauge officinale.

En Grèce, en Italie. ☉

10. SAUGE sauvage, *S. sylvestris*, L. à feuilles en cœur, lancéolées, ondulées, à doubles dentelures, tachées, aiguës ; à bractées colorées, plus courtes que la fleur.

Horminum sylvestre salvifolium, majus, maculatum ; Ormin sauvage à feuilles de sauge, plus grand, tacheté. *Bauh. Pin.* 239, n.° 10. *Dod. Pempt.* 292, f. 2. *Clus. Hist.* 2, p. 31, f. 2. *Lugd.* 965, f. 1.

En Autriche, en Bohême, en Allemagne, en France, sur les bords des champs. ♃

11. SAUGE des bois, *S. nemorosa*, L. à feuilles en cœur, lancéolées, à dents de scie, planes ; à bractées colorées ; à lèvre inférieure de la corolle, renversée.

Horminum sylvestre, salvifolium, minus ; Ormin sauvage, à feuilles de sauge, plus petit. *Bauh. Pin.* 239, n. 11. *Bauh. Hist.* 3, P. 2, p. 312, f. 1.

En Autriche, en Tartarie. ♂

12. SAUGE de Syrie, *S. Syriaca*, L. à feuilles en cœur, dentées : les inférieures un peu sinuées ; à bractées en cœur, courtes, aiguës ; à calices duvetés.

Horminum Syriacum, Ormin de Syrie. *Bauh. Pin.* 238, n.° 2. *Prodr.* 114, n.° 1, f. 1.

Dans l'Orient et la Palestine.

13. SAUGE sanguine, *S. hæmatodes*, L. à feuilles en cœur-ovales, ridées, duvetées ; à calices hérissés ; à racine tubéreuse.

Barrel. tab. 185.

En Italie, en Istrie. ♃

14. SAUGE des prés, *S. pratensis*, L. à feuilles en cœur-oblongues, crénelées ; les supérieures embrassantes ; à anneaux des fleurs presque nus ; à lèvres supérieures des corolles gluantes.

Horminum pratense, foliis serratis ; Ormin des prés, à feuilles à dents de scie. *Bauh. Pin.* 238, n.° 6. *Dod. Pempt.* 203. *Lob. Ic.* 1, p. 556, f. 1. *Clus. Hist.* 2, p. 30, f. 2. *Lugd.* 965, f. 2.

En Europe dans les prés. ♃ Estivale.

15. SAUGE des Indes, *S. Indica*, L. à feuilles en cœur, les latérales presque lobées, les supérieures assises ; les anneaux des fleurs presque nus, très-éloignés.

Moris. Hist. sect. 11, tab. 13, fig. 16.

Dans l'Inde Orientale. ♃

16. SAUGE de Saint-Domingue, *S. Dominica*, L. à feuilles en cœur, obtuses, crénelées, comme duvetées ; à corolles plus étroites que le calice.

A Saint-Domingue.

17. SAUGE à feuilles de Verveine, *S. Verbenaca*, L. à feuilles à dents de scie, sinuées, presque lisses ; à corolles plus étroites que le calice.

Horminum sylvestre, lavendulæ flore ; Ormin sauvage, à fleur de lavande. *Bauh. Pin.* 239, n.° 9. *Barrel.* tab. 208.

En France, et dans l'Orient. ♃

18. SAUGE clandestine, *S. clandestina*, L. à feuilles à dents de scie, pinnatifides, très-ridées ; à épi obtus ; à corolles plus étroites que le calice.

Barrel. tab. 220 ?

En Italie, en Dauphiné. ♂

19. SAUGE des Pyrenées, *S. Pyrænaica*, L. à feuilles obtuses, rongées ; à étamines deux fois plus longues que la corolle.

Herm. Parad. pag. et tab. 187.

Aux Pyrenées.

20. SAUGE diserme, *S. disermas*, L. à feuilles en cœur-oblongues, rongées ; à étamines de la longueur de la corolle.

Barrel. tab. 187.

En Syrie. ♃

21. SAUGE du Mexique, *S. Mexicana*, L. à feuilles ovales, pointues aux deux extrémités, à dents de scie.

Dill. Elth. tab. 254, fig. 330.

Au Mexique dans les lieux humides. ♄

22. SAUGE

22. SAUGE d'Espagne, *S. Hispanica*, L. à feuilles ovales; à pétioles aigus des deux côtés; à épis en recouvrement; à calices à trois segmens peu profonds.

Tabern. Hist. 764, ic. 374.

En Italie, en Espagne. ☉

23. SAUGE à fleurs en anneaux, *S. verticillata*, L. à feuilles en cœur, crenelées, dentées; à anneaux presque nus; à style couché sur la lèvre inférieure de la corolle.

Horminum sylvestre latifolium, verticillatum; Ormin sauvage à larges feuilles, à fleurs en anneaux. *Bauh. Pin.* 238, n.° 5. *Clus. Hist.* 2, p. 29, f. 3.

En Allemagne, en Alsace, en Bourgogne. ☉

24. SAUGE glutineuse, *S. glutinosa*, L. à feuilles en cœur, en fer de flèche, à dents de scie, aiguës.

Horminum luteum, glutinosum; Ormin jaune, gluant. *Bauh. Pin.* 238, n.° 4. *Dod. Pempt.* 292, f. 3. *Lob. Ic.* 1, p. 557, f. 1 et 2. *Clus. Hist.* 2, p. 29, f. 1 et 2. *Lugd. Hist.* 966, f. 2.

En Alsace, en Provence, en Dauphiné. ♃

25. SAUGE des Canaries, *S. Canariensis*, L. à feuilles en fer de hallebarde, triangulaires, oblongues, crénelées, obtuses.

Moris. Hist. sect. 11, tab. 13, fig. 17.

Aux Canaries. ♄

26. SAUGE d'Afrique, *S. Africana*, L. à feuilles arrondies, à dents de scie, tronquées à la base, dentées.

Commel. Hort. 2, p. 181, tab. 91.

Au cap de Bonne-Espérance, dans les endroits argilleux. ♃

27. SAUGE dorée, *S. aurea*, L. à feuilles arrondies, très-entières; tronquées à la base, dentées.

Commel. Hort. 2, p. 183, tab. 92.

Au cap de Bonne-Espérance, sur le bord des ruisseaux. ♃

28. SAUGE colorée, *S. colorata*, L. à feuilles elliptiques, presque entières, duvetées; à bords du calice membraneux, colorés.

Au cap de Bonne-Espérance, sur les bords de la mer.

29. SAUGE paniculée, *S. paniculata*, L. à feuilles en ovale-renversé, en forme de coin, dentées, nues; à tige ligneuse.

Moris. Hist. sect. 11, tab. 16, f. 1.

En Afrique. ♄

30. SAUGE d'Orient, *S. acetobulosa*, L. à feuilles en ovale-renversé, dentées; à calices en cloche, étalés, velus; à tige ligneuse.

Dans l'Orient. ♄

31. SAUGE épineuse, *S. spinosa*, L. à feuilles oblongues, peu sinuées; à calices épineux; à bractées en cœur, pointues, concaves.

Moris. Hist. sect. 11, tab. 16, f. 2.

En Égypte.

32. SAUGE Toute-Bonne, *S. Sclarea*, L. à feuilles ridées, en cœur, oblongues, velues, à dents de scie; à bractées florales plus longues que le calice, concaves, pointues.

Horminum Sclarea dictum; Ormin nommé Toute-Bonne. *Bauh. Pin.* 238, n.° 3 *Dod. Pempt.* 292, f. 1. *Lob. Ic.* 556, f. 2. *Clus. Hist.* 2, p. 38, f. 2. *Lugd. Hist.* 966, f. 1. *Icon. Pl. Med.* t. 484.

En Syrie, en Italie. ♂

33. SAUGE à feuilles découpées, *S. ceratophylla*, L. à feuilles ridées, pinnatifides, laineuses; à anneaux supérieurs, stériles.

Pluk. tab. 194, fig. 5.

En Perse. ♂

34. SAUGE d'Ethiopie, *S. Æthiopis*, L. à feuilles oblongues, laineuses; à anneaux laineux; à bractées recourbées, comme épineuses.

Æthiopis foliis sinuosis; Æthiopis à feuilles sinuées. *Bauh. Pin.* 241, n.° 1. *Dod. Pempt.* 148, f. 2. *Lob. Ic.* 1, p. 566, f. 2. *Lugd. Hist.* 1306, f. 1.

En Illyrie, en Grèce, en Afrique, en Dauphiné, en Languedoc, en Bourgogne.

35. SAUGE pinnée, *S. pinnata*, L. à feuilles lyrées-pinnées.

Pluk. tab. 194, fig. 6.

Dans l'Orient et l'Arabie.

36. SAUGE argentée, *S. argentea*, L. à feuilles oblongues, dentées, anguleuses, laineuses; à anneaux supérieurs stériles; à bractées concaves.

Dans l'isle de Crète. ♂

37. SAUGE à feuilles de cératophylle, *S. ceratophylloïdes*, L. à feuilles pinnatifides, ridées, velues; à tige en panicule, très-ramifiée.

En Sicile et en Égypte.

38. SAUGE de Forskœhl, *S. Forskœhlei*, L. à feuilles lyrées-à oreillettes; à tige presque nue; à lèvre supérieure de la corolle à moitié divisée en deux parties.

Dans l'Orient. ♃

39. SAUGE penchée, *S. nutans*, L. à feuilles en cœur, inégales, divisées à la base; à tige presque nue; à épis penchés avant leur floraison.

En Russie. ♃

43. COLLINSONE, *COLLINSONIA.* * *Lam. Tab. Encyclop.* pl. 21.

CAL. *Périanthe* d'un seul feuillet, tubulé, persistant, à deux lèvres : la *supérieure* à trois divisions peu profondes, renversée, plus large ; l'*inférieure* à deux divisions profondes, droite, en alêne.

COR. Monopétale, inégale. *Tube* en entonnoir, surpassant plusieurs fois le calice en longueur. *Limbe* à cinq divisions peu profondes ; les *supérieures* obtuses, très-courtes ; les deux plus élevées, renversées. *Lèvre inférieure* plus longue, divisée peu profondément en un grand nombre de divisions capillaires.

ÉTAM. Deux *Filamens*, sétacés, droits, très-longs. *Anthères* simples, versatiles, comprimées, obtuses.

PIST. *Ovaire* divisé peu profondément en quatre parties, obtus, présentant une glande plus grande située en dessous. *Style* sétacé, de la longueur des étamines, incliné sur les côtés. *Stigmate* divisé peu profondément en deux parties, aigu.

PÉR. Nul. La semence est renfermée au fond du *Calice*, dont l'orifice est irrégulier et en masque.

SEM. Une seule, globuleuse.

Corolle inégale : lèvre inférieure à plusieurs divisions peu profondes, capillaires. Une *Semence*, parfaite.

1. COLLINSONE du Canada, *C. Canadensis*, L.

Hort. Cliff. 14, tab. 5. *Icon. Pl. Med.* tab. 427.

1. *Collinsonia*, Collinsone. 2. Racine. 3. Nidoreuse. 5. Coliques des femmes en couche, dans l'Amérique Septentrionale.

En Virginie et au Canada, dans les forêts. ♃

44. MORINE, *MORINA.* * *Tournef. Corol.* 48, tab. 480. *Lam. Tab. Encyclop.* pl. 21.

CAL. Double.

Périanthe du fruit, inférieur, d'un seul feuillet, cylindrique, tubulé, persistant : à *orifice* garni de dentelures, dont deux opposées, plus longues ; toutes en alêne, aiguës.

Périanthe de la fleur, supérieur, d'un seul feuillet, tubulé ; à deux *segmens* peu profonds, échancrés, obtus, persistans, droits, de la grandeur du calice du fruit.

COR. Monopétale, à deux lèvres. *Tube* très-long, renflé dans sa partie supérieure, légèrement recourbé, filiforme dans sa partie inférieure. *Limbe* plane, obtus. *Lèvre supérieure* plus petite, à moitié divisée en deux parties. *Lèvre inférieure* à trois divisions peu profondes, toutes obtuses, uniformes ; l'intermédiaire plus saillante.

ÉTAM. Deux *Filamens*, sétacés, rapprochés du style, parallèles, plus courts que le limbe. *Anthères* droites, en cœur, éloignées.

PIST. *Ovaire* globuleux, situé sous le réceptacle de la fleur. *Style* plus long que les étamines, filiforme. *Stigmate* en tête-en rondache, recourbé.

PÉR. Nul.

SEM. Une seule, arrondie, couronnée par le calice de la fleur.

Corolle inégale. *Calice* du fruit d'un seul feuillet, denté. *Calice* de la fleur à deux segmens peu profonds. Une *Semence*, couronnée par le calice de la fleur.

1. MORINE de Perse, *M. Persica*, L.
Morina Orientalis, Carlinæ folio; Morine Orientale, à feuilles de Carline. *Tournef. Corol.* 48, tab. 480. *Voyag. au Lev.* 2, p. 282.
En Perse. ♃

45. GLOBBE, *GLOBBA.*

CAL. *Périanthe* supérieur, d'un seul feuillet, cylindrique; à *orifice* à trois segmens peu profonds, persistant.

COR. Monopétale, cylindrique, à orifice égal, à trois divisions peu profondes.

ÉTAM. Deux *Filamens*, filiformes, d'une longueur médiocre. *Anthères* adhérentes sur la longueur des filamens.

PIST. *Ovaire* inférieur. *Style* sétacé, d'une longueur médiocre. *Stigmate* aigu.

PÉR. *Capsule* arrondie, à trois loges, à trois battans.

SEM. Plusieurs.

Corolle égale, à trois divisions peu profondes. *Calice* supérieur, à trois segmens peu profonds. *Capsule* à trois loges. Plusieurs *Semences*.

1. GLOBBE des Indes, *G. Marantina*, L. à fleur à épi terminal, droit.
Dans l'Inde Orientale. ♃

2. GLOBBE penchée, *G. nutans*, L. à fleurs à épi terminal, pendant.
Rumph. Amb. 6, p. 140, tab. 12 et 13.
Dans l'Inde Orientale.

3. GLOBBE uniforme, *G. uniformis*, L. à épi latéral.
Globba uniformis, Globbe uniforme. *Rumph. Amb.* 6, p. 138, tab. 69, fig. 2.
Dans l'Inde Orientale. ♃

II. DIGYNIE.

46. FLOUVE, *ANTHOXANTHUM.* * *Lam. Tab. Encyclop.* pl. 23.

CAL. *Bâle* à une fleur, à deux valves ovales, pointues, concaves, l'intérieure plus grande.

COR. *Bâle* à une fleur, à deux valves, égalant en longueur la valve extérieure du calice : chaque valve présentant inférieurement sur le dos une arête, une des deux genouillée.

Nectaire très-menu, cylindrique, à deux feuillets, presque ovales, embrassant la base des étamines et des pistils.

ÉTAM. Deux *Filamens*, capillaires, très-longs. *Anthères* oblongues, fourchues aux deux extrémités.

PIST. *Ovaire* oblong. Deux *Styles*, filiformes. *Stigmates* simples.

PÉR. La *Bâle* de la corolle adhère à la semence.

SEM. Une seule, pointue aux deux extrémités, légèrement arrondie.

Calice, Bâle formée par deux valves, renfermant une fleur. *Corolle*, Bâle formée par deux valves, pointues. Une *Semence*.

1. FLOUVE odorante, *A. odoratum*, L. à épi oblong, ovale; à fleurons portés par un péduncule plus long que l'arête.

Gramen pratense, spicâ flavescente; Gramen des prés, à épi jaunâtre. *Bauh. Pin.* 3, n.° 3. *Lugd. Hist.* 426, f. 1. *Barrel. Ic.* 124, f. 1. *Moris. Hist.* sect. 11, t. 7, f. 25? *Leers. Herb.* n. 25, t. 2, f. 1. *Flor. Dan.* tab. 666.

Nutritive pour le Cheval, le Mouton, la Chèvre, le Bœuf.

En Europe dans les prés. ♃

2. FLOUVE des Indes, *A. Indicum*, L. à épi linéaire; à fleurons assis, plus longs que l'arête.

Dans l'Inde Orientale.

3. FLOUVE paniculée, *A. paniculatum*, L. à fleurs en panicule.

Dans l'Europe Méridionale.

III. TRIGYNIE.

47. POIVRIER, *PIPER*. * *Lam. Tab. Encyclop.* pl. 23.

CAL. *Spathe* imparfait.

Spadice filiforme, très-simple, couvert de fleurs.

Périanthe nul.

COR. Nulle.

ÉTAM. *Filamens* nuls. Deux *Anthères*, opposées, insérées à la base de l'ovaire, arrondies.

PIST. *Ovaire* grand, ovale. *Style* nul. Trois *Stigmates* hérissés.

PÉR. *Baie* arrondie, à une loge.

SEM. Une seule, globuleuse.

Calice et *Corolle*, nuls. *Baie* à une semence.

1. POIVRIER noir, *P. nigrum*, L. à feuilles ovales, le plus souvent à sept nervures, glabres; à pétioles très-simples.

Bauh. Pin. 411, n.º 1. *Pluk.* t. 437, f. 1. *Moris. Hist.* sect. 15, t. 1, f. 1. *Rheed. Mal.* 7, p. 23, t. 12. *Icon. Pl. Med.* tab. 557.

1. *Piper nigrum*, *Piper album*; Poivre noir. Poivre blanc. 2. Fruits. 3. Aromatiques, âcres, brûlans, tenaces. 4. Huile essentielle pesante, huile par expression épaisse, extraits spiritueux et aqueux, en quantité inégale. Toute l'âcreté de cet arome est contenue dans son extrait spiritueux. 5. Odontalgie, chûte de la luette, poux, fièvre tierce, etc. 6. Assaisonnement de tous les goûts et de tous les pays. Les poules aiment le poivre : il les échauffe et les excite à pondre. On en fait un grand usage dans les pays chauds ; il modère la sueur et favorise la digestion.

Dans l'Inde Orientale. ♄

2. POIVRIER Betle, *P. Betle*, L. à feuilles ovales, un peu oblongues, pointues, à sept nervures; à pétioles à deux dents.

Burm. Zeyl. 193, tab. 82, fig. 2.

Dans l'Inde. ♄

3. POIVRIER Malamiris, *P. Malamiris*, L. à feuilles ovales, un peu aiguës, rudes en dessous : à cinq nervures saillantes en dessous.

Rumph. Amb. 5, p. 336, tab. 116, fig. 2.

Dans les deux Indes.

4. POIVRIER Amalago, *P. Amalago*, L. à feuilles lancéolées-ovales : à cinq nervures, ridées.

Pluk. tab. 215, fig. 2.

A la Jamaïque.

5. POIVRIER Siriboa, *P. Siriboa*, L. à feuilles en cœur, le plus souvent à sept nervures, veinées.

Rumph. Amb. 5, p. 340, tab. 117, fig. 2.

Dans l'Inde Orientale.

6. POIVRIER long, *P. longum*, L. à feuilles en cœur, pétiolées et assises.

Piper longum Orientale, Poivrier long d'Orient. *Bauh. Pin.* 412, n.º 3. *Pluk.* t. 104, f. 4. *Rumph. Amb.* 5, p. 333, t. 116, f. 2. *Icon. Pl. Med.* tab. 569.

Il differe peu du Poivrier noir.

Dans l'Inde Orientale.

7. POIVRIER decumanum, *P. decumanum*, L. à feuilles en cœur, à neuf nervures, en réseau.

Rumph. Amb. 5, p. 45, tab. 27.

Dans les deux Indes. ♄

8. POIVRIER à réseau, *P. reticulatum*, L. à feuilles en cœur, à sept nervures, (à cinq, *Syst. Veg.* 68), à réseau.

Plum. Amer. 57, tab. 75.

Au Brésil et à la Martinique.

9. POIVRIER crochu, *P. aduncum*, L. à feuilles ovales, lancéolées; à nervures alternes; à épis en crochet.

Sloan. Jam. 1, p. 135, t. 87, f. 2.

À la Jamaïque.

10. POIVRIER transparent, *P. Pellucidum*, L. à feuilles en cœur, pétiolées; à tige herbacée.

Hort. Cliff. 6, tab. 4.

Dans l'Amérique Méridionale. ⊙

11. POIVRIER pointu, *P. acuminatum*, L. à feuilles lancéolées, ovales, nerveuses, charnues.

Plum. Amer. 54, tab. 71.

Dans l'Amérique Méridionale.

12. POIVRIER à feuilles obtuses, *P. obtusifolium*, à feuilles en ovale-renversé, (ovales, *Syst. Veg.* 68), sans nervures.

Plum. Amer. 53, tab. 70.

Dans l'Amérique Méridionale.

13. POIVRIER à feuilles rondes, *P. rotundifolium*, L. à feuilles arrondies, solitaires, charnues.

Plum. Amer. 52, tab. 69.

Dans l'Amérique Méridionale.

14. POIVRIER tacheté, *P. maculosum*, L. à feuilles en rondache, ovales.

Plum. Amer. 60, tab. 66.

A Saint-Domingue.

15. POIVRIER en rondache, *P. peltatum*, L. à feuilles en rondache, orbiculaires, en cœur, obtuses, peu sinuées; à épis en ombelle.

Rumph. Amb. 6, p. 133, tab. 59, f. 1. *Plum. Amer.* 56, tab. 74.

Dans les deux Indes.

16. POIVRIER à deux épis, *P. distachyon*, L. à feuilles ovales; à épis conjugués.

Plum. Amer. 51, tab. 67.

Dans la France équinoxiale, en Amérique.

17. POIVRIER en ombelle, *P. umbellatum*, L. à feuilles en cœur, arrondies, aiguës, veinées; à épis en ombelle.

Plum. Amer. 53, tab. 73.

A Saint-Domingue.

18. POIVRIER à trois feuilles, *P. trifolium*, L. à feuilles trois à trois, arrondies.

Plum. Amer. 52, tab. 68.

Dans la France équinoxiale, en Amérique.

19. POIVRIER à quatre feuilles, *P. quadrifolium*, L. à feuilles quatre à quatre, en forme de coin, assises.

Plum. Amer. 218, tab. 242, fig. 2.

Dans l'Amérique Méridionale.

20. POIVRIER verticillé, *P. verticillatum*, L. à feuilles en anneaux, ovales, à trois nervures.

A la Jamaïque. ⊙

CLASSE III.

TRIANDRIE.

I. MONOGYNIE.

Table Synoptique ou *Caractères Artificiels Génériques.*

* *Fleurs supérieures.*

48. VALÉRIANE, *VALERIANA.*	*Corolle* à cinq divisions peu profondes, bossuée à sa base. Une *Semence.*
55. MELOTHRIE, *MELOTHRIA*	*Cor.* à cinq divisions peu profondes, en roue. *Baie* à trois loges.
61. SAFRAN, *CROCUS.*	*Cor.* à six pétales, entr'ouverte. *Stigmates* roulés sur eux-mêmes, colorés.
65. IRIS, *IRIS.*	*Cor.* à six pétales, dont trois alternes renversés. *Stigmate* en forme de pétale.
66. MORÉE, *MORÆA.*	*Cor.* à six pétales entr'ouverts.
64. ANTHOLYZE, *ANTHOLYZA.*	*Cor.* à six divisions peu profondes, en entonnoir, recourbée.
63. GLAYEUL, *GLADIOLUS.*	*Cor.* à six pétales, dont trois supérieurs rapprochés en voûte.
62. IXIE, *IXIA.*	*Cor.* à six pétales, ouverte. Trois *Stigmates* simples.

* II. *Fleurs inférieures.*

67. WACHENDORFE, *WACHENDORFIA.*	*Cor.* à six pétales, ouverte. *Calice* nul.
68. COMMELINE, *COMMELINA.*	*Cor.* à six pétales, dont trois ou quatre extérieurs semblables au calice. *Nectaires* en forme de croix, supportés par un pédicule.

60. BÉJUCO, *HIPPOCRATEA.*	*Cor.* à cinq pétales. *Cal.* à cinq segmens profonds. Trois *Capsules* à deux battans.
58. LOEFLINGE, *LOEFLINGIA.*	*Cor.* à cinq pétales. *Cal.* à cinq feuillets. *Capsule* à une loge.
54. WILLICHE, *WILLICHIA.*	*Cor.* à quatre divisions peu profondes. *Cal.* à quatre segmens peu profonds. *Capsule* à deux loges.
50. TAMARINIER, *TAMARINDUS.*	*Cor.* à trois pétales. *Cal.* à quatre segmens profonds. *Gousse* succulente, ou charnue.
69. CALLISE, *CALLISIA.*	*Cor.* à trois pétales. *Cal.* à trois feuillets. *Capsule* à deux loges.
51. RUMPHIE, *RUMPHIA.*	*Cor.* à trois pétales. *Cal.* à trois segmens peu profonds. *Drupe* à noyau à trois loges.
52. CAMÉLÉE, *CNEORUM.*	*Cor.* à trois pétales. *Cal.* à trois dents. *Baie* à trois coques.
70. XYRIS, *XYRIS.*	*Cor.* à trois pétales. *Cal.* à deux valves. *Capsule* à trois loges.
53. CAMOCLADE, *CAMOCLADIA.*	*Cor.* à trois divisions profondes. *Cal.* à trois segmens profonds. *Style* nul. *Drupe.*
49. OLAX, *OLAX.*	*Cor.* à trois divisions peu profondes. *Cal.* entier. *Gland.*
56. ROTALE, *ROTALA.*	*Cor.* nulle. *Cal.* à trois dents. *Capsule* à trois loges.
57. ORTÈGE, *ORTEGIA.*	*Cor.* nulle. *Cal.* à cinq feuillets. *Capsule* à une loge.
59. POLYCNÈME, *POLYCNEMUM.*	*Cor.* nulle. *Cal.* à cinq feuillets inégaux. Une *Semence* nue.

* III. *Graminées à fleurs formées par des écailles ou valves.*

71. CHOIN, *SCHOENUS.*	*Cor.* nulle. *Cal.* à écailles en faisceaux. *Semence* arrondie.
72. SOUCHET, *CYPERUS.*	*Cor.* nulle. *Cal.* à écailles distiques ou sur deux rangs. *Semence* nue.

73. SCIRPE, *SCIRPUS.* *Cor.* nulle. *Cal.* à écailles en recouvrement. *Semence* nue.

74. LINAIGRETTE, *ERIOPHORUM.* *Cor.* nulle. *Cal.* à écailles en recouvrement. *Semence* laineuse.

75. NARD, *Nardus.* *Cor.* à deux valves. *Cal.* nul. *Semence* couverte.

76. ALVARDE, *LYGEUM.* Deux *Cor.* à deux valves. *Cal.* en spathe. *Semence* à deux loges.

II. DIGYNIE.

* I. *Graminées à une fleur, éparses.*

77. BOBARTIE, *BOBARTIA.* † *Cal.* à plusieurs valves, en recouvrement.

82. PANIC, *PANICUM.* *Cal.* à trois valves, dont une dorsale plus petite.

78. COQUELUCHIOLE, *CORNUCOPIÆ.* † *Cal.* à deux valves. *Cor.* à une valve. *Involucre* commun d'un seul feuillet, renfermant plusieurs fleurs.

100. ARISTIDE, *ARISTIDA.* *Cal.* à deux valves. *Cor.* à une valve, garnie au sommet de trois arêtes.

84. VULPIN, *ALOPECURUS.* *Cal.* à deux valves. *Cor.* à une valve, dont le sommet n'est pas divisé.

83. FLÉAU, *PHLEUM.* *Cal.* à deux valves, tronqué, terminé par deux dents, assis.

80. PHALARIS, *PHALARIS.* *Cal.* à deux valves, en nacelle, égales, renfermant la corolle.

81. PASPALE, *PASPALUM.* *Cal.* à deux valves, arrondies, semblables à la corolle.

85. MILLET, *MILIUM.* *Cal.* à deux valves, renflées, plus grandes que la corolle, presque égales.

86. AGROSTIS, *AGROSTIS.* *Cal.* à deux valves, pointues, plus courtes que la corolle.

92. DACTYLE, *DACTYLIS.* *Cal.* à deux valves, dont une plus grande, comprimée, creusée en nacelle.

96. STIPE, *STIPA.* *Cal.* à deux valves. *Cor.* terminée par une arête très-longue articulée à sa base.

98. LAGURIER, *LAGURUS.* *Cal.* à deux valves, velu. *Cor.* à deux barbes terminales, et à une dorsale.

79. SUCRE, *SACCHARUM.* *Cal.* laineux extérieurement.

† *Arundo epigeios, calamagrostis, arenaria.*

* II. *Graminées à deux fleurs, éparses.*

87. FOIN, *AIRA.* *Cal.* à deux valves, renfermant deux fleurs sans rudiment d'une troisième.

88. MELIQUE, *MELICA.* *Cal.* à deux valves, le rudiment d'une troisième fleur entre deux.

† *Tripsacum hermaphroditum.*

* III. *Graminées à plusieurs fleurs, éparses.*

91. UNIOLE, *UNIOLA.* *Cal.* à plusieurs valves, en nacelle.

90. BRIZE, *BRIZA.* *Cal.* à deux valves. *L'assemblage des corolles* en cœur, à valves bossuées.

89. PATURIN, *POA.* *Cal.* à deux valves. *L'assemblage des corolles* en ovale, à valves aiguës.

94. FESTUQUE, *FESTUCA.* *Cal.* à deux valves. *L'assemblage des corolles* de forme oblongue, à valves terminées en pointe.

95. BROME, *BROMUS.* *Cal.* à deux valves. *L'assemblage des corolles* de forme oblongue, à valves munies d'arêtes au-dessous du sommet.

97. AVOINE, *AVENA.* *Cal.* à deux valves. *L'assemblage des corolles* de forme oblongue, à valves portant sur le dos une arête entortillée.

99. ROSEAU, *ARUNDO*. *Cal.* à deux valves. *Cor.* sans arête, laineuse à sa base.

† *Dactylis glomerata.*

* IV. *Graminées en épi, à réceptacle en alêne.*

103. SEIGLE, *SECALE*. *Cal.* à deux fleurs.

105. FROMENT, *TRITICUM*. *Cal.* à plusieurs fleurs.

104. ORGE, *HORDEUM*. *Involucre* à six feuillets, à trois fleurs. *Fleur* simple.

102. ÉLYME, *ELYMUS*. *Involucre* à quatre feuillets, à deux fleurs. *Fleur* composée.

101. IVRAIE, *LOLIUM*. *Involucre* à un seul feuillet, à une fleur. *Fleur* composée.

93. CRÉTELLE, *CYNOSURUS*. *Involucre* à un seul feuillet, latéral. *Fleur* composée.

III. TRIGYNIE.

* I. *Fleurs inférieures.*

110. HOLOSTE, *HOLOSTEUM*. *Cor.* à cinq pétales. *Cal.* à cinq feuillets. *Capsule* s'ouvrant au sommet.

112. POLYCARPE, *POLYCARPON*. *Cor.* à cinq pétales. *Cal.* à cinq feuillets. *Caps.* à une loge, à trois battans.

116. LÉCHÉE, *LECHEA*. *Cor.* à trois pétales. *Cal.* à trois feuillets. *Caps.* à trois coques.

106. JONCINELLE, *ERIOCAULON*. *Cor.* à trois pétales. *Cal.* composé. Une *Semence* couronnée par la corolle.

107. MONTIE, *MONTIA*. *Cor.* à un seul pétale. *Cal.* à deux feuillets. *Caps.* à trois battans, à trois semences.

113. MOLUGINE, *MOLLUGO*. *Cor.* nulle. *Cal.* à cinq feuillets. *Caps.* à trois loges.

114. MINUARTE, *MINUARTIA*. *Cor.* nulle. *Cal.* à cinq feuillets. *Caps.* à une loge, à plusieurs semences.

115. QUERIE, *QUERIA.* *Cor.* nulle. *Cal.* à cinq feuillets. *Caps.* à une semence.

111. KOENIGE, *KOENIGIA.* *Cor.* nulle. *Cal.* à trois feuillets. Une *Semence* ovale.

109. TRIPLARE, *TRIPLARIS.* *Cor.* nulle. *Cal.* à trois segmens profonds. Une *Semence* enveloppée par le calice feuillé, ouvert.

† *Tillœa.*

* II. *Fleurs supérieures.*

108. TRIXIDE, *PROSERPINACA.* *Cor.* nulle. *Cal.* à trois segmens profonds. Une *Semence* à trois loges.

Toutes les autres Graminées, suivant la rigueur du Système Sexuel, *se trouvent réparties dans leurs classes respectives.*

SAVOIR;

Dans la Diandrie :

ANTHOXANTHUM.

Dans l'Hexandrie :

ORYZA.

Dans la Monoëcie :

COIX,

CAREX.

Dans la Polygamie :

ÆGYLOPS,

CENCHRUS,

ISCHÆMUM,

HOLCUS,

ANDROPOGON.

TRIANDRIE.

I. MONOGYNIE.

48. VALÉRIANE, *VALERIANA.* * *Tournef. Inst.* 131, tab. 52. *Lam. Tab. Encyclop.* pl. 24. VALERIANELLA. *Tourn. Inst.* 132, tab. 52.

CAL. A peine visible.

COR. Monopétale. *Tube* bossué, présentant sur son côté inférieur, un nectaire. *Limbe à cinq divisions* peu profondes, obtuses.

ÉTAM. Trois, (rarement une, deux ou quatre), en alêne, droites, de la longueur de la corolle. *Anthères* arrondies.

PIST. *Ovaire* inférieur. *Style* filiforme, de la longueur des étamines. *Stigmate* un peu épais.

PÉR. Enveloppe qui ne s'ouvre point, caduque-tardive, couronnée.

SEM. Solitaires, oblongues.

OBS. *La variété des parties de la fructification, relativement à leur nombre et à leur figure, dans les différentes espèces de ce genre, est vraiment étonnante.*

Les bords du Calice *dans quelques espèces sont à peine visibles; dans d'autres, ils sont à cinq segmens peu profonds.*

Dans quelques espèces, le tube de la Corolle *est oblong; dans d'autres, il est garni d'un nectaire en forme d'éperon; dans quelques-unes, il est très-court.*

Le Limbe *est tantôt égal, tantôt à deux lèvres, dont la supérieure offre deux divisions peu profondes.*

Les Étamines *sont ordinairement au nombre de trois dans le plus grand nombre des espèces; d'une ou de deux dans quelques autres, et de quatre dans la V. Sibirica. Dans une espèce, les fleurs sont dioïques.*

Le Stigmate *est divisé peu profondément en trois parties, échancré, globuleux.*

Le Péricarpe *est presque nul ou à peine visible; ou il présente une capsule épaisse, ou il est à deux loges.*

Les Semences *sont couronnées par une aigrette, ou elles manquent; mais elles varient dans leur forme.*

Calice nul. *Corolle* à un seul pétale, bossuée d'un côté à la base, supérieure. Une *Semence.*

1. VALÉRIANE rouge, *V. rubra*, L. à fleurs à une étamine, terminées à la base par un éperon; à feuilles lancéolées, très-entières.

Valeriana rubra, Valériane rouge. *Bauh. Pin.* 165, n.° 17. *Dod. Pempt.* 351, f. 1. *Lob. Ic.* 1, p. 341, f. 1. *Camer. Epit.* 24. *Bauh. Hist.* 3, P. 2, p. 211, f. 1. *Moris. Hist.* sect. 7, t. 14, f. 15. *Bul. Paris.* tab. 25.

Cette espèce présente une variété à feuilles étroites, linéaires, très-entières.

En France, en Suisse, en Italie. ♃ Estivale.

2. VALÉRIANE chausse-trape, *V. calcitrapa*, L. à fleurs à une étamine; à feuilles pinnatifides.

Valeriana foliis Calcitropæ; Valériane à feuilles de Chausse-trape. *Bauh. Pin.* 164, n.° 2. *Lob. Ic.* 1, p. 716, f. 2. *Clus. Hist.* 2, p. 54, f. 2. *Lugd. Hist.* 1127, f. 2. *Moris.* sect. 7, t. 14, f. 7.

En Languedoc, en Portugal. ⊙

3. VALÉRIANE corne d'abondance, *V. cornucopiæ*, L. à fleurs à deux étamines, en masque; à feuilles ovales, assises.

Valeriana peregrina, purpurea albave; Valériane étrangère, à fleur purpurine ou blanche. *Bauh. Pin.* 164, n.° 3. *Prodrom.* n.° 6, f. 2. *Clus. Hist.* 2, p. 54, f. 1. *Bauh. Hist.* 3, P. 2, p. 212, f. 2. *Barrel.* tab. 741. *Moris. Hist.* sect. 7, tab. 16, t. 27.

En Amérique, en Mauritanie, en Sicile, en Espagne. ⊙ Vernale.

4. VALÉRIANE dioïque, *V. dioïca*, L. à fleurs à trois étamines, dioïques; à feuilles pinnées, très-entières. (Dans les fleurs femelles, les corolles sont plus petites.)

Veronica palustris et Alpina, minor; Véronique des marais et des Alpes, plus petite. *Bauh. Pin.* 164, n.° 8; et 165, n.° 16. *Trag.* 62. *Dod. Pempt.* 350, f. 1. *Lob. Ic.* 1, p. 715, f. 2. *Clus. Hist.* 2, p. 55, f. 2. *Lugd. Hist.* 1042, f. 3; et 1043, f. 1. *Camer. Epit.* 23. *Bauh. Hist.* 3, P. 2, p. 211, f. 2. *Loës. Pruss.* 279, n.° 84. *Flor. Dan.* 687. *Icon. Pl. Med.* tab. 572.

En Europe dans les endroits marécageux. ♃ Vernale.

5. VALÉRIANE officinale, *V. officinalis*, L. à fleurs à trois étamines; toutes les feuilles pinnées.

Valeriana sylvestris et palustris, major; Valériane des bois et des marais, plus grande. *Bauh. Pin.* 164, n.os 4 et 6. *Fusch.* 857. *Dod. Pempt.* 349, f. 1. *Lob. Ic.* 1, p. 715, f. 1. *Clus. Hist.* 2, p. 55, f. 2. *Lugd. Hist.* 1042, f. 2. *Camer. Epit.* 22. *Flor. Dan.* tab. 570. *Icon. Pl. Med.* tab. 117.

1. *Valeriana sylvestris*, *V. minor*; Valériane des boutiques. 2. Racine. 3. Odeur forte, fétide, de bouc; saveur douceâtre, amère: l'une et l'autre augmentent par l'exsiccation. 4. Peu ou point d'huile essentielle, extraits aqueux et spiritueux. 5. Épilepsie, convulsions, hystéricie, migraine, affoiblissement de la vue, ulcères internes, hémoptysie. 6. La racine entière, prise parmi le tabac en poudre, lui donne l'odeur de cuir tanné. Nutritive pour le Mouton, la Chèvre.

En Europe, dans les bois marécageux. ♃ Estivale.

6. VALÉRIANE des jardins, *V. phu*, L. à fleurs à trois étamines; à feuilles de la tige, pinnées; à feuilles radicales, entières.

Valeriana hortensis; Valériane des jardins. *Bauh. Pin.* 164, n.° 1. *Dod. Pempt.* 349, f. 1. *Lob. Ic.* 714, f. 2. *Lugd.* 927, f. 1.

Camer.

Camer. Epit. 21. *Bauh. Hist.* 3, P. 2, p. 209, f. 1. *Plukn.* tab. 232, f. 1. *Icon. Pl. Medic.* tab. 502.

2. *Valeriana phu*, *V. major*; grande Valériane. Mêmes vertus que la précédente (Valériane officinale), mais probablement plus foibles, la plante étant moins odorante.

En Silésie, en Alsace, en Sicile. ♃

7. VALÉRIANE à trois ailes, *V. tripteris*, L. à fleurs à trois étamines; à feuilles radicales en cœur, celles de la tige ternées, ovales, oblongues : toutes dentées.

Valeriana Alpina, prima et altera; Valériane des Alpes, première et seconde. *Bauh. Pin.* 164, n.ºs 10 et 11. *Prod.* 86, n.° 3, f. 1. *Clus. Hist.* 2, p. 57, f. 3. *Bauh. Hist.* 3, P. 2, p. 208, f. 1. *Barrel. Ic.* 742. *Pluk.* tab. 231, f. 7 et 8.

Sur les Alpes de Suisse, du Dauphiné, des Pyrénées. Vernale. *S-Alp.*

8. VALÉRIANE de montagne, *V. montana*, L. à fleurs à trois étamines; à feuilles ovales, oblongues, à peine dentées; à tige simple.

Valeriana Alpina, Scrophulariæ folio; Valériane des Alpes, à feuilles de Scrophulaire. *Bauh. Pin.* 164, n.° 12. *Prod.* 87, n.° 4, f. 1. *Lugd.* 1127, f. 1. *Moris.* sect. 7, t. 14, f. 6. *Bellev.* tab. 39.

Sur les Alpes de Suisse, du Dauphiné, des Pyrénées. ♃ Vernale. *S-Alp.*

9. VALÉRIANE celtique, *V. celtica*, L. à fleurs à trois étamines; à feuilles ovales, oblongues, obtuses, très-entières.

Nardus celtica Dioscoridis; Nard celtique de Dioscoride. *Bauh. Pin.* 165, n.° 4. *Lob. Ic.* 1, p. 313, f. 1. *Clus. Hist.* 2, p. 57, f. 1. *Lugd. Hist.* 924, f. 1; et 982, f. 2. *Camer. Epit.* 13. *Bauh. Hist.* 3, P. 2, p. 205, f. 1. *Moris. Hist.* sect. 7, t. 15, f. 22 et 25.

1. *Spica celtica*, Nard celtique. 2. Racines, fleurs. 3. Odeur forte, âcre, aromatique; saveur amère, assez agréable. 4. Très-peu d'huile essentielle; extraits aqueux et spiritueux. 5. Suppression des règles, paralysie, tremblemens paralytiques, hystéricie. 6. Les Nègres d'Afrique en préparent une huile par infusion, qui conserve la souplesse de la peau, et lui donne du luisant. Nous nous servons quelquefois de cette huile pour oindre les membres paralysés, et pour parfumer les bains.

Sur les Alpes de Suisse, du Dauphiné, d'Autriche, d'Italie.

10. VALÉRIANE tubéreuse, *V. tuberosa*, L. à fleurs à trois étamines; à feuilles radicales, lancéolées, très-entières : celles de la tige, pinnatifides.

Nardus montana, radice olivari et oblongâ; Nard de montagne, à racine en forme d'olive, et oblongue. *Bauh. Pin.* 165, n.ºs 1 et 2. *Lob. Ic.* 1, p. 717, f. 2. *Clus. Hist.* 2, p. 56, f. 2. *Lugd. Hist.* 926, f. 1. *Camer. Epit.* 15. *Bauh. Hist.* 3, P. 2, p. 207, f. 1 et 2. *Barrel.* tab. 867. *Moris. Hist.* sect. 7, t. 15, f. 20.

En Dalmatie, en Sicile, en Dauphiné, en Provence. ♃

11. VALÉRIANE des rochers, *V. saxatilis*, L. à fleurs à trois étamines; à feuilles radicales, ovales: celles de la tige, linéaires, lancéolées: toutes à peine dentées.

Valeriana Alpina, Nardo celticæ similis; Valériane Alpine, ressemblante au Nard celtique. *Bauh. Pin.* 165, n.° 15. *Clus. Hist.* 2, p. 56, f. 1. *Bauh. Hist.* 3, P. 2, p. 206, f. 2. *Moris.* sect. 7, t. 15, f. 20. *Pluk.* tab. 232, f. 2. *Icon. Pl. Med.* tab. 591.

En Provence, en Sicile, en Dalmatie. ♃

12. VALÉRIANE alongée, *V. elongata*, L. à fleurs à trois étamines; à feuilles radicales, ovales: celles de la tige, en cœur; ces, découpées, presque en fer de hallebarde.

Jacq. Aust. 3, tab. 219.

Sur les Alpes d'Autriche.

13. VALÉRIANE des Pyrenées, *V. Pyrenaïca*, L. à fleurs à trois étamines; à feuilles en cœur, dentées, pétiolées: les supérieures ternées.

Valeriana Orientalis, alliariæ folio, flore albo; Valériane Orientale, à feuilles d'alliaire, à fleur blanche. *Buxb. Cent.* 2, t. 11.

Aux Pyrénées, au Mont-Pilat près de Lyon. ♃ Estivale.

14. VALÉRIANE grimpante, *V. scandens*, L. à fleurs à trois étamines; à feuilles ternées; à tige grimpante.

A Cumuna.

15. VALÉRIANE de la Chine, *V. Chinensis*, L. à fleurs à trois étamines; à feuilles toutes en cœur, peu sinuées, lobées.

Burm. Ind. tab. 6, f. 3.

A la Chine.

16. VALÉRIANE Mâche, *V. Locusta*, L. à fleurs à trois étamines; à tige dichotome; à feuilles linéaires.

Valeriana campestris inodora, major; Valériane des champs inodore, plus grande. *Bauh. Pin.* 165, n.° 19. *Dod. Pempt.* 647, f. 1. *Lob. Ic.* 1, p. 717, f. 1. *Lugd.* 554, f. 1; et 1127, f. 2. *Bauh. Hist.* 3, P. 2, p. 323, f. 1; et 324, f. 1. *Bul. Paris.* t. 26.

Les feuilles très-entières ou dentées, les semences garnies au sommet d'une ou plusieurs dents, constituent les différentes variétés de cette espèce, qui sont au nombre de sept.

Nutritive pour le Mouton, la Chèvre.

En Europe, dans les pâturages. ⊙ Vernale.

17. VALÉRIANE mixte, *V. mixta*, L. à fleurs à trois étamines; à tige divisée en quatre branches; à feuilles inférieures doublement pinnatifides; à semences couronnées par une aigrette plumeuse.

A Montpellier. ⊙

18. VALÉRIANE hérissonnée, *V. echinata*, L. à fleurs à trois étamines, régulières; à feuilles dentées; à fruit linéaire, couronné par trois dents, dont l'extérieure plus grande et recourbée.

Valerianella echinata; petite Valériane hérissonnée. *Bauh. Pin.* 165, n.° 20. *Colum. Ecphras.* 1, p. 204 et 206.

En Italie et à Montpellier, dans les lieux ombragés. ☉

19. VALÉRIANE couchée, *V. supina*, L. à fleurs à quatre étamines; à involucelles à six feuilles, à trois fleurs; à feuilles entières.

Bartel. tab. 868.

Sur les alpes d'Italie. ♃

20. VALÉRIANE de Sibérie, *V. Sibirica*, L. à fleurs à quatre étamines, égales; à feuilles pinnatifides; à semences adhérentes à une paillette ovale.

Amm. Ruth. 18, n.° 25, tab. 3.

En Sibérie, dans les champs.

49. OLAX, *OLAX*. †

CAL. *Périanthe* d'un seul feuillet, concave, très-court, très-entier.

COR. Monopétale, en entonnoir. *Limbe* à trois divisions peu profondes, obtuses; la *troisième* plus profonde.

Quatre *Nectaires*, ronds, pétiolés, plus courts que la corolle, réunis dans leur longueur, situés dans la gorge de la corolle.

ÉTAM. Trois *Filamens*, en alène, alternes avec les nectaires, plus courts que les nectaires. *Anthères* simples.

PIST. *Ovaire* arrondi. *Style* filiforme, plus long que les étamines. *Stigmate* en tête.

PÉR. . . . . .

SEM. . . . . .

Calice entier. *Corolle* en entonnoir, à trois divisions peu profondes. *Nectaire* à quatre feuillets.

1. OLAX de Zeylan, *O. Zeylanica*, L.

A Zeylan. ♄

50. TAMARIN, *TAMARINDUS*. † *Tournef. Inst.* 660, tab. 445. *Lam. Tab. Encyclop.* pl. 25.

CAL. *Périanthe* à quatre *segmens* profonds, planes, ovales, aigus, colorés, caducs-tardifs.

COR. Trois *Pétales*, ovales, plissés, égaux, ascendans, ouverts, de la longueur du calice, laissant un espace vide pour un quatrième pétale inférieur.

Nectaire: deux soies placées sous les filamens.

ÉTAM. Trois *Filamens*, en alène, insérés sur la partie vide du calice, réunis inférieurement, ascendans, voûtés en arc vers la corolle. *Anthères* ovales, versatiles.

PIST. *Ovaire* oblong, porté sur un pédicule. *Style* en alène, ascendant. *Stigmate* un peu épais.

PÉR. *Gousse* longue, comprimée, à double écorce, remplie de pulpe entre les deux écorces, à une loge.

SEM. Le plus souvent au nombre de trois, anguleuses, comprimées.

Calice à quatre segmens profonds. *Corolle* à trois pétales. *Nectaire* formé par deux soies courtes, placées sous les filamens. *Gousse* pulpeuse.

1. TAMARIN des Indes, *T. Indica*, L.

Siliqua Arabica, quæ Tamarindus; Silique d'Arabie, ou Tamarin. *Bauh. Pin.* 403, n.° 3. *Camer. Epit.* 126. *Alp. Ægypt.* 2, p. 19, t. 10. *Pluk.* tab. 64, f. 4. *Icon. Pl. Med.* tab. 291.

1. *Tamarindus Indica*, Tamarin. 2. Fruit. 3. Odeur vineuse; saveur très-acide, agréable; la vieille pulpe est nauséabonde. 4. Parties douces, huileuses, mucilagineuses, acido-salines, fort analogues au vrai tartre. 5. Fièvres inflammatoires, putrides, bilieuses; diarrhée bilieuse, dyssenterie épidémique, ictère, ascite. 6. Les Tamarins fermentés donnent de l'esprit-ardent, et les autres produits du raisin; dans les lieux où on les a frais, on en fait une limonade agréable. Les Africains en mangent les fruits, pour prévenir ou calmer la soif. Les Arabes ont introduit les Tamarins dans la matière médicale.

Dans les deux Indes, l'Égypte, l'Arabie. ♄

51. RUMPHE, *RUMPHIA*. * *Lam. Tab. Encyclop.* pl. 25.

CAL. *Périanthe* d'un seul feuillet, à trois segmens peu profonds, droit, plane.

COR. Trois *Pétales*, oblongs, obtus, égaux.

ÉTAM. Trois *Filamens*, en alène, de la longueur de la corolle. *Anthères* petites.

PIST. *Ovaire* arrondi. *Style* en alène, de la longueur des étamines. *Stigmate* à trois côtés.

PÉR. *Drupe* coriace, en toupie, à trois sillons.

SEM. *Noix* ovale, entière, à trois loges.

Calice à trois segmens peu profonds. *Corolle* à trois pétales. *Drupe* à trois loges.

1. RUMPHE d'Amboine, *R. Amboïnensis*, L.

Rhed. Mal. 4, p. 25, tab. 11.

Dans l'Inde. ♄

52. CAMÉLÉE, *CNEORUM*. † CHAMÆLEA. *Tournef. Inst.* 651, tab. 421. *Lam. Tab. Encyclop.* pl. 27.

CAL. *Périanthe* très-petit, à trois dents, persistant.

COR. Trois *Pétales*, oblongs, lancéolés, linéaires, concaves, droits, égaux, caducs-tardifs.

ÉTAM. Trois *Filamens*, en alêne, plus courts que la corolle. *Anthères* petites.

PIST. *Ovaire* obtus, à trois côtés. *Style* droit, roide, de la longueur des étamines. *Stigmate* divisé peu profondément en trois parties.

PÉR. *Baie* sèche, globuleuse, à trois lobes, à trois loges.

SEM. Solitaires, rondes.

Calice à trois dents. *Corolle* à trois pétales égaux. *Baie* à trois coques.

1. CAMÉLÉE à trois coques, *C. tricoccos*, L.

Chamalea tricoccos, Chamélée à trois coques. *Bauh. Pin.* 462, n.° 1. *Dod. Pempt.* 363, *f.* 1. *Lob. Ic.* 1, p. 369, f. 2. *Clus. Hist.* 1, p. 87, f. 1. *Lugd.* 1664, f. 1; et 1665, f. 1. *Camer. Epit.* 973. *Bauh. Hist.* 1, P. 1, p. 584, f. 1.

La corolle présente souvent quatre pétales, et quatre étamines.

En Espagne, à Montpellier, dans les lieux stériles. ♄ Vernale.

53. COMOCLADE, *COMOCLADIA*. *Lam. Tab. Encyclop.* pl. 27.

CAL. *Périanthe* d'un seul feuillet, à trois *segmens* profonds, ouverts, colorés, arrondis.

COR. Trois *Pétales*, ovales, aigus, planes, très-ouverts.

ÉTAM. Trois *Filamens*, en alêne, plus courts que la corolle. *Anthères* arrondies, versatiles.

PIST. *Ovaire* ovale. *Style* nul. *Stigmate* obtus, simple.

PÉR. *Drupe* oblongue, courbée, marquée supérieurement par trois points.

SEM. *Noix* membraneuse, ayant la figure de la drupe.

Calice à trois segmens profonds. *Corolle* à trois divisions profondes. *Drupe* oblongue, renfermant un noyau à deux loges.

1. COMOCLADE à feuilles entières, *C. integrifolia*, L. à feuilles entières.

Sloan. Jam. t. 222, f. 1.

Dans l'Amérique Méridionale. ♄

2. COMOCLADE dentée, *C. dentata*, L. à feuilles épineuses, dentées.

Jacq. Amer. tab. 173, f. 4.

Dans l'Amérique Méridionale. ♄

54. WILLICHE, *WILLICHIA.*

CAL. *Périanthe* d'un seul feuillet, persistant, à quatre *segmens* peu profonds, ovales, aigus, ouverts.

COR. Monopétale, en roue, deux fois plus longue que le calice. *Tube* comme nul. *Limbe* plane, à quatre *divisions* arrondies, convexes.

ÉTAM. Trois *Filamens*, insérés sur les divisions du limbe (l'inférieure exceptée), et plus courts que le limbe. *Anthères* arrondies, droites, à deux loges.

PIST. *Ovaire* supérieur, arrondi, comprimé. *Style* filiforme, de la longueur des étamines, courbé vers la division inférieure du limbe. *Stigmate* obtus.

PÉR. *Capsule*, arrondie, comprimée (au sommet?) en pointe aiguë, à deux loges, à deux battans, à cloison opposée aux battans.

SEM. Assez nombreuses, arrondies, très-petites. *Réceptacle* globuleux, composé de deux demi-sphères.

Calice à quatre segmens peu profonds. *Corolle* à quatre divisions peu profondes. *Capsule* à deux loges, renfermant plusieurs semences.

1. WILLICHE rampante, *W. repens*, L. à feuilles alternes, pétiolées, un peu éloignées, arrondies, comme en bouclier, crénelées, velues, rougeâtres en dessus.

Au Mexique. ⊙

55. MÉLOTHRIE, *MELOTHRIA.* * *Lam. Tab. Encyclop.* pl. 28.

CAL. *Périanthe* d'un seul feuillet, en cloche, ventru, à cinq dents, supérieur, caduc-tardif.

COR. Monopétale, en roue. *Tube* de la longueur du calice, adhérent de tous côtés au calice. *Limbe* plane, à cinq *divisions* profondes, plus larges au dehors, très-obtuses.

ÉTAM. Trois *Filamens*, coniques, insérés sur le tube de la corolle et l'égalant en longueur. *Anthères* didymes, arrondies, comprimées.

PIST. *Ovaire* ovale, oblong, pointu, comme inférieur. *Style* cylindrique, de la longueur des étamines. Trois *Stigmates*, un peu épais, oblongs.

PÉR. *Baie* ovale-oblongue, divisée intérieurement en trois loges, sans cloisons.

SEM. Plusieurs, oblongues, comprimées.

Calice à cinq segmens peu profonds. *Corolle* en cloche, monopétale. *Baie* à trois loges, renfermant plusieurs semences.

1. MÉLOTHRIE pendante, *M. pendula*, L.

Pluk. tab. 85, f. 5. *Sloan. Jam.* tab. 142, f. 1.

Au Canada, à la Jamaïque, à la Virginie. ⊙

56. ROTALE, *ROTALA*.

CAL. *Périanthe* d'un seul feuillet, tubulé, membraneux, à trois dents, persistant.

COR. Nulle.

ÉTAM. Trois *Filamens*, capillaires, de la longueur du calice. *Anthères* arrondies.

PIST. *Ovaire* supérieur, ovale. *Style* filiforme. *Stigmate* divisé peu profondément en trois parties.

PÉR. *Capsule* ovale, le plus souvent à trois côtés, renfermée dans le calice, à trois loges, à trois battans.

SEM. Plusieurs, arrondies.

Calice à trois dents. *Corolle* nulle. *Capsule* à trois loges, renfermant plusieurs semences.

1. ROTALE verticillée, *R. verticillata*, L. à feuilles en anneaux.

Dans l'Inde Orientale. ⊙

57. ORTÉGE, *ORTEGIA*. † *Lam. Tab. Encyclop.* pl. 29.

CAL. *Périanthe* à cinq *feuillets*, droits, ovales, membraneux sur les bords, persistans.

COR. Nulle.

ÉTAM. Trois *Filamens*, en alêne, plus courts que le calice. *Anthères* linéaires, comprimées, plus courtes que les filamens.

PIST. *Ovaire* ovale, à trois faces dans sa partie supérieure. *Style* filiforme, presque aussi long que le calice. *Stigmate* en tête, obtus.

PÉR. *Capsule* ovale, à trois côtés dans sa partie supérieure, à une loge, à trois battans au sommet.

SEM. Plusieurs, très-petites, oblongues, aiguës aux deux extrémités.

Calice à cinq feuillets. *Corolle* nulle. *Capsule* à une seule loge, renfermant plusieurs semences.

1. ORTÉGE d'Espagne, *O. Hispanica*, L. à fleurs comme en anneaux; à tige simple.

Rubia linifolia, aspera; Garance à feuilles de lin, rude. *Bauh. Pin.* 333, n.° 8. *Lob. Ic.* 1, p. 797, f. 1. *Clus. Hist.* 2, p. 174, f. 2. *Lugd. Hist.* 1185, f. 2.

Dans la Castille, la Béotie.

2. ORTÉGE dichotome, *O. dichotoma*, L.

Allion. All. p. 176, tab. 4, f. 1.

On ignore son lieu natal.

58. LOEFLINGE, *LOEFLINGIA*. * *Lam. Tab. Encyclop.* pl. 29.

CAL. *Périanthe* à cinq *feuillets*, droits, lancéolés, garnis d'une dent de chaque côté à leur base, pointus, persistans.

COR. Cinq *Pétales*, très-petits, ovales, alongés, réunis en globe, ronds.

ÉTAM. Trois *Filamens*, de la longueur de la corolle. *Anthères* arrondies, didymes.

PIST. *Ovaire* ovale, à trois côtés. *Style* filiforme, élargi dans sa partie supérieure. *Stigmate* un peu obtus.

PÉR. *Capsule* ovale, le plus souvent à trois côtés, à une loge, à trois battans.

SEM. Plusieurs, ovales, alongées.

Calice à cinq feuillets. *Corolle* à cinq pétales très-petits. *Capsule* à une seule loge, à cinq battans.

1. LOÉFLINGE d'Espagne, *L. Hispanica*, L. à feuilles opposées, aiguës.

Loefl. Itin. 113, tab. 1, f. 2.

En Espagne, sur les collines arides. ⊙

59. POLYCNÈME, *POLYCNEMUM.* * *Lam. Tab. Encyclop.* pl. 29.

CAL. *Périanthe* à trois *feuillets*, lancéolés, droits, aigus, persistans.

COR. Cinq *Pétales*, semblables au calice.

ÉTAM. Trois *Filamens*, capillaires, plus courts que le calice. *Anthères* obtuses.

PIST. *Ovaire* arrondi. *Style* divisé profondément en deux parties, de la longueur des étamines. *Stigmates* obtus.

PÉR. A peine visible, composé d'une membrane très-mince.

SEM. Une seule.

Calice à trois feuillets. *Corolle* à cinq pétales semblables au calice. Une seule *Semence*, presque nue.

1. POLYCNÈME des champs, *P. arvense*, L. à tiges couchées, rameuses; à feuilles grasses, en alêne, terminées par une pointe blanche, cartilagineuse; à fleurs assises aux aisselles des feuilles, entre deux soies en arête.

Camphorata congener; Congenère de la Camphorata. *Bauh. Pin.* 486; n.° 3. *Lob. Ic.* 1, p. 404, f. 1. *Lugd. Hist.* 1150, f. 2. *Jacq. Aust.* tab. 365.

Le synonyme de *G. Bauhin* est cité par *Reichard*, pour la *Camphorosma acuta*, L. Lorsque la plante vieillit, les tiges et les feuilles deviennent rouges.

En France, en Allemagne, en Italie, dans les champs. ⊙ Estivale.

60. BÉJUGO, *HIPPOCRATEA.* *Lam. Tab. Encyclop.* pl. 28.

CAL. *Périanthe* d'un seul feuillet, ouvert, très-petit, coloré, caduc-tardif, à cinq *segmens* profonds, arrondis, très-ouverts, obtus, plus grands que la corolle.

COR. Cinq *Pétales*, ovales, comme divisés au sommet en deux loges.

ÉTAM. Trois *Filamens*, en alêne, droits, de la longueur de la corolle. *Anthères* larges, marquées par un sillon transversal.

PIST. *Ovaire* ovale. *Style* de la longueur des étamines. *Stigmate* obtus.

PÉR. Trois *Capsules*, en cœur renversé, comprimées, grandes, à *loges* à deux battans : les *battans* en carène comprimée.

SEM. Cinq, oblongues, garnies d'une aile membraneuse.

Calice à cinq segmens profonds. *Corolle* à cinq pétales. Trois *capsules* en cœur renversé.

1. BÉJUGO roulé, *H. volubilis*, L.

Jacq. Amer. tab. 9.

Dans l'Amérique Méridionale. ♄

61. SAFRAN, *CROCUS.* * *Tourn. Inst.* 350, tab. 183 et 184. *Lam.*, *Tab. Encyclop.* pl. 30.

CAL. *Spathe* d'un seul feuillet.

COR. Monopétale. *Tube* simple, long. *Limbe* droit, à six *divisions* profondes, ovales, alongées, égales.

ÉTAM. Trois *Filamens*, en alêne, plus courts que la corolle. *Anthères* en fer de flèche.

PIST. *Ovaire* inférieur, arrondi. *Style* filiforme, de la longueur des étamines. Trois *Stigmates*, roulés, à dents de scie.

PÉR. *Capsule* arrondie, à trois lobes, à trois loges, à trois battans.

SEM. Assez nombreuses, rondes.

Corolle à six divisions profondes, égales. *Stigmates* roulés.

1. SAFRAN cultivé, *C. sativus*, L. à spathe d'une seule pièce, sortant de la racine; à tube de la corolle très-long.

Cette espèce se distingue, 1.° en *Safran officinal* ou *d'automne*; 2.° en *Safran printanier.*

1.° *Crocus sativus*, Safran cultivé. *Bauh. Pin.* 65, n.° 1. *Dod. Pempt.* 213, f. 1 et 2. *Lob. Ic.* 1, p. 137, f. 1 et 2. *Lugd. Hist.* 1532, f. 1 et 2. *Clus. Hist.* 1, p. 203 et suiv. *Camer. Epit.* 33 et 34. *Bauh. Hist.* 2, p. 637, f. 1 et 2; et 641, f. 1 et 2. *Moris. Hist.* sect. 4, t. 2, f. 1. *Icon Pl. Med.* tab. 151.

2.° *Crocus vernus, latifolius*; Safran printanier, à larges feuilles. *Bauh. Pin.* 65, n.° 1 jusqu'à 11; et 66, n.° 1 jusqu'à 6.

1. *Crocus Orientalis*, Safran Oriental. 2. Stigmates. 3. Odeur forte, fatigante à la longue; saveur aromatique, amère. 4. Huile

essentielle; extraits aqueux et spiritueux, en même quantité. 5. Colique lochiale, menstruelle, vomissement spasmodique, toux, dyssenterie, dysurie hémorrhoïdale, asthme, ictère, échimose, ophthalmie. 6. Il sert d'assaisonnement aux ragoûts, aux gâteaux, aux pâtés, à la soupe, au riz, en Italie, en Espagne et même en France. Le pistil teint en beau *jaune*.

Sur les Alpes de Suisse, des Pyrénées, du Dauphiné. ♃ Vernale.

62. IXIE, *IXIA.* * *Lam. Tab. Encyclop.* pl. 31.

CAL. Deux *Spathes* à deux valves, oblongues, persistantes, séparant les ovaires.

COR. Six *Pétales*, oblongs, égaux, lancéolés.

ÉTAM. Trois *Filamens*, en alêne, plus courts que la corolle, égaux pour la situation. *Anthères* simples.

PIST. *Ovaire* inférieur, ovale, à trois faces. *Style* divisé profondément en trois parties, droit, de la longueur des étamines. Trois *Stigmates*, droits, ouverts.

PÉR. *Capsule* comme ovale, à trois faces, à trois loges comprimées, à trois battans.

SEM. Arrondies.

Corolle à six pétales, ouverts, égaux. Trois *Stigmates*, droits, étalés.

1. IXIE couleur de rose, *I. rosea*, L. à hampe à une fleur, sans feuilles, très-courte.

Mill. Ic. tab. 240.

2. IXIE Faux-Safran, *I. Bulbocodium*, L. à hampe à une fleur, très-courte; à feuilles de la tige anguleuses; à six stigmates.

Sisyrinchium minus, angustifolium, flore majore variegato; Sisyrinche plus petit, à feuilles étroites, à fleur plus grande tachetée. *Bauh. Pin.* 41, n.° 5. *Clus. Hist.* 1, p. 208, f. 1. *Colum. Ecphras.* 2, p. 5 et 7, f. 1.

Sur les Alpes des Pyrénées, d'Italie, du Dauphiné. ♃

3. IXIE à une fleur, *I. uniflora*, L. à hampe à une fleur; à feuilles en lame d'épée; à spathe déchiré.

Mill. Dict. 158, tab. 157, f. 3.

Au cap de Bonne-Espérance.

4. IXIE en corymbe, *I. corymbosa*, L. à fleurs en corymbe, pédunculées; à tige à deux tranchans.

Au cap de Bonne-Espérance.

5. IXIE d'Afrique, *I. Africana*, L. à fleurs en tête; à spathes déchirés.

Burm. Afric. tab. 70, f. 2.

Au cap de Bonne-Espérance. ♃

6. IXIE de la Chine, *I. Chinensis*, L. à feuilles en lame d'épée; à panicule dichotome; à fleurs pédunculées.
Rheed. Mal. 11, p. 73, tab. 37.
Dans l'Inde Orientale. ♃

7. IXIE bulbifère, *I. bulbifera*, L. à feuilles linéaires, portant des bulbes à leurs aisselles; à fleurs alternes; à étamines latérales.
Mill. Dict. 6, tab. 236, f. 2.
Au cap de Bonne-Espérance. ♃

8. IXIE tortueuse, *I. flexuosa*, L. à feuilles linéaires; à grappe tortueuse, à plusieurs fleurs.
Mill. Ic. 156, f. 2.
Au cap de Bonne-Espérance. ♃

9. IXIE à plusieurs épis, *I. polystachia*, L. à feuilles linéaires; à hampe à plusieurs épis.
Mill. Ic. tab. 155, f. 2.
Au cap de Bonne-Espérance.

10. IXIE bleuâtre, *I. scillaris*, L. à feuilles en lame d'épée, striées; à épi alongé.
Au cap de Bonne-Espérance. ♃

11. IXIE tachetée, *I. maculata*, L. à feuilles en lame d'épée; à fleurs alternes : à pétales d'une couleur obscure à la base.
Mill. Ic. tab. 156, f. 1.
Au cap de Bonne-Espérance. ♃

12. IXIE couleur de safran, *I. crocata*, L. à feuilles en lame d'épée; à fleurs alternes : à pétales légèrement verdâtres, et comme percées à jour à la base.
Mill. Ic. tab. 239, f. 2.
Au cap de Bonne-Espérance. ♃

63. GLAYEUL, *GLADIOLUS.* * *Tournef. Inst.* 365, tab. 190. *Lam. Tab. Encyclop.* pl. 32.

CAL. *Spathe* à deux valves.

COR. à six divisions profondes, irrégulière. *Pétales* oblongs, obtus, dont trois supérieurs rapprochés en voûte, trois inférieurs ouverts; tous réunis par les onglets en un tube court, recourbé.

ÉTAM. Trois *Filamens*, en alène, insérés sur les divisions alternes des pétales, tous ascendans sous les pétales supérieurs réunis en voûte. *Anthères* oblongues.

PIST. *Ovaire* inférieur. *Style* simple, de la longueur des étamines. *Stigmate* divisé peu profondément en trois parties, concave.

PÉR. *Capsule* oblongue, ventrue, comme à trois côtés, obtuse, à trois loges, à trois battans.

SEM. Plusieurs, arrondies, enveloppées dans une coiffe.

Corolle à six divisions profondes, irrégulière. *Étamines* ascendantes.

1. GLAYEUL commun, *G. communis*, L. à feuilles en lame d'épée; à fleurs éloignées.

Gladiolus floribus uno versu dispositis, major ac procerior; Glayeul à fleurs tournées d'un seul côté, plus grand et plus long. *Bauh. Pin.* 41, n.° 3. *Dod. Pempt.* 209, f. 1. *Lob. Ic.* 1, p. 98, f. 2. *Bauh. Hist.* 2, p. 701, f. 2. *Theat. Flor.* tab. 44.

Cette espèce présente une variété.

Gladiolus utrinquè floridus; Glayeul à fleurs tournées des deux côtés. *Bauh. Pin.* 41, n.° 4. *Dod. Pempt.* 209, f. 3. *Lob. Ic.* 1, p. 99, f. 1. *Lugd.* 1620, f. 1. *Camer. Epit.* 730.

A Montpellier, à Lyon, dans les blés. ♃ Vernale.

2. GLAYEUL imbriqué, *G. imbricatus*, L. à feuilles en lame d'épée; à fleurs en recouvrement.

En Russie. ♃

3. GLAYEUL ailé, *G. alatus*, L. à feuilles en lame d'épée; à pétales latéraux très-larges.

Pluk. tab. 224, f. 8?

Au cap de Bonne-Espérance. ♃

4. GLAYEUL plissé, *G. plicatus*, L. à feuilles en lame d'épée, plissées, velues; à hampe latérale; à corolles régulières.

Mill. Ic. 155, f. 1.

En Éthiopie. ♃

5. GLAYEUL triste, *G. tristis*, L. à feuilles linéaires, en croix; à corolles en cloche.

Mill. Ic. tab. 235, f. 1.

En Éthiopie. ♃

6. GLAYEUL ondulé, *G. undulatus*, L. à feuilles en lame d'épée; à pétales presque égaux, lancéolés, ondulés.

En Éthiopie. ♃

7. GLAYEUL recourbé, *G. recurvus*, L. à feuilles en lame d'épée; à pétales presque égaux, lancéolés, recourbés.

Mill. Ic. tab. 235, f. 2.

Au cap de Bonne-Espérance.

8. GLAYEUL à épi, *G. spicatus*, L. à feuilles linéaires; à tige très-simple; à fleurs en épi.

En Afrique. ♃

9. GLAYEUL queue de renard, *G. alopecuroïdes*, L. à feuilles linéaires; à épi distique, en recouvrement.

En Éthiopie.

10. GLAYEUL étroit, *G. angustus*, L. à feuilles linéaires ; à fleurs éloignées ; à tube des corolles plus long que les limbes.

Hort. Cliff. 20, tab. 6.

En Afrique. ♃

11. GLAYEUL rameux, *G. ramosus*, L. à tige ramifiée ; à feuilles linéaires.

En Afrique. ♃

12. GLAYEUL en tête, *G. capitatus*, L. à tige ramifiée ; à têtes pédunculées ; à racine tubéreuse.

En Afrique. ♃

64. ANTHOLYSE, *ANTHOLYZA*.

CAL. *Spathes* à deux valves, alternes, placées en recouvrement l'une sur l'autre, séparant les fleurs, persistantes.

COR. Un seul *Pétale*, formé par un *Tube* qui se dilate insensiblement en une gorge comprimée, irrégulière. *Lèvre supérieure* droite, grêle, très-longue, garnie à sa base de deux divisions courtes ; *Lèvre inférieure* plus courte, à trois divisions peu profondes.

ÉTAM. Trois *Filamens*, longs, grêles, cachés sous la lèvre supérieure. *Anthères* aiguës.

PIST. *Ovaire* inférieur. *Style* filiforme, ayant la longueur et la situation des étamines supérieures. *Stigmate* divisé peu profondément en trois parties, capillaire, renversé.

PÉR. *Capsule* arrondie, à trois côtés, à trois loges, à trois battans.

SEM. Plusieurs, triangulaires.

OBS. *Ce genre qui a de l'affinité avec les* Glayeuls, *en diffère par la corolle.*

Corolle tubulée, irrégulière, recourbée. *Capsule* inférieure.

1. ANTHOLYZE en masque, *A. ringens*, L. à lèvre de la corolle écartée ; à gorge comprimée.

Commel. Hort. 1, tab. 41.

En Éthiopie. ♃

2. ANTHOLYZE Cunonie, *A. Cunonia*, L. à corolle comme papilionacée : les deux lobes extérieurs des lèvres, plus larges, ascendans.

Mill. Ic. tab. 113.

En Perse. ♃

3. ANTHOLYZE d'Ethiopie, *A. Æthiopica*, L. à corolles recourbées : les deux lobes de la lèvre qui est divisée en cinq parties, alternes, étalés, plus grands, lancéolés.

Cornut. Canad. 78 et 79. *Moris. Hist.* sect. 4, t. 23, f. 1. *Pluk.* tab. 195, f. 2.

En Éthiopie. ♃

4. ANTHOLYZE Mériane, *A. Meriana*, L. à corolles en entonnoir; à feuilles en lame d'épée.

Mill. Ic. tab. 276.

Au cap de Bonne-Espérance. ♃

5. ANTHOLYZE Mérianelle, *A. Merianella*, L. à corolles en entonnoir; à feuilles linéaires.

Mill. Ic. tab. 297, f. 2.

6. ANTHOLYZE Maure, *A. Maura*, L. à fleurs en entonnoir, duvetées extérieurement.

Au cap de Bonne-Espérance. ♃

7. ANTHOLYZE à feuilles d'oignon, *A. cepacea*, L. à corolles régulières; à feuilles arrondies, en alêne, charnues.

Breyn. Cent. tab. 38.

Au cap de Bonne-Espérance. ♃

65. IRIS, *IRIS*. * *Tournef. Inst.* 358, tab. 186, 187 et 188. *Lam. Tab. Encyclop.* pl. 33. XIPHION. *Tournef. Inst.* 362, tab. 189. SISYRINCHIUM. *Tournef. Inst.* 365. HERMODACTYLUS. *Tournef. Coroll.* 50.

CAL. *Spathes* à deux valves, séparant les fleurs, persistans.

COR. à six divisions profondes. *Pétales* oblongs, obtus; trois extérieurs renversés, trois intérieurs droits, un peu aigus, tous réunis par les onglets.

ÉTAM. Trois *Filamens*, en alêne, couchés sur les pétales renversés. *Anthères* oblongues, droites, déprimées.

PIST. *Ovaire* inférieur, oblong. *Style* simple, très-court. *Stigmate* très-grand, à trois divisions profondes imitant les pétales, larges, comprimant les étamines et les pétales alternes, divisées au sommet en deux parties peu profondes.

PÉR. *Capsule* oblongue, anguleuse, à trois loges, à trois battans.

SEM. Plusieurs, grandes.

OBS. *Le* Nectaire *dans quelques espèces* (*de* 1 *à* 9), *est un sillon longitudinal velu, creusé à la base des pétales renversés; dans d'autres, il est formé par trois points mellifères placés extérieurement à la base de la fleur. La* Capsule *est tantôt à trois, tantôt à six côtés.*

XIPHIUM, T. 20, 21. *Racines bulbeuses; Feuilles en alêne.*

SISYRINCHIUM, T. 2. *Deux racines bulbeuses, posées l'une sur l'autre.*

HERMODACTYLUS, T. 3. *Racine tubéreuse; Feuilles à quatre côtés.*

IRIS, T. *Racine charnue, oblongue, rampante; Feuilles en lame d'épée.*

Corolle à six divisions profondes, alternes, renversées. *Stigmates* en forme de pétales.

* I. *IRIS à corolles barbues : à pétales renversés.*

1. IRIS de Suse, *I. Susiana*, L. à corolle barbue; à tige plus longue que les feuilles, portant une seule fleur.

Iris Susiana, flore maximo ex albo nigricante; Iris de Suse; à fleur très-grande, à fond blanc, tachetée de noir. *Bauh. Pin.* 31, n.° 2. *Lob. Ic.* 1, p. 67. *Clus. Hist.* 1, p. 217, f. 1. *Bauh. Hist.* 2, p. 271, f. 1. *Moris. Hist.* sect. 4, t. 6, f. 6.

Dans l'Orient, introduite dans les jardins de Hollande en 1573. ♃

2. IRIS de Florence, *I. Florentina*, L. à corolles barbues; à tige plus haute que les feuilles, portant le plus souvent deux fleurs sans pédoncules.

Iris alba Florentina; Iris blanc de Florence. *Bauh. Pin.* 31, n.° 5. *Bauh. Hist.* 2, p. 719, f. 1. *Mill. Ic.* tab. 154. *Icon. Pl. Med.* tab. 186.

1. *Iris Florentina*, Iris de Florence. 2. Racine. 3. *Récente*, âcre, persistante, amère: *sèche*, d'une odeur agréable, tirant sur la violette. 4. Huile essentielle à peine sensible, extrait aqueux, extrait résineux très-âcre. 5. Hydropisie, colique des enfans, toux, cautères. 6. Sa poudre est fréquemment employée à former les pilules, les opiates, etc. Parfum ordinaire de l'amidon, des pommades.

Dans l'Europe Méridionale, à Montpellier, en Carniole. ♃ Vernale.

3. IRIS d'Allemagne, *I. Germanica*, L. à corolles barbues; à tige plus haute que les feuilles, portant plusieurs fleurs: les inférieures pédunculées.

Iris vulgaris Germanica seu sylvestris; Iris vulgaire d'Allemagne ou Iris sauvage. *Bauh. Pin.* 30, n.° 1. *Fuschs.* 317. *Dod. Pempt.* 243. *Lugd. Hist.* 1161, f. 1. *Camer. Epit.* 2. *Bauh. Hist.* 2, p. 709, f. 1. *Bul. Paris.* t. 27. *Icon. Pl. Med.* t. 188.

2. *Iris nostras*, Flambe, Glayeul, ' s. Cette plante a toutes les vertus de l'*Iris* de Florence, mais dans un degré moins éminent: peu usitée. Le suc des corolles, exprimé, mêlé avec l'alun, teint en vert: on s'en sert pour écrire en cette couleur.

En France, en Suisse, en Allemagne. ♃ Vernale.

4. IRIS sans feuilles, *I. aphylla*, L. à corolles barbues; à hampe nue, de la longueur des feuilles, portant plusieurs fleurs.

Iris latifolia, caule aphyllo; Iris à larges feuilles, à tige sans feuilles. *Bauh. Pin.* 32, n.° 8.

On ignore son lieu natal. ♃

5. IRIS à odeur de sureau, *I. sambucina*, L. à corolles barbues; à tige plus haute que les feuilles, portant plusieurs fleurs; à pétales renversés, planes: les pétales droits, échancrés.

Iris latifolia Germanica, sambuci odore; Iris d'Allemagne à larges feuilles, à odeur de sureau. *Bauh. Pin.* 31, n.° 2. *Clus. Hist.* 1, p. 219, f. 1? *Jacq. Hort.* tab. 2.

Dans l'Europe Méridionale. ♃

6. IRIS jaune mélangé, *I. squalens*, L. à corolles barbues ; à tige plus haute que les feuilles, portant plusieurs fleurs ; à pétales renversés, repliés : les pétales droits, échancrés.

Dans l'Europe Méridionale, à Naples. ♃

7. IRIS bigarré, *I. variegata*, L. à corolles barbues ; à tige ornée de quelques feuilles de sa longueur, portant plusieurs fleurs.

Iris latifolia, Pannonica, colore multiplici ; Iris de Pannonie, à larges feuilles, à plusieurs couleurs. *Bauh. Pin.* 31, n.° 6. *Clus. Hist.* 1, p. 221, f. 1. *Bauh. Hist.* 2, p. 720, f. 1. *Jacq. Aust.* tab. 5.

Dans la Hongrie. ♃

8. IRIS à deux floraisons, *I. biflora*, L. à corolles barbues ; à tige plus courte que les feuilles, portant trois fleurs.

Chamaeiris major, saturate purpurea, biflora ; Faux Iris plus grand, à corolles pourpres, à deux floraisons. *Bauh. Pin.* 33, n.° 1.

En Portugal, en Sibérie. Il fleurit deux fois l'année. ♃

9. IRIS nain, *I. pumila*, L. à corolles barbues ; à tige plus courte que les feuilles, ne portant qu'une seule fleur.

Chamaeiris minor, flore purpureo ; Faux-iris plus petit, à fleur pourpre. *Bauh. Pin.* 33, n.° 4. *Dod. Pempt.* 244, f. 2. *Lob. Ic.* 1, p. 63, f. 1. *Clus. Hist.* 1, p. 225, f. 2. *Lugd.* 1612, f. 1. *Bauh. Hist.* 2, p. 724, f. 1. *Jacq. Aust.* tab. 1.

En Autriche, en Pannonie, en Languedoc, en Provence. ♃ Vernale.

* II. *IRIS à corolles sans barbes : à pétales renversés.*

10. IRIS Faux-Acorus, *I. Pseudo-Acorus*, L. à corolles sans barbe ; à pétales intérieurs plus petits que les stigmates ; à feuilles en lame d'épée.

Acorus adulterinus ; Acorus adultérin. *Bauh. Pin.* 34, n.° 2. *Dod. Pempt.* 248, f. 1. *Lob. Ic.* 1, p. 58, f. 1. *Lugd. Hist.* 1619, f. 1. *Camer. Epit.* 6. *Bauh. Hist.* 2, p. 732, f. 1. *Bul. Paris.* tab. 28. *Flor. Dan.* tab. 494. *Icon. Pl. Med.* tab. 187.

1. *Acorus palustris*, Faux-Acore, Iris des marais. Peu usité, mais employé quelquefois comme hydragogue, par les habitans des campagnes.

Nutritive pour la Chèvre.

En Europe, sur le bord des fossés aquatiques et des étangs. ♃ Vernale.

11. IRIS très-fétide, *I. foetidissima*, L. à corolles sans barbe ; à pétales intérieurs très-ouverts ; à tige à un seul angle ; à feuilles en lame d'épée.

Gladiolus foetidus ; Glayeul puant. *Bauh. Pin.* 30, n.° 1. *Dod. Pempt.* 247, f. 2. *Lob. Ic.* 1, p. 70, f. 1. *Lugd. Hist.* 1621, f. 1 ;

f. 1; et 1622, f. 1. *Camer. Epit.* 733. *Bauh. Hist.* 2, p. 731, f. 1 et 2. *Icon. Pl. Med.* tab. 504.

1. *Xyris*, *Spathula fœtida*. Glayeul puant. Iris gigot. 2. Racine. 3. Odeur désagréable, âcre, fétide. 4. On n'en connoît pas l'analyse. 5. Hystéricie, scrophules, hydropisie. 6. Inusité en Médecine.

A Montpellier, à Lyon, en Angleterre, en Étrurie. ♃ Estivale.

12. IRIS de Sibérie, *I. Sibirica*, L. à corolles sans barbes; à ovaires à trois côtés; à tige arrondie; à feuilles linéaires.

Iris pratensis angustifolia, non fœtida, altior; Iris des prés à feuilles étroites, non fétide, plus élevé. *Bauh. Pin.* 32, n.° 2. *Lob. Ic.* 1, p. 69, f. 2. *Clus. Hist.* 1, p. 229, f. 1. *Bauh. Hist.* 2, p. 727 et 728, f. 1. *Jacq. Aust.* t. 3.

En Autriche, en Suisse, en Sibérie, dans les prés. ♃

13. IRIS à couleur changeante, *I. versicolor*, L. à corolles sans barbes; à ovaires comme à trois sillons; à tige arrondie, tortueuse; à feuilles en lame d'épée.

Dill. Elth. tab. 155, fig. 187 et 188.

En Virginie, au Marlland, en Pensylvanie. ♃

14. IRIS de Virginie, *I. Virginica*, L. à corolles sans barbes; à ovaires à trois côtés; à tige à deux tranchans.

En Virginie. ♃

15. IRIS de la Martinique, *I. Martinicensis*, L. à corolles sans barbes; à ovaires à trois côtés; à pétales garnis à la base d'alvéoles glanduleux.

Jacq. Amer. 7, tab. 7.

A la Martinique. ♃

16. IRIS faux, *I. spuria*, L. à corolles sans barbes; à ovaires à six angles; à tige arrondie; à feuilles presque linéaires.

Iris pratensis angustifolia, folio fœtido; Iris des prés à feuilles étroites et fétides. *Bauh. Pin.* 32, n.° 1. *Clus. Hist.* 1, p. 228, f. 1. *Jacq. Aust.* tab. 4.

En Allemagne, en Sibérie, dans les prés. ♃

17. IRIS ochreux, *I. ochroleuca*, L. à corolles sans barbes; à ovaires à six angles; à tige presque arrondie; à feuilles en lame d'épée, striées.

Dans l'Orient. ♃ Estivale.

18. IRIS graminé, *I. graminea*, L. à corolles sans barbes; à ovaires à six angles; à tige à deux tranchans; à feuilles linéaires.

Iris angustifolia, prunum redolens, minor; Iris à feuilles étroites, à odeur de prune, plus petit. *Bauh. Pin.* 33, n.° 9. *Mathiol.* p. 17, f. 4. *Dod. Pempt.* 247, f. 1. *Lob. Ic.* 1, p. 69, f. 1.

Clus. Hist. 1, p. 230, f. 1? *Camer. Epit.* 4. *Bauh. Hist.* 2, p. 737, f. 1. *Jacq. Aust.* tab. 2.

En Autriche, en Lithuanie, en Dauphiné. ♃

19. IRIS printanier, *I. verna*, L. à corolles sans barbes; à tige plus courte que les feuilles, ne portant qu'une seule fleur; à racine fibreuse.

Pluk. tab. 196, f. 6.

En Virginie. ♃

20. IRIS tubéreux, *I. tuberosa*, L. à corolles sans barbes; à feuilles à quatre côtés.

Iris tuberosa, folio anguloso, Iris tubéreux, à feuilles anguleuses. *Bauh. Pin.* 40, n.° 4. *Dod. Pempt.* 249, f. 1. *Lob. Ic.* 1, p. 98, f. 1. *Lugd. Hist.* 1613, f. 1. *Camer. Epit.* 847. *Moris. Hist.* sect. 4, tab. 5, f. 1.

1. *Hermodactylus*, Hermodates. 2. Racine. 3. Inodore, douceâtre, âcre. 4. Extrait résineux et aqueux en quantité inégale. 5. Rhumatisme, maladies articulaires, goutte sereine. 6. Selon *Prosper Alpin*, les femmes en Egypte les mangent comme des châtaignes, dans la vue d'acquérir de l'embonpoint.

Dans la Syrie, l'Arabie. ♃

21. IRIS Xiphium, *I. Xiphium*, L. à corolles sans barbes; à fleurs deux à deux; à feuilles en alêne, creusées en gouttière, plus courtes que la tige.

Iris bulbosa latifolia, caule donata; Iris bulbeux à larges feuilles, portant une tige. *Bauh. Pin.* 38, n.° 2. *Bauh. Hist.* 2, p. 703, f. 1, 2, et suivantes.

En Espagne, en Sibérie. ♃

22. IRIS de Perse, *I. Persica*, L. à corolles sans barbes; à pétales intérieurs très-courts, très-ouverts.

Rudb. Elys. 2, p. 10, f. 9.

En Perse. ♃

23. IRIS Sisyrinche, *I. Sisyrinchium*, L. à corolles sans barbes; à feuilles creusées en gouttière; à deux bulbes posés l'un sur l'autre.

Sisyrinchium majus, flore luteâ maculâ donato; Sisyrinche plus grand, à fleur marquée d'une tache jaunâtre. *Bauh. Pin.* 40, n.° 1. *Dod. Pempt.* 210, f. 1. *Lob. Ic.* 1, p. 97, f. 1. *Clus. Hist.* 1, p. 216. *Lugd.* 1580, f. 1. *Bauh. Hist.* 2, p. 708, f. 2.

En Espagne, en Portugal. ♃

66. MORÉE, *MORÆA*. *Lam. Tab. Encyclop.* pl. 31.

CAL. *Spathes* à deux valves.

COR. Six *Pétales*, dont trois intérieurs ouverts, les autres plus petits.

ÉTAM. Trois *Filamens*, courts. *Anthères* oblongues.

PIST. *Ovaire* inférieur. *Style* simple. Trois *Stigmates*, divisés peu profondément en deux parties.

PÉR. *Capsule* à trois côtés, à trois sillons, à trois loges.

SEM. Plusieurs, rondes.

Corolle à six pétales, trois intérieurs ouverts, les autres plus petits.

1. MORÉE Végéta, *M. Vegeta*, L. à feuilles creusées en gouttière.
   En Afrique. ♃

2. MORÉE à feuilles de jonc, *M. juncea*, L. à spathe à deux fleurs; à feuilles en alêne.
   En Afrique. ♃

3. MORÉE à feuilles d'Iris, *M. iridioïdes*, L. à feuilles en lame d'épée.
   Till. Pis. 89, tab. 33.
   En Orient, à Constantinople. ♃

67. WACHENDORFE, *WACHENDORFIA.* † *Lam. Tab. Encyclop.* pl. 34.

CAL. *Spathes* à deux valves.

COR. Six *Pétales* inégaux, oblongs, dont trois supérieurs droits, trois inférieurs étalés.

Nectaire : deux soies placées sur les côtés internes du pétale supérieur.

ÉTAM. Trois *Filamens*, filiformes, inclinés, plus courts que la corolle. *Anthères* versatiles.

PIST. *Ovaire* supérieur, arrondi, à trois côtés. *Style* filiforme, incliné. *Stigmate* simple.

PÉR. *Capsule* comme ovale, à trois faces, obtuse, à trois loges, à trois battans.

SEM. Solitaires, hérissées.

Corolle à six pétales inégaux. *Capsule* supérieure, à trois loges.

1. WACHENDORFE à thyrse, *W. thyrsiflora*, L. à hampe simple.
   Burm. Monog. 2, f. 2.
   Au cap de Bonne-Espérance. ♃

2. WACHENDORFE paniculée, *W. paniculata*, L. à hampe à plusieurs épis.
   Burm. Monog. 4, f. 1.
   Au cap de Bonne-Espérance. ♃

3. WACHENDORFE ombellée, *W. umbellata*, L. à ombelle à deux divisions peu profondes, ramifiée.

Berg. cap. 1, tab. 3, f. 5.

Au cap de Bonne-Espérance. ♃

68. COMMELINE, *COMMELINA*. * ZANONIA. *Plum. Gen.* 38, tab. 38. *L m. Tab. Encyclop.* pl. 35.

CAL. *Spathe* en cœur, rapproché, comprimé, très-grand, persistant.

COR. Six *Pétales*, dont *trois extérieurs* petits, ovales, concaves, imitant un périanthe; *trois intérieurs* alternes, très-grands, arrondis, colorés.

Trois *Nectaires*, imitant les étamines, insérés sur les filamens des étamines, en forme de croix, horizontaux.

ÉTAM. Trois *Filamens*, en alêne, semblables par leur figure et leurs contours aux filamens du nectaire, mais placés au-dessous d'eux. *Anthères* ovales.

PIST. *Ovaire* supérieur, arrondi. *Style* en alêne, roulé, de la longueur des étamines. *Stigmate* simple.

PÉR. *Capsule* nue, comme globuleuse, à trois sillons, à trois loges, à trois battans.

SEM. Deux, anguleuses.

Corolle à six pétales. Trois *Nectaires* en forme de croix, insérés sur les filamens des étamines.

* I. *COMMELINES à deux pétales plus grands.*

1. COMMELINE commune, *C. communis*, L. à corolles inégales; à feuilles ovales, lancéolées, aiguës; à tige rampante, lisse.

Dill. Elth. tab. 78, fig. 89.

En Amérique. ☉

2. COMMELINE d'Afrique, *C. Africana*, L. à corolles inégales; à feuilles lancéolées, lisses; à tige couchée.

En Éthiopie. ♃

3. COMMELINE du Bengale, *C. Bengalensis*, L. à corolles inégales; à feuilles ovales, obtuses; à tige rampante.

Pluk. tab. 27, fig. 3.

Au Bengale.

4. COMMELINE droite, *C. erecta*, L. à corolles inégales; à feuilles ovales, lancéolées; à tige droite, rude, très-simple.

Dill. Elth. tab. 77, fig. 88.

En Virginie. ♃

* II. *COMMELINES à trois pétales plus grands ; ZANONIES de Plumier.*

5. COMMELINE de Virginie, *C. Virginica*, L. à corolles presque égales ; à feuilles lancéolées, comme pétiolées.
Pluck. tab. 174, f. 4.
En Virginie. ♃

6. COMMELINE tubéreuse, *C. tuberosa*, L. à corolles égales ; à feuilles sans pétioles, ovales, lancéolées, comme ciliées.
Dill. Elth. tab. 79, fig. 90.
Au Mexique. ♃

7. COMMELINE Zanonie, *C. Zanonia*, L. à corolles égales ; à péduncules renflées ; à feuilles lancéolées ; à gaines hérissées sur les bords ; à bractées doubles.
Sloan. Jam. tab. 147, f. 1.
En Amérique.

8. COMMELINE à gaine, *C. vaginata*, L. à corolles égales ; à feuilles linéaires ; à fleurs à deux étamines engainées dans une collerette.
Dans l'Inde Orientale. ☉

9. COMMELINE à fleur nue, *C. nudiflora*, L. à corolles égales ; à péduncules capillaires ; à feuilles linéaires ; à fleurs à deux étamines sans collerette.
Pluk. tab. 27, fig. 4.
Dans l'Inde Orientale. ☉

10. COMMELINE à capuchon *C. cucullata*, L. à corolles égales ; à feuilles ovales ; à collerette en capuchon, en toupie.
Burm. Ind. 18, tab. 7, f. 3.
Dans l'Inde Orientale.

11. COMMELINE en spirale, *C. spirata* ; L. à corolles égales ; à feuilles lancéolées ; à fleurs en panicule.
Dans l'Inde Orientale. ☉

69. CALLISIE, *CALLISIA*. Lam. Tab. Encyclop. pl. 35.

CAL. *Périanthe* à trois *feuillets*, linéaires, lancéolés, en carène, droits, persistans.

COR. Trois *Pétales*, lancéolés, pointus, droits, ouverts au sommet, de la longueur du calice.

ÉTAM. Trois *Filamens*, capillaires, plus longs que la corolle, dilatés au sommet en lame arrondie. *Anthères* doubles, globuleuses, insérées sur le côté intérieur de la lame du filament.

PIST. *Ovaire* supérieur, oblong, comprimé. *Style* capillaire, de la longueur des étamines. Trois *Stigmates*, ouverts, en forme de pinceau.

PÉR. *Capsule* ovale, comprimée, aiguë, à deux loges, à deux battans opposés.

SEM. Deux, arrondies.

Calice à trois feuillets. *Corolle* à trois pétales. *Anthères* deux à deux. *Capsule* à deux loges.

1. CALLISIE rampante, *C. repens*, L.

Cette plante a de l'affinité avec les Commelines, mais elle n'a pas de nectaires.

Jacq. Amer., tab. 11.

Dans l'Amérique Méridionale. ⊙

70. XYRIS, *XYRIS*. † *Lam. Tab. Encyclop.* pl. 36.

CAL. *Épi* arrondi, composé d'*écailles* arrondies, concaves, placées en recouvrement, séparant les fleurs. *Bâle* petite, à deux *valves*, en nacelle, comprimées, voûtées en arc, aiguës, rapprochées.

COR. Trois *Pétales*, planes, ouverts, grands, crénelés : *Onglets* rétrécis, de la longueur du calice.

ÉTAM. Trois *Filamens*, filiformes, plus courts que la corolle. *Anthères* droites, oblongues.

PIST. *Ovaire* supérieur, arrondi. *Style* filiforme. Trois *Stigmates*.

PÉR. *Capsule* arrondie, à trois loges, à trois battans.

SEM. Plusieurs, très-petites.

Corolle à trois pétales, égaux, crénelés. *Bâles* à deux valves, en tête. *Capsule* supérieure.

1. XYRIS des Indes, *X. Indica*, L.

Moris. Hist. sect 8, t. 9, f. 28. *Pluk.* tab. 416, f. 4.

Aux Indes.

71. CHOIN, *SCHOENUS*. † *Lam. Tab. Encyclop.* pl. 38. CYPERELLA. *Mich. Gen.* 53, tab. 31, n.° 14. PSEUDO-CYPERUS. *Mich. Gen.* 54, tab. 31, n.° 13. MELANOSCHŒNUS. *Mich. Gen.* 46, tab. 31, fig. 8.

CAL. *Bâle* commune à plusieurs fleurs, à deux valves, grande, droite, persistante.

COR. Six *Pétales*, lancéolés, aigus, rapprochés, persistans, inégaux pour leur situation, comme placés en recouvrement : les extérieurs plus courts.

ÉTAM. Trois *Filamens*, capillaires. *Anthères* oblongues, droites.

PIST. *Ovaire* ovale, à trois faces, obtus. *Style* sétacé, de la longueur de la corolle. *Stigmate* divisé peu profondément en trois parties, grêle.

PÉR. Nul. La *Corolle* dont les pétales sont légèrement rapprochés, laisse échapper la semence lorsqu'elle est mûre.

SEM. Une seule, comme ovale, un peu plus épaisse en dessus, à trois côtés irréguliers, luisante.

OBS. *Ce genre présente plusieurs espèces dans lesquelles des soies très-petites, nées du réceptacle même, entourent la semence.*

Bâles formées par des écailles, renfermant une seule valve, entassées. *Corolle* nulle. Une *Semence* arrondie, nidulée entre les écailles.

* I. *CHOINS à chaume arrondi.*

1. CHOIN Marisque, *S. Mariscus*, L. à chaume arrondi; à feuilles épineuses sur les bords et sur le dos.

Cyperus longus, inodorus, Germanicus; Souchet long, inodore, d'Allemagne. *Bauh. Pin.* 14, n.° 4. *Lob. Ic.* 1, p. 76, f. 1. *Bauh. Hist.* 2, p. 503 et 504, f. 1. *Boccon. Sic.* 72, tab. 39, f. 11. *Moris. Hist.* sect. 8, tab. 11, f. 24. *Scheuzch. Gram.* tab. 8, f. 7.

En Lithuanie, en Suède, à Montpellier, en Bresse, dans les marais. ♃ Estivale.

2. CHOIN pointu, *S. aculeatus*, L. à chaume arrondi, rameux; à fleurs en têtes terminales; à collerette à trois feuilles, très-courte, roide, étalée.

Gramen album, capitulis aculeatis, Italicum; Gramen blanc, à têtes pointues, d'Italie. *Bauh. Pin.* 7, n.° 3. *Lugd.* 435, f. 1. *Camer. Epit.* 745. *Bauh. Hist.* 2, p. 462, f. 1. *Moris. Hist.* sect. 8, tab. 5, f. 3.

En Italie, en Portugal, à Montpellier, dans les isles de l'Archipel. ♃

3. CHOIN piquant, *S. mucronatus*, L. à chaume arrondi, nu; à épillets ovales, ramassés en faisceaux; à collerettes le plus souvent à six feuilles; à feuilles creusées en gouttières.

Gramen cyperoïdes maritimum; Gramen cypéroïde maritime. *Bauh. Pin.* 6, n.° 14. *Lob. Ic.* 87, f. 1. *Bauh. Hist.* 2, p. 498, f. 2. *Barrel. Ic.* 203, f. 1. *Moris. Hist.* sect. 8, tab. 9, f. 6.

A Smyrne, en Espagne, à Montpellier, sur les bords de la mer. ♃ Vernale.

4. CHOIN noirâtre, *S. nigricans*, L. à chaume arrondi, nu; à fleurs ramassées en tête-ovale; à collerette à deux feuilles, dont une en alêne, plus longue.

Magn. Bot. 145, tab. 11. *Moris. Hist.* sect. 8, tab. 10, f. 28. *Scheuzch Gram.* tab. 7, *fig.* 12, 13, 14.

En Lithuanie, à Lyon, dans les marais. ♃

5. CHOIN ferrugineux, *S. ferrugineus*, L. à chaume arrondi, nu; à épi double; à une feuille de la collerette plus grande, égalant l'épi en hauteur.

Moris. Hist. sect. 8, tab. 12, fig. 40.

En Angleterre, dans les marais. ♃

6. CHOIN brunâtre, *S. fuscus*, L. à chaume arrondi, feuillé; à épillets comme réunis en faisceaux; à feuilles filiformes, creusées en gouttière.

Moris. Hist. sect. 8, tab. 11, fig. 40.

En Suède, en Angleterre, en Italie, en Allemagne, en France; dans les marais. ♃

7. CHOIN égal, *S. compar*, L. à chaume arrondi, nu; à épi composé; à épillets doubles.

Rottboel. n.° 85, tab. 18, f. 4.

Au cap de Bonne-Espérance.

8. CHOIN brûlé, *S. ustulatus*, L. à chaume arrondi, feuillé; à épis pédunculés, pendans, oblongs, à arêtes.

Au cap de Bonne-Espérance. ♃

* II. *CHOINS à chaume à trois faces.*

9. CHOIN couleur de neige, *S. niveus*, L. à chaume à trois faces; à fleurs ramassées en tête arrondie; à collerette très-longue; à calices simples, verticaux.

Jacq. Hort. tab. 97.

Au cap de Bonne-Espérance.

10. CHOIN coloré, *S. coloratus*, L. à chaume à trois faces; à fleurs ramassées en tête arrondie; à collerette très-longue; plane, bigarrée; à fleurs en recouvrement.

Sloan. Jam. tab. 78, f. 1. *Rottboel.* n.° 13, tab. 4, f. 4.

Aux Indes Orientales.

11. CHOIN bulbeux, *S. bulbosus*, L. à chaumes à trois faces; nus; à fleurs réunies en boule, alternes; à feuilles linéaires, filiformes.

Rottboel. n.° 71, tab. 16, f. 3.

Au cap de Bonne-Espérance. ♃

12. CHOIN comprimé, *S. compressus*, L. à chaume comme à trois faces, nu; à épi distique; à collerette d'un seul feuillet.

Pluk. tab. 34, f. 9. *Lœrs. Herb.* n.° 32, tab. 1, fig. 1. *Pollich. Pal.* n.° 38, tab. 1, f. 2.

En Angleterre, en Suisse, en Italie, en Dauphiné. ♃

13. CHOIN gloméré, *S. glomeratus*, L. à chaume à trois côtés;

feuillé ; à fleurs réunies en faisceaux ; à feuilles planes ; à pédoncules latéraux, doubles.

En Virginie.

14. CHOIN thermal, *S. thermalis*, L. à tige à trois côtés, feuillée ; à fleurs réunies en tête, latérales, composées, presque sans pédoncule ; à feuilles en lame d'épée, en carène.

Rottboel. n.° 83, tab. 18, f. 2.

Au cap de Bonne-Espérance, aux sources d'eaux thermales. ♃

15. CHOIN blanc, *S. albus*, L. à chaume comme à trois faces, feuillé ; à fleurs réunies en faisceaux ; à feuilles sétacées.

Cyperus palustris, minor, hirsutus, paniculis albis ; Souchet des marais, plus petit, hérissé, à panicules blanches. *Moris. Hist.* sect. 8, tab. 9, fig. 39. *Pluk.* tab. 34, f. 12. *Flora Dan.* tab. 320.

Nutritive pour la Chèvre.

En Lithuanie, en Bugey, au Mont-Pilat. ♃

72. SOUCHET, *CYPERUS*. * *Tournef. Inst.* 527, tab. 299. *Mich. Gen.* 44, tab. 31, n.° 7. *Lam. Tab. Encyclop.* pl. 38.

CAL. *Épi à écailles* en recouvrement sur deux côtés, ovales, en carène, planes, recourbées, séparant les fleurs.

COR. Nulle.

ÉTAM. Trois *Filamens*, très-courts. *Anthères* oblongues, sillonnées.

PIST. *Ovaire* très-petit. *Style* filiforme, très-long. Trois *Stigmates*, capillaires.

PÉR. Nul.

SEM. Une seule, à trois faces, pointue, lisse ou sans poils.

Bâles composées d'écailles en recouvrement sur deux côtés opposés. *Corolle* nulle. Une *Semence*, nue.

* I. *SOUCHETS à chaume arrondi.*

1. SOUCHET articulé, *C. articulatus*, L. à chaume arrondi, nu, articulé.

Sloan. Jam. tab. 81, f. 1.

2. SOUCHET très-petit, *C. minimus*, L. à chaume arrondi, nu ; à épis au-dessous du sommet.

Pluk. tab. 300, f. 5. *Sloan. Jam.* 79, f. 3.

* II. *SOUCHETS à chaume à trois faces.*

3. SOUCHET à un seul épi. *C. monostachyos*, L. à chaume à trois faces, nu ; à épi simple, ovale, terminal ; à écailles pointues.

Rottboel. n.° 18, tab. 13, f. 3.

Dans l'Inde Orientale.

4. SOUCHET tacheté, *C. laevigatus*, L. à chaume à trois côtés, nu, à tête à deux feuilles; à fleurs.

Rottboel. n.° 19, tab. 16, f. 1.

Au cap de Bonne-Espérance. ♃

5. SOUCHET d'Éthiopie, *C. Haspan*, L. à chaume à trois côtés, feuillé; à fleurs en ombelle surdécomposée; à épillets en ombelle sans pédoncules.

Pluk. tab. 192, fig. 2. *Rottboel.* n.° 46, tab. 6, f. 2.

Dans l'Inde et l'Éthiopie. ♃

6. SOUCHET long, *C. longus*, L. à chaume à trois faces, feuillé; à fleurs en ombelle feuillée; à pédoncules nus; à épis alternes.

Cyperus odoratus, radice longâ, seu Cyperus officinarum; Souchet odorant, à racine longue, ou Souchet des boutiques. *Bauh. Pin.* 14, n.° 1. *Dod. Pempt.* 338, fig. 2. *Lob. Ic.* 1, pag. 75, fig. 2. *Lugd.* 991, fig. 1, et 992, fig. 1. *Camer. Epit.* 9. *Bauh. Hist.* 2, pag. 501, f. 1. *Moris. Hist.* sect. 8, tab. 11, fig. 13.

1. *Cyperus longus*, Souchet odorant. 2. Racine. 3. Fortement odorant, agréable, amer, chaud, persistant. 4. Mêmes que ceux du Souchet rond, et encore plus actifs. 5. Ulcères de la matrice, de la vessie.

En Italie, à Montpellier, en Carniole, dans les marais. ♃ Estivale.

7. SOUCHET comestible, *C. esculentus*, L. à chaume à trois faces, nu; à fleurs en ombelle feuillée; à racine composée de fibres, auxquelles sont attachés des tubercules ovales; à zones en recouvrement.

Cyperus rotundus, esculentus, angustifolius; Souchet rond, comestible, à feuilles étroites. *Bauh. Pin.* 14, n.° 1. *Dod. Pempt.* 340, f. 1 et 2. *Lob. Ic.* 1, p. 78, f. 1 et 2. *Lugd.* 1584, f. 1. *Camer. Epit.* 316. *Bauh. Hist.* 2, p. 504 et 505, f. 1. *Moris. Hist.* sect. 8, t. 11, f. 10.

Dans l'Orient, en Italie, à Montpellier. ♃ Estivale.

8. SOUCHET rond, *C. rotundus*, L. à chaume à trois faces, presque nu; à fleurs en ombelle décomposée; à épis alternes, linéaires.

Camer. Epit. 10. *Rottboel.* n.° 34, tab. 14, f. 2.

1. *Cyperus rotundus*, Souchet rond. 2. Racine. 3. Extraits spiritueux et aqueux en quantité inégale, ce dernier est aromatique et amer. 6. Presque point usité seul; il entre dans la composition de plusieurs préparations officinales.

Dans l'Inde, l'Egypte, la Syrie.

9. SOUCHET rude, *C. squarrosus*, L. à chaumes à trois faces, nu; à fleurs en ombelle feuillée, glomerée; à épis striés, secs et rudes.

Pluk. tab. 397, fig. 2. *Rottboel.* n.° 29, tab. 6, fig. 3.

En Asie.

10. SOUCHET difforme, *C. difformis*, L. à chaume à trois faces, nu; à fleurs en ombelle à deux feuilles, simple, à trois divisions peu profondes; à epis pointus : l'intermédiaire sans péduncule.

Pluk. tab. 317, f. 3. *Rottboel.* n.° 28, tab. 9, f. 2.

Dans l'Inde Orientale.

11. SOUCHET Iria, *S. Iria*, L. à chaume à trois faces, à moitié nu; à fleurs en ombelle feuillée, décomposée; à épillets alternes; à grains distincts.

Pluk. tab. 191, fig. 1.

Dans l'Inde Orientale.

12. SOUCHET élevé, *C. elatus*, L. à chaume à trois faces, nu; à fleurs en ombelle, feuillée, surdécomposée; à épis en forme de doigts, en recouvrement; à épillets en alêne.

Rottboel. n.° 48, tab. 10.

Dans l'Inde Orientale.

13. SOUCHET glomeré, *C. glomeratus*, L. à chaume à trois faces, nu; à fleurs en ombelle à trois feuilles, surdécomposée; à épis glomerés, arrondis; à épillets en alêne.

Mont. Gram. tab. 1, f. 1. *Segu. Veron.* 3, tab. 2, fig. 2.

En Italie, dans les marais.

14. SOUCHET lisse, *C. glaber*, L. à chaume à trois faces, nu, lisse; à fleurs en ombelles à trois feuilles, glomerées : les inferieures en croix; à feuilles lisses.

Segu. Suplem. tab. 2, fig. 1.

A Vérone, dans les lieux humides. ⊙

15. SOUCHET élégant, *C. elegans*, L. à chaume à trois faces, nu; à fleurs en ombelle feuillée; à péduncules nus, prolifères; à épis entassés, à pointes étalées.

Sloan Jam. tab. 75, f. 1. *Rottboel.* n.° 44, tab. 6, fig. 4.

A la Jamaïque, dans les marais et sur les bords de la mer.

16. SOUCHET odorant, *C. odoratus*, L. à chaume à trois faces, nu; à fleurs en ombelle décomposée, simplement feuillée; à pédicules à épis disposés sur deux côtés.

Sloan Jam. tab. 74, f. 1.

En Amérique, sur le bord des fleuves.

17. SOUCHET comprimé, *C. compressus*, L. à chaume à trois faces, nu; à fleurs en ombelle universelle à trois feuilles; à bales pointues, membraneuses sur les bords.

Sloan. Jam. tab. 76, f. 1. *Rottboel.* tab. 9 f. 3.

Dans l'Amérique Septentrionale.

18. SOUCHET jaunâtre, *C. flavescens*, L. à chaume à trois faces,

nu ; à fleurs en ombelles à trois feuilles ; à péduncules simples, inégaux ; à épis entassés, lancéolés.

Gramen cyperoïdes minus, paniculâ sparsâ, subflavâ; Gramen cypéroïde plus petit, à panicule épars, jaunâtre. *Bauh. Pin.* 6, n.° 11. *Theat.* t. 88. *Lugd.* 1006, f. 3. *Bauh. Hist.* 2, p. 471, f. 1. *Moris. Hist.* sect. 8, t. 11, f. 37.

En Allemagne, en Suisse, en Italie, en France, dans les marais. Estivale.

19. SOUCHET brun, *C. fuscus*, L. à chaume à trois faces, nu ; à fleurs en ombelle à trois divisions peu profondes ; à péduncules simples, inégaux ; à épis entassés, linéaires.

Gramen cyperoïdes minus, paniculâ sparsâ, nigricante; Gramen cypéroïde plus petit, à panicule épars, noirâtre. *Bauh. Pin.* 6, n.° 12. *Bauh. Hist.* 2, p. 471, f. 2. *Moris. Hist.* sect. 8, t. 9, f. 38 ? *Vail. Paris.* tab. 29. *Leers.* n.° 33, tab. 1, f. 2. *Flor. Dan.* tab. 179.

En Allemagne, en Suisse, en France, en Egypte. Estivale.

20. SOUCHET nain, *C. pumilus*, L. à chaume à trois faces, nu ; à fleurs en ombelle à deux feuilles, composée ; à épillets alternativement digités, lancéolés ; à bâles pointues.

Pluk. tab. 191, fig. 8.

Dans l'Inde Orientale.

21. SOUCHET à trois fleurs, *C. triflorus*, L. à chaume à trois faces, nu ; à fleurs en ombelle à trois épis : l'intermédiaire sans péduncule ; à épillets tachetés.

Dans l'Inde Orientale. ♃

22. SOUCHET en râpe, *C. strigosus*, L. à chaume à trois faces, nu ; à fleurs en ombelle simple ; à épillets linéaires, très-entassés, horizontaux.

Sloan. Jam. 1, tab. 74, f. 2 et 3.

A la Jamaïque et à la Virginie, dans les marais.

23. SOUCHET à courroie, *C. ligularis*, L. à chaume à trois faces ; à fleurs en ombelle ; à épillets en tête, oblongs, sans péduncules ; à collerette très-longue, à dents de scie rudes.

Sloan. Jam. tab. 9. *Rottboel.* n.° 46, tab. 11, f. 2.

A la Jamaïque.

24. SOUCHET Papyrus, *C. Papyrus*, L. à chaume à trois faces, nu ; à fleurs en ombelle plus longue que la collerette ; à involucelle à trois feuilles sétacées plus longues, à trois épillets.

Papyrus Syriaca vel Siciliana; Papyrus de Syrie ou de Sicile. *Bauh. Pin.* 19, n.° 2. *Lob. Ic.* 1, p. 79, f. 2. *Lugd.* 1883, f. 1. *Bauh. Hist.* 2, p. 507, f. 1. *Alp. Ægypt.* 2, p. 54, tab. 38. *Moris. Hist.* sect. 8, tab. 11, f. 41. *Michel. Gen.* tab. 19 ?

25. SOUCHET à spathe, *C. spatacеus*, L. à chaume enveloppé par les gaines des feuilles; à péduncules pinnés, latéraux.

Pluk. tab. 301; fig. 1.

En Virginie. ♃

26. SOUCHET à feuilles alternes, *C. alternifolius*, L. à chaume à trois faces, nu, alternativement feuillé au sommet; à péduncules latéraux, proliferes.

Moris. Hist. sect. 7, tab. 3, fig. 17?

En Virginie. ♃

73. SCIRPE, *SCIRPUS.* * *Tournef. Inst.* 528, tab. 300. *Michel. Gen.* 49, tab. 21, fig. 10. *Lam. Tab. Encyclop.* pl. 38. SCIRPO-CYPERUS. *Michel. Gen.* 46, tab. 31, fig. 9.

CAL. *Épi* à *écailles* placées en recouvrement sur tous les côtés; ovales, planes, recourbées, séparant les fleurs.

COR. Nulle.

ÉTAM. Trois *Filamens*, très-longs. *Anthères* oblongues.

PIST. *Ovaire* très-petit. *Style* filiforme, long. Trois *Stigmates*, capillaires.

PÉR. Nul.

SEM. Une seule, à trois faces, pointue, garnie de poils plus courts que le calice.

OBS. *Les* Poils *sont tantôt au sommet, tantôt à la base de la semence.*

Bâles composées d'écailles en recouvrement sur tous les côtés. *Corolle* nulle. Une *Semence* nue, ou sans poils.

* I. *SCIRPES à chaume à un seul épi.*

1. SCIRPE à trois pistils, *S. trigynus*, L. à chaume arrondi, nu; à épi cylindrique; à écailles lancéolées, membraneuses sur la base latérale.

Dans l'Inde Orientale. ♃

2. SCIRPE changé, *S. mutatus*, L. à chaume à trois faces, nu; à épi cylindrique, terminal.

A la Jamaïque. ♃

3. SCIRPE articulé, *S. articulatus*, L. à chaume arrondi, presque nu, à moitié genouillé; à fleurs disposées en tête glomérée, latérale.

Pluk. tab. 197, f. 6.

Au Malabar.

4. SCIRPE des marais, *S. palustris*, L. à chaume arrondi, nu; à épi presque ovale, terminal.

Juncus capitulis equiseti, major; Jonc à tête de prêle, plus grand. *Bauh. Pin.* 12, n.° 1. *Lob. Ic.* 1, p. 86, fig. 2. *Lugd.* 986,

1. *Bauh. Hist.* 2, p. 528, f. 3. *Lors.* tab. 36. *Lers*, tab. 2, f. 3. *Bul. Paris.* tab. 30. *Flor. Dan.* tab. 273.

Nutritive pour le Cheval, la Chevrè, le Cochon.

En Europe, dans les fossés et les lieux inondés. ♃ Estivale.

5. SCIRPE genouillé, *S. geniculatus*, L. à chaume arrondi, nu; à épi oblong, terminal.

Sloan. Jam. tab. 75, f. 2; et 81, f. 3.

A la Jamaïque.

6. SCIRPE des gazons, *S. cæspitosus*, L. à chaume strié, nu; à épi ayant à sa base des valves dont une l'égale en longueur; à racines séparées par une écaille.

Gramen junceum foliis et spicâ junci, minus; Gramen à feuilles et épi de jonc, plus petit. *Bauh. Pin.* 6, n.° 11. *Lob. Ic.* 1, p. 17, f. 2. *Moris.* s. 8, t. 10, f. 35. *Pluk.* tab. 40, f. 6. *Scheuzch. Gram.* 363, tab. 7 f. 18. *Flor. Dan.* tab. 167.

En Lithuanie, en Dauphiné. ♃ Estivale.

7. SCIRPE en tête, *S. capitatus*, L. à chaume arrondi, nu; à épi comme globuleux, terminal.

En Virginie.

8. SCIRPE en aiguille, *S. acicularis*, L. à chaume arrondi, nu, en soie; à épi ovale, à deux valves; à semences nues.

Boccon. Sic. 41, tab. 20, f. 4. *Moris. Hist.* sect. 8, t. 10, f. 37. *Pluk.* tab. 40, f. 7. *Bul. Paris.* tab. 31. *Flor Dan.* tab. 287.

En Lithuanie, en France, dans les ruisseaux d'eau vive. Estivale.

9. SCIRPE flottant, *S. fluitans*, L. à chaumes arrondis, nus, alternes; à tige feuillée, flasque.

Juncellus capitulis equiseti, minor et fluitans; petit Jonc à tête de prêle, plus petit et flottant. *Bauh. Pin.* 12, n.° 2. *Moris.* sect. 8 tab. 10, f. 31. *Pluk.* tab. 35, f. 1. *Scheuzch. Gram.* 365, tab. 7, f. 20.

En Bourgogne, en Languedoc, en Angleterre.

* II. *SCIRPES à chaume arrondi; à plusieurs épis.*

10. SCIRPE des lacs, *S. lacustris*, L. à chaume arrondi, nu; à plusieurs épis, ovales, pédunculés, terminant le chaume.

Juncus maximus, seu Scirpus major; Jonc très-grand, ou Scirpe plus grand. *Bauh. Pin.* 12, n.° 2. *Dod. Pempt.* 605, f. 1. *Lob. Ic.* 1, p. 85, f. 2. *Lugd. Hist.* 987, f. 2? *Bauh. Hist.* 2, p. 522, f. 3.

En Lithuanie, à Lyon. ♃ Estivale.

11. SCIRPE en forme de jonc, *S. holoschænus*, L. à chaume arrondi, nu; à épis arrondis, ramassés en boule, pédunculés; à péduncule garni de deux feuilles, dont une inégale, pointue.

Juncus acutus maritimus, capitulis rotundis; Jonc aigu maritime, à têtes rondes. *Bauh. Pin.* 11, n.° 2. *Lugd. Hist.* 987, f. 1. *Pluk.* tab. 40, f. 4. *Flor. Dan.* tab. 450.

En Provence, en Languedoc, dans les lieux aquatiques.

12. SCIRPE méridional, *S. australis*, L. à chaume arrondi, nu; à fleurs disposées en tête, latérales; à bractée renversée; à feuilles creusées en gouttière.

On ignore son lieu natal.

13. SCIRPE Romain, *S. Romanus*, L. à chaume arrondi, nu; à fleurs en tête, latérales, conglobées; à bractée renversée.

Barrel. tab. 255, f. 3. *Pluk.* tab. 40, f. 5.

En Provence, en Languedoc, sur les bords de la mer. ♃

14. SCIRPE sétacé, *S. setaceus*, L. à chaume nu, sétacé; à épi terminal, assis.

Gramen junceum, minimum, capite squamoso; Gramen joncier, très-petit, à tête écailleuse. *Bauh. Pin.* 6, n.° 13. *Barrel.* tab. 118, f. 2. *Moris. Hist.* sect. 8, t. 10, f. 23. *Loes.* n.° 35, tab. 1, f. 6. *Flor. Dan.* tab. 311.

A Montpellier, à Lyon, en Bourgogne, sur le bord des étangs. Vernale.

15. SCIRPE couché, *S. supinus*, L. à chaume arrondi, nu; à épis assis, ramassés en tête vers le milieu du chaume.

En Bresse, et près de Paris. Estivale.

16. SCIRPE automnal, *S. autumnalis*, L. à chaume à deux tranchans, nu; à fleur en ombelle décomposée; à épillets ovales.

En Virginie.

17. SCIRPE capillaire, *S. capillaris*, L. à chaume nu, capillaire; à épis pédunculés, trois à trois : l'intermédiaire assis.

Burm. Zeyl. tab. 47, f. 2. *Rottboel.* n.° 64, tab. 13, f. 4.

En Virginie, en Éthiopie, à Zeylan.

* III. *SCIRPES à chaume à trois faces; à fleurs en panicule nu.*

18. SCIRPE à trois faces, *S. triqueter*, L. à chaume à trois faces, nu; à épis presque assis et pédunculés, de la longueur de la pointe.

Pluk. tab. 40, fig. 2.

Dans l'Europe Australe. ♃

19. SCIRPE piquant, *S. mucronatus*, L. à chaume à trois faces, nu, pointu; à épis conglomérés, assis, latéraux.

Juncus acutus maritimus, caule triangulo; Jonc aigu maritime, à tige triangulaire. *Bauh. Pin.* 11, n.° 3. *Moris. Hist.* sect. 8, tab. 10, f. 20. *Pluk.* tab. 40, f. 1 et 3. *Scheuch. Gram.* 404, tab. 9, fig. 14.

En Angleterre, en Italie, en Suisse, en Virginie, dans les étangs.

20. SCIRPE dichotome, *S. dichotomus*, L. à chaume à trois faces, nu ; à fleurs en ombelle décomposée ; à épis dichotomes, assis.

Pluk. tab. 119, f. 3. *Rottboel.* n.° 76, tab. 13, f. 1.

Dans l'Inde Orientale.

21. SCIRPE hérissonné, *S. echinatus*, L. à chaume à trois faces; nu ; à fleurs en ombelle simple ; à épis ovales.

Pluk. tab. 91, f. 4.

Dans les deux Indes.

22. SCIRPE rompu, *S. retrofractus*, L. à chaume à trois faces ; à fleurs en ombelle simple ; à fleurons des épis rompus en arrière,

Pluk. tab. 415, f. 4.

En Virginie. ♃

23. SCIRPE ferrugineux, *S. ferrugineus*, L. à chaume à trois faces ; presque nu ; à collerettes ciliées, de la longueur du panicule.

Sloan. tab. 77, f. 2.

A la Jamaïque, dans les marais sur le bord de la mer.

24. SCIRPE à spadice, *S. spadiceus*, L. à chaume à trois faces, nu ; à ombelle presque nue ; à épis oblongs, assis et terminans.

Sloan. Jam. 1, tab. 76, f. 2.

A la Jamaïque, dans les fleuves.

* IV. *SCIRPES à chaume à trois faces ; à fleurs en panicule feuillé.*

25. SCIRPE miliacé, *S. miliaceus* ; L. à chaume à trois faces, nu ; à ombelle surdécomposée ; à épis intermédiaires assis ; à collerette sétacée.

Burm. Ind. tab. 9, f. 2. *Rottboel.* n.° 77, tab. 5, f. 2.

Dans l'Inde Orientale.

26. SCIRPE cypéroïde, *S. cyperoïdes*, L. à chaume à trois faces ; nu ; à fleurs en ombelle simple ; à épis oblongs ; à fleurons en alêne, à une fleur, renversés.

Dans l'Inde Orientale.

27. SCIRPE maritime, *S. maritimus*, L. à chaume à trois faces ; à panicule conglobé, feuillé ; à écailles des épillets divisées peu profondément en trois parties : l'intermédiaire en alêne.

Cyperus rotundus, vulgaris ; Souchet rond, vulgaire. *Bauh. Pin.* 13, n.° 3. *Prodrom.* 24, f. 1. *Dod. Pempt.* 338, f. 1. *Lob. Ic.* 1, p. 77, f. 2. *Lugd.* 992, f. 3. *Bauh. Hist.* 2, p. 495, f. 1.

Cette espèce présente quatre variétés.

Nutritive pour le Bœuf.

En Europe, sur les bords de la mer. ♃ Vernale.

28. SCIRPE

28. SCIRPE des Indes, *S. luzulæ*, L. à chaume à trois faces, nu; à fleurs en ombelle feuillée, prolifère; à épillets arrondis.

Pluk. tab. 417, f. 3.

Dans l'Inde Orientale.

29. SCIRPE des bois, *S. sylvaticus*, L. à chaume à trois faces, feuillé; à fleurs en ombelle feuillée; à pédoncules nus, surdécomposés; à épis entassés.

Gramen cyperoïdes, miliaceum; Gramen cyperoïde, miliacé. *Bauh. Pin.* 6, n.° 13. *Lob. Ic.* 1, p. 79, f. 1. *Lugd. Hist.* 988, f. 1; et 993, f. 1. *Bauh. Hist.* 2, p. 504, f. 2. *Loes. Pruss.* 119, n.° 33. *Moris. Hist.* sect. 8, tab. 11, f. 15. *Leers.* n.° 36, tab. 1, f. 4. *Flor. Dan.* tab. 307.

Nutritive pour le Cheval, le Mouton, la Chèvre, le Bœuf.

En Europe, dans les bois humides. ♃ Vernale.

30. SCIRPE en corymbe, *S. corymbosus*, L. à chaume à trois faces, feuillé; à corymbe latéraux simples, le terminal prolifère; à épis en alêne.

Rheed. Malab. 19, tab. 43.

Dans l'Inde Orientale.

31. SCIRPE rude, *S. squarrosus*, L. à chaume à trois faces, nu, sétacé; à épis trois à trois, assis, ovales, rudes.

Pluk. tab. 350, f. 98, pl. 6. *Rottboel.* n.° 65, tab. 17, f. 5.

Dans l'Inde Orientale.

32. SCIRPE embrouillé, *S. intricatus*, L. à chaume à trois faces; nu; à fleurs en ombelle feuillée, simple; à écailles du calice en alêne, recourbées.

Rottboell. n.° 26, tab. 6, f. 1.

Dans l'Inde Orientale, et au Cap de Bonne-Espérance.

33. SCIRPE de Micheli, *S. Michelianus*, L. à chaume à trois faces; à fleurs réunies en tête arrondie; à collerette à plusieurs feuillets, longue.

Bauh. Hist. 2, p. 523, f. 2. *Till. Pis.* tab. 20, f. 5.

En Italie, à Montpellier, à Lyon. Automnale.

34. SIRPE cilié, *S. ciliaris*, L. à chaume à trois faces, feuillé; à fleurs en ombelles éparses; à feuilles du calice à arêtes, ciliées.

Pluk. tab. 192, f. 4; et 417, f. 6.

Dans l'Inde Orientale. ☉

* V. *SCIRPES à chaume à trois faces; à fleurs en tête terminale.*

35. SCIRPE des Hottentots, *S. Hottentotus*, L. à chaume à trois faces, feuillé; à fleurs en tête globuleuse; à écailles du calice lancéolées, hérissées.

Au Cap de Bonne-Espérance.

36. SCIRPE antarctique, *S. antarcticus*, L. à chaume à trois faces, nu; à fleurs en tête arrondie; à collerette d'un seul feuillet.

Au cap de Bonne-Espérance. ♃

37. SCIRPE céphalote, *S. cephalotes*, L. à chaume à trois faces, nu; à fleurs en tête ovale, sèche et rude; à collerette à trois feuillets, longue.

Rottboel. n.° 79, tab. 20?

Dans l'Inde Orientale.

74. LINAIGRETTE, *ERIOPHORUM.* * *Lam. Tab. Encyclop.* pl. 39.
LINAGROSTIS. *Michel. Gen.* 53, tab. 31, fig. 12.

CAL. *Épi* à *écailles* placées en recouvrement sur tous les côtés, ovales, oblongues, planes, recourbées, membraneuses, lâches, pointues, séparant les fleurs.

COR. Nulle.

ÉTAM. Trois *Filamens*, capillaires. *Anthères* droites, oblongues.

PIST. *Ovaire* très-petit. *Style* filiforme, de la longueur des écailles du calice. Trois *Stigmates*, plus longs que le style, renversés.

PÉR. Nul.

SEM. à trois faces, pointue, environnée de poils plus longs que l'épi.

Bâles formées par des écailles en recouvrement sur tous les côtés. *Corolle* nulle. Une *Semence* environnée par des filets laineux, très-longs.

1. LINAIGRETTE à gaine, *E. vaginatum*, L. à chaumes à gaine, arrondis; à épi sec et roide.

Gramen tomentosum Alpinum et minus; Gramen duveté des Alpes et plus petit. *Bauh. Pin.* 5, n.° 3. *Prodrom.* 23, n.° 7, f. 1. *Bauh. Hist.* 2, p. 514, f. 2. *Scheuchz. Agrost.* tab. 7, f. 1 et 2. *Bul. Paris.* tab. 33. *Flor. Dan.* tab. 236.

En Suisse, en Dauphiné, en Lithuanie, à Lyon. ♃ Estivale.

2. LINAIGRETTE à plusieurs épis, *E. polystachion*, L. à chaumes arrondis; à feuilles planes; à épis pédunculés.

Gramen pratense, tomentosum, paniculâ sparsâ; Gramen des prés, duveté, à panicule épars. *Bauh. Pin.* 4, n.° 2. *Dod. Pempt.* 562, f. 2. *Lob. Ic.* 1, p. 87, f. 1. *Lugd. Hist.* 1026, f. 1. *Bauh. Hist.* 2, p. 514, f. 1. *Barrel.* tab. 12. *Pluk.* tab. 32, f. 3. *Leers.* n.° 37, t. 1, f. 5.

Cette espèce présente deux variétés.

Nutritive pour le Mouton, la Chèvre.

En Europe, dans les marais. ♃ Vernale.

3. LINAIGRETTE de Virginie, *E. Virginicum*, L. à chaumes arrondis, feuillés ; à feuilles planes ; à épis droits.

Moris. Hist. sect. 8, tab. 9, f. 2. *Pluk.* tab. 299, f. 4.

4. LINAIGRETTE souchet, *E. cyperinum*, L. à chaumes arrondis, feuillés ; à panicule surdécomposé, prolifère ; à épillets le plus souvent au nombre de trois.

Pluk. tab. 419, f. 3.

Dans l'Amérique Septentrionale.

5. LINAIGRETTE des Alpes, *E. Alpinum*, L. à chaumes nus, à trois faces ; à épi plus court que l'aigrette.

Juncus Alpinus, bombycinus ; Jonc des Alpes, soyeux. *Bauh. Pin.* 12, n.° 2. *Scheuchz. Agrost.* tab. 8, f. 1. *Flor. Dan.* tab. 620.

En Suède, en Dauphiné, sur les Alpes. ♃ Estivale. Alp.

75. NARD, *NARDUS.* * *Lam. Tab. Encyclop.* pl. 39.

CAL. Nul.

COR. à deux valves : l'*extérieure* lancéolée, linéaire, longue, piquante, engainant la plus petite : l'*intérieure* plus petite, linéaire, piquante.

ÉTAM. Trois *Filamens*, capillaires, plus courts que la corolle. *Anthères* oblongues.

PIST. *Ovaire* oblong. Un seul *Style*, filiforme, long, duveté. *Stigmate* simple.

PÉR. Nul. La *Corolle* adhère à la semence, et ne s'ouvre point.

SEM. Une seule, couverte, linéaire, oblongue, pointue aux deux extrémités, rétrécie au sommet.

Calice nul. *Corolle* composée de deux valves.

1. NARD serré, *N. stricta*, L. à épi sétacé, droit, dont les fleurs sont tournées d'un seul côté.

Gramen spartum, juncifolium ; Gramen sparte, à feuilles de jonc. *Bauh. Pin.* 5, n.° 6. *Lob. Ic.* 1, p. 90, f. 1. *Bauh. Hist.* 2, p. 513, f. 2. *Moris. Hist.* 3, sect. 8, tab. 7, f. 8. *Leers.* n.° 38, tab. 1, f. 7.

En Lithuanie, en Dauphiné. ♃ Estivale. Alp.

2. NARD de Narbonne, *N. Gangitis*, L. à épi recourbé.

Nardus spuria, Narbonensis ; Nard faux, de Narbonne. *Bauh. Pin.* 13, n.° 2. *Lob. Ic.* 1, p. 84, f. 1. *Lugd. Hist.* 922, f. 1. *Camer. Epit.* 12. *Moris. Hist.* sect. 8, tab. 13, f. dernière.

A Narbonne.

3. NARD à arêtes, *N. aristatus*, L. à calices à arêtes.

Gramen junceum nodosum, minimum, capillare ; Gramen joncier noueux, très-petit, capillaire. *Barrel.* t. 117, f. 1 et 2. *Moris. Hist.* sect. 8, tab. 2, f. 8.

A Rome, à Montpellier. ♃

4. NARD cilié, *N. ciliaris*, L. à épi recourbé, cilié.

Dans l'Inde Orientale.

76. ALVARDE, *LYGEUM.* * *Lam. Tab. Encyclop.* pl. 39.

CAL. *Spathe* d'un seul feuillet, roulé en cornet, ovale, pointu, s'ouvrant extérieurement, persistant.

COR. *Deux*, insérées sur l'ovaire, égales des deux côtés. *Corollules* à bâles à deux *Valves* : l'*extérieure* convexe, oblongue, aiguë, plus petite : l'*intérieure* linéaire, étroite, deux fois plus longue, à deux divisions peu profondes, aiguës.

ÉTAM. Trois *Filamens* (à chaque fleur), très-grêles, un peu aplatis, longs. *Anthères* linéaires.

PIST. *Ovaire* commun aux deux fleurs, hérissé, inférieur. *Style* simple, un peu aplati, long. *Stigmate* simple.

PÉR. *Noix* oblongue, très-hérissée, à deux loges, ne s'ouvrant point.

SEM. Solitaires, linéaires, oblongues, convexes d'un côté, un peu aplaties de l'autre.

Spathe d'un seul feuillet. Deux *Corolles* sur le même ovaire. *Noix* à deux loges.

1. ALVARDE Sparthe, *L. Spartum*, L.

Gramen Sparteum, secundum, panicula brevi folliculo inclusa; Gramen Sparte, second, à panicule renfermé dans un follicule court. *Bauh. Pin.* 5, n.° 2. *Dod. Pempt.* 765, f. 2. *Lob. Ic.* 2, p. 88, f. 2. *Clus. Hist.* 2, p. 220, f. 2. *Lugd. Hist.* 178, f. 2. *Bauh. Hist.* 2, p. 511, f. 1. *Barrel.* tab. 856, f. 2. *Moris. Hist.* sect. 8, t. 5, f. 3.

En Espagne, dans les champs argileux. ♃

II. DIGYNIE.

77. BOBARTIE, *BOBARTIA.* † *Lam. Tab. Encyclop.* pl. 40.

CAL. à une fleur, composé de *Bâles* placées en recouvrement; nombreuses, cylindriques, dont les *extérieures* en assez grand nombre, courtes, à une seule valve; les *intérieures* égales, plus longues, à deux valves, dont l'extérieure très-grande; l'intérieure linéaire, tronquée, de la même longueur que l'extérieure.

COR. *Bâle* à deux *Valves*, très-grêle, plus courte que le calice, supérieure, se flétrissant.

ÉTAM. Trois *Filamens*, capillaires, très-courts. *Anthères* oblongues.

PIST. *Ovaire* court, comme inférieur. Deux *Styles*, filiformes. *Stigmates* simples.

PÉR. Nul. Les *Calices* qui ne changent point, renferment les semences.

SEM. Une seule, un peu alongée.

Calice en recouvrement. *Corolle* formée par une bâle à deux valves, supérieure.

1. BOBARTIE des Indes, *B. Indica*, L. à épis en tête; à collerette feuillée.

Pluk. tab. 300, f. 7.

Dans l'Inde Orientale.

78. COQUELUCHIOLE, *CORNUCOPIÆ.* * *Lam. Tabl. Encyclop.* pl. 40.

CAL. *Périanthe* commun d'un seul feuillet, en entonnoir, très-grand: à *orifice* crénelé, obtus, ouvert dans sa longueur, à plusieurs fleurs.

Bâle à une fleur, à deux *Valves* oblongues, en pointe obtuse, égales.

COR. à une valve semblable aux valves du calice, pour la figure, la grandeur et la situation.

ÉTAM. Trois *Filamens*, capillaires. *Anthères* oblongues.

PIST. *Ovaire* en toupie. Deux *Styles*, capillaires. *Stigmates* en veille.

PÉR. Nul. La *Corolle* renferme la semence.

SEM. Une seule, en toupie, convexe d'un côté, aplatie de l'autre.

Collerette d'un seul feuillet, en entonnoir, crénelée, à plusieurs fleurs. *Calice* formé de deux valves. *Corolle* composée d'une seule valve.

1. COQUELUCHIOLE en capuchon, *C. cucullatum*, L. à épi sans arête; à capuchon crénelé.

Pet. Gaz. tab. 73, f. 5.

A Smyrne.

2. COQUELUCHIOLE queue de renard, *C. alopecuroïdes*, L. à épi en arête; à capuchon hémisphérique.

En Italie.

79. SUCRE, *SACCHARUM.* † *Lam. Tab. Encyclop.* pl. 40.

CAL. Nul, remplacé par une laine fine plus longue que la fleur, renfermant une seule fleur.

COR. à deux *Valves*, oblongues, lancéolées, pointues, droites concaves, égales, sans arête.

ÉTAM. Trois *Filamens*, capillaires, de la longueur de la corolle; *Anthères* un peu alongées.

PIST. *Ovaire* en alêne. Deux *Styles*, en vrille. *Stigmates* simples.
PÉR. Nul. La *Corolle* enveloppe la semence.
SEM. Une seule, oblongue, étroite, pointue.

OBS. *Ce genre diffère des* Arundo, *en ce qu'il n'a point de calice.*

Laine fine plus longue que la fleur. *Corolle* composée de deux valves.

1. SUCRE spontané, *S. spontaneum*, L. à fleurs en panicule; à feuilles roulées en cornet.

Rheed. Mal. 12, p. 85, tab. 46.

A Malabar, dans les lieux inondés. ♃

2. SUCRE usuel, *S. Officinarum*, L. à fleurs en panicule; à feuilles planes.

Arundo Saccharifera, Canne à Sucre. *Bauh. Pin.* 18, n.° 2. *Lob. Ic.* 1, p. 49. *Lugd. Hist.* 1002, f. 1. *Bauh. Hist.* 2, p. 531, f. 1. *Rumph. Amb.* 5, tab. 74, f. 1. *Sloan. Jam.* tab. 66.

1. *Saccharum album*; Canne à sucre, Caramelle, Sucre. 2. Son suc exprimé (*Vesou*); crystallisé (*Cassonade*); raffiné (*Sucre en pain*). 3. Très-sapide, très-doux, très-fermentescible, très-soluble dans l'eau et même dans l'esprit de vin; *purifié*, inodore. 4. Mucilage, corps doux, corps sucré, acide saccharin, *sui generis*. 5. Toux, enrouement, toutes les maladies où l'on fait usage des sirops, des conserves; hydropisie. 6. Les animaux se nourrissent de la canne; le sucre est très-nourricier. On l'emploie dans les sirops, les confitures, les ragoûts; on en retire par la fermentation, le *Tafia*, le *Rum*; enfin, nous l'employons soit pour les usages économiques, soit pour les usages médicaux, dans toutes les circonstances où les Anciens employoient le miel. Le sucre n'a été connu en Europe que vers le milieu du seizième siecle.

Dans les deux Indes.

3. SUCRE de Ravenne, *S. Ravennæ*, L. à panicule lâche, dont la racine est laineuse; à fleurs à arête.

Gramen arundinaceum, ramosum, plumosum, album; Gramen roseau, rameux, plumeux, blanc. *Bauh. Pin.* 7, n.° 5. *Moris. Hist.* sect. 8, t. 8, f. 32. *Zanon. Hist.* tab. 19, f. 3.

En Italie, à Montpellier.

4. SUCRE en épi, *S. spicatum*, L. à fleurs en épi; à feuilles ondulées.

Pluk. tab. 119, f. 1. Ce synonyme de *Pluknet* est cité pour l'*Alopecurus hordeiformis.*

Dans l'Inde Orientale.

80. PHALARIS, *PHALARIS*. * *Lam. Tab. Encyclop.* pl. 42.

CAL. *Bâle* à une fleur, comprimée, obtuse, à deux *Valves* en nacelle, comprimées, en carène, un peu obtuses supérieurement, à marges droites, réunies parallèlement.

COR. à deux *Valves*, plus petite que le calice : la *Valvule extérieure* oblongue, pointue, roulée en cornet : l'*intérieure* plus petite.

ÉTAM. Trois *Filamens*, capillaires, plus courts que le calice. *Anthères* oblongues.

PIST. *Ovaire* arrondi. Deux *Styles*, capillaires. *Stigmates* velus.

PÉR. Nul. La *Corolle* enveloppe la semence en formant comme une espèce de croûte, et ne s'ouvre point.

SEM. Une seule, couverte, lisse, arrondie et pointue aux deux extrémités.

Calice formé par deux valves, en carène, égales, renfermant la corolle.

1. PHALARIS des Canaries, *P. Canariensis*, L. à fleurs en panicule comme ovale, imitant un épi ; à bâles en carène.

Phalaris major, semine albo ; Phalaris plus grand, à semence blanche. *Bauh. Pin.* 28, n.° 1. *Dod. Pempt.* 510, f. 1. *Lob. Ic.* 1, p. 43, f. 2. *Lugd. Hist.* 415, f. 1. *Camer. Epit.* 661. *Bauh. Hist.* 2, p. 442, f. *Barrel.* tab. 9, f. 2. *Moris. Hist.* sect. 8, tab. 3, f. 1. *Loers.* n.° 48, t. 7, f. 3. †

1. *Canariense Semen*, Graine de Canarie, Alpiste. 6. Cette semence est nutritive, mais venteuse : elle n'a rien de médicamenteux, et doit disparoître de la Matière médicale.

Aux isles Canaries. Spontanée autour de Lyon. ☉

2. PHALARIS bulbeux, *P. bulbosa*, L. à fleurs en panicule cylindrique ; à bâles en carène.

Dans l'Orient.

3. PHALARIS noueux, *P. nodosa*, L. à fleurs en panicule oblong ; à feuilles roides.

Dans l'Europe Méridionale.

4. PHALARIS aquatique, *P. aquatica*, L. à fleurs en panicule ovale, oblong, imitant un épi ; à bâles carénées, lancéolées.

Barrel. tab. 700, f. 1. *Buxb. Cent.* 4, pag. 30, tab. 54.

En Égypte. ♃

5. PHALARIS phléoïde, *P. phleoïdes*, L. à fleurs en panicule cylindrique, imitant un épi, lisse, dont quelques bâles sont vivipares.

Bauh. Hist. 2, p. 471, f. 3. *Barrel.* tab. 21, f. 2. *Moris. Hist.* sect. 8, tab. 4, f. 2. *Flor. Dan.* tab. 531.

En Lithuanie, en Dauphiné, à Lyon.

6. PHALARIS à vessie, *P. utriculata*, L. à fleurs en panicule en épi; à arête des pétales articulée; à gaine de la feuille supérieure en forme de spathe.

Gramen pratense, spica purpurea ex utriculo prodeunte, seu Gramen folio spicam amplexante; Gramen des prés, à épi pourpre sortant d'un utricule, ou Gramen à feuille embrassant l'épi. *Bauh. Pin.* 3, n.° 4. *Lugd. Hist.* 425, f. 3. *Bauh. Hist.* 2, p. 463, f. 1.

En Italie, en Languedoc, à Lyon, dans les prés humides. ♃ Vernale.

7. PHALARIS rongé, *P. paradoxa*, L. à fleurs en panicule cylindrique; à fleurons terminés en pointe: les supérieurs neutres, les inférieurs rongés.

Pluk. tab. 33, f. 5.

Dans l'Orient, en Provence ☉.

8. PHALARIS roseau, *P. arundinacea*, L. à fleurs en panicule oblong, vetu, ample.

Gramen arundinaceum, spicatum; Gramen roseau, en épi. *Bauh. Pin.* 6, n.° 2. *Lob. Ic.* 1, p. 4, f. 2. *Bauh. Hist.* 2, p. 476, f. 2. *Scheuchz. Gram.* 126, tab. 3, f. 4. *Flor. Dan.* tab. 259.

Nutritive pour le Cheval, le Mouton, la Chevre, le Bœuf.

En Lithuanie, en Dauphiné, à Lyon, à Montpellier. Estivale.

9. PHALARIS roquette, *P. erucæformis*, L. à fleurs en panicule tourné d'un seul côté, linéaire; à calice à deux fleurs.

Barrel. tab. 2.

En Sibérie, en Russie, dans l'Europe Méridionale.

10. PHALARIS zizanoïde, *P. zizanioïdes*, L. à fleurs en panicule très-simple, tuberculeuses, dont une assise.

Dans l'Inde Orientale.

11. PHALARIS oryzoïdes, *P. oryzoïdes*, L. à fleurs en panicule épars; à carènes des bâles, ciliées.

Gramen palustre, paniculâ speciosâ; Gramen des marais, à panicule spécieux. *Bauh. Pin.* 3, n.° 2. *Sloan. Jam.* t. 71, f. 1.

Ce synonyme est cité pour le *Poa palustris*, L.

En Virginie, en Italie, en Dauphiné, à Lyon. Estivale.

81. PASPALE, *PASPALUM*. * *Lam. Tab. Encyclop.* pl. 43.

CAL. *Bâle* à une fleur, membraneuse, à deux *Valves*, égales, orbiculaires, planes, concaves : l'intérieure placée plus en dehors.

COR. *Bâle* à deux *Valves*, de la grandeur du calice, arrondies, cartilagineuses, convexes extérieurement, courbées à la base.

ÉTAM. Trois *Filamens*, capillaires, de la longueur de la bâle. *Anthères* ovales.

PIST. *Ovaire* arrondi. Deux *Styles*, capillaires, de la longueur de la fleur. *Stigmates* en forme de pinceau, pointus, colorés.

PÉR. Nul. *Bâles* persistantes, fermées, adhérentes à la semence.

SEM. Une seule, arrondie, comprimée, convexe d'un côté.

Calice formé par deux valves, arrondi. *Corolle* composée de deux valves, de la grandeur du calice. *Stigmates* en forme de pinceau.

1. PASPALE disséqué, *P. dissectum*, L. à épis alternes; à rafle membraneuse; à fleurs alternes, velues au sommet.

Pluk. tab. 350, fol. 94, pl. 2.

Dans l'Amérique Meridionale. ☉

2. PASPALE en bourse, *P. scrobiculatum*, L. à épis alternes; à rafle membraneuse; à fleurs alternes; à calices à plusieurs nervures, ayant extérieurement la forme d'une bourse.

Dans l'Inde Orientale. ♃

3. PASPALE à verge, *P. virgatum*, L. à épis en panicule, alternes, velus à la base; à fleurs deux à deux.

Sloan. Jam. tab. 69, f. 2.

A la Jamaïque.

4. PASPALE paniculé, *P. paniculatum*, L. à épis en panicule, en anneaux agrégés.

Sloan. Jam. tab. 72, f. 2.

A la Jamaïque.

5. PASPALE distiche, *P. distichum*, L. à deux épis, dont un assis; à fleurs pointues.

A la Jamaïque.

82. PANIC, *PANICUM.* * *Lam. Tab. Encyclop.* pl. 43.

CAL. *Bâle* à une fleu à trois *Valves*, comme ovales, dont une *dorsale* plus petite.

COR. à deux *Valves* comme ovales, dont une plus petite et plus aplatie.

ÉTAM. Trois *Filamens*, capillaires, courts. *Anthères* oblongues.

PIST. *Ovaire* arrondi. Deux *Styles*, capillaires. *Stigmates* plumeux.

PÉR. Nul. La *Corolle* adhère à la semence, et ne s'ouvre point.

SEM. Une seule, couverte, arrondie d'un côté, un peu aplatie de l'autre.

OBS. *Les* Panics sanguin et dactyle *diffèrent des autres espèces de ce genre, par leur calice à deux valves, et par d'autres attributs; c'est ce qui a engagé le célèbre Haller à former de ces deux espèces, un genre sous le nom de* Digitaria. (*Voy. Hall. Helv.* tom. 2, p. 244.)

Corolle composée de trois valves, dont la troisième est très-petite.

* I. PANICS *à fleurs en épi.*

1. PANIC à plusieurs épis, *P. polystachion*, L. à épis arrondis; à collerette a une seule fleur, en faisceau soyeux; à chaumes droits, rameux supérieurement.

Rumph. Amb. 6, t. b. 7, f. 2.

Dans l'Inde Orientale. ♂

2. PANIC verticillé, *P. verticillatum*, L. à épi formé par des fleurs en anneaux; à rameaux de l'épi, de quatre fleurs; à collerette de chaque fleur formée par deux soies; à chaumes étalés.

Gramen paniceum, spicâ asperâ; Gramen panic, à épi rude. *Bauh. Pin.* 8, n.° 4. *Bauh. Hist.* 2, p. 443, f. 1. *Bul. Paris.* tab. 36.

En Allemagne, en France, en Orient. Estivale.

3. PANIC glauque, *P. glaucum*, L. à épi arrondi; à collerette pour deux fleurs, formée par un faisceau de poils; à semences ondulées, ridées.

Lob. Ic. 1, p. 13, f. 1. *Leers.* n.° 39, tab. 2, f. 2. †

Aux Indes, en Italie, en Allemagne, en France. ☉ Estivale.

4. PANIC vert, *P. viride*, L. à épi arrondi; à collerette pour deux fleurs, formée par un faisceau de poils, à semences nerveuses.

Gramen paniceum, spicâ simplici; Gramen panic, à épi simple. *Bauh. Pin.* 8, n.° 3. *Lugd. Hist.* 413, f. 1. *Leers.* n.° 40, t. 2, f. 2. *Bul. Paris.* tab. 37.

En Allemagne, en France. ☉ Estivale.

5. PANIC d'Italie, *P. Italicum*, L. à épi composé; à épillets glomerés, parsemés de soies; à pédoncules hérissés.

Panicum Italicum seu paniculâ majore; Panic d'Italie ou à panicule plus grand. *Bauh. Pin.* 27, n.° 2. *Dod. Pempt.* 507, f. 3. *Lob. Ic.* 1, p. 42, f. 1. *Clus. Hist.* 2, p. 215, f. 2. *Lugd. Hist.* 412, f. 1. *Camer. Epit.* 195.

Aux Indes. ☉

6. PANIC Pied de corbeau, *P. Crus-corvi*, L. à épis alternes, tournés d'un seul côté; à épillets sous-divisés; à bâles comme à arêtes; à rafle à trois côtés.

Aux Indes. ☉

7. PANIC Pied de coq, *P. Crus-galli*, L. à épis alternes et conjugués; à épillets sous-divisés; a bâles en arêtes, hérissées; à rafle à cinq côtés.

Gramen paniceum, spicâ divisâ; Gramen panic, à épi divisé. *Bauh. Pin.* 8, n.° 1. *Dod. Pempt.* 539, f. 2. *Lob. Ic.* 1, p. 42, f. 2. *Lugd. Hist.* 412, f. 1.

En Europe, en Virginie. ☉ Estivale.

8. PANIC des Indes, *P. Colonum*, L. à épis alternes, tournés d'un seul côté, sans arêtes, ovales, rudes; à rafle légèrement arrondie.

Pluk. tab. 189, f. 5. *Sloan. Jam.* tab. 64, f. 3.

Aux Indes, dans les terrains cultivés. ⊙

9. PANIC brizoïde, *P. brizoïdes*, L. à épis alternes, assis, tournés d'un seul côté, appliqués contre la tige, oblongs.

Pluk. tab. 191, f. 1.

Dans l'Inde Orientale.

10. PANIC à demi-épi, *P. dimidiatum*, L. à épi à moitié, tourné d'un seul côté; à rafle linéaire, membraneuse; à fleurons agrégés extérieurement.

Pluk. tab. 244, f. 6.

Dans l'Inde Orientale.

11. PANIC à trois barbes, *P. hirtellum*, L. à épi composé; à épillets appliqués contre la tige, alternes; à calices deux à deux; à valves toutes terminées par des arêtes, l'extérieure très-longue.

Boccon. Mus. 2, tab. 55.

Aux Indes, en Italie.

12. PANIC gloméré, *P. conglomeratum*, L. à épi tourné d'un seul côté, comme ovale; à fleurons obtus.

Dans l'Inde Orientale.

13. PANIC sanguin, *P. sanguinale*, L. à épis digités, à nodosités vers leur base interne; à fleurs deux à deux, sans arêtes; à gaines des feuilles, ponctuées.

Gramen dactylon, folio latiore; Gramen dactyle, à feuille plus large. *Bauh. Pin.* 8, n.° 4. *Lugd. Hist.* 426, f. 3. *Camer. Epit.* 742. *Scheuchz. Gram.* 101, tab. 2, f. 2. *Leers*, n.° 42, t. 2, f. 6. *Flor. Dan.* tab. 388.

En Amérique, en Europe. ⊙ Estivale.

14. PANIC dactyle, *P. dactylon*, L. à épis digités, ouverts, velus à leur base interne; à fleurs solitaires; à drageons rampans.

Gramen dactylon, folio arundinaceo, majus et minus; Gramen dactyle, à feuilles de roseau, plus grand et plus petit. *Bauh. Pin.* 7, n.° 2, et 8, n.° 3. *Lob. Ic.* 1, p. 235, f. 1. *Clus. Hist.* 2, p. 217, f. 1. *Lugd. Hist.* 421, t. 2. *Barrel.* tab. 753, f. 1. *Moris. Hist.* sect. 8, t. 3, f. 4. *Scheuchz. Gram.* 104, tab. 2, f. 11. I.

En Europe, en Orient. ♃ Estivale.

15. PANIC filiforme, *P. filiforme*, L. à épis comme digités, rapprochés, droits, filiformes; à rafle tortueuse; à dents à deux fleurs, dont une assise.

Jacq. Obs. 3, t. 70.

Dans l'Amérique Septentrionale.

16. PANIC linéaire, *P. lineare*, L. à épis digités, le plus souvent quatre à quatre, linéaires; à fleurs solitaires, tournées d'un seul côté, sans arêtes.

Sloan. Jam. tab. 70, f. 3.

Aux Indes.

17. PANIC à deux épis, *P. distachyon*, L. à épis deux à deux, tournés d'un seul côté, lisses.

Dans l'Inde Orientale.

18. PANIC composé, *P. compositum*, L. à épi composé; à épillets linéaires, tournés d'un seul côté; à fleurs deux à deux, éloignées; à calices à arêtes.

A Zeylan.

* II. *PANICS à fleurs en panicule.*

19. PANIC dichotome, *P. dichotomum*, L. à fleurs en panicule simple; à chaume rameux, à bras ouverts.

En Virginie.

20. PANIC rameux, *P. ramosum*, L. à fleurs en panicule, à rameaux simples; à fleurs le plus souvent trois à trois, l'inférieure comme assisse; à chaume rameux.

Aux Indes.

21. PANIC coloré, *P. coloratum*, L. à fleurs en panicule étalé; à étamines et pistils colorés; à chaume rameux.

Au Caire. ♃

22. PANIC rampant, *P. repens*, L. à fleurs en panicule à verge; à feuilles étalées.

En Espagne. ♃

23. PANIC millet, *P. miliaceum*, à fleurs en panicule lâche, flasque; à gaines des feuilles hérissées; à bâles pointues, nerveuses.

Milium semine luteo et albo; Millet à semence jaune et blanche, *Bauh. Pin.* 26, n.° 1. *Dod. Pempt.* 506, f. 1, *Lob. Ic.* 1, p. 39, f. 1. *Lugd. Hist.* 409, f. 1. *Camer. Epit.* 193. *Bauh. Hist.* 2, p. 446, f. 1. *Icon. Pl. Med. Tab.* 349.

Aux Indes Orientales. Cultivé dans les jardins. ☉

24. PANIC capillaire, *P. capillare*, L. à fleurs en panicule capillaire, droit, étalé; à gaines des feuilles, hérissées.

Sloan. Jam. Tab. 72, f. 3.

A la Virginie, à la Jamaïque. ☉

25. PANIC rampant, *P. grossarium*, L. à fleurs en panicule, à rameaux simples; à fleurs deux à deux, à pédicules dont un très-court, l'autre de la longueur de la fleur.

Burm. Ind. tab. 11, f. 1.

A la Jamaïque.

26. PANIC à larges feuilles, *P. latifolium*, L. à fleurs en panicule, à rameaux latéraux, simples; à feuilles ovales, lancéolées, garnies de poils à leur gaine.

Moris. Hist. sect. 8, tab. 5, *fig.* 4. *Sloan. Jam.* tab. 71, f. 3.

En Amérique.

27. PANIC clandestin, *P. clandestinum*, L. à fleurs à rameaux cachés entre les gaines des feuilles.

Sloan. Jam. tab. 80.

A la Jamaïque et en Pensylvanie. ♃

28. PANIC en arbre, *P. arborescens*, L. à fleurs en panicule très-rameux; à feuilles ovales, oblongues, pointues.

Dans l'Inde Orientale. ♃

29. PANIC courbé, *P. curvatum*, L. à fleurs en panicule à grappe; à bâles courbées, obtuses, nerveuses.

Dans l'Inde Orientale.

30. PANIC à verge, *P. virgatum*, L. à fleurs en panicule à verge; à bâles pointues, lisses; l'extérieure ouverte.

En Virginie.

31. PANIC ouvert, *P. patens*, L. à fleurs en panicule oblong; tortueux, capillaire, ouvert; à calices à deux fleurs; à feuilles linéaires, lancéolées; à chaume à radicules.

Burm. Ind. tab. 10, f. 3.

Dans l'Inde Orientale.

32. PANIC à courtes feuilles, *P. brevifolium*, L. à fleurs en panicule; à gaines des feuilles ciliées dans leur longueur.

Pluk. tab. 189, fig. 4.

Dans l'Inde Orientale.

33. PANIC étalé, *P. divaricatum*, L. à fleurs en panicules courts, sans arêtes; à chaume très-rameux, très-étalé; à pédicules supportant deux fleurs : un pédicule plus court.

A la Jamaïque.

83. FLEAU, *PHLEUM*. * *Lam. Tab. Encyclop.* pl. 42.

CAL. *Bâle* à une fleur, à deux *Valves*, oblongues, linéaires, comprimées, s'ouvrant au sommet en deux pointes : les *Valvules*, droites, concaves, comprimées, s'engainant l'une l'autre, égales, tronquées, pointues au sommet de la carène.

COR. Plus courte que le calice, à deux valves; l'*extérieure* engainant l'*intérieure* qui est plus petite.

ÉTAM. Trois *Filamens*, capillaires, plus longs que le calice. *Anthères* oblongues, bifurquées.

PIST. *Ovaire* arrondi. Deux *Styles*, capillaires, renversés. *Stigmates* plumeux.

PÉR. Nul. Le *Calice* et la *Corolle* renferment la semence.

SEM. Une seule, arrondie.

Calice formé par deux valves, assises, linéaires, tronquées, terminées par deux dents. *Corolle* renfermée dans le calice.

1. FLÉAU des prés, *P. pratense*, L. à épi cylindrique, très-long, cilié; à chaume droit.

Gramen typhoïdes, maximum, spicâ longissimâ; Gramen typhoïde, très-grand, à épi très-long. *Bauh. Pin.* 4, n.° 1. *Prodr.* 10, n.° 25, f. 1. *Bauh. Hist.* 2, p. 472, f. 2. *Moris. Hist.* sect. 8, tab. 4, f. 1. *Leers.* n.° 46, tab. 3, f. 1.

Nutritive pour le Cheval, la Chèvre, le Bœuf, l'Oie.

En Europe. ♃ Vernale.

2. FLÉAU des Alpes, *P. Alpinum*, L. à épi ovale, cylindrique.

Hall. App. Ad. Scheuz. Gram. 64, tab. 3, f. 1.

Sur les Alpes de Laponie, de Suisse, du Dauphiné, de Suède, des Pyrénées. ♃ Estivale. Alp. et S-Alp.

3. FLÉAU noueux, *P. nodosum*, L. à épi cylindrique; à chaume ascendant; à feuilles obliques; à racine bulbeuse.

Gramen typhoïdes, asperum, alterum; autre Gramen, typhoide, rude. *Bauh. Pin.* 4, n.° 4. *Prod.* 3, n.° 6, f. 2. *Dod. Pempt.* 562, f. 1. *Lob. Ic.* 1, p. 10, f. 1. *Lugd. Hist.* 433, f. 2. *Barrel.* tab. 22, f. 2. *Moris. Hist.* sect. 8, tab. 4, f. 3. *Leers.* n.° 47, tab. 3, f. 2. *Flor. Dan.* tab. 380.

En Europe. ♃ Vernale.

4. FLÉAU des sables, *P. arenarium*, L. à épi ovale, cilié; à tige rameuse.

Pluk. tab. 33, 6, 8.

En Europe. ⊙ Estivale.

5. FLÉAU schœnoïde, *P. schœnoïdes*, L. à épis ovales, enveloppés à feuilles très-courtes, pointues, embrassantes.

Barrel. tab. 28, f. 2 et tab. 54.

En Italie, à Smyrne, en Espagne.

84. VULPAIN, *ALOPECURUS*. * *Lam. Tab. Encyclop.* pl. 42.

CAL. Bâle à une fleur, à deux *Valves*, ovales, lancéolées, concaves, comprimées, égales.

COR. A une *Valve*, concave, de la longueur du calice. *Arête* longue, insérée près de la base du dos de la valve.

ÉTAM. Trois *Filamens*, capillaires. *Anthères* bifurquées aux deux extrémités.

PIST. *Ovaire* arrondi. Deux *Styles*, en vrille, renversés, plus longs que le calice. *Stigmates* simples.

PÉR. Nul. La *Corolle* enveloppe la semence.

SEM. Une seule, arrondie, couverte.

Calice à deux valves. *Corolle* à une seule valve.

1. VULPAIN des Indes, *A. Indicus*, L. à épi arrondi; à involucelles sétacés, réunis en faisceau, à deux fleurs; à péduncules velus.

Pluk. tab. 92, f. 5.

Dans l'Inde Orientale.

2. VULPAIN bulbeux, *A. bulbosus*, L. à chaume droit; à épi cylindrique; à racine bulbeuse.

Gramen typhoïdes, spicâ angustiore; Gramen typhoïde, à épi plus étroit. *Bauh. Pin.* 4, n.° 5. *Barrel.* tab. 699, f. 1.

En Languedoc, en Angleterre, dans les prairies.

3. VULPAIN des prés, *A. pratensis*, L. à chaume à épi, droit; à bâles velues; à corolles sans arêtes.

Gramen phalaroïdes, spicâ molli, seu Germanicum; Gramen phalaroïde, à epi mou, ou gramen d'Allemagne. *Bauh. Pin.* 4, n.° 3. *Bauh. Hist.* 2, p. 475, f. 1. *Barrel.* tab. 123, f. 2. *Leers.* n.° 43, tab. 2, f. 4.

En Europe, dans les prés.

4. VULPAIN des champs, *A. agrestis*, L. à chaume à épi, droit; à bâles lisses.

Lob. Ic. 1, p. 9, fig. 2, *Bauh. Hist.* 2, p. 473, fig. 1. *Barrel.* tab. 699, f. 2. *Moris. Hist.* sect. 8, tab. 4, f. 12. *Scheuzch. Gram.* 69, tab. 2, f. 6. A. B. *Leers.* n.° 44, tab. 2, f. 5. *Flor. Dan.* tab. 697.

Dans l'Europe méridionale. ♃

5. VULPAIN genouillé, *A. geniculatus*, L. à chaume à épi, coudé à ses articulations; à corolles sans arêtes.

Gramen aquaticum, geniculatum, spicatum; Gramen aquatique, genouillé, à épi. *Bauh. Pin.* 3, n.° 2. *Lob. Ic.* 1, p. 13, f. 1. *Bauh. Hist.* 2, p. 479, f. 1. *Moris.* sect. 8, t. 4, f. 15. *Leers.* n.° 45, tab. 2, f. 7. *Flor. Dan.* tab. 564.

Nutritive pour le Cheval, le Mouton, la Chèvre, le Bœuf.

En Europe. ♃

6. VULPAIN hordéiforme, *A. hordeiformis*, L. à grappe simple; à fleurs enveloppées par des arêtes.

Le synonyme de *Pluknet*, tab. 119, fig. 1, est rapporté par *Reichard* au *Saccharum spicatum*, L.

Dans l'Inde Orientale.

7. VULPAIN de Montpellier, *A. Monspeliensis*, L. à panicule resserré en épi; à calices rudes; à corolles terminées par une arête.

Gramen alopecuroïdes, Anglo-Britanicum, maximum; Gramen alopecuroïde, d'Angleterre, très-grand. *Bauh. Pin.* 4, n.° 4. *Barrel.* tab. 115, f. 2. *Moris. Hist.* sect. 8, tab. 4, f. 5.

A Montpellier, en Angleterre. ☉

8. VULPAIN panic, *A. paniceus*, L. à panicule resserré; à bâles velues; à corolles terminées par des arêtes.

Gramen alopecurum, minus, spicâ longiore; Gramen vulpain, plus petit, à épi plus long. *Bauh. Pin.* 4, n.° 2. *Lob. Ic.* 1, p. 45, f. 1. *Barrel.* tab. 115, f. 1.

En Languedoc, en Bourgogne, dans les prairies arides. ☉

85. MILLET, *MILIUM. Tournef. Inst.* 514. tab. 298.

CAL. *Bâle* à une fleur, à deux *Valves*, ovales, pointues, presque égales.

COR. Plus petite que le calice, à deux *Valves* ovales, dont une plus petite.

ÉTAM. Trois *Filamens*, capillaires, très-courts. *Anthères* oblongues.

PIST. *Ovaire* arrondi. Deux *Styles*, capillaires. *Stigmates* en forme de pinceau.

PÉR. Nul. La corolle enveloppe la semence.

SEM. Une seule, couverte, arrondie.

Calice formé par deux valves, presque égales, renfermant une seule fleur. *Corolle* très-courte. *Stigmates* en pinceau.

1. MILLET du Cap, *M. Capense*, L. à panicule capillaire; à calices pointus; à corolles terminées par une arête courbée.

Au Cap de Bonne-Espérance.

2. MILLET ponctué, *M. punctatum*, L. à panicule à rameaux très-simples; à fleurs alternes, deux à deux, tournées d'un seul côté.

A la Jamaïque.

3. MILLET lendier, *M. lendigerum*, L. à panicule resserré en épi; à fleurs terminées par des arêtes.

Pluck. tab. 33, f. 6, *Gouan. Hort.* tab. 1, f. 2.

En Lithuanie, à Lyon, Montpellier. ☉ Estivale.

4. MILLET cimier, *M. cimicinum*, L. à grappes en digitations; à valve extérieure des calices ciliée.

Au Malabar.

5. MILLET épars, *M. effusum*, L. à fleurs en panicules très-lâches, sans arêtes.

Gramen sylvaticum, paniculâ miliaceâ sparsâ; Gramen des forêts, à panicule de millet très-lâche. *Bauh. Pin.* 8, n.° 1. *Dod. Pempt.* 561, f. 2. *Lob. Ic.* 1, p. 3, f. 2. *Moris. Hist.* sect. 8, tab. 5, f. 10. *Leers.* n.° 50, tab. 8, f. 7.

Nutritive

Nutritive pour le Cheval, le Mouton, la Chèvre, le Bœuf.

En Europe. ♃ Vernale.

6. MILLET entassé, *M. confertum*, L. à fleurs en panicules, entassées.

En Suisse, dans les forêts. ♃

7. MILLET paradoxal, *M. paradoxum*, L. à fleurs en panicules, terminées par des arêtes.

Pluk. tab. 32, f. 2.

En Provence, en Languedoc, en Carniole.

86. AGROSTIS, *AGROSTIS.* * *Lam. Tab. Encyclop.* pl. 41.

CAL. *Bâle* à une fleur, à deux *Valves*, pointue, un peu plus petite que la corolle.

COR. A deux *Valves* pointues, dont une plus grande.

ÉTAM. Trois *Filamens*, capillaires, plus longs que la corolle. *Anthères* fourchues.

PIST. *Ovaire* arrondi. Deux *Styles*, renversés, velus. *Stigmates* hérissés.

PÉR. Nul. La *Corolle* adhère à la semence, et ne s'ouvre point.

SEM. Une seule, arrondie, pointue aux deux extrémités.

Calice formé par deux valves, renfermant une seule fleur, un peu plus court que la corolle. *Stigmates* hérissés sur leur longueur.

* I. *AGROSTIS à bâles à barbes ou à arêtes.*

1. AGROSTIS éventé, *A. Spica-venti*, L. à pétale extérieur armé d'une arête droite, très-longue; à fleurs en panicule ouvert.

Gramen segetum, altissimum, paniculâ sparsâ; Gramen des blés, très-élevé; à pénicule épars. *Bauh. Pin.* 3, n.° 3. *Lob. Ic.* 1, p. 2, f. 2. *Bauh. Hist.* 2, p. 461, f. 3. *Barrel.* tab. 754. *Leers.* n.° 51, tab. 4, f. 1.

En Europe parmi les blés. ⊙ Estivale.

2. AGROSTIS interrompu, *A. interrupta*, L. à pétale extérieur armé d'une arête; à fleurs en panicule atténué, resserré, interrompu.

Vaill. Bot. 88, tab. 17, fig. 4. *Bul. Paris.* tab. 40.

En France, en Italie, en Suisse, en Carniole, en Allemagne. ⊙ Estivale.

3. AGROSTIS millet, *A. miliacea*, L. à pétale extérieur terminé par une arête droite, roide, médiocre.

En Espagne, à Montpellier, en Sibérie. ♃

4. AGROSTIS bromoïde, *A. bromoïdes*, L. à fleurs en panicule simple, resserré; à corolle duvetée, terminée par une arête droite plus longue que le calice.

Gouan. Illust. 3, tab. 1, fig. 3.

A Montpellier. ♃

5. AGROSTIS méridional, *A. australis*, L. à fleurs en panicule resserré en épi; à semences ovales, duvetées; à arêtes de la longueur du calice.

En Portugal.

6. AGROSTIS roseau, *A. arundinacea*, L. à fleurs en panicule oblong; à pétale extérieur velu à la base, armé d'une arête torse, plus longue que le calice.

En Europe. ♃

7. AGROSTIS argenté, *A. Calamagrostis*, L. à fleurs en panicule dense; à pétale extérieur entièrement laineux, armé au sommet d'une arête; à chaume rameux.

Sur les Alpes de Suisse, du Dauphiné. ♃ Estivale.

8. AGROSTIS tardif, *A. serotina*, L. à fleurs en panicule, oblongues, pointues; à chaume couvert de feuilles très-courtes.

Segui. Ver. 3, tab. 3, fig. 2.

A Véronne.

9. AGROSTIS rouge, *A. rubra*, L. à fleurs en panicule fleuri, très-ouvert; à pétale extérieur lisse, terminé par une arête tordue, recourbée.

Nutritive pour le Cheval.

En Angleterre, en Suède, en Dauphiné.

10. AGROSTIS Matrelle, *A. Matrella*, L. à fleurs en grappes; à valve extérieure du calice courbée en dedans, s'ouvrant seulement au sommet de la carène.

Au Malabar, dans les sables.

11. AGROSTIS canin, *A. canina*, à calices alongés; à arête du dos des pétales recourbée; à chaumes couchés, comme rameux.

Gramen caninum, supinum, paniculatum, folio varians; Gramen canin, couché, paniculé, à feuilles différentes. *Bauh. Pin.* 1, n.° 5. *Scheuzch. Gram.* 141, tab. 3, f. 9. *Leers.* n.° 52, tab. 4, f. 2. *Flor. Dan.* tab. 161.

En Europe. ♃

* II. *AGROSTIS à bâles sans barbes ou arêtes.*

12. AGROSTIS traçant, *A. stolonifera*, L. à fleurs en panicule dont les rameaux sont très-ouverts, sans arêtes; à chaume rampant; à calices égaux.

Lob. Ic. 1, p. 21, f. 1. *Flor. Dan.* tab. 564.

Nutritive pour le Cheval, le Mouton, le Bœuf.

En Europe, dans les sables. ♃ Estivale.

13. AGROSTIS capillaire, *A. capillaris*, L. à fleurs en panicule ouvert, finiment ramifié; à calices en alène, égaux, comme hérissés, colorés; à fleurs sans arêtes.

Gramen montanum, paniculâ spadiceâ, delicatiore; Gramen des montagnes, à panicule bleuâtre, plus délicat. *Bauh. Pin.* 3, n.° 1. *Loes.* n.° 34, t. 4, f. 3. *Flor. Dan.* tab. 163.

En Europe, dans les prés.

14. AGROSTIS des bois, *A. sylvatica*, L. à fleurs en panicule resserré, sans arête; à calices égaux, plus courts que la corolle avant la fécondation: deux fois plus longs après la fécondation.

En Angleterre, dans le Palatinat.

15. AGROSTIS blanc, *A. alba*, L. à fleurs en panicule lâche; à calices sans arête, égaux; à chaume rampant.

En Europe dans les forêts.

16. AGROSTIS nain, *A. pumila*, L. à fleurs en panicule sans arête, tourné d'un seul côté; à chaumes réunis en faisceaux, droits.

En Suède, en Islande, en Suisse, en Allemagne. ♃

17. AGROSTIS très-petit, *A. minima*, L. à fleurs en panicule, sans arête, imitant un épi filiforme.

Gramen minimum, paniculis elegantissimis; Gramen très-petit, à panicules très-élégans. *Bauh. Pin.* 2, n.° 6. *Lugd. Hist.* 424, f. 1. *Bauh. Hist.* 2, p. 465, f. 4. *Moris. Hist.* sect. 8, t. 2, f. 10.

Les fleurs sont souvent blanches.

En Europe. Vernale.

18. AGROSTIS de Virginie, *A. Virginica*, L. à fleurs en panicule resserré, sans arête; à feuilles roulées, en alène, roides.

En Virginie.

19. AGROSTIS du Mexique, *A. Mexicana*, L. à fleurs en panicule oblong, entassé; à calices et corolles pointus, presque egaux, sans arêtes.

Dans l'Amérique méridionale. ♂

20. AGROSTIS des Indes, *A. Indica*, L. à fleurs en panicule resserré, sans arête; à grappes latérales droites, alternes.

Sloan. Jam. tab. 73, f. 1.

Dans l'Inde Orientale.

21. AGROSTIS en croix, *A. cruciata*, L. à fleurs en épis quatre à quatre, disposés en croix, lisses à la base; à valves pétaloïdes, terminées par des arêtes.

Sloan. Jam. tab. 69, f. 1.

A la Jamaïque.

22. AGROSTIS radié, *A. radiata*, L. à fleurs en épis le plus souvent

cinq à cinq, disposés en croix, velus à la base; à valves pétaloïdes, terminées par des arêtes.

Sloan. Jam. tab. 68, f. 3.

Aux Indes Orientales.

87. FOIN, *AIRA.* * *Lam. Tab. Encyclop.* pl. 44.

CAL. *Bâle* à deux fleurs, à deux *Valves*, ovales, lancéolées, aiguës, égales.

COR. A deux *Valves*, semblables à celles du calice, sans rudiment de fleur, ou sans aucun corps particulier interposé entre les fleurs.

ÉTAM. Trois *Filamens*, capillaires, de la longueur de la fleur. *Anthères* oblongues, fourchues aux deux extrémités.

PIST. *Ovaire* ovale. Deux *Styles*, sétacés, ouverts. *Stigmates* duvetés.

PÉR. Nul. La corolle adhère à la semence, et la renferme.

SEM. Comme ovale, couverte.

Calice formé par deux valves, renfermant deux fleurs, entre lesquelles on ne trouve point de corpuscule particulier, ou rudiment de fleur.

* I. *FOINS à fleurs sans barbes ou arêtes.*

1. FOIN roseau, *A. arundinacea*, L. à fleurs en panicule oblong, tourné d'un seul côté, sans arête, en recouvrement; à feuilles planes.

En Orient.

2. FOIN petit, *A. minuta*, L. à fleurs en panicule lâche, comme en faisceau, très-rameux; à fleurs sans arêtes.

Schreb. Gram. tab. 21, f. 2.

En Espagne. ☉

3. FOIN aquatique, *A. aquatica*, à fleurs en panicule ouvert, à corolles sans arête, lisses, plus longues que le calice; à feuilles planes.

Gramen caninum, supinum, paniculatum, dulce; Gramen canin, couché, paniculé, doux. *Bauh. Pin.* 1, n.° 6. *Vaill. Bot.* 89, t. 17, f. 7. *Bul. Paris.* tab. 41. *Flor. Dan.* tab. 381.

Nutritive pour le Cheval, le Mouton.

En Europe. ♃

* II. *FOINS à fleurs à barbes ou à arêtes.*

4. FOIN comme en épi, *A. subspicata*, L. à feuilles planes; à fleurs en panicule, en épi; à corolles munies d'arêtes dans leur milieu, dont une renversée, plus lâche.

Hall. App. Ad. Scheuzck. Gram. tab. 6, f. 2. *Flor. Dan.* tab. 228.

Sur les Alpes de Suisse, de Lapponie. ♃

5. FOIN gazon, *A. cæspitosa*, L. à feuilles planes; à fleurs en panicule ouvert; à pétales velus et à arêtes à leur base: l'arête droite, courte.

Gramen segetum, paniculâ arundinaceâ; Gramen des blés, à panicule de roseau. *Bauh. Pin.* 3, n.° 4. *Dod. Pempt.* 561, fig. 1. *Lob. Ic.* 1, p. 3, f. 1. *Bauh. Hist.* 2, p. 462, f. 1. *Scheuzch. Gram.* 244, tab. 5, f. 2 et 3. *Leers.* n.° 59, t. 4, f. 8. *Flor. Dan.* t. 240.

Nutritive pour le Mouton, la Chèvre, le Bœuf, le Cochon, l'Oie.

En Europe. ♃ Estivale.

6. FOIN tortueux, *A. flexuosa*, L. à feuilles sétacées; à chaumes presque nus; à panicule étalé; à péduncules tortueux.

Gramen nemorosum, paniculis albis, capillaceo folio; Gramen des bois, à panicules blancs, à feuilles capillacées. *Bauh. Pin.* 7, n.° 1. *Moris. Hist.* sect. 8, t. 7, f. 9. *Leers.* n.° 60, tab. 5, f. 1. *Flor. Dan.* tab. 157.

Nutritive pour le Cheval, le Mouton, le Bœuf.

En Europe. ♃ Estivale.

7. FOIN des montagnes, *A. montana*, L. à feuilles sétacées; à fleurs en panicule resserré; à corolles velues à la base, à arêtes tordues, plus longues.

Gramen avenaceum, capillaceum, minoribus glumis; Gramen avenacé, capillacé, à bâles plus petites. *Bauh. Pin.* 10, n.° 4. *Scheuz. Gram.* 216, tab. 4, f. 16. A. B. C. *Leers.* n.° 61, t. 5, f. 2.

En Europe, sur les Alpes. ♃

8. FOIN des Alpes, *A. Alpina*, L. à feuilles en alène; à fleurs en panicule dense; à corolles velues à la base; à arêtes, courtes.

Nutritive pour la Chèvre.

Sur les Alpes de Lapponie, d'Allemagne, du Dauphiné.

9. FOIN blanchâtre, *A. canescens*, L. à feuillées sétacées: la supérieure enveloppant comme un spathe la base du panicule.

Gramen foliis junceis, radice jubatâ; Gramen à feuilles de jonc, à racine à crinière. *Bauh. Pin.* 5, n.° 12. *Moris. Hist.* sect. 8, t. 3, f. 10.

Nutritive pour la Chèvre, le Bœuf.

A Paris, en Lithuanie, à Lyon. ☉

10. FOIN précoce, *A. præcox*, L. à feuilles sétacées; à gaines anguleuses; à fleurs en panicule imitant un épi; à corolles à arêtes à la base.

Pluk. tab. 33, fig. 9. *Flor. Dan.* tab. 383.

En Danemarck, à Lyon. Vernale.

21. FOIN œilleté, *A. caryophyllea*, L. à feuilles sétacées; à fleurs en panicule étalé; à corolles à arêtes, écartées.

Moris. Hist. sect. 8, tab. 5, f. 11. *Barrel.* tab. 44, f. 1. *Scheuzch. Gram.* 215, tab. 4, f. 15. *Leers.* n.° 62, tab. 5, f. 7. *Flor. Dan.* tab. 382.

En Angleterre, en Allemagne, en France. ⊙ Estivale.

88. MÉLIQUE, *MELICA*. * *Lam. Tab. Encyclop.* pl. 44.

CAL. *Bâle* à deux fleurs, à deux *Valves*, ovales, concaves, presque ovales.

COR. A deux *Valves*, ovales, sans arête, l'une concave, l'autre aplatie. Un *petit corps particulier* interposé entre les fleurs.

ÉTAM. Trois *Filamens*, capillaires, de la longueur de la fleur. *Anthères* oblongues, fourchues aux deux extrémités.

PIST. *Ovaire* ovale, en toupie. Deux *Styles*, sétacés, ouverts. *Stigmates* oblongs, velus.

PÉR. Nul. La *Corolle* renferme la semence, et la laisse échapper.

SEM. Une seule, ovale.

OBS. Le petit corps ou rudiment de fleur, *interposé entre les fleurs, forme le caractère essentiel de ce genre. Ce corps est formé de deux rudimens ou fleurs tronquées, alternes, à bâles roulées, transparentes.*

Calice formé par deux valves, renfermant deux fleurs, entre lesquelles on trouve un corpuscule particulier, ou rudiment de fleur.

1. MÉLIQUE ciliée, *M. ciliata*, L. à pétale extérieur de la fleur inférieure, cilié.

Gramen avenaceum, montanum, lanuginosum; Gramen avenacé, des montagnes, lanugineux. *Bauh. Pin.* 10, n.° 5. *Clus. Hist.* 2, p. 219, f. 2. *Bauh. Hist.* 2, p. 434, t. 1. *Barrel.* tab. 3, f. 2, et tab. 13, f. 2.

Nutritive pour le Cheval, la Chèvre, l'Oie.

En Europe. Estivale.

2. MÉLIQUE penchée, *M. nutans*, L. à pétales sans barbes; à fleurs en panicule penché, simple.

Gramen montanum, avenaceum, spicatum; Gramen des montagnes, avenacé, en épi. *Bauh. Pin.* 10, n.° 1. *Bauh. Hist.* 2, p. 434, f. 2. *Moris. Hist.* sect. 8, t. 7, f. 48. *Leers.* n.° 63, t. 3, f. 4.

Nutritive pour le Cheval, la Chèvre, le Bœuf.

En Europe. ♃ Vernale.

3. MÉLIQUE petite, *M. minuta*, L. à chaume rameux; à feuilles sétacées; à pétales sans arêtes.

En Italie.

4. MÉLIQUE bleue, *M. cærulea*, L. à panicule resserré; à fleurs cylindriques.

Gramen arundinaceum, enode, minus, sylvaticum; Gramen roseau, sans nœud, plus petit, des bois. *Bauh. Pin.* 7, n.° 7. *Moris. Hist.* sect. 8, tab. 5, f. 22. *Leers*, n.° 58, t. 4, f. 7. *Vail. Par.* tab. 42. *Flor. Dan.* tab. 239.

Nutritive pour la Chèvre, le Mouton, le Cheval.

En Europe dans les prés. ♃ Estivale.

5. MÉLIQUE papilionacée, *M. papilionacea*, L. à valve inférieure du calice très-grande, colorée; à pétale extérieur comme cilié.

Sloan. Jam. t. 64, f. 1.

Au Brésil.

6. MÉLIQUE très-élevée, *M. altissima*, L. à pétales sans barbes; à panicule très-rameux.

Moris. Hist. sect. 8, tab. 7, fig. 51.

En Sibérie, au Canada. ♃

89. PATURIN, *POA.* * *Lam. Tab. Encyclop.* pl. 45.

CAL. *Bâle* à plusieurs fleurs, à deux *Valves*, sans arête, réunissant des fleurs rassemblées en épi distique ou sur deux rangs, ovale, alongé: les *Valvules* ovales, pointues.

COR. A deux *Valves*, ovales, pointues, concaves, comprimées, un peu plus longues que le calice, à marge sèche et roide.

ÉTAM. Trois *Filamens*, capillaires. *Anthères* bifurquées.

PIST. *Ovaire* arrondi. Deux *Styles*, renversés, velus. *Stigmates* semblables aux styles.

PÉR. Nul. La corolle adhère à la semence, et ne s'ouvre point.

SEM. Une seule, oblongue, pointue, comprimée aux deux extrémités, couverte.

Calice formé par deux valves, renfermant plusieurs fleurs. *Épillets* ovales, à valves aiguës, sèches et roides à la marge.

1. PATURIN aquatique, *P. aquatica*, L. à panicule étalé; à épillets à six fleurs linéaires.

Gramen palustre, paniculatum, altissimum; Gramen des marais, paniculé, très-élevé. *Bauh. Pin.* 3, n.° 1. *Lob. Ic.* 1, p. 4, f. 1. *Moris. Hist.* sect. 8, t. 6, f. 25. *Scheuchz. Gram.* 191, tab. 4, f. 1. *Leers*, n.° 65, t. 5, f. 5.

Nutritive pour le Mouton.

En Europe sur les bords des rivières. ♃ Estivale.

2. PATURIN des Alpes, *P. Alpina*, L. à panicule étalé, très-rameux; à épillets à six fleurs, en cœur.

Nutritive pour le Cheval, le Mouton, la Chèvre, le Bœuf.

Sur les Alpes de Lapponie, de Suisse, du Dauphiné. ♃ S-Alp.

3. PATURIN commun, *P. trivialis*, L. à panicule comme étalé; à épillets à trois fleurs, duvetés à la base; à chaume droit, arrondi.

Gramen pratense, paniculatum, medium; Gramen des prés, paniculé, moyen. *Bauh. Pin.* 2, n.° 5. *Dod. Pempt.* 560, fig. 2. *Lob. Ic.* 1, p. 1, f. 2. *Leers.* n.° 66, t. 6, f. 2.

Nutritive pour le Cheval, le Mouton, la Chèvre, le Bœuf, le Cochon.

En Europe. ♃ Estivale.

4. PATURIN à feuilles étroites, *P. angustifolia*, L. à panicule étalé; à épillets à quatre fleurs, duvetées; à chaume droit, arrondi.

Gramen pratense, paniculatum, majus, angustiore folio; Gramen des prés, paniculé, plus grand, à feuilles plus étroites. *Bauh. Pin.* 2, n.° 3. *Leers.* n.° 67, t. 6, f. 3. *Bul. Par.* t. 43.

Nutritive pour le Cheval, le Mouton, la Chèvre, le Bœuf, le Cochon.

En Europe. ♃

5. PATURIN des prés, *P. pratensis*, L. à panicule étalé; à épillets à cinq fleurs, lisses; à chaume droit, arrondi.

Gramen pratense, paniculatum, majus, latiore folio; Gramen des prés paniculé, plus grand, à feuilles plus larges. *Bauh. Pin.* 2, n.° 2. *Dod. Pempt.* 560, f. 1. *Lob. Ic.* 1, p. 1, f. 1. *Lugd.* 422, f. 2. *Bauh. Hist.* 2, p. 461, f. 2. *Scheuchz. Gram.* 177, tab. 3, f. 17. A. *Leers.* n.° 68, tab. 6, f. 4. *Bul. Par.* tab. 44.

Nutritive pour le Cheval, la Chèvre, le Bœuf, le Cochon.

En Europe dans les prés. Estivale.

6. PATURIN annuel, *P. annua*, L. à panicule étalé, à angles droits; à épillets obtus; à chaume oblique, comprimé.

Gramen pratense, paniculatum, minus; Gramen des prés, paniculé, plus petit. *Bauh. Pin.* 2, n.° 6. *Bauh. Hist.* 3, p. 465, f. 1 et 2. *Leers.* n.° 70, tab. 6, f. 1.

Nutritive pour le Cheval, le Mouton, la Chèvre, le Bœuf, le Cochon.

En Europe. ☉ Vernale.

7. PATURIN jaune, *P. flava*, L. à panicule étalé; à épillets ovales, oblongs, luisans.

En Virginie.

8. **PATURIN** velu, *P. pilosa*, L. à panicule étalé, roide : à ramifications supérieures velues.

En Italie, *à Lyon*. Estivale.

9. **PATURIN** des marais, *P. palustris*, L. à panicule étalé; à épillets le plus souvent à trois fleurs, duvetés; à feuilles rudes en-dessous.

Moris. Hist. sect. 8, tab. 6, f. 27.

En Suisse, *en Italie*, *en Allemagne*.

10. **PATURIN** aimable, *P. amabilis*, L. à panicule étalé; à épillets à dix-huit fleurs, linéaires.

Dans l'Inde Orientale.

11. **PATURIN** Amourette, *P. Eragrostis*, L. à panicule étalé; à pédicules tortueux; à épillets à dents de scie, à dix fleurs; à bâles à trois nervures.

Moris. sect. 8, t. 6, f. 47. *Barrel.* tab. 44, f. 2. *Scheuchz. Gram.* 192, tab. 4, f. 2.

En Suisse, *en Italie*, *à Lyon*, *en Sibérie*. Vernale.

12. **PATURIN** capillaire, *P. capillaris*, L. à panicule lâche, très-étalé, capillaire; à feuilles velues; à chaume très-rameux.

Moris. Hist. sect. 8, tab. 6, fig. 33.

En Virginie, *au Canada.*

13. **PATURIN** du Malabar, *P. Malabarica*, L. à panicule à rameaux très-simples; à fleurs sans péduncules; à semences éloignées; à chaume rampant.

Burm. Ind. tab. 11, f. 2.

Dans l'Inde Orientale.

14. **PATURIN** de la Chine, *P. Chinensis*, L. à panicule à rameaux très-simples; à fleurs sans péduncules; à semences en recouvrement; à chaume droit.

Burm. Ind. tab. 11, f. 3.

Dans l'Inde Orientale.

15. **PATURIN** délicat, *P. tenella*, L. à panicule oblong, capillaire, comme en anneau; à six fleurs très-petites, penchées.

Pluk. tab. 300, fig. 2. *Burm. Zeyl.* tab. 47, f. 3.

Dans l'Inde Orientale.

16. **PATURIN** roide, *P. rigida*, L. à panicule lancéolé, comme rameux, tourné d'un seul côté; à rameaux alternes, tournés d'un seul côté.

Gramen paniculâ multiplici; Gramen à plusieurs panicules. *Bauh. Pin.* 3, n.° 7. *Prod.* 6, n.° 11, f. 1. *Moris.* sect. 8, tab. 2, f. 9. *Barrel.* tab. 49.

En France, *en Angleterre*, *en Allemagne*. ⊙ Estivale.

17. PATURIN comprimé, *P. compressa*, L. à panicule resserré, tourné d'un seul côté ; à chaume oblique, comprimé.

Gramen murorum, radice repente ; Gramen des murailles, à racine rampante. *Bauh. Pin.* 2, n.° 12. *Vaill. Bot.* 91, tab. 18, f. 5. *Leers.* n.° 71, tab. 5, f. 4.

Nutritive pour le Cheval, le Mouton, la Chèvre, le Bœuf.

En Europe, et dans l'Amérique Septentrionale. ♃

18. PATURIN d'Amboine, *P. Amboïnensis*, L. à panicule resserré, tourné d'un seul côté ; à chaume arrondi.

Rumph. Amb. 6, tab. 7, fig. 3.

Dans l'Inde Orientale.

19. PATURIN des bois, *Poa nemoralis*, L. à panicule atténué ; à épillets presque tous de deux fleurs, pointus, rudes ; à chaume courbé.

Leers. n.° 72, tab. 5, f. 3.

En Europe. ♃

20. PATURIN bulbeux, *P. bulbosa*, L. à panicule tourné d'un seul côté, peu ouvert ; à épillets de quatre fleurs.

Cette espèce présente plusieurs variétés.

En Europe.

21. PATURIN à épi, *P. spicata*, L. à panicule resserré en épi ; à fleurs en alêne, éloignées.

En Portugal.

22. PATURIN distant, *P. distans*, L. à panicule à rameaux comme divisés ; à épillets à cinq fleurs, distantes, obtuses.

En Autriche.

23. PATURIN à crête, *P. cristata*, L. à panicule resserré en épi ; à calices comme velus, presque tous de quatre fleurs, plus longs que le péduncule ; à pétales à arêtes.

Gramen spicâ cristatâ, subhirsutum ; Gramen à épi à crête, comme hérissé. *Bauh. Pin.* 3, n.° 2. *Moris.* sect. 8, tab. 4, f. 7. *Leers.* n.° 73, tab. 5, f. 6.

En France, en Allemagne, en Suisse, en Angleterre. ♃ Estivale.

24. PATURIN cilié, *P. ciliaris*, L. à panicule resserré ; à valves intérieures des bâles velues, ciliées.

Pluk. tab. 190, f. 5. *Sloan. Jam.* tab. 73, f. 1.

A la Jamaïque.

90. BRIZE, *BRIZA.* * *Lam. Tab. Encyclop.* pl. 45.

CAL. *Bâle* à plusieurs fleurs, à deux *Valves*, ouvertes, réunissant des fleurs rassemblées en épi en forme de cœur : *Valvules* en cœur, concaves, égales, obtuses.

COR. A deux *Valves* : l'*inférieure* ayant la grandeur et la figure du calice : la *supérieure* très-petite, plane, arrondie, engainant l'inférieure.

ÉTAM. Trois *Filamens*, capillaires. *Anthères* oblongues.

PIST. *Ovaire* arrondi. Deux *Styles*, capillaires, recourbés. *Stigmates* plumeux.

PÉR. Nul. La *Corolle* qui ne change point, renferme la semence, s'ouvre, et la laisse échapper.

SEM. Une seule, arrondie, comprimée, très-petite.

Calice formé par deux valves, renfermant plusieurs fleurs. *Épillet* composé de deux rangs de valves florales en cœur, obtuses, les intérieures plus petites.

1. BRIZE petite, *B. minor*, L. à épis triangulaires; à valves du calice plus longues que les sept fleurs qu'elles renferment.

Gramen tremulum minus, paniculâ parvâ; Gramen tremblant plus petit, à panicule petit. *Bauh. Pin.* 2, n.° 4. *Moris.* sect. 8, tab. 6, f. 46. *Scheuchz. Gram.* 205, tab. 4, f. 9.

A Montpellier, en Suisse, en Italie, en Allemagne. ⊙

2. BRIZE verdâtre, *B. virens*, L. à épillets ovales; à valves du calice de la longueur des sept fleurs qu'elles renferment.

En Orient, en Espagne. ⊙

3. BRIZE moyenne, *B. media*, L. à épillets ovales; à valves du calice plus courtes que les sept fleurs qu'elles renferment.

Gramen tremulum, majus; Gramen tremblant, plus grand. *Bauh. Pin.* 2, n.° 2. *Lob. Ic.* 1, p. 44, f. 1. *Clus. Hist.* 2, p. 238, f. 2. *Bauh. Hist.* 2, p. 469, f. 2. *Moris. Hist.* sect. 8, tab. 6, f. 45. *Barrel.* tab. 15, f. 1 et t. 16. *Leers.* n.° 64, tab. 7, f. 2. *Flor. Dan.* t. 258.

Nutritive pour le Mouton, la Chèvre, le Bœuf.

En Europe, dans les prés. ♃ Vernale.

4. BRIZE très-grande, *B. maxima*, L. à épillets en cœur, formés par dix-sept fleurs.

Gramen tremulum, maximum; Gramen tremblant, très-grand. *Bauh. Pin.* 2, n.° 1. *Prod.* 5, f. 1. *Moris.* sect. 8, tab. 6, f. 48. *Barrel.* t. 15, f. 1. *Jacq. Obs.* 3, t. 60.

En Italie, en Portugal, à Montpellier. Vernale.

5. BRIZE Amourette, *B. Eragrostis*, L. à épillets lancéolés, formés par vingt fleurs.

Gramen paniculis elegantissimis, etc. Gramen à panicules très-elegans, etc. *Bauh. Pin.* 2, n.° 5. *Dod. Pempt.* 561, fig. 4. *Lob. Ic.* 1, p. 7, f. 2. *Clus. Hist.* 2, p. 218, f. 1. *Lugd.* 428, f. 3. *Barrel.* tab. 43 et 744.

En Suisse, à Lyon.

91. UNIOLE, *UNIOLA*. †

CAL. *Bâle* à plusieurs fleurs, à plusieurs *Valves*, placées sur deux rangs en recouvrement les unes sur les autres, en alêne, comprimées, en nacelle, un peu en carêne, l'une engainant l'autre. La dernière paire de valves, renfermant un *Épi* ovale, comprimé, plane, aigu sur les bords.

COR. *Bâle* à deux *Valves*, lancéolées, comprimées, semblables à celles du calice; l'*intérieure* un peu saillante au-dessus de l'*extérieure*.

ÉTAM. Trois *Filamens*, capillaires. *Anthères* oblongues, linéaires.

PIST. *Ovaire* conique. Deux *Styles* droits, simples. *Stigmates* duvetés.

PÉR. Nul. La *Corolle* renferme la semence.

SEM. Une seule, ovale, oblongue.

Calice formé par plusieurs valves. *Épillet* ovale, en carêne.

1. UNIOLE paniculée, *U. paniculata*, L. à fleurs en panicule, à épillets ovales.
   Pluk. tab. 32, f. 6.
   A la Caroline.

2. UNIOLE bipinnée, *U. bipinnata*, L. à fleurs en panicule resserré en épi; à grappes pinnées, en recouvrement en dessous.
   En Egypte.

3. UNIOLE pointue, *U. mucronata*, L. à fleurs en épi sur deux rangs; à épillets ovales; à calices comme à arêtes.
   Dans l'Inde Orientale.

4. UNIOLE à épi, *U. spicata*, L. à fleurs comme en épi; à feuilles roulées, roides.
   Dans l'Amérique Septentrionale.

92. DACTYLE, *DACTYLIS*. * *Lam. Tab. Encyclop.* pl. 44.

CAL. *Bâles* à *Valves* comprimées, tournées d'un seul côté, aiguës, dont une en carêne plus longue que la fleur, l'autre plus courte.

COR. *Bâle* comprimée, oblongue, aiguë, à *Valves* dont une en carêne, plus longue, placée dans la valve la plus grande du calice.

ÉTAM. Trois *Filamens*, capillaires, de la longueur de la corolle. *Anthères* fourchues.

PIST. *Ovaire* en toupie. Deux *Styles*, capillaires, ouverts, velus. *Stigmates* simples.

PÉR. Nul. La *Corolle* renferme la semence, et la laisse échapper.

SEM. Solitaire, nue, comprimée d'un côté, convexe de l'autre.

OBS. *Quelques espèces présentent un calice à une fleur, d'autres à trois, quatre, ou plusieurs fleurs.*

Calice comprimé, formé par deux valves, dont une plus grande, en carène.

1. DACTYLE cynosuroïde, *D. cynosuroïdes*, L. à épis épars, tournés d'un seul côté, rudes, nombreux.

En Virginie, au Canada, en Portugal, en Angleterre. ♃

2. DACTYLE pelotonné, *D. glomerata*, L. à panicule formé d'un seul côté par des fleurs entassées.

Gramen spicatum, folio aspero; Gramen en épi, à feuille rude. *Bauh. Pin.* 3, n.° 5. *Prod.* 9, f. 1, *Lugd.* 427, f. 1. *Bauh. Hist.* 2, p. 467, f. 2. *Moris. Hist.* sect. 8, t. 6, f. 38. *Barrel.* tab. 26, f. 1 et 3. *Leers.* n.° 57, tab. 3, f. 3.

Nutritive pour le Cheval, le Mouton, la Chèvre.

En Europe. ♃ Estivale.

3. DACTYLE cilié, *D. ciliaris*, L. à épi formé d'un seul côté par des fleurs réunies en tête; à calices à trois fleurs; à chaume rampant.

Au cap de Bonne-Espérance.

4. DACTYLE pied de lièvre, *D. lagopoïdes*, L. à épis arrondis, duvetés; à chaume couché, rameux.

Au Malabar. ♃

93. CYNOSURE, *CYNOSURUS.* * *Lam. Tab. Encyclop.* pl. 47.

CAL. *Collerette* partielle latérale, souvent à trois feuillets, grande.

Bâle à plusieurs fleurs, à deux *Valves*, linéaires, pointues, égales.

COR. à deux *Valves*, l'*extérieure* concave, plus longue; l'*intérieure* plane, sans arête.

ÉTAM. Trois *Filamens*, capillaires. *Anthères* oblongues.

PIST. *Ovaire* en toupie. Deux *Styles* velus, renversés. *Stigmates* simples.

PÉR. Nul. La *Corolle* enveloppe étroitement la semence, et ne s'ouvre point.

SEM. Une seule, oblongue, pointue aux deux extrémités.

OBS. *La* Collerette *dans plusieurs espèces est pinnatifide ou en forme de peigne. Le nombre des fleurs varie dans certaines espèces.*

Calice formé par deux valves, renfermant plusieurs fleurs. *Réceptacle* propre inséré d'un seul côté, feuillé.

1. CYNOSURE à crête, *C. cristatus*, L. à bractées pinnatifides.

Gramen pratense, cristatum, seu spicâ cristatâ, lævi; Gramen des prés, à crête, ou à épi à crête, lisse. *Bauh. Pin.* 3, n.° 1. *Prod.* 8, f. 1. *Barrel.* tab. 27, f. 1 et 2. *Leers.* n.° 99, t. 7, f. 4. *Flor. Dan.* tab. 238.

Nutritive pour le Mouton, l'Oie.

En Europe, dans les prés. ♃ Vernale.

2. CYNOSURE hérissonné, *C. echinatus*, L. à bractées pinnées ; à paillettes a arêtes.

Gramen alopecuroïdes, spicâ asperâ ; Gramen alopécuroïde, à épi rude. *Bauh. Pin.* 4, n.° 6. *Prod.* 10, f. 2. *Lugd. Hist.* 432, f. 2. *Bauh. Hist.* 2, p. 471, et 474, f. 1. *Barrel.* tab. 123, f. 1. *Scheuchz. Gram.* 80, t. 2, f. 8. B. D.

Dans l'Europe Méridionale, en Orient.

3. CYNOSURE Lima, *C. Lima*, L. à épi tourné d'un seul côté ; à bâle intérieure du calice placée sous les épillets.

En Espagne. ⊙

4. CYNOSURE dur, *C. durus*, L. à épillets tournés d'un seul côté ; alternes, assis, roides, obtus, appliqués contre le péduncule.

Barrel. tab. 50. *Pollich. Pal.* n.° 100, t. 1, f. 1.

En Allemagne, en Dauphiné, à Montpellier. ⊙ Vernale.

5. CYNOSURE bleu, *C. cæruleus*, L. a bractées entières.

Gramen glumis variis, Gramen à bâles différentes. *Bauh. Pin.* 10, n.° 8. *Prod.* 21, n.° 75, f. 1. *Scheuchz. Gram.* 83, t. 2, f. 9. A. B. *Ard. Spec.* 2, t. 6, f. 3, 4, 5.

En Suisse, en Dauphiné, en Lithuanie. Vernale.

6. CYNOSURE coracan, *C. coracanus*, L. à épis en digitations, recourbés ; à chaume comprimé, droit ; à feuilles comme opposées.

Gramen dactylon, Ægyptiacum ; Gramen dactyle, d'Egypte. *Bauh. Pin.* 7, n.° 1. *Vesl. Ægypt.* 52 et 53. *Pluk.* tab. 91, f. 5. *Rumph. Amb.* 5, t. 76, f. 2.

Ce synonyme de *G. Bauhin* est cité pour l'espèce suivante.

Dans l'Inde Orientale. ⊙

7. CYNOSURE d'Egypte, *C. Ægyptius*, L. à épis en digitations, quatre à quatre, obtus, très-ouverts, pointus ; à calices pointus ; à chaume rampant ; à feuilles opposées.

Moris. Hist. sect. 8, tab. 3, f. 7. *Pluk.* tab. 300, f. 8.

En Asie, en Afrique, en Amérique.

8. CYNOSURE des Indes, *C. Indicus*, L. à épis digités, linéaires ; à chaume comprimé, incliné, à nodosités à la base ; à feuilles alternes.

Pluk. tab. 199, f. 7. *Rheed. Mal.* 12, p. 131, tab. 69. *Rumph. Amb.* 6, p. 10, tab. 4, f. 2.

Aux Indes Orientales. ⊙

9. CYNOSURE à verge, *C. virgatus*, L. à panicule à rameaux simples ; à fleurs assises, le plus souvent au nombre de six, la dernière stérile ; les inférieures presque à arêtes.

Sloan. Jam. tab. 70, f. 2.

A la Jamaïque.

10. CYNOSURE doré, *C. aureus*, L. à panicules à épillets stériles, pendans, trois à trois; à fleurs à arêtes.

Gramen paniculâ pendulâ, aureâ; Gramen à panicule pendant, doré. *Bauh. Pin.* 3, n.° 2. *Lugd. Hist.* 430, f. 1. *Barrel.* tab. 4.

En Orient, en Provence. ⊙

94. FESTUQUE, *FESTUCA. Lam. Tab. Encyclop.* pl. 46.

CAL. *Bâle* à plusieurs fleurs, à deux *Valves*, droite, rassemblant les fleurs en épi grêle: *Valvules* en alêne, pointues; l'inférieure plus petite.

COR. à deux *Valves*, l'inférieure plus grande, ayant la figure de celles du calice, mais les surpassant en longueur, un peu arrondie, pointue.

ÉTAM. Trois *Filamens*, capillaires, plus courts que la corolle. *Anthères* oblongues.

PIST. *Ovaire* en toupie. Deux *Styles*, courts, renversés. *Stigmates* simples.

PÉR. Nul. La *Corolle* étroitement fermée, adhère à la semence, et ne s'ouvre point.

SEM. Une seule, grêle, oblongue, très-pointue aux deux extrémités, marquée d'un sillon dans toute sa longueur.

Calice formé par deux valves. *Épillet* oblong, arrondi, à bâles pointues.

* I. *FESTUQUES à panicule tourné d'un seul côté.*

1. FESTUQUE bromoïde, *F. bromoïdes*, L. à panicule tourné d'un seul côté; à épillets droits, lisses; à une valve du calice entière, l'autre pointue.

Barrel. tab. 100. *Pluk.* tab. 33, f. 10.

2. FESTUQUE des moutons, *F. ovina*, L. à panicule tourné d'un seul côte, resserré, à arêtes; à chaume à quatre côtés, presque sans feuilles; à feuilles sétacées.

Gramen foliis junceis brevibus, majus, radice nigrâ; Gramen à feuilles de jonc courtes, plus grand, à racine noire. *Bauh. Pin.* 5, n.° 2. *Loës. Prus.* 110, n.° 24. *Leers.* n.° 74, t. 8, f. 3.

Nutritive pour le Cheval, le Mouton, la Chèvre, le Boeuf.

En Europe. ♃

3. FESTUQUE rouge, *F. rubra*, L. à panicule tourné d'un seul côté, rude; à épillets de six fleurs, à arêtes; la dernière fleur sans arête; à chaume demi-arrondi.

Leers. n.° 76, t. 8, f. 1.

Nutritive pour le Cheval, la Chèvre.

En Europe, dans les terrains secs.

4. FESTUQUE améthystine, *F. amethysthina*, L. à panicule tortueux; à épillets tournés d'un seul côté, inclinés, presque sans arêtes; à feuilles sétacées.

En Italie, en France, en Suisse, en Angleterre.

5. FESTUQUE rampante, *F. reptatrix*, L. à panicule tourné d'un seul côté, à rameaux simples; à épillets presque assis.

Dans l'Arabie, la Palestine. ♃

6. FESTUQUE durette, *F. duriuscula*, L. à panicule tourné d'un seul côté, oblong; à épillets de six fleurs, oblongs, lisses; à feuilles sétacées.

Gramen foliis junceis brevibus, minus; Gramen à feuilles de jonc courtes, plus petit. *Bauh. Pin.* 5, n.° 3. *Lob. Ic.* 1, p. 7, f. 1. *Lugd. Hist.* 432, f. 3. *Bauh. Hist.* 2, p. 463, f. 2. *Leers.* n.° 75, tab. 8, f. 2.

En Europe, dans les prés secs. ♃

7. FESTUQUE des haies, *F. dumetorum*, L. à panicule tourné d'un seul côté, imitant l'épi, duveté; à feuilles filiformes.

Flor. Dan. tab. 700.

En Espagne, en Danemark. ♃

8. FESTUQUE queue-de-rat, *F. myuros*, L. à panicule tourné d'un seul côté, en épi; à calices très-petits, sans arêtes; à fleurs rudes; à arêtes longues.

Moris. Hist. sect. 8, t. 7, f. 43. *Barrel.* tab. 99, f. 1. *Leers.* n.° 77, t. 3, f. 5.

En France, en Italie, en Angleterre, en Allemagne, en Suisse, en Barbarie.

9. FESTUQUE châtain, *F. spadicea*, L. à panicule tourné d'un seul côté; à calices renfermant cinq fleurs, dont la dernière est stérile; à feuilles lisses.

A Montpellier, en Suisse.

10. FESTUQUE phénicoïde, *F. phœnicoïdes*, L. à fleurs en grappe non divisée; à épillets alternes, presque assis, arrondis; à feuilles roulées, roides, presque piquantes.

Gerard. Prov. 95, tab. 2, f. 2.

En Provence, sur les bords de la mer. ♃

* II. *FESTUQUES à panicule égal.*

11. FESTUQUE brunâtre, *F. fusca*, L. à panicule droit, rameux; à épillets assis, en carène, sans arêtes.

Dans la Palestine.

12. FESTUQUE inclinée, *F. decumbens*, L. à panicule droit; à épillets

comme

comme ovales, sans arêtes; à calices plus grands que les fleurs; à chaume incliné.

Pluk. tab. 34, f. 1. *Moris. Hist.* sect. 8, t. 2, f. 6. *Leers.* n.° 78, t. 7, f. 5. *Flor. Dan.* tab. 162.

13. FESTUQUE élevée, *F. elatior*, L. à panicule tourné d'un seul côté, droit; à épillets presque à arêtes: les extérieurs arrondis.

Gramen arundinaceum, spicâ multiplici; Gramen roseau, à plusieurs epis. *Bauh. Pin.* 6, n.° 1. *Lob. Ic.* 1, p. 6, f. 1. *Lugd. Hist.* 434, f. 2. *Bauh. Hist.* 2, p. 480, f. 1. *Barrel.* tab. 25, f. 2. *Leers.* n.° 79, t. 8, f. 6.

Nutritive pour le Cheval, la Chèvre, le Bœuf, l'Oie, le Canard.

En Europe, dans les prés. ♃ Estivale.

14. FESTUQUE flottante, *F. fluitans*, L. à panicule rameux, droit; à épillets presque assis, arrondis, sans arêtes.

Gramen aquaticum, fluitans, multiplici spicâ; Gramen aquatique, flottant, à plusieurs épis. *Bauh. Pin.* 3, n.° 1. *Lob. Ic.* 1, p. 12, f. 2. *Bauh. Hist.* 2, p. 490, f. 1. *Loesel. Pruss.* 108, n.° 21. *Moris. Hist.* sect. 8, t. 3, f. 16. *Barrel.* tab. 7. *Leers.* n.° 80, t. 8, f. 5. *Flor. Dan.* t. 237. *Icon. Pl. Med.* tab. 220.

Nutritive pour le Cheval, le Mouton, la Chèvre, le Bœuf.

En Europe, dans les marais et les fossés aquatiques. Estivale.

15. FESTUQUE à crête, *F. cristata*, L. à panicule resserré en épi lobé; à epillets ovales, larges, de six fleurs, hérissés.

En Portugal.

16. FESTUQUE calycine, *F. calycina*, L. à panicule resserré; à épillets linéaires; à calices plus longs que les fleurs; à feuilles barbues à la base.

En Espagne. ⊙

95. BROME, *BROMUS.* * *Lam. Tab. Encyclop.* pl. 46.

CAL. *Bâle* à plusieurs fleurs, à deux *Valves*, ouverte, rassemblant les fleurs en épi: *Valvules* ovales, oblongues, pointues, sans arête: l'inférieure plus petite.

COR. à deux *Valves*: l'*inférieure* plus grande, ayant la grandeur et la figure du calice, concave, obtuse, à deux divisions peu profondes, munie d'une arête droite au-dessous du sommet: la *supérieure* lancéolée, petite, sans arête.

ÉTAM. Trois *Filamens*, capillaires, plus courts que la corolle. *Anthères* oblongues.

PIST. *Ovaire* en toupie. Deux *Styles*, courts, renversés, velus. *Stigmates* simples.

PÉR. Nul. La *Corolle* étroitement fermée, adhère à la semence, et ne s'ouvre point.

SEM. Une seule, oblongue, couverte, convexe d'un côté, sillonnée de l'autre.

Calice formé par deux valves. *Épillet* oblong, arrondi, à fleurs rangées sur deux côtés, dont les arêtes naissent au-dessous du sommet des valves.

1. BROME seigle, *B. secalinus*, L. à panicule ouvert; à épillets ovales; à arêtes droites; à semences distinctes.

Festuca graminea, glumis hirsutis; Festuque graminée, à bâles hérissées. *Bauh. Pin.* 9, n.° 1. *Dod. Pempt.* 539, f. 3. *Lob. Ic.* 1, p. 33, f. 1. *Lugd. Hist.* 405, f. 2, et 428, f. 1. *Bauh. Hist.* 2, p. 438, f. 1. *Moris. Hist.* sect. 8, t. 7, f. 16. *Scheuchz. Gram.* 250, tab. 5, f. 9. *Leers.* n.° 81, t. 12, f. 2.

Nutritive pour le Cheval, le Mouton, la Chèvre, le Bœuf. Le panicule coloré en vert.

En Europe. ☉ Estivale.

2. BROME mollet, *B. mollis*, L. à panicule redressé; à épis ovales, duvetés; à arêtes droites; à feuilles très-molles, velues.

Bauh. Hist. 2, p. 439, f. 1. *Moris. Hist.* sect. 8, tab. 7, f. 18. *Scheuchz. Gram.* 254, tab. 5, f. 12. *Leers.* n.° 82, tab. 11, f. 1.

Dans l'Europe Méridionale. ♂ Estivale.

3. BROME rude, *B. squarrosus*, L. à panicule penché; à épillets ovales; à arêtes recourbées.

Festuca graminea, glumis vacuis; Festuque graminée, à bâles vides. *Bauh. Pin.* 9, n.° 2. *Barrel.* tab. 24, f. 1 et 2, et tab. 84. *Scheuchz. Gram.* 251, tab. 5, f. 11.

En Europe. Estivale.

4. BROME purgatif, *B. purgans*, L. à panicule penché, frisé; à feuilles nues des deux côtés; à gaines garnies de poils; à bâles velues.

Au Canada. ♃

5. BROME foible, *B. inermis*, L. à panicule droit; à épillets comme arrondis, en alêne, nus, presque sans arêtes.

Schreb. Gram. 93, tab. 13.

En Allemagne, en Suisse. ♃

6. BROME rude, *B. asper*, L. à panicule penché, rude; à épillets velus, à arêtes; à feuilles rudes.

Moris. Hist. sect. 8, tab. 7, f. 27.

En France, en Allemagne, en Suisse, en Angleterre. ♃ Estivale.

7. BROME cilié, *B. ciliatus*, L. à panicule penché; à feuilles et gaines un peu velues des deux côtés; à bâles ciliées.

Au Canada. ♃

8. BROME stérile, *B. sterilis*, L. à panicule étalé ; à épillets oblongs, disposés sur deux rangs ; à bâles en alêne, à arêtes.

Festuca avenacea, sterilis, elatior ; Festuque avenacée, stérile, plus élevée. *Bauh. Pin.* 9, n.° 7. *Dod. Pempt.* 540, f. 2. *Lob. Ic.* 1, p. 32, f. 2. *Lugd. Hist.* 405, f. 1. *Camer. Epit.* 927. *Moris. Hist.* sect. 8, t. 7, f. 11. *Scheuchz. Gram.* 258, tab. 5, f. 14. *Leers.* n.° 83, tab. 11, f. 4.

En Europe. Vernale.

9. BROME des champs, *B. arvensis*, L. à panicule penché ; à épillets ovales, oblongs.

Festuca graminea, jubâ effusâ ; Festuque graminée, à crinière étalée. *Bauh. Pin.* 9, n.° 3. *Scheuchz. Gram.* 262, t. 5, f. 15. *Leers.* n.° 84, t. 11, f. 3. *Flor. Dan.* tab. 293.

Nutritive pour le Cheval, le Mouton, la Chèvre, le Bœuf.

En Europe, sur les bords des champs. ☉ Estivale.

10. BROME genouillé, *B. geniculatus*, L. à panicule droit ; à fleurs écartées ; à péduncules anguleux ; à chaume couché aux articulations.

En Portugal.

11. BROME des toits, *B. tectorum*, L. à panicule penché ; à épillets linéaires.

Moris. Hist. sect. 8, tab. 7, f. 13. *Barrel.* tab. 75, f. 1. *Pluk.* tab. 299, f. 2. *Leers.* n.° 85, t. 10, f. 2.

Nutritive pour le Cheval, le Mouton, la Chèvre, le Bœuf.

En Europe, dans les lieux secs. ♂ Vernale.

12. BROME gigantesque, *B. giganteus*, L. à panicule penché ; à épillets de quatre fleurs ; à arêtes plus courtes.

Vaill. Bot. 93, tab. 18, f. 3. *Scheuchz. Gram.* 264, tab. 5, f. 17. *Leers.* n.° 86, tab. 10, f. 1.

Nutritive pour le Cheval, le Mouton, la Chèvre, le Bœuf.

En Europe, dans les lieux humides et ombragés. ♃ Estivale.

13. BROME rougeâtre, *B. rubens*, L. à panicule en faisceau ; à épillets presque assis, velus ; à arêtes droites.

En Espagne.

14. BROME à ballet, *B. scoparius*, L. à panicule en faisceau ; à épillets presque assis, lisses ; à arêtes étalées.

En Espagne.

15. BROME roide, *B. rigens*, L. à panicule en épi ; à épillets presque assis, droits, duvetés, le plus souvent de quatre fleurs.

En Portugal.

16. BROME à grappe, *B. racemosus*, L. à grappe très-simple ;

à péduncule portant une seule fleur ; à épillets de six fleurs, lisses, à arêtes.

En Angleterre.

17. BROME à trois fleurs, *B. triflorus*, L. à panicule ouvert ; à épillets le plus souvent à trois fleurs.

En Allemagne, en Danemarck.

18. BROME de Madrid, *B. Madritensis*, L. à panicule rare, étalé, droit ; à épillets linéaires : les intermédiaires deux à deux ; à pédicules épaissis au sommet.

Barrel. tab. 76, f. 1.

En Espagne, en Angleterre.

19. BROME rameux, *B. ramosus*, L. à chaume très-rameux ; à épillets assis ; à feuilles roulées, en alène.

En Orient. ♃

20. BROME pinné, *B. pinnatus*, L. à chaume sans division ; à épillets alternes, presque sans péduncules, arrondis ; à arêtes plus courtes que les bâles.

Gramen spicâ brizæ, majus ; Gramen à épi d'amourette, plus grand. *Bauh. Pin.* 9, n.° 1. *Prod.* n.° 58, p. 18, f. 1. *Barrel.* tab. 25, f. 1. *Loes.* n.° 87, tab. 10, f. 3. *Bul. Paris.* tab. 48.

Nutritive pour le Cheval, la Chèvre.

En Europe. ♃ Estivale.

21. BROME à crête, *B. cristatus*, L. à épillets sur deux côtés, en recouvrement, assis, déprimés.

Gmel. Sibir. 1, p. 32, tab. 50, f. 3.

En Sibérie, en Tartarie. ♃

22. BROME à deux épis, *B. distachyos*, L. à deux épis, droits ; alternes.

Gramen spicâ brizæ, minus ; Gramen à épi d'amourette, plus petit. *Bauh. Pin.* 9, n.° 2. *Pluk.* tab. 33, f. 1. *Ger. Prov.* 98, t. 3, f. 1.

En Provence, à Montpellier, en Bourgogne. ⊙ Estivale.

23. BROME stipoïde, *B. stipoïdes*, L. à panicule droit ; à péduncules en lame d'épée.

Dans l'isle de Majorque. ⊙

96. STIPE, *STIPA*. * *Lam. Tab. Encyclop.* pl. 41.

CAL. *Bâle* à une fleur, à deux *Valves*, lâche, pointue.

COR. à deux valves : l'*extérieure* terminée au sommet par une arête très-longue, tordue, articulée à sa base, droite ; l'*intérieure*, de la longueur de l'extérieure, sans arête, linéaire.

ÉTAM. Trois *Filamens*, capillaires. *Anthères* linéaires.

PIST. *Ovaire* oblong. Deux *Styles*, hérissés. *Stigmates* duvetés.

PÉR. Nul. La *Corolle* adhère à la semence.

SEM. Une seule, oblongue, couverte.

OBS. *L'arête de la bâle de la corolle se distingue en ce qu'elle est articulée au sommet.*

Calice formé par deux valves, renfermant une seule fleur. *Corolle* à valve extérieure terminée par une barbe très-longue, articulée à sa base.

1. STIPE empennée, *S. pennata*, L. à arêtes en barbe de plume.

Gramen sparteum, pennatum; Gramen sparte, empenné. *Bauh. Pin.* 5, n.° 11. *Lugd. Hist.* 431, f. 3. *Clus. Hist.* 2, p. 221, f. 3. *Bauh. Hist.* 2, p. 512, f. 2. *Barrel.* tab. 46. *Bul. Paris.* tab. 49.

A Montpellier, à Lyon, en Suisse. ♃ Estivale.

2. STIPE joncière, *S. juncea*, L. à arêtes nues, droites; à calices plus longs que les semences; à feuilles intérieurement lisses.

Festuca junceo folio; Festùque à feuilles de jonc. *Bauh. Pin.* 9, n.° 5.

A Montpellier, en Suisse. ♂

3. STIPE capillaire, *S. capillata*, L. à arêtes nues, recourbées; à calices plus longs que les semences; à feuilles intérieurement duvetées.

Festuca longissimis aristis, glumis vacuis, spadicei coloris; Festuque à arêtes très-longues, à bâles vides, couleur châtain. *Bauh. Pin.* 10, n.° 15.

En Allemagne, en Bourgogne, à Paris. Estivale.

4. STIPE de Montpellier, *S. Aristella*, L. à arêtes nues, droites, à peine deux fois plus longues que les calices; à ovaires laineux.

A Montpellier. ♃

5. STIPE très-tenace, *S. tenacissima*, L. à arêtes velues à la base; à panicule resserré en épi; à feuilles filiformes.

Gramen sparteum, primum, paniculâ comosâ; Gramen sparte, premier, à panicule chevelu. *Bauh. Pin.* 5, n.° 1. *Dod. Pempt.* 765, f. 1. *Lob. Ic.* 1, p. 88, f. 1. *Lugd. Hist.* 178, f. 1. *Clus. Hist.* 2, p. 220, f. 1.

En Espagne, dans les terrains sablonneux. ♃

6. STIPE avenacée, *S. avenacea*, L. à arêtes nues; à calices de la longueur de la semence.

En Virginie.

7. STIPE membraneuse, *S. membranacea*, L. à pédicules dilatés, membraneux.

En Espagne.

8. STIPE à faisceaux, *S. arguens*, L. à arêtes nues; à bractées barbues à la base; à fleurs assises, en faisceaux.

Rumph. Amb. 6, p. 15, tab. 6, fig. 1.

Dans l'Inde Orientale.

9. STIPE à épines, *S. spinifex*, L. à fleurs sans arêtes; à bractées des têtes en faisceaux, très-grandes, pointues.

Rumph. Amb. 6, p. 6, tab. 2, fig. 2.

Dans l'Inde Orientale, sur les bords de la mer. ♃

97. AVOINE, *AVENA*. * *Tournef. Inst.* 514, tab. 297. *Lam. Tab. Encyclop.* pl. 47.

CAL. *Bâle* le plus souvent à plusieurs fleurs, réunissant les fleurs en épi peu serré, à deux *Valves* lancéolées, aiguës, ventrues, peu serrées, grandes, sans arête.

COR. A deux *Valves* : l'*inférieure* plus dure que le calice, et l'égalant en grandeur, un peu arrondie, ventrue, pointue aux deux extrémités, munie sur le dos d'une arête contournée en spirale, comme genouillée.

ÉTAM. Trois *Filamens*, capillaires. *Anthères* oblongues, bifurquées.

PIST. *Ovaire* obtus. Deux *Styles*, renversés, velus. *Stigmates* simples.

PÉR. Nul. La *Corolle* étroitement fermée, adhère à la semence, et ne s'ouvre point.

SEM. Une seule, grêle, oblongue, pointue aux deux extrémités, marquée d'un sillon dans toute sa longueur.

OBS. *L'Arête articulée et tordue, placée sur le dos de la valve inférieure de la corolle, forme le caractère essentiel de ce genre.*

Calice formé par deux valves, renfermant plusieurs fleurs. *Corolle* composée de deux valves, dont l'inférieure porte sur le dos une arête tortillée.

1. AVOINE de Sibérie, *A. Sibirica*, L. à fleurs en panicule; à calices renfermant une seule fleur; à semences hérissées; à arêtes trois fois plus longues que le calice.

Gmelin. Sibir. 1, p. 113, tab. 22.

En Sibérie.

2. AVOINE élevée, *A. elatior*, L. à fleurs en panicule; à calices renfermant deux fleurs, dont une hermaphrodite à arêtes très-courtes; l'autre mâle, à arête très-longue.

Leers. n.° 88, tab. 10, f. 4. *Flor. Dan.* 165.

Cette espèce offre une variété.

Gramen nodosum, avenaceâ paniculâ; Gramen noueux, à panicule avénacé. *Bauh. Pin.* 2, n.° 1, *Prod.* 3, f. 2. *Lob. Ic.* 1, p. 23, fig. 1 et 2. *Lugd. Hist.* 434, f. 1. *Bauh. Hist.* 3, p. 436, fig. 1.

En Europe dans les terrains secs et arides. ♃ Estivale.

3. AVOINE stipiforme, *A. stipiformis*, L. à fleurs en panicule; à calices renfermant deux fleurs; à arêtes deux fois plus longues que la semence; à chaume rameux.

Au cap de Bonne-Espérance.

4. AVOINE de Pensylvanie, *A. Pensylvanica*, L. à panicule atténué; à calices renfermant deux fleurs; à semences velues; à arêtes deux fois plus longues que le calice.

En Pensylvanie.

5. AVOINE de Loëfling, *A. Loeflingiana*, L. à fleurs en panicule resserré; à deux fleurs dont une pédunculée, terminées par deux arêtes, dont une dorsale, renversée.

En Espagne, au cap de Bonne-Espérance.

6. AVOINE cultivée, *A. sativa*, L. à fleurs en panicule; à calices renfermant deux semences, lisses, dont une à arête.

Avena vulgaris, alba et nigra; Avoine commune, blanche et noire. *Bauh. Pin.* 23, n.os 1 et 2. *Dod. Pempt.* 511, f. 1. *Lob. Ic.* 1, p. 31, f. 2. *Lugd. Hist.* 403, f. 1. *Camer. Epit.* 191. *Bauh. Hist.* 2, p. 432, f. 1. *Bul. Paris.* tab. 50. *Icon. Pl. Med.* tab. 521.

1. Avoine, *Avena*. 2. Semence. 3. Farineuse, mucilagineuse, insipide. 4. Un mucilage transparent et blanc, qui s'élève jusqu'à la moitié de son poids. 5. La décoction d'avoine est un aliment et un médicament, très-utile et très-sain, dans toutes les maladies aiguës, inflammatoires, ardentes, putrides, acrimonieuses. 6. L'avoine écorcée, grossièrement concassée, prend le nom de *gruau*, qu'on sait être très-usité comme aliment, sur-tout en Écosse, où le pauvre ne connoît presque pas d'autre nourriture. La bière de l'Avoine est limpide et rafraîchissante.

Dans l'isle de Juan Fernandès. ⊙ Estivale.

7. AVOINE nue, *A. nuda*, L. à fleurs en panicule; à calices renfermant trois fleurs; à receptacle plus long que le calice; à pétales portant sur le dos une arête; la troisième fleur, mousse ou sans arête.

Avena nuda; Avoine nue. *Bauh. Pin.* 23, n.o 3. *Dod. Pempt.* 511, f. 2. *Lob. Ic.* 1, p. 32, f. 1. *Bauh. Hist.* 2, p. 433, f. 1. *Moris. Hist.* sect. 8, tab. 7, f. 4.

On ignore son climat natal. ⊙

8. AVOINE follette, *A. fatua*, L. à fleurs en panicule; à calices renfermant trois fleurs, toutes à arêtes et velues à leur base.

Festuca utriculis lanugine flavescentibus; Festuque à utricules laineux jaunâtres. *Bauh. Pin.* 10, n.° 13. *Dod. Pempt.* 530, f. 2. *Lob. Ic.* 1, p. 33, f. 2. *Lugd. Hist.* 406, f. 2. *Bauh. Hist.* 2, p. 433, f. 2. *Barrel.* tab. 75, f. 2. *Leers.* n.° 90, t. 9, f. 4.

Nutritive pour le Cheval, le Mouton, la Chèvre.

En Europe dans les blés. ⊙ Estivale.

9. AVOINE d'Allemagne, *A. sesquitertia*, L. à fleurs en panicule; à calices renfermant le plus souvent trois fleurs, toutes à arêtes; à réceptacles barbus.

Scheuchz. Gram. 220, t. 4, f. 17?

Haller regarde cette espèce comme une variété de l'Avoine jaunâtre.

En Suisse, en Allemagne.

10. AVOINE duvetée, *A. pubescens*, L. à fleurs comme en épi; à calices renfermant le plus souvent trois fleurs, velues à la base; à feuilles planes, duvetées.

Festuca dumetorum; Festuque des haies. *Bauh. Pin.* 10, n.° 11. *Scheuzch. Gram.* 226, t. 4, f. 20. *Leers.* n.° 91, tab. 9, f. 2.

En Allemagne, en Sibérie, en France, en Angleterre, dans les prés. ♃

11. AVOINE stérile, *A. sterilis*, L. à fleurs en panicule; à calices renfermant cinq fleurs, dont les extérieures à arêtes, velues à la base: les intérieures sans arêtes.

En Espagne. ⊙

12. AVOINE jaunâtre, *A. flavescens*, L. à fleurs en panicule lâche; à calices renfermant trois fleurs, courtes, dont chacune à une arête.

Leers. n.° 93, tab. 10, f. 5.

En Allemagne, en France, en Angleterre.

13. AVOINE fragile, *A. fragilis*, L. à fleurs en épi; à calices renfermant quatre fleurs, plus longs qu'elles.

Barrel. tab. 905, f. 1, 2 et 3. *Schreb. Gram.* tab. 24, f. 3.

A Lyon, à Montpellier. ⊙

14. AVOINE des prés, *A. pratensis*, L. à fleurs presque en épi; à calices renfermant cinq fleurs.

Vaill. Bot. tab. 18, f. 1. *Leers.* n.° 92, tab. 9, f. 1.

Nutritive pour le Cheval, le Mouton, la Chèvre, le Bœuf, le Coq.

En Europe dans les prés.

15. AVOINE à épi, *A. spicata*, L. à fleurs en épi; à calices renfermant six fleurs plus longues que les épillets; le pétale extérieur fourchu et à arête au-dessous du sommet.

En Pensylvanie.

16. AVOINE bromoïde, *A. bromoïdes*, L. à fleurs comme en épi; à épillets deux à deux, dont l'un est pédunculé; à arêtes écartées; à calices renfermant huit fleurs.

Scheuzch. Gram. 228, tab. 4, f. 21 et 22.

A Montpellier, en Suisse.

98. LAGURIER, *LAGURUS.* * *Lam. Tab. Encyclop.* pl. 41.

CAL. *Bâle* à une fleur, à deux *Valves*, longues, linéaires, ouvertes, très-grêles, terminées par une arête velue.

COR. *Bâle* à deux *Valves*, plus épaisses que le calice : l'*extérieure* plus longue, terminée par *deux arêtes*, petites, droites; la *troisième arête*, insérée sur le milieu du dos de la même valve, recourbée et tordue: *Valve intérieure* petite, pointue.

ÉTAM. Trois *Filamens*, capillaires. *Anthères* oblongues.

PIST. *Ovaire* en toupie. Deux *Styles*, sétacés, velus. *Stigmates* simples.

PÉR. Nul. La *Corolle* adhère à la semence.

SEM. Solitaire, oblongue, couverte, terminée par une arête.

Calice formé par deux valves, à une barbe velue. *Pétale extérieur* de la corolle, terminé par deux arêtes : une troisième tortillée part du dos du même pétale.

1. LAGURIER ovale, *L. ovatus*, L. à épi ovale, à arête.

Gramen alopecuroïdes, spicâ rotundiore; Gramen alopécuroïde; à épi arrondi. *Bauh. Pin.* 4, n.° 1. *Dod. Pempt.* 541, f. 1. *Lob. Ic.* 1, p. 45, f. 2. *Lugd. Hist.* 431, f. 1. *Moris.* sect. 8, tab. 4, f. 1. *Barrel.* tab. 116, f. 1 et 2. *Schreb. Gram.* tab. 19, f. 3.

En Italie, en Sicile, en Portugal, à Montpellier. ⊙ Vernale.

2. LAGURIER cylindrique, *L. cylindricus*, L. à épi cylindrique, sans arête.

Gramen tomentosum, spicatum; Gramen duveté, à épi. *Bauh. Pin.* 4, n.° 1. *Lugd. Hist.* 430, f. 2. *Bauh. Hist.* 2, p. 474, f. 2. *Barrel.* tab. 11.

A Montpellier, à Smyrne, dans l'Isle de Crète. Estivale.

99. ROSEAU, *ARUNDO.* * *Lam. Tab. Encyclop.* pl. 46.

CAL. *Bâle* à une ou plusieurs fleurs, droite, à deux *Valves*, oblongues, pointues, sans arête, dont une plus courte.

COR. A deux *Valves* de la longueur du calice, oblongues, pointues, de la base desquelles s'élève une laine fine, presque aussi longue que la fleur.

ÉTAM. Trois *Filamens*, capillaires. *Anthères* bifurquées aux deux extrémités.

PIST. *Ovaire* oblong. Deux *Styles*, capillaires, renversés, velus. *Stigmates* simples.

PER. Nul. La *Corolle* adhère à la semence, et ne s'ouvre point.

SEM. Une seule, oblongue, pointue aux deux extrémités, garnie à sa base d'une aigrette longue.

Calice formé par deux valves, renfermant des fleurs entassées, laineuses à leur base.

1. ROSEAU Bambou, *A. Bambos*, L. à calices renfermant plusieurs fleurs; à épis trois à trois, assis.

Arundo arbor; Roseau en arbre. *Bauh. Pin.* 18, n.° 1. *Bauh. Hist.* 1, P. 2, p. 222, f. 1 et 2. *Rheed. Malab.* 1, p. 25, t. 16.

2. ROSEAU cultivé, *A. donax*, L. à calices renfermant cinq fleurs; à panicule diffus; à chaume ligneux.

Arundo sativa, quæ donax Dioscoridis; Roseau cultivé ou roseau de Dioscoride. *Bauh. Pin.* 17, n.° 2. *Dod. Pempt.* 602, f. 2. *Lob. Ic.* 1, p. 51, f. 2. *Lugd. Hist.* 999, f. 1. *Camer. Epit.* 72, f. 2. *Bauh. Hist.* 2, p. 486, f. 1. *Mont. Gram.* tab. 1.

En Languedoc. Estivale.

3. ROSEAU commun, *A. phragmites*, L. à calices renfermant cinq fleurs; à panicule lâche.

Arundo vulgaris seu phragmites Dioscoridis; Roseau commun ou roseau vulgaire de Dioscoride. *Bauh. Pin.* 17, n.° 1. *Dod. Pempt.* 602, f. 1. *Lob. Ic.* 1, p. 51, f. 1. *Lugd. Hist.* 1000, f. 1 et 2. *Bauh. Hist.* 2, p. 485, f. 1. *Moris.* sect. 8, t. 8, f. 9. *Leers.* n.° 94, t. 7, f. 1.

1. *Arundo*, Roseau à balais. 2. Racine. 5. Goutte, rhumatisme, maladies vénériennes invétérées. 6. Ses panicules teignent en vert.

Nutritive pour le Cheval, la Chèvre, le Mouton.

En Europe, dans les lacs et les fleuves. ♃ Estivale.

4. ROSEAU petit, *A. epijeios*, L. à calices renfermant une seule fleur, à panicule droit, resserré; à feuilles lisses en dessous.

En Europe sur les collines arides. ♃ Estivale.

5. ROSEAU laineux, *A. Calamagrostis*, L. à calices renfermant une seule fleur, lisse; à corolles laineuses; à chaume rameux.

Gramen arundinaceum, paniculâ molli, spadiceâ, majus; Gramen roseau, à panicule mou, couleur châtain, plus grand. *Bauh. Pin.* 7, n.° 3. *Lob. Ic.* 1, p. 6, f. 2. *Bauh. Hist.* 2, p. 476, f. 1. *Barrel.* tab. 18, f. 1. *Scheuch. Gram.* 122, tab. 3, f. 3. *Flor. Dan.* t. 280.

En Europe dans les marais. ♃ Estivale.

6. ROSEAU des sables, *A. arenaria*, L. à calices renfermant une seule fleur; à feuilles roulées, piquantes.

Gramen sparteum, spicatum, foliis mucronatis, longioribus, vel spicâ secalinâ; Gramen sparte, à épi, à feuilles pointues, plus longues, ou à épi de seigle. *Bauh. Pin.* 5, n.° 3. *Lob. Ic.* 1, p. 89, f. 1. *Clus. Hist.* 2, p. 221, f. 1. *Lugd. Hist.* 178, f. 3. *Bauh. Hist.* 2, p. 511 et 512, f. 1.

En Europe, en Amérique sur les bords de la mer. ♃

100. ARISTIDE, *ARISTIDA.* † *Lam. Tab. Encyclop.* pl. 41.

CAL. *Bâle* à une fleur, à deux *Valves*, en alêne, de la longueur de la corolle.

COR. *Bâle* à une *Valve*, réunie dans sa longueur, hérissée à sa base, terminée par trois arêtes, presque égales, étalées.

ÉTAM. Trois *Filamens*, capillaires. *Anthères* oblongues.

PIST. *Ovaire* en toupie. Deux *Styles*, capillaires. *Stigmates* velus.

PÉR. Nul. Les *Bâles* de la corolle réunies, enveloppent la semence et s'en séparent.

SEM. Une seule, filiforme, nue, de la longueur de la corolle.

Calice formé par deux valves. *Corolle* composée d'une seule valve, terminée par trois arêtes.

1. ARISTIDE de l'Ascension, *A. Adsencionis*, L. à fleurs en panicule
* rameux ; à épis épars.

Pluk. tab. 191, f. 3? *Sloan. Jam.* tab. 2, fig. 5 et 6.

A l'Isle de l'Ascension. ♃

2. ARISTIDE d'Amérique, *A. Americana*, L. à rameaux du panicule très-simples ; à épis alternes.

En Amérique.

3. ARISTIDE plumeuse, *A. plumosa*, L. à arête intermédiaire plus longue, laineuse ; à chaumes velus.

En Amérique.

4. ARISTIDE roseau, *A. arundinacea*, L. à fleurs en panicule ; à arête intermédiaire plus longue, lisse.

Dans l'Inde Orientale.

101. IVRAIE, *LOLIUM.* * *Lam. Tab. Encyclop.* pl. 48.

CAL. *Réceptacle commun* alongé en épi, appliquant sur l'angle du chaume, les fleurs disposées en épis sur deux rangs.

Bâle à une *Valve*, opposée à la rafle, en alêne, persistante.

COR. A deux *Valves* : l'*inférieure* étroite, lancéolée, roulée, pointue, de la longueur du calice : la *supérieure* plus courte, linéaire, plus obtuse, concave extérieurement.

ÉTAM. Trois *Filamens*, capillaires, plus courts que la corolle. *Anthères* oblongues.

PIST. *Ovaire* en toupie. Deux *Styles*, capillaires, renversés. *Stigmates* plumeux.

PÉR. Nul. La semence est nidulée dans la *Corolle*, qui s'ouvre et la laisse échapper.

SEM. Une seule, oblongue, convexe d'un côté, sillonnée de l'autre, aplatie, comprimée.

Calice formé par une seule valve, fixe, renfermant plusieurs fleurs.

1. IVRAIE vivace, *L. perenne*, L. à fleurs en épi sans arêtes; à épillets comprimés, formés par plusieurs fleurs.

Gramen loliaceum, angustiore folio et spicâ; Gramen loliacé; à feuilles et épi plus étroits. *Bauh. Pin.* 9, n.° 3. *Dod. Pempt.* 540, f. 1. *Lob. Ic.* 1, p. 34, f. 2. *Lugd. Hist.* 416, f. 1. *Camer. Epit.* 763. *Leers.* n.° 97, tab. 12, f. 1. *Bul. Paris.* tab. 51.

Nutritive pour le Bœuf, l'Oie, le Dindon.

En Europe sur les bords des champs. ♃ Estivale.

2. IVRAIE menue, *L. tenue*, L. à fleurs en épi sans arêtes, arrondi; à épillets de trois fleurs.

En France, en Allemagne.

3. IVRAIE enivrante, *L. temulentum*, L. à fleurs en épi à arête; à épillets comprimés, formés par plusieurs fleurs.

Gramen loliaceum, spicâ longiore; Gramen loliacé, à épi plus long. *Bauh. Pin.* 9, n.° 1. *Lob. Ic.* 1, p. 35, f. 1. *Lugd. Hist.* 417, f. 1. *Camer. Epit.* 198. *Leers.* n.° 98, t. 12, f. 2.

En Europe sur les bords des champs. Estivale.

4. IVRAIE à deux épis, *L. distachyon*, L. à fleurs en épis deux à deux; à calices renfermant une seule fleur; à corolles laineuses.

Au Malabar.

102. ÉLYME, *ELYMUS.* * *Lam. Tab. Encyclop.* pl. 49.

CAL. *Réceptacle commun* alongé en épi.

Bâle à deux épis, à quatre feuillets, dont deux à chaque épi, en alêne.

COR. A deux *Valves* : l'*extérieure* plus grande, pointue, terminée par une arête; l'*intérieure* plane.

ÉTAM. Trois *Filamens*, capillaires, très-courts. *Anthères* oblongues, divisées à la base en deux parties peu profondes.

PIST. *Ovaire* en toupie. Deux *Styles*, écartés, velus, courbés. *Stigmates* simples.

PÉR. Nul. La *Corolle* enveloppe la semence.

SEM. Une seule; linéaire, convexe d'un côté, couverte.

Calice latéral, agrégé, formé par deux valves, renfermant plusieurs fleurs.

1. ÉLYME des sables, *E. arenarius*, L. à fleurs en épi droit, resserré ; à calices cotonneux plus longs que les fleurs qu'il enveloppe.

Gmel. Sibir. 1, p. 119, t. 25.

Nutritive pour le Cheval, la Chèvre, le Bœuf.

En Europe sur les bords de la mer. ♃

2. ÉLYME de Sibérie, *E. Sibiricus*, L. à fleurs en épi, pendant, resserré ; à épillets réunis, deux à deux, plus longs que le calice.

Gmel. Sib. 1, p. 123, tab. 28. *Schreb. Gram.* tab. 21, f. 1.

En Sibérie. ♃

3. ÉLYME de Philadelphie, *E. Philadelphicus*, L. à fleurs en épi, pendant, étalé ; à épillets formés par six fleurs : les inférieures réunies trois à trois.

A Philadelphie. ♃

4. ÉLYME du Canada, *E. Canadensis*, L. à fleurs en épi incliné, étalé ; à épillets inférieurs réunis trois à trois : les supérieurs réunis deux à deux.

Moris. Hist. sect. 8, tab. 10, f. 2.

Au Canada. ♃

5. ÉLYME canin, *E. caninus*, L. à fleurs en épi incliné, resserré ; à épillets droits, sans collerette : les inférieurs réunis deux à deux.

Moris. Hist. sect. 8, t. 1, f. 2. *Buxb. Cent.* 4, p. 29, tab. 50. *Leers.* n.° 96, tab. 12, f. 4.

En Europe. ♃

6. ÉLYME de Virginie, *E. Virginicus*, L. à fleurs en épi droit ; à épillets à trois fleurs ; à collerette striée.

En Virginie. ♃

7. ÉLYME d'Europe, *E. Europæus*, L. à fleurs en épi, droit ; à calice de la longueur des deux épillets biflores qu'il renferme.

Gramen hordeaceum montanum seu majus ; Gramen ordéacé des montagnes ou plus grand. *Bauh. Pin.* 9, n.° 1. *Hall. App. Ad. Scheuz. Agrost.* t. 1.

En Allemagne, en France, en Suisse, dans les forêts. ♃

8. ÉLYME tête de Méduse, *E. caput Medusæ*, L. à épillets à deux fleurs ; à collerettes sétacées, très-ouvertes.

Schreb. Gram. t. 24, f. 2.

En Portugal, en Espagne, sur les bords de la mer.

9. ÉLYME Porc-épic, *E. Hystrix*, L. à fleurs en épi droit ; à épillets sans collerette, ouverts.

On ignore son climat natal.

103. SEIGLE, *SECALE.* * *Lam. Tab. Encyclop.* pl. 49.

CAL. *Réceptacle commun* alongé en épi.

Bâle à deux fleurs, à deux feuillets opposés, éloignés, droits, linéaires, pointus, plus petits que la corolle : *fleurons* assis.

COR. A deux *Valves* : l'*extérieure* plus rude, ventrue, pointue, comprimée, en carêne ciliée, terminée par une longue arête : l'*intérieure* plane, lancéolée.

ÉTAM. Trois *Filamens*, capillaires, pendans hors de la fleur. *Anthères* oblongues, fourchues.

PIST. *Ovaire* en toupie. Deux *Styles*, renversés, velus. *Stigmates* simples.

PÉR. Nul. La semence est nidulée dans la *Corolle*, qui s'ouvre, et la laisse échapper.

SEM. Une seule, oblongue, comme cylindrique, nue, pointue d'un côté.

OBS. *On trouve souvent une* Troisième Fleur *pédunculée parmi les deux grandes fleurs assises.*

Calice opposé, solitaire, formé par deux valves, renfermant deux fleurs.

1. SEIGLE commun, *S. cereale*, L. à cils des bâles, rudes.

Secale hybernum vel majus; Seigle d'hiver ou plus grand. *Bauh. Pin.* 23, n.° 2. *Dod. Pempt.* 499, f. 1. *Lob. Ic.* 1, p. 28, f. 1. *Lugd. Hist.* 396. *Camer. Epit.* 190. *Bauh. Hist.* 2, p. 416, f. 1. *Bul. Paris.* tab. 52.

Nutritive pour le Coq, le Dindon.

Dans l'isle de Crète. ⊙

2. SEIGLE velu, *S. villosum*, L. à cils des bâles velus; à écailles des calices en forme de coin.

Barrel. tab. 112, f. 1.

Dans l'Europe Méridionale, dans l'Orient.

3. SEIGLE d'Orient, *S. Orientale*, L. à bâles velues; à écailles des calices subulées.

Dans l'Archipel.

4. SEIGLE de Crète, *S. Creticum*, L. à bâles ciliées extérieurement.

Dans l'isle de Crète.

104. ORGE, *HORDEUM.* * *Tournef. Inst.* 513, tab. 295. *Lam. Tab. Encyclop.* pl. 49.

CAL. *Réceptacle commun* alongé en épi.

Bâle à trois *Fleurs* assises, à six feuillets, éloignés, réunis par paires, linéaires, pointus,

COR. A deux *Valves* : l'*inférieure* ventrue, anguleuse, ovale, pointue, plus longue que le calice, terminée par une longue arête : l'*intérieure* lancéolée, plane, plus petite.

ÉTAM. Trois *Filamens*, capillaires, plus courts que la corolle. *Anthères* oblongues.

PIST. *Ovaire* ovale, en toupie. Deux *Styles*, velus, renversés. *Stigmates* semblables aux styles.

PÉR. Nul. La *Corolle* adhère à la semence, et ne s'ouvre point.

SEM. Oblongue, ventrue, anguleuse, pointue aux deux extrémités, marquée d'un côté par un sillon longitudinal.

OBS. *Dans quelques espèces, les trois fleurs* Hermaphrodites *renfermées dans la collerette, sont fertiles ; dans d'autres, les fleurs latérales sont* Males, *et celle du milieu seulement, est hermaphrodite et fertile.*

Calices latéraux, formés par deux valves, renfermant une seule fleur, réunis trois à trois.

1. ORGE vulgaire, *H. vulgare*, L. toutes les fleurs hermaphrodites, à arêtes, disposées sur deux rangs droits.

Hordeum polystichum, hibernum ; Orge à plusieurs rangs, hivernal. *Bauh. Pin.* 22, n.° 1. *Dod. Pempt.* 501, f. 1. *Lob. Ic.* 1, p. 28, f. 2. *Lugd. Hist.* 399, f. 1. *Camer. Epit.* 188. *Moris. Hist.* s. 8, t. 6, f. 3. *Icon. Pl. Med.* tab. 509.

En Sicile, en Russie. ⊙

2. ORGE à six rangs, *H. hexastychon*, L. toutes les fleurs hermaphrodites, à arêtes ; à semences disposées sur six rangs.

Lob. Ic. 1, p. 29, f. 1.

On ignore son climat natal. ⊙

3. ORGE distique, *H. distychon*, L. à fleurs latérales, mâles, sans arêtes ; à semences anguleuses, en recouvrement.

Hordeum distichon ; Orge distique. *Bauh. Pin.* 23, n.° 3. *Dod. Pempt.* 501, f. 2. *Lob. Ic.* 1, p. 29, f. 2. *Lugd. Hist.* 398, f. 1. *Bauh. Hist.* 2, p. 429, f. 1.

1. *Hordeum*, Orge, Orge de mars. 2. Semence. 3. Farineuse, mucilagineuse, insipide, sucrée. 4. Fécules blanches susceptibles de se convertir en mucilage, et d'en fournir les trois quarts de son poids. 5. Sa décoction, plus ou moins chargée, dans toutes les maladies aiguës, les diathèses alkalescentes, le scorbut, le marasme. 6. L'Orge, dépouillé de son écorce, s'appelle *Orge mondé* ou *grué*. Si on l'arrondit, ainsi que cela se pratique en Allemagne et en Flandres, il prend le nom d'*Orge perlé*. L'Orge macéré pendant deux jours, retiré de l'eau, germé à l'air libre, et desséché dans des étuves, est connu des Brasseurs sous le nom d'*Orge Touraillé*, *Malt*. Le Malt, réduit en poudre grossière, s'appelle *Drêche*.

Les Anciens appeloient l'Orge mondé *Ptisane*; nom qu'ils donnoient aussi à la décoction d'Orge. Ils appeloient l'Orge torréfié, *Polenta*, *Soupe*; enfin ils donnoient le nom de crême d'Orge à la décoction d'Orge visqueuse : nous l'appelons aussi *Crême d'Orge*. L'Orge est l'ingrédient le plus ordinaire de la bière.

4. ORGE Zéocrite, *H. Zeocriton*, L. à fleurs latérales mâles, sans arêtes; à semences anguleuses ouvertes, à écorce qui peut se détacher.

Zeocryton seu Oryza Germanica; Zéocrite ou Orge d'Allemagne. *Bauh. Pin.* 22, n.° 5. *Bauh. Hist.* 2, p. 429 et 430, f. 1. *Schreb. Gram.* 125, tab. 17.

On ignore son climat natal.

5. ORGE bulbeux, *H. bulbosum*, L. toutes les fleurs fertiles, trois à trois, à arêtes; à collerettes sétacées, ciliées à la base.

Gramen bulbosum ex Alepo; Gramen bulbeux d'Alep. *Bauh. Pin.* 2, n.° 5. *Moris. Hist.* sect. 8, t. 6, f. 7. *Barrel.* tab. 112, f. 2.

En Italie, en Orient. ♃

6. ORGE noueux, *H. nodosum*, L. à fleurs latérales mâles, sans arêtes; à collerettes sétacées, lisses.

Rai. Angl. 3, tab. 20, f. 2.

En Angleterre, dans l'Inde.

7. ORGE des murs, *H. murinum*, L. à fleurs latérales mâles, à arêtes; à collerettes intermédiaires ciliées.

Gramen hordeaceum, minus et vulgare; Gramen ordéacé, plus petit et vulgaire. *Bauh. Pin.* 9, n.° 2. *Lob. Ic.* 1, p. 30, f. 1. *Lugd. Hist.* 427, f. 3. *Moris. Hist.* sect. 8, tab. 6, f. 4. *Flor. Dan.* tab. 629.

En Europe dans les lieux stériles. ☉

8. ORGE à crinière, *H. jubatum*, L. à arêtes et collerettes très-longues.

Buxb. Cent. 1, p. 33, tab. 52, f. 1.

A Smyrne.

105. FROMENT, *TRITICUM.* * *Tourn. Inst.* 512, tab. 292 et 293. *Lam. Tab. Encyclop.* pl. 49.

CAL. *Réceptacle commun* alongé en épi.

Bâle le plus souvent à trois fleurs, à deux *Valves*, ovales, un peu obtuses, concaves.

COR. A deux *Valves*, presque égales, de la grandeur du calice : l'*extérieure* ventrue, en pointe obtuse : l'*intérieure* plane.

ÉTAM. Trois *Filamens*, capillaires. *Anthères* oblongues, bifurquées.

PIST.

PIST. *Ovaire* en toupie. Deux *Styles*, capillaires, renversés. *Stigmates* plumeux.

PÉR. Nul. La semence est nidulée dans la *Corolle*, qui s'ouvre, et la laisse échapper.

SEM. Une seule, ovale, oblongue, obtuse aux deux extrémités, convexe d'un côté, sillonnée de l'autre.

OBS. *Dans quelques espèces, la valve extérieure de la corolle est terminée par une arête; dans d'autres, elle est sans arête. Le fleuron du milieu est souvent mâle.*

Calice solitaire, formé par deux valves, renfermant de deux à cinq fleurs, qui sont obtuses et terminées par une pointe.

* I. *FROMENS annuels.*

1. FROMENT d'été, *T. æstivum*, L. à calices ventrus, renfermant quatre fleurs lisses, en recouvrement, à arêtes.

Triticum æstivum; Froment d'été. *Bauh. Pin.* 21, n.° 3. *Hall. Goett.* 5, t. 1, f. 1.

Cultivé dans les champs. ⊙

2. FROMENT d'hiver, *T. hibernum*, L. à calices ventrus, renfermant quatre fleurs, lisses, placés en recouvrement, presque sans arêtes.

Triticum hibernum aristis carens; Froment d'hiver sans barbes. *Bauh. Pin.* 21, n.° 1. *Dod. Pempt.* 489, f. 1. *Lob. Ic.* 1, p. 25. *Lugd. Hist.* 378, f. 1. *Bauh. Hist.* 2, p. 407, f. 1. *Bul. Paris.* tab. 53.

1. *Amylum*, Froment d'hiver. 2. Amidon, farine. 3. Farineux, presque insipide, très-glutineux. 4. Mucilage, corps glutineux, amidon. 6. Nourriture ordinaire des Européens; les Asiatiques et les Africains en font peu d'usage: c'est celle des graminées qui contient la plus grande quantité de parties nourricières, sous un volume déterminé: elle tend à l'alkalescence, le pain bis plus que le blanc. Le premier est aussi plus échauffant, plus susceptible de putréfaction.

On ignore son climat natal. ♂ Estivale.

3. FROMENT composé, *T. compositum*, L. à calices ventrus, renfermant quatre fleurs; à épi composé.

On ignore son climat natal.

4. FROMENT enflé, *T. turgidum*, L. à calices ventrus, renfermant quatre fleurs, velus, placés en recouvrement, obtus.

Bauh. Hist. 2, p. 407 et 408, f. 1. *Moris. Hist.* sect. 8, t. 4, f. 14. *Haller. Goett.* 5, pag. 12, tab. 1.

On ignore son climat natal. ♂

5. FROMENT de Pologne, *T. Polonicum*, L. à calices nus, renfermant deux fleurs à longues arêtes; à dents de la racle barbues.

Moris Hist. sect. 8, tab. 1, f. 8. *Plukn.* tab. 231, f. 6. *Haller. Gott.* 5, p. 17, t. 1, f. 16.

On ignore son climat natal.

6. FROMENT Épeautre, *T. Spelta*, L. à calices tronqués, renfermant quatre fleurs, à arêtes, hermaphrodites: l'intermédiaire neutre.

Zea dicoccos vel major; Zea à deux coques ou plus grand. *Bauh. Pin.* 22, n.° 2. *Theat.* 412 et 414. *Camer. Epit.* 189. *Moris.* sect. 8, t. 6, f. 1.

On ignore son climat natal. ♂

7. FROMENT à une coque, *T. monococcum*, L. à calices renfermant deux ou trois fleurs, dont la première à barbe, l'intermédiaire stérile.

Zea briza dicta seu monococcos, Germanica; Zea appelé brise ou a une seule coque, d'Allemagne. *Bauh. Pin.* 21, n.° 1. *Dod. Pempt.* 493, f. 1. *Lob. Ic.* 1, p. 31, f. 1. *Lugd. Hist.* 395, f. 1. *Moris.* sect. 8, t. 6, f. 2. *Hall. Gott.* 5, p. 18, t. 1, f. 17.

On ignore son climat natal. ☉

8. FROMENT d'Espagne, *T. Hispanicum*, L. à calices renfermant six fleurs, tournées d'un seul côté, terminées par une arête.

En Espagne. ☉

* II. FROMENS *vivaces.*

9. FROMENT joncier, *T. junceum*, L. à calices tronqués, renfermant cinq fleurs; à feuilles roulées.

Gramen angustifolium, spicâ tritici mutica simili; Gramen à feuilles étroites, à épi semblable à celui du froment sans arête. *Bauh. Pin.* 9, n.° 4. *Prod.* n.° 56, p. 17, f. 2. *Moris. Hist.* sect. 8, t. 1, f. 5.

Dans l'Europe Méridionale, dans l'Orient. ♃

10. FROMENT rampant, *T. repens*, L. à calices en alène, renfermant quatre fleurs; à feuilles planes.

Gramen caninum arvense, seu gramen Dioscoridis; Gramen canin des champs, ou Gramen de Dioscoride. *Bauh. Pin.* 1, n.° 1. *Dod. Pempt.* 558, f. 1. *Lob. Ic.* 1, p. 20, f. 2. *Lugd. Hist.* 421, f. 3. *Moris. Hist.* sect. 8, t. 1, f. 8. *Leers.* n.° 95, t. 12, f. 3. *Bul. Paris.* tab. 54.

1. *Gramen*, Chiendent des boutiques. 2. Racine. 3. Inodore, ou sentant un peu le Froment entassé, douceâtre. 4. Corps sucré, mucilage, amidon, substance un peu âcre, qu'on croit résider principalement dans son écorce. 5. On en fait la boisson ordinaire dans la plupart des maladies; stérilité,

obstruction des viscères. 6. La racine, réduite en poudre, peut former une sorte de pain; elle donne de l'amidon. On la brûle pour féconder les champs avec ses cendres.

Nutritive pour le Cheval, le Mouton, la Chèvre, le Bœuf, l'Oie.

En Europe dans les champs. ♃ Estivale.

11. FROMENT maritime, *T. maritimum*, L. à calices renfermant plusieurs fleurs, terminées en pointe; à épi ramifié.

Gramen maritimum, paniculâ loliaceâ; Gramen maritime, à panicule d'ivraie. *Bauh. Pin.* 9, n. 7. *Prod.* n.° 63, p. 18, f. 2. *Moris. Hist.* sect. 8, t. 2, f. 6.

12. FROMENT délicat, *T. tenellum*, L. à calices renfermant de trois à quatre fleurs aiguës, sans arêtes; à feuilles sétacées.

Gramen loliaceum, minus, spicâ simplici; Gramen loliacé, plus petit, à épi simple. *Bauh. Pin.* 9, n.° 4. *Moris. Hist.* sect. 8, t. 2, f. 3.

A Montpellier.

13. FROMENT unilatéral, *T. unilaterale*, L. à calices alternes, sans arêtes.

Boccon. Mus. tab. 57.

A Lyon, Grenoble. Estivale.

III. TRIGYNIE.

106. JONCINELLE, *ERIOCAULON.* † *Lam. Tab. Encyclop.* pl. 50.

CAL. *Périanthe* commun globuleux, déprimé, à écailles placées en recouvrement, lancéolées, égales, persistantes.

COR. *Universelle*, uniforme, convexe.

——Propre, à trois *Pétales* égaux, lancéolés, obtus, velus au sommet; amincis à la base, réunis en pédicule en forme de style, velu.

ÉTAM. Trois *Filamens*, capillaires, insérés sur l'ovaire. *Anthères* oblongues, versatiles.

PIST. *Ovaire* grêle, supérieur, placé sous les étamines. Trois *Styles*, capillaires, courts. *Stigmates* simples.

PÉR. Nul. Le *Calice* qui ne change point, renferme les semences.

SEM. Solitaires, couronnées par la corolle.

RÉC. *Pailleux* de la grandeur et de la figure des écailles du calice, à une fleur, assez nombreuses.

Calice commun formant une tête en recouvrement. *Corolle* à trois pétales égaux. *Étamines* au-dessus de l'ovaire.

1. JONCINELLE triangulaire, *E. triangulare*, L. à chaume triangulaire; à feuilles en lame d'épée; à tête ovale.

Moris. Hist. sect. 8, t. 16, f. 17.

Au Brésil.

2. JONCINELLE à cinq angles, *E. quinquangulare*, L. à chaume à cinq angles; à feuilles en lame d'épée; à calice universel à cinq feuillets.

Plukn. tab. 221, f. 7.

Dans l'Inde Orientale.

3. JONCINELLE à six angles, *E. sexangulare*, L. à chaume à six angles; à feuilles en lame d'épée.

Burm. Ind. tab. 9, f. 4.

Dans l'Inde Orientale.

4. JONCINELLE sétacée, *E. setaceum*, L. à chaume à six angles; à feuilles sétacées.

Rheed. Mal. 12, tab. 69.

Dans l'Inde Orientale.

5. JONCINELLE à dix angles, *E. decangulare*, L. à chaume à dix angles; à feuilles en lame d'épée.

Pluk. tab. 409, f. 5.

Dans l'Inde Orientale.

107. MONTIE, *MONTIA.* * *Michel. Gen.* 17, tab. 13. *Lam. Tab. Encyclop.* pl. 50.

CAL. *Périanthe* à deux *feuillets*, ovales, concaves, obtus, droits, persistans.

COR. Monopétale, à cinq *divisions* profondes, dont trois alternes plus petites, supportant les étamines.

ÉTAM. Trois *Filamens*, capillaires, de la longueur de la corolle sur laquelle ils sont insérés. *Anthères* petites.

PIST. *Ovaire* en toupie. Trois *Styles*, velus, ouverts. *Stigmates* simples.

PÉR. *Capsule* en toupie, obtuse, couverte, à une loge, à trois battans.

SEM. Trois, arrondies.

OBS. *Le* Calice *est souvent à trois feuillets, et alors les étamines sont au nombre de cinq.*

Calice à deux feuillets. *Corolle* monopétale, irrégulière. *Capsule* à une seule loge, à trois battans.

1. MONTIE des fontaines, *M. fontana*, L.

Portulaca arvensis; Pourpier des champs. *Bauh. Pin.* 288, n.° 3. *Plukn.* tab. 7, f. 5. *Michel. Gen.* tab. 13, fig. 2. *Flor. Dan.* tab. 131.

Cette espèce présente une variété, gravée dans *Michelli*, tab. 13, fig. 1.

A Lyon, dans les lieux aquatiques. Estivale.

108. TRIXIDE, *PROSERPINACA*. † *Lam. Tab. Encyclop.* pl. 50.

CAL. *Périanthe* supérieur, à trois *segmens* profonds, droits, pointus, persistans.

COR. Nulle.

ÉTAM. Trois *Filamens*, en alène, étalés, de la longueur du calice. *Anthères* didymes, oblongues, aiguës.

PIST. *Ovaire* inférieur, à trois faces, très-grand. *Style* nul. Trois *Stigmates*, duvetés, un peu épais, de la longueur des étamines.

PÉR. Nul.

SEM. Une seule, osseuse, ovale, à trois faces, à trois loges, couronnée par le calice fermé.

Calice à trois segmens profonds, supérieur. *Corolle* nulle. Une *Semence* à trois loges.

1. TRIXIDE des marais, *P. palustris*, L. à feuilles alternes, lancéolées, à dents de scie.

En Virginie, dans les marais.

109. TRIPLARE, *TRIPLARIS*. *Lam. Tab. Encyclop.* pl. 825.

CAL. *Périanthe* d'un seul feuillet, ovale, à trois *segmens* peu profonds, lancéolés, membraneux, ouverts, très-longs, persistans.

COR. Trois *Pétales*, de la longueur du tube du calice.

ÉTAM. Trois *Filamens*, en alène, de la longueur du tube du calice. *Anthères* linéaires, membraneuses, ovales.

PIST. *Ovaire* ovale, à trois angles comprimés. Trois *Styles*, en alène, de la longueur des étamines. *Stigmates* à trois faces, velus.

PÉR. Nul.

SEM. *Noix* à trois faces, nidulée dans la base ovale du calice.

Calice très-grand, à trois segmens profonds. *Corolle* nulle. *Anthères* linéaires. *Noix* à trois faces, renfermée dans la base ovale du calice.

1. TRIPLARE d'Amérique, *T. Americana*, L. à feuilles ovales, entières, aiguës, pétiolées.

Jacq. Amér. 13, tab. 173, f. 5.

Dans l'Amérique Méridionale. ♄

110. HOLOSTE, *HOLOSTEUM*. * *Lam. Tab. Encyclop.* pl. 51.

CAL. *Périanthe* à cinq *feuillets*, ovales, persistans.

COR. Cinq *Pétales*, à deux divisions profondes, obtus, égaux.

ÉTAM. Trois *Filamens*, filiformes, plus courts que la corolle. *Anthères* arrondies.

PIST. *Ovaire* arrondi. Trois *Styles*, filiformes. *Stigmates* un peu obtus,

PÉR. Capsule à une loge, comme cylindrique, s'ouvrant au sommet.

SEM. Plusieurs, arrondies.

Calice à cinq feuillets. *Corolle* à cinq pétales. *Capsule* à une seule loge, presque cylindrique, s'ouvrant au sommet.

1. HOLOSTE en cœur, *H. cordatum*, L. à feuilles presque en cœur.
   Herm. Parad. pag. et tab. 11.
   A la Jamaïque.

2. HOLOSTE succulent, *H. succulentum*, L. à feuilles elliptiques, charnues.
   En Amérique.

3. HOLOSTE velu, *H. hirsutum*, L. à feuilles arrondies, velues.
   Au Malabar.

4. HOLOSTE ombellé, *H. umbellatum*, L. à fleurs en ombelle.
   Caryophyllus arvensis, umbellatus, folio glabro; Œillet des champs, ombellé, à feuille glabre. *Bauh. Pin.* 210, n. 4. *Lugd. Hist.* 1234, f. 1. *Bauh. Hist.* 3, P. 2, p. 361, f. 1. *Moris. Hist.* sect. 5, t. 22, f. 46.
   Dans cette espèce, les péduncules qui sont inclinés pendant la floraison, se redressent à la maturité du fruit.
   A Lyon, Grenoble. Estivale.

111. KOENIGE, *KOENIGIA*. *Lam. Tab. Encyclop.* pl. 51.

CAL. *Périanthe* à trois *feuilles*, ovales, concaves, persistans.

COR. Nulle.

ÉTAM. Trois *Filamens*, capillaires, plus courts que le calice. *Anthères* arrondies.

PIST. *Ovaire* ovale. *Styles* nuls. Trois *Stigmates*, (souvent deux), rapprochés, velus, colorés.

PÉR. Nul.

SEM. Une seule, ovale, nue, de la longueur du calice.

Calice à trois feuillets. *Corolle* nulle. Une *Semence* ovale, nue.

1. KOENIGE d'Islande, *K. Islandica*, L. à feuilles alternes, à pétioles très-courts, en ovale renversé, très-entières, obtuses, un peu succulentes.
   Flor. Dan. tab. 418.
   En Islande, dans les lieux inondés.

112. POLYCARPE, *POLYCARPON*. * *Lam. Tab. Encyclop.* pl. 51.

CAL. *Périanthe* à cinq *feuillets*, ovales, concaves, en carêne, pointus, persistans.

COR. Cinq *Pétales*, très-courts, ovales, échancrés, alternes, persistans.

ÉTAM. Trois *Filamens*, filiformes, moitié plus courts que le calice. *Anthères* arrondies.

PIST. *Ovaire* ovale. Trois *Styles*, très-courts. *Stigmates* obtus.

PÉR. *Capsule* ovale, à une loge, à trois battans.

SEM. Plusieurs, ovales.

Calice à cinq feuillets. *Corolle* à cinq pétales, très-petits, ovales. *Capsule* à une seule loge, à trois battans.

1. POLYCARPE à quatre feuilles, *P. tetraphyllum*, L. à feuilles verticillées, ovales, quatre à quatre à chaque anneau.

Anthyllis marina, Alsine folio; Vulnéraire maritime, à feuilles de Morgeline. *Bauh. Pin.* 282, n.° 3. *Lob. Ic.* 1, p. 468, f. 3. *Lugd. Hist.* 1213, f. 2 et 1381, f. 2. *Camer. Epit.* 786. *Bauh. Hist.* 3, P. 2, p. 366, f. 2. *Barrel.* tab. 334. *Plukn.* tab. 249, fig. 1?

A Lyon, Montpellier. ⊙ Vernale.

113. MOLUGINE, *MOLLUGO.* * *Lam. Tab. Encyclop.* pl. 52.

CAL. *Périanthe* à cinq *feuillets*, oblongs, droits, étalés, colorés intérieurement, persistans.

COR. Nulle.

ÉTAM. Trois *Filamens*, sétacés, plus courts que la corolle, rapprochés du pistil. *Anthères* simples.

PIST. *Ovaire* ovale, à trois sillons. Trois *Styles*, très-courts. *Stigmates* obtus.

SEM. Nombreuses, en forme de rein.

Calice à cinq feuillets. *Corolle* nulle. *Capsule* à trois loges, à trois battans.

1. MOLUGINE à feuilles opposées, *M. oppositifolia*, L. à feuilles opposées, lancéolées; à rameaux alternes, pédunculés, latéraux, entassés, à une seule fleur.

Plukn. tab. 75, f. 6.

A Zeylan.

2. MOLUGINE roide, *M. stricta*, L. à feuilles le plus souvent au nombre de quatre, lancéolées; à tige droite, anguleuse.

Plukn. tab. 257, f. 2.

En Afrique. ⊙

3. MOLUGINE à cinq feuilles, *M. pentaphylla*, L. à feuilles au nombre de cinq, en ovale renversé, égales; à fleurs en panicule.

Burm. Zeyl. tab. 8, f. 12.

A Zeylan.

4. **MOLUGINE** verticillé, *M. verticillata*, L. à feuilles en anneaux, en forme de coin, aiguës; à tige presque divisée, couchée; à péduncules portant une seule fleur.

Pluka. tab. 332, f. 5.

En Virginie. ⊙

114. **MINUARTE**, *MINUARTIA.* * *Lam. Tab. Encyclop.* pl. 52.

CAL. *Périanthe* à cinq *feuillets*, droits, longs, en alêne, un peu roides, persistans.

COR. Nulle.

ÉTAM. Trois *Filamens*, capillaires, courts. *Anthères* arrondies.

PIST. *Ovaire* à trois côtés. Trois *Styles* courts, filiformes. *Stigmates* un peu épais.

PÉR. *Capsule* oblongue, triangulaire, beaucoup plus courte que le calice, à une loge, à trois battans.

SEM. Quelques-unes, arrondies, comprimées.

Calice à cinq feuillets. *Corolle* nulle. *Capsule* à une seule loge, à trois battans. *Semences* peu nombreuses.

1. **MINUARTE** dichotome, *M. dichotoma*, L. à fleurs entassées, dichotomes.

Loefl. It. 121, tab. 1, f. 5.

En Espagne, à Naples. ⊙

2. **MINUARTE** des champs, *M. campestris*, L. à fleurs terminales, alternes, plus longues que les bractées.

Act. Stockol. 1758, tab. 1, f. 3.

En Espagne, sur les collines peu élevées. ⊙

3. **MINUARTE** des montagnes, *M. montana*, L. à fleurs latérales, alternes, plus courtes que les bractées.

Loefl. It. 122, tab. 1, f. 4.

En Espagne, sur les collines élevées. ⊙

115. **QUÉRIE**, *QUERIA.* † *Lam. Tab. Encyclop.* pl. 52.

CAL. *Périanthe* à cinq *feuillets*, droits, oblongs, aigus, persistans : les extérieurs recourbés.

COR. Nulle.

ÉTAM. Trois *Filamens*, capillaires, courts. *Anthères* arrondies.

PIST. *Ovaire* ovale. Trois *Styles*, de la longueur des étamines. *Stigmates* simples.

PÉR. *Capsule* arrondie, à une loge, à trois battans.

SEM. Une seule.

OBS. *Ce genre diffère évidemment du* Minuartia, *par le nombre des semences.*

Calice à cinq feuillets. *Corolle* nulle. *Capsule* à une seule loge. Une *Semence*.

1. QUERIE d'Espagne, *Q. Hispanica*, L. à fleurs entassées.
En Espagne. ⊙

2. QUERIE du Canada, *Q. Canadensis*, L. à fleurs solitaires, à tige dichotome.
Au Canada, en Virginie. ♃

116. LÉCHÉE, *LECHEA.* † *Lam. Tab. Encyclop.* pl. 52.

CAL. *Périanthe* à trois *feuillets*, ovales, concaves, très-ouverts, persistans.

COR. Trois *Pétales*, linéaires, plus étroits que le calice, mais beaucoup plus longs, concaves.

ÉTAM. Trois *Filamens* (quelques fois quatre et cinq), capillaires, plus longs que la corolle, couchés sur le pistil, égaux. *Anthères* arrondies.

PIST. *Ovaire* ovale. *Style* nul. Trois *Stigmates*, plumeux, écartés.

PÉR. *Capsule* ovale, à trois faces, à trois loges, à trois battans; à autant d'autres battans internes réunis avec les externes qui en forment les cloisons.

SEM. Solitaires, ovales, anguleuses intérieurement.

Calice à trois feuillets. *Corolle* à trois pétales, linéaires. *Capsule* à trois loges, à trois battans extérieurs et trois intérieurs. Une seule *Semence*.

1. LÉCHÉE mineure, *L. minor*, L. à feuilles linéaires, lancéolées, à fleurs en panicule.
Amœn. Acad. 3, pag. 10.
Au Canada, dans les forêts. ♃

2. LÉCHÉE majeure, *L. major*, L. à feuilles ovales, lancéolées; à fleurs latérales vagues.
Amœn. Acad. 3, p. 10, tab. 1, f. 4.
Au Canada, dans les lieux arides.

CLASSE IV.

TÉTRANDRIE.

I. MONOGYNIE.

Table Synoptique ou Caractères Artificiels Génériques.

* I. *Fleurs monopétales, à une semence, inférieures.*

117. PROTÉE, *PROTEA.* *Cor.* à quatre divisions. *Anthères* insérées au-dessous du sommet de la corolle.

118. GLOBULAIRE, *GLOBULARIA.* *Cor.* monopétales, irrégulières. *Semences* nues.

* II. *Fleurs monopétales, à une semence, supérieures.*

AGRÉGÉES.

119. CÉPHALANTHE, *CEPHALANTHUS.* *Cal.* commun nul. *Réceptacle* arrondi, garni de poils.

120. CARDÈRE, *DIPSACUS.* *Cal.* commun à plusieurs feuillets. *Réceptacle* conique, garni de paillettes. *Semences* en colonne.

121. SCABIEUSE, *SCABIOSA.* *Cal.* commun. *Réceptacle* élevé, plus ou moins garni de paillettes. *Semences* couronnées, enveloppées.

122. KNAUTIE, *KNAUTIA.* *Cal.* commun oblong. *Réceptacle* aplati, nu. *Semences* velues au sommet.

123. ALLIONE, *ALLIONIA.* *Cal.* commun à trois feuillets, à trois fleurs, sans *Calice* propre supérieur. *Semences* nues.

† *Valeriana Sibirica.*

* III. *Fleurs monopétales, à un seul fruit, inférieures.*

142. AQUARTIE, *AQUARTIA.* *Cor.* en roue. *Cal.* comme à quatre segmens peu profonds. *Baie* à plusieurs semences.

141. CALLICARPE, *CALLICARPA.* *Cor.* tubulée. *Cal.* à quatre segmens peu profonds. *Baie* à quatre semences.

158. ÉGIPHILE, *ÆGIPHILA.* *Cor.* en soucoupe. *Cal.* à quatre dents. *Baie* à quatre semences. *Style* à moitié divisé en deux parties.

149. SCOPARE, *SCOPARIA.* *Cor.* en roue. *Cal.* à quatre segmens profonds. *Caps.* à une loge, à deux battans.

151. CENTENILLE, *CENTUNCULUS.* *Cor.* en roue. *Cal.* à quatre segmens profonds. *Caps.* à une loge, s'ouvrant horizontalement.

148. PLANTAIN, *PLANTAGO.* *Cor.* à divisions renversées. *Cal.* à quatre segmens profonds. *Caps.* à deux loges, s'ouvrant horizontalement.

143. POLYPRÈME, *POLYPREMUM.* *Cor.* en roue. *Cal.* à quatre feuillets. *Caps.* à deux loges, échancrée.

146. BUDDLEGE, *BUDDLEIA.* *Cor.* en cloche. *Cal.* à quatre segmens peu profonds. *Caps.* à deux loges, marqué de deux sillons.

147. GENTIANELLE, *EXACUM.* *Cor.* presque en cloche. *Cal.* à quatre feuillets. *Caps.* à deux loges, comprimée.

144. SARCOCOLIER, *PENÆA.* *Cor.* en cloche. *Cal.* à deux feuillets. *Caps.* à quatre loges, à quatre battans.

145. BLÉRIE, *BLÆRIA.* *Cor.* presque en cloche. *Cal.* à quatre segmens profonds. *Caps.* à quatre loges, s'ouvrant sur les angles.

† *Swertia corniculata, dichotoma.*

† *Gentianæ quadrifidæ.*

* IV. *Fleurs monopétales, à un seul fruit, supérieures.*

138. PAVETTE, *PAVETTA*. *Cor.* tubulée. *Cal.* à quatre dents. *Baie* à une semence.

137. IXORE, *IXORA*. *Cor.* tubulée. *Cal.* à quatre segmens profonds. *Baie* à deux loges. Deux *Semences*.

139. PETESIE, *PETESIA*. *Cor.* tubulée. *Cal.* à quatre dents. *Baie* à deux loges, à plusieurs semences.

136. CATESBÉE, *CATESBÆA*. *Cor.* tubulée. *Cal.* à quatre dents. *Baie* à une loge, à plusieurs semences.

140. MITCHELLE, *MITCHELLA*. Deux *Cor.* tubulées. *Cal.* à quatre dents. *Baie* à quatre semences, divisée en deux parties.

124. HEDYOTE, *HEDYOTIS*. *Cor.* tubulée. *Cal.* à quatre segmens profonds. *Caps.* double, à plusieurs semences, s'ouvrant au sommet.

162. OLDENLANDE, *OLDENLANDIA*. *Cor.* tubulée. *Cal.* à quatre segmens profonds. *Caps.* double, à plusieurs semences, s'ouvrant entre les segmens du calice.

171. MANETTE, *MANETTIA*. *Cor.* tubulée. *Cal.* à huit feuillets. *Caps.* à une loge.

152. PIMPRENELLE, *SANGUISORBA*. *Cor.* plane. *Cal.* à deux feuillets. *Caps.* à quatre côtés, placée entre le calice et la corolle.

† *Coffea occidentalis.*

† *Peplis tetrandra.*

* V. *Fleurs monopétales, à deux coques, inférieures.*

131. HOUSTONE, *HOUSTONIA*. *Cor.* tubulée. *Cal.* à quatre dents. *Caps.* à deux loges, à deux battans.

125. SCABRITE, *SCABRITA*. *Cor.* tubulée. *Cal.* en entonnoir, tronqué. *Semences* comprimées, échancrées.

* VI. *Fleurs monopétales, à deux coques, supérieures.*

ÉTOILÉES.

134. GARANCE, *RUBIA*. *Cor.* en cloche. *Fruit* à deux baies.

132. CAILLE-LAIT, *GALIUM*. *Cor.* plane. *Fruit* à deux semences arrondies.

128. ASPÉRULE, *ASPERULA*. *Cor.* tubulée. *Fruit* à deux semences arrondies.

127. SHERARDE, *SHERARDIA*. *Cor.* tubulée. *Fruit* couronné. *Semences* à trois dents.

126. SPERMACOCE, *SPERMACOCE*. *Cor.* tubulée. *Fruit* couronné. *Semences* à deux dents.

130. KNOTIE, *KNOTIA*. *Cor.* tubulée. *Fruit* divisible en deux parties, sillonné.

129. DIODE, *DIODIA*. *Cor.* tubulée. *Caps.* à quatre côtés, couronnée par le calice, à deux battans.

133. CRUCIANELLE, *CRUCIANELLA*. *Cor.* tubulée, à divisions en arêtes. *Fruit* nu. *Semences* très-étroites.

* VII. *Fleurs monopétales, à quatre coques, inférieures.*

135. SIPHONANTHE, *SIPHONANTHUS*. *Cor.* tubulée. *Cal.* à cinq segmens profonds. Quatre *Baies*, à une semence.

* VIII. *Fleurs à quatre pétales, inférieures.*

154. ÉPIMÈDE, *EPIMEDIUM*. *Pétales* inclinés sur les quatre nectaires. *Cal.* à quatre feuillets. *Silique* à une loge.

150. RHACOME, *RHACOMA*. *Pétales* frangés. *Cal.* à quatre segmens peu profonds. *Caps.* à une semence.

159. PTÉLÉE, *PTELEA*. *Pétales* coriaces. *Cal.* à quatre segmens profonds. *Drupe* sèche, comprimée.

156. SAMARE, *SAMARA*. *Pétales* présentant une lacune à leur base. *Cal.* à quatre segmens profonds. *Drupe* arrondie. *Stigmate* en entonnoir.

157. FAGARIER, *FAGARA*. *Pétales* plus courts que les étamines. *Cal.* à quatre segmens peu profonds. *Caps.* à quatre battans, à une semence.

163. AMMANNE, *AMMANNIA*. Sans *Pétales* le plus souvent. *Cal.* en entonnoir, à huit dents. *Caps.* à quatre loges.

† *Cardamine hirsuta.*

† *Evonymus Europæus.*

* IX. *Fleurs à quatre pétales, supérieures.*

165. MACRE, *TRAPA*. *Cal.* à quatre segmens profonds. *Noix* garnie de quatre épines coniques, opposées.

153. ACHIT, *CISSUS*. *Cal.* entourant l'ovaire. *Baie* à une semence.

155. CORNOUILLER, *CORNUS*. *Cal.* à quatre dents, caduc-tardif. *Fruit à noyau* à deux loges.

161. LUDWIGE, *LUDWIGIA*. *Cal.* à quatre segmens profonds. *Caps.* à quatre loges, à quatre côtés.

169. SANTAL, *SANTALUM*. *Cor.* à quatre pétales, insérée sur le calice. *Baie* à une semence.

* X. *Fleurs incomplètes, inférieures.*

170. STRUTHIOLE, *STRUTHIOLA*. *Cor.* à quatre divisions peu profondes. *Baie* sèche à une semence. *Nectaire* composé de huit glandes.

172. KRAMÈRE, *KRAMERIA*. *Cor.* à quatre pétales. *Baie* sèche, à une semence, hérissée de piquans.

174. RIVINE, *RIVINA*. *Cor.* à quatre pétales. *Baie* à une semence, rude.

175. SALVADORE, *SALVADORA*. *Cal.* à quatre segmens peu profonds. *Baie* à une semence à arille.

176. CAMPHRÉE, *CAMPHOROSMA*. *Cal.* à quatre segmens peu profonds. *Caps.* à une semence.

177. ALCHEMILLE, *ALCHEMILLA*. *Cal.* à huit segmens peu profonds. Une *Semence* renfermée dans le calice.

166. DORSTÈNE, *DORSTENIA*. *Cal. Réceptacle* aplati, charnu, commun.

167. COMÈTE, *COMETES*. *Ombelle* à quatre feuillets, à trois fleurs. *Caps.* à trois coques.

† *Corchorus coreta.*

† *Ammania.*

† *Convallaria bifolia.*

* XI. *Fleurs incomplètes, supérieures.*

160. SANTALIN, *SIRIUM*. *Cal.* en cloche. *Baie* à trois loges. *Nectaire* à quatre feuillets.

173. ACÈNE, *ACÆNA*. *Cal.* à quatre feuillets. *Baie* hérissée de piquans, à une semence.

164. ISNARDE, *ISNARDIA*. *Cal.* en cloche, persistant. *Caps.* à quatre loges.

168. CHALEF, *ELÆAGNUS*. *Cal.* en cloche, caduc-tardif. *Drupe.*

† *Thesium Alpinum.*

II. DIGYNIE.

180. BUFFONE, *BUFFONIA*. *Cor.* à quatre pétales. *Cal.* à quatre feuillets. *Caps.* à une loge, à deux battans, à deux semences.

183. SILIQUIER, *HYPECOUM*. *Cor.* à quatre pétales inégaux. *Cal.* à deux feuillets. *Fruit à silique.*

181. HAMAMELIS, *HAMAMELIS*. *Cor.* à quatre pétales, très-longs. *Cal.* double. *Fruit à noix* à deux loges, à deux cornes.

182. CUSCUTE, *CUSCUTA*. *Cor.* à quatre divisions peu profondes, ovales. *Cal.* à quatre segmens peu profonds. *Caps.* à deux loges, s'ouvrant horizontalement.

178. PERCEPIER, *APHANES*. *Cor.* nulle. *Cal.* à huit segmens peu profonds. Deux *Semences*.

179. CRUZITE, *CRUZITA*. *Cor.* nulle. *Cal.* intérieur à quatre feuillets. *Cal.* extérieur à trois feuillets. Une *Semence*.

† *Herniaria fruticosa*.

† *Gentiana*.

† *Swertia*.

III. TÉTRAGYNIE.

184. HOUX, *ILEX*. *Cor.* à un seul pétale. *Cal.* à quatre dents. *Baie* à quatre semences.

185. COLDÈNE, *COLDENIA*. *Cor.* à un seul pétale. *Cal.* à quatre feuillets. Deux *Semences*, à deux loges.

188. SAGINE, *SAGINA*. *Cor.* à quatre pétales. *Cal.* à quatre feuillets. *Caps.* à quatre loges, à plusieurs semences.

189. TILLÉE, *TILLÆA*. *Cor.* à trois ou quatre pétales. *Cal.* à trois ou quatre feuillets. Trois ou quatre *Capsules*, à plusieurs semences.

190. MYGINDE, *MYGINDA*. *Cor.* à quatre pétales. *Cal.* à quatre segmens profonds. *Drupe* à une semence.

186. POTAMOGETON, *POTAMOGETON*. *Cor.* nulle. *Cal.* à quatre feuillets. Quatre *Semences*, assises.

187. RUPPIE, *RUPPIA*. *Cor.* et *Cal.* nuls. Quatre *Semences* portées sur un pédicule.

TÉTRANDRIE.

I. MONOGYNIE.

817. PROTÉE, *PROTEA*. *Lam. Tab. Encyclop.* pl. 53. LEPIDOCARPODENDRON. *Boerh. Lugd.* pag. et tab. 183. CONOCARPODENDRON. *Boerh.* 195. HYPOPHYLLOCARPODENDRON. *Boerh.* 205.

CAL. *Périanthe commun* à écailles le plus souvent en recouvrement, persistantes, variant quant à leur figure et leur proportion.

——*Périanthe propre* nul.

COR. *Universelle* uniforme.

—— *Propre* à un, deux ou quatre pétales, qui diffèrent quant à leur forme.

ÉTAM. Quatre *Filamens*, insérés au-dessous du sommet des pétales. *Anthères* linéaires.

PIST. *Ovaire* supérieur, en alêne ou arrondi. *Style* filiforme. *Stigmate* simple.

PÉR. Nul. Le *Calice* qui ne change point, renferme les semences.

SEM. Solitaires, arrondies.

RÉCEPT. commun nu, ou velu, ou garni d'écailles.

OBS. *Toutes les espèces de ce genre diffèrent essentiellement entr'elles dans les parties de la fructification, mais elles se rapprochent par le caractère essentiel des étamines insérées au-dessous du sommet des pétales.*

Corolle à quatre divisions peu profondes. *Anthères* linéaires, insérées au-dessous du sommet des pétales. *Calice* propre, nul. Une *Semence*, supérieure.

1. PROTÉE à feuilles de pin, *P. pinifolia*, L. à fleurs simples, en grappe à épi, lisses; à feuilles linéaires.

Burm. Afric. tab. 70, f. 3.

Au cap de Bonne-Espérance. ♄

2. PROTÉE à grappe, *P. racemosa*, L. à fleurs simples, en grappe, duvetées; à feuilles linéaires.

Au cap de Bonne-Espérance. ♄

3. PROTÉE en épi, *P. spicata*, L. à fleurs en épi; à feuilles à plusieurs divisions peu profondes.

Au cap de Bonne-Espérance. ♄

4. PROTÉE glomerée, *P. glomerata*, L. à fleurs en corymbes; à feuilles à plusieurs divisions peu profondes.

Burm. Afric. tab. 99, f. 2.

Au cap de Bonne-Espérance. ♄

5. PROTÉE dentelée, *P. serraria*, L. à fleurs entassées; à feuilles à plusieurs divisions peu profondes.

Pluk. tab. 329, f. 1. *Burm. Afric.* tab. 99, f. 1.

Au cap de Bonne-Espérance. ♄

6. PROTÉE cyanoïde, *P. cyanoïdes*, L. à fleurs solitaires, laineuses; à calice velu; à feuilles à plusieurs divisions peu profondes.

Pluk. tab. 345, f. 6.

Au cap de Bonne-Espérance. ♄

7. PROTÉE boulette, *P. sphærocephala*, L. à fleurs solitaires, laineuses; à calice lisse extérieurement; à feuilles à plusieurs divisions profondes.

Au cap de Bonne-Espérance. ♄

8. PROTÉE hérissée, *P. hirta*, L. à fleurs latérales, assises; à feuilles à une callosité au sommet.

Boerrh. Lugd. 2, pag. et tab. 194.

Au cap de Bonne-Espérance. ♄

9. PROTÉE à capuchon, *P. cucullata*, L. à fleurs latérales, assises; à feuilles à trois callosités au sommet.

Pluk. tab. 304, f. 6. *Boerrh. Lugd.* 2, pag. et tab. 206.

Au cap de Bonne-Espérance. ♄

10. PROTÉE rosacée, *P. rosacea*, L. à fleurs solitaires; à rayon du calice coloré, ouvert; à feuilles en alêne.

Au cap de Bonne-Espérance. ♄

11. PROTÉE rampante, *P. repens*, L. à fleurs solitaires; à rayon du calice lancéolé, roide, résineux; à feuilles lancéolées.

Boerrh. Lugd. 2, pag. et tab. 187.

Au cap de Bonne-Espérance, dans les sables. ♄

12. PROTÉE cynaroïde, *P. cynaroïdea*, L. à fleurs solitaires; à rayon du calice lancéolé, roide; à feuilles arrondies, pétiolées.

Boerrh. Lugd. 2, pag. et tab. 184.

Au cap de Bonne-Espérance, dans les lieux humides de la montagne de la Table.

13. PROTÉE Lépidocarpe, *P. Lepidocarpodendron*, L. à fleurs solitaires; à rayon du calice en spatule, barbu; à feuilles lancéolées.

Boerrh. Lugd. 2, pag. et tab. 188.

Cette espèce présente deux variétés, décrites et gravées dans *Boerrhaave Lugd.* 2, pag. et tab. 185 et 189.

Au cap de Bonne-Espérance. ♄

14. PROTÉE à calice court, *P. totta*, L. à fleurs le plus souvent

deux à deux ; à pistils en têtes ; à corolles très-longues, éloignées ; à feuilles lisses.

Au cap de Bonne-Espérance. ♄

15. PROTÉE Hypophyllocarpe, *P. Hypophyllo-carpodendron*, L. à fleurs solitaires ; à pistils en massue ; à feuilles à trois callosités.

Boerh. Lugd. 2, pag. et tab. 198.

Au cap de Bonne-Espérance, dans les champs sablonneux. ♄

16. PROTÉE velue, *P. pubera*, L. à fleurs deux à deux ou trois à trois ; à pistils en massue ; à feuilles elliptiques, lancéolées.

Boerh. Lugd. 2, pag. et tab. 201 ?

Au cap de Bonne-Espérance. ♄

17. PROTÉE à calice en cône, *P. strobilina*, L. à fleurs en recouvrement, ovales ; à collerettes garnies de paillettes, lisses ; à feuilles en spatule, lisses.

Au cap de Bonne-Espérance. ♄

18. PROTÉE à fleur en cône, *P. conifera*, L. à fleurs en recouvrement, ovales ; à collerettes garnies de paillettes, comme duvetées ; à feuilles étroites, lancéolées.

Boerh. Lugd. 2, pag. et tab. 197.

Au cap de Bonne Espérance, dans les sables. ♄

19. PROTÉE pâle, *P. pallens*, L. à fleurs ovales ; à collerettes sans paillettes, lisses ; à feuilles linéaires.

Pluk. tab. 229, f. 6. *Boerh. Lugd.* pag. et tab. 200.

Au cap de Bonne-Espérance, dans les sables. ♄

20. PROTÉE à feuilles de saule, *P. saligna*, L. à fleurs ovales ; à collerettes sans paillettes ; à feuilles lancéolées, comme duvetées, obliques.

Pluk. tab. 229, f. 4.

Au cap de Bonne-Espérance. ♄

21. PROTÉE argentée, *P. argentea*, L. à fleurs ovales ; à collerettes sans paillettes, duvetées ; à feuilles lancéolées, velues, luisantes.

Pluk. tab. 200, f. 1. *Boerh. Lugd.* 2, pag. et tab. 195.

Au cap de Bonne-Espérance. ♄

22. PROTÉE Lévisan, *P. Levisanus*, L. à fleurs hémisphériques, presque à collerettes sans paillettes, velues ; à fleurs en spatule.

Pluk. tab. 343, f. 8. *Burm. Afric.* tab. 100, f. 2. *Boerh. Lugd.* pag. et tab. 202.

Au cap de Bonne-Espérance. ♄

23. PROTÉE étalée, *P. divaricata*, L. à fleurs en faisceaux ; à feuilles ovales.

Au cap de Bonne-Espérance. ♄

24. PROTÉE pourpre, *P. purpurea*, L. à fleurs en faisceaux ; à feuilles filiformes, entières.

Au cap de Bonne-Espérance. ♄

25. PROTÉE à petite fleur, *P. parviflora*, L. à fleurs en panicules, le plus souvent au nombre de dix ; à feuilles comme lancéolées.

Au cap de Bonne-Espérance. ♄

26. PROTÉE à grille, *P. cancellata*, L. à feuilles en alêne ; à rameaux épars ; à fleurs latérales.

Boerrh. Lugd. 2, pag. et tab. 193.

Au cap de Bonne-Espérance, à la montagne du Tigre. ♄

27. PROTÉE sans tige, *P. acaulis*, L. à feuilles lancéolées ; à fleurs arrondies ; à tige sous-ligneuse, portant une seule fleur.

Boerrh. Lugd. 2, pag. et tab. 191.

Au cap de Bonne-Espérance. ♄

28. PROTÉE à tête d'artichaud, *P. scolymocephala*, L. à feuilles lancéolées ; à fleurs arrondies ; à tige ligneuse, ramifiée.

Boerrh. Lugd. 2, pag. et tab. 192.

Au cap de Bonne-Espérance, à la montagne du Tigre. ♄

29. PROTÉE Conocarpe, *P. Conocarpodendron*, L. à feuilles calleuses, à cinq dents.

Plukn. tab. 200, f. 2. *Boerrh. Lugd.* 2, pag. et tab. 196.

En Éthiopie.

118. GLOBULAIRE, *GLOBULARIA.* * *Tournef. Inst.* 466, tab. 265. *Lam. Tab. Encyclop.* pl. 56.

CAL. *Périanthe commun* à écailles en recouvrement, de la longueur du disque, égales.

——*Périanthe propre* d'un seul feuillet, tubulé, à cinq segmens peu profonds, aigu, persistant.

COR. *Universelle* comme égale.

—— *Propre* monopétale, tubulée à la base. *Limbe* à cinq divisions profondes : *Lèvre* supérieure très-étroite, à deux divisions profondes, plus courte ; *Lèvre* inférieure à trois divisions plus grandes, égales.

ÉTAM. Quatre *Filamens*, simples, de la longueur de la corollule. *Anthères* distinctes, couchées.

PIST. *Ovaire* ovale, supérieur. *Style* simple, de la longueur des étamines. *Stigmate* obtus.

PÉR. Nul. Le *Calice propre* dont les segmens sont réunis, renferme les semences.

SEM. Solitaires, ovales.

RÉC. *commun* oblong, garni de paillettes.

Calice commun formé par des écailles en recouvrement ; *Calice* propre, tubulé, inférieur. *Corollules* à deux lèvres, la supérieure à deux divisions profondes ; l'inférieure à trois divisions profondes. *Réceptacle* garni de paillettes.

1. GLOBULAIRE Turbith, *G. Alypum*, L. à tige en arbrisseau ; à feuilles lancéolées, ou à trois dents, ou entieres.

Thymelea foliis acutis, capitulo Succisæ, sive Alypum Monspeliensium ; Thymelée à feuilles aiguës, à tête de Scabieuse, ou Turbith de Montpellier. *Bauh. Pin.* 463, n.° 2. *Lob. Ic.* 1, p. 370, f. 2. *Clus. Hist.* 1, p. 90, f. 2. *Lugd. Hist.* 1671, f. 1 et 1680, f. 1 et 2. *Camer. Epit.* 985. *Bauh. Hist.* 1, P. 1, p. 598, f. 2.

A Cette, à Lamalou près de Montpellier, en Italie, en Espagne. ♄ Vernale.

2. GLOBULAIRE de Bisnagar, *G. Bisnagarica*, L. à tige en arbrisseau ; à feuilles radicales en forme de coin, émoussées : celles de la tige lancéolées.

Pluk. tab. 58, f. 5.

A Bisnagar, dans les forêts. ♃

3. GLOBULAIRE commune, *G. vulgaris*, L. à tige herbacée ; à feuilles radicales à trois dents : celles de la tige lancéolées.

Bellis cærulea, caule folioso ; Pâquerette bleue, à tête feuillée. *Bauh. Pin.* 262, n.° 2. *Lob. Ic.* 1, p. 478, f. 2. *Clus. Hist.* 2, p. 6, f. 1. *Bauh. Hist* 3, P. 1, p. 13, f. 2. *Bul. Paris* tab. 56.

Cette espèce présente deux variétés.

En Europe dans les pâturages secs. ♃ Vernale.

4. GLOBULAIRE épineuse, *G. spinosa*, L. à feuilles radicales, crénelées en pointe : celles de la tige très-entières, piquantes.

Bellis cærulea, spinosa ; Pâquerette bleue, épineuse. *Bauh. Pin.* 262, n.° 3.

Sur les montagnes de Grenade. ♃

5. GLOBULAIRE à feuilles en cœur, *G. cordifolia*, L. à tige presque nue ; à feuilles en forme de coin, à trois dents : l'intermédiaire très-petite.

Bellis cærulea montana, frutescens ; Pâquerette bleue des montagnes, ligneuse. *Bauh. Pin.* 262, n.° 4. *Clus. Hist.* 2, p. 5, f. 2. *Bauh. Hist.* 3, P. 1, p. 13, f. 1. *Moris. Hist.* sect. 6, t. 15, f. 50. *Jacq. Aust.* tab. 245.

Cette espèce présente une variété à feuilles d'Origan.

Sur les Alpes de Suisse, du Dauphiné, d'Autriche, des Pyrénées. ♃ Vernale. *S-Alp.*

6. GLOBULAIRE à tige nue, *G. nudicaulis*, L. à tige nue; à feuilles très entières, lancéolées.

Bellis cærulea, caule nudo; Pâquerette bleue, à tige nue. *Bauh. Pin.* 262, n.° 1. *Lugd. Hist.* 864, t. 3. *Moris. Hist.* sect. 6, tab. 15, f. 43. *Jacq. Aust.* tab. 230.

Sur les Alpes d'Autriche, de Suisse, du Dauphiné, des Pyrénées. ♃ Vernale. *S-Alp.*

7. GLOBULAIRE d'Orient, *G. Orientalis*, L. à tige presque nue; à têtes alternes, assises; à feuilles lancéolées, ovales, entieres.

Dans la Natolie. ♃

219. CÉPHALANTHE, *CEPHALANTHUS.* * *Lam. Tab. Encyclop.* pl. 59.

CAL. *Périanthe commun* nul, remplacé par un réceptacle garni de fleurons réunis en tête globuleuse.

——*Périanthe propre* d'un seul feuillet, en entonnoir, anguleux: limbe à quatre segmens peu profonds.

COR. *Universelle* égale.

——*Propre* monopétale. En entonnoir, aiguë.

ÉTAM. Quatre *Filamens*, insérés sur la corolle, plus courts que le limbe. *Anthères* globuleuses.

PIST. *Ovaire* inferieur. *Style* plus long que la corolle. *Stigmates* globuleux.

PÉR. Nul.

SEM. Solitaires longues, atténuées à la base, en pyramide et laineuses.

RÉC. *Commun*, globuleux, velu.

Calice commun nul. *Calice* propre supérieur, en entonnoir. *Réceptacle* arrondi, nu. Une *Semence*, laineuse.

1. CÉPHALANTE d'Occident, *C. Occidentalis*, L. à feuilles opposées et trois à trois.

Pluk. tab. 77, f. 4.

Dans l'Amérique Septentrionale. ♄

220. CARDÈRE, *DIPSACUS.* * *Tournef. Inst.* 466, tab. 265. *Lam. Tab. Encyclop.* pl. 56.

CAL. *Périanthe commun* à plusieurs fleurs, à plusieurs *feuillets* plus longs que les fleurons, peu serrés, persistans.

——*Périanthe propre* à peine visible, supérieur.

COR. *Propre universelle* égale, monopétale, tubulée: *limbe* à quatre divisions peu profondes, droites; l'*extérieure* plus grande, plus pointue.

ÉTAM. Quatre *Filamens*, capillaires, plus longs que la corolle. *Anthères* versatiles.

PIST. *Ovaire* inférieur. *Style* filiforme, de la longueur de la corolle. *Stigmate* simple.

PÉR. Nul.

SEM. Solitaires, en colonnes, couronnées par la marge du calice entière.

RÉC. *Commun* conique, garni de longues *Paillettes*.

Calice commun à plusieurs feuillets. *Calice* propre, supérieur. *Réceptacle* garni de paillettes.

1. CARDÈRE des foulons, *D. fullonum*, L. à feuilles assises, à dents de scie.

Dipsacus sylvestris aut Virga pastoris, major; Cardère sauvage ou Verge à pasteur, plus grande. *Bauh. Pin.* 385, n.° 3. *Dod. Pempt.* 735, f. 2. *Lob. Ic.* 2, p. 18, f. 1. *Lugd. Hist.* 1447, f. 2, et 1448, f. 1. *Bauh. Hist.* 3, P. 1, p. 74, f. 1. *Bul. Paris.* tab. 57.

Cette espèce présente une variété, cultivée pour l'usage de plusieurs arts.

Dipsacus sativus; Cardère cultivée. *Bauh. Pin.* 385, n.° 1. *Dod. Pempt.* 735, f. 1. *Lob. Ic.* 2, p. 17, fig. 2. *Lugd. Hist.* 1447, f. 1. *Camer. Epit.* 431. *Bauh. Hist.* 3, P. 1, p. 73, f. 1.

En Europe. ♂ Estivale.

2. CARDÈRE laciniée, *D. laciniatus*, L. à feuilles assises, laciniées.

Dipsacus folio laciniato; Cardère à feuille laciniée. *Bauh. Pin.* 385, n.° 2. *Bauh. Hist.* 3, P. 1, p. 75, f. 1. *Moris. Hist.* sect. 7, tab. 36, f. 4.

En France. ♂ Estivale.

3. CARDÈRE velue, *D. pilosus*, L. à feuilles pétiolées; à oreillettes à leur base.

Dipsacus sylvestris, capitulo minore seu Virga pastoris minor; Cardère sauvage, à tête plus petite ou Verge à pasteur plus petite. *Bauh. Pin.* 385, n.° 4. *Dod. Pempt.* 735, f. 3. *Lob. Ic.* 1, p. 18, f. 2. *Lugd. Hist.* 1448, f. 2. *Camer. Epit.* 433. *Bauh. Hist.* 3, P. 1, p. 75, f. 2. *Bul. Paris.* t. 58. *Jacq. Aust.* tab. 248.

En France, en Allemagne, en Angleterre. ♂ Estivale.

121. SCABIEUSE, *SCABIOSA*. * *Tournef. Inst.* 463, tab. 263 et 264. *Lam. Tab. Encyclop.* pl. 57.

CAL. *Périanthe commun* à plusieurs fleurs, ouvert, à plusieurs *feuillets* disposés sur plusieurs rangs, entourant le réceptacle sur lequel ils sont insérés : les intérieurs graduellement plus petits.

——*Périanthe propre* double, l'un et l'autre supérieurs.

——*P. extérieur* plus court, membraneux, plissé, persistant.
——*P. intérieur* à cinq segmens profonds, en alène, capillaires.

COR. *Universelle* égale, composée souvent de fleurons inégaux.
——*Propre* monopétale, tubulée, à moitié divisée en quatre ou cinq parties, égales ou inégales.

ÉTAM. Quatre *Filamens*, en alène, capillaires, foibles. *Anthères* oblongues, versatiles.

PIST. *Ovaire* inférieur, enveloppé par une gaine propre, comme par un petit calice. *Style* filiforme, de la longueur de la corolle. *Stigmate* obtus, échancré obliquement.

PÉR. Nul.

SEM. Solitaires, ovales, oblongues, enveloppées, couronnées diversement par les calices propres.

RÉC. *Commun* convexe, nu ou garni de paillettes.

OBS. *Les* Fleurons *extérieurs sont souvent plus grands et plus inégaux. Les* Semences *sont diversement couronnées selon les espèces. Les* fleurons *à quatre ou cinq divisions peu profondes, constituent la division des espèces.*

Calice commun à plusieurs feuillets. *Calice* propre double, supérieur. *Réceptacle* garni de paillettes ou nu.

* I. *SCABIEUSES à corolles ou fleurons à quatre divisions peu profondes.*

1. SCABIEUSE des Alpes, *S. Alpina*, L. à fleurons à quatre divisions peu profondes, égales; à calices en recouvrement; à fleurs penchées; à feuilles pinnées : à folioles lancéolées, à dents de scie.

Scabiosa Alpina, foliis Centaurii majoris; Scabieuse des Alpes, à feuilles de grande Centaurée. *Bauh. Pin.* 270, n.° 1. *Lob. Ic.* 1, p. 537, f. 2. *Lugd. Hist.* 1291, f. 2.

Sur les Alpes de Suisse, d'Italie, du Dauphiné. ♃ Estivale. *S-Alp.*

2. SCABIEUSE roide, *S. rigida*, L. à fleurons à quatre divisions peu profondes, presque radiés; à calices en recouvrement, obtus; à feuilles lancéolées, à dents de scie, à oreillettes à leur base.

Commel. Hort. 1, pag. 185, tab. 93.

En Éthiopie. ♄

3. SCABIEUSE de Transylvanie, *S. Transylvanica*, L. à fleurons à quatre divisions peu profondes, égales; à calices et paillettes à arêtes; à feuilles radicales en lyre : celles de la tige pinnatifides.

Moris. Hist. sect. 6, tab. 13, f. 13. *Jacq. Hort.* tab. 111.

En Transylvanie. ☉

4. SCABIEUSE de Syrie, *S. Syriaca*, L. à fleurons à quatre divisions

peu profondes, égales ; à calices en recouvrement et pailleuses à arêtes ; à tige dichotome ; à feuilles lancéolées.

Scabiosa fruticans, latifolia, alba ; Scabieuse ligneuse, à larges feuilles, à fleur blanche. *Bauh. Pin.* 265, n.° 4. *Clus. Hist.* 2, p. 4, f. 2. *Moris. Hist.* sect. 6, t. 14, f. 14.

Dans la Syrie, à Naples. ☉

5. SCABIEUSE à fleur blanche, *S. leucantha*, L. à fleurons à quatre divisions peu profondes, presque égales ; à écailles du calice ovales, en recouvrement ; à feuilles pinnatifides.

Scabiosa fruticans, angustifolia, alba ; Scabieuse ligneuse ; à feuilles étroites, à fleur blanche. *Bauh. Pin.* 270, f. 5. *Lob. Ic.* 1, p. 538, f. 2. *Lugd. Hist.* 1110, f. 2. *Bauh. Hist.* 3, P. 1, p. 8, f. 2.

En Carniole, à Naples, en Dauphiné, à Montpellier. ♃

6. SCABIEUSE Mors-Diable, *S. Succisa*, L. à fleurons à quatre divisions peu profondes, égales ; à tige simple ; à rameaux rapprochés ; à feuilles lancéolées, ovales.

Succisa glabra ; Succise lisse. *Bauh. Pin.* 269, n.° 1. *Math.* p. 464, f. 3. *Dod. Pempt.* 124, f. 1. *Lob. Ic.* 1, p. 546, f. 1. *Lugd. Hist.* 1067, f. 1. *Camer. Epit.* 397. *Bauh. Hist.* 3, P. 1, p. 11, f. 1. *Icon. Pl. Med.* tab. 150.

Cette espèce présente une variété.

Succissa hirsuta ; Succise velue. *Bauh. Pin.* 269, n.° 2.

1. *Morsus Diaboli*, Mors du Diable, Remords. 2. Racine, herbe. 3. Amère, douceâtre. 5. Angine tonsillaire (en gargarisme) ; maladies de la peau, fleurs blanches, esquinancie catarrale, diarrhées. 6. L'infusion de la racine approche pour la saveur de celle du Thé : elle est un peu amère sans être désagréable. Ses feuilles sèches teignent en jaune.

Nutritive pour le Bœuf, le Cheval, la Chèvre, le Mouton.

En Europe dans les bois, les prés. ♃ Automnale.

7. SCABIEUSE à feuilles entières, *S. integrifolia*, L. à fleurons à quatre divisions peu profondes, irrégulières ; à feuilles de la tige sans divisions, lancéolées : les radicales ovales, à dents de scie ; à tige herbacée.

Bauh. Hist. 3, P. 1, p. 9, f. 1.

A Montpellier, en Suisse, à Naples. ☉

8. SCABIEUSE à feuilles embrassantes, *S. amplexicaulis*, L. à fleurons à quatre divisions peu profondes, irrégulières ; à feuilles de la tige embrassantes, lancéolées, très-entières : les radicales à trois divisions peu profondes, crénelées.

On ignore son climat natal. ☉

9. SCABIEUSE de Tartarie, *S. Tartarica*, L. à fleurons à quatre

divisions peu profondes, irrégulières; à tige hérissée; à feuilles lancéolées, pinnatifides, à lobes comme en recouvrement.

Act. Ups. 1744, pag. 11, tab. 1.

En Tartarie. ♂

10. SCABIEUSE des champs, *S. arvensis*, L. à fleurons à quatre divisions peu profondes, irrégulières; à feuilles pinnatifides, découpées; à tige velue.

Scabiosa pratensis hirsuta, quæ officinarum; Scabieuse des prés velue, ou scabieuse des boutiques. *Bauh. Pin.* 269, n.° 1. *Dod. Pempt.* 122, f. 1. *Lob. Ic.* 1, p. 536, f. 1. *Lugd. Hist.* 1103, f. 3. *Bauh. Hist.* 3, P. 1, p. 2, f. 1. *Bellev.* tab. 78. *Flor. Dan.* t. 447. *Icon. Pl. Med.* t. 142.

En Europe, dans les prés, les champs. ♃ Estivale.

1. *Scabiosa*, Scabieuse ordinaire. 2. Herbe. 3. Amère, d'une saveur particulière, désagréable. 5. Toux catarrale, asthme pituiteux, phtisie catarrale, dartres, gale.

Nutritive pour le Cheval, le Mouton, la Chèvre, le Bœuf.

En Europe, dans les champs, les prés. ♃

11. SCABIEUSE des bois, *S. sylvatica*, L. à fleurons à quatre divisions peu profondes, irrégulières; toutes les feuilles sans divisions, ovales, oblongues, à dents de scie; à tige hérissée.

Clus. Hist. 2, p. 1 et 2, f. 1. *Bauh. Hist.* 1, p. 10, f. 1. *Bul. Paris.* tab. 59. *Jacq. Aust.* 4, t. 362.

Cette espèce présente une variété à feuilles non laciniées, à fleur rouge.

A Lyon, à Montpellier, en Dauphiné, dans les forêts. Estivale.

* II. *SCABIEUSES à corolles ou fleurons à cinq divisions peu profondes.*

12. SCABIEUSE de Gramont, *S. Gramuntiana*, L. à fleurons à cinq divisions peu profondes; à calices très-simples; à feuilles de la tige deux fois pinnées, filiformes.

Scabiosa capitulo globoso, minor; Scabieuse à tête globuleuse, plus petite. *Bauh. Pin.* 270, n.° 3.

A Montpellier, à Lyon, sur les bords des chemins. Estivale.

13. SCABIEUSE colombaire, *S. columbaria*, L. à fleurons à cinq divisions peu profondes, irrégulières; à feuilles radicales ovales, crénelées : celles de la tige pinnées, sétacées.

Scabiosa capitulo globoso, major; Scabieuse à tête globuleuse, plus grande. *Bauh. Pin.* 270, n.° 2. *Math.* 688, f. 2. *Dod. Pempt.* 122, f. 3. *Lob. Ic.* 1, p. 535, f. 2. *Clus. Hist.* 2, p. 2, f. 2. *Lugd.* 1066, f. 1. *Bauh. Hist.* 3, P. 1, p. 3 et 4, f. 1. *Barrel.* tab. 223 et 224. *Herm. Parad.* p. et t. 221. *Flor. Dan.* tab. 314.

Cette espèce présente une variété prolifère.

Nutritive pour le Cheval, le Mouton, la Chèvre, le Bœuf.

En Europe, dans les endroits secs. Estivale.

14. SCABIEUSE de Sicile, *S. Sicula*, L. à fleurons à cinq divisions peu profondes, égales, plus courtes que le calice ; à feuilles lyrées pinnatifides.

En Sicile, à Naples. ⊙

15. SCABIEUSE maritime, *S. maritima*, L. à corolles à cinq divisions peu profondes, irrégulières, plus courtes que le calice ; à feuilles pinnées : les supérieures linéaires, très-entières.

Bauh. Hist. 3, P. 1, p. 7, f. 2.

En Sicile, à Naples, à Montpellier, en Dauphiné. ⊙ ♃

16. SCABIEUSE étoilée, *S. stellata*, L. à fleurons à cinq divisions peu profondes, irrégulières ; à feuilles divisées ; à réceptacles des fleurs arrondis.

Scabiosa stellata, folio laciniato, major ; Scabieuse étoilée, à feuille laciniée, plus grande. *Bauh. Pin.* 271, n.° 1. *Dod. Pempt.* 122, f. 4. *Lob. Ic.* 1, p. 539, f. 2. *Clus. Hist.* 2, p. 1, f. 1. *Lugd. Hist.* 1110, f. 1. *Bauh. Hist.* 3, P. 1, p. 7, f. 1.

Cette espèce présente deux variétés.

1. *Scabiosa stellata, folio laciniato, minor sive maritima* ; Scabieuse étoilée, à feuille laciniée, plus petite ou Scabieuse maritime. *Bauh. Pin.* 271, n.° 2.

2. *Scabiosa stellata, minima* ; Scabieuse étoilée, très-petite. *Bauh. Pin.* 271, n.° 3.

En Espagne. ⊙

17. SCABIEUSE prolifère, *S. prolifera*, L. à fleurons à cinq divisions peu profondes, presque assis ; à tige prolifère ; à feuilles sans divisions.

Herm. Parad. pag. et tab. 125 ?

En Egypte. ⊙

18. SCABIEUSE pourpre noire, *S. atropurpurea*, L. à fleurons à cinq divisions peu profondes, irrégulières ; à feuilles divisées ; à réceptacles des fleurs en alêne.

Scabiosa peregrina rubra, capitulo oblongo ; Scabieuse étrangère rouge, à tête oblongue. *Bauh. Pin.* 270, n.° 1. *Clus. Hist.* 2, p. 31. *Bauh. Hist.* 3, P. 1, p. 6, f. 1.

Dans l'Inde Orientale. Cultivée dans les jardins. ⊙ Estivale.

19. SCABIEUSE argentée, *S. argentea*, L. à fleurons à cinq divisions peu profondes, irrégulieres ; à feuilles pinnatifides, à divisions linéaires ; à péduncules très-longs ; à tige arrondie.

En Orient. ♃

20. SCABIEUSE roide, *S. indurata*, L. à fleurons à cinq divisions peu profondes, irrégulières; à feuilles ovales lancéolées, rongées, dentées à la base; à tige roide.

En Afrique. ♄

21. SCABIEUSE d'Afrique, *S. Africana*, L. à fleurons à cinq divisions peu profondes, égales; à feuilles simples, découpées; à tige ligneuse.

Herm. Parad. pag. et tab. 219.

Cette espèce présente trois variétés.

En Afrique, en Orient. ♃

22. SCABIEUSE naine, *S. pumila*, L. à fleurons à cinq divisions peu profondes, irrégulières, presque sans tige; à feuilles très-velues: les radicales en lyre, celles de la tige pinnées, découpées.

Au cap de Bonne-Espérance. ♃

23. SCABIEUSE de Crète, *S. Cretica*, L. à fleurons à cinq divisions peu profondes; à feuilles lancéolées presque entières; à tige ligneuse.

Scabiosa stellata, folio non dissecto; Scabieuse étoilée, à feuille non divisée. *Bauh. Pin.* 271, n.° 4. *Lob. Ic.* 1, p. 540, f. 1. *Lugd. Hist.* 1108, f. 1. *Bauh. Hist.* 3, P. 1, p. 12, f. 1. *Moris. Hist.* sect. 6, t. 15, f. 31.

Cette espèce présente une variété à feuilles d'Oreille d'ours.

Dans l'isle de Crète. ♄

24. SCABIEUSE graminée, *S. graminifolia*, L. à fleurons à cinq divisions peu profondes, irrégulières; à feuilles linéaires, lancéolées, très-entières; à tige herbacée.

Scabiosa argentea, angustifolia; Scabieuse argentée, à feuilles étroites. *Bauh. Pin.* 270, n.° 7. *Prod.* 127, n.° 6, f. 1. *Bauh. Hist.* 3, p. 12, f. 3.

Sur les Alpes de Suisse, du Dauphiné. ♃ Estivale. *Alp.*

25. SCABIEUSE de la Palestine, *S. Palestina*, L. à fleurons à cinq divisions peu profondes, irrégulières: toutes les divisions divisées peu profondément en trois parties; à feuilles sans divisions, presque à dents de scie: les supérieures pinnatifides à la base.

Scabiosa minor, capitulo globoso, odorato; Scabieuse plus petite, à tête arrondie, odorante. *Bauh. Pin.* 271, n.° 5.

Jacq. Hort. tab. 96.

Dans la Palestine. ♃

26. SCABIEUSE de Sibérie, *S. Isetensis*, L. à fleurons à cinq divisions peu profondes, irrégulières, plus longues que le calice; à feuilles deux fois pinnées, linéaires.

Gmel. Sibir. 2, pag. 214, tab. 88, f. 1.

En Sibérie, sur les rochers.

27. SCABIEUSE d'Ukraine, *S. Ukranica*, L. à fleurons à cinq divisions peu profondes, irrégulières; à feuilles radicales pinnatifides; celles de la tige linéaires, ciliées à la base.

Gmel. Sibir. 2, pag. 213, tab. 87.

Dans l'Ukraine.

28. SCABIEUSE jaunâtre, *S. ochroleuca*, L. à fleurons à cinq divisions peu profondes, irrégulières; à feuilles deux fois pinnées, linéaires.

Scabiosa multifido folio, flore flavescente; Scabieuse à feuille divisée, à fleur jaunâtre. *Bauh. Pin.* 270, n.° 7. *Clus. Hist.* 2, p. 3, f. 2. *Bauh. Hist.* 3, P. 1, p. 8, f. 2. *Moris. Hist.* sect. 6, tab. 13, f. 23. *Barrel.* tab. 770, f. 2. *Jacq. Obs.* 3, tab. 73 et 74.

En Allemagne, en Dauphiné, en Sibérie, dans les prés secs. ♂

29. SCABIEUSE à aigrette, *S. papposa*, L. à fleurons à cinq divisions peu profondes, inégales; à tige herbacée droite; à feuilles pinnatifides; à semences à arêtes et à aigrettes plumeuses.

Dans l'Isle de Crète. ☉

30. SCABIEUSE à tête ailée, *S. pterocephala*, L. à fleurons à cinq divisions peu profondes; à tige couchée, ligneuse; à feuilles laciniées, velues; à aigrette plumeuse.

En Grèce. ♄

122. KNAUTIE, *KNAUTIA*. * *Lam. Tab. Encyclop.* pl. 58.

CAL. *Périanthe commun*, renfermant des fleurons disposés en rond, simple, comme cylindrique, oblong, droit : à *segmens* en alêne, rapprochés, en nombre égal à celui des fleurons.

Périanthe propre très-petit, couronnant l'ovaire.

COR. *Propre universelle* monopétale, inégale. *Tube* de la longueur du calice. *Limbe* inégal, à quatre divisions peu profondes, l'*extérieure* plus grande, ovale.

ÉTAM. Quatre *Filamens*, plus longs que le tube de la corolle, insérés sur le réceptacle. *Anthères*, oblongues, versatiles.

PIST. *Ovaire* inférieur. *Style* filiforme, de la longueur des étamines. *Stigmate* un peu épais, divisé peu profondément en deux parties.

PÉR. Nul.

SEM. Solitaires, à quatre côtés, couronnées par une aigrette.

RÉC. Commun à peine visible, aplati, nu.

OBS. *Ce genre qui a beaucoup d'affinité avec les* Scabieuses, *en est essentiellement distingué par le calice tubulé, et par un simple rang de rayons.*

Calice commun oblong, simple, renfermant cinq fleurs. *Calice* propre simple, supérieur. *Fleurons* irréguliers. *Réceptacle* nu.

1. KNAUTIE d'Orient, *K. Orientalis*, L. à feuilles incisées; à fleurs de cinq fleurons plus longs que le calice.

Kniph. Cent. 7, n.° 39.

Dans l'Orient. ☉

2. KNAUTIE de la Propontide, *K. Propontica*, L. à feuilles supérieures, lancéolées, très-entières; à fleurs de dix fleurons de la longueur du calice.

Till. Pis. 153, tab. 48.

Dans l'Orient.

3. KNAUTIE de la Palestine, *K. Palestina*, L. à feuilles entières; à calices de six feuillets; à semences à aigrettes.

Dans la Palestine. ☉

4. KNAUTIE plumeuse, *K. plumosa*, L. à feuilles supérieures pinnées; à calices de dix feuillets; à semences à aigrettes.

Dans l'Orient. ☉

123. ALLIONE, *ALLIONIA*. *Lam. Tab. Encyclop.* pl. 58.

CAL. *Périanthe commun* oblong, simple, à trois fleurs, à cinq *segmens* profonds, ovales, aigus, persistans.

Périanthe propre irrégulier, supérieur.

COR. *Propre* monopétale, en entonnoir, à *orifice* à cinq divisions peu profondes, droit.

ÉTAM. Quatre *Filamens*, sétacés, plus longs que la corolle, courbés d'un seul côté. *Anthères* arrondies.

PIST. *Ovaire* inférieur, oblong. *Style* sétacé, plus long que les étamines. *Stigmate* à plusieurs divisions peu profondes, linéaires.

PÉR. Nul.

SEM. Solitaires, oblongues, à cinq angles, nues.

RÉC. Nu.

Calice commun, oblong, simple, renfermant trois fleurs. *Calice* propre irrégulier, supérieur. *Fleurons* irréguliers, *Réceptacle* nu.

1. ALLIONE violette, *A. violacea*, L. à feuilles en cœur; à calices à cinq segmens peu profonds, renfermant trois fleurs.

A Cumana.

2. ALLIONE couleur de chair, *A. incarnata*, L. à feuilles en cœur, obliques; à calices à trois feuillets, renfermant trois fleurs.

A Cumana, dans les endroits sablonneux.

124. HEDYOTE, *HEDYOTIS.* † *Lam. Tab. Encycl.* pl. 62.

CAL. *Périanthe* d'un seul feuillet, supérieur, persistant, à quatre *segmens* profonds, linéaires, aigus.

COR. Monopétale, en entonnoir, un peu plus longue que le calice, à moitié divisé en quatre parties, ouvertes, presque égales.

ÉTAM. Quatre *Filamens*, en alêne, insérés sur les divisions de la corolle. *Anthères* arrondies.

PIST. *Ovaire* arrondi, inférieur. *Style* filiforme, de la longueur des étamines. Deux *Stigmates*, un peu épais.

PÉR. *Capsule* arrondie, didyme, à deux loges, s'ouvrant par une fente transversale près du calice qui la couronne.

SEM. En petit nombre, anguleuses.

Corolle monopétale, en entonnoir. *Capsule* à deux loges, à plusieurs semences, inférieure.

1. HÉDYOTE ligneuse, *H. fruticosa*, L. à feuilles lancéolées, pétiolées; à corymbes terminaux, à collerettes.

Burm. Zeyl. tab. 107.

A Zeylan. ♄

2. HÉDYOTE auriculaire, *H. auricularia*, L. à feuilles lancéolées ovales; à fleurs en anneaux.

Burm. Zeyl. tab. 108, f. 1.

3. HÉDYOTE herbacée, *H. herbacea*, L. à feuilles linéaires, lancéolées; à tige herbacée, dichotome; à pédoncules deux à deux.

A Zeylan.

125. SCABRITE, *SCABRITA.*

CAL. *Périanthe* d'un seul feuillet, tubulé, tronqué, très-entier, persistant.

COR. Monopétale, en soucoupe. *Tube* cylindrique, de la longueur du calice. *Limbe* à quatre divisions profondes, ouvertes, à lobes à deux lobes.

ÉTAM. Quatre *Filamens*, très-courts, insérés sur le milieu du tube. *Anthères* oblongues, de la longueur du tube.

PIST. *Ovaire* supérieur, presque ovale. *Style* filiforme, de la longueur du tube. Deux *Stigmates*, aigus.

PÉR. Nul.

SEM. Deux, parallèles, appliquées l'une contre l'autre, à deux lobes au sommet, convexes extérieurement.

Corolle monopétale, en entonnoir. Deux *Semences* échancrées, supérieures. *Calice* tronqué.

1. SCABRITE rude, *S. scabra*, L. à feuilles pétiolées, ovales, oblongues, très-entières, rudes sur les deux surfaces.

Dans l'Inde Orientale. ♄

126. SPERMACOCE, *SPERMACOCE.* * *Lam. Tab. Encyclop.* pl. 62.

CAL. *Périanthe* petit, à quatre dents, supérieur, persistant.

COR. Monopétale, en entonnoir. *Tube* comme cylindrique, grêle, plus long que le calice. *Limbe* à quatre divisions profondes, ouvertes, renversées, obtuses.

ÉTAM. Quatre *Filamens*, en alêne, plus courts que la corolle. *Anthères* simples.

PIST. *Ovaire* arrondi, comprimé, inférieur. *Style* simple, divisé supérieurement en deux parties peu profondes. *Stigmates* obtus.

PÉR. Deux *Capsules*, réunies, oblongues, bossuées d'un côté, aplaties de l'autre, obtuses, terminées chacune par deux cornes.

SEM. Solitaires, arrondies.

Corolle monopétale, en entonnoir. Deux *Semences*, à deux dents.

1. SPERMACOCE grêle, *S. tenuior*, L. lisse; à feuilles linéaires; à étamines renfermées dans la corolle; à fleurs en anneau.

Plukn. tab. 136, f. 4. *Dill. Elth.* tab. 277, f. 359.

A la Caroline. ☉

2. SPERMACOCE verticillée, *S. verticillata*, L. lisse; à feuilles lancéolées; à fleurs en anneaux globuleux.

Plukn. tab. 58, f. 6? *Dill. Elth.* tab. 277, f. 358.

En Afrique et à la Jamaïque.

3. SPERMACOCE hérissée, *S. hirta*, L. rude; à feuilles oblongues; les supérieures quatre à quatre; à fleurs en anneaux.

A la Jamaïque. ☉

4. SPERMACOCE velue, *S. hispida*, L. velue; à feuilles en ovale renversé.

Burm. Zeyl. tab. 20, f. 3?

A Zeylan. ♃

5. SPERMACOCE couchée, *S. procumbens*, L. couchée; à feuilles linéaires; à fleurs en corymbes latéraux, pédunculés.

Dans l'Inde Orientale.

6. SPERMACOCE épineuse, *S. spinosa*, L. sous-ligneuse; à feuilles linéaires; à épines ciliées.

En Amérique.

127. SHÉRARDE,

127. SHÉRARDE, *SHERARDIA*. * *Lam. Tab. Encyclop.* pl. 61.

CAL. *Périanthe* petit, à quatre dents, supérieur, persistant.

COR. Monopétale en entonnoir. *Tube* comme cylindrique, long: *Limbe* à quatre divisions profondes, plane, aigu.

ÉTAM. Quatre *Filamens*, insérés sur le sommet du tube. *Anthères* simples.

PIST. *Ovaire* didyme, oblong, inférieur. *Style* filiforme, divisé supérieurement en deux parties profondes. *Stigmates* en têtes.

PÉR. Nul. *Fruit* oblong, couronné, se divisant dans sa longueur en deux semences.

SEM. Deux, oblongues, présentant à leur sommet trois pointes, convexes d'un côté, aplaties de l'autre.

Corolle monopétale, en entonnoir. *Fruit* formé par deux semences adossées, couronnées chacune par trois dents.

1. SHÉRARDE des champs, *S. arvensis*, L. toutes les feuilles en anneaux; à fleurs terminant la tige.

Rubeola arvensis, repens, cærulea; Petite garance des champs, rampante, à fleur bleue. *Bauh. Pin.* 334, n.° 1. *Bauh. Hist.* 3, P. 2, p. 719, f. 2 et 3. *Belliev.* tab. 7. *Barrel.* tab. 541, f. 1.

Nutritive pour le Cheval.

En Europe, dans les champs. ⊙ Estivale.

2. SHERARDE des murailles, *S. muralis*, L. à feuilles florales deux à deux, opposées; à fleurs deux à deux.

Asperula verticillata, lutea; Aspérule verticillée, jaunâtre. *Bauh. Pin.* 334, n.° 4. *Column. Ecphras.* 302 et 300, f. 2. *Bauh. Hist.* 3, P. 2, p. 719, f. 4. *Buxb. Cent.* 2, p. 31, tab. 30, f. 2.

En Italie, à Constantinople, en Provence, sur les vieux murs. ⊙

3. SHÉRARDE ligneuse, *S. fruticosa*, L. à feuilles quatre à quatre, égales; à tige ligneuse.

Dans l'isle de l'Ascension. ♄

128. ASPÉRULE, *ASPERULA*. * *Lam. Tab. Encyclop.* pl. 61.

CAL. *Périanthe* petit, à quatre dents, supérieur.

COR. Monopétale, en entonnoir. *Tube* comme cylindrique, long. *Limbe* à quatre divisions profondes, oblongues, obtuses, renversées.

ÉTAM. Quatre *Filamens*, insérés sur le sommet du tube. *Anthères* simples.

PIST. *Ovaire* didyme, arrondi, inférieur. *Style* filiforme, divisé supérieurement en deux parties peu profondes. *Stigmates* en têtes.

PÉR. Deux *Baies*, sèches, arrondies, comme collées.

SEM. Solitaires, arrondies, grandes.

Corolle monopétale, en entonnoir. *Fruit* formé par deux semences, arrondies.

1. ASPÉRULE odorante, *A. odorata*, L. à feuilles huit à huit, lancéolées; à faisceaux des fleurs, pédunculés.

Asperula sive Rubeola montana, odora; Aspérule ou petite Garance des montagnes, odorante. *Bauh. Pin.* 334, n.° 1. *Dod. Pempt.* 355, f. 2. *Lob. Ic.* 1, p. 801, f. 1. *Clus. Hist.* 2, p. 175, f. 2. *Lugd. Hist.* 870, f. 1. *Bauh. Hist.* 3, P. 2, p. 718, f. 2. *Moris. Hist.* sect. 9, tab. 22, f. 4. *Bul. Paris.* tab. 61. *Flor. Dan.* tab. 562. *Icon. Pl. Med.* tab. 82.

1. *Matrisylva*, Muguet, Reine des bois. 2. Toute la plante, les fleurs. 3. Ambrosiaque, sur-tout fleurie ou sèche. 5. Ictère, exanthèmes, gale.

Nutritive pour le Cheval, le Mouton, la Chèvre, le Bœuf, le Cochon.

En Europe, dans les bois. ⊙ Vernale.

2. ASPÉRULE des champs, *A. arvensis*, L. à feuilles six à six; à fleurs terminales, assises, agrégées.

Asperula cærulea, arvensis; Aspérule à fleur bleue, des champs. *Bauh. Pin.* 334, n.° 2. *Dod. Pempt.* 355, f. 3. *Lob. Ic.* 1, p. 801, f. 2. *Lugd. Hist.* 870, f. 2. *Bauh. Hist.* 3, P. 2, p. 719, f. 1. *Moris. Hist.* sect. 9, tab. 22, f. 2. *Barrel.* tab. 765.

En Europe, dans les champs. ⊙ Estivale.

3. ASPÉRULE de Turin, *A. Taurina*, L. à feuilles quatre à quatre, ovales, lancéolées; à fleurs en faisceaux, terminales.

Rubia quadrifolia vel latifolia, lævis; Garance à quatre feuilles ou à feuilles larges, lisses. *Bauh. Pin.* 334, n.° 10. *Lob. Ic.* 1, p. 800, f. 1. *Lugd. Hist.* 1130, f. 2. *Bauh. Hist.* 3, P. 2, p. 717 et 718, f. 1. *Moris. Hist.* sect. 9, tab. 21, f. 1. *Barrel.* tab. 547.

Sur les Alpes de Suisse, du Dauphiné, à Naples. ♃

4. ASPÉRULE à feuilles épaisses, *A. crassifolia*, L. à feuilles quatre à quatre, oblongues, latérales, roulées, un peu obtuses, duvetées.

Dans l'isle de Crète, dans l'Orient. ♄

5. ASPÉRULE des Teinturiers, *A. tinctoria*, L. à feuilles linéaires: les inférieures six à six: les intermédiaires quatre à quatre; à tige flasque; à fleurs le plus souvent à trois divisions peu profondes. *Bul. Paris.* tab. 63.

Nutritive pour le Cheval, le Mouton, la Chèvre, le Bœuf. La racine colore en rouge.

En Suède, en Allemagne, en France, en Italie. ♃

6. ASPÉRULE des Pyrénées, *A. Pyrenaica*, L. à feuilles quatre

à quatre, lancéolées, linéaires ; à tige droite ; à fleurs le plus souvent à trois divisions peu profondes.

— *Rubia cynanchica, saxatilis* ; Garance cynanchique, des rochers. *Bauh. Pin.* 333, n.° 7.

Sur les Alpes de Suisse, des Pyrénées, du Dauphiné. ♃

7. ASPÉRULE herbe à l'esquinancie, *A. cynanchica*, L. à feuilles quatre à quatre, linéaires ; les supérieures opposées ; à tige droite ; à fleurs à quatre divisions profondes.

Rubia cynanchica ; Garance cynanchique. *Bauh. Pin.* 333, n.° 6. *Lugd. Hist.* 1185, f. 1. *Column. Ecphras.* 296 et 297, f. 1. *Bauh. Hist.* 3, P. 2, p. 723, f. 3.

En Europe, dans les champs. ♃ Estivale.

8. ASPÉRULE lisse, *A. lævigata*, L. à feuilles quatre à quatre, elliptiques, sans nervures, lisses ; à péduncules ouverts, trichotomes ; à semences hérissées.

Rubia quadrifolia seu rotundifolia, lævis ; Garance à quatre feuilles ou à feuilles rondes, lisses. *Bauh. Pin.* 334, n.° 11. *Boccon. Sic.* pag. 12, tab. 6, f. 1. *Moris. Hist.* sect. 9, tab. 21, f. 4 et 5. *Barrel.* tab. 323 et 324 ?

Sur les Alpes de Suisse, du Dauphiné, au Mont-Pilat près de Lyon. ♃

129. DIODE, *DIODIA*. † *Lam. Tab. Encyclop.* pl. 63.

CAL. *Périanthe* à deux *feuillets*, presque ovales, supérieurs, égaux ; persistans.

COR. Monopétale, en entonnoir. *Tube* grêle, long. *Limbe* petit, ouvert, à quatre divisions profondes, lancéolées.

ÉTAM. Quatre *Filamens*, sétacés, droits. *Anthères* versatiles.

PIST. *Ovaire* arrondi, à quatre côtés, inférieur. *Style* filiforme, de la longueur des étamines. *Stigmate* divisé peu profondément en deux parties.

PÉR. *Capsule* ovale, à quatre côtés, couronnée par le calice qui le surpasse en grandeur, à deux loges, à deux battans.

SEM. Solitaires, ovales, oblongues, luisantes, convexes d'un côté, aplaties de l'autre.

Corolle monopétale, en entonnoir. *Capsule* à deux loges, à deux semences.

1. DIODE de Virginie, *D. Virginica*, L. à feuilles opposées ; à tiges couchées ; à rameaux alternes.

En Virginie, dans les lieux aquatiques.

130. KNOTIE, *KNOTIA*. † KNOXIA. *Lam. Tab. Encyclop.* pl. 59.

CAL. *Périanthe* supérieur, petit, caduc-tardif, à quatre *feuillets* pointus, dont un lancéolé, trois fois plus grand.

COR. Monopétale, en entonnoir. *Tube* filiforme, long. *Limbe* à quatre *divisions* profondes, égales, un peu alongées, arrondies.

ÉTAM. Quatre *Filamens*, capillaires, insérés dans la gorge de la corolle. *Anthères* oblongues, égales.

PIST. *Ovaire* arrondi, inférieur. *Style* filiforme, de la longueur des étamines. Deux *Stigmates*, en têtes.

PÉR. Fruit nu, comme globuleux, pointu, sillonné.

SEM. Deux, arrondies, pointues, convexes extérieurement, marquées de trois stries, planes intérieurement, attachées supérieurement au réceptacle filiforme.

Corolle monopétale, en entonnoir. Deux *Semences* sillonnées. Un feuillet du *Calice* plus grand.

1. KNOTIE de Zeylan, *K. Zeylanica*, L. à feuilles opposées, presque assises, lancéolées, sans nervures, lisses; à fleurs éparses, assises.

Plukn. tab. 114, f. 2.

A Zeylan, sur le tronc des arbres pourris.

131. HOUSTONE, *HOUSTONIA.* † *Lam. Tab. Encyclop.* pl. 79.

CAL. *Périanthe* très-petit, à quatre dents, droit, persistant.

COR. Monopétale, en entonnoir. *Tube* comme cylindrique, long. *Limbe* ouvert, à quatre *divisions* profondes, arrondies.

ÉTAM. Quatre *Filamens*, dans la gorge de la corolle, très-petits. *Anthères* simples.

PIST. *Ovaire* supérieur, arrondi, comprimé. *Style* simple, plus court que les étamines. *Stigmate* aigu, divisé peu profondément en deux parties.

PÉR. *Capsule* arrondie, didyme, à deux loges, à deux battans opposés aux cloisons.

SEM. Solitaires.

Corolle monopétale, en entonnoir. *Capsule* à deux loges, renfermant deux sémences, supérieure.

1. HOUSTONE bleue, *H. cærulea*, L. à feuilles radicales, ovales; à tige composée; les premiers péduncules à deux fleurs.

Moris. Hist. sect. 15, tab. 4, f. 1. *Plukn.* tab. 97, f. 9.

En Virginie.

2. HOUSTONE pourpre, *H. purpurea*, L. à feuilles ovales, lancéolées; à corymbes terminans; à fleurs supérieures.

En Virginie.

132. CAILLELAIT, *GALIUM.* * *Lam. Tab. Encyclop.* pl. 60. GALLIUM. *Tournef. Inst.* 114, tab. 39. APARINE. *Tournef. Inst.* 114, tab. 39.

CAL. *Périanthe* très-petit, à quatre dents, supérieur.

COR. Monopétale, en roue, aiguë, à quatre divisions profondes, sans tube.

ÉTAM. Quatre *Filamens*, en alêne, plus courts que la corolle. *Anthères* simples.

PIST. *Ovaire* didyme. *Style* filiforme, à moitié divisé en deux parties, de la longueur des étamines. *Stigmates* arrondis.

PÉR. Deux *Baies*, seches, arrondies, comme collées.

SEM. Solitaires, en forme de reins, grandes.

Corolle monopétale, à limbe aplati. *Fruit* formé par deux semences arrondies.

* I. *CAILLELAITS à fruits lisses.*

1. CAILLELAIT garance, *G. rubioïdes*, L. à feuilles quatre à quatre autour des anneaux, lancéolées, ovales, égales, rudes en dessous; à tige droite; à fruits lisses.

En Allemagne, en France, en Sibérie.

2. CAILLELAIT des marais, *G. palustre*, L. à feuilles quatre à quatre autour des anneaux, en ovale renversé, inégales; à tiges diffuses.

Galium palustre, album; Caillelait des marais, à fleur blanche. *Bauh. Pin.* 335, n.° 4. *Flor. Dan.* tab. 423.

Nutritive pour le Cheval, le Mouton, le Bœuf.

La racine colore en rouge.

En Europe, dans les marais. ♃ Vernale.

3. CAILLELAIT à trois divisions, *G. trifidum*, L. à feuilles quatre à quatre autour des anneaux, linéaires; à tige couchée, rude; à corolles à trois divisions peu profondes.

Flor. Dan. tab. 48.

En Danemarck, au Canada.

4. CAILLELAIT des montagnes, *G. montanum*, L. à feuilles le plus souvent quatre à quatre autour des anneaux, linéaires, lisses; à tige foible, rude; à semences lisses.

En Suisse, en Allemagne, en France, en Lithuanie. ♃

5. CAILLELAIT colorant, *G. tinctorium*, L. à feuilles linéaires: celles de la tige six à six autour des anneaux: celles des rameaux quatre à quatre; à tige flasque; à péduncules le plus souvent à deux fleurs; à fruits lisses.

Dans l'Amérique Septentrionale.

6. CAILLELAIT marécageux, *G. uliginosum*, L. à feuilles six à six autour des anneaux, lancéolées, à dents sur les marges disposées au rebours, roides ; à corolles plus grandes que le fruit.

Bauh. Hist. 3, P. 2, p. 716, f. 2. *Barrel.* tab. 82.

Nutritive pour le Cheval, le Mouton, la Chèvre, le Bœuf, le Cochon.

En Europe, dans les pâturages marécageux. ♃ Vernale.

7. CAILLELAIT faux, *G. spurium*, L. à feuilles six à six autour des anneaux, lancéolées, en carène, rudes, à dents sur les marges disposées en arrière ; à nœuds simples ; à fruits lisses.

Vaill. Bot. tab. 4, f. 3.

En Europe, dans les terres cultivées. ⊙ Estivale.

8. CAILLELAIT des rochers, *G. saxatile*, L. à feuilles six à six autour des anneaux, en ovale renversé, obtuses ; à tige très-rameuse ; couchée.

Juss. Act. Paris. 1714, tab. 15.

Sur les Alpes de Suisse, du Dauphiné. Estivale.

9. CAILLELAIT nain, *G. minutum*, L. à feuilles huit à huit autour des anneaux, lancéolées, dentelées, piquantes sur les bords, lisses sur les surfaces, recourbées ; à péduncules des fruits courbés.

Knip. Cent. 9, n.° 39.

En Russie, en Lithuanie, en Bourgogne. ♃

10. CAILLELAIT très-petit, *G. pusillum*, L. à feuilles huit à huit autour des anneaux, hérissées, linéaires, pointues, comme en recouvrement ; à péduncules dichotomes.

Rubeola saxatilis ; petite Garance des rochers. *Bauh. Pin.* 334, n.° 3. *Lob. Ic.* 1, p. 799, f. 1.

En Provence, sur les montagnes. ♃

11. CAILLELAIT jaune, *G. verum*, L. à feuilles huit à huit autour des anneaux, linéaires, sillonnées ; à rameaux portant les fleurs, courts.

Gallium luteum ; Caillelait jaune. *Bauh. Pin.* 335, n.° 1. *Dod. Pempt.* 355, f. 1. *Lob. Ic.* 1, p. 804, f. 1. *Lugd. Hist.* 1088, f. 1. *Camer. Epit.* 368. *Bauh. Hist.* 3, P. 2, p. 720, f. 1. *Bul. Paris.* tab. 64. *Icon. Pl. Med.* tab. 338.

1. *Gallium luteum ;* vrai Caillelait, Caillelait jaune. 2. Sommités fleuries. 3. Odeur forte, tirant sur celle du miel, fatigante ; saveur un peu amère. 4. Mêmes que ceux de la Garance. 5. Exanthèmes, gale, ictère, rachitis, cancer, affections convulsives. 6. Quelques Auteurs prétendent qu'il caille le lait ; d'autres prétendent qu'il ne le caille point. Ses *Fleurs* teignent la laine en jaune, et sa *Racine* en rouge.

Nutritive pour le Mouton, la Chèvre.

En Europe. ♃ Estivale.

12. CAILLELAIT blanc, *G. Mollugo*, L. à feuilles huit à huit autour des anneaux, ovales, linéaires, presque à dents de scie, très-étalées, pointues ; à tige flasque ; à rameaux très-écartés de la tige.

Mollugo montana angustifolia, vel Gallium album latifolium ; Mollugo des montagnes à feuilles étroites, ou Caillelait blanc à larges feuilles. *Bauh. Pin.* 334, n.° 2. *Lob. Ic.* 1, p. 802, f. 1. *Lugd. Hist.* 1088, f. 3. *Camer. Epit.* 663. *Bauh. Hist.* 3, P. 2, p. 721, f. 1. *Bul. Paris.* tab. 65. *Flor. Dan.* tab. 455. *Icon. Pl. Med.* tab. 391.

Nutritive pour le Cheval, le Mouton, la Chèvre, le Bœuf, le Cochon.

En Europe. ♃ Vernale.

13. CAILLELAIT des forêts, *G. sylvaticum*, L. à feuilles huit à huit autour des anneaux, lisses en dessus, rudes en dessous : à deux feuilles florales ; à péduncules capillaires ; à tige lisse.

Mollugo montana latifolia, ramosa ; Mollugo des montagnes à larges feuilles, rameuse. *Bauh. Pin.* 334, n.° 1. *Dod. Pempt.* 334. f. 1. *Lob. Ic.* 1, p. 802, f. 2. *Clus. Hist.* 2, p. 176, f. 1. *Lugd. Hist.* 1089, f. 2. *Bauh. Hist.* 3, P. 2, p. 716, f. 4.

En Europe, sur les montagnes. ♃ Estivale.

14. CAILLELAIT à arêtes, *G. aristatum*, L. à feuilles huit à huit autour des anneaux, lancéolées, lisses ; à fleurs en panicule capillaire ; à pétales à arêtes ; à semences lisses.

Boccon. Mus. 83, tab. 75.

Sur les Monts-Apennins en Italie, sur le Mont-Pilat près de Lyon. ♃

15. CAILLELAIT de la Palestine, *G. Hierosolymitanum*, L. à feuilles dix à dix autour des anneaux, lancéolées, linéaires ; à fleurs en ombelles en faisceaux ; à fruits lisses.

Dans la Palestine.

16. CAILLELAIT glauque, *G. glaucum*, L. à feuilles en anneaux, linéaires ; à péduncules dichotomes ; à tige lisse.

Rubia montana, angustifolia ; Garance des montagnes, à feuilles étroites. *Bauh. Pin.* 333, n.° 5. *Flor. Dan.* tab. 609.

A Lyon, à Montpellier, en Suisse, en Allemagne. ♃ Vernale.

17. CAILLELAIT pourpre, *G. purpureum*, L. à feuilles en anneaux, linéaires, sétacées ; à péduncules capillaires, plus longs que la feuille.

Gallium nigro-purpureum, montanum, tenuifolium ; Caillelait pourpre-noirâtre, des montagnes, à feuilles étroites. *Bauh. Pin.* 335, n.° 3.

En Italie, en Suisse.

18. CAILLELAIT rouge, *G. rubrum*, L. à feuilles en anneaux, linéaires, étalées; à péduncules très-courts.

Gallium rubrum, Caillelait rouge. *Bauh. Pin.* 335, n.° 2. *Clus. Hist.* 2, p. 175, f. 1. *Bauh. Hist.* 3, P. 2, p. 721, f. 2.

Dans le Palatinat, en Italie.

* II. *CAILLELAITS à fruits hérissés.*

19. CAILLELAIT boréal, *G. boreale*, L. à feuilles quatre à quatre autour des anneaux, lancéolées, à trois nervures, lisses; à tige droite; à semences hérissées.

Rubia pratensis lævis, folio acuto; Garance des prés lisse, à feuille aiguë. *Bauh. Pin.* 333, n.° 4. *Bellev.* tab. 6.

Nutritive pour le Cheval, le Mouton, la Chèvre, le Cochon. La Racine colore en rouge

Sur les Alpes de Suisse, du Dauphiné. ♃ Estivale.

20. CAILLELAIT maritime, *G. maritimum*, L. à feuilles quatre à quatre autour des anneaux, hérissées; à péduncules ne portant qu'une fleur; à fruits velus.

A Montpellier, à Narbonne, aux Pyrénées. Estivale.

21. CAILLELAIT des Bermudes, *G. Bermudianum*, L. à feuilles quatre à quatre autour des anneaux, linéaires, obtuses; à tiges très-ramifiées.

Plukn. tab. 248, f. 5.

En Virginie.

22. CAILLELAIT Grec, *G. Græcum*, L. hérissé; à feuilles le plus souvent six à six autour des anneaux, linéaires, lancéolées; à tiges ligneuses.

Alp. Exot. 167 et 166.

Dans l'isle de Crète, sur les rochers. ♄

23. CAILLELAIT Grateron, *G. Aparine*, L. à feuilles huit à huit autour des anneaux, lancéolées, en carène, rudes; à piquans sur les bords tournés en arrière; à anneaux velus; à fruits hérissés.

Aparine vulgaris; Grateron vulgaire. *Bauh. Pin.* 334, f. 1. *Dod. Pempt.* 353, f. 1. *Lob. Ic.* 1, p. 800, f. 2. *Lugd. Hist.* 1331, f. 1. *Camer. Epit.* 557. *Bauh. Hist.* 3, P. 2, p. 713, f. 1. *Bul. Paris.* tab. 66. *Flor. Dan.* tab. 495.

En Europe dans les haies, les terres cultivées. ⊙ Estivale.

24. CAILLELAIT des Parisiens, *G. Parisiense*, L. à feuilles en anneaux, linéaires; à péduncules portant deux fleurs.

En France, en Angleterre. ⊙ Estivale.

133. CRUCIANELLE, *CRUCIANELLA.* * *Lam. Tam. Encyclop.* pl. 61. RUBEOLA. *Tournef. Inst.* 130, tab. 50.

CAL. *Périanthe* inférieur, à deux *feuillets*, lancéolés, comme en carène, pointus, roides, réunis, comprimés.

COR. Monopétale, en entonnoir. *Tube* comme cylindrique, filiforme, plus long que le calice. *Limbe* à quatre divisions peu profondes, terminées par des arêtes recourbées.

ÉTAM. Quatre *Filamens*, insérés sur l'orifice du tube. *Anthères* simples.

PIST. *Ovaire* comprimé, situé entre la corolle et le calice. *Style* divisé peu profondément en deux parties, filiforme, de la longueur du tube. Deux *Stigmates*, obtus, oblongs.

PÉR. Deux *Capsules*, réunies.

SEM. Solitaires, oblongues.

Corolle monopétale, en entonnoir, à tube filiforme, à limbe terminé au sommet par des arêtes. *Calice* à deux feuillets. *Fruit* formé par deux semences linéaires.

1. CRUCIANELLE à feuilles étroites, *C. angustifolia*, L. à tige droite; à feuilles six à six autour des anneaux, linéaires; à fleurs en épi.

Rubia angustifolia, spicata; Garance à feuilles étroites, en épi. *Bauh. Pin.* 334, n.° 13. *Moris. Hist.* sect. 9, tab. 22, f. 3. *Barrel.* tab. 530.

A Montpellier, Lyon. ⊙ Estivale.

2. CRUCIANELLE à larges feuilles, *C. latifolia*, L. à tige couchée; à feuilles quatre à quatre autour des anneaux, lancéolées; à fleurs en épi.

Rubia latifolia, spicata; Garance à larges feuilles, en épi. *Bauh. Pin.* 334, n.° 12. *Clus. Hist.* 2, p. 177, f. 1. *Bauh. Hist.* 3, P. 2, p. 721, f. 3. *Moris. Hist.* sect. 9, tab. 22, f. 2. *Barrel.* tab. 520.

A Montpellier, dans l'isle de Crète. ⊙

3. CRUCIANELLE d'Égypte, *C. Ægyptiaca*, L. à feuilles quatre à quatre autour des anneaux, presque linéaires; à fleurs en épi, à cinq divisions peu profondes.

En Egypte. ⊙

4. CRUCIANELLE étalée, *C. patula*, L. à tige diffuse; à feuilles six à six autour des anneaux; à fleurs éparses.

En Espagne. ⊙

5. CRUCIANELLE maritime, *C. maritima*, L. à tige couchée, sous-ligneuse; à feuilles quatre à quatre autour des anneaux, aiguës; à fleurs opposées, à cinq divisions peu profondes.

Rubia maritima; Garance maritime. *Bauh. Pin.* 334, n.° 9. *Dod. Pempt.* 357, f. 2. *Lob. Ic.* 1, p. 799, f. 2. *Clus. Hist.* 2, p. 176, f. 2. *Lugd. Hist.* 1385, f. 1. *Bauh. Hist.* 3, P. 2, p. 721 et 722, f. 1. *Barrel.* tab. 355.

Sur les bords de la mer, en Languedoc et en Provence. ♄ Estivale.

6. CRUCIANELLE de Monpelier, *C. Monspeliaca*, L. à tige couchée; à feuilles en pointes: celles de la tige quatre à quatre autour des anneaux, celles des rameaux linéaires; à fleurs en épi.

A Montpellier, en Provence, dans la Palestine. ♃ Estivale.

134. GARANCE, *RUBIA*. * *Tournef. Inst.* 113, tab. 38. *Lam. Tab. Encyclop.* pl. 60.

CAL. *Périanthe* très-petit, à quatre dents, supérieur.

COR. Monopétale, en cloche, à quatre divisions profondes, sans tube.

ETAM. Quatre *Filamens*, en alêne, plus courts que la corolle. *Anthères* simples.

PIST. *Ovaire* didyme, inférieur. *Style* filiforme, divisé supérieurement en deux parties peu profondes. *Stigmates* en têtes.

PÉR. Deux *Baies*, comme collées, lisses.

SEM. Solitaires, arrondies, à ombilic.

OBS. *La* Fleur *est souvent à cinq divisions peu profondes.*

Corolle monopétale, en cloche. *Fruit* formé par deux baies, renfermant chacune une semence.

1. GARANCE des Teinturiers, *R. Tinctorum*, L. à feuilles annuelles; à tige armée de piquans.

Rubia sylvestris aspera, quæ sylvestris Dioscoridis; Garance sauvage rude, ou Garance sauvage de Dioscoride. *Bauh. Pin.* 333, n.° 2.

Cette espèce présente une variété.

Rubia Tinctorum, sativa; Garance des Teinturiers, cultivée. *Bauh. Pin.* 333, n.° 1. *Dod. Pempt.* 352, f. 2. *Lob. Ic.* 1, p. 798, f. 1. *Clus. Hist.* 2, p. 177, f. 2. *Lugd. Hist.* 1329, f. 1. *Icon. Pl. Med.* tab. 331.

1. *Rubia Tinctorum*, Garance. 2. Racine. 3. Presque inodore; saveur amère, un peu styptique, désagréable: *mâchée*, elle teint la salive en jaune vif. 4. Extrait aqueux presque inodore; extrait résineux. 5. Ictère, toux chronique des rachitiques, nouûre. 6. La racine colore en rouge.

A Montpellier, en Italie, en Suisse, sur les bords du Danube. ♃ Estivale.

2. GARANCE étrangère, *R. peregrina*, L. à feuilles persistantes, quatre à quatre autour des anneaux, linéaires, lisses en dessus.

Au Mont-Pilat près de Lyon, à Nisse, en Russie. ♃ Estivale.

3. GARANCE luisante, *R. lucida*, L. à feuilles persistantes, six à six autour des anneaux, ellipiiques, luisantes; à tige lisse.

Dans l'isle de Mayorque. ♃

4. GARANCE à feuilles étroites, *R. angustifolia*, L. à feuilles persistantes, linéaires, rudes en dessus.

Dans l'isle de Minorque.

5. GARANCE à feuilles en cœur, *R. cordifolia*, L. à feuilles persistantes, quatre à quatre autour des anneaux, en cœur.

Dans l'isle de Mayorque, en Sibérie, à la Chine. ♃

135. SIPHONANTHE, *SIPHONANTUS*. *Lam. Tab. Encyclop.* pl. 79.

CAL. *Périanthe* d'un seul feuillet, à cinq segmens profonds, ample, persistant.

COR. Monopétale, en entonnoir. *Tube* filiforme, très-droit, beaucoup plus long que le calice. *Limbe* ouvert, à quatre divisions peu profondes, plus petit que le calice.

ÉTAM. Quatre *Filamens*, plus longs que le limbe de la corolle. *Anthères* oblongues, triangulaires.

PIST. *Ovaire* divisé peu profondément en quatre parties, très-court, supérieur. *Style* filiforme, de la longueur des étamines, recourbé au sommet. *Stigmate* simple.

PÉR. Quatre *Baies*, arrondies, nidulées dans le calice.

SEM. Solitaires, arrondies.

Corolle monopétale, en entonnoir, très-longue, inférieure. Quatre *Baies*, renfermant chacune une semence.

1. SIPHONANTHE des Indes, *S. Indica*, L. à feuilles trois à trois, lancéolées, assises ou sans pétioles.

Amm. Act. Petrop. 1736, pag. 214, tab. 15.

Dans l'Amérique Méridionale.

136. CATESBÉE, *CATESBÆA*. † *Lam. Tab. Encyclop.* pl. 67.

CAL. *Périanthe* à quatre dents, supérieur, très-petit, aigu, persistant.

COR. Monopétale, en entonnoir. *Tube* très-long, droit, insensiblement plus épais dans sa partie supérieure. *Limbe* à moitié divisé en quatre parties, large, relevé, plane.

ÉTAM. Quatre *Filamens*, insérés dans le cou du tube. *Anthères* oblongues, droites, presque plus longues que la corolle.

PIST. *Ovaire* arrondi, inférieur. *Style* filiforme, de la longueur de la corolle. *Stigmate* simple.

PÉR. *Baie* ovale, couronnée, à une loge.

SEM. Plusieurs, anguleuses.

Corolle monopétale, en entonnoir, très-longue, supérieure. *Étamines* renfermées dans la gorge de la corolle. *Baie* renfermant plusieurs semences.

1. CATESBÉE épineuse, *C. spinosa*, L. à tige en arbrisseau, épineuse; à feuilles disposées en paquets autour des branches.

Catesb. Carol. pag. et tab. 100.

A la Caroline. Introduite en Europe en 1726 par Catesby.

137. IXORE, *IXORA*. *Lam. Tab. Encyclop.* pl. 66.

CAL. *Périanthe* à quatre segmens profonds, très-petit, droit, persistant.

COR. Monopétale, en entonnoir. *Tube* comme cylindrique, très-long, grêle. *Limbe* plane, à quatre *divisions* profondes, ovales.

ÉTAM. Quatre *Filamens*, insérés sur la gorge de la corolle, très-courts, recourbés. *Anthères* oblongues.

PIST. *Ovaire* arrondi, inférieur. *Style* filiforme, de la longueur du tube. *Stigmate* divisé peu profondement en deux parties.

PÉR. *Baie* arrondie, à deux loges.

SEM. Quatre, convexes d'un côté, anguleuses de l'autre.

Corolle monopétale, en entonnoir, longue, supérieure. *Étamines* insérées sur la gorge de la corolle. *Baie* renfermant quatre semences.

1. IXORE écarlate, *I. coccinea*, L. à feuilles ovales, demi-embrassantes; à fleurs en faisceaux.

Pluk. tab. 59, f. 2 et 364, f. 1. *Burm. Zeyl.* tab. 57.

Dans l'Inde Orientale. ♄

2. IXORE blanche, *I. alba*, L. à feuilles ovales, lancéolées; à fleurs en faisceaux.

Plukn. tab. 109, f. 2.

Dans l'Inde Orientale.

3. IXORE d'Amérique, *I. Americana*, L. à feuilles trois à trois, lancéolées, ovales; à fleurs en thyrse.

Brown. Jam. tab. 6, f. 2.

A la Jamaïque. ♄

138. PAVETTE, *PAVETTA*.

CAL. *Périanthe* en cloche, très-petit, à quatre dents irrégulières, ceignant l'ovaire.

COR. Monopétale, en entonnoir. *Tube* long, grêle, cylindrique. *Limbe* ouvert, moitié plus court que le tube, à quatre divisions profondes, lancéolées.

ÉTAM. Quatre *Filamens*, très-courts, insérés sur la gorge de la corolle. *Anthères* en alêne, ouvertes, de la longueur du limbe.

PIST. *Ovaire* inférieur, en toupie. *Style* filiforme, deux fois plus long que la corolle. *Stigmate* un peu épais, oblong, oblique.

PÉR. *Baie* arrondie, à une loge.

SEM. Deux, convexes d'un côté, cartilagineuses.

Corolle monopétale, en entonnoir, supérieure. *Stigmate* courbé. *Baie* renfermant deux semences.

1. PAVETTE des Indes, *P. Indica*, L. à feuilles en ovale renversé, un peu aiguës, pétiolées, opposées; à fleurs en corymbes composés.

Arbor Malabarensium, fructu Lentisci; Arbre du Malabar, à fruit de Lentisque. *Bauh. Pin.* 399, n.° 7. *Lugd. Hist.* 1863, f. 1. *Plukn.* tab. 147, f. 1.

Dans l'Inde Orientale. ♄

139. PÉTÉSIE, *PETESIA.* †

CAL. *Périanthe* d'un seul feuillet, en cloche, supérieur, à *orifice* garni de dents.

COR. Monopétale, en entonnoir. *Tube* cylindrique, plus long que le calice. *Limbe* à quatre divisions profondes, à lobes arrondis, obtus.

ÉTAM. Quatre *Filamens*, en alêne, de la longueur du tube. *Anthères* un peu alongées.

PIST. *Ovaire* inférieur. *Style* filiforme. *Stigmate* aigu, divisé peu profondément en deux parties.

PÉR. *Baie* arrondie, couronnée, à deux loges.

SEM. Plusieurs, arrondies.

Corolle monopétale, en entonnoir. *Stigmate* divisé peu profondément en deux parties. *Baie* renfermant plusieurs semences.

1. PÉTÉSIE à stipule, *P. stipularis*, L. à feuilles lancéolées, ovales, duvetées en dessous; à fleurs en thyrses latéraux.

Brown. Jam. pag. 143, tab. 2, f. 2.

A la Jamaïque. ♄

2. PÉTÉSIE Lygiste, *P. Lygistum*, L. à feuilles ovales, nues, marquées par des lignes; à tige tortueuse.

Brown. Jam. pag. 142, tab. 3, f. 2.

A la Jamaïque. ♄

3. PÉTÉSIE duvetée, *P. tomentosa*, L. à feuilles oblongues, duvetées sur les deux surfaces.

En Amérique. ♄

240. MITCHELLE, *MITCHELLA.* † *Lam. Tab. Encyclop.* pl. 63.

CAL. Deux *Fleurs* insérées sur le même ovaire.

——Deux *Périanthes* distincts, à quatre dents, droits, persistans, supérieurs.

COR. Monopétale, en entonnoir. *Tube* cylindrique. *Limbe* à quatre divisions profondes, ouvert, velu intérieurement.

ÉTAM. Quatre *Filamens*, filiformes, droits, insérés entre les sinus de la corolle. *Anthères* oblongues, aiguës.

PIST. *Ovaire* didyme, arrondi, commun aux deux fleurs, inférieur. *Style* filiforme, de la longueur de la corolle. Quatre *Stigmates*, oblongs.

PÉR. *Baie* divisée profondément en deux parties, globuleuse, à ombilics séparés.

SEM. Quatre, comprimées, calleuses.

Deux *Corolles* monopétales, supérieures, insérées sur le même ovaire. Quatre *Stigmates*. *Baie* divisée peu profondément en deux parties, renfermant quatre semences.

1. MITCHELLE rampante, *M. repens*, L. à feuille en ovale renversé; à corolles velues intérieurement; à style divisé peu profondément en deux parties.

Plukn. tab. 444, f. 2. *Petiv. Gaz.* tab. 1, f. 13.

Dans la Caroline, la Virginie. ♄

241. CALLICARPE, *CALLICARPA. Lam. Tab. Encyclop.* pl. 69.

CAL. *Périanthe* d'un seul feuillet, en cloche, à *orifice* à quatre dents, droit.

COR. Monopétale, tubulée. *Limbe* à quatre divisions peu profondes, obtus, ouvert.

ÉTAM. Quatre *Filamens*, filiformes, deux fois plus longs que la corolle. *Anthères* ovales, versatiles.

PIST. *Ovaire* arrondi. *Style* filiforme, plus épais dans sa partie supérieure. *Stigmate* un peu épais, obtus.

PÉR. *Baie* arrondie, lisse.

SEM. Quatre, oblongues, comprimées, calleuses.

Calice à quatre segmens peu profonds. *Corolle* à quatre divisions peu profondes. *Baie* renfermant quatre semences.

1. CALLICARPE d'Amérique, *C. Americana*, L. à feuilles à dents de scie, duvetées en dessous.

Plukn. tab. 136, f. 3.

Dans l'isle de Java. ♄

2. CALLICARPE duvetée, *C. tomentosa*, L. à feuilles très-entières, laineuses.

Dans l'Inde Orientale. ♄

142. AQUARTIE, *AQUARTIA*, *Jacq. Amer.* 15, *tab.* 12. *Lam. Tab. Encyclop.* pl. 82.

CAL. *Périanthe* d'un seul feuillet, persistant. *Tube* en cloche. *Limbe* comme à quatre divisions peu profondes, droites, dont deux opposées, irrégulières.

COR. Monopétale, en roue. *Tube* très-court. *Limbe* à quatre divisions peu profondes, linéaires, très-ouvertes.

ÉTAM. Quatre *Filamens*, courts. *Anthères* droites, très-grandes, linéaires.

PIST. *Ovaire* ovale. *Style* filiforme, incliné, de la longueur de la corolle. *Stigmate* simple.

PÉR. *Baie* arrondie, à une loge.

SEM. Plusieurs, comprimées.

Calice en cloche. *Corolle* en roue, à divisions linéaires. *Baie* renfermant plusieurs semences.

1. AQUARTIE piquante, *A. aculeata*, L. à feuilles alternes, ovales, obtuses, pétiolées.

Jacq. Amer. 15, tab. 12.

Dans l'Amérique Méridionale. ♄

143. POLYPRÈME, *POLYPREMUM*. † *Lam. Tab. Encyclop.* pl. 71.

CAL. *Périanthe* à quatre *feuillets*, persistans, lancéolés, en carène, colorés intérieurement.

COR. Monopétale, en roue. *Limbe* à quatre divisions peu profondes, à lobes en cœur renversé, de la longueur du calice.

ÉTAM. Quatre *Filamens*, très-courts, insérés dans la gorge de la corolle. *Anthères* arrondies.

PIST. *Ovaire* en cœur renversé. *Style* court, persistant. *Stigmate* tronqué.

PÉR. *Capsule* ovale, comprimée au sommet, échancrée, à deux loges, à deux battans, à cloison contraire.

SEM. Nombreuses.

Calice à quatre feuillets. *Corolle* en roue, à quatre divisions peu profondes, en cœur renversé. *Capsule* comprimée, échancrée, à deux loges.

1. POLYPRÈME couché, *P. procumbens*, L. à tiges couchées, dichotomes; à fleurs solitaires, assises.

Petiv. Gaz. tab. 5, f. 6.

A la Caroline, à la Virginie. ☉

144. SARCOCOLLIER, *PENÆA.* † *Lam. Tab. Encyclop.* pl. 78.

CAL. *Périanthe* à deux *feuilles*, opposés, lancéolés, concaves, égaux, colorés, moitié plus courts que la corolle, peu serrés, caducs-tardifs.

COR. Monopétale, en cloche. *Limbe* ouvert, beaucoup plus court que le tube, à quatre divisions profondes, aiguës.

ÉTAM. Quatre *Filamens*, en alêne, très-longs, insérés sur le tube entre les divisions du limbe, droits, nus. *Anthères* droites, un peu aplaties, échancrées aux deux extrémités.

PIST. *Ovaire* ovale, à quatre côtés. *Style* à quatre côtés formés par autant de membranes longitudinales. *Stigmate* en forme de croix, obtus, persistant.

PÉR. *Capsule* à quatre côtés surmontés par le style, à quatre loges, à quatre battans.

SEM. Deux, un peu alongées, obtuses.

Calice à deux feuillets. *Corolle* en cloche. *Style* quadrangulaire. *Capsule* à quatre côtés, à quatre loges, renfermant huit semences.

1. SARCOCOLLIER Sarcocolle, *P. Sarcocolla*, L. à feuilles ovales, planes; à calices ciliés, plus grands que la feuille.

Pluk. tab. 44.

En Éthiopie. ♄

2. SARCOCOLLIER piquant, *P. mucronata*, L. à feuilles en cœur, pointues.

1. *Sarcocolla*, Sarcocolle. 2. Gomme-résine. 3. Inodore, douceâtre, amère. 4. Les 3 huitièmes dissolubles dans l'esprit de vin; l'eau dissout le reste. 5. Plaies, ophthalmie, (dissoute ou plutôt étendue dans un blanc d'œuf, et appliquée sur l'œil).

En Éthiopie. ♄

3. SARCOCOLLIER à bordure, *P. marginata*, L. à feuilles en cœur, à bordure; à fleurs latérales.

Au cap de Bonne-Espérance, sur les bords des fleuves. ♄

4. SARCOCOLLIER fourchu, *P. furcata*, L. à feuilles rhomboïdales, ovales; à bractées en coin, aiguës, colorées.

Au cap de Bonne-Espérance, sur les montagnes. ♄

5. SARCOCOLLIER écailleux, *P. squamosa*, L. à feuilles rhomboïdales, en coin, charnues.

En Éthiopie. ♄

145. BLÉRIE, *BLÆRIA.* † *Lam. Tab. Encyclop.* pl. 78.

CAL. *Périanthe* à quatre *segmens* profonds, linéaires, droits, un peu plus courts que la corolle, persistans.

COR.

COR. Monopétale, en cloche. *Tube* comme cylindrique, de la longueur du calice, percé. *Limbe* petit, à quatre *divisions* peu profondes, ovales, renversées.

ÉTAM. Quatre *Filamens*, sétacés, de la longueur du tube, insérés sur le réceptacle. *Anthères* oblongues, comprimées, droites, obtuses, échancrées.

PIST. *Ovaire* à quatre côtés, court. *Style* sétacé, beaucoup plus long que la corolle. *Stigmate* obtus.

PÉR. *Capsule* obtuse, à quatre angles, à quatre loges, s'ouvrant sur les angles.

SEM. Quelques-unes, arrondies.

Calice à quatre segmens profonds. *Corolle* à quatre divisions peu profondes. *Étamines* insérées sur le réceptacle. *Capsule* à quatre loges, renfermant plusieurs semences.

1. BLÉRIE à feuilles de bruyère, *B. ericoïdes*, L. à fleurs en têtes; à corolles en cloche.

Petiv. Gaz. tab. 2, f. 10.

Au cap de Bonne-Espérance. ♄

2. BLÉRIE articulée, *B. articulata*, L. à étamines saillantes, divisées peu profondément en deux parties; à corolles cylindriques.

Au cap de Bonne-Espérance. ♄

3. BLÉRIE petite, *B. pusilla*, L. à fleurs éparses; à corolles en entonnoir.

Au cap de Bonne-Espérance. ♄

146. BUDDLÉGE, *BUDDLEIA*. † *Lam. Tab. Encyclop.* pl. 69.

CAL. *Périanthe* très-petit, à quatre segmens peu profonds, aigu, droit, persistant.

COR. Monopétale, en cloche, droite, trois fois plus grande que le calice, à moitié divisée en quatre parties, ovales, droites, aiguës.

ÉTAM. Quatre *Filamens*, très-courts, insérés sur les divisions de la corolle. *Anthères* très-courtes, simples.

PIST. *Ovaire* ovale. *Style* simple, moitié plus court que la corolle. *Stigmate* obtus.

PÉR. *Capsule* ovale, oblongue, à deux sillons, à deux loges.

SEM. Nombreuses, très-petites.

Calice à quatre segmens peu profonds. *Corolle* à quatre divisions peu profondes *Étamines* insérées sur les divisions de la corolle. *Capsule* à deux sillons, à deux loges, renfermant plusieurs semences.

1. BUDDLÉGE d'Amérique, *B. Americana*, L. à feuilles ovales.
Sloan. Jam. tab. 173, f. 1.
Dans les isles Caribes, sur les bords des torrens.

2. BUDDLEGE d'Occident, *B. Occidentalis*, L. à feuilles lancéolées.
Plukn. tab. 210, f. 1.
Dans l'Amérique. ♄

147. GENTIANELLE, *EXACUM*, *Lam. Tab. Encyclop.* pl. 80.

CAL. *Périanthe* à quatre *feuillets*, ovales, obtus, droits, étalés, persistans.

COR. Monopétale, persistante. *Tube* arrondi, de la longueur du calice. *Limbe* à quatre *divisions* profondes, arrondies, ouvertes.

ÉTAM. Quatre *Filamens*, filiformes, insérés sur le tube, de la longueur du limbe. *Anthères* arrondies.

PIST. *Ovaire* arrondi, remplissant le tube. *Style* filiforme, droit, de la longueur du limbe. *Stigmate* en tête.

PÉR. *Capsule* arrondie, comprimée, à deux sillons, à deux loges, de la longueur du calice.

SEM. Nombreuses, attachées au réceptacle qui remplit la capsule.

Calice à quatre feuillets. *Corolle* à quatre divisions peu profondes, à tube arrondi. *Capsule* à deux sillons, à deux loges, renfermant plusieurs semences, s'ouvrant au sommet.

1. GENTIANELLE assise, *E. sessile*, L. à fleurs assises.
Plukn. tab. 275, f. 3?
En Asie, en Afrique.

2. GENTIANELLE péduncuiée, *E. pedunculatum*, L. à fleurs pédunculées.
Plukn. tab. 343, f. 3.
Dans l'Inde Orientale. ⊙

148. PLANTAIN, *PLANTAGO.* * *Tournef. Inst.* 126, tab. 48. *Lam. Tab. Encyclop.* pl. 85. CORONOPUS. *Tournef. Inst.* 128, tab. 49. PSYLLIUM. *Tournef. Inst.* 128, tab. 49.

CAL. *Périanthe* à quatre segmens peu profonds, droit, très-court, persistant.

COR. Monopétale, persistante, se flétrissant. *Tube* con...ne en cylindre, globuleux. *Limbe* renversé, à quatre *divisions* peu profondes, ovales, aiguës.

ÉTAM. Quatre *Filamens*, capillaires, droits, très-longs. *Anthères* un peu alongées, comprimées, versatiles.

PIST. *Ovaire* ovale. *Style* filiforme, moitié plus court que les étamines. *Stigmate* simple.

PÉR. *Capsule* ovale, à deux loges, s'ouvrant horizontalement, à cloison libre.

SEM. Plusieurs, oblongues.

OBS. *Le* Calice, *dans quelques espèces, est inégal, et dans d'autres égal.*

Calice à quatre segmens peu profonds. *Corolle* à quatre divisions peu profondes, recourbées en dehors. *Étamines* très-longues. *Capsule* à deux loges, s'ouvrant horizontalement ou en boîte à savonnette.

* I. *PLANTAINS à tige nue, ou à hampe.*

1. PLANTAIN majeur, *P. major*, L. à feuilles ovales, lisses; à hampe arrondie; à épi dont les fleurs sont en recouvrement.

Plantago latifolia, sinuata; Plaintain à larges feuilles, sinuées. *Bauh. Pin.* 189, n.° 2. *Dod. Pempt.* 107, f. 1. *Lob. Ic.* 1, p. 303, f. 2. *Lugd. Hist.* 1254, f. 1. *Camer. Epit.* 261. *Bauh. Hist.* 3, P. 2, p. 502, f. 1. *Moris. Hist.* sect. 8, t. 15, f. 2. *Bul. Paris.* tab. 67. *Flor. Dan.* tab. 461. *Icon. Pl. Med.* tab. 230.

Cette espèce présente plusieurs variétés.

1.° *Plantago latifolia, glabra, minor*; Plantain à larges feuilles, lisses, plus petit. *Bauh. Pin.* 189, n.° 12.

2.° *Plantago latifolia, rosea, floribus quasi in spicâ dispositis*; Plantain à larges feuilles, rosé, à fleurs comme disposées en épi. *Bauh. Pin.* 189, n.° 5. *Lugd. Hist.* 1256, f. 1. *Bauh. Hist.* 3, P. 2, p. 503, f. 2. *Barrel.* tab. 746.

3.° *Plantago latifolia, spicâ multiplici sparsâ*; Plantain à larges feuilles; à plusieurs épis épars. *Bauh. Pin.* 189, n.° 6. *Dod. Pempt.* 107, f. 2. *Lob. Ic.* 1, p. 305, f. 1. *Lugd. Hist.* 1256, f. 2. *Bauh. Hist.* 3, P. 2, p. 503, f. 1.

4.° *Plantago latifolia, rosea, flore expanso*; Plantain à larges feuilles, rosé, à fleur développée. *Bauh. Pin.* 189, n.° 4. *Bauh. Hist.* 3, P. 2, p. 503, f. 3.

1. *Plantago latifolia*, Plantain ordinaire. 5. Inusité, inerte, superflu.

Nutritive pour le Mouton, la Chèvre, le Cochon.

En Europe, dans les prairies, sur les bords des chemins. ⊙ ♃ Estivale.

2. PLANTAIN d'Asie, *P. Asiatica*, L. à feuilles ovales, lisses; à hampe anguleuse; à épi dont les fleurs sont distinctes.

Gmel. Sibir. n.° 2, tab. 37?

A la Chine, en Sibérie.

3. PLANTAIN moyen, *P. media*, L. à feuilles ovales, lancéolées, un peu velues; à hampe arrondie, portant un épi cylindrique, dont les fleurs sont très-rapprochées.

Plantago latifolia, incana; Plantain à larges feuilles, blanchâtres. *Bauh. Pin.* 189, n.° 3. *Dod. Pempt* 107, f. 4. *Lob. Ic.* 1, p. 304, f. 1. *Clus. Hist.* 2, p. 109, f. 1. *Lugd. Hist.* 1254, f. 2 et 1261, f. 2. *Camer. Epit.* 262. *Bauh. Hist.* 3, P. 2, p. 504, f. 1 et 2. *Bul. Paris.* t. 68. *Flor. Dan.* tab. 581.

Nutritive pour le Mouton, la Chèvre, le Cochon, l'Oie, le Coq.

En Europe dans les pâturages stériles. ♃ Vernale.

4. PLANTAIN de Virginie, *P. Virginica*, L. à feuilles lancéolées, ovales, duvetées, comme dentelées; à hampe arrondie, portant un épi dont les fleurs sont écartées.

Petiv. Gaz. tab. 1, f. 10. *Moris. Hist.* sect. 8, t. 15, f. 8.

En Virginie. ☉

5. PLANTAIN très-élevé, *P. altissima*, L. à feuilles lancéolées; à cinq nervures, dentées, lisses; à hampe anguleuse, portant un épi oblong, cylindrique.

Jacq. Obs. 4, tab. 83.

En Italie. ♃

6. PLANTAIN lancéolé, *P. lanceolata*, L. à feuilles lancéolées; à hampe anguleuse, portant un épi presque ovale, nu.

Plantago angustifolia, major; Plantain à feuilles étroites, plus grand. *Bauh. Pin.* 189, n.° 1. *Math.* 376, f. 1. *Dod. Pempt.* 107, f. 3. *Lob. Ic.* 1, p. 305, f. 2. *Lugd. Hist.* 1255, f. 1 et 2. *Camer. Epit.* 263. *Bauh. Hist.* 3, P. 2, p. 505, f. 1. *Bellev.* tab. 10. *Bul. Paris.* tab. 69. *Flor. Dan.* tab. 437. *Icon. Pl. Med.* tab. 88.

Cette espèce présente plusieurs variétés.

1.° *Plantago trinervia, folio angustissimo*; Plantain à trois nervures, à feuilles très-étroites. *Bauh. Pin.* 189, n.° 9. *Gerard. Prov.* 333, tab. 12.

2.° *Plantago angustifolia, Alpina*; Plantain à feuilles étroites, des Alpes. *Bauh. Hist.* 3, p. 506, f. 3.

3.° *Plantago angustifolia, major, caulium summitate folioso*; Plantain à feuilles étroites, plus grand, à sommité des tiges feuillée. *Bauh. Pin.* 189, n.° 2.

Nutritive pour le Cheval, le Mouton, la Chèvre.

En Europe, dans les champs stériles. ♃ Vernale.

7. PLANTAIN Pied de Lièvre, *P. Lagopus*, L. à feuilles lancéolées, presque dentelées; à hampe arrondie, portant un épi ovale, velu.

Plantago angustifolia, paniculis Lagopi; Plantain à feuilles étroites, à panicules de Lagopus. *Bauh. Pin.* 189, n.° 8. *Moris. Hist.* sect. 8, tab. 16, f. 13.

A Montpellier, en Espagne, en Portugal. ♃

8. PLANTAIN de Portugal, *P. Lusitanica*, L. à feuilles larges, lancéolées; à trois nervures, comme dentées, un peu velues; à hampe anguleuse, portant un épi oblong, velu.

Barrel. tab. 745.

En Espagne, en Portugal. ♃

9. PLANTAIN blanchâtre, *P. albicans*, L. à feuilles lancéolées obliques, velues; à hampe arrondie, portant un épi cylindrique, droit.

Holosteum hirsutum, albicans, majus; Holoste velu, blanchâtre, plus grand. *Bauh. Pin.* 190, f. 1. *Dod. Pempt.* 111, f. 1. *Lob. Ic.* 1, p. 307, f. 1. *Clus. Hist.* 2, p. 110, f. 2. *Lugd. Hist.* 1189, f. 2. *Camer. Epit.* 407. *Bauh. Hist.* 3, P. 2, p. 508, f. 1 et 2. *Moris. Hist.* sect. 8, tab. 16, f. 23.

En Espagne, à Montpellier, dans les endroits arides. ♃

10. PLANTAIN des Alpes, *P. Alpina*, L. à feuilles linéaires, planes; à hampe arrondie, velue, portant un épi oblong, droit.

Holosteum hirsutum, nigricans; Holoste velu, noirâtre. *Bauh. Pin.* 190, n.° 3. *Dod. Pempt.* 109, n.° 2? *Lob. Ic.* 1, p. 439, f. 1? *Lugd. Hist.* 1188, f. 2. *Bauh. Hist.* 3, P. 2, p. 510, f. 1 et p. 511, f. 1. *Jacq. Hort.* tab. 125.

Sur les Alpes de Suisse, du Dauphiné. ♃ Estivale. *Alp.*

11. PLANTAIN de Crète, *P. Cretica*, L. à feuilles linéaires; à hampe arrondie, très-courte, laineuse, portant un épi arrondi, penché.

Holosteum sive Leontopodium Creticum; Holoste ou Léontopode de Crète. *Bauh. Pin.* 190, n.° 4. *Clus. Hist.* 2, p. 111, f. 2. *Bauh. Hist.* 3, P. 2, p. 515, f. 1. *Alp. Ægypt.* 113 et 114. *Moris. Hist.* sect. 7, tab. 12, f. 25 et 26; et sect. 8, tab. 16, f. 25 et 26. *Barrel.* tab. 1225.

Dans l'isle de Crète.

12. PLANTAIN maritime, *P. maritima*, L. à feuilles demi-cylindriques, très-entières, laineuses à la base; à hampe arrondie.

Coronopus maritima, major; Corne de cerf maritime, plus grande. *Bauh. Pin.* 190, n.° 3. *Dod. Pempt.* 108, n.° 1. *Lob. Ic.* 1, p. 306, f. 1. *Lugd. Hist.* 1359, f. 1. *Bauh. Hist.* 3, P. 2, p. 511, f. 3. *Flor. Dan.* tab. 243.

Nutritive pour le Mouton, la Chèvre.

En Europe, sur les bords de la mer. ♃

13. PLANTAIN en alêne, *P. subulata*, L. à feuilles en alêne, à trois faces, striées, lisses; à hampe arrondie.

Holosteum strictissimo folio, minus; Holoste à feuilles très-resserrées, plus petit. *Bauh. Pin.* 190, n.° 7. *Lob. Ic.* 1, p. 439, f. 2.

Lugd. Hist. 669, f. 2. *Camer. Epit.* 277. *Bauh. Hist.* 3, P. 2, p. 511, f. 2.

A Lyon, Montpellier. ♃ Estivale.

14. PLANTAIN recourbé, *P. recurvata*, L. à feuilles linéaires, en gouttière, recourbées, nues.

Dans l'Europe Méridionale. ⊙

15. PLANTAIN dentelé, *P. Serraria*, L. à feuilles lancéolées, à cinq nervures, dentées à dents de scie; à hampe arrondie.

Column. Ecphras. 1, p. 258 et 259, f. 1. *Moris. Hist.* sect. 8, tab. 16, f. 19. *Barrel.* tab. 749. *Plukn.* tab. 103, f. 5.

Dans la Pouille, la Mauritanie, à Naples. ♃

16. PLANTAIN corne de cerf, *P. coronopifolia*, L. à feuilles linéaires, dentées; à hampe arrondie.

Coronopus sylvestris, hirsutior; Corne de cerf sauvage, plus velue. *Bauh. Pin.* 190, n.° 2.

Cette espèce présente une variété.

Coronopus hortensis; Corne de cerf des jardins. *Bauh. Pin.* 190, n.° 1. *Math.* 383, f. 1. *Dod. Pempt.* 109, n.° 1. *Lob. Ic.* 1, p. 437, f. 2. *Lugd. Hist.* 669, f. 1. *Camer. Epit.* 276. *Bauh. Hist.* 3, P. 2, p. 509, f. 1. *Bul. Paris.* tab. 70. *Flor. Dan.* tab. 272.

Nutritive pour le Mouton, la Chèvre.

En Europe, sur les bords des chemins. Estivale.

17. PLANTAIN de Loëfling, *P. Loeflingii*, L. à feuilles linéaires presque dentées; à hampe arrondie, portant un épi ovale; à bractées en carene, membraneuses.

Jacq. Hort. tab. 126.

En Espagne, sur les bords des champs. ⊙

* II. *PLANTAINS à tige rameuse.*

18. PLANTAIN Herbe aux puces, *P. Psyllium*, L. à tige rameuse, herbacée; à feuilles comme dentées, recourbées; à fleurs en têtes, sans feuilles florales ou bractées.

Psyllium majus, erectum; Herbe aux puces plus grande, droite. *Bauh. Pin.* 191, n.° 3. *Dod. Pempt.* 115, f. 2. *Lob. Ic.* 1, p. 436, f. 2. *Lugd. Hist.* 1172, f. 1. *Camer. Epit.* 811. *Bul. Paris.* tab. 71. *Icon. Pl. Med.* tab. 115.

1. *Psyllium*, Herbe aux puces. 2. Semences, leur mucilage. 3. Inodores, insipides, mucilagineuses. 4. Mucilage. 5. Ophthalmie, rancité, dyssenterie, siccité des intestins.

Dans l'Europe Méridionale, dans les terrains incultes. ⊙ Estivale.

19. PLANTAIN des Indes, *P. Indica*, L. à tige rameuse, herbacée; à feuilles très-entières, renversées; à fleurs en têtes, garnies de feuilles florales ou bractées.

En Egypte. ☉

20. PLANTAIN ligneux, *P. Cynops*, L. à tige rameuse, ligneuse; à feuilles très-entières, filiformes, redressées; à fleurs en têtes, garnies de quelques feuilles florales.

Psyllium majus, supinum; Herbe aux puces plus grande, couchée. *Bauh. Pin.* 191, n.° 2. *Lob. Ic.* 1, p. 437, f. 1. *Lugd. Hist.* 1173, f. 1. *Bauh. Hist.* 3, P. 2, p. 513, f. 1. *Moris. Hist.* sect. 8, tab. 17, f. 1.

1. *Psyllium*, Grande herbe aux puces. Employée comme le Plantain Herbe aux puces.

En Europe, dans les terrains incultes. ♄ Estivale.

21. PLANTAIN d'Afrique, *P. Afra*, L. à tige rameuse, ligneuse; à feuilles lancéolées dentées; à fleurs en têtes, sans feuilles florales ou bractées.

Psyllium Dioscoridis vel Indicum, crenatis foliis; Plantain de Dioscoride ou des Indes, à feuilles crénelées. *Bauh. Pin.* 191, f. 1. *Bocc. Sic.* 8, tab. 7, f. B. *Moris. Hist.* sect. 8, tab. 17, f. 4.

A Naples, en Sicile, en Barbarie, cultivé dans les jardins. ♄

149. SCOPARE, *SCOPARIA*. * *Lam. Tab. Encyclop.* pl. 85.

CAL. *Périanthe* d'un seul feuillet, concave, à quatre *segmens* profonds, grêles, rudes.

COR. Monopétale, en roue, ouverte, concave, à quatre *divisions* profondes, en languettes, obtuses, égales. *Gorge* barbue.

ÉTAM. Quatre *Filamens*, égaux, en alêne, plus courts que la corolle. *Anthères* simples.

PIST. *Ovaire* conique. *Style* en alêne, de la longueur de la corolle, persistant. *Stigmate* aigu.

PÉR. *Capsule* oblongue, conique, pointue, à une loge, à deux battans.

SEM. Plusieurs, oblongues.

Calice à quatre segmens profonds. *Corolle* en roue, à quatre divisions profondes. *Capsule* à une loge, à deux battans, renfermant plusieurs semences.

1. SCOPARE douce, *S. dulcis*, L. à feuilles trois à trois; à fleurs pédunculées.

Plukn. tab. 215, f. 2. *Herm. Parad.* pag. et tab. 241. *Sloan. Jam.* tab. 108, f. 2.

A la Jamaïque, à Curaçao. ☉

2. SCOPARE couchée, *S. procumbens*, L. à feuilles quatre à quatre; à fleurs assises.

Dans l'Amérique Méridionale. ⊙

150. RHACOME, *RHACOMA.* †

CAL. *Périanthe* d'un seul feuillet, ouvert, à quatre segmens profonds, obtus, petit, persistant.

COR. à quatre divisions profondes, ouverte, arrondie, frangée.

ÉTAM. Quatre *Filamens*, en alêne, de la longueur du calice. *Anthères* arrondies.

PIST. *Ovaire* arrondi. *Style* filiformé, très-court. *Stigmate* obtus.

PÉR. *Capsule* arrondie, à une loge.

SEM. Une seule, arrondie.

Calice à quatre segmens profonds. *Corolle* à quatre divisions profondes. *Capsule* à une loge, renfermant une seule semence.

1. RHACOME de la Jamaïque, *R. Crossopetalum*, L. à feuilles opposées, à pétioles très-courts, ovales, pointues, à dentelures très-fines et aiguës, un peu duvetées.

Brown. Jam. tab. 17, f. 1.

À la Jamaïque. ♄

151. CENTENILLE, *CENTUNCULUS.* * *Lam. Tab. Encyclop.* pl. 83.

CAL. *Périanthe* ouvert, persistant, à quatre *segmens* peu profonds, aigus, lancéolés, plus longs que la corolle.

COR. Monopétale, en roue. *Tube* comme globuleux. *Limbe* plane, à quatre divisions peu profondes, presque ovales.

ÉTAM. Quatre *Filamens*, presque aussi longs que la corolle. *Anthères* simples.

PIST. *Ovaire* arrondi, placé dans le tube de la corolle. *Style* filiforme, de la longueur de la corolle, persistant. *Stigmate* simple.

PÉR. *Capsule* arrondie, à une loge, s'ouvrant horizontalement.

SEM. Plusieurs, arrondies, très-petites.

Calice à quatre segmens peu profonds. *Corolle* à quatre divisions peu profondes, ouverte. *Étamines* courtes. *Capsule* à une loge, s'ouvrant horizontalement ou en boite à savonnette.

1. CENTENILLE très-petite, *C. minimus*, L. à feuilles alternes, assises, ovales, aiguës, très-entières, lisses; à fleurs solitaires, assises aux aisselles des feuilles.

Michel. Gen. 14, tab. 18. *Vaill. Bot.* 12, tab. 4, f. 2. *Flor. Dan.* tab. 177.

À Lyon, Paris, en Dauphiné, dans les lieux humides. ⊙ Estivale.

152. PIMPRENELLE, *SANGUISORBA.* * *Lam. Tab. Encyclop.* pl. 85.

CAL. *Périanthe* à deux *feuillets*, opposés, très-courts, promptement caducs.

COR. Monopétale, en roue, à quatre *divisions* profondes, ovales, obtuses, réunies par les onglets.

ÉTAM. Quatre *Filamens*, élargis dans leur partie supérieure, de la longueur de la corolle. *Anthères* arrondies, petites.

PIST. *Ovaire* à quatre côtés, placé entre le calice et la corolle. *Style* filiforme, très-court. *Stigmate* obtus.

CAPS. Petite, à une loge.

SEM. Petites.

Calice à deux feuillets. *Ovaire* placé entre le calice et la corolle.

1. PIMPRENELLE officinale, *S. officinalis*, L. à épis ovales.

Pimpinella Sanguisorba, major; Pimprenelle Sanguisorbe, plus grande. *Bauh. Pin.* 160, n.° 6. *Fusch. Hist.* 785. *Dod. Pempt.* 105, f. 2. *Lob. Ic.* 1, p. 719, f. 1. *Clus. Hist.* 2, p. 197, f. 3. *Lugd. Hist.* 1087, f. 1 et 1088, f. 1. *Camer. Epit.* 778. *Bauh. Hist.* 3, P. 2, p. 120, f. 1. *Flor. Dan.* tab. 97. *Icon. Pl. Med.* t. 184.

Cette espèce présente deux variétés.

1.° Pimprenelle de Savoie, *S. Sabauda*, à épis cylindriques; à feuilles en cœur, oblongues, roides, dentées à dents de scie. *Mill. Dict.* n.° 2.

2.° Pimprenelle d'Espagne, *S. Hispanica*, à épis arrondis, compactes. *Mill. Dict.* n.° 3.

1. *Pimpinella Italica*, Pimprenelle d'Italie, Pimprenelle des montagnes. Inusitée en médecine.

Nutritive pour le Cheval, le Mouton, la Chèvre, le Bœuf.

En Europe, dans les terrains secs. ♃ Estivale.

2. PIMPRENELLE moyenne, *S. media*, L. à épis cylindriques.

Moris. Hist. sect. 8, tab. 18, f. 8. *Zanon. Hist.* tab. 138.

Au Canada. ♃

3. PIMPRENELLE du Canada, *S. Canadensis*, L. à épis très-longs.

Cornut. Canad. 175 et 174. *Moris. Hist.* sect. 8, tab. 18, f. 12. *Barrel.* tab. 739.

Au Canada, en Sibérie. ♃

153. ACHIT, *CISSUS. Lam. Tab. Encyclop.* pl. 84.

CAL. *Collerette* à plusieurs feuillets, très-petite.

——*Périanthe* d'un seul feuillet, plane, court, à quatre côtés irréguliers.

COR. Quatre *Pétales*, concaves.

Nectaire formé par une marge qui entoure l'ovaire.

ÉTAM. Quatre *Filamens*, de la longueur de la corolle, insérés sur le nectaire. *Anthères* arrondies.

PIST. *Ovaire* arrondi, obtus, à quatre côtés, émoussé. *Style* filiforme, de la longueur des étamines. *Stigmate* simple, aigu.

PER. *Baie* ronde, luisante, à ombilic.

SEM. *Petit osselet* arrondi.

Baie à une semence, enveloppée par le calice et la corolle.

1. ACHIT à feuilles de vigne, *C. vitiginea*, L. à feuilles en cœur, comme à cinq lobes, duvetées.

Plukn. tab. 337, f. 2.

Dans l'Inde Orientale. ♄

2. ACHIT à feuilles en cœur, *C. cordifolia*, L. à feuilles en cœur, très entières.

Plum. Amér. tab. 159, f. 3.

En Amérique. ♃

3. ACHIT bryone, *C. sicyoïdes*, L. en feuilles presque en cœur, nues, setacées, à dents de scie; à rameaux arrondis.

Sloan. Jam. tab. 144, f. 1.

A la Jamaïque. ♃

4. ACHIT quadrangulaire, *C. quadrangularis*, L. à feuilles dentées, à dents de scie, charnues; à tige à quatre côtés, un peu enflée.

Plukn. tab. 310, f. 6.

Dans l'Inde, l'Arabie. ♃

5. ACHIT acide, *C. acida*, L. à feuilles trois à trois, en ovale renversé, lisses, charnues, divisées.

Pluckn. tab. 152, f. 2. *Sloan. Jam.* tab. 142, f. 6.

En Amérique.

6. ACHIT à trois feuilles, *C. trifoliata*, L. à feuilles trois à trois, arrondies, velues, comme dentées; à rameaux à membranes anguleuses.

Sloan Jam. tab. 144, f. 2.

A la Jamaïque. ♃

154. ÉPIMÈDE, *EPIMEDIUM.* * *Tournef. Inst.* 232, tab. 117. *Lam. Tab. Encyclop.* pl. 83.

CAL. *Périanthe* à quatre *feuillets*, ovales, obtus, concaves, ouverts, petits, opposés aux pétales et non alternes avec eux, promptement-caducs.

Cor. Quatre *Pétales*, ovales, obtus, concaves, ouverts.

Quatre *Nectaires*, en gobelets, obtus à leur base, de la grandeur des pétales, couchés sur les pétales, attachés au réceptacle sur les bords de son orifice.

Étam. Quatre *Filamens*, en alêne, pressant le style. *Anthères* oblongues, droites, à deux loges, à deux battans, s'ouvrant de la base au sommet, à cloison libre.

Pist. *Ovaire* oblong. *Style* plus court que l'ovaire, de la longueur des étamines. *Stigmate* simple.

Pér. *Silique* oblongue, pointue, à une loge, à deux battans.

Sem. Plusieurs, oblongues.

Quatre *Nectaires*, en gobelets, appuyés sur les pétales. *Corolle* à quatre pétales. *Calice* promptement-caduc. Fruit à *Silique*.

1. ÉPIMEDE des Alpes, *E. Alpinum*, L. à feuilles en cœur, recourbées, trois à trois, au nombre de trois, neuf, ou onze, sur un long pétiole; à étamines courbées; à silique grêle.

Dod. Pempt. 599, f. 1. *Lob. Ic.* 1, p. 325, f. 1 et 2. *Lugd. Hist.* 1095, f. 1. *Bauh. Hist.* 2, p. 391, fig. 3, transposée, qui représente *l'Ononis spinosa*, L. *Moris. Hist.* sect. 2, t. 20, f. 5.

Sur les Alpes, dans les terrains humides, en Bourgogne.

255. CORNOUILLER, *CORNUS*. * *Tournef. Inst.* 641, pl. 410. *Lam. Tab. Encyclop.* pl. 74.

Cal. *Collerette* à plusieurs fleurs, le plus souvent à quatre *feuillets*, ovales, les plus petits opposés, colorés, caducs-tardifs.

——*Périanthe* très-petit, à quatre dents, supérieur, caduc-tardif.

Cor. Quatre *Pétales*, oblongs, aigus, planes; plus petits que la collerette.

Étam. Quatre *Filamens*, en alêne, droits, plus longs que la corolle. *Anthères* arrondies, versatiles.

Pist. *Ovaire* arrondi, inférieur. *Style* filiforme, de la longueur de la corolle. *Stigmate* obtus.

Pér. *Drupe* arrondie, à ombilic.

Sem. *Noix* en cœur ou oblongue, à deux loges.

Collerette le plus souvent à quatre feuillets. Quatre *Pétales* supérieurs ou au-dessus de l'ovaire. *Drupe* renfermant un noyau à deux loges.

1. CORNOUILLER fleuri, *C. florida*, L. arbre à collerette très-grande; à folioles en cœur renversé.

Plukn. tab. 26, f. 3.

En Virginie, dans les forêts. ♄

2. CORNOUILLER mâle, *C. mascula*, L. arbre à fleurs en ombelle; à collerette de la longueur de l'ombelle.

Cornus hortensis, mas; Cornouiller des jardins, mâle. *Bauh. Pin.* 447, n.° 1. *Dod. Pempt.* 802, f. 1. *Lob. Ic.* 2, p. 169, f. 1. *Clus. Hist.* 1, p. 12, f. 3. *Lugd. Hist.* 329, f. 1. *Camer. Epit.* 158. *Bauh. Hist.* 1, P. 1, p. 211, f. 1. *Bul. Paris.* tab. 72. *Icon. Pl. Med.* tab. 129.

Cette espèce présente cinq variétés, qui sont, 1.° Le Cornouiller sauvage. 2.° Le Cornouiller cultivé. 3.° Le Cornouiller cultivé à fruit jaune. 4.° Le Cornouiller cultivé à fruit blanc. 5.° Le Cornouiller cultivé à fruit rouge, dont le noyau est gros et court.

En Europe, dans les haies. ♄ Hyémale.

3. CORNOUILLER sanguin, *C. sanguinea*, L. arbre, à fleurs en fausse ombelle, nues ou sans collerette; à rameaux très-droits.

Cornus fœmina; Cornouiller femelle. *Bauh. Pin.* 447, n.° 3. *Dod. Pempt.* 782, f. 2. *Lob. Ic.* 2, p. 169, f. 2. *Lugd. Hist.* 197, f. 1. *Camer. Epit.* 159. *Bul. Paris.* tab. 73. *Flor. Dan.* tab. 481.

Nutritive pour le Cheval, le Mouton, la Chèvre.

En Eu[illegible], en Asie, en Amérique, dans les haies. ♄ Estivale.

4. CORNOUILLER blanc, *C. alba*, L. arbre à fleurs en fausse ombelle, nues ou sans collerette; à rameaux recourbés.

Amm. Ruth. 277, tab. 32.

Au Canada, en Sibérie. ♄

5. CORNOUILLER soyeux, *C. sericea*, L. arbre à fleurs en fausse ombelle, nues ou sans collerette; à feuilles soyeuses en dessous.

Plukn. tab. 169, f. 3.

Dans l'Amérique Septentrionale, à Naples. ♄

6. CORNOUILLER de Suède, *C. Suecica*, L. herbacé; à rameaux deux à deux.

Peryclimenum humile; Péryclimène nain. *Bauh. Pin.* 302, n.° 3. *Clus. Hist.* 1, p. 60, f. 1. *Dill. Elth.* tab. 91. *Flor. Lappon.* 65, tab. 5, f. 3. *Flor. Dan.* tab. 5.

Nutritive pour le Cheval, le Mouton, la Chèvre, le Cochon.

En Suède, en Norvége, en Russie. ♃

7. CORNOUILLER du Canada, *C. Canadensis*, L. herbacé; sans rameaux.

Reichard cite pour cette espèce, le synonyme de *G. Bauhin*, *Pyrola, alsines flore, Brasiliana*, ou Pyrole à fleur d'alsine, du Brésil. *Pin.* 191, n.° 5, et *Prod.* 100, f. 1, qu'il rapporte également à la Trientale d'Europe, *Trientalis Europaa*, L.

Au Canada. ♃

156. SAMARE, *SAMARA.* † *Lam. Tab. Encyclop.* pl. 74.

CAL. *Périanthe* très-petit, à quatre segmens profonds, aigu, persistant.

COR. Quatre *Pétales*, ovales, assis, offrant à leur base une fossette longitudinale.

ÉTAM. Quatre *Filamens*, en alêne, longs, opposés aux pétales, nidulés dans la fossette. *Anthères* comme en cœur.

PIST. *Ovaire* ovale, moitié plus court que la corolle, supérieur, se terminant en un style cylindrique, plus long. *Stigmate* en entonnoir.

PÉR. *Drupe* arrondie.

SEM. Solitaire.

Calice à quatre segmens profonds. *Corolle* à quatre pétales. *Étamines* nidulées à la base des pétales. *Stigmate* en entonnoir.

1. SAMARE des Indes, *S. lata*, L. à feuilles alternes, pétiolées, lancéolées, elliptiques, obtuses, très-entières, lisses sur les deux surfaces.

Burm. Zeyl. 76, tab. 31.

Dans l'Inde Orientale. ♄

157. FAGARIER, *FAGARA.* † *Lam. Tab. Encyclop.* pl. 84.

CAL. *Périanthe* très-petit, à quatre *segmens* peu profonds, concaves, persistans.

COR. Quatre *Pétales*, oblongs, concaves, ouverts.

ÉTAM. Quatre *Filamens*, plus longs que la corolle. *Anthères* ovales.

PIST. *Ovaire* ovale. *Style* filiforme, de la longueur de la corolle. *Stigmate* à deux lobes, un peu obtus.

PÉR. *Capsule* arrondie, à une loge, à deux battans.

SEM. Une seule, ronde, luisante.

Calice à quatre segmens peu profonds. *Corolle* à quatre pétales. *Capsule* à deux battans, renfermant une seule semence.

1. FAGARIER Ptérote, *F. Pterota*, L. à feuilles échancrées.

Sloan. Jam. tab. 162, f. 1.

1. *Fagara*, Fagara. 2. Baies. 5. Inappétance.

A la Jamaïque. ♄

2. FAGARIER poivré, *F. piperita*, L. à feuilles crénelées.

Kæmpf. Amœn. tab. 892 et 893.

En Laponie. ♄

3. FAGARIER tragode, *F. tragodes*, L. à articulations des pinules, aiguës en dessous.

Jacq. Amer. 21, tab. 14.

En Amérique. ♄

4. FAGARIER octandre, *F. octandra*, L. à feuilles duvetées.

Jacq. Amer. 105, tab. 71, f. 1, 2 et 3. *Icon. Pl. Med.* tab. 361.

1. *Tacamahaca*, Gomme Tacamahaca. 2. Résine. 3. Odeur agréable, approchant de l'ambre gris et de la lavande; saveur un peu amère : elle se ramollit entre les doigts. 4. Résine presque pure. 5. Douleurs en général, douleur d'estomac, odontalgie, céphalalgie, vomissement, hystéricie (extérieurement). 6. Les parfums.

A Caraçao. ♄

158. ÉGIPHILE, *ÆGIPHILA*. *Lam. Tab. Encyclop.* pl. 70.

CAL. *Périanthe* d'un seul feuillet, en cloche, à quatre dents, lâche, très-court, persistant.

COR. Monopétale. *Tube* cylindrique, plus étroit et plus long que le calice. *Limbe* plane, égal, à quatre divisions, oblongues.

ÉTAM. Quatre *Filamens*, capillaires, droits, longs. *Anthères* versatiles, à quatre faces.

PIST. *Ovaire* supérieur. *Style* capillaire, à moitié divisé en deux parties, d'une longueur médiocre. *Stigmates* simples.

PÉR. *Baie* arrondie, à une loge.

SEM. Quatre.

Calice à quatre dents. *Corolle* à quatre divisions peu profondes. *Style* à moitié divisé en deux parties. *Baie* renfermant quatre semences.

1. ÉGIPHILE de la Martinique, *Æ. Martinicensis*, L. à feuilles simples, opposées, pétiolées, lancéolées, ovales, aiguës, très-lisses, très-entières.

Jacq. Obs. 2, p. 23, tab. 27.

A la Martinique. ♄

159. PTÉLÉE, *PTELEA*. * *Lam. Tab. Encyclop.* pl. 84.

CAL. *Périanthe* à quatre segmens profonds, aigu, petit.

COR. Quatre *Pétales*, ovales, lancéolés, planes, ouverts, plus grands que le calice, coriaces.

ÉTAM. Quatre *Filamens*, en alêne. *Anthères* arrondies.

PIST. *Ovaire* arrondi, comprimé, supérieur. *Style* court. Deux *Stigmates*, un peu obtus.

PÉR. *Membrane* arrondie, perpendiculaire, à deux loges dans sa partie intermédiaire.

SEM. Une seule, obtuse, amincie à la base.

Corolle à quatre pétales. *Calice* à quatre segmens profonds, inférieur. *Fruit* enveloppé par une membrane arrondie, renfermant dans son centre une semence arrondie.

1. PTÉLÉE à trois feuilles, *P. trifoliata*, L. à feuilles trois à trois.

Dill. Elth. tab. 122, fig. 148.

Cette espèce présente une variété à cinq feuilles, à fleurs en cimier.

En Virginie. ♄

160. SANTALAIN, *SIRIUM*. † *Lam. Tab. Encyclop.* pl. 74.

CAL. *Périanthe* en cloche, coloré, à moitié divisé en quatre *segmens*, ovales, aigus, ouverts, persistans.

COR. Nulle.

Nectaire à quatre feuillets, couronnant la gorge du calice, droit, plus court, à écailles arrondies, un peu épaisses, alternes avec les segmens du calice.

ÉTAM. Quatre *Filamens*, filiformes, insérés sur la gorge du calice; alternes avec les segmens du calice, garnis extérieurement de poils à leur base. *Anthères* un peu alongées, de la longueur du nectaire.

PIST. *Ovaire*, moitié inférieur, conique. *Style* filiforme, de la longueur des étamines. *Stigmate* divisé peu profondément en trois parties.

PÉR. *Baie* ovale, couronnée, à trois loges.

SEM. . . . . .

Calice à quatre segmens peu profonds. *Corolle* nulle. *Nectaire* à quatre feuillets, fermant le calice. *Ovaire* inférieur. *Stigmate* divisé peu profondément en trois parties. *Baie* à trois loges.

1. SANTALIN à feuilles de myrte, *S. myrtifolium*, L. à feuilles simples, opposées, pétiolées, larges, lancéolées, très-entières, lisses.

Dans l'Inde Orientale. ♃

161. LUDWIGE, *LUDWIGIA*. * *Lam. Tam. Encyclop.* pl. 77.

CAL. *Périanthe* d'un seul feuillet, supérieur, persistant, à quatre *segmens* profonds, lancéolés, très-ouverts, de la longueur de la corolle.

COR. Quatre *Pétales*, en cœur renversé, planes, très-ouverts, égaux.

ÉTAM. Quatre *Filamens*, en alêne, droits, courts. *Anthères* simples, oblongues, droites.

PIST. *Ovaire* à quatre côtés, enveloppé par la base du calice, inférieur. *Style* comme cylindrique, de la longueur des étamines. *Stigmate* en tête, à quatre côtés irréguliers.

PÉR. *Capsule* à quatre côtés, obtuse, enveloppée et couronnée par le calice, à quatre loges, s'ouvrant au sommet par un petit trou entier.

SEM. Nombreuses, petites.

Calice à quatre segmens profonds. *Corolle* à quatre pétales. *Capsule* à quatre côtés, à quatre loges, inférieure, renfermant plusieurs semences.

1. LUDWIGE à feuilles alternes, *L. alternifolia*, L. à feuilles alternes, lancéolées; à tige droite.

Plukn. tab. 203, f. 2 et 412, f. 1.

En Virginie. ☉

2. LUDWIGE à feuilles opposées, *L. oppositifolia*, L. à feuilles opposées, lancéolées; à tige diffuse.

Dans l'Inde Orientale. ♃

3. LUDWIGE droite, *L. erigata*, L. à feuilles opposées, lancéolées; à tige droite.

Dans l'Inde Orientale. ☉

262. OLDENLANDE, *OLDENLANDIA*. * *Plum. Gen.* 42, tab. 36. *Lam. Tab. Encyclop.* pl. 61.

CAL. *Périanthe* supérieur, persistant, à quatre *segmens* profonds, en alêne.

COR. Monopétale. *Tube* cylindrique, fermé par des poils en barbe. *Limbe* à quatre divisions profondes, aigu, ouvert, un peu plus long que le calice.

ÉTAM. Quatre *Filamens*, simples, insérés sur le tube. *Anthères* petites.

PIST. *Ovaire* arrondi, inférieur. *Style* simple, de la longueur des étamines. *Stigmate* divisé peu profondément en deux parties, obtus.

PÉR. *Capsule* didyme, arrondie, à deux loges, s'ouvrant entre les segmens du calice.

SEM. Nombreuses, très-petites.

Calice à quatre segmens profonds, supérieur. *Corolle* à quatre pétales. *Capsule* à deux loges, inférieure, renfermant plusieurs semences.

1. OLDENLANDE verticillée, *O. verticillata*, L. à fleurs en anneaux, assises; à stipules soyeuses.

Rumph. Amb. 6, p. 25, tab. 10.

A Amboine, à la Jamaïque.

2. OLDENLANDE

2. OLDENLANDE rampante, *O. repens*, L. à capsules presque assises, velues; à feuilles lancéolées.

Plukn. tab. 356, f. 5. *Rumph. Amb.* 6, p. 460, tab. 170, f. 4.

Dans l'Inde Orientale.

3. OLDENLANDE à une fleur, *O. uniflora*, L. à péduncules très-simples, latéraux; à feuies hérissés; à feuilles presque ovales, pointues.

Plukn. tab. 74, f. 5.

En Virginie, à la Jamaïque, dans les lieux aquatiques.

4. OLDENLANDE à deux fleurs, *O. biflora*, L. à péduncules à deux fleurs, plus longues que le pétiole; à feuilles lancéolées.

Burm. Zeyl. 22, tab. 11.

Dans l'Inde Orientale. ☉

5. OLDENLANDE ombellée, *O umbellata*, L. à fleurs en ombelles; nues, latérales, alternes; à feuilles linéaires.

Plukn. tab. 119, f. 4.

Dans l'Inde Orientale.

6. OLDENLANDE en corymbe, *O. corymbosa*, L. à péduncules à plusieurs fleurs; à feuilles linéaires lancéolées.

Plum. Amer. tab. 212, f. 1.

Dans l'Amérique Méridionale. ☉

7. OLDENLANDE paniculée, *O. paniculata*, L. à péduncules en panicules terminans; à feuilles ovales, lancéolées.

Burm. Zeyl. 161, tab. 71, f. 2.

Dans l'Inde Orientale.

8. OLDENLANDE roide, *O. stricta*, L. à péduncules rameux terminans; à feuilles linéaires; à tige droite.

Plukn. tab. 332, f. 2.

Au Malabar, ♃

163. AMMANNE, *AMMANNIA.* * *Lam. Tab. Encyclop.* pl. 77.

CAL. *Périanthe* en cloche, oblong, droit, persistant, à huit plis, à huit stries; à quatre angles, à huit dents, alternes, recourbées.

COR. Nulle ou à quatre *Pétales*, ovales, perpendiculaires, ouverts, insérés sur le calice.

ÉTAM. Quatre *Filamens*, sétacés, de la longueur du calice, sur lequel sont insérées les *Anthères* didymes.

PIST. *Ovaire* comme ovale, grand, supérieur. *Style* simple, très-court. *Stigmate* en tête.

PÉR. *Capsule* arrondie, à quatre loges, couverte par le calice.

SEM. Nombreuses, petites.

Calice d'un seul feuillet, plissé, à huit dents, inférieur. *Corolle* à quatre pétales, insérés sur le calice, ou nulle. *Capsule* à quatre loges.

1. AMMANNE à larges feuilles, *A. latifolia*, L. à feuilles demi-embrassantes; à tige à quatre côtés; à rameaux droits.
Sloan. Jam. tab. 7, f. 4?
Aux isles Caribes, dans les lieux humides. ⨀

2. AMMANNE rameuse, *A. ramosior*, L. à feuilles demi-embrassantes; à tige à quatre côtés; à rameaux très-ouverts.
En Virginie. ⨀

3. AMMANNE baccifère, *A. baccifera*, L. à feuilles comme pétiolées; à capsules plus grandes que le calice, colorées.
Plukn. tab. 136, f. 2. *Burm. Ind.* tab. 15, f. 3.
A la Chine, en Italie. ⨀

164. ISNARDE, *ISNARDIA*. † *Lam. Tab. Encyclop.* pl. 77.

CAL. *Périanthe* en cloche, à moitié divisé en quatre *segmens*, aigus; ouverts.

COR. Nulle, (à moins qu'on ne prenne pour corolle les segmens du calice).

ÉTAM. Quatre *Filamens*, insérés sur la partie moyenne du calice. *Anthères* simples.

PIST. *Ovaire* comme inférieur. *Style* simple, plus long que les étamines. *Stigmate* un peu épais.

PÉR. Base du calice à quatre faces, à quatre loges.

SEM. Peu nombreuses, oblongues.

Calice à quatre segmens peu profonds. *Corolle* nulle. *Capsule* à quatre loges, enveloppée par le calice.

1. ISNARDE des marais, *I. palustris*, L. à tige grêle, rampante; à feuilles ovales, un peu succulentes; à fleurs axillaires.
Boccon. Mus. 105, tab. 84, f. 2.
En France, en Alsace, en Russie, à la Jamaïque, à la Virginie; dans les lieux aquatiques. ⨀ Estivale.

165. MACRE, *TRAPA*. † *Lam. Tab. Encyclop.* pl. 75. TRIBULOÏDES. *Tournef. Inst.* 655, tab. 431.

CAL. *Périanthe* d'un seul feuillet, aigu, persistant, adhérant à la base de l'ovaire, à quatre *segmens* profonds, dont deux latéraux, et deux sur les angles de l'ovaire.

COR. Quatre *Pétales*, comme ovales, plus grands que le calice.

ÉTAM. Quatre *Filamens*, de la longueur du calice. *Anthères* simples.

PIST. *Ovaire* ovale. *Style* simple, de la longueur du calice. *Stigmate* en tête, échancré.

PÉR. Nul.

SEM. *Noix* ovale, oblongue, à une loge, armée sur les côtés de quatre épines, intermédiaires, opposées, étalées, aiguës, épaisses, qui ont formé les quatre segmens du calice.

Calice à quatre segmens profonds. *Corolle* à quatre pétales. *Noix* armée de quatre épines opposées, qui ont formé les segmens du calice.

1. MACRE nageante, *T. natans*, L. à pétioles des feuilles nageantes, ventrus.

Tribulus aquaticus; Croix de Malthe aquatique. *Bauh. Pin.* 194. *Math.* 692, f. 2. *Dod. Pempt.* 581, f. 1. *Lob. Ic.* 1, p. 596, f. 2. *Lugd. Hist.* 1083, f. 1. *Camer. Epit.* 715. *Bauh. Hist.* 3, P. 2, p. 775, f. 1.

1. *Nux aquatica*, Châtaigne d'eau, Mâcre. 2. Fruit. 3. Farineux, douceâtre. 5. Diarrhée, hémorrhagies. 6. On prétend que les habitans des bords du Nil en font du pain. Dans quelques départemens, on mange la Mâcre cuite à l'eau ou sous la cendre; on en fait de la bouillie, même une sorte de pain.

Dans l'Europe Méridionale, dans l'Asie, dans les étangs. ⊙

166. DORSTÈNE, *DORSTENIA.* † *Plum.* 29, tab. 8. *Lam. Tab. Encyclop.* pl. 83.

CAL. *Réceptacle commun* d'un seul feuillet, plane, anguleux, très-grand, couvert de fleurons très-nombreux, très-petits, placés sur le disque.

——*Périanthe propre* à quatres angles, concave, nidulé dans le réceptacle, et uni avec lui.

COR. Nulle.

ÉTAM. Quatre *Filamens*, filiformes, très-courts. *Anthères* arrondies.

PIST. *Ovaire* arrondi. *Style* simple. *Stigmate* obtus.

PÉR. Nul. Le *Réceptacle commun* qui devient charnu, renferme les semences.

SEM. Solitaires, arrondies, pointues.

Réceptacle commun d'un seul feuillet, charnu, dans lequel sont nidulées des semences solitaires.

1. DORSTÈNE d'Houston, *D. Houstoni*, L. à hampes partant de la racine; à feuilles en cœur, anguleuses, pointues; à réceptacles quadrangulaires.

Houst. Act. Anglica. 421, f. 2.

A Campêche. ♃

2. DORSTÈNE Contre-venin, *D. Contraierva*, L. à hampes partant de la racine; à feuilles pinnatifides, palmées, à dents de scie; à réceptacles quadrangulaires.

Cyperus odoratus Peruvianus; Souchet odorant du Pérou. *Bauh. Pin.* 14, n.° 2. *Lugd. Hist.* 1825, f. 1. *Barrel.* tab. 482.

Dans la Nouvelle Espagne, au Mexique, au Pérou. ♃

3. DORSTÈNE Drakæna, *D. Drakena*, L. à hampes partant de la racine; à feuilles pinnatifides, palmées, très-entières; à réceptacles ovales.

Reichard cite pour cette espèce, mais avec un point de doute, le synonyme d'*Houston*, *Act. Angl.* n.° 421, f. 1, qu'il a rapporté à la seconde espèce.

1. *Contraierva*, Contraierva, Racine de Drak, voyageur Anglois, qui la fit connoître le premier en Europe, vers 1581. 2. Racine. 3. Aromatique, odeur forte, un peu amère. 4. Extrait aqueux; extrait spiritueux, plus actif que l'aqueux. 5. Fièvres malignes, exanthématiques; petite vérole; fièvre lente, nerveuse; cachexies froides, etc.

A Vera-Crux. ♃

4. DORSTÈNE à tige, *D. caulescens*, L. à péduncules partant de la tige.

Plum. Spec. tab. 120, f. 1.

Dans l'Amérique Méridionale. ♃

167. COMÈTE, *COMETES*. *Lam. Tab. Encyclop.* pl. 76.

CAL. *Collerette* à trois fleurs assises, à quatre *feuillets*, oblongs, égaux, ouverts, garnis de cils ou poils flexibles.

——*Périanthe* à quatre *feuillets*, oblongs, égaux, de la longueur de la collerette.

COR. Nulle.

ÉTAM. Quatre *Filamens*, capillaires, de la longueur du périanthe. *Anthères* arrondies.

PIST. *Ovaire* arrondi. *Style* filiforme, de la longueur de la fleur. *Stigmate* divisé peu profondément en trois parties.

PÉR. *Capsule* à trois coques.

SEM. Solitaires.

Collerette à quatre feuillets, à trois fleurs. *Calice* à quatre feuillets. *Capsule* à trois coques.

1. COMÈTE à fleurs alternes, *C. alterniflora*, L. à feuilles opposées, assises, en ovale renversé, aiguës, très-entières, lisses.

Pluk. tab. 380, f. 4. *Burm. Ind.* tab. 15, f. 3.

A Surate. ⊙

168. CHALEF, *ÆLEAGNUS.* * *Tournef. Inst.* tab. 489. *Lam. Tab. Encyclop.* pl. 73.

CAL. *Périanthe* d'un seul feuillet, à quatre segmens peu profonds, supérieur, droit, en cloche, rude au dehors, coloré en dedans, caduc-tardif.

COR. Nulle.

ÉTAM. Quatre *Filamens*, très-courts, insérés au-dessous des segmens du calice. *Anthères* oblongues, versatiles.

PIST. *Ovaire* arrondi, inférieur. *Style* simple, un peu plus court que le calice. *Stigmate* simple.

PÉR. *Drupe* ovale, obtuse, lisse, ponctuée au sommet.

SEM. *Noix* oblongue, obtuse.

Calice à quatre segmens peu profonds, en cloche, supérieur. *Corolle* nulle. *Drupe* au-dessous du calice en cloche.

1. ÉLÉAGNE à feuilles étroites, *Æ. angustifolia*, L. à feuilles lancéolées.

Olea sylvestris, folio molli, incano; Olivier sauvage, à feuille molle, blancheâtre. *Bauh. Pin.* 472, n.° 3. *Dod. Pempt.* 807, f. 2. *Lob. Ic.* 2, p. 136, f. 1. *Clus. Hist.* 1, p. 29, f. 1. *Lugd. Hist.* 111, f. 1 et 2. *Camer. Epit.* 106. *Bauh. Hist.* 1, P. 2, p. 27, f. 2.

En Bohême, en Espagne, en Syrie, en Cappadoce, dans les lieux humides. Cultivé dans les jardins. ♄

2. ÉLÉAGNE d'Orient, *Æ. orientalis*, L. à feuilles oblongues, ovales, opaques.

En Orient.

3. ÉLÉAGNE épineux, *Æ spinosa*, L. à feuilles elliptiques.

En Egypte. ♄

4. ÉLÉAGNE à larges feuilles, *Æ. latifolia*, L. à feuilles ovales.

Burm. Zeyl. 92, tab. 39, f. 2.

A Zeylan. ♄

169. SANTAL, *SANTALUM.* * SIRIUM. *Lam. Tab. Encyclop.* pl. 74.

CAL. *Périanthe* : Marge supérieure, à quatre dents.

COR. Quatre *Pétales*, insérés sur les segmens du calice, droits.

Quatre *Glandes*, plus petites que les pétales, alternes avec eux.

ÉTAM. Quatre *Filamens*, insérés sur le tube du calice. *Anthères* simples.

PIST. *Ovaire* inférieur. *Style* de la longueur des étamines. *Stigmate* simple.

PÉR. *Baie.*

SEM. Une seule.

Calice à quatre dents. *Corolle* à quatre pétales adhérens au calice. Quatre *Glandes*. *Baie* inférieure, renfermant une seule semence.

1. SANTAL blanc, *S. album*, L. à feuilles pinnées, terminées par une foliole impaire; à folioles opposées, pétiolées, ovales, oblongues, très entières.

Santalum album; Santal blanc. *Bauh. Pin.* 392, n.° 1. *Rumph. Amb.* 2, tab. 111.

1. *Santalum album*, *Citrinum*; Santal blanc, Citrin. 2 Bois. 3. Odeur forte, ambrosiaque, amère. 4. Huile pesante, de la consistance du beurre, tirant sur l'odeur de l'ambre: huile odorante; extrait aqueux et spiritueux en quantité inégale. 5. Toutes les maladies froides, fluxions pituiteuses. 6. Le bois donne une teinture jaune.

Dans l'Inde Orientale. ♄

270. STRUTHIOLE, *STRUTHIOLA*. *Lam. Tab. Encyclop.* pl. 78.

CAL. Nul, (à moins qu'on ne regarde la corolle comme calice).

COR. Monopétale, se flétrissant. *Tube* filiforme, alongé. *Limbe* plane, plus court que le tube, à quatre *divisions* profondes, ovales.

Nectaire: huit glandes, ovales, disposées autour de la gorge, entourées par un pinceau propre.

ÉTAM. Quatre *Filamens*, très-courts, cachés dans le tube de la corolle. *Anthères* linéaires.

PIST. *Ovaire* ovale. *Style* filiforme, de la longueur du tube. *Stigmate* en tête.

PÉR. Coriace, ovale, à une loge.

SEM. Une seule, un peu pointue.

Calice tubulé, à orifice garni de huit glandes. *Corolle* nulle. *Baie* sèche, renfermant une seule semence.

1. STRUTHIOLE à verge, *S. virgata*, L. à tige duvetée, prolifère; à rameaux simples, en verge; à feuilles opposées, lancéolées, lisses, striées, creusées en gouttière.

Au cap de Bonne-Espérance. ♄

2. STRUTHIOLE droite, *S. erecta*, L. à tige lisse; à feuilles lancéolées, en alêne, lisses.

Burm. Afric. tab. 47, f. 1.

Au cap de Bonne-Espérance. ♄

271. MANETTE, *MANETTIA*. NACIBEA. *Lam. Tab. Encyclop.* pl. 64.

CAL. *Périanthe* à huit *feuillets*, linéaires, concaves, persistans.

COR. Monopétale, en soucoupe. *Tube* cylindrique, plus long que le calice, sillonné intérieurement par quatre lignes. *Limbe* à quatre *divisions* profondes, plus courtes que le tube, ovales, obtuses, barbues intérieurement.

Nectaire : marge entourant le réceptacle, très-entière, concave.

ÉTAM. Quatre *Filamens*, filiformes, très-petits, insérés sur la gorge de la corolle. *Anthères* linéaires, versatiles, à deux loges.

PIST. *Ovaire* inférieur, en toupie, comprimé. *Style* filiforme, incliné, de la longueur du tube. *Stigmate* divisé peu profondément en deux parties, un peu épais, obtus.

PÉR. *Capsule* en toupie, comprimée, sillonnée des deux côtés, à une loge, à deux battans, paroissant comme divisée en deux capsules.

SEM. En petit nombre, aplaties, ailées, arrondies, marquées d'un demi-rond dans le centre, placées en recouvrement sur un pilier pulpeux, oblong.

Calice à huit feuillets. *Corolle* à quatre divisions peu profondes. *Capsule* inférieure, à deux battans, à une loge. *Semences* en recouvrement, arrondies.

1. MANETTE penchée, *M. reclinata*, L. à feuilles opposées, pétiolées, rapprochées, ovales, aiguës, un peu ciliées, duvetées en dessous.

Au Mexique. ☉

172. KRAMÈRE, *KRAMERIA*.

CAL. Nul, (à moins qu'on ne prenne la corolle pour calice).

COR. Quatre *Pétales* égaux, ouverts, oblongs, aigus, le supérieur plus ouvert, les latéraux ovales.

Deux *Nectaires* : le *plus élevé* supérieur, droit, linéaire, à trois *divisions* profondes, linéaires, un peu épaisses, ovales au sommet, membraneuses : le *moins élevé*, inférieur, à deux *feuillets*, linéaires, convexes, droits, ridés.

ÉTAM. Quatre *Filamens*, insérés parmi les nectaires, ascendans. *Anthères* petites, présentant à leur sommet deux ouvertures.

PIST. *Ovaire* ovale. *Style* en alêne, ascendant, de la longueur des étamines. *Stigmate* aigu.

PÉR. *Baie* sèche, arrondie, à une loge, hérissée de tous côtés de poils rudes tournés en arrière.

SEM. Une seule, ovale, lisse, dure.

Calice nul. *Corolle* à quatre pétales. Deux *Nectaires*, dont un supérieur à trois divisions profondes, l'autre inférieur à deux feuillets. *Baie* sèche, hérissonnée, renfermant une seule semence.

1. KRAMÈRE d'Amérique, *K. Ixina*, L. à feuilles alternes, lancéolées; à rameau terminal; à fleurs alternes.

A Cumana, dans l'Amérique. ♄

173. ACÈNE, *ACÆNA*.

CAL. *Périanthe* coloré, persistant, à quatre *feuillets* oblongs, ovales, obtus.

COR. Nulle, (à moins qu'on ne prenne le calice pour corolle).

ÉTAM. Quatre *Filamens*, égaux, d'une longueur médiocre, opposés aux segmens du calice. *Anthères* à quatre angles, didymes, droites.

PIST. *Ovaire* inférieur, comme ovale, hérissé. *Style* très-petit, courbé d'un côté. *Stigmate*, petite membrane, à plusieurs divisions peu profondes, un peu épaisse, colorée.

PÉR. *Baie* sèche, comme ovale, hérissée d'épines tournées en arrière, à une loge.

SEM. Une seule.

Calice à quatre feuillets. *Corolle* à quatre pétales. *Baie* sèche, inférieure, garnie d'épines tournées en arrière, renfermant une seule semence.

1. ACÈNE alongée, *A. elongata*, L. à feuilles pinnées, éparses, engaînantes; à folioles assises, rapprochées, duvetées en dessous.

Au Mexique. ♄

174. RIVINE, *RIVINA*. * *Plum. Gen.* 47, tab. 39. *Lam. Tab. Encyclop.* pl. 81.

CAL. *Périanthe* coloré, persistant, à quatre *feuillets*, oblongs, ovales, obtus.

COR. Nulle, (à moins qu'on ne prenne le calice pour corolle).

ÉTAM. Quatre ou huit *Filamens*, plus courts que le calice, rapprochés par paires, persistans. *Anthères* petites.

PIST. *Ovaire* grand, arrondi. *Style* très-court. *Stigmate* simple, obtus.

PÉR. *Baie* globuleuse, placée sur le calice vert renversé, à une loge, recourbée à la pointe.

SEM. Une seule, arrondie, en forme de lentille, rude.

Calice nul. *Corolle* à quatre pétales, persistante. *Baie* renfermant une seule semence en forme de lentille.

1. RIVINE humble, *R. humilis*, L. à rameaux simples; à fleurs à quatre étamines; à feuilles duvetées.

Plukn. tab. 112, f. 2.

A la Jamaïque, aux Barbades. ♃

2. RIVINE lisse, *R. lævis*, L. à rameaux simples; à fleurs à quatre étamines; à feuilles lisses.

Plukn. tab. 151, f. 3.

En Amérique. ♄

3. RIVINE octandre, *R. octandra*, L. à rameaux simples ; à fleurs à huit ou douze étamines.

Jacq. Obs. 1, p. 6, tab. 2.

Dans l'Amérique Méridionale. ♄

275. SALVADORE, *SALVADORA*. *Lam. Tab. Encyclop.* pl. 81.

CAL. *Périanthe* d'un seul feuillet, à quatre *segmens* peu profonds, roulés.

COR. Nulle.

ÉTAM. Quatre *Filamens*, de la longueur du calice, renversés. *Anthères* rondes.

PIST. *Ovaire* arrondi. Un seul *Style*, court. *Stigmate* simple, obtus, à ombilic.

PÉR. *Baie* arrondie, à une loge.

SEM. Une seule, sphérique, enveloppée par un arille calleux.

Calice à quatre segmens peu profonds. *Corolle* nulle. *Baie* renfermant une seule semence enveloppée par un arille.

1. SALVADORE de Perse, *S. Persica*, L. à feuilles opposées ; à rameau terminal.

Dans l'Inde Orientale. ♄

276. CAMPHRÉE, *CAMPHOROSMA*. † *Lam. Tab. Encyclop.* pl. 86.

CAL. *Périanthe* en godet, comprimé, persistant, à moitié divisé en quatre *segmens* aigus, les plus grands opposés, recourbés.

COR. Nulle.

ÉTAM. Quatre *Filamens*, filiformes, égaux. *Anthères* ovales.

PIST. *Ovaire* ovale, comprimé. *Style* filiforme, à moitié divisé en deux parties, plus long que le calice. *Stigmates* aigus.

PÉR. *Capsule* à une loge, s'ouvrant dans sa partie supérieure, enveloppée par le calice.

SEM. Une seule, ovale, comprimée, luisante.

Calice enflé en godet, offrant deux dents opposées, alternes. *Corolle* nulle. *Capsule* renfermant une seule semence.

1. CAMPHRÉE de Montpellier, *C. Monspeliaca*, L. à feuilles linéaires, hérissées.

Camphorata hirsuta ; Camphrée velue. *Bauh. Pin.* 486, n.° 1. *Lob. Ic.* 1, p. 403, f. 2. *Lugd. Hist.* 1201, f. 1. *Bauh. Hist.* 3, P. 2, p. 379 et 380, f. 1. *Buxb. Cent.* 1, tab. 28, f. 1.

1. *Camphorata*, Camphrée. 2. La plante entière. 3. Odeur aromatique tirant sur le camphre ; saveur un peu acre. 4. Huile essentielle. 5. Hydropisie, hystéricie, flueurs blanches, rhumatisme, obstructions, règles diminuées ou supprimées.

A Montpellier, en Espagne, en Tartarie, en Allemagne. ♄ Estivale.

2. CAMPHRÉE aiguë, *C. acuta*. L. à feuilles en alêne, roides, lisses.

Le synonyme de *G. Bauhin*, *Camphorata congener*, ou congénère de la camphrée, *Pin.* 486, n.° 3, rapporté par *Reichard* au Polycnème des champs, *P. arvense*, L. est cité par le même Auteur pour cette espece.

En Bourgogne, en Italie, en Tartarie. ♃

3. CAMPHRÉE lisse, *C. glabra*, L. à feuilles comme à trois pans, lisses, non piquantes.

Camphorata glabra; Camphrée lisse. *Bauh. Pin.* 486, n.° 2. *Lugd. Hist.* 1179, f. 1.

En Suisse, en Dauphiné. ♃

4. CAMPHRÉE Ptérante, *C. Pteranthus*, L. à tige très-rameuse; à péduncules en lame d'épée, dilatés; à bractées en crête.

Dans l'Arabie. ☉

177. ALCHEMILLE, *ALCHEMILLA.* * *Lam. Tab. Encyclop.* pl. 86. ALCHIMILLA. *Tournef. Inst.* 508, tab. 289.

CAL. *Périanthe* d'un seul feuillet, tubulé, persistant, à *orifice* plane, à huit *segmens* profonds, les alternes plus petits.

COR. Nulle.

ÉTAM. Quatre *Filamens*, droits, en alêne, très-petits, insérés sur l'orifice du calice. *Anthères* arrondies.

PIST. *Ovaire* ovale. *Style* filiforme, de la longueur des étamines, inséré à la base de l'ovaire. *Stigmate* globuleux.

PÉR. Nul. L'orifice du *Calice* se ferme et ne laisse point échapper la semence.

SEM. Solitaire, elliptique, comprimée.

Calice à huit segmens peu profonds. *Corolle* nulle. Une *Semence*.

1. ALCHEMILLE vulgaire, *A. vulgaris*, L. à feuilles lobées.

Alchimilla vulgaris, Alchimille vulgaire. *Bauh. Pin.* 319, n.° 1. *Fusch. Hist.* 612. *Dod. Pempt.* 140, f. 2. *Lob. Ic.* 1, p. 663, f. 2. *Clus. Hist.* 2, p. 108, f. 2. *Lugd. Hist.* 1281, f. 1. *Camer. Epit.* 903. *Bauh. Hist.* 2, p. 398, f. 1. *Barrel.* tab. 728. *Flor. Dan.* tab. 693. *Icon. Pl. Med.* tab. 85.

1. *Alchemilla*, Pied de lion. 2. Toute la plante. 3. Inodore, styptique. 4. Extrait aqueux, qui a l'odeur du miel, et la saveur acide très-austère; extrait spiritueux, austère, d'une odeur balsamique. 5. Dyssenterie, relâchement des bourses, flaccidité des seins, fleurs blanches, fièvres. 6. Excellent fourrage, cultivé en plusieurs endroits sous ce rapport.

Nutritive pour le Cheval, le Mouton, la Chèvre, l'Oie.

En Europe, dans les prairies, les bois. ♃ Vernale.

2. ALCHEMILLE des Alpes, *A. Alpina*, L. à feuilles digitées; à dents de scie.

Tormentilla Alpina; folio sericeo; Tormentille des Alpes, à feuille soyeuse. *Bauh. Pin.* 326, n.° 9. *Lob. Ic.* 1, p. 691, f. 2. *Clus. Hist.* 2, p. 108, f. 1. *Lugd. Hist.* 1175, f. 2. *Camer. Epit.* 909. *Bauh. Hist.* 2, p. 398, E. f. 1. *Moris. Hist.* sect. 2, tab. 20, f. 3. *Barrel.* tab. 756. *Flor. Dan.* tab. 49.

Cette espèce présente une variété, désignée sous le nom d'Alchemille hybride, *A. hybrida*, L. à feuilles lobées, soyeuses, à dents de scie aiguës.

Sur les Alpes de Suisse, du Dauphiné, de Suède, des Pyrénées. ♃ Estivale. *Alp.* et *S-Alp.*

3. ALCHEMILLE quinte-feuille, *A. pentaphylla*, L. à feuilles digitées, à plusieurs divisions peu profondes, lisses.

Alchimilla Alpina, quinquefolia; Alchimille des Alpes, à cinq feuilles. *Bauh. Pin.* 320, n.° 2. *Boccon. Mus.* 1, p. 18, tab. 1.

Sur les Alpes de Suisse, du Dauphiné. ♃ Estivale. *Alp.*

II. DIGYNIE.

278. PERCEPIER, *APHANES.* * *Lam. Tab. Encyclop.* pl. 87.

CAL. *Périanthe* d'un seul feuillet, tubulé, persistant, à *orifice* plane, à quatre *divisions* peu profondes, les alternes très-petites.

COR. Nulle.

ÉTAM. Quatre *Filamens*, droits, en alêne, très-petits, insérés sur l'orifice du calice. *Anthères* arrondies.

PIST. Deux *Ovaires*, ovales. *Styles* filiformes, de la longueur des étamines, insérés à la base de l'ovaire. *Stigmates* en tête.

PÉR. Nul. Le *Calice*, dont les segmens sont réunis, renferme les semences.

SEM. Deux, ovales, pointues, comprimées, de la longueur du style.

OBS. *Ce genre a beaucoup d'affinité avec les* Alchemilla; *il ne présente quelquefois qu'un style et une semence.*

Calice à quatre segmens peu profonds. *Corolle* nulle. Deux *Semences*, nues.

1. PERCEPIER des champs, *A. arvensis*, L. à feuilles à trois lobes divisés en deux ou trois segmens; à fleurs petites, axillaires, assises; à tige droite, très-basse.

Chærophyllo non nihil similis; Plante ressemblant au cerfeuil. *Bauh. Pin.* 152, n.° 3. *Lob. Ic.* 1, p. 727, f. 1. *Lugd. Hist.* 713, fig. 2, (changée). *Column. Ecphras.* 145 et 146. *Bauh. Hist.* 3, P. 2, p. 74, f. 3.

En Europe, dans l'Orient. ⊙ Vernale.

179. CRUZITE, *CRUZITA.*

CAL. *Périanthe* à trois *feuillets*, l'antérieur linéaire, aigu, les latéraux ovales, concaves, persistans.

COR. Quatre *Pétales*, semblables au calice, ovales, concaves, les deux extérieurs très-entiers, les deux intérieurs à marge très-mince, déchirée.

ÉTAM. Quatre *Filamens*, capillaires, un peu plus courts que le calice. *Anthères* petites.

PIST. *Ovaire* ovale, obtus, comprimé. *Style* très-court, divisé profondément en deux parties étalées. *Stigmates* simples.

PÉR. Nul. Les pétales réunis, tombent avec la semence.

SEM. Une seule, nue.

Calice à trois feuillets. *Corolle* nulle. Une *Semence*.

1. CRUZITE d'Espagne, *C. Hispanica*, L. à feuilles opposées, lancéolées, très-entieres; à fleurs en épi, en panicule.

A Cumana, dans l'Amérique.

180. BUFFONE, *BUFFONIA.* * *Lam. Tab. Encyclop.* pl. 87.

CAL. *Périanthe* à quatre *feuillets*, droits, persistans, en alêne, à marge membraneuse, en carêne.

COR. Quatre *Pétales*, ovales, échancrés, droits, égaux, plus courts que le calice.

ÉTAM. Quatre *Filamens*, égaux, de la longueur de l'ovaire. *Anthères* didymes.

PIST. *Ovaire* ovale, comprimé. Deux *Styles*, de la longueur des étamines. *Stigmates* simples.

PÉR. *Capsule* ovale, comprimée, à une loge, à deux battans.

SEM. Deux, ovales, comprimées et bossuées, convexes d'un côté.

Calice à quatre feuillets. *Corolle* à quatre pétales. *Capsule* à une loge, renfermant deux semences.

1. BUFFONE à feuilles étroites, *B. tenuifolia*, L. à feuilles en alêne, opposées, réunies à la base.

Plukn. tab. 75, f. 3. *Magn. Hort.* 97, tab. 15.

A Lyon, à Grenoble, en Espagne, en Angleterre. ♃

181. HAMAMELIS, *HAMAMELIS.* † *Lam. Tab. Encyclop.* pl. 88.

CAL. *Collerette* à trois fleurs, à trois *feuillets*, dont *deux intérieurs* arrondis, très-petits, obtus, le *troisième* inférieur, plus grand, lancéolé.

—— *Périanthe* double : l'*extérieur* à deux feuillets, plus petit, arrondi : l'*intérieur* à quatre feuillets, droits, oblongs, obtus, égaux.

COR. Quatre *Pétales*, linéaires, égaux, très-longs, obtus, renversés. *Nectaire* : quatre feuillets, tronqués, adhérens à la corolle.

ÉTAM. Quatre *Filamens*, linéaires, plus courts que le calice. *Anthères* à deux cornes, recourbées.

PIST. *Ovaire* ovale, velu, se terminant en deux *Styles*, de la longueur des étamines. *Stigmates* en tête.

PÉR. Nul.

SEM. *Noix* ovale, à moitié enveloppée par le calice, obtuse, sillonnée des deux côtés au sommet, à deux cornes horizontales, à deux loges, à deux battans.

Collerette à trois feuillets. *Calice* propre à quatre feuillets. *Corolle* à quatre pétales. *Noix* à deux cornes, à deux loges.

1. HAMAMELIS de Virginie, *H. Virginica*, L. à fleurs axillaires, pédunculées, entassées.

Catesb. Carol. 3, pag. et tab. 2.

En Virginie.

182. CUSCUTE, *CUSCUTA.* * *Tournef. Inst.* 652, tab. 422. *Lam. Tab. Encyclop.* pl. 88.

CAL. *Périanthe* d'un seul feuillet, en gobelet, à quatre divisions peu profondes, obtus, charnu à la base.

COR. Monopétale, ovale, un peu plus longue que le calice, à *orifice* à quatre divisions peu profondes, obtuses.

Nectaire : quatre écailles, linéaires, divisées peu profondément en deux parties, aiguës, adhérentes à la base des étamines.

ÉTAM. Quatre *Filamens*, en alêne, de la longueur du calice. *Anthères* arrondies.

PIST. *Ovaire* arrondi. Deux *Styles*, droits, courts. *Stigmates* simples.

PÉR. Charnu, arrondi, à deux loges, s'ouvrant horizontalement.

SEM. Deux.

Calice à quatre segmens peu profonds. *Corolle* monopétale. *Capsule* à deux loges.

1. CUSCUTE d'Europe, *C. Europea*, L. à fleurs assises, ou sans pédoncules.

Cuscuta major ; Cuscute plus grande. *Bauh. Pin.* 219, n.° 3. *Dod. Pempt.* 554, f. 1. *Lob. Ic.* 1, p. 427, f. 2. *Lugd. Hist.* 1683, f. 1. *Camer. Epi.* 984. *Bauh. Hist.* 3, P. 2, p. 266, f. 1. *Bul. Paris.* tab. 74. *Flor. Dan.* tab. 199. *Icon. Pl. Med.* tab. 238.

1. *Cuscuta*, Cuscute, Cheveu de Vénus. 2. Toute la plante. 3. Inodore, amère, âcre. 5. Obstructions des viscères, fièvres intermittentes, même quartes. 6. L'herbe colore en brun. Nutritive pour le Mouton, le Bœuf, le Cochon.

Cette espèce présente une variété, regardée par quelques Naturalistes comme espèce, qui est la Cuscute épithym, *C. epithymum*, L. à fleurs assises ou sans péduncules; à corolles à cinq divisions peu profondes, soutenues par des bractées.

Epithymum sive Cuscuta minor; Epithym ou Cuscute plus petite. *Bauh. Pin.* 219, n.° 1. *Lob. Ic.* 1, p. 427, f. 1. *Lugd. Hist.* 1682, f. 1. *Camer. Epit.* 983. *Flor. Dan.* t. 427. *Icon. Pl. Med.* tab. 239.

1. *Epithymum*, Cuscute épithym. 2. Toute la plante. 3. Un peu odorante, saveur un peu âcre.

En Europe. Ces deux plantes sont parasites, sur le Thym, les Bruyères, le Lin, etc. ⊙ Estivales.

2. CUSCUTE d'Amérique, *C. Americana*, à fleurs pédunculées.

Sloan. Jam. 1, tab. 128, f. 4.

En Virginie, sur les arbrisseaux.

183. SILIQUIER, *HYPECOUM.* * *Tournef. Inst.* 230, tab. 115. *Lam. Tab. Encyclop.* pl. 88.

CAL. *Périanthe* petit, à deux *feuillets*, ovales, aigus, droits, opposés, caducs-tardifs.

COR. Quatre *Pétales*, dont *deux extérieurs* opposés, plus larges, à trois divisions peu profondes, obtus: *deux intérieurs*, alternes avec les extérieurs, à moitié divisés en trois parties, l'*intermédiaire* concave, comprimée, droite.

ÉTAM. Quatre *Filamens*, en alêne, droits, couverts par la division intermédiaire des pétales intérieurs. *Anthères* droites, oblongues.

PIST. *Ovaire* oblong, comme cylindrique. Deux *Styles*, très-courts. *Stigmates* aigus.

PÉR. *Silique* longue, recourbée, articulée.

SEM. Solitaires à chaque articulation de la silique, globuleuses, comprimées.

Calice à deux feuillets. *Corolle* à quatre pétales, dont deux extérieurs plus larges, divisés peu profondément en trois parties. *Fruit* à silique.

1. SILIQUIER incliné, *H. procumbens*, L. à siliques arquées, aplaties, articulées.

Hypecoum; Hypécôon. *Bauh. Pin.* 172, n.° 1. *Dod. Pempt.* 449, f. 3. *Lob. Ic.* 1, p. 744. *Clus. Hist.* 2, p. 93, f. 2. *Lugd. Hist.* 697, f. 2. *Bauh. Hist.* 2, p. 899, f. 3.

A Narbonne, dans les isles de l'Archipel, parmi les blés. ⊙

2. SILIQUIER pendant, *H. pendulum*, L. à siliques pendantes, arrondies, cylindriques.

Hypecoï altera species; Autre espèce d'Hypécoon. *Bauh. Pin.* 172;

n.° 2. *Lob. Ic.* 1, p. 743, f. 2. *Lugd. Hist.* 693, f. 2. *Camer. Epit.* 520. *Barrel.* tab. 352.

En Provence ; en Sibérie. ☉

3. SILIQUIER droit, *H. erectum*, L. à siliques droites, arrondies. *Amm. Ruth.* 58, tab. 9.

Dans la Daurie.

III. TÉTRAGYNIE.

184. HOUX, *ILEX.* * *Lam. Tab. Encyclop.* pl. 89. AQUIFOLIUM. *Tournef. Inst.* 600, tab. 371.

CAL. *Périanthe* à quatre dents, très-petit, persistant.

COR. Monopétale, en roue, à quatre *divisions* profondes, arrondies, concaves, ouvertes, grandes, à onglets réunis.

ÉTAM. Quatre *Filamens*, en alêne, plus courts que la corolle. *Anthères* petites.

PIST. *Ovaire* arrondi. *Style* nul. *Stigmates* obtus.

PÉR. *Baie* arrondie, à quatre loges.

SEM. Solitaires, osseuses, oblongues, obtuses, bossuées d'un côté, anguleuses de l'autre.

Calice à quatre dents. *Corolle* en roue. *Pistil* sans style. *Baie* renfermant quatre semences.

1. HOUX vulgaire, *I. aquifolium*, L. à feuilles ovales, pointues, épineuses.

Ilex aculeata baccifera, folio sinuato ; Houx piquant baccifère, à feuille sinuée. *Bauh. Pin.* 425, n.° 5. *Math.* 147, f. 2. *Dod. Pempt.* 658, f. 1. *Lob. Ic.* 2, p. 153, f. 2. *Lugd. Hist.* 247, f. 1. *Camer. Epit.* 84. *Barrel.* tab. 518. *Flor. Dan.* tab. 508. *Icon. Pl. Med.* tab. 372.

Cette espèce offre plusieurs variétés, à fruit rouge, jaune, blanc ; à feuilles plus ou moins panachées, plus ou moins épineuses sur les bords ou sur les surfaces. Les épines sont cartilagineuses.

1. *Viscum aucuparium*, Houx. 2. Écorce moyenne, Baies, Feuilles. 3. Odeur et saveur approchant de celles de la térébenthine. 4. Glu des oiseleurs : on tire aussi une glu de la racine du *Viorme*, du fruit du *Guy*, des *Sebestes*. 5. Petite vérole, pleurésie, colique, dysurie. 6. La pipée.

Dans l'Europe Méridionale, dans les bois. ♄ Estivale.

2. HOUX Cassine, *I. Cassine*, L. à feuilles ovales, lancéolées, à dents de scie.

Catesb. Carol. 1, pag. et tab. 31.

A la Caroline. ♄

3. HOUX d'Asie, *I. Asiatica*, L. à feuilles larges, lancéolées, obtuses, très-entières.

En Asie. ♄

4. HOUX cunéiforme, *I. cuneifolia*, L. à feuilles en forme de coin, à trois pointes.

Plum. Amer. tab. 118, f. 2.

Dans l'Amérique Méridionale. ♄

185. COLDÈNE, *COLDENIA. Lam. Tab. Encyclop.* pl. 89.

CAL. *Périanthe* à quatre *feuilles*, lancéolés, droits, de la longueur de la corolle.

COR. Monopétale, en entonnoir. *Limbe* ouvert, obtus.

ÉTAM. Quatre *Filamens*, insérés sur le tube. *Anthères* arrondies.

PIST. Quatre *Ovaires*, ovales. Quatre *Styles*, capillaires, de la longueur des étamines. *Stigmates* simples, persistans.

PÉR. Nul. *Fruit* ovale, comprimé, rude, pointu, terminé par quatre becs.

SEM. Deux, tuberculeuses hérissées, à deux loges.

Calice à quatre feuillets. *Corolle* en entonnoir. Quatre *Styles*. Deux *Semences* à deux loges.

1. COLDÈNE couchée, *C. procumbens*, L.

Plukn. tab. 64, f. 6.

Dans l'Inde Orientale. ☉

186. POTAMOGETON, *POTAMOGETON.* * *Tournef. Inst.* 232, tab. 103. *Lam. Tab. Encyclop.* pl. 89.

CAL. Nul.

COR. Quatre *Pétales*, arrondis, obtus, concaves, droits, à onglets, caducs-tardifs.

ÉTAM. Quatre *Filamens*, planes, obtus, très-courts. *Anthères* didymes, courtes.

PIST. Quatre *Ovaires*, ovales, pointus. *Style* nul. *Stigmates* obtus.

PÉR. Nul.

SEM. Quatre, arrondies, pointues, bossuées d'un côté, comprimées et anguleuses de l'autre.

Calice nul. *Corolle* à quatre pétales. Quatre *Stigmates* sans style. Quatre *Semences*.

1. POTAMOGETON flottant, *P. natans*, L. à feuilles oblongues, ovales, pétiolées, flottantes.

Potamogeton rotundifolium; Potamogeton à feuilles rondes. *Bauh. Pin.* 193, n.° 1. *Lugd. Hist.* 1007, f. 2. *Camer. Epit.* 873. *Moris. Hist.* sect. 5, t. 29, f. 1. *Bul. Paris.* tab. 75.

Cette

Cette espèce présente une variété à feuilles lancéolées, oblongues; à pétioles longs, décrite par *Gronovius*, *Virg.* 139.

Nutritive pour le Boeuf, la Chèvre.

En Europe, dans les étangs, les rivières. ♃ Estivale.

2. POTAMOGETON perfolié, *P. perfoliatum*, L. à feuilles en coeur, embrassant la tige.

Potamogeton foliis latis, splendentibus; Potamogeton à feuilles larges, luisantes. *Bauh. Pin.* 193, n.° 4. *Dod. Pempt.* 582, f. 3. *Bauh. Hist.* 3, P. 2, p. 778, f. 2. *Loes. Pruss.* 205, n.° 65. *Flor. Dan.* tab. 196.

En Europe, dans les rivières et les lacs. ♃ Estivale.

3. POTAMOGETON dense, *P. densum*, L. à feuilles ovales, aiguës, opposées, entassées; à tiges dichotomes; à épis de quatre fleurs.

En Europe, dans les ruisseaux d'eau vive. Vernale.

4. POTAMOGETON luisant, *P. lucens*, L. à feuilles lancéolées, planes, étroites, se terminant par de longs péduncules.

Potamogeton foliis angustis, splendentibus; Potamogeton à feuilles étroites, luisantes. *Bauh. Pin.* 193, n.° 5. *Dod. Pempt.* 582, f. 2. *Bauh. Hist.* 3, P. 2, p. 777, f. 1. *Bul. Paris.* tab. 76. *Flor. Dan.* tab. 195.

En Europe, dans les lacs, les étangs. ♃ Estivale.

5. POTAMOGETON frisé, *P. crispum*, L. à feuilles lancéolées, alternes et opposées, ondulées, à dents de scie.

Potamogeton foliis crispis, seu Lactuca ranarum, sarmentis planis; Potamogeton à feuilles frisées, ou Laitue des grenouilles, à rameaux planes. *Bauh. Pin.* 193, n.° 6. *Lob. Ic.* 1, p. 286, f. 2. *Clus. Hist.* 2, p. 252, f. 2.

En Europe, dans les ruisseaux et les fossés aquatiques. ♃ Estivale.

6. POTAMOGETON dentelé, *P. serratum*, L. à feuilles lancéolées, opposées, comme ondulées.

Potamogeton longo serrato folio; Potamogeton à feuille longue, dentelée. *Bauh Pin.* 193, n.° 3. *Lugd. Hist.* 603, f. 3. *Bauh. Hist.* 2, p. 988, f. 4. *Flor. Dan.* tab. 195.

Cette espèce ne paroît être qu'une variété de la précédente.

En Europe, dans les ruisseaux. Estivale.

7. POTAMOGETON comprimé, *P. compressum*, L. à feuilles linéaires, obtuses; à tige comprimée.

Bul. Paris. tab. 77. *Flor. Dan.* tab. 203.

En Europe, dans les marais. Estivale.

8. POTAMOGETON pectiné, *P. pectinatum*, L. à feuilles sétacées, parallèles, rapprochées, distiques ou sur deux rangs.

Potamogeton gramineum, ramosum; Potamogeton graminé, rameux, *Bauh. Pin.* 193, n.° 8.

En Europe, dans les fossés marécageux. Estivale.

9. POTAMOGETON sétacé, *P. setaceum*, L. à feuilles lancéolées, opposées, aiguës.

Potamogeton ramosum, angustifolium; Potamogeton rameux, à feuilles étroites. *Bauh. Pin.* 193, n.° 7.

En Europe, dans les fossés marécageux. Estivale.

10. POTAMOGETON graminé, *P. gramineum*, L. à feuilles linéaires, lancéolées, alternes, assises ou sans pétioles, plus larges que les stipules.

Bellev. tab. 145. *Loes. Pruss.* 206, n.° 66. *Flor. Dan.* tab. 222.

En Europe, dans les fossés et les marais. Estivale.

11. POTAMOGETON marin, *P. marinum*, L. à feuilles linéaires, alternes, distinctes, engainant la tige par leur base.

Bocc. Sic. 42, tab. 20, f. V. *Moris. Hist.* sect. 5, t. 29, f. 9. *Plukn.* tab. 216, f. 5 et 248, f. 4. *Vaill. Paris.* tab. 32, f. 5. *Flor. Dan.* tab. 186.

A Lyon, à Paris. Estivale.

12. POTAMOGETON nain, *P. pusillum*, L. à feuilles linéaires, opposées et alternes, distinctes, ouvertes à la base; à tige arrondie.

Potamogeton minimum, capillaceo folio; Potamogeton très-petit, à feuille capillacée. *Bauh. Pin.* 193, n.° 9. *Bellev.* tab. 146. *Loes. Pruss.* 206, n.° 67. *Vaill. Paris.* tab. 32, f. 4.

En Europe, dans les marais. ⊙ Estivale.

287. RUPPIE, *RUPPIA*. * *Lam. Tab. Encyclop.* pl. 90. BUCCA FERREA. *Mich. Gen.* 72. tab. 35.

CAL. *Spathe* à peine visible, formée par les gaines des feuilles.

—— *Spadice* en alêne, très-simple, droit, se recourbant à la maturité du fruit, environné de fructifications distiques ou sur deux rangs.

COR. Nulle.

ÉTAM. *Filamens* nuls. Quatre *Anthères*, assises, égales, arrondies, comme didymes.

PIST. Quatre ou cinq *Ovaires*, presque ovales, réunis. *Style* nul. *Stigmate* obtus.

PÉR. Nul. Les *Semences* sont portées sur des pédicelles propres, filiformes, de la longueur du fruit.

SEM. Quatre ou cinq, ovales, obliques, terminées par un style plane, arrondi.

Calice nul. *Corolle* nulle. Quatre *Semences* portées sur un pédicule.

1. RUPPIE maritime, *R. maritima*, L. à feuilles graminées, très-longues; à fruit comme en ombelle.

Fucus folliculaceus, fœniculi folio longiore; Fucus à follicules, à feuille de fenouil plus longue. *Bauh. Pin.* 365, n.° 6. *Lob. Ic.* 2, p. 255, f. 2. *Lugd. Hist.* 1373, f. 3. *Flor. Dan.* t. 364.

A Montpellier, sous le pont de l'isle de Maguelone. ⊙ Vernale.

183. SAGINE, *SAGINA*. * *Lam. Tab. Encyclop.* pl. 90.

CAL. *Périanthe* à quatre *feuillets*, ovales, concaves, très-ouverts; persistans.

COR. Quatre *Pétales*, ovales, obtus, plus courts que le calice, ouverts.

ÉTAM. Quatre *Filamens*, capillaires. *Anthères* arrondies.

PIST. *Ovaire* comme arrondi. Quatre *Styles*, en alêne, recourbés; duvetés. *Stigmates* simples.

PÉR. *Capsule* ovale, droite, à quatre loges, à quatre battans.

SEM. Nombreuses, très-petites, attachées au réceptacle.

OBS. La S. procumbens *a des fleurs à corolles et sans corolles.*
La S. Apetala *n'a point de pétales.*
La S. erecta *a les feuillets du calice lancéolés et pointus.*
La S. Virginica *diffère aussi des autres espèces de ce genre.*

* *Calice* à quatre feuillets. *Corolle* à quatre pétales. *Capsule* à quatre loges, à quatre battans, renfermant plusieurs semences.

1. SAGINE couchée, *S. procumbens*, L. à rameaux couchés.

Pluk. tab. 74, f. 2. *Lindern. Alsat.* tab. 8. *Seg. Veron.* 1, t. 3, f. 3.

Nutritive pour le Mouton.

En Europe, dans les pâturages secs. ⊙ Estivale.

2. SAGINE apetale, *S. apetala*, L. à tige redressée, duvetée; à fleurs alternes, sans pétales.

Ard. Specim. 2, pag. 22, tab. 8, f. 1.

En Italie, à Lyon. ⊙

3. SAGINE droite, *S. erecta*, L. à tige droite, le plus souvent ne portant qu'une fleur.

Vaill. Bot. 6, tab. 3, f. 2.

A Lyon, Paris. ⊙ Vernale.

4. SAGINE de Virginie, *S. Virginica*, L. à tige droite; à fleurs opposées.

En Virginie, parmi les mousses sur les bords des fontaines.

189. TILLÉE, *TILLÆA.* * *Michel. Gen.* 22, tab. 20. *Lam. Tab. Encyclop.* pl. 90.

CAL. *Périanthe* à quatre *segmens* profonds, planes, ovales, grands.

COR. Quatre *Pétales*, ovales, aigus, planes, presque plus petits que le calice.

ÉTAM. Quatre *Filamens*, simples, plus courts que la corolle. *Anthères* petites.

PIST. Quatre *Ovaires*. *Styles* simples. *Stigmates* obtus.

PÉR. Quatre *Capsules*, oblongues, pointues, renversées, de la longueur de la fleur, s'ouvrant longitudinalement en dessus.

SEM. Deux, ovales.

OBS. *Dans la* T. muscosa, *les parties de la fructification sont au nombre de trois.*

Calice à trois ou quatre segmens profonds. *Corolle* à trois ou quatre pétales, égaux. Trois ou quatre *Capsules*, renfermant plusieurs semences.

1. TILLÉE aquatique, *T. aquatica*, L. à tige droite, dichotome; à feuilles aiguës; à fleurs à quatre divisions peu profondes.

Boccon. Sic. 48, tab. 45, f. 1. * 1 * *Vaill. Bot.* 181, tab. 10, f. 2. *Bul. Paris.* tab. 78.

En Europe, dans les mares. ⊙ Automnale.

2. TILLÉE mousseuse, *T. muscosa*, L. à tige couchée; à fleurs à trois divisions peu profondes.

Boccon. Sic. 56, tab. 29, f. P. Q. R. *Mus.* 2, p. 36, t. 22. *Mich. Gen.* 22, tab. 20.

En Italie, en Sicile, en France.

190. MYGINDE. *MYGINDA.* † *Jacq. Amer.* 24, tab. 16. *Lam. Tab. Encyclop.* pl. 76.

CAL. *Périanthe* à quatre segmens profonds, très-petit, persistant.

COR. Quatre *Pétales*, arrondis, planes, très-ouverts.

ÉTAM. Quatre *Filamens*, en alêne, droits, plus courts que la corolle. *Anthères* arrondies.

PIST. *Ovaire* arrondi. Quatre *Styles*, droits, courts. *Stigmates* aigus.

PÉR. *Drupe* arrondie.

SEM. *Noix* ovale, aiguë.

Calice à quatre segmens profonds. *Corolle* à quatre pétales. *Drupe* arrondie.

1. MYGINDE d'Amérique, *M. uragota*, L. à feuilles opposées, assises, à dents de scie.

Jacq. Amer. 24, tab. 16.

Dans l'Amérique Méridionale. ♄

CLASSE V.

PENTANDRIE.

I. MONOGYNIE.

Table Synoptique ou Caractères Artificiels Génériques.

* I. *Fleurs monopétales, inférieures, à une semence.*

259. BELLE-DE-NUIT, *MIRABILIS.*	*Petite Noix* au-dessous de la corolle. *Corolle* en entonnoir. *Stigmate* globuleux.
227. DENTELAIRE, *PLUMBAGO.*	Une *Semence.* *Étamines* insérées sur les écailles du nectaire. *Cor.* en entonnoir. *Stigmate* divisé peu profondément en cinq parties.

* II. *Fleurs monopétales, inférieures, à deux semences.*

ASPÉRIFEUILLES ou *BORRAGINÉES.*

198. MÉLINET, *CERINTHE.*	*Cor.* ventrue, à gorge nue. Deux *Semences* osseuses, à deux loges.
204. ARGUSE, *MESSERSCHMIDIA.*	*Cor.* en entonnoir, à gorge nue. *Baie* à deux semences.

* III. *Fleurs monopétales, inférieures, à quatre semences.*

ASPÉRIFEUILLES ou *BORRAGINÉES.*

203. VIPÉRINE, *ECHIUM.*	*Cor.* en cloche, irrégulière, à gorge nue.
191. HÉLIOTROPE, *HELIOTROPIUM.*	*Cor.* en soucoupe, à gorge nue, à une dent entre chaque division du limbe. Quatre *Semences.*
196. PULMONAIRE, *PULMONARIA.*	*Cor.* en entonnoir, à gorge nue. *Cal.* en prisme.

193. GRÉMIL, *LITHOSPERMUM*.	*Cor.* en entonnoir, à gorge nue. *Cal.* à cinq segmens profonds.
199. ONOSME, *ONOSMA*.	*Cor.* ventrue, à gorge nue. Quatre *Semences*.
197. CONSOUDE, *SYMPHYTUM*.	*Cor.* ventrue, à gorge dentée.
200. BOURRACHE, *BORAGO*.	*Cor.* en roue, à gorge dentée.
202. LYCOPSIDE, *LYCOPSIS*.	*Cor.* en entonnoir, à gorge fermée par des écailles, à tube coudé.
201. RAPETTE, *ASPERUGO*.	*Cor.* en entonnoir, à gorge fermée par des écailles. *Fruit* comprimé.
195. CYNOGLOSSE, *CYNOGLOSSUM*.	*Cor.* en entonnoir, à gorge fermée par des écailles. *Semences* comprimées, attachées sur le côté.
194. ORCANETTE, *ANCHUSA*.	*Cor.* en entonnoir, à gorge fermée par des écailles, à tube en prisme à la base.
192. SCORPIONNE, *MYOSOTIS*.	*Cor.* en soucoupe, à gorge fermée par des écailles, à divisions échancrées.

* IV. *Fleurs monopétales, inférieures, à cinq semences.*

206. NOLANE, *NOLANA*.	*Cor.* monopétale. Cinq *Semences* en baie, à deux ou trois loges.

* V. *Fleurs monopétales, inférieures, à semences couvertes.*

260. CORIS, *CORIS*.	*Caps.* à une loge, à cinq battans. *Cor.* irrégulière. *Stigmate* en tête.
217. HYDROPHYLLE, *HYDROPHYLLUM*.	*Caps.* à une loge, à deux battans. *Cor.* sillonnée par cinq nectaires formés par deux lames longitudinales. *Stigmate* divisé profondément en deux parties.

296. GALAX, *GALAX.* *Caps.* à une loge, à deux battans. *Cor.* en soucoupe. *Stigmate* arrondi.

211. CORTUSE, *CORTUSA.* *Caps.* à une loge, oblongue. *Cor.* en roue. *Stigmate* comme en tête.

220. MOURON, *ANAGALLIS.* *Caps.* à une loge, s'ouvrant horizontalement. *Cor.* en roue. *Stigmate* en tête.

219. LYSIMACHIE, *LYSIMACHIA.* *Caps.* à une loge, à dix battans. *Cor.* en roue. *Stigmate* obtus.

214. CYCLAME, *CYCLAMEN.* *Caps.* à une loge, remplie intérieurement de pulpe. *Cor.* à divisions renversées en dehors. *Stigmate* aigu.

213. GIROSELLE, *DODECATHEON.* *Caps.* à une loge, oblongue. *Cor.* à divisions renversées en dehors. *Stigmate* obtus.

212. SOLDANELLE, *SOLDANELLA.* *Caps.* à une loge. *Cor.* frangée. *Stigmate* simple.

210. PRIMEVÈRE, *PRIMULA.* *Caps.* à une loge. *Cor.* en entonnoir, à gorge ouverte. *Stigmate* globuleux.

209. ANDROSACE, *ANDROSACE.* *Caps.* à une loge. *Cor.* en soucoupe, à gorge resserrée. *Stigmate* globuleux.

208. ARÉTIE, *ARETIA.* *Caps.* à une loge? *Cor.* en soucoupe. *Stigmate* déprimé en tête.

216. HOTTONE, *HOTTONIA.* *Caps.* à une loge. *Tube* de la *Corolle* au-dessous de l'insertion des étamines. *Stigmate* globuleux.

215. MÉNYANTHE, *MENYANTHES.* *Caps.* à une loge. *Cor.* ciliée. *Stigmate* divisé profondément en deux parties.

231. ALLAMANDE, *ALLAMANDA*.	*Caps.* à une loge, en forme de lentille, à deux battans en timbale. *Semences* placées en recouvrement les unes sur les autres.
221. THÉOPHRASTE, *THEOPHRASTA*.	*Caps.* à une loge, très-grande. *Cor.* en cloche. *Stigmate* aigu.
222. SPIGÈLE, *SPIGELIA*.	*Caps.* à deux loges, didyme? *Cor.* en entonnoir. *Stigmate* simple.
223. OPHIORHIZE, *OPHIORHIZA*.	*Caps.* à deux loges, divisée profondément en deux parties? *Cor.* en entonnoir. *Stigmate* divisé peu profondément en deux parties.
231. LISERON, *CONVOLVULUS*.	*Caps.* à deux loges, à deux semences. *Cor.* en cloche. *Stigmate* divisé peu profondément en deux parties.
224. LISIANTHE, *LISIANTHUS*.	*Caps.* à deux loges, à plusieurs semences. *Cor.* en entonnoir, ventrue. *Style* persistant.
277. PATHAGONULE, *PATHAGONULA*.	*Caps.* à deux loges. *Cor.* en roue. *Style* dichotome, ou à bras ouverts.
228. NIGRINE, *NIGRINA*.	*Caps.* à deux loges. *Cor.* en entonnoir. *Cal.* enflé.
263. ENDORMIE, *DATURA*.	*Caps.* à deux loges, à quatre battans. *Cor.* en entonnoir. *Cal.* caduc-tardif.
264. JUSQUIAME, *HYOSCIAMUS*..	*Caps.* à deux loges, à couvercle. *Cor.* en entonnoir. *Stigmate* en tête.
265. NICOTIANE, *NICOTIANA*.	*Caps.* à deux loges. *Cor.* en entonnoir. *Stigmate* échancré.
262. MOLÈNE, *VERBASCUM*.	*Caps.* à deux loges. *Cor.* en roue. *Stigmate* obtus. *Étamines* courbées.

275. CHIRONE, *CHIRONIA*.	*Caps.* à deux loges. *Tube de la Corolle* en godet. *Anthères* après la fécondation, contournées en spirale.
230. PORANE, *PORANA*.	*Fruit* à deux battans. *Cal.* agrandi dans la maturité du fruit. *Style* alongé, à moitié divisé en deux parties.
207. DIAPENSE, *DIAPENSIA*.	*Caps.* à trois loges. *Cor.* en soucoupe. *Cal.* à huit feuillets.
229. PHLOXE, *PHLOX*.	*Caps.* à trois loges. *Cor.* en soucoupe, à tube coudé. *Stigmate* divisé peu profondément en trois parties.
233. POLÉMOINE, *POLEMONIUM*.	*Caps.* à trois loges. *Cor.* à cinq divisions profondes. *Étamines* insérées sur les valves du tube de la corolle.
232. IPOMÉE, *IPOMEA*.	*Caps.* à trois loges. *Cor.* en entonnoir. *Stigmate* en tête.
261. BROSSÉE, *BROSSÆA*.	*Caps.* à cinq loges. *Cor.* tronquée. *Cal.* charnu.
226. AZALÉE, *AZALEA*.	*Caps.* à cinq loges. *Cor.* en cloche. *Stigmate* obtus.
328. CÉROPÉGE, *CEROPEGIA*.	Deux *Follicules*. *Cor.* à cinq divisions réunies au sommet. *Semences* à aigrettes.
323. LAURIER-ROSE, *NERIUM*.	Deux *Follicules*, droites. *Gorge de la Corolle* couronnée. *Semences* à aigrettes.
324. ÉCHITE, *ECHITES*.	Deux *Follicules*, droites. *Cor.* en entonnoir, à gorge nue. *Semences* à aigrettes.
325. PLUMIÈRE, *PLUMERIA*.	Deux *Follicules*, rompues. *Cor.* en entonnoir. *Semences* ailées.
326. CAMÉRIER, *CAMERARIA*.	Deux *Follicules*, lobées. *Cor.* en soucoupe. *Semences* ailées.

327. TABERNÉEMONTANE, *TABERNÆMONTANA*. Deux *Follicules*, remplies de pulpe. *Cor.* en soucoupe. *Semences* simples.

322. PERVENCHE, *VINCA*. Deux *Follicules*, droites. *Cor.* en soucoupe. *Semences* simples.

318. CARISSE, *CARISSA*. Deux *Baies*, à plusieurs semences.

274. JACQUINE, *JACQUINIA*. *Baie* à une semence. *Cor.* à dix divisions peu profondes. *Nectaire* à cinq feuillets.

280. LAUGIÉRIE, *LAUGERIA*. *Baie* à une semence. *Noix* à cinq loges. *Stigmate* en tête.

317. PÉDÈRE, *PÆDERIA*. *Baie* à deux semences, enflée, fragile.

279. VARRONE, *VARRONIA*. *Baie* à une semence. *Noix* à quatre loges. Quatre *Stigmates*.

276. SÉBESTIER, *CORDIA*. *Baie* à une semence. *Noix* à quatre loges. *Stigmate* dichotome.

278. ÉHRÉTIE, *EHRETIA*. *Baie* à quatre semences. *Noix* à deux loges. *Stigmate* échancré.

205. TOURNEFORTE, *TOURNEFORTIA*. *Baie* à quatre semences, percée au sommet. *Semences* à deux loges.

316. RANWOLFE, *RANWOLFIA*. *Baie* à deux semences. *Semences* en forme de cœur.

319. CERBÈRE, *CERBERA*. *Baie* à deux semences. *Noix* comprimées, émoussées.

287. ARDUINE, *ARDUINA*. *Baie* à deux semences. *Semences* oblongues. *Tube de la Corolle* courbé. *Stigmate* divisé peu profondément en deux parties.

289. MYRSINE, *MYRSINE*. *Baie* à une semence. *Stigmate* velu.

272. CESTRE, *CESTRUM*. *Baie* à une loge. *Filamens* garnis d'une dent.

281. BRUNSFELSE, *BRUNSFELSIA.*	*Baie* à une loge. *Cor.* très-longue.
22[illegible] RANDIE, *RANDIA.*	*Baie* à une loge, à écorce qui peut se détacher. *Cal.* tronqué.
270. VOMIQUE, *STRYCHNOS.*	*Baie* à deux loges, à écorce qui peut se détacher. *Stigmate* en tête.
269. CAPSIQUE, *CAPSICUM.*	*Baie* à deux loges, desséchée. *Anthères* rapprochées.
268. MORELLE, *SOLANUM.*	*Baie* à deux loges. *Anthères* offrant deux pores à leur sommet.
267. COQUERET, *PHYSALIS.*	*Baie* à deux loges. *Cal.* boursouflé. *Anthères* rapprochées.
266. BELLADONE, *ATROPA.*	*Baie* à deux loges. *Étamines* écartées, courbées.
218. ELLISE, *ELLISIA.*	*Baie* à deux loges. Deux *Semences*, dont une supérieure.
273. LYCIET, *LYCIUM.*	*Baie* à deux loges. *Étamines* fermant à leur base, le tube de la corolle par des poils.
256. MÉNAÏS, *MENAÏS.*	*Baie* à quatre loges. *Cal.* à trois feuillets. Deux *Stigmates.*
283. ARGAN, *SYDEROXYLON.*	*Baie* à cinq semences. *Cor.* à dix divisions, dont les intérieures sont rapprochées.
282. CAÏMITIER, *CHRYSOPHYLLUM.*	*Baie* à dix semences. *Cor.* à dix divisions, dont les extérieures sont très-ouvertes.

† *Achras.*

* VI. *Fleurs monopétales, supérieures.*

238. SAMOLE, *SAMOLUS.*	*Caps.* à une loge, s'ouvrant au sommet par cinq battans. *Cor.* en soucoupe. *Stigmate* en tête.

242. BELLONE, *BELLONIA.* *Caps.* à une loge, à ombilic en forme de bec. *Cor.* en roue. *Stigmate* aigu.

241. MACROCNÈME, *MACROCNEMUM.* *Caps.* à deux loges, en toupie. *Cor.* en cloche. *Stigmate* à deux lobes. *Semences* en recouvrement.

240. RONDELÈTE, *RONDELETIA.* *Caps.* à deux loges, arrondie. *Cor.* en entonnoir. *Stigmate* obtus.

245. QUINQUINA, *CINCHONA.* *Caps.* à deux loges, s'ouvrant intérieurement. *Cor.* velue. *Stigmate* simple.

243. PORTLANDE, *PORTLANDIA.* *Caps.* à deux loges, couronnée. *Cor.* ventrue. *Stigmate* simple. *Semences* en recouvrement.

235. ROELLE, *ROELLA.* *Caps.* à deux loges, couronnée. *Cor.* en roue. *Stigmate* divisé peu profondément en deux parties.

236. RAIPONCE, *PHYTEUMA.* *Caps.* à deux ou trois loges, perforée. *Cor.* à cinq divisions profondes. *Stigmate* divisé peu profondément en deux ou trois parties.

234. CAMPANULE, *CAMPANULA.* *Caps.* à trois ou cinq loges, perforée. *Cor.* en cloche. *Stigmate* divisé peu profondément en trois parties.

244. SCÉVOLE, *SCÆVOLA.* *Drupe* à une semence. *Cor.* irrégulière, en éventail, à fissure longitudinale.

237. GANTELÉE, *TRACHELIUM.* *Caps.* à trois loges, perforée. *Cor.* en entonnoir. *Stigmate* en tête.

258. MATHIOLE, *MATHIOLA.* *Baie* à une semence. *Cor.* en entonnoir, sans divisions. *Stigmate* obtus.

252. MORINDE, *MORINDA*. *Baie* à une semence, agrégée. *Cor.* en entonnoir. *Stigmate* divisé peu profondément en deux parties.

246. PSYCOTHRE, *PSYCOTHRIA*. *Baie* à deux semences. *Semences* sillonnées. *Cor.* en entonnoir. *Stigmate* échancré.

247. CAFFÉYER, *COFFEA*. *Baie* à deux semences. *Semences* à arille. *Cor.* en soucoupe. *Stigmate* divisé profondément en deux parties.

248. CHIOCOQUE, *CHIOCOCCA*. *Baie* à deux semences. *Cor.* en entonnoir. *Stigmate* simple.

320. GARDÈNE, *GARDENIA*. *Baie* à deux loges, à plusieurs semences. *Cor.* en entonnoir. *Cal.* à segmens en lame d'épée, verticaux.

271. GÉNIPAYER, *GENIPA*. *Baie* à deux loges, arrondie. *Cor.* en roue. *Stigmate* en forme de massue.

250. CHÈVREFEUILLE, *LONICERA*. *Baie* à deux loges, arrondie. *Cor.* inégale. *Stigmate* en tête.

251. TRIOSTÉE, *TRIOSTEUM*. *Baie* à trois loges, coriace. *Cor.* inégale. *Stigmate* oblong.

257. MUSSENDE, *MUSSÆNDA*. *Baie* à quatre loges, oblongue. *Cor.* en entonnoir. *Stigmate* divisé profondément en deux parties.

249. DUHAMÈLE, *HAMELIA*. *Baie* à cinq loges, à plusieurs semences. *Tube* de la corolle, alongé. *Stigmate* linéaire.

255. ÉRITHALE, *ERITHALIS*. *Baie* à dix loges, comme arrondie. *Cor.* en roue. *Stigmate* aigu.

† *Rubia*. † *Crucianella*. † *Prinos*.

* VII. *Fleurs à cinq pétales, inférieures.*

299. HIRTELLE, *HIRTELLA*. *Baie* à une semence. *Style* latéral. *Étamines* persistantes, roulées en spirale.

284. NERPRUN, *RHAMNUS*. *Baie* à trois loges, ronde. *Cal.* tubulé, supportant la corolle. Cinq *Écailles* convergentes, situées à la gorge de la corolle.

286. CÉANOTHE, *CEANOTHUS*. *Baie* à trois coques. *Cal.* tubulé, supportant la corolle. *Pétales* réunis en voûte.

290. CÉLASTRE, *CELASTRUS*. *Baie* à trois coques. *Cal.* plane. *Semences* à arille.

291. FUSAIN, *EVONYMUS*. *Baie* à capsule, à lobes saillans. *Cal.* ouvert. *Semences* enveloppées par une coiffe remplie de suc.

303. AQUILICE, *AQUILICIA*. *Baie* à cinq semences. *Cor.* à nectaire en godet.

305. VIGNE, *VITIS*. *Baie* à cinq semences. *Cor.* a cinq pétales se détachant, souvent réunis. *Style* nul.

298. MANGUIER, *MANGIFERA*. *Drupe* en forme de rein. *Cor.* à pétales lancéolés. *Noyau* laineux.

297. CÉDRÈLE, *CEDRELA*. *Caps.* à cinq loges, s'ouvrant à la base. *Cor.* attachée au réceptacle. *Semences* ailées.

288. BUTTNÈRE, *BUTTNERIA*. *Caps.* à cinq coques. *Cal.* à oreillettes formées par les pétales. *Étamines* attachées au nectaire.

292. DIOSME, *DIOSMA*. *Caps.* au nombre de cinq. *Nectaire* couronnant l'ovaire. *Semences* à arilles.

309. CLAYTONE, *CLAYTONIA*. *Caps.* à une loge, à trois battans. *Cal.* à deux valves. *Stigmate* divisé peu profondément en trois parties.

307. RORIDULE, *RORIDULA*. *Caps.* à une loge, à trois battans. *Nectaire* en forme de scrotum, formé par la base de l'anthère.

295. ITÉE, *ITEA*. *Caps.* à une loge, à deux battans. *Cal.* supportant la corolle. *Stigmate* obtus.

308. SAUVAGE, *SAUVAGESIA*. *Caps.* à une loge. *Nectaire* à cinq feuillets. *Pétales* en recouvrement.

293. BRUNIE, *BRUNIA*. Une *Semence*, velue. *Réceptacle commun* garni de poils. *Etamines* insérées sur les onglets des pétales.

254. KUHNIE, *KUHNIA*. Une *Semence*, à aigrette. *Réceptacle commun*, nu.

239. NAUCLÉE, *NAUCLEA*. Une *Semence*, à deux loges. *Réceptacle commun*, nu.

† *Cæsalpinia pentandra.* † *Bombax pentandrum.*
† *Cassia nictitans.* † *Violæ.*

* VIII. *Fleurs à cinq pétales, supérieures.*

301. GROSEILLIER, *RIBES*. *Baie* à plusieurs semences. *Cal.* supportant la corolle. *Style* divisé peu profondément en deux parties.

304. LIERRE, *HEDERA*. *Baie* à cinq semences. *Cal.* ceignant l'ovaire. *Stigmate* simple.

300. PLECTRONIE, *PLECTRONIA*. *Baie* à deux semences. *Cal.* fermé par cinq écailles. *Anthères* deux à deux, couchées sous les écailles du calice.

285. PHYLICA, *PHYLICA*. *Baie* à trois coques. *Cal.* en entonnoir, supportant la corolle formée par cinq écailles réunies.

302. GRONOVE, *GRONOVIA*. *Caps.* à une semence, colorée. *Cal.* coloré. *Pétales* très-petits.

319. HÉLICONE, *HELICONIA*. *Caps.* à trois coques. *Cor.* irrégulière. *Cal.* nul.

294. CYRILLE, *CYRILLA*. *Caps.* à deux loges, à plusieurs semences. *Style* divisé peu profondément en deux parties. *Pétales* terminés en pointe.

306. LAGOECIE, *LAGOECIA*. Deux *Semences*, nues. *Cal.* pinné en peigne. *Pétales* à deux cornes.

253. MANGLIER, *CONOCARPUS*. Une *Semence*, déprimée. *Réceptacle* agrégé. *Pétales* réunis.

* IX. *Fleurs incomplètes, inférieures.*

311. ACHYRANTHE, *ACHYRANTHES*. Une *Semence*, oblongue. *Cal.* extérieur à trois feuillets, nu.

312. CÉLOSIE, *CELOSIA*. *Caps.* à trois semences. *Cal.* extérieur à trois feuillets, coloré.

313. PARONIQUE, *ILLECEBRUM*. *Caps.* à une semence, à cinq battans. *Cal.* simple, rude.

314. GLAUCE, *GLAUX*. *Caps.* à cinq semences, à cinq battans. *Cal.* simple, rude, en cloche.

† *Polygonum amphibium, lapathifolium.* † *Ceratonia.*

* X. *Fleurs incomplètes, supérieures.*

315. THÉSIE, *THESIUM*. Une *Semence*, couronnée. *Cal.* supportant les étamines.

II. DIGYNIE.

* I. *Fleurs monopétales, inférieures.*

334. STAPELIE, *STAPELIA*. Deux *Follicules*. *Cor.* en roue. *Nectaires* en étoiles.

331. CYNANCHE, *CYNANCHUM*. Deux *Follicules*. *Cor.* en roue. *Nectaire* cylindrique.

330. PÉRIPLOQUE, *PERIPLOCA*. Deux *Follicules*. *Cor.* en roue. Cinq *Nectaires* filiformes.

332. APOCIN, *APOCYNUM*. Deux *Follicules*. *Cor.* en cloche. Cinq *Nectaires* glanduleux, à cinq soies.

329. PERGULAIRE,

329. PERGULAIRE, *PERGULARIA.*	Deux *Follicules. Cor.* en soucoupe. Cinq *Nectaires* comme en fer de flèche.
333. ASCLÉPIADE, *ASCLEPIAS.*	Deux *Follicules. Cor.* à divisions renversées en dehors. Cinq *Nectaires* en oreillettes à onglets.
351. SWERTE, *SWERTIA.*	*Caps.* à une loge, à deux battans. *Cor.* en roue. Dix *Pores* nectarifères à la base des divisions de la corolle.
352. GENTIANE, *GENTIANA.*	*Caps.* à une loge, à deux battans. *Cor.* tubulée, de différente figure.
341. CRESSE, *CRESSA.*	*Caps.* à une semence, à deux battans. *Cor.* en soucoupe. *Limbe* à divisions renversées.
247. HYDROLÉE, *HYDROLEA.*	*Caps.* à deux loges, à deux battans. *Cor.* en roue.
348. SCHRÉBÈRE, *SCHREBERA.*	*Fruit* à deux loges. *Cor.* en entonnoir. *Écaille nectarifère* adhérente à la base intérieure de chaque filament.
342. STÉRIS, *STERIS.*	*Baie* à plusieurs semences. *Cor.* en roue.

* II. *Fleurs à cinq pétales, inférieures.*

350. VÉLÉZIE, *VELEZIA.*	*Caps.* à une loge, à un battant. *Cor.* à cinq pétales. *Cal.* tubulé.
335. LINCONIE, *LINCONIA.*	*Caps.* à deux loges. *Fossette nectarifère* à la base des pétales. *Cal.* à quatre feuillets.
346. NAME, *NAMA.*	*Caps.* à une loge, à deux battans. *Cor.* à cinq pétales plus petits que le calice.
349. HEUCHÈRE, *HEUCHERA.*	*Caps.* à deux loges, à deux becs. *Cor.* à cinq pétales insérés sur le calice.

340. ANABASE, *ANABASIS.* *Baie* à une semence. *Cor.* à cinq pétales très-petits.

† *Staphylea pinnata.*

* III. *Fleurs incomplètes.*

339. SOUDE, *SALSOLA.* Une *Semence*, en coquille d'escargot, couverte. *Cal.* à cinq feuillets.

337. CHÉNOPODE, *CHENOPODIUM.* Une *Semence*, arrondie. *Cal.* à cinq feuillets concaves.

338. BETTE, *BETA.* Une *Semence*, en forme de rein. *Cal.* à cinq feuillets, à semence nidulée à sa base.

336. HERNIAIRE, *HERNIARIA.* Une *Semence*, ovale, couverte. *Cal.* à cinq segmens profonds. Cinq *Filamens* sans anthères.

343. AMARANTHINE, *GOMPHRENA.* *Caps.* à une semence, s'ouvrant horizontalement. *Cal.* à deux feuillets, comprimé, coloré.

344. BOSÉE, *BOSEA.* *Baie* à une semence. *Cal.* à cinq feuillets.

345. ORMEAU, *ULMUS.* *Baie* sèche, comprimée. *Cal.* d'un seul feuillet, se desséchant.

† *Rhamnus ziziphus.* † *Polygonum Virginianum.*
† *Trianthema pentandra.*

* IV. *Fleurs à cinq pétales, supérieures, à deux semences.*

OMBELLÉES.

A. *Collerette universelle et partielle.*

353. PHYLLIS, *PHYLLIS.* *Fleurs* éparses.

354. PANICAUD, *ERYNGIUM.* *Fleurs* en têtes. *Réceptacle* garni de paillettes.

335. HYDROCOTYLE, *HYDROCOTYLE.* *Fleurs* comme en ombelle, fertiles. *Semences* comprimées.

356. SANICLE, *SANICULA*.	*Fleurs* comme en ombelle, dont quelques-unes avortent au rayon. *Sem.* tuberculeuses hérissées.
357. RADIAIRE, *ASTRANTIA*.	*Fleurs* en ombelle, dont quelques-unes avortent au rayon. *Collerette* colorée. *Sem.* ridées.
375. BERCE, *HERACLEUM*.	*Fleurs* radiées, avortantes. *Collerette* caduque-tardive. *Sem.* membraneuses.
382. ŒNANTHE, *ŒNANTHE*.	*Fleurs* radiées, avortantes au rayon. *Collerette* simple. *Sem.* couronnées, assises.
359. ÉCHINOPHORE, *ECHINOPHORA*.	*Fleurs* radiées, avortantes. *Collerette* simple. *Sem.* assises.
362. CAUCALIER, *CAUCALIS*.	*Fleurs* radiées, avortantes. *Collerette* simple. *Sem.* à tubercules rudes sur les bords.
363. ARTEDIE, *ARTEDIA*.	*Fleurs* radiées, avortantes. *Collerette* pinnée. *Sem.* à marge membraneuse, crénelée.
364. CAROTTE, *DAUCUS*.	*Fleurs* radiées, avortantes. *Collerette* pinnée. *Sem.* hérissées.
361. TORDYLIER, *TORDYLIUM*.	*Fleurs* radiées, fertiles. *Collerette* simple. *Sem.* à marge crénelée.
374. LASER, *LASERPITIUM*.	*Fleurs* flosculeuses, avortantes. *Pétales* en cœur. *Sem.* à quatre ailes.
370. PEUCÉDAN, *PEUCEDANUM*.	*Fleurs* flosculeuses, avortantes. *Collerette* simple. *Sem.* striées, déprimées.
365. AMMI, *AMMI*.	*Fleurs* flosculeuses, fertiles. *Collerette* pinnée. *Sem.* lisses, bossuées.
360. HASSELQUISTE, *HASSELQUISTIA*.	*Fleurs* flosculeuses, fertiles. *Pétales* en cœur. *Sem.* du rayon aplaties : celles du centre ou disque, en godet.

367. CONIE, *CONIUM.*	*Fleurs* flosculeuses, fertiles. *Pétales* en cœur. *Sem.* bossuées, sillonnées et à côtes. *Involucelles* tournés du côté extérieur de l'ombelle.
366. TERRE-NOIX, *BUNIUM.*	*Fleurs* flosculeuses, fertiles. *Pétales* en cœur. *Involucelles* sétacés.
369. ATHAMANTE, *ATHAMANTA.*	*Fleurs* flosculeuses, fertiles. *Pétales* en cœur. *Sem.* convexes, striées.
358. BUPLÈVRE, *BUPLEVRUM.*	*Fleurs* flosculeuses, fertiles. *Pétales* le plus souvent roulés en dedans. (Dans la plupart, les feuilles sont entières ou sans divisions, et les involucelles semblables aux pétales.)
378. BERLE, *SIUM.*	*Fleurs* flosculeuses, fertiles. *Pétales* en cœur. *Sem.* comme ovales, striées.
368. SÉLIN, *SELINUM.*	*Fleurs* flosculeuses, fertiles. *Pétales* en cœur. *Sem.* striées, déprimées.
381. CUMIN, *CUMINUM.*	*Fleurs* flosculeuses, fertiles. *Pétales* en cœur. *Ombelle* à quatre rayons. *Involucelles* sétacés, très-longs.
373. FÉRULE, *FERULA.*	*Fleurs* flosculeuses, fertiles. *Pétales* en cœur. *Sem.* aplaties.
371. CHRITHME, *CHRITHMUM.*	*Fleurs* flosculeuses, fertiles. *Pétales* légèrement aplatis. *Involucelle* horizontal.
380. BUBON, *BUBON.*	*Fleurs.* flosculeuses, fertiles. *Pétales* légèrement aplatis. *Involucelle* à cinq rayons.
372. ARMARINTHE, *CACHRYS.*	*Fleurs* flosculeuses, fertiles. *Pétales* légèrement aplatis. *Sem.* à écorce sèche, spongieuse comme du liége.

376. LIVÊCHE, *LIGUSTICUM.* *Fleurs* flosculeuses, fertiles. *Pétales* roulés en dedans. *Collerette* membraneuse.

377. ANGÉLIQUE, *ANGELICA.* *Fleurs* flosculeuses, fertiles. *Pétales* légèrement aplatis. *Ombellules* arrondies.

379. SISON, *SISON.* *Fleurs* flosculeuses, fertiles. *Pétales* légèrement aplatis. *Ombellule* dégarnie, ou à un petit nombre de rayons.

B. *Collerette partielle seulement, sans collerette générale.*

385. ÆTHUSE, *ÆTHUSA.* *Fleurs* comme radiées, fertiles. *Involucelles* tournés d'un seul côté.

386. CORIANDRE, *CORIANDRUM.* *Fleurs* radiées, avortantes. *Fruits* comme arrondis.

387. SCANDIX, *SCANDIX.* *Fleurs* radiées, avortantes. *Fruits* oblongs.

388. CERFEUIL, *CHÆROPHYLLUM.* *Fleurs* flosculeuses, avortantes. *Fruits* comme arrondis.

383. PHELLANDRE, *PHELLANDRIUM.* *Fleurs* flosculeuses, fertiles. *Fruits* couronnés.

389. IMPÉRATOIRE, *IMPERATORIA.* *Fleurs* flosculeuses, fertiles. *Ombellules* développées sur un plan horizontal.

390. SÉSÉLI, *SESELI.* *Fleurs* flosculeuses, fertiles. *Ombellules* à péduncules roides.

384. CIGUË, *CICUTA.* *Fleurs* flosculeuses, fertiles. *Pétales* légèrement aplatis.

† *Buplevrum rotundifolium.*

† *Apium petroselinum. Anisum.*

C. *Sans collerette générale et partielle.*

393. MACERON, *SMYRNIUM.* *Fleurs* flosculeuses, avortantes. *Sem.* en forme de reins, anguleuses.

395. CARVI, *CARUM*. *Fleurs* flosculeuses, avortantes. *Sem.* bossuées, striées.

391. THAPSIE, *THAPSIA*. *Fleurs* flosculeuses, fertiles. *Sem.* à ailes membraneuses, échancrées.

392. PANAIS, *PASTINACA*. *Fleurs* flosculeuses, fertiles. *Sem.* déprimées, aplaties.

394. ANETH, *ANETHUM*. *Fleurs* flosculeuses, fertiles. *Sem.* à bordure, striées.

398. PODAGRAIRE, *ÆGOPODIUM*. *Fleurs* flosculeuses, fertiles. *Sem.* bossuées, striées. *Pétales* en cœur.

397. ACHE, *APIUM*. *Fleurs* flosculeuses, fertiles. *Sem.* menues, striées. *Pétales* repliés.

396. BOUCAGE, *PIMPINELLA*. *Fleurs* flosculeuses, fertiles. *Ombelles* inclinées avant l'épanouissement. *Pétales* en cœur.

III. TRIGYNIE.

* I. *Fleurs supérieures.*

400. VIORME, *VIBURNUM*. *Cor.* à cinq divisions peu profondes. *Baie* à une semence.

402. SUREAU, *SAMBUCUS*. *Cor.* à cinq divisions peu profondes. *Baie* à trois semences.

* II. *Fleurs inférieures.*

399. SUMAC, *RHUS*. *Cor.* à cinq pétales. *Baie* à une semence.

401. CASSINE, *CASSINE*. *Cor.* à cinq pétales. *Baie* à trois semences.

402. SPATHELIE, *SPATHELIA*. *Cor.* à cinq pétales. *Caps.* à trois loges, à trois côtés, à une semence. *Filamens* garnis à leur base d'une dent.

404. STAPHYLIER, *STAPHYLEA*. *Cor.* à cinq pétales. *Caps.* divisée peu profondément en deux ou trois parties, boursouflée.

405. TAMARISQUE, *TAMARIX.*	*Cor.* à cinq pétales. *Caps.* à une loge. *Sem.* à aigrettes.
412. DRYPIS, *DRYPIS.*	*Cor.* à cinq pétales, couronnée. *Caps.* à une semence, s'ouvrant horizontalement.
407. TURNÈRE, *TURNERA.*	*Cor.* à cinq pétales. *Caps.* à une loge. *Cal.* d'un seul feuillet, supportant la corolle.
414. SAROTHRE, *SAROTHRA.*	*Cor.* à cinq pétales. *Caps.* à une loge, colorée. *Cal.* d'un seul feuillet.
411. MORGELINE, *ALSINE.*	*Cor.* à cinq pétales. *Caps.* à une loge. *Cal.* à cinq feuillets. *Pétales* à deux divisions peu profondes.
408. TÉLÈPHE, *TELEPHIUM.*	*Cor.* à cinq pétales. *Caps.* à une loge, à trois côtés. *Cal.* à cinq feuillets.
409. CORRIGIOLE, *CORRIGIOLA.*	*Cor.* à cinq pétales. Une *Semence* à trois faces. *Cal.* à cinq feuillets.
410. PHARNACE, *PHARNACEUM.*	*Cor.* nulle. *Cal.* à cinq feuillets. *Caps.* à trois loges.
406. XYLOPHYLLE, *XYLOPHYLLA.*	*Cal.* à cinq segmens profonds. *Caps.* à trois coques, à deux semences.
413. BASELLE, *BASELLA.*	*Cal.* nul. *Cor.* à six divisions peu profondes. Une *Semence* globuleuse.

† *Rhamnus Paliurus.* † *Celastrus.*

IV. TÉTRAGYNIE.

415. PARNASSIE, *PARNASSIA.*	*Cor.* à cinq pétales. *Caps.* à quatre battans. Cinq *Nectaires* portant des cils, terminés par de petits pelotons arrondis.
416. LISERET, *EVOLVULUS.*	*Cor.* à un seul pétale. *Caps.* à quatre loges.

V. PENTAGYNIE.

* I. *Fleurs supérieures.*

417. ARALIE, *ARALIA.* *Cor.* à cinq pétales. *Baie* à cinq semences.

* II. *Fleurs inférieures.*

423. CRASSULE, *CRASSULA.* *Cal.* à cinq feuillets. *Cor.* à cinq pétales. Cinq *Capsules* à plusieurs semences.

422. GISECKIE, *GISECKIA.* *Cor.* nulle. *Cal.* à cinq feuillets. Cinq *Capsules* rondes, à cinq semences.

419. LIN, *LINUM.* *Cor.* à cinq pétales. *Caps.* à dix loges, à deux semences.

420. ALDROVANDE, *ALDROVANDA.* *Cor.* à cinq pétales. *Caps.* à une loge, à dix semences.

421. DROSÈRE, *DROSERA.* *Cor.* à cinq pétales. *Caps.* à une loge, s'ouvrant au sommet.

424. MAHERNE, *MAHERNIA.* *Cor.* à cinq pétales. *Caps.* à cinq loges.

425. SIBBALDIE, *SIBBALDIA.* *Cor.* à cinq pétales. Cinq *Semences.* *Cal.* à dix segmens peu profonds.

418. STATICE, *STATICE.* *Cor.* à cinq divisions profondes. Une *Semence* enveloppée par le calice en entonnoir.

† *Cerastium pentandrum.*

† *Spergula pentandra.*

† *Gerania pentandra.*

VI. POLYGYNIE.

426. MYOSURE, *MYOSURUS.* *Cal.* à cinq feuillets. Cinq *Nectaires* en languettes. *Semences* nombreuses.

† *Ranunculus hederaceus.*

PENTANDRIE.

I. MONOGYNIE.

191. HÉLIOTROPE, *HELIOTROPIUM.* * *Tourn. Inst.* 138, tab. 57. *Lam. Tab. Encyclop.* pl. 91.

CAL. *Périanthe* d'un seul feuillet, tubulé, à cinq dents, persistant.

COR. Monopétale, en soucoupe. *Tube* de la longueur du calice. *Limbe* plane, obtus, à moitié divisé en cinq *parties*, plus petites, alternes, plus aiguës, entremêlées avec de plus grandes. *Gorge* nue.

ÉTAM. Cinq *Filamens*, très-courts, enfermés dans la gorge de la corolle. *Anthères* petites, couvertes.

PIST. Quatre *Ovaires*. *Style* filiforme, de la longueur des étamines. *Stigmate* échancré.

PÉR. Nul. Le *Calice* qui ne change point, renferme les semences.

SEM. Quatre, ovales, pointues.

Corolle en soucoupe, à *Gorge* nue, à cinq divisions peu profondes, entre chacune desquelles on trouve une dent.

1. HÉLIOTROPE du Pérou, *H. Peruvianum*, L. à feuilles lancéolées, ovales; à tige ligneuse; à épis nombreux, formant par leur agrégation un corymbe.

Mill. Ic. tab. 143.

Au Pérou. ♄

2. HÉLIOTROPE des Indes, *H. Indicum*, L. à feuilles en cœur, ovales, pointues, un peu rudes; à épis solitaires; à fruits divisés peu profondément en deux parties.

Pluk. tab. 245, f. 4.

Dans les deux Indes. ⊙

3. HÉLIOTROPE à petite fleur, *H. parviflorum*, L. à feuilles ovales, ridées, rudes, opposées et alternes; à épis doubles ou conjugués.

Pluk. tab. 404, f. 3. *Dill. Elth.* tab. 146, f. 175.

Dans l'Inde Orientale. ⊙

4. HÉLIOTROPE d'Europe, *H. Europæum*, L. à feuilles ovales, très-entières, duvetées, ridées; à épis doubles ou conjugués.

Heliotropium majus Dioscoridis, Héliotrope plus grand de Dioscoride. *Bauh. Pin.* 253, n.° 1. *Dod. Pempt.* 70, f. 1. *Lob. Ic.* 1, p. 260, f. 2. *Clus. Hist.* 2, p. 46, f. 2. *Lugd. Hist.* 1350, f. 1, et 1351, f. 1. *Camer. Epit.* 1000. *Bauh. Hist.* 3, P. 2, p. 605, f. 1. *Bul. Paris.* tab. 79.

Cette espèce présente une variété à odeur de Jasmin, gravée dans *Boccone Sic.* tab. 49. *Barrel.* tab. 219, en donne aussi une variété.

En Europe, dans les lieux cultivés et secs. ⊙ Estivale.

5. HÉLIOTROPE couché, *H. supinum*, L. à feuilles ovales, très-entières, plissées, duvetées; à épis solitaires.

Heliotropium minus, supinum; Héliotrope plus petit, couché. *Bauh. Pin.* 253, n.° 2. *Dod. Pempt.* 70, f. 2. *Clus. Hist.* 2, p. 47, f. 1. *Lugd. Hist.* 1352, f. 1. *Moris. Hist.* sect. 11, tab. 31, f. 10. *Bellev.* tab. 18. *Gouan. Flor. Monsp.* p. 17, tab. 1.

A Montpellier. ☉

6. HÉLIOTROPE ligneux, *H. fruticosum*, L. à feuilles linéaires, lancéolées, velues; à épis solitaires, assis.

Sloan. Jam. tab. 132, f. 4.

A la Jamaique. ♄

7. HÉLIOTROPE de Curaçao, *H. Curassavicum*, L. à feuilles lancéolées, linéaires, lisses, sans nervures; à épis doubles ou conjugués.

Pluk. tab. 36, f. 3. *Herm. Parad.* pag. et tab. 183. *Sloan. Jam.* tab. 132, f. 3.

Dans l'Amérique Méridionale, sur les bords de la mer. ☉

8. HÉLIOTROPE d'Orient, *H. Orientale*, L. à feuilles linéaires, lisses, sans nervures; à fleurs éparses, latérales.

En Asie. ☉

9. HÉLIOTROPE immortelle, *H. gnaphalodes*, L. à feuilles linéaires, obtuses, duvetées; à péduncules dichotomes ou à bras ouverts; à fleurs des épis quatre à quatre; à tige ligneuse.

Moris. Hist. sect. 11, tab. 28, f. 6. *Pluk.* tab. 193, f. 5.

Dans les Barbades, à la Jamaïque, sur les bords de la mer. ♄

192. SCORPIONNE, *MYOSOTIS.* * *Lam. Tab. Encyclop.* pl. 91.

CAL. *Périanthe* oblong, droit, aigu, persistant, à moitié divisé en cinq segmens.

COR. Monopétale, en soucoupe. *Tube* comme cylindrique, court. *Limbe* plane, à moitié divisé en cinq *parties*, échancrées, obtuses. *Gorge* fermée par cinq écailles, convexes, saillantes, réunies.

ÉTAM. Cinq *Filamens*, très-courts, enfermés dans le cou du tube. *Anthères* très-petites, couvertes.

PIST. Quatre *Ovaires*. *Style* filiforme, de la longueur du tube de la corolle. *Stigmate* obtus.

PÉR. Nul. Le *Calice* grand, droit, renferme les semences.

SEM. Quatre, ovales, pointues, lisses, dures.

OBS. *Quelques espèces ont les semences lisses, d'autres les ont garnies de piquans en crochets.*

Corolle en soucoupe, à cinq divisions peu profondes, échancrées, à *Gorge* fermée par cinq écailles en voûte.

1. SCORPIONNE scorpioïde, *M. scorpioïdes*, L. à semences lisses; l'extrémité des feuilles, calleuse.

Cette espece présente deux variétés.

1.° La Scorpionne des champs, *Myosotis arvensis*, L.

Echium scorpioïdes arvense; Vipérine scorpioïde des champs. *Bauh. Pin.* 254, n.° 1. *Dod. Pempt.* 72, f. 1. *Lob. Ic.* 1, p. 461, f. 2. *Bauh. Hist.* 3, P. 2, p. 589, f. 1. *Bul. Paris.* tab. 80.

2.° La Scorpionne des marais, *Myosotis palustris*, L.

Echium scorpioïdes palustre; Vipérine scorpioïde des marais. *Bauh. Pin.* 254, n.° 3. *Lob. Ic.* 462, f. 1. *Lugd. Hist.* 1343, f. 1, et 1317, f. 1 et 2? *Moris. Hist.* sect. 11, tab. 3, f. 4. *Barrel.* tab. 404. *Pluk.* tab. 386, f. 5. *Bul. Paris.* tab. 81.

En Europe, dans les champs, les marais. La première variété ☉, *la seconde* ♃. Vernales.

2. SCORPIONNE ligneuse, *M. fruticosa*, L. à semences lisses; à tige ligneuse, lisse.

Au cap de Bonne-Espérance. ♄

3. SCORPIONNE de Virginie, *M. Virginiana*, L. à semences chargées de piquans en crochets; à feuilles ovales, oblongues; à rameaux étalés.

Moris. Hist. sect. 11, tab. 30, f. 9.

En Virginie. ☉

4. SCORPIONNE hérissée, *M. Lappula*, L. à semences chargées de piquans en crochets; à feuilles lancéolées, velues.

Cynoglossum medium et minus; Cynoglosse moyen et plus petit. *Bauh. Pin.* 257, n.os 7 et 10. *Lob. Ic.* 1, p. 581, f. 1. *Lugd. Hist.* 1240, f. 2. *Column. Ecphras.* 1, p. 179 et 180. *Bauh. Hist.* 3, P. 2, p. 600, f. 1. *Belles.* tab. 16. *Barrel.* tab. 1246.

En Europe, dans les lieux arides. ☉ Estivale.

5. SCORPIONNE jaune, *M. apula*, L. à semences nues; à feuilles hérissées; à grappes ornées de feuilles.

Echium luteum minimum; Vipérine jaune très-petite. *Bauh. Pin.* 254, n.° 9. *Column. Ecphras.* 1, p. 184 et 185, f. 1.

A Montpellier, en Espagne, en Italie. ☉ Vernale.

193. GRÊMIL, *LITHOSPERMUM*. * *Tournef. Inst.* 137, tab. 55. *Lam. Tab. Encyclop.* pl. 91.

CAL. *Périanthe* à cinq *segmens* profonds, oblongs, droits, aigus, persistans.

COR. Monopétale, en entonnoir, de la longueur du calice. *Tube* comme cylindrique. *Limbe* obtus, droit, à moitié divisé en cinq parties. *Gorge* perforée, nue.

ÉTAM. Cinq *Filamens*, très-courts. *Anthères* oblongues, enfermées dans la gorge de la corolle.

PIST. Quatre *Ovaires*. *Style* filiforme, de la longueur du tube de la corolle. *Stigmate* obtus, divisé peu profondément en deux parties.

PÉR. Nul. Le *Calice* ouvert renferme les semences qu'il surpasse en longueur.

SEM. Quatre, ovales, pointues, dures, lisses.

OBS. *Le* Lithospermum dispermum, *a seulement deux semences à une loge, et un calice comme boursouflé.*

Corolle en entonnoir, à *Gorge* perforée, ouverte, nue. *Calice* à cinq segmens profonds.

1. GRÉMIL officinal, *L. officinale*, L. à semences lisses; à corolle à peine plus grande que le calice; à feuilles lancéolées.

Lithospermum majus, erectum; Grémil plus grand, droit. *Bauh. Pin.* 258, n.° 3. *Dod. Pempt.* 83, f. 2. *Lob. Ic.* 1, p. 457, f. 2. *Lugd. Hist.* 1176, f. 2, et 1177, f. 2. *Camer. Epit.* 659. *Bauh. Hist.* 3, P. 2, p. 590, f. 2. *Bul. Paris.* tab. 83. *Icon. Pl. Med.* tab. 341.

1. *Lithospermum, Milium solis*; Grémil, Herbe aux perles. 2. Semences. 3. Insipides, inodores, osseuses, farineuses. 5. Néphrétique. 6. On assimile la racine du *Grémil*, pour les propriétés, à celle de l'*Orcanète* : cette ressemblance mérite confirmation.

Nutritive pour le Mouton, la Chèvre.

En Europe, dans les lieux stériles. ♃ Vernale.

2. GRÉMIL des champs, *L. arvense*, L. à semences ridées, comme chagrinées; à corolle à peine plus grande que le calice.

Lithospermum arvense, radice rubrâ; Grémil des champs, à racine rouge. *Bauh. Pin.* 258, n.° 7. *Lob. Ic.* 1, p. 459, f. 1. *Lugd. Hist.* 1177, f. 3. *Camer. Epit.* 660. *Flor. Dan.* tab. 456.

Nutritive pour le Mouton, la Chèvre.

En Europe, dans les champs. ☉ Vernale.

3. GRÉMIL de Virginie, *L. Virginianum*, L. à feuilles presque ovales, nerveuses; à corolles aiguës.

Moris. Hist. sect. 11, tab. 28, f. 3.

En Virginie.

4. GRÉMIL Oriental, *L. Orientale*, L. à rameaux portant les fleurs, latéraux; à bractées ou feuilles florales en cœur, embrassantes.

Dill. Elth. tab. 52, f. 60. *Buxb. Cent.* 3, pag. 17, tab. 29.

Dans l'Orient. Cultivé dans les jardins. ☉

5. GRÉMIL pourpre-bleu, *L. purpuro-cæruleum*, L. à semences lisses; à corolle beaucoup plus longue que le calice.

Lithospermum minus repens, latifolium; Grémil plus petit rampant, à larges feuilles. *Bauh. Pin.* 258, n.° 5. *Dod. Pempt.* 83, f. 1. *Lob. Ic.* 1, p. 458, f. 1. *Clus. Hist.* 2, p. 163, f. 2. *Lugd. Hist.* 1177, f. 1, et 1328, f. 1. *Boccon. Sic.* tab. 40, f. 4, et tab. 41, f. 2. *Plukn.* tab. 76, f. 11.

A Montpellier, Lyon, Grenoble, dans les bois. ♃ Vernale.

6. GRÉMIL ligneux, *L. fruticosum*, L. à tige ligneuse; à feuilles linéaires, hérissées; à étamines de la longueur de la corolle.

Anchusa angustifolia; Buglosse à feuilles étroites. *Bauh. Pin.* 255, n.° 6. *Lob. Ic.* 1, p. 578, f. 5. *Lugd. Hist.* 889, f. 2 et 1102, f. 3. *Bauh. Hist.* 3, P. 2, p. 582, f. 1. *Barrel.* t. 1168. *Garid.* 68, tab. 15.

Cette espèce présente une variété à tige en arbre, décrite et gravée dans *Alpin Exot.* 68 et 69.

A Montpellier, en Provence. ♄ Vernale.

7. GRÉMIL à deux semences, *L. dispermum*, L. à deux semences; à calices ouverts.

En Espagne. ☉

194. BUGLOSSE, *ANCHUSA*. BUGLOSSUM. *Tournef. Inst.* 133, tab. 53. *Lam. Tab. Encyclop.* pl. 92.

CAL. *Périanthe* à cinq segmens profonds, oblong, arrondi, aigu, persistant.

COR. Monopétale, en entonnoir. *Tube* comme cylindrique, de la longueur du calice. *Limbe* à moitié divisé en cinq parties, droit, ouvert, obtus. *Gorge* fermée par cinq écailles, convexes, saillantes, oblongues, réunies.

ÉTAM. Cinq *Filamens*, très-courts, enfermés dans la gorge de la corolle. *Anthères* oblongues, couchées, couvertes.

PIST. Quatre *Ovaires*. *Style* filiforme, de la longueur des étamines. *Stigmate* obtus, échancré.

PÉR. Nul. Le *Calice* grand, droit, renferme les semences.

SEM. Quatre, un peu alongées, obtuses, bossuées.

Corolle en entonnoir, à *Gorge* fermée par cinq plis formant la voûte. *Semences* offrant des impressions à leur base.

1. BUGLOSSE officinale, *A. officinalis*, L. à feuilles lancéolées; à fleurs en épis, tournées d'un seul côté et en recouvrement.

Buglossum angustifolium, majus; Buglosse à feuilles étroites, plus grande. *Bauh. Pin.* 256, n.° 3. *Dod. Pempt.* 629, f. 1. *Lob. Ic.* 1, p. 576, f. 1. *Lugd. Hist.* 579, f. 1. *Camer. Epit.*

915. *Bauh. Hist.* 3, P. 2, p. 578, f. 1. *Flor. Dan.* tab. 572. *Bul. Paris.* tab. 84. *Icon. Pl. Med.* tab. 198.

1. *Buglossum*, Buglosse. 2. Racine, Herbes, Fleurs. 3. Mucilagineuse : ses fleurs mâchées teignent la salive en bleu. 4. Mucilage savonneux. 5. Ardeur des entrailles, mélancolie, obstructions des viscères. 6. Plante potagère. Le suc des corolles, récemment exprimé et cuit avec l'alun, sert à peindre en vert.

Nutritive pour le Cheval, le Mouton, le Bœuf, la Chèvre.

En Europe, dans les champs, les chemins. ♃ Estivale.

2. BUGLOSSE à feuilles étroites, *A. angustifolia*, L. à fleurs en grappes presque nues, conjuguées ou deux à deux.

Buglossum angustifolium, minus ; Buglosse à feuilles étroites, plus petite. *Bauh. Pin.* 256, n.° 5. *Lob. Ic.* 1, p. 576, f. 2. *Lugd. Hist.* 580, f. 2 et 582, f. 2. *Moris. Hist.* sect. 11, tab. 26, f. 4. *Barrel. Ic.* 325.

A Lyon, en Italie, en Allemagne. ♃ Estivale.

3. BUGLOSSE ondulée, *A. undulata*, L. à tige sèche, rude ; à feuilles linéaires, dentées ; à pédicules plus courts que les bractées ; à calices qui portent le fruit, enflés.

Barrel. tab. 578.

A Montpellier, à Lyon, en Espagne, en Portugal, dans les champs.

4. BUGLOSSE Orcanète, *A. tinctoria*, L. à tige duvetée ; à feuilles lancéolées, obtuses ; à étamines plus courtes que la corolle.

Anchusa puniceis floribus ; Buglosse à fleurs pourpres. *Bauh. Pin.* 255, n.° 4. *Lob. Ic.* 1, p. 578, f. 2. *Lugd. Hist.* 1101, f. 1. *Camer. Epit.* 725. *Bauh. Hist.* 3, P. 2, p. 584, f. 1. *Icon. Pl. Med.* tab. 446.

1. *Alcanna spuria*, Orcanète. 2. Racine. 3. Muqueuse, inodore, insipide. 4. Extrait aqueux, un peu âcre et astringent, extrait spiritueux, sentant le rance, roux-brun. 5. Suppression d'urine, obstruction des viscères, atonie, écoulemens séreux. 6. La racine teint en rouge. Les Apothicaires s'en servent pour colorer l'Huile et l'Onguent rosat : on l'emploie aussi à colorer l'esprit de vin des thermomètres.

A Montpellier, à Lyon, en Silésie. ♃ Vernale.

5. BUGLOSSE de Virginie, *A. Virginica*, L. à fleurs éparses ; à tige lisse.

Moris. Hist. sect. 11, tab. 28, f. 4.

En Virginie. ♃

6. BUGLOSSE laineuse, *A. lanata*, L. à feuilles velues ; à calices hérissés ; à étamines plus longues que la corolle.

A Alger.

7. **BUGLOSSE** toujours verte, *A. sempervirens*, L. à péduncules garnis de deux feuilles florales ou bractées, réunis en têtes.

Buglossum latifolium, sempervirens; Buglosse à larges feuilles, toujours verte. *Bauh. Pin.* 256, n.° 2. *Lob. Ic.* 1, p. 575, f. 2. *Lugd. Hist.* 581, f. 1. *Bauh. Hist.* 3, P. 2, p. 577, f. 2. *Moris. Hist.* sect. 11, tab. 26, f. 2.

En Espagne, en Angleterre.

195. **CYNOGLOSSE**, *CYNOGLOSSUM.* * *Tournef. Inst.* 139, t. 57. *Lam. Tab. Encyclop.* pl. 92. OMPHALODES. *Tournef. Inst.* 140, tab. 58.

CAL. *Périanthe* à cinq segmens profonds, oblong, aigu, persistant.

COR. Monopétale, en entonnoir, de la longueur du calice. *Tube* comme cylindrique, plus court que le limbe. *Limbe* obtus, à moitié divisé en cinq parties. *Gorge* fermée par cinq écailles, convexes, saillantes, rapprochées.

ÉTAM. Cinq *Filamens*, très-courts, enfermés dans la gorge de la corolle. *Anthères* arrondies, nues.

PIST. Quatre *Ovaires*. *Style* en alêne, de la longueur des étamines, persistant. *Stigmate* échancré.

PÉR. Nul, remplacé par les quatre *Arilles* des semences, déprimés, arrondis, obtus extérieurement, rudes, ne s'ouvrant point, un peu aplatis sur le côté extérieur, attachés par le sommet.

SEM. Quatre, comme ovales, bossuées, pointues, lisses.

OBS. *Le caractère essentiel de ce genre consiste dans les quatre arilles à une seule semence, attachés au style.*

Corolle en entonnoir, à *Gorge* fermée par cinq écailles réunies en voûte. *Semences* aplaties, attachées au style par le côté interne.

1. **CYNOGLOSSE** officinal, *C. officinale*, L. à étamines plus courtes que la corolle; à feuilles larges, lancéolées, duvetées, assises ou sans pétioles.

Cynoglossum majus, vulgare; Cynoglosse plus grand, vulgaire. *Bauh. Pin.* 257, n.° 2. *Dod. Pempt.* 54, f. 1 et 2. *Lob. Ic.* 1, p. 580, f. 2. *Lugd. Hist.* 1263, f. 1. *Camer. Epit.* 917. *Bul. Paris.* tab. 85. *Icon. Pl. Med.* tab. 396.

1. *Cynoglossum*, Cynoglosse, Langue de chien. 2. Racine, Herbe. 3. Odeur de bouc; saveur de même que l'odeur, douceâtre, nauséeuse. 5. Toux, dyssenterie.

Cette espèce présente deux variétés.

Nutritive pour la Chèvre.

En Europe, dans les terrains incultes. ⊙ Vernale.

2. CYNOGLOSSE de Virginie, *C. Virginicum*, L. à feuilles en spatule, lancéolées, luisantes, à trois nervures à la base; à bractée des péduncules, embrassante.

Moris. Hist. sect. 11, tab. 30, f. 9.

En Virginie. ⊙

3. CYNOGLOSSE à feuilles de Giroflée, *C. cheirifolium*, L. à corolle deux fois plus longue que le calice; à feuilles lancéolées.

Cynoglossum Creticum, argenteo angusto folio; Cynoglosse de Crète, à feuille argentée étroite. *Bauh. Pin.* 257, n.° 8. *Clus. Hist.* 2, p. 162, f. 1. *Bauh. Hist.* 3, P. 2, p. 600, f. 3.

A Montpellier, en Provence, en Espagne.

4. CYNOGLOSSE des Apennins, *C. Apenninum*, L. à étamines de la longueur de la corolle.

Column. Ecphras. 1, tab. 170. *Bauh. Hist.* 3, P. 2, p. 600 la description; et p. 590, fig. 2 la figure. *Bellev.* tab. 20.

Sur les Alpes de Suisse, sur les Apennins.

5. CYNOGLOSSE lisse, *C. lævigatum*, L. à feuilles lancéolées, ovales, un peu lisses; à calices duvetés; à semences lisses.

Pall. It. 1, tab. F. f. 1 et 2.

En Sibérie. ♃

6. CYNOGLOSSE du Portugal, *C. Lusitanicum*, L. à feuilles linéaires lancéolées, chargées de poils rudes.

En Portugal. ⊙

7. CYNOGLOSSE à feuilles de lin, *C. linifolium*, L. à feuilles linéaires, lancéolées, lisses.

Moris. Hist. sect. 11, tab. 30, f. 11. *Barrel.* tab. 1234.

En Portugal. Cultivé dans les jardins. ⊙

8. CYNOGLOSSE ombilic, *C. Omphalodes*, L. à tige rampante; à feuilles radicales pétiolées, en cœur.

Symphytum minus, Borraginis facie; Consoude plus petite, ressemblante à la Bourrache. *Bauh. Pin.* 259, n.° 5. *Dod. Pempt.* 627, f. 2. *Lob. Ic.* 1, p. 577, f. 1. *Lugd. Hist.* 581, f. 2. *Bauh. Hist.* 3, P. 2, p. 597, f. 2. *Moris. Hist.* sect. 11, tab. 26, f. 3. *Scopol. Carniol. ed.* 2, n.° 190, tab. 3.

En Portugal, en Carniole, dans les lieux ombragés. ♃

196. PULMONAIRE, *PULMONARIA*. * *Tournef. Inst.* 136, tab. 55. *Lam. Tab. Encyclop.* pl. 93.

CAL. *Périanthe* d'un seul feuillet, à cinq dents, en prisme à cinq côtés, persistant.

COR. Monopétale, en entonnoir. *Tube* comme cylindrique, de la longueur du calice. *Limbe* obtus, droit, ouvert, à moitié divisé en cinq segmens. *Gorge* percée.

ÉTAM. Cinq *Filamens*, très-courts, enfermés dans la gorge de la corolle. *Anthères* droites, réunies.

PIST. Quatre *Ovaires*. *Style* filiforme, plus court que le calice. *Stigmate* obtus, échancré.

PÉR. Nul. Le *Calice* qui ne change point, renferme les semences.

SEM. Quatre, arrondies, obtuses.

Corolle en entonnoir, à *Gorge* ouverte. *Calice* prismatique, à cinq pans.

* I. *PULMONAIRES à calice de la longueur du tube de la corolle.*

1. PULMONAIRE à feuilles étroites, *P. angustifolia*, L. à feuilles radicales lancéolées.

Pulmonaria angustifolia, rubente cæruleo flore; Pulmonaire à feuilles étroites, à fleur rouge bleuâtre. *Bauh. Pin.* 260, n.° 2. *Lob. Ic.* 1, p. 586, f. 2. *Clus. Hist.* 2, p. 170, f. 1. *Bauh. Hist.* 3, P. 2, p. 596, f. 1. *Bellev.* tab. 17.

Dans cette espèce, les étamines sont insérées dans un renflement qui se trouve au sommet ou au milieu du tube. Lorsqu'elles sont insérées au sommet du tube, le pistil n'égale en longueur que la moitié du calice; lorsqu'elles sont insérées au milieu du tube, le pistil est de la longueur du calice.

A Lyon, Paris, Grenoble, en Suisse. ♃ Vernale.

2. PULMONAIRE officinale, *P. officinalis*, L. à feuilles radicales, ovales, en cœur, rudes.

Symphytum maculosum, sive Pulmonaria latifolia; Consoude tachetée, ou Pulmonaire à larges feuilles. *Bauh. Pin.* 259, n.° 1. *Dod. Pempt.* 135, f. 1. *Lob. Ic.* 1, p. 586, f. 1. *Clus. Hist.* 2, p. 169, f. 1. *Lugd. Hist.* 1327, f. 2. *Camer. Epit.* 784. *Bauh. Hist.* 3, P. 2, p. 595, f. 1. *Plukn.* tab. 227, f 4? *Flor. Dan.* tab. 482. *Bul. Paris.* tab. 86. *Icon. Pl. Med.* tab. 1.

1. *Pulmonaria maculosa*, Pulmonaire ordinaire. 2. Herbe. 3. Inodore; saveur herbacée, muqueuse 4. Mucilage visqueux. 5. Hémoptysie. 6. Cette plante incinérée, donne un septième de son poids de cendres très-blanches, dont la lessive est très-amère: elle paroît abonder en potasse.

Cette espèce présente deux variétés.

Nutritive pour le Cheval, le Mouton, le Coq.

A Montpellier, en Provence, en Dauphiné, à Paris, dans les bois. ♃ Vernale.

3. PULMONAIRE sous-ligneuse, *P. suffruticosa*, L. à feuilles linéaires, rudes; à calice à cinq segmens profonds, en alêne.

Lithospermum angustifolium, umbellatum; Grémil a feuilles étroites, ombellé. *Bauh. Pin.* 258, n.° 6. *Plukn.* tab. 42, f. 7.

Sur les Alpes d'Italie, à Naples. ♃ ♄

* II. *PULMONAIRES à calice moitié plus court que le tube de la corolle.*

4. PULMONAIRE de Virginie, *P. Virginica*, L. à calices plus courts que la corolle; à feuilles lancéolées, un peu obtuses.

Plukn. tab. 227, f. 6.

En Virginie. ♃

5. PULMONAIRE de Sibérie, *P. Sibirica*, L. à calices plus courts que les corolles; à feuilles radicales en cœur.

Gmel. Sibir. 4, p. 75, n.° 15, tab. 39.

En Sibérie. ♃

6. PULMONAIRE maritime, *P. maritima*, L. à calices plus courts que les corolles; à feuilles ovales; à tige rameuse, couchée.

Moris. Hist. sect. 11, tab. 28, f. 12. *Plukn.* tab. 172, f. 3. *Dill. Elth.* tab. 65, f. 75. *Flor. Dan.* tab. 25.

En Angleterre, en Norvége, en Islande, sur les bords de la mer. ♃

197. CONSOUDE, *SYMPHYTUM.* * *Tournef. Inst.* 138, tab. 56. *Lam. Tab. Encyclop.* pl. 93.

CAL. *Périanthe* à cinq segmens profonds, droit, à cinq côtés, aigu, persistant.

COR. Monopétale, en cloche. *Tube* très-court. *Limbe* tubulé, ventru, un peu plus épais que le tube: à *orifice* à cinq dents, obtus, renversé. *Gorge* garnie de cinq rayons, en alêne, plus courts que le limbe, réunis en cône.

ÉTAM. Cinq *Filamens*, en alêne, alternes avec les rayons de la gorge. *Anthères* aiguës, droites, couvertes.

PIST. Quatre *Ovaires*. *Style* filiforme, de la longueur de la corolle. *Stigmate* simple.

PÉR. Nul. Le *Calice* agrandi, renferme les semences.

SEM. Quatre; bossuées, pointues, réunies par leur sommet.

Limbe de la corolle tubulé, ventru. *Gorge* fermée par cinq rayons en alêne.

1. CONSOUDE officinale, *S. officinale*, L. à feuilles ovales, lancéolées, courantes sur la tige.

Symphytum consolida major; Consoude plus grande. *Bauh. Pin.* 259, n.° 1. *Dod. Pempt.* 134, f. 1. *Lob. Ic.* 1, p. 583, f. 2. *Lugd. Hist.* 1074, f. 2. *Camer. Epit.* 700. *Bauh. Hist.* 3, P. 2,

p. 593, f. 1. *Flor. Dan.* tab. 664. *Bul. Paris.* tab. 87. *Icon. Pl. Med.* tab. 137.

1. *Consolida major*, Grande Consoude. 2. Racine, Herbe, Fleurs. 3. Douceâtre, insipide, mucilagineuse, visqueuse, inodore. 4. Extrait aqueux et spiritueux en quantité inégale. 5. Hémoptysie, diarrhée, dyssenterie, ulcères des reins, de la vessie, de la matrice, du poumon. 6. La racine réduite en poudre, et bouillie dans l'eau, donne une belle couleur de Kermès.

Nutritive pour le Bœuf, le Mouton.

En Europe, dans les prés, les bois humides. ♃ Vernale.

2. CONSOUDE tubéreuse, *S. tuberosum*, L. à feuilles moins courantes sur la tige : les supérieures opposées.

Symphytum majus, tuberosâ radice; Consoude plus grande, à racine tubereuse. *Bauh. Pin.* 259, n.° 2. *Lob. Ic.* 1, p. 584, f. 1. *Clus. Hist.* 2, p. 166, f. 1. *Lugd. Hist.* 1074, f. 3. *Camer. Epit.* 701. *Bauh. Hist.* 3, P. 2, p. 594, f. 1. *Jacq. Obs.* t. 63. *Aust.* tab. 225.

A Lyon, Montpellier, Grenoble, en Provence, en Espagne. ♃ Vernale.

3. CONSOUDE Orientale, *S. Orientale*, L. à feuilles ovales; à pétioles courts.

Buxb. Cent. 5, p. 36, tab. 68.

A Constantinople, le long des ruisseaux. Cultivée dans les jardins. ♃

198. MÉLINET, *CERINTHE.* * *Tournef. Inst.* 79, tab. 56. *Lam. Tab. Encyclop.* pl. 93.

CAL. *Périanthe* à cinq *segmens* profonds, oblongs, égaux, persistans.

COR. Monopétale, en cloche. *Tube* court, épais. *Limbe* tubulé, ventru, un peu plus épais que le tube : à *orifice* à cinq divisions peu profondes. *Gorge* nue, percée.

ÉTAM. Cinq *Filamens*, en alêne, très-courts. *Anthères* aiguës, droites.

PIST. *Ovaire* divisé profondément en quatre parties. *Style* filiforme, de la longueur des étamines. *Stigmate* obtus.

PÉR. Nul. Le *Calice* qui ne change point, renferme les semences.

SEM. Deux, osseuses, luisantes, presque ovales, bossuées extérieurement, à deux loges.

Limbe de la corolle tubulé, ventru. *Gorge* ouverte ou sans écailles. Deux *Semences* osseuses, chacune à deux loges.

1. MÉLINET majeur, *C. major*, L. à feuilles embrassant la tige; à corolles ouvertes, obtuses.

Cerinthe seu Cynoglossum montanum, majus; Mélinet ou Cynoglosse des montagnes, plus grand. *Bauh. Pin.* 258, n.° 1. *Dod. Pempt.*

632, f. 1. *Lob. Ic.* 1, p. 397, f. 2. *Clus. Hist.* 2, p. 167, f. 1. *Bauh. Hist.* 3, p. 602, f. 1.

Cette espèce présente une variété.

Cerinthe flore ex rubro purpurascente; Mélinet à fleur rouge pourpre. *Bauh. Pin.* 258, n.° 2.

A Montpellier, en Provence, en Suisse. ⊙

2. MÉLINET mineur, *C. minor*, L. à feuilles embrassant la tige, entières; à corolles fermées, aiguës.

Cerinthe minor; Mélinet plus petit. *Bauh. Pin.* 258, n.° 4. *Lob. Ic.* 1, p. 397, f. 1. *Clus. Hist.* 2, p. 168, f. 1. *Lugd. Hist.* 1145, f. 2. *Jacq. Aust.* tab. 124.

Cette espèce présente une variété à feuilles échancrées.

Scopoli dans sa *Flora Carniolica*, n.° 198, réunit ces deux espèces sous une seule, qu'il appelle *Mélinet lisse*.

A la grande Chartreuse, en Provence. ⊙ Estivale.

199. ONOSME, *ONOSMA*. *Lam. Tab. Encyclop.* pl. 93.

CAL. *Périanthe* à cinq *segmens* profonds, lancéolés, droits, persistans.

COR. Monopétale, en cloche. *Tube* très-court. *Limbe* tubulé, ventru, un peu plus épais que le tube, à *orifice* à cinq divisions peu profondes. *Gorge* nue, percée.

ÉTAM. Cinq *Filamens*, en alêne, très-courts. *Anthères* en fer de flèche, droites, de la longueur de la corolle.

PIST. *Ovaire* divisé profondément en quatre parties. *Style* filiforme, de la longueur de la corolle. *Stigmate* obtus.

PÉR. Nul. Le *Calice* qui ne change point, renferme les semences.

SEM. Quatre, ovales.

Corolle en cloche, à *Gorge* ouverte ou sans écailles. Quatre *Étamines*.

1. ONOSME très-simple, *O. simplicissima*, L. à feuilles entassées, lancéolées, linéaires, velues.

Alp. Exot. 130 et 129.

En Sibérie. ♃

2. ONOSME Orientale, *O. Orientalis*, L. à feuilles lancéolées, hérissées; à fruits pendans.

Dans l'Orient. ♄

3. ONOSME à feuilles de Vipérine, *O. echioïdes*, L. à feuilles lancéolées, hérissées; à fruits droits.

Anchusa lutea, major et minor; Buglosse jaune, plus grande et plus petite. *Bauh. Pin.* 255, n.os 2 et 3. *Dod. Pempt.* 630, f. 1. *Lob. Ic.* 1, p. 578, f. 1. *Clus. Hist.* 2, p. 165, f. 1. *Lugd.*

Hist. 1102, f. 1 et 2; et 1262, f. 3. *Camer. Epit.* 736? et 633. *Column. Ecphras.* 1, p. 182 et 183, f. 2. *Bauh. Hist.* 3, P. 2, p. 583, f. 1 et 2. *Sabbat. Hort. Rom.* 2, tab. 32. *Jacq. Aust.* tab. 293.

A Lyon, Grenoble, en Provence. ♃ Estivale.

200. BOURRACHE, *BORRAGO.* * *Tournef. Inst.* 133, tab. 53. *Lam. Tab. Encyclop.* pl. 94.

CAL. *Périanthe* à cinq segmens profonds, persistant.

COR. Monopétale, en roue, de la longueur du calice. *Tube* plus court que le calice. *Limbe* à cinq divisions profondes, en roue, plane. *Gorge* couronnée par cinq éminences, échancrées, obtuses.

ÉTAM. Cinq *Filamens*, en alène, réunis. *Anthères* oblongues, insérées sur le milieu des côtés intérieurs des filamens, réunies.

PIST. Quatre *Ovaires*. *Style* filiforme, plus long que les étamines. *Stigmate* simple.

PÉR. Nul. Le *Calice* grand, enflé, renferme les semences.

SEM. Quatre, arrondies, ridées, carénées extérieurement au sommet, arrondies à la base, attachées sur le réceptacle qui est creusé dans sa longueur.

OBS. *Les segmens du* Calice, *quant à leur figure, et le tube de la* Corolle, *quant à sa grandeur, présentent des différences.*

Corolle en roue, à *Gorge* fermée par cinq rayons.

1. BOURRACHE officinale, *B. officinalis*, L. toutes les feuilles alternes; à calices très-ouverts.

Buglossum latifolium, seu Borrago; Buglosse à larges feuilles, ou Bourrache. *Bauh. Pin.* 256, n.° 1. *Fuschs. Hist.* 142. *Dod. Pempt.* 627, f. 1. *Lob. Ic.* 1, p. 575, f. 1. *Lugd. Hist.* 578, f. 1. *Camer. Epit.* 914. *Bauh. Hist.* 3, P. 2, p. 574, f. 1. *Sabb. Hort. Rom.* 2, tab. 20 et 21. *Bul. Paris.* tab. 88. *Icon. Pl. Med.* tab. 147.

1. *Borrago*, Bourrache. 2. Herbe, Fleurs. 3. Saveur des feuilles herbacée. 4. Mucilage, nitre, sel marin: les fleurs fournissent un peu d'esprit recteur: elles sont du nombre des *quatre fleurs cordiales*. 5. Ardeur des viscères, hypocondrie. 6. Potagère.

Cette plante varie à fleur blanche et rose.

En Europe, dans les jardins. Cultivée dans les potagers. ⊙ Estivale.

2. BOURRACHE des Indes, *B. Indica*, L. à feuilles des rameaux opposées, embrassantes; à péduncules ne portant qu'une seule fleur.

Plukn. tab. 76, f. 3. *Isnard. Mém. de l'Acad.* 1718, p. 325, tab. 10.

Dans l'Inde Orientale. Cultivée dans les jardins. ⊙

3. BOURRACHE d'Afrique, *B. Africana*, L. à feuilles opposées; à pétioles ovales; à pedunculés portant plusieurs fleurs.

Isnard. Mém. de l'Acad. 1718, pag. 325, tab. 11.

En Éthiopie. ⊙

4. BOURRACHE de Zeylan, *B. Zeylanica*, L. à feuilles des rameaux alternes, sans pétioles; à pédunculés ne portant qu'une fleur; à calices sans oreillettes.

Pluk. tab. 335, f. 4.

Dans l'Inde Orientale. ⊙

5. BOURRACHE Orientale, *B. Orientalis*, L. à calice plus court que le tube de la corolle; à feuilles en cœur.

Tournef. Voy. au Levant 1, pag. et tab. 523.

Aux environs de Constantinople. Cultivée dans les jardins. ♃

201. RAPETTE, *ASPERUGO.* * *Tournef. Inst.* 135, tab. 54. *Lam. Tab. Encyclop.* pl. 94.

CAL. *Périanthe* d'un seul feuillet, à cinq *segmens* peu profonds, droit, à dents inégales, persistant.

COR. Monopétale, en entonnoir. *Tube* comme cylindrique, très-court. *Limbe* obtus, petit, à moitié divisé en cinq parties. *Gorge* fermée par cinq *Écailles*, convexes, saillantes, rapprochées.

ÉTAM. Cinq *Filamens*, très-courts, enfermés dans la gorge de la corolle. *Anthères* un peu alongées, couvertes.

PIST. Quatre *Ovaires*, comprimés. *Style* filiforme, court. *Stigmate* obtus.

PÉR. Nul. Le *Calice* très-grand, droit, comprimé, à lames planes, parallèles, sinuées, renferme les semences.

SEM. Quatre, oblongues, comprimées, écartées de deux en deux.

Calice du fruit comprimé, à lames planes, parallèles, sinuées.

1. RAPETTE couchée, *A. procumbens*, L. à calice du fruit, comprimé.

Buglossum sylvestre, caulibus procumbentibus; Buglosse sauvage, à tiges couchées. *Bauh. Pin.* 257, n.° 5. *Dod. Pempt.* 356, f. 1. *Lob. Ic.* 1, p. 803, f. 1. *Lugd. Hist.* 1143, f. 2. *Bauh. Hist.* 3, P. 2, p. 590, la description; et p. 600, ic. 2, la figure. *Moris. Hist.* sect. 11, tab. 26, f. 13. *Sabbat. Hort. Rom.* tom. 2, tab. 25. *Flor. Dan.* tab. 552. *Bul. Paris.* tab. 89.

Nutritive pour le Cheval, le Mouton, le Cochon, la Chèvre.

A Grenoble, Lyon, Paris, en Provence, en Bourgogne. ⊙ Vernale.

2. RAPETTE d'Egypte, *A. Ægyptiaca*, L. à calice du fruit ventru.

En Egypte. ⊙

202. LYCOPSIDE, *LYCOPSIS.* * *Lam. Tab. Encyclop.* pl. 92.

CAL. *Périanthe* à cinq *segmens* profonds, oblongs, aigus, ouverts, persistans.

COR. Monopétale, en entonnoir. *Tube* comme cylindrique, coudé. *Limbe* obtus, à moitié divisé en cinq parties. *Gorge* fermée par cinq *Écailles* convexes, saillantes, rapprochées.

ÉTAM. Cinq *Filamens*, très-petits, insérés sur le coude du tube de la corolle. *Anthères* petites, couvertes.

PIST. Quatre *Ovaires*. *Style* filiforme, de la longueur des étamines. *Stigmate* obtus, divisé peu profondément en deux parties.

PÉR. Nul. Le *Calice* très-grand, enflé, renferme les semences.

SEM. Quatre, oblongues.

OBS. *Le caractère essentiel de ce genre, consiste dans le coude que forme le tube de la corolle.*

Tube de la corolle coudé.

1. LYCOPSIDE vésiculaire, *L. vesicaria*, L. à feuilles très-entières; à tige couchée; à calices portant les semences, renflés en vessie et inclinés.

A Montpellier, à Naples. ☉

2. LYCOPSIDE gris-tanné, *L. pulla*, L. à feuilles très-entières; à tige droite; à calices portant les semences, renflés en vessie et inclinés.

Echium sylvestre, lanuginosum; Vipérine sauvage, laineuse. *Bauh. Pin.* 254, n.° 5. *Clus. Hist.* 2, p. 164, f. 1. *Camer. Epit.* 916. *Jacq. Aust.* tab. 188.

En Tartarie, en Allemagne. ♃

3. LYCOPSIDE marquetée, *L. variegata*, L. à feuilles peu sinuées, dentées, calleuses; à tige couchée; à corolles inclinées.

Moris. Hist. sect. 11, tab. 26, f. 10. *Flor. Dan.* tab. 435.

Dans l'isle de Crète, en Danemarck, à Naples. ☉

4. LYCOPSIDE des champs, *L. arvensis*, L. à feuilles lancéolées, hérissées; à calices portant les fleurs, redressés.

Buglossum sylvestre, minus; Buglosse sauvage, plus petite. *Bauh. Pin.* 256, n.° 2. *Dod. Pempt.* 628, f. 2. *Lugd. Hist.* 1106, f. 2. *Bauh. Hist.* 3, P. 2, p. 581, f. 1. *Bul. Paris.* tab. 90.

Nutritive pour le Cheval, le Mouton, le Bœuf, la Chèvre.

En Europe, dans les champs. ☉ Vernale.

5. LYCOPSIDE à feuilles de Vipérine, *L. echioïdes*, L. à feuilles lancéolées, hérissées; à tige très-ramifiée, droite; à fleurs sans péduncules, tournées d'un seul côté.

Buxb. Cent. 1, pag. et tab. 1.

En Amérique. ♃

6. LYCOPSIDE d'Orient, *L. Orientalis*, L. à feuilles ovales, très-entières, rudes; à calices redressés.

En Orient. ☉

7. LYCOPSIDE de Virginie, *L. Virginica*, L. à feuilles linéaires, lancéolées, entassées, duvetées, molles; à tige droite.

En Virginie, sur les bords des chemins. ♃

203. VIPÉRINE, *ECHIUM.* * *Tournef. Inst.* 135, tab. 54. *Lamarck. Encyclop.* pl. 94.

CAL. *Périanthe* à cinq *segmens* profonds, droits, en alêne, persistans.

COR. Monopétale, en cloche. *Tube* très-court. *Limbe* droit, se dilatant insensiblement; à cinq *divisions* peu profondes, obtuses, le plus souvent inégales, deux supérieures plus longues, l'*inférieure* plus petite, aiguë. *Gorge* percée.

ÉTAM. Cinq *Filamens*, en alêne, de la longueur de la corolle, inclinés, inégaux. *Anthères* oblongues, couchées.

PIST. Quatre *Ovaires*. *Style* filiforme, de la longueur des étamines. *Stigmate* obtus, divisé peu profondément en deux parties.

PÉR. Nul. Le calice roide, renferme les semences.

SEM. Quatre, arrondies, terminées en pointe oblique.

OBS. *Les* Echium lævigatum *et* Italicum, *ont les corolles presque égales. Les* Étamines *et le* Style *présentent des différences quant à leur longueur.*

Corolle irrégulière, à *Gorge* nue.

1. VIPÉRINE ligneuse, *E. fruticosum*, L. à tige ligneuse; à rameaux et feuilles chargés de poils.

Plukn. tab. 341, f. 7.

En Éthiopie. ♄

2. VIPÉRINE argentée, *E. argenteum*, L. à feuilles linéaires, chargées de poils blanchâtres, étalées au sommet.

Pluk. tab. 341, f. 8.

Au cap de Bonne-Espérance.

3. VIPÉRINE à fleurs en tête, *E. capitatum*, L. à tige chargée de poils; à fleurs ramassées en têtes en corymbes, égales ou à peine irrégulières; à étamines plus longues que la corolle; à feuilles chargées de poils.

Au cap de Bonne-Espérance. ♄

4. VIPÉRINE à feuilles de plantain, *E. plantagineum*, L. à feuilles radicales, ovales, marquées par des lignes, pétiolées.

Barrel. tab. 1026.

En Italie. ☉

5. VIPÉRINE lisse, *E. lævigatum*, L. à tige lisse; à feuilles lancéolées, nues, rudes sur les bords et au sommet; à corolles égales ou à peine irrégulières.

En Afrique, en Languedoc. ♃

6. VIPÉRINE d'Italie, *E. Italicum*, L. à tige droite, chargée de poils; à épis hérissés; à corolles presque régulières; à étamines très-longues.

Echium majus et asperius, flore albo; Vipérine plus grande et plus rude, à fleur blanche. *Bauh. Pin.* 254, n.° 1. *Camer. Epit.* 738. *Bauh. Hist.* 3, P. 2, p. 588, f. 1.

Cette espèce présente une variété.

Lycopsis, Lycopside. *Bauh. Pin.* 255, n.° 1. *Dod. Pempt.* 631, f. 2. *Lob. Ic.* 1, p. 579, f. 1. *Lugd. Hist.* 1263, f. 2.

A Montpellier, en Provence, en Bourgogne. ♂ Estivale.

7. VIPÉRINE vulgaire, *E. vulgare*, L. à tige chargée de tubercules terminés par des poils roides; à feuilles de la tige lancéolées, hérissées; à fleurs en épi, latérales.

Echium vulgare; Vipérine vulgaire. *Bauh. Pin.* 254, n.° 2. *Dod. Pempt.* 631, f. 1. *Lob. Ic.* 1, p. 579, f. 2. *Clus. Hist.* 2, p. 163, f. 3. *Lugd. Hist.* 1105, f. 1. *Camer. Epit.* 737. *Bauh. Hist.* 3, P. 2, p. 586, f. 1. *Flor. Dan.* tab. 445. *Icon. Pl. Med.* tab. 149.

En Europe dans les champs, les chemins. ♂ Estivale.

8. VIPÉRINE violette, *E. violaceum*, L. à corolles de la longueur des étamines; à tube plus court que le calice.

Echium sylvestre hirsutum, maculatum; Vipérine sauvage velue, tachetée. *Bauh. Pin.* 254, n.° 6. *Clus. Hist.* 2, p. 164, f. 2.

En Dauphiné, en Autriche, en Allemagne. ⊙

9. VIPÉRINE de Crète, *E. Creticum*, L. à tige couchée; à calices portant les fruits, éloignés.

Echium Creticum, latifolium et angustifolium, rubrum; Vipérine de Crète, à feuilles larges et étroites, à fleurs rouges. *Bauh. Pin.* 254, n°s 3 et 4.

A Montpellier, dans l'isle de Crète, en Orient. ⊙

10. VIPÉRINE Orientale, *E. Orientale*, L. à tige rameuse; à feuilles de la tige ovales; à fleurs solitaires, latérales.

Tournef. Voy. au Levant 2, pag. et tab. 248.

En Orient.

11. VIPÉRINE du Portugal, *E. Lusitanicum*, L. à corolles plus longues que les étamines.

En Portugal.

204. **ARGUSE**, *MESSERCHMIDIA*. *Lam. Tab. Encyclop.* pl. 95.

CAL. *Périanthe* d'un seul feuillet, à cinq *segmens* profonds, presque linéaires, droits, persistans.

COR. Monopétale, en entonnoir. *Tube* cylindrique, rude, plus long que le calice, globuleux à sa base. *Limbe* à cinq divisions peu profondes, plissé, membraneux sur les bords. *Gorge* nue.

ÉTAM. Cinq *Filamens*, très-petits, insérés sur la partie inférieure du tube. *Anthères* en alêne, droites, au niveau du milieu du tube.

PIST. *Ovaire* comme ovale. *Style* cylindrique, très-court, persistant. *Stigmate* en tête, ovale.

PÉR. *Baie* sèche, élastique comme du liége, en cylindre, arrondie, à ombilic émoussé, entouré de quatre dents obtuses, divisible en deux parties.

SEM. Deux dans chacune des deux parties du péricarpe, oblongues, osseuses, recourbées, arrondies en dehors, anguleuses en dedans.

Corolle en entonnoir, à *Gorge* nue. *Baie* à écorce sèche comme du liége, divisible en deux parties renfermant chacune une semence.

1. **ARGUSE** de Daurie, *M. Arguzia*, L. à feuilles alternes, assises, ovales, oblongues, veinées, cotonneuses.

Dans la Daurie, dans les terrains arides, argileux. ♃

205. **TOURNEFORTE**, *TOURNEFORTIA*. * *Lam. Tab. Encyclop.* pl. 95. PITTONIA. *Plum. Gen.* 5, tab. 3.

CAL. *Périanthe* à cinq *segmens* profonds, petits, en alêne, persistans.

COR. Monopétale, en entonnoir. *Tube* cylindrique, globuleux à la base. *Limbe* ouvert, à moitié divisé en cinq *parties*, pointues, horizontales, bossuées au milieu.

ÉTAM. Cinq *Filamens*, en alêne, insérés sur la gorge de la corolle. *Anthères* simples, enfermées dans la gorge, réunies, pointues.

PIST. *Ovaire* arrondi, supérieur. *Style* simple, de la longueur des étamines, en massue. *Stigmate* entier.

PÉR. *Baie* arrondie, à deux loges, percée à son sommet de deux pores.

SEM. Quatre, comme ovales, séparées par une pulpe.

Baie à deux loges, renfermant deux semences, supérieure, percée au sommet par deux pores.

1. **TOURNEFORTE** à dents de scie, *T. serrata*, L. à feuilles ovales, à dents de scie ; à pétioles épineux ; à épis terminans, recourbés.

Plum. Pl. Amer. tab. 228, f. 1.

Dans l'Amérique Méridionale. ♄

2. TOURNEFORTE très-hérissée, *T. hirsutissima*, L. à feuilles ovales, pétiolées; à tige hérissée; à épis très-rameux, terminans.

Plum. Pl. Amer. tab. 209.

Dans l'Amérique Méridionale. ♄

3. TOURNEFORTE en spirale, *T. volubilis*, L. à feuilles ovales, aiguës, lisses; à pétioles renversés; à tige roulée en spirale.

Pluk. tab. 235, f. 6. *Sloan. Jam.* tab. 143, f. 2.

A la Jamaïque, au Mexique. ♄

4. TOURNEFORTE très-fétide, *T. fœtidissima*, L. à feuilles ovales, lancéolées, hérissées; à péduncules rameux; à épis pendans.

Sloan. Jam. tab. 212, f. 1.

Au Mexique, à la Jamaïque. ♄

5. TOURNEFORTE naine, *T. humilis*, L. à feuilles lancéolées, sans pétioles; à épis simples, recourbés, latéraux.

Plum. Pl. Amer. tab. 277, f. 2.

Dans l'Amérique Méridionale. ♄

6. TOURNEFORTE en cymier, *T. cymosa*, L. à feuilles ovales, très-entières, nues; à épis en cymier ou en fausse ombelle.

Sloan. Jam. tab. 212, f. 2.

A la Jamaïque. ♄

7. TOURNEFORTE sous-ligneuse, *T. suffruticosa*, L. à feuilles presque lancéolées, blanchâtres; à tige sous-ligneuse.

Sloan. Jam. tab. 162, f. 4.

A la Jamaïque. ♄

206. NOLANE, *NOLANA.* * *Lam. Tab. Encyclop.* pl. 97.

CAL. *Périanthe* d'un seul feuillet, en toupie à la base, à cinq angles, à cinq *segmens* profonds, en cœur, aigus, persistans.

COR. Monopétale, en cloche, plissée, ouverte, à cinq lobes peu saillans, deux fois plus grande que le calice.

ÉTAM. Cinq *Filamens*, en alêne, droits, égaux, plus courts que la corolle. *Anthères* en fer de flèche.

PIST. Cinq *Ovaires*, arrondis. *Style* placé parmi les ovaires, cylindrique, droit, de la longueur des étamines. *Stigmate* en tête.

PÉR. En quelque sorte nul.

SEM. Cinq, à écorce succulente, arrondies, nues intérieurement à la base, nidulées dans le réceptacle, à deux et à quatre loges.

Corolle en cloche. *Style* parmi les ovaires. Cinq *Semences* en baie, à deux loges.

2. NOLANE couchée, *N. prostrata*, L. à feuilles deux à deux; à calices renfermant plusieurs semences; à tige couchée.
Sabbat. Hort. Rom. 1, tab. 4.
Au Pérou. ⊙

207. DIAPENSE, *DIAPENSIA.* * *Fl. Lapp.* 55, tab. 1. *Lam. Tab. Encyclop.* pl. 102.

CAL. *Périanthe* à huit *feuillets*, dont *cinq intérieurs* disposés en rond, les *autres* placés en recouvrement; *tous* égaux, ovales, obtus, droits, persistans.

COR. Monopétale, en soucoupe. *Tube* comme cylindrique, ouvert, de la longueur du calice. *Limbe* à cinq divisions peu profondes, obtus, planes.

ÉTAM. Cinq *Filamens*, comprimés, linéaires, droits, courts, insérés sur les divisions du limbe, et terminant le tube. *Anthères* simples.

PIST. *Ovaire* arrondi. *Style* comme cylindrique, de la longueur des étamines. *Stigmate* obtus.

PÉR. *Capsule* arrondie, à trois loges, à trois battans.

SEM. Plusieurs, arrondies.

Corolle en soucoupe. *Calice* à cinq feuillets, dont trois en en recouvrement. *Étamines* insérées sur le tube de la corolle. *Capsule* à trois loges.

1. DIAPENSE de Lapponie, *D. Lapponica*, L. à fleurs pédunculées.
Flor. Lapp. 55, tab. 1, f. 1. *Flor. Dan.* tab. 47.
Sur les Alpes de Lapponie. ♃

208. ARÉTIE, *ARETIA.* †

CAL. *Périanthe* d'un seul feuillet, en cloche, un peu obtus, persistant, à moitié divisé en cinq segmens.

COR. Monopétale, en soucoupe. *Tube* ovale, de la longueur du calice, étranglé à son cou. *Limbe* à cinq segmens profonds, comme ovales.

ÉTAM. Cinq *Filamens*, coniques, très-courts, insérés sur le milieu du tube. *Anthères* droites, un peu aiguës, renfermées dans la gorge de la corolle.

PIST. *Ovaire* arrondi. *Style* filiforme, de la longueur du tube. *Stigmate* en tête aplatie.

PÉR. *Capsule* à une loge, à cinq battans.

SEM. Cinq.

OBS. *Que les Botanistes du* Valais *décrivent attentivement le* Fruit, *afin que l'on puisse établir le caractère du genre. Cette plante très-rare, paroît différer des* Androsaces, *par son port, sa tige, ses pédoncules simples. Les semences sont au nombre de trois et de cinq.*

Corolle en soucoupe, à cinq divisions peu profondes, à tube ovale. *Stigmate* en tête aplatie. *Capsule* arrondie, à une loge, renfermant le plus souvent cinq semences.

1. ARÉTIE Helvétique, *A. Helvetica*, L. à feuilles couvrant les tiges en recouvrement; à fleurs presque assises ou à péduncules très-courts.

Hall. Helv. n.° 617, tab. 11.

Sur les Alpes de Suisse, du Dauphiné. ♃ Estivale. Alp.

2. ARÉTIE des Alpes, *A. Alpina*, L. à feuilles linéaires, ouvertes; à fleurs pédunculées.

Hall. Helv. n.° 618, tab. 11.

Sur les Alpes de Suisse, du Dauphiné. ♃ Estivale. Alp.

3. ARÉTIE primevère, *A. Vitaliana*, L. à feuilles linéaires, recourbées en dehors; à fleurs presque assises ou à péduncules très-courts.

Sedum Alpinum, exiguis foliis; Orpin des Alpes, à feuilles menues. *Bauh. Pin.* 284, n.° 7. *Colum. Ecphras.* 2, p. 63 et 65, f. 1. *Pluken.* tab. 108, f. 6.

Sur les Alpes du Dauphiné, de Suisse, d'Italie. ♃ Estivale. Alp.

209. ANDROSACE, *ANDROSACE*. * *Tournef. Inst.* 123, tab. 46. *Lam. Tab. Encyclop.* pl. 98.

CAL. *Collerette* à plusieurs feuillets, à plusieurs fleurs, très-petite.
——*Périanthe* d'un seul feuillet, à cinq côtés, aigu, droit, persistant, à moitié divisé en cinq segmens.

COR. Monopétale, en soucoupe. *Tube* ovale, enveloppé par le calice. *Limbe* plane, à cinq *divisions* profondes, ovales, oblongues, obtuses, entières. *Gorge* chargée de glandes.

ÉTAM. Cinq *Filamens*, très-courts, enfermés dans le tube de la corolle. *Anthères* oblongues, droites, renfermées.

PIST. *Ovaire* arrondi. *Style* filiforme, très-court. *Stigmate* arrondi, renfermé dans le tube de la corolle.

PÉR. *Capsule* arrondie, assise sur le calice plane, à une loge, s'ouvrant au sommet en cinq parties.

SEM. Plusieurs, arrondies, bossuées d'un côté, aplaties de l'autre. *Réceptacle* droit, libre.

OBS. L'Androsace maxima *diffère par ses périanthes très-grands et ouverts.*

Ombelle garnie d'une collerette. *Tube* de la corolle ovale, à *Gorge* garnie de glandes. *Capsule* arrondie, à une seule loge.

1. ANDROSACE très-grande, *A. maxima*, L. à calice des fruits, très-grands.

Alsine affinis, Androsace dicta major; congenère de la Morgeline, appelée Androsace plus grande. *Bauh. Pin.* 251, n.° 16. *Clus. Hist.* 2, p. 134, f. 2. *Lugd. Hist.* 1362, f. 2. *Camer. Epit.* 639. *Moris. Hist.* sect. 5, tab. 24, f. 1. *Sabbat. Hort. Rom.* 2, tab. 1. *Jacq. Aust.* tab. 331.

En Dauphiné, en Provence, parmi les blés. ☉

2. ANDROSACE alongée, *A. elongata*, L. à feuilles à peine dentées; à péduncules de l'ombelle très-longs; à corolles plus courtes que les calices.

Jacq. Obs. 1, p. 31, tab. 19. *Aust.* tab. 330.

En Allemagne, en Autriche, en Sibérie.

3. ANDROSACE Septentrionale, *A. Septentrionalis*, L. à feuilles lancéolées, dentées, lisses; à calices anguleux, plus courts que la corolle.

Alsine verna, Androsaces capitulis; Morgeline printanière, à tête d'Androsace. *Bauh. Pin.* 251, n.° 13. *Bellev.* tab. 12 et 13. *Flor. Dan.* tab. 7.

Cette espèce présente une variété à feuilles pétiolées, arrondies.

Nutritive pour le Mouton, la Chèvre.

Sur les Alpes de Provence, du Dauphiné, de Suisse. ☉ *S-Alp.*

4. ANDROSACE velue, *A. villosa*, L. à feuilles chargées de poils; à calices hérissés.

Bellev. tab. 14. *Jacq. Aust.* tab. 332.

Sur les Alpes du Dauphiné, des Pyrénées. ♃ Vernale. *S-Alp.*

5. ANDROSACE couleur de lait, *A. lactea*, L. à feuilles lancéolées, lisses; à ombelle beaucoup plus longue que les feuillets de la collerette.

Sedum Alpinum gramineo folio, lacteo flore; Orpin des Alpes à feuille graminée, à fleur couleur de lait. *Bauh. Pin.* 284, n.° 3. *Clus. Hist.* 2, p. 62, f. 1. *Jacq. Aust.* tab. 333.

Sur les Alpes du Dauphiné, de Provence, de Suisse. ♃ Estivale. *Alp.*

6. ANDROSACE couleur de chair, *A. carnea*, L. à feuilles en alêne, lisses; à ombelle de la longueur des feuillets de la collerette.

Sedum Alpinum angustissimo folio, flore carneo; Orpin des Alpes à feuille très-étroite, à fleur couleur de chair. *Bauh. Pin.* 284, n.° 6. *Column. Ecphras.* 2, p. 64 et 65, f. 2. *Pluke.* tab. 108, f. 5. *Allion. Flor. Pedem.* 1, p. 90, tab. 5, f. 2.

Cette espèce présente une variété à feuilles ciliées, épaisses, ridées, graminées, à hampe portant plusieurs fleurs, décrite dans *Haller Helv.* n.° 619, tab. 17.

Sur les Alpes du Dauphiné, de Suisse. ♃ Estivale. *Alp.*

210. PRIMEVÈRE, *PRIMULA*. * *Lam. Tab. Encyclop.* pl. 98. PRIMULA VERIS. *Tournef. Inst.* 124, tab. 47. AURICULA URSI. *Tournef. Inst.* 120, tab. 46.

CAL. *Collerette* à plusieurs feuillets, à plusieurs fleurs, très-petite. ——*Périanthe* d'un seul feuillet, tubulé, à cinq côtés, à cinq dents, aigu, droit, persistant.

COR. Monopétale. *Tube* comme cylindrique, de la longueur du calice, terminé par un petit cou, hémisphérique. *Limbe* ouvert, à moitié divisé en cinq *parties*, en cœur renversé, échancrées, obtuses. *Gorge* ouverte.

ÉTAM. Cinq *Filamens*, très-courts, renfermés dans le tube de la corolle. *Anthères* pointues, droites, réunies, renfermées dans le tube de la corolle.

PIST. *Ovaire* arrondi. *Style* filiforme, de la longueur du calice. *Stigmate* globuleux.

PÉR. *Capsule* arrondie, presque aussi longue que le périanthe, couverte, à une loge, s'ouvrant au sommet par dix dents.

SEM. Nombreuses, arrondies. *Réceptacle* ovale, oblong, libre.

Ombelle garnie d'une collerette. *Tube* de la corolle cylindrique, à *Gorge* ouverte.

1. PRIMEVÈRE commune, *P. veris*, L. à feuilles dentées, ridées.

Cette espèce présente trois variétés.

1.° La Primevère officinale, *P. veris officinalis*, à limbe des corolles, concave.

Verbasculum pratense, odoratum; Primevère des prés, odorante. *Bauh. Pin.* 241, n.° 1. *Lob. Ic.* 1, p. 567, f. 1. *Clus. Hist.* 1, p. 301, f. 1. *Lugd. Hist.* 834, f. 1 et 2. *Bauh. Hist.* 3, p. 496, f. 2. *Moris. Hist.* sect. 5, t. 24, f. 1 et 3. *Sabbat. Hort. Rom.* 2, tab. 2. *Bellev.* tab. 11. *Flor. Dan.* tab. 433. *Bul. Paris.* tab. 91. *Icon. Pl. Med.* tab. 7.

2.° Primevère plus élevée, *P. veris elatior*, à limbe des corolles, plane.

Verbasculum pratense vel sylvaticum, inodorum; Primevère des prés ou des bois, sans odeur. *Bauh. Pin.* 241, n.° 2. *Dod. Pempt.* 147, f. 1. *Lob. Ic.* 1, p. 568, f. 1. *Clus. Hist.* 1, p. 301, f. 2. *Camer. Epit.* 883. *Reneal.* 114. *Flor. Dan.* tab. 434.

3.° Primevère sans tige, *P. veris acaulis*.

Verbasculum sylvestre majus, singulari flore; Primevère des forêts plus grande, à fleur solitaire. *Bauh. Pin.* 241, n.° 3. *Dod. Pempt.* 147, f. 3. *Lob. Ic.* 1, p. 568, f. 2. *Clus. Hist.* 1, p. 302, f. 1. *Lugd. Hist.* 835, f. 1 et 2. *Bauh. Hist.* 3, P. 2, p. 498, f. 1. *Flor. Dan.* tab. 194.

Linné a eu raison de réunir sous une seule et même plante ces trois Primeveres, dont *Haller* a fait autant d'espèces. Ce Botaniste avoit avancé que, quoique ces trois variétés fussent distinctes, il les réunissoit ; que dans la *P. acaulis*, la hampe étoit cachée sous terre, et que les péduncules seuls très-alongés, croissoient au-dehors. Des observations soignées nous ont convaincu de la vérité de cette assertion, puisque nous avons trouvé aux environs de Lyon, et même assez abondamment, 1.° dans la *P. acaulis*, des individus à hampe sortant de terre à la hauteur de deux et même trois pouces, et terminés par des péduncules en ombelles. 2.° Dans la *P. veris elatior*, qui est ordinairement ombellée, des individus sans tige ; ce qui rapproche alors infiniment les variétés *Acaulis* et *Elatior*. La variété *Officinalis* seule, ne nous a offert aucun changement.

Le savant et modeste *Bridel*, connu par son fameux ouvrage sur les Mousses, a bien voulu nous communiquer l'observation suivante, que nous avons eu occasion d'appliquer à quelques plantes. Dans les trois variétés de la *Primula veris*, l'insertion des étamines varie. Chacune de ces Primevères présente des corolles dont le tube offre un renflement, tantôt dans sa partie supérieure, tantôt aux deux tiers de sa partie inférieure. Dans les fleurs où le renflement est au sommet du tube, le pistil est plus court que le calice ; dans celles où le renflement est près de la base du tube, le pistil est aussi long ou plus long que le calice. Cette observation que nous avons vérifiée sur un grand nombre de corolles, est constante. Nous conservons dans notre Herbier, non seulement toutes les variétés de ces Primevères qui ne sont pas connues, mais encore des corolles des trois variétés, desséchées, ouvertes, et sur lesquelles cette double insertion des étamines est très-apparente.

2. PRIMEVÈRE farineuse, *P. farinosa*, L. à feuilles crénelées, lisses ; à limbe de la corolle aplati.

Verbasculum umbellatum Alpinum, minus ; Primevère ombellée des Alpes, plus petite. *Bauh. Pin.* 242, f. 1. *Lob. Ic.* 1, p. 570 et 571, f. 1. *Clus. Hist.* 1, p. 300, f. 1 et 2. *Lugd. Hist.* 837, f. 1 et 2. *Bauh. Hist.* 3, P. 2, p 498, f. 1 et 2. *Moris. Hist.* sect. 5, tab. 24, f. 5 et 6. *Theat. Flor.* t. 68, f. 2. *Flor. Dan.* t. 125.

Nutritive pour le Cheval, le Mouton, la Chèvre.

Sur les Alpes du Dauphiné, de Provence. ♃ Estivale. *Alp.*

3. PRIMEVÈRE Oreille d'ours, *P. Auricula*, L. à feuilles à dents de scie, lisses.

Sanicula Alpina, lutea ; Oreille d'ours des Alpes, à fleur jaune. *Bauh. Pin.* 242, n.° 1. *Dod. Pempt.* 148, f. 1. *Lob. Ic.* 1, p. 569.

p. 569, f. 2. *Clus. Hist.* 1, p. 302, f. 2. *Lugd. Hist.* 836, f. 1. *Camer. Epit* 706. *Bauh. Hist.* 3, P. 2, p. 499, f. 1. *Theat. Flor.* tab. 68. *Sabbat. Hort.* tab. 98.

Cette espèce présente plusieurs variétés relativement à la couleur de ses fleurs, indiquées dans *G. Bauh. Pin.* 242, n.os 2, 3 et 4; et 243, n.os 5 et 6. Dans *J. Bauh. Hist.* 3, P. 2, p. 867 et 868.

Sur les Alpes du Dauphiné. ♃ Vernale. *S-Alp.*

4. PRIMEVÈRE naine, *P. minima*, L. à feuilles en forme de coin, dentées, brillantes, hérissées; à hampe ne portant le plus souvent qu'une seule fleur.

Sanicula Alpina, minima, carnea; Oreille d'ours des Alpes, très-petite, à fleur couleur de chair. *Bauh. Pin.* 243, n.° 7. *Lob. Ic.* 1, p. 571, f. 2. *Clus. Hist.* 1, p. 305, f. 1. *Bauh. Hist.* 3, P. 2, p. 869, f. 1. *Moris. Hist.* sect. 5, tab. 24, f. 3. *Jacq. Obs.* 1, tab. 14. *Aust.* tab. 270.

Sur les Alpes de Dauphiné, de Suisse.

5. PRIMEVÈRE cortuse, *P. cortusoïdes*, L. à feuilles pétiolées, en cœur, presque lobées, crénelées.

Gmel. Sib. 4, p. 85, n.° 33, tab. 45, f. 1.

En Sibérie.

6. PRIMEVÈRE à feuilles entières, *P. integrifolia*, L. à feuilles très-entières, lisses, alongées; à calices tubulés, obtus.

Sanicula Alpina rubescens, folio non serrato; Oreille d'ours des Alpes à fleur rougeâtre, à feuille non dentée. *Bauh. Pin.* 243, n.° 1. *Clus. Hist.* 1, p. 304, f. 1. *Bauh. Hist.* 3, P. 2, p. 868, f. 3. *Jacq. Obs.* 1, p. 26, tab. 15. *Aust.* tab. 327. *Flor. Dan.* tab. 188.

Sur les Alpes de Suisse, des Pyrénées. ♃

211. CORTUSE, *CORTUSA.* * *Lam. Tab. Encyclop.* pl. 99.

CAL. *Périanthe* très-petit, ouvert, persistant, à cinq *segmens* peu profonds, lancéolés, à trois dents.

COR. Monopétale, en roue. *Tube* à peine visible. *Limbe* plane, ample, à cinq *divisions* profondes, ovales, aiguës. *Gorge* à anneau élevé.

ÉTAM. Cinq *Filamens*, obtus. *Anthères* à deux lames, oblongues, droites, attachées par leur partie supérieure.

PIST. *Ovaire* ovale. *Style* filiforme, plus long que la corolle. *Stigmate* comme en tête.

PÉR. *Capsule* ovale, pointue, à cinq demi-battans.

SEM. Nombreuses, comprimées, anguleuses.

Corolle en roue, à *Gorge* garnie d'un anneau élevé. *Capsule* à une seule loge, ovale, s'ouvrant au sommet par cinq battans.

1. CORTUSE de Matthiole, *C. Matthioli*, L. à calices plus courts que la corolle.

Sanicula montana, latifolia, laciniata; Oreille d'ours des montagnes, à feuilles larges, laciniées. *Bauh. Pin.* 243, n.° 1. *Lob. Ic.* 1, p. 699, f. 2. *Clus. Hist.* 1, p. 307, f. 1. *Lugd. Hist.* 1269, f. 2. *Camer. Epit.* 728. *Bauh. Hist.* 3, P. 2, p. 499, f. 1. *Moris. Hist.* sect. 5, tab. 24, fig. 5 et 6.

Sur les Alpes du Piémont.

2. CORTUSE de Gmelin, *C. Gmelini*, L. à calices plus longs que la corolle.

Gmel. Sibir. 4, p. 79, tab. 43, f. 1.

En Sibérie. ♃

212. SOLDANELLE, *SOLDANELLA.* * *Tournef. Inst.* 82, tab. 16. *Lam. Tab. Encyclop.* pl. 99.

CAL. *Périanthe* à cinq *segmens* profonds, droits, lancéolés, persistans.

COR. Monopétale, en cloche, se dilatant insensiblement, droite, à *orifice* frangé, aigu, à plusieurs divisions peu profondes.

ÉTAM. Cinq *Filamens*, en alène. *Anthères* simples, en fer de flèche.

PIST. *Ovaire* arrondi. *Style* filiforme, de la longueur des étamines, persistant. *Stigmate* simple.

PÉR. *Capsule* oblongue, arrondie, à stries obliques, à une loge, s'ouvrant au sommet par plusieurs dents.

SEM. Nombreuses, pointues, très-petites. *Réceptacle* en colonne, libre.

Corolle en cloche, à limbe frangé, à plusieurs divisions peu profondes. *Capsule* à une seule loge, terminée au sommet par plusieurs dents.

1. SOLDANELLE des Alpes, *S. Alpina*, L. à feuilles pétiolées, en forme de reins, un peu arrondies, fermes, lisses, entières; à hampe nue, portant deux ou trois fleurs.

Soldanella Alpina, rotundifolia; Soldanelle des Alpes, à feuilles rondes. *Bauh. Pin.* 295, n.° 3. *Lob. Ic.* 1, p. 602, f. 1. *Clus. Hist.* 1, p. 308, f. 1, et 309, f. 1. *Camer. Epit.* 254. *Bauh. Hist.* 2, p. 817, f. 2. *Moris. Hist.* sect. 5, tab. 15, f. 8 et 9. *Sabbat. Hort. Rom.* 2, t. 16. *Jacq. Aust.* t. 13.

Les racines de cette plante, lorsqu'on les arrache, répandent une odeur forte et agréable, qui se rapproche de celle du

Styrax. Les anthères en fer de flèche sont composées de deux loges qui s'ouvrent sur les côtés, et sont surmontées par un petit filet b eu recourbé en dehors.

Cette espèce présente une variété à fleur blanche.

Sur les Alpes du Dauphiné, de Provence, de Suisse. ♃ Vernale; *S-Alp.*

213. GIROSELLE, *DODECATHEON.** *Lam. Tab. Encyclop.* pl. 99.

CAL. *Collerette* à plusieurs feuillets, à plusieurs fleurs, très-petite.

—— *Périanthe* d'un seul feuillet, persistant, à moitié divisé en cinq *segmens*, renversés en dehors, plus longs, persistans.

COR. Monopétale, à cinq segmens profonds. *Tube* plus court que le calice. *Limbe* à *divisions* très-longues, lancéolées, renversées en dehors.

ÉTAM. Cinq *Filamens*, très-courts, obtus, insérés sur le tube. *Anthères* en fer de flèche, réunies en bec.

PIST. *Ovaire* conique. *Style* filiforme, plus long que les étamines. *Stigmate* obtus.

PÉR. *Capsule* oblongue, à une loge, s'ouvrant au sommet.

SEM. Plusieurs, petites. *Réceptacle* libre, petit.

OBS. *Les Anthères, après la fécondation, s'écartent les unes des autres.*

Corolle en roue, à divisions renversées en dehors. *Étamines* insérées sur le tube de la corolle. *Capsule* oblongue, à une seule loge.

1. GIROSELLE Méade, *D. Meadia*, L. à feuilles radicales lisses, en ovale renversé, à dents de scie; à hampe plus longue que les feuilles; à fleurs nombreuses, en ombelle simple; à péduncules portant une seule fleur, inégaux.

Plukn. tab. 79, f. 6.

Cette belle plante qui a le port des Primevères et les fleurs du Cyclame, avoit été dédiée à *Méade*, célèbre médecin Anglois; mais *Linné*, qui s'étoit fait une loi de ne dédier des plantes qu'aux Botanistes ou aux Savans qui avoient publié quelques ouvrages de Botanique, donna à ce genre le nom de *Dodecatheon*, ou fleur des douze Dieux, et conserva seulement le nom spécifique de *Meadia*, par respect pour la mémoire de ce Médecin.

En Virginie. Cultivée dans les jardins. ♃ Vernale.

214. CYCLAME, *CYCLAMEN. Tournef. Inst.* 154, tab. 69. *Lam. Tab. Encyclop.* pl. 100.

CAL. *Périanthe* arrondi, persistant, à moitié divisé en cinq *segmens*, ovales,

COR. Monopétale. *Tube* presque arrondi, deux fois plus grand que le calice, petit, penché. *Limbe* renversé en dehors, très-grand, à cinq divisions profondes, lancéolées. *Gorge* saillante.

ÉTAM. Cinq *Filamens*, très-petits, enfermés dans le tube de la corolle. *Anthères* droites, aiguës, réunies, renfermées dans le tube.

PIST. *Ovaire* arrondi. *Style* filiforme, droit, plus long que les étamines. *Stigmate* aigu.

PÉR. *Baie* arrondie, à une loge, s'ouvrant au sommet en cinq parties, couverte par une enveloppe capsulaire.

SEM. Plusieurs, comme ovales, anguleuses. *Réceptacle* ovale, libre.

Corolle en roue, à divisions renversées en dehors, à tube très-court, à *Gorge* saillante. *Baie* recouverte par une capsule.

1. CYCLAME d'Europe, *C. Europæum*, L. à corolle renversée en dehors.

Cyclamen, Cyclame. *Bauh. Pin.* 308, depuis le n.° 1 jusqu'au n.° 13. *Dod. Pempt.* 337, f. 1 et 2. *Lob. Ic.* 1, p. 604, f. 2 et suiv. *Clus. Hist.* 1, p. 264 et 265. *Lugd. Hist.* 1604, f. 1 et suiv. *Camer. Epit.* 337. *Bauh. Hist.* 3, P. 2, p. 551, f. 2, et 552, f. 1 et suiv. *Moris. Hist.* sect. 13, tab. 7, f. 1 et suiv. *Theat. Flor.* tab. 54. *Sabbat. Hort. Rom.* 2, tab. 68. *Icon. Pl. Med.* tab. 72.

1. *Cyclamen*, Pain de Pourceau. 2. Racine. 3. Sans odeur; sa saveur est âcre, piquante, brûlante, un peu amère, désagréable : *récemment desséchée*, un peu âcre : *anciennement desséchée*, presque point âcre : *torréfiée*, point âcre, mucilagineuse, mangeable. 5. Obstructions des viscères, scrophules, carreau des petits enfans. 6. La racine de Pain de Pourceau est un des principaux ingrédiens de l'onguent d'*Arthanita*, dans lequel entrent aussi plusieurs autres purgatifs drastiques. On a, dit-on, autrefois empoisonné les flèches avec le suc de la racine de Pain de Pourceau.

Le *Cyclame* cultivé dans les jardins, offre plusieurs variétés relativement 1.° au contour des feuilles plus ou moins alongées, plus ou moins entières; 2.° à la fleur, pourpre, rose, blanche, simple ou pleine.

En Dauphiné, à Montpellier, dans les bois. ♃ Vernale.

2. CYCLAME des Indes, *C. Indicum*, L. à limbe de la corolle, penché.

A Zeylan. ♃

215. MÉNYANTHE, *MENYANTHES.* * *Tournef. Inst.* 117, t. 15. *Lam. Tab. Encyclop.* pl. 100. NYMPHOÏDES. *Tournef. Inst.* 153, tab. 67.

CAL. *Périanthe* d'un seul feuillet, à cinq segmens profonds, droit, persistant.

COR. Monopétale, en entonnoir. *Tube* comme cylindrique en entonnoir, court. *Limbe* à cinq *divisions* prolongées au-delà de sa partie moyenne, renversées, ouvertes, obtuses, ciliées.

ÉTAM. Cinq *Filamens*, en alêne, courts. *Anthères* aiguës, droites, divisées peu profondément à la base en deux parties.

PIST. *Ovaire* conique. *Style* comme cylindrique, presque aussi long que la corolle. *Stigmate* comprimé, divisé peu profondément en deux parties.

PÉR. *Capsule* ovale, entourée par le calice, à une loge.

SEM. Plusieurs, ovales, petites.

Corolle ciliée ou garnie de poils ou cils. *Stigmate* divisé peu profondément en deux parties. *Capsule* à une seule loge.

1. MÉNYANTHE petit Nymphæa, *M. nymphoïdes*, L. à feuilles en cœur, très-entières; à corolles ciliées.

Nymphæa lutea minor, flore parvo et fimbriato; Nymphæa jaune plus petit, à fleur petite et frangée. *Bauh. Pin.* 194, n.° 3 et 4. *Dod. Pempt.* 586, f. 1. *Lob. Ic.* 1, p. 595, f. 2. *Lugd. Hist.* 1010, f. 2. *Camer. Epit.* 636? *Bauh. Hist.* 3, P. 2, p. 772, f. 1 et 2. *Sabbat. Hort. Rom.* 2, tab. 67. *Bul. Paris.* tab. 92. *Flor. Dan.* tab. 339.

A Lyon, Paris, Montpellier, Grenoble, en Bourgogne. ♃ Estivale.

2. MÉNYANTHE des Indes, *M. Indica*, L. à feuilles en cœur, à peine crénelées; à pétioles portant les fleurs; à corolles velues intérieurement.

Rheed. Mal. 11, p. 55, t. 28. *Rumph. Amb.* 6, p. 173, t. 72, f. 3.

Au Malabar, à Zeylan, dans les fossés aquatiques.

3. MÉNYANTHE Trèfle d'eau, *M. trifoliata*, L. à feuilles trois à trois.

Trifolium palustre; Trèfle des marais. *Bauh. Pin.* 327, n.° 2. *Dod. Pempt.* 580, f. 1. *Lob. Ic.* 2, p. 33, f. 2. *Lugd. Hist.* 1020, f. 1 et 2. *Sabbat. Hort. Rom.* 1, t. 88. *Bul. Paris.* t. 93. *Flor. Dan.* tab. 541. *Icon. Pl. Med.* tab. 13.

A Lyon, Paris, Grenoble, Montpellier, en Bourgogne.

1. *Trifolium aquaticum*; Ményanthe, Trèfle d'eau. 2. Toute la plante, Racine. 3. Savonneuse, très-amère. 4. Peu de principe volatil; un peu d'huile essentielle; une substance goméo-résineuse, amère et d'une acidité assez marquée; un sel neutre, très-analogue au sel marin, qu'on retrouve dans tous les Trèfles. 5. Cachexie froide, scorbut, mélancolie, goutte, rhumatisme, néphrétique, leucophlegmatie, scrophules, phthisie, ulcères internes, fièvres intermittentes. *Extérieurement*, excellent détersif. 6. On cultive le *Trèfle d'eau* en Angleterre, pour le substituer dans la bière au houblon. Quoique

amer, le bétail le broute sec, et le mange sans répugnance, sec.

Nutritive pour la Chèvre, le Coq.

En Europe, dans les marais. ♃ Vernale dans la plaine; Estivale sur les Alpes.

216. HOTTONE, *HOTTONIA.* * *Lam. Tab. Encyclop.* pl. 100.

CAL. *Périanthe* d'un seul feuillet, à cinq *segmens* profonds, linéaires, droits, ouverts.

COR. Monopétale, en soucoupe. *Tube* de la longueur du calice: *Limbe* plane, à cinq *divisions* peu profondes, ovales, oblongues, échancrées.

ÉTAM. Cinq *Filamens*, en alêne, courts, droits, opposés aux divisions de la corolle, insérés au-dessus du tube de la corolle. *Anthères* oblongues.

PIST. *Ovaire* arrondi et terminé en pointe. *Style* filiforme, court. *Stigmate* arrondi.

PÉR. *Capsule* arrondie et terminée en pointe, à une loge, placée sur le calice.

SEM. Plusieurs, arrondies. *Réceptacle* arrondi, grand.

Corolle en soucoupe. *Étamines* insérées sur le tube de la corolle. *Capsule* à une seule loge.

1. HOTTONE des marais, *H. palustris*, L. à péduncules en anneaux, portant plusieurs fleurs.

Millefolium aquaticum seu Viola aquatica, et equisetifolium caule nudo; Millefeuille aquatique ou Violette aquatique et à feuille de Prêle, à tige nue. *Bauh. Pin.* 141, n°s 4 et 5. *Dod. Pempt.* 584, f. 2 et 3. *Lob. Ic.* 1, p 790, f. 1. *Lugd. Hist.* 770, f. 3, et 1022, f. 1. *Camer. Epit.* 897. *Flor. Dan.* tab. 487.

Nutritive pour le Bœuf.

A Lyon, Grenoble, Paris, en Bourgogne, dans les fossés aquatiques. ♃ Vernale.

2. HOTTONE des Indes, *H. Indica*, L. à péduncules axillaires, ne portant qu'une seule fleur.

Burm. Zeyl. 121, tab. 55, f. 1.

Dans l'Inde Orientale.

217. HYDROPHYLLE, *HYDROPHYLLUM.* * *Tournef. Inst.* 81, tab. 16. *Lam. Tab. Encyclop.* pl. 97.

CAL. *Périanthe* à peine plus court que la corolle, ouvert, persistant, à cinq *segmens* profonds, en alêne.

COR. Monopétale, en cloche, à cinq *divisions* peu profondes, droites, obtuses, échancrées.

Nectaire : crevasse formée par deux lames longitudinales, réunies, adhérentes à la corolle dans la partie intermédiaire de chaque division.

ÉTAM. Cinq *Filamens*, en alêne, plus longs que la corolle. *Anthères* couchées, oblongues.

PIST. *Ovaire* ovale, pointu. *Style* en alêne, de la longueur des étamines. *Stigmate* aigu, ouvert, divisé peu profondément en deux parties.

PÉR. *Capsule* arrondie, à une loge, à deux valves.

SEM. Une seule, ronde, grande.

Corolle en cloche, offrant sur ses parois internes cinq stries longitudinales ou nectaires. *Stigmate* divisé peu profondément en deux parties. *Capsule* arrondie, à deux battans.

1. HYDROPHYLLE de Virginie, *H. Virginicum*, L. à feuilles pinnatifides.

Moris. Hist. sect. 15, tab. 1, f. 3. *Sabbat. Hort. Rom.* 2, tab. 25.

En Virginie. ♃

2. HYDROPHYLLE du Canada, *H. Canadense*, L. à feuilles lobées, anguleuses.

Au Canada. ♃

218. ELLISE, *ELLISIA*. *Lam. Tab. Encyclop.* pl. 97.

CAL. *Périanthe* d'un seul feuillet, à cinq *segmens* profonds, aigus, ouverts.

COR. Monopétale, en entonnoir, plus petite que le calice. *Limbe* à cinq divisions peu profondes.

ÉTAM. Cinq *Filamens*, plus courts que le tube. *Anthères* arrondies.

PIST. *Ovaire* arrondi. *Style* filiforme, court. *Stigmate* oblong, divisé peu profondément en deux parties.

PÉR. *Capsule* en forme de bourse, coriace, à deux loges, à deux battans, renfermée dans le calice grand, plane, en étoile.

SEM. Deux dans chaque loge, arrondies, noires, à excavations ponctuées, mais placées l'une au-dessus de l'autre, à peine séparées par une cloison transversale.

Corolle en entonnoir, étroite. *Baie* sèche, à deux loges, à deux battans. Deux *Semences* ponctuées, placées l'une au-dessus de l'autre.

1. ELLISE Nyctèle, *E. Nyctelea*, L. à feuilles pinnatifides, aiguës, dentées ; à tige couchée.

Moris. Hist. sect. 11, tab. 28, f. 3.

En Virginie. ⊙

219. LYSIMACHIE, *LYSIMACHIA*. * *Tournef. Inst.* 141, tab. 59. *Lam. Tab. Encyclop.* pl. 101.

CAL. *Périanthe* à cinq segmens profonds, aigu, droit, persistant.

COR. Monopétale, en roue. *Tube* nul. *Limbe* plane à cinq *divisions* profondes, ovales, oblongues.

ÉTAM. Cinq *Filamens*, en alêne. *Anthères* pointues.

PIST. *Ovaire* arrondi. *Style* filiforme, de la longueur des étamines. *Stigmate* obtus.

PÉR. *Capsule* arrondie et terminée en pointe, à une loge, à dix battans.

SEM. Plusieurs, anguleuses. *Réceptacle* arrondi, très-grand, ponctué.

OBS. *La* L. Linum stellatum *diffère par la corolle à cinq divisions peu profondes, et la capsule à cinq battans.*

Corolle en roue. *Capsule* arrondie et terminée en pointe, formée par dix battans.

* I. *LYSIMACHIES à péduncules portant plusieurs fleurs.*

1. LYSIMACHIE Corneille, *L. vulgaris*, L. à fleurs en panicule formé par plusieurs grappes qui terminent la tige et les branches.

Lysimachia lutea major quæ Dioscoridis; Lysimachie jaune plus grande ou Lysimachie de Dioscoride. *Bauh. Pin.* 245, n.° 1. *Dod. Pempt.* 84, f. 1. *Lob. Ic.* 1, p. 342, f. 1. *Clus. Hist.* 2, p. 50, f. 2. *Lugd. Hist.* 1059, f. 1. *Camer. Epit.* 686. *Bauh. Hist.* 2, p. 904, f. 2. *Sabbat. Hort. Rom.* 2, tab. 41 et 42. *Flor. Dan.* tab. 689. *Icon. Pl. Med.* tab. 235.

Cette espèce offre plusieurs variétés à feuilles alternes, opposées, deux à deux, trois à trois, quatre à quatre. Les filamens des étamines sont réunis par la base. L'herbe colore en jaune.

Nutritive pour le Bœuf, la Chèvre.

En Europe, dans les marais, sur les bords des fossés aquatiques. ♃ Estivale.

2. LYSIMACHIE Éphémère, *L. Ephemerum*, L. à fleurs en grappes simples, terminant la tige; à pétales obtus; à étamines plus longues que la corolle.

Ephemerum Matthioli; Éphémère de Matthiole. *Bauh. Pin.* 244, n.° 2. *Dod Pempt.* 203, f. 2. *Lob. Ic.* 1, p. 354, f. 1. *Till. Pis.* 106, t. 40, f. 2.

En Sibérie. Cultivé dans les jardins. ⊙

3. LYSIMACHIE noire-pourpre, *L. atro-purpurea*, L. à fleurs en épis terminant la tige; à pétales lancéolés; à étamines plus courtes que la corolle.

Commel. Rar. pag. et tab. 33.

Il y a dans le texte de *Linné* une transposition, relativement à la description des étamines dans cette espèce et dans la précédente. Il faut suivre notre traduction, qui a été faite d'après l'examen de ces deux plantes vivantes.

En Orient. Cultivée dans les jardins. ⊙

4. LYSIMACHIE thyrsiflore, *L. thyrsiflora*, L. à fleurs en grappes latérales, pédunculées.

Lysimachia bifolia, flore globoso luteo; Lysimachie à deux feuilles, à fleur globuleuse jaune. *Bauh. Pin.* 245, n.° 4. *Dod. Pempt.* 607, f. 1. *Lob. Ic.* 2, p. 265, f. 2. *Clus. Hist.* 2, p. 53, f. 1 et 2. *Bauh. Hist.* 2, p. 904, f. 1. *Flor. Dan.* tab. 517.

Nutritive pour la Chevre.

Dans les marais auprès de Grodno.

* II. *LYSIMACHIES à pédoncules ne portant qu'une seule fleur.*

5. LYSIMACHIE à quatre feuilles, *L. quadrifolia*, L. à feuilles quatre à quatre; à pétioles ciliés; à péduncules quatre à quatre, ne portant qu'une seule fleur.

Plukn. tab. 333, f. 1. *Petiv. Gaz.* tab. 2, f. 5.

Cette espèce présente une variété à pétioles ciliés.

En Virginie, au Canada, à Naples.

6. LYSIMACHIE ponctuée, *L. punctata*, L. à feuilles trois à trois ou quatre à quatre, presque assises ou à pétioles tres-courts; à péduncules en anneaux, ne portant qu'une seule fleur.

Lysimachia lutea minor, foliis nigris punctis notatis; Lysimachie jaune plus petite, à feuilles ponctuées de noir. *Bauh. Pin.* 245, n.° 2. *Clus. Hist.* 2, p. 52, f. 2. *Moris. Hist.* sect. 5, tab. 10, f. 15. *Jacq. Aust.* tab. 366.

En Suisse, en Hollande, en Sibérie.

7. LYSIMACHIE Lin étoilé, *L. Linum stellatum*, L. à calices plus longs que la corolle; à tige droite, très-rameuse.

Linum minimum, stellatum; Lin très-petit, étoilé. *Bauh. Pin.* 214, n.° 6. *Magn. Bot.* p. 163, t. 24.

A Montpellier, en Italie. ⊙ Vernale.

8. LYSIMACHIE des forêts, *L. nemorum*, L. à feuilles ovales, aiguës; à fleurs solitaires; à tige couchée.

Anagallis lutea nemorum; Mouron jaune des bois. *Bauh. Pin.* 252, n.° 4. *Lob. Ic.* 1, p. 466, f. 1. *Clus. Hist.* 2, p. 182, f. 2. *Lugd. Hist.* 1235, f. 3, et 1237, f. 2. *Moris. Hist.* sect. 5, tab. 26, f. 5. *Flor. Dan.* tab. 174.

En Europe, dans les forêts. Estivale.

9. LYSIMACHIE Nummulaire, *L. Nummularia*, L. à feuilles presque en cœur; à fleurs solitaires; à tige rampante.

Nummularia major, lutea; Nummulaire plus grande, à fleur jaune. *Bauh. Pin.* 309, f. 1. *Dod. Pempt.* 600, f. 2. *Lob. Ic.* 1, p. 474, f. 1. *Lugd. Hist.* 1062, f. 1. *Camer. Epit.* 755. *Moris. Hist.* sect. 5, tab. 26, f. 1. *Sabbat. Hort. Rom.* 2, tab. 44. *Bul. Paris.* tab. 94. *Flor. Dan.* tab. 493. *Icon. Pl. Med.* t. 20.

1. *Nummularia*, Herbe aux écus, Nummulaire. 2. Herbe entière. 3. Inodore, un peu acidule, un peu âcre. 4. Mucilage un peu acide. 5. Ulceres internes, plaies, fleurs blanches, hémorrhagies habituelles, diarrhées.

Nutritive pour le Bœuf, la Chèvre.

En Europe, dans les fossés aquatiques, les terrains humides, les prés. ♃ Estivale.

220. MOURON, *ANAGALLIS.* * *Tournef. Inst.* 142, tab. 59. *Lam. Tab. Encyclop.* pl. 101.

CAL. *Périanthe* aigu, persistant, à cinq *segmens* profonds, en carène.

COR. Monopétale, en roue. *Tube* nul. *Limbe* plane, à cinq *divisions* profondes, ovales, arrondies, réunies par les onglets.

ÉTAM. Cinq *Filamens*, droits, plus courts que la corolle, velus dans leur partie inférieure. *Anthères* simples.

PIST. *Ovaire* arrondi. *Style* filiforme, légèrement incliné. *Stigmate* en tête.

PÉR. *Capsule* arrondie, à une loge, s'ouvrant horizontalement.

SEM. Plusieurs, anguleuses. *Réceptacle* globuleux, très-grand.

Corolle en roue. *Capsule* s'ouvrant horizontalement ou en boîte à savonnette.

1. MOURON des champs, *A. arvensis*, L. à feuilles très-entières ou sans divisions; à tige couchée.

Cette espèce présente deux variétés :

1.° Le Mouron à fleur bleue, *A. flore cæruleo.*

Anagallis cæruleo flore; Mouron à fleur bleue. *Bauh. Pin.* 252, n.° 2. *Dod. Pempt.* 32, f. 2. *Lob. Ic.* 1, p. 465, f. 2. *Clus. Hist.* 2, p. 183, f. 1. *Lugd. Hist.* 1237, f. 1. *Camer. Epit.* 395. *Bauh. Hist.* 3, P. 2, p. 369, f. 1. *Sabbat. Hort. Rom.* 2, tab. 46. *Bul. Paris.* tab. 96.

2.° Le Mouron à fleur pourpre, *A. flore phœniceo.*

Anagallis phœniceo flore; Mouron à fleur pourpre. *Bauh. Pin.* 252, n.° 1. *Dod. Pempt.* 32, f. 1. *Lob. Ic.* 1, p. 465, f. 1. *Lugd. Hist.* 1236, f. 2. *Camer. Epit.* 394. *Bauh. Hist.* 3, P. 2, p. 369, f. 2. *Sabbat. Hort. Rom.* 2, tab. 45. *Bul. Paris.* tab. 95. *Flor. Dan.* tab. 88. *Icon. Pl. Med.* tab. 145.

1. *Anagallis*, Mouron à fleurs rouges, Mouron à fleurs bleues.

2. Toute la plante. 3. Inodore, mucilagineuse, un peu âcre. 4. Extrait résino-gommeux. 5. Mélancolie, rage.

Nutritive pour le Bœuf, la Chèvre.

En Europe, dans les jardins, les champs. ⊙ Estivale.

2. MOURON droit, *A. monelli*, L. à feuilles très-entières ou sans divisions; à tige droite.

Anagallis cærulea, foliis binis ternisve ex adverso nascentibus; Mouron bleu, à deux ou trois feuilles naissant d'un côté opposé. *Bauh. Pin.* 252, n.° 3. *Moris. Hist.* sect. 5, tab. 26, *f.* 3.

A Vérone, à Naples. ⊙

3. MOURON à larges feuilles, *A. latifolia*, L. à feuilles en cœur, embrassantes; à tige comprimée.

Barrel. tab. 584.

En Espagne, à Naples. ⊙

4. MOURON à feuilles de Lin, *A. linifolia*, L. à feuilles linéaires; à tige droite.

En Portugal, en Espagne. ⊙

5. MOURON délicat, *A. tenella*, L. à feuilles ovales, un peu aiguës; à tige rampante.

Nummularia minor, purpurascente flore; Nummulaire plus petite, à fleur pourpre. *Bauh. Pin.* 310, n.° 2. *Prod.* 136, f. 1. *Bauh. Hist.* 3, P. 3, p. 371, f. 2. *Moris. Hist.* sect. 5, t. 26, f. 2.

A Grenoble, Montpellier, en Provence, dans les endroits humides. Vernale.

221. THÉOPHRASTE, *THEOPHRASTA*. *Lam. Tab. Encyclop.* pl. 119. ERESIA. *Plum. Gen.* 8, tab. 25.

CAL. *Périanthe* à moitié divisé en cinq segmens, petit, persistant; à *sinus et segmens* alternes.

COR. Monopétale, en cloche, droite, ouverte, à moitié divisée en cinq parties obtuses.

ÉTAM. Cinq *Filamens*, en alêne, plus courts que la corolle. *Anthères* simples.

PIST. *Ovaire* ovale. *Style* en alêne, plus court que la corolle. *Stigmate* aigu.

PÉR. *Capsule* arrondie, très-grande, à une loge.

SEM. Plusieurs, arrondies, attachées de tous côtés sur le réceptacle libre.

Corolle en cloche, à divisions et lanières obtuses. *Capsule* à une seule loge, arrondie, très-grande, renfermant plusieurs semences.

1. THEOPHRASTE Américaine, *T. Americana*, L. à feuilles lancéolées, très-longues, dentées, à nervures ondulées.

Plum. Pl. Amer. tab. 126.

Dans l'Amérique équinoxiale. ♄

221. SPIGÈLE, *SPIGELIA.* * *Lam. Tab. Encyclop.* pl. 107. ANAPABACA. *Plum. Gen.* 10, tab. 31.

CAL. *Périanthe* d'un seul feuillet, à cinq segmens profonds, pointu, petit, persistant.

COR. Monopétale, en entonnoir. *Tube* beaucoup plus long que le calice, rétréci à la base. *Limbe* ouvert, à cinq *divisions* peu profondes, larges, pointues.

ÉTAM. Cinq *Filamens*, simples. *Anthères* simples.

PIST. *Ovaire* supérieur, composé de deux parties arrondies. Un *Style* en alêne, de la longueur du tube. *Stigmate* simple.

PÉR. *Capsule* didyme, à deux loges, à quatre battans.

SEM. Nombreuses, très-petites.

Corolle en entonnoir. *Capsule* didyme, à deux loges, renfermant plusieurs semences.

1. SPIGÈLE vermifuge, *S. Anthelmia*, L. à tige herbacée; les feuilles supérieures, quatre à quatre.

Petiv. Gaz. tab. 59, f. 10. *Amœn. Acad.* 5, p. 133, tab. 2. *Icon. Pl. Med.* tab. 469.

1. *Spigelia.* 2. Racine, Herbe entière. 3. Désagréable, fétide, sentant le vase de bois où auroit pourri de l'eau. 5. Convulsions, vers. On s'accorde à regarder cette plante dont *Linné* faisoit grand cas, comme le meilleur ou un des meilleurs vermifuges. Elle est peu connue, et presque inusitée en France. Elle mériteroit d'être cultivée en Europe.

A Cayenne, au Brésil, à la Jamaïque. ☉

2. SPIGÈLE du Mariland, *S. Marilandica*, L. à tige à quatre côtés; toutes les feuilles opposées.

Catesb. Carol. 2, pag. et tab. 78.

En Virginie, au Mariland, à la Caroline. ♄ ♃

223. OPHIORHIZE, *OPHIORHIZA.* † *Lam. Tab. Encyclop.* pl. 107.

CAL. *Périanthe* d'un seul feuillet, droit, à cinq dents, égal, persistant.

COR. Monopétale, en entonnoir. *Limbe* à cinq divisions peu profondes, obtus, ouvert.

ÉTAM. Cinq *Filamens*, filiformes, de la longueur du tube sur lequel ils sont insérés. *Anthères* oblongues.

PIST. *Ovaire* supérieur, divisé peu profondément en deux parties. *Style* filiforme, de la longueur des étamines, un peu épaissi dans sa partie supérieure. Deux *Stigmates*, obtus.

PÉR. *Capsule* large, un peu obtuse, à deux lobes, oblongs, écartés, à deux loges, à cloison opposée, s'ouvrant intérieurement.

SEM. Nombreuses, anguleuses.

Corolle en entonnoir. *Ovaire* divisé peu profondément en deux parties. Deux *Stigmates*. *Fruit* à deux lobes.

1. OPHIORHIZE Mungos, *O. Mungos*, L. à feuilles lancéolées, ovales.

Petiv. Gaz. tab. 41, f. 12.

1. *Serpentum radix*, Racine des serpens. 2. Racine. 3. Très-amère. 5. Fièvre putride, rage, tous les venins, piqûre ou morsure de tous les animaux venimeux. 6. En quelques lieux de l'Inde Orientale, cette plante sert de fourrage pour les chevaux.

Dans l'Inde Orientale. ♃

2. OPHIORHIZE Mitréola, *O. Mitreola*, à feuilles ovales.

Dans l'Amérique Méridionale.

224. LISIANTHE, *LISIANTHUS*. *Lam. Tab. Encyclop.* pl. 107.

CAL. *Périanthe* à cinq *segmens* profonds, lancéolés, en carêne, membraneux sur les bords, très-courts, persistans.

COR. Monopétale, en entonnoir. *Tube* long, comme ventru, étranglé à sa base en dedans du calice. *Limbe* à cinq *divisions* profondes, lancéolées, plus courtes que le tube, recourbées.

ÉTAM. Cinq *Filamens*, filiformes, plus longs que le tube. *Anthères* ovales, couchées.

PIST. *Ovaire* oblong, pointu. *Style* filiforme, de la longueur des étamines, persistant. *Stigmate* en tête, à deux lobes.

PÉR. *Capsule* oblongue, pointue, à deux loges.

SEM. Nombreuses.

Corolle à tube ventru, à divisions recourbées. *Calice* en carêne. *Stigmate* à deux lobes. *Capsule* oblongue, à deux loges.

1. LISIANTHE à longues feuilles, *L. longifolius*, L. à feuilles lancéolées.

Sloan. Jam. tab. 101, f. 1.

A la Jamaïque, dans les forêts. ♄

2. LISIANTHE à feuilles en cœur, *L. cordifolius*, L. à feuilles en cœur.

A la Jamaïque. ♄

225. RANDIE, *RANDIA.* † *Lam. Tab. Encyclop.* pl. 156.

CAL. *Périanthe* d'un seul feuillet, ovale, persistant, à *orifice* à cinq dents.

COR. Monopétale, en soucoupe. *Limbe* à cinq *divisions* peu profondes, ovales, aiguës.

ÉTAM. Cinq *Filamens*, très-courts. *Anthères* oblongues, droites, enfermées dans la gorge de la corolle.

PIST. *Ovaire* ovale. *Style* simple, cylindrique, de la longueur du tube, divisé supérieurement en deux parties peu profondes. *Stigmates* obtus, inégaux.

PÉR. *Baie* à écorce capsulaire, ovale, tronquée au sommet, à une loge.

SEM. Plusieurs, arrondies, cartilagineuses, comprimées, environnées par une pulpe.

Calice d'un seul feuillet. *Corolle* en soucoupe. *Baie* à une seule loge, recouverte par une enveloppe capsulaire.

1. RANDIE sans épines, *R. mitis*, L. à tige sans épines.

Sloan. Jam. tab. 161, f. 2.

A la Jamaïque. ♄

2. RANDIE épineuse, *R. aculeata*, L. à rameaux garnis de deux épines.

Plukn. tab. 55, f. 6; et tab. 97, f. 6.

A la Jamaïque.

226. AZALÉE, *AZALEA.* * *Lam. Tab. Encyclop.* pl. 110.

CAL. *Périanthe* à cinq segmens profonds, aigu, droit, petit, coloré, persistant.

COR. Monopétale, en cloche, à moitié divisée en cinq parties courbées sur les côtés.

ÉTAM. Cinq *Filamens*, filiformes, insérés sur le réceptacle, libre. *Anthères* simples.

PIST. *Ovaire* arrondi. *Style* filiforme, de la longueur de la corolle, persistant. *Stigmate* obtus.

PÉR. *Capsule* arrondie, à cinq loges, à cinq battans.

SEM. Plusieurs, arrondies.

OBS. *Dans quelques espèces, la* Corolle *est en entonnoir; dans quelques autres, en cloche. Dans quelques-unes, les étamines sont inclinées et très-longues. Ce genre diffère essentiellement des* Rhododendron, *par le nombre des étamines.*

Corolle en cloche. *Étamines* insérées sur le réceptacle. *Capsule* à cinq loges.

1. AZALÉE du Pont, *A. Pontica*, L. à feuilles luisantes, lancéolées, lisses sur les deux surfaces; à rameaux terminaux.

Buxb. Cent. 5, p. 36, tab. 69.

Au Pont-Euxin. ♄

2. AZALÉE des Indes, *A. Indica*, L. à fleurs le plus souvent solitaires; à calices garnis de poils.

Kœmph. Amœn. 845 et 846. *Herm. Lugd.* 152 et 153.

Dans l'Inde Orientale. ♄

3. AZALÉE à fleur nue, *A. nudiflora*, L. à feuilles ovales; à corolles garnies de poils; à étamines très-longues.

Duham. Arb. 1, p. 85, tab. 3.

En Virginie, dans les terrains secs. ♄

4. AZALÉE visqueuse, *A. viscosa*, L. à feuilles rudes sur les bords; à corolles garnies de poils, visqueuses.

Plukn. tab. 161, f. 4.

En Virginie. ♄

5. AZALÉE de Lapponie, *A. Lapponica*, L. à feuilles parsemées de points creux.

Flor. Lapp. 56, tab. 6, f. 1.

Sur les Alpes de Lapponie. ♄

6. AZALÉE couchée, *A. procumbens*, L. à rameaux diffus, couchés.

Chamæcistus serpillifolia, floribus carneis; Faux-Ciste à feuilles de serpolet, à fleurs couleur de chair. *Bauh. Pin.* 466, n.° 9. *Clus. Hist.* 1, p. 75, f. 3. *Bauh. Hist.* 1, P. 1, p. 527, f. 1. *Boccon. Mus.* 2, tab. 53. *Flor. Lapp.* 58, tab. 6, f. 2. *Flor. Dan.* tab. 9.

Sur les Alpes de Provence, du Dauphiné. ♄ Estivale. *S-Alp.*

227. DENTELAIRE, *PLUMBAGO*. * *Tournef. Inst.* 140, tab. 58. *Lam. Tab. Encyclop.* pl. 105.

CAL. *Périanthe* d'un seul feuillet, ovale, oblong, tubulé, à cinq côtés, rude, persistant, à *orifice* à cinq dents.

COR. Monopétale, en entonnoir. *Tube* comme cylindrique, rétréci dans sa partie supérieure, plus long que le calice. *Limbe* droit, ouvert, à cinq *divisions* peu profondes, ovales.

Nectaire: cinq valvules, pointues, très-petites, placées dans le fond de la corolle, renfermant l'ovaire.

ÉTAM. Cinq *Filamens*, en alêne, libres, enfermés dans le tube de la corolle, insérés sur les valvules du nectaire. *Anthères* petites, oblongues, versatiles.

PIST. *Ovaire* ovale, très-petit. *Style* simple, de la longueur du tube. *Stigmate* grêle, divisé peu profondément en cinq parties.

PÉR. Nul.
SEM. Une seule, oblongue, enfermée.

Corolle en entonnoir. *Étamines* insérées sur des écailles qui ferment la base de la corolle. *Stigmate* divisé peu profondément en cinq parties. Une *Semence* oblongue, recouverte par une membrane.

1. DENTELAIRE d'Europe, *P. Europaea*, L. à feuilles embrassant la tige, lancéolées, rudes.

Lepidium Dentellaria dictum; Cresson appelé Dentelaire. *Bauh. Pin.* 97, n.° 3. *Lob. Ic.* 1, p. 321, f. 1. *Clus. Hist.* 2, p. 124, f. 1. *Lugd. Hist.* 1297, f. 3. *Column. Ecphras.* 1, p. 160 et 161. *Bauh. Hist.* 2, p. 491, f. 3. *Sabbat. Hort. Rom.* 2, t. 39 et 40.

1. *Dentaria*, Dentaire, Dentelaire. 2. Racine, Feuilles. 3. Acre, septique, brûlante. 5. Dyssenterie, coliques des petits enfans, poisons, douleur des dents, cancers. L'huile d'olive dans laquelle on a fait macérer au soleil les feuilles de Dentelaire, déterge promptement les vieux ulcères, et a guéri des cancers et plusieurs galeux.

A Montpellier, en Provence, en Dauphiné. ♃ Estivale.

2. DENTELAIRE de Zeylan, *P. Zeylanica*, L. à feuilles pétiolées, ovales, lisses; à tige filiforme.

Rheed. Mal. 10, p. 15, t. 8. *Commel. Hort.* 2, p. 169, t. 85.

Dans l'Inde Orientale. ♄

3. DENTELAIRE couleur de rose, *P. rosea*, L. à feuilles pétiolées, ovales, lisses, comme dentelées; à tige à articulations bossuées.

Rheed. Malab. 10, pag. 17, tab. 9. *Rumph. Amb.* 5, pag. 453; tab. 168.

Dans l'Inde Orientale. ♄

4. DENTELAIRE grimpante, *P. scandens*, L. à feuilles pétiolées, ovales, lisses; à tige tortueuse, grimpante.

Sloan. Jam. tab. 133, f. 1.

Dans l'Amérique Méridionale. ♄

228. NIGRINE, *NIGRINA*. *Lam. Tab. Encyclop.* pl. 71.

CAL. *Périanthe* d'un seul feuillet, ovale, boursouflé, à cinq dents, persistant.

COR. Monopétale, en entonnoir, à peine de la longueur du calice. *Tube* ouvert. *Limbe* à cinq divisions profondes, obtus, ouvert.

ÉTAM. Cinq *Filamens*, filiformes, de la longueur du tube sur la base duquel ils sont insérés. *Anthères* oblongues, obtuses, aiguës et divisées peu profondément en deux parties à la base.

PIST.

PIST. *Ovaire* supérieur, conique. *Style* filiforme, de la longueur de la corolle. *Stigmate* obtus.

PÉR. *Capsule* ovale, à deux loges.

SEM. Plusieurs.

Calice enflé. *Corolle* en entonnoir. *Stigmate* obtus. *Capsule* à deux loges.

1. NIGRINE visqueuse, *N. viscosa*, L. à feuilles opposées, assises, lancéolées, rudes.

Bergm. Cap. 162, tab. 3, f. 4.

Au cap de Bonne-Espérance. ♃

229. PHLOXE, *PHLOX.* * *Lam. Tab. Encyclop.* pl. 108. LYCHNIDEA, *Dill. Elth.* tab. 166.

CAL. *Périanthe* d'un seul feuillet, comme cylindrique, à dix angles, à cinq dents, aigu, persistant.

COR. Monopétale, en soucoupe. *Tube* comme cylindrique, plus long que le calice, rétréci dans sa partie inférieure, recourbé. *Limbe* plane, à cinq *divisions* profondes, égales, obtuses, plus courtes que le tube.

ÉTAM. Cinq *Filamens*, dans le tube de la corolle, dont deux plus longs, un seul plus court. *Anthères* dans la gorge de la corolle.

PIST. *Ovaire* conique. *Style* filiforme, de la longueur des étamines. *Stigmate* aigu, divisé peu profondément en trois parties.

PÉR. *Capsule* ovale, à trois côtés, à trois loges, à trois battans.

SEM. Solitaires, ovales.

Calice prismatique. *Corolle* en soucoupe. *Filamens* inégaux. *Stigmate* divisé peu profondément en trois parties. *Capsule* à trois loges, renfermant une seule semence.

1. PHLOXE paniculée, *P. paniculata*, L. à feuilles lancéolées, rudes sur les bords; à fleurs en corymbe en panicule.

Dill. Elth. tab. 166, f. 203.

Dans l'Amérique Septentrionale. ♃

2. PHLOXE tachée, *P. maculata*, L. à feuilles lancéolées, lisses; à grappe en corymbe, opposée.

Jacq. Hort. tab. 127.

En Virginie. ♃

3. PHLOXE velue, *P. pilosa*, L. à feuilles lancéolées, velues; à tige droite; à fleurs en corymbe terminant.

Plukn. tab. 98, f. 1.

En Virginie. ♃

4. PHLOXE de la Caroline, *P. Carolina*, L. à feuilles lancéolées, lisses; à tige rude; à fleurs en corymbe comme en faisceaux.

Mart. Cent. tab. 10.

A la Caroline ♃

5. PHLOXE très-lisse, *P. glaberrima*, L. à feuilles linéaires, lancéolées, lisses; à tige droite; à fleurs en corymbe terminant.

Dill. Elth. tab. 166, f. 202.

En Virginie. ♃

6. PHLOXE étalée, *P. divaricata*, L. à feuilles larges, lancéolées: les supérieures alternes; à tige divisée peu profondément en deux parties; à péduncules deux à deux.

En Virginie.

7. PHLOXE ovale, *P. ovata*, L. à feuilles ovales; à fleurs solitaires.

Plukn. tab. 348, f. 4.

En Virginie.

8. PHLOXE en alêne, *P. subulata*, L. à feuilles en alêne, hérissées; à fleurs opposées.

Plukn. tab. 88, f. 2.

En Virginie.

9. PHLOXE de Sibérie, *P. Sibirica*, L. à feuilles linéaires, velues; à péduncules trois à trois.

Gmel. Sibir. 4, pag. 87, tab. 46, f. 2.

Dans l'Asie Septentrionale. ♃

10. PHLOXE sétacée, *P. setacea*, L. à feuilles sétacées, lisses; à fleurs solitaires.

Plukn. tab. 98, f. 3.

En Virginie.

230. PORANE, *PORANA*. † *Lam. Tab. Encyclop.* pl. 186.

CAL. *Périanthe* à cinq *feuilles*, lancéolés, obtus, presque plus courts que la corolle, ouverts, persistans, devenant plus grands à la maturité du fruit.

COR. Monopétale, en cloche, droite, aiguë, à moitié divisée en cinq parties.

ÉTAM. Cinq *Filamens*, capillaires, ouverts, en quelque sorte plus courts que la corolle. *Anthères* couchées, ovales.

PIST. *Ovaire* supérieur, presque arrondi. *Style* à moitié divisé en deux parties, plus long que la corolle, sétacé, persistant. *Stigmates* en têtes.

PÉR. . . . . à deux valves.

SEM. . . . .

Calice à cinq segmens peu profonds, devenant plus grand à la maturité du fruit. *Corolle* en cloche. *Style* à moitié divisé en deux parties, plus long, persistant. *Stigmates* arrondis. *Péricarpe* à deux battans.

1. PORANE entortillée, *P. volubilis*, L. à feuilles ovales, à dents de scie, un peu aiguës, plissées.

Burm. Ind. 51, tab. 21, f. 1.

Dans l'Inde Orientale. ♄

231. LISERON, *CONVOLVULUS.* * *Tournef. Inst.* 82, tab. 17. *Lam. Tab. Encyclop.* pl. 104.

CAL. *Périanthe* à cinq *segmens* profonds réunis, ovales, obtus, très-petits, persistans.

COR. Monopétale, en cloche, ouverte, grande, plissée, à cinq lobes irréguliers.

ÉTAM. Cinq *Filamens*, en alêne, moitié plus courts que la corolle. *Anthères* ovales, comprimées.

PIST. *Ovaire* arrondi. *Style* filiforme, de la longueur des étamines. Deux *Stigmates*, oblongs, un peu élargis.

PÉR. *Capsule* enveloppée par le calice, arrondie, à deux loges, à un, deux ou trois battans.

SEM. Deux, arrondies.

OBS. *La* Corolle *présente ordinairement dix crénelures, mais dans quelques espèces le limbe est à cinq divisions peu profondes; dans quelques autres la corolle est en entonnoir.*

Corolle en cloche, plissée. Deux *Stigmates*. *Capsule* à deux loges, renfermant chacune deux semences.

* I. *LISERONS à tige entortillée.*

1. LISERON des champs, *C. arvensis*, L. à feuilles en fer de flèche, aiguës aux deux extrémités; à péduncules ne portant le plus souvent qu'une seule fleur.

Convolvulus minor, arvensis; Liseron plus petit, des champs. *Bauh. Pin.* 294, n.° 3. *Dod. Pempt.* 393, f. 1. *Lob. Ic.* 619, f. 2. *Clus. Hist.* 2, p. 50, f. 1. *Lugd. Hist.* 1424, f. 1. *Camer. Epit.* 753. *Bauh. Hist.* 2, p. 157, f. 1. *Moris. Hist.* sect. 1, tab. 3, f. 9. *Bul. Paris.* tab. 97. *Flor. Dan.* tab. 459.

Cette espèce présente une variété, gravée dans *Boccone Mus.* tab. 33.

Nutritive pour le Cheval, le Mouton, le Bœuf, la Chèvre.

En Europe, dans les jardins, les champs, sur les bords des grands chemins. ♃ Estivale.

2. LISERON des haies, *C. sepium*, L. à feuilles en fer de flèche, postérieurement tronquées; à péduncules à quatre côtés, ne portant qu'une seule fleur.

Convolvulus major, albus; Liseron plus grand, à fleur blanche. *Bauh. Pin.* 294, n.° 1. *Dod. Pempt.* 392, f. 1. *Lob. Ic.* 1, p. 619, f. 1. *Lugd. Hist.* 1423, f. 1. *Camer. Epit.* 932. *Bauh. Hist.* 2, p. 154, f. 1. *Moris. Hist.* sect. 1, tab. 3, f. 6. *Bul. Paris.* tab. 98. *Flor. Dan.* tab. 458. *Icon. Pl. Med.* tab. 395.

Nutritive pour le Cheval, le Mouton, la Chèvre.

En Europe, dans les haies, les buissons. ♃ Estivale.

3. LISERON Scammonée, *C. Scammonia*, L. à feuilles en fer de flèche, postérieurement tronquées; à péduncules arrondis, portant, le plus souvent trois fleurs.

Scammonia Syriaca; Scammonée de Syrie. *Bauh. Pin.* 294, n.° 1. *Dod. Pempt.* 391, f. 1. *Lob. Ic.* 1, p. 620, f. 1. *Lugd. Hist.* 1661, f. 1. *Camer. Epit.* 971. *Bauh. Hist.* 2, p. 163, f. 1. *Moris. Hist.* sect. 1, tab. 3, f. 5. *Icon. Pl. Med.* tab. 214.

1. *Scammonium crudum*, Scammonée de Smyrne, Scammonée d'Alep. 2. Gomme-résine. 3 Acre, amère, nauseuse, gommo-résineuse, odeur désagréable, tirant sur l'aigre. 4. Résine, gomme, extraits aqueux et spiritueux. 5. Maladies chroniques des personnes robustes seulement; hydropisie, fievre quarte, asthme humide, gale rebelle, goutte.

En Syrie, en Cappadoce. ♃

4. LISERON de Sibérie, *C. Sibiricus*, L. à feuilles en cœur, aiguës, lisses; à péduncules portant deux fleurs.

En Sibérie. ⊙

5. LISERON farineux, *C. farinosus*, L. à feuilles en cœur, aiguës, peu sinuées; à péduncules portant trois fleurs; à tige farineuse.

Jacq. Hort. tab. 35.

On ignore son climat natal. ⊙

6. LISERON des Indes, *C. Medium*, L. à feuilles linéaires, en fer de hallebarde, aiguës, à oreillettes dentées; à péduncules ne portant qu'une seule fleur; à calices en fer de flèche.

Rheed. Mal. 11, p. 113, tab. 55.

Dans l'Inde Orientale.

7. LISERON à feuilles en violon, *C. panduratus*, L. à feuilles en cœur, entières, en forme de violon; à calices lisses.

Dill. Elth. tab. 85, f. 99.

En Virginie, dans les sables.

8. LISERON de la Caroline, *C. Carolinus*, L. à feuilles en cœur,

entières et à trois lobes, velues; à calices lisses; à capsules hérissées; à péduncules portant une ou deux fleurs.

Dill. Elth. tab. 84, f. 98.

A la Caroline. ♃

9. LISERON à feuilles de lière, *C. hederaceus*, L. à feuilles en cœur, entières et à trois lobes; à corolles entières ou sans divisions; à fruits droits.

Plukn. tab. 451, f. 7. *Dill. Elth.* tab. 83, f 96, et t. 81, f. 93.

En Asie, en Afrique, en Amérique. ⊙

10. LISERON Nil, *C. Nil*, L. à feuilles en cœur, à trois lobes; à corolles à moitié divisées en cinq parties; à péduncules plus courts que les pétioles.

Convolvulus cæruleus, hederaceo anguloso folio; Liseron à fleur bleue, à feuilles de lière anguleuse. *Bauh. Pin.* 295, n.° 5. *Dod. Pempt.* 396, f. 1. *Lob. Ic.* 1, p. 625, f. 1. *Lugd. Hist.* 1425, f. 2. *Bauh. Hist.* 2, p. 164, f. 1. *Dill. Elth.* tab. 80, f. 91 et 92.

Dans l'Amérique Méridionale. ⊙

11. LISERON pourpre, *C. purpureus*, L. à feuilles en cœur, très-entières ou sans divisions; à fruits inclinés; à pédicelles épaissis au sommet.

Convolvulus purpureus, folio subrotundo; Liseron à fleur pourpre, à feuille arrondie. *Bauh. Pin.* 295, n.° 6. *Bauh. Hist.* 2, p. 165, f. 1.

Cette espèce présente deux variétés, gravées dans *Dillen Elth.* tab. 82, f. 94, et tab. 84, f. 97.

Dans l'Amérique Méridionale. Cultivé dans les jardins. ⊙

12. LISERON obscur, *C. obscurus*, L. à feuilles en cœur, très-entières ou sans divisions; à tiges un peu duvetées; à péduncules épaissis au sommet, ne portant qu'une seule fleur; à calices lisses.

Dill. Elth. tab. 83, f. 95.

A la Chine, à Batavia, à Zeylan, à Surinam. ⊙

13. LISERON angulaire, *C. angularis*, L. à feuilles en cœur, à cinq angles, très-entières, velues; à péduncules portant plusieurs fleurs.

Burm. Ind. 46, tab. 19, f. 2.

Dans l'isle de Java.

14. LISERON Batate, *C. Batatas*, L. à feuilles en cœur, en fer de hallebarde, à cinq nervures; à tige rampante, hérissée, portant des tubercules.

Batatas, Camotes Hispanorum; Batate, Camotes des Espagnols. *Bauh. Pin.* 91, n.° 8. *Lob. Ic.* 1, p. 647. *Lugd. Hist* 1910,

f. 1. *Moris. Hist.* sect. 1, tab. 3, f. 4. *Rheed. Mal.* 7, p. 91, tab. 50. *Rumph. Amb.* 5, p. 367, tab. 150.

Dans les Deux Ind. ♄

15. LISERON à deux fleurs, *C. biflorus*, L. à feuilles en cœur, duvetées; à péduncules deux à deux; à corolles à trois lobes peu profonds.

A la Chine. ☉

16. LISERON verticillé, *C. verticillatus*, L. à feuilles en cœur, oblongues, nues; à péduncules en ombelle, divisés peu profondément en deux parties, portant plusieurs fleurs.

Plum. Am. tab. 94, f. 2.

Dans l'Amérique Méridionale.

17. LISERON ombellé, *C. umbellatus*, L. à feuilles en cœur; à péduncules en ombelles.

Plukn. tab. 167, f. 1.

A la Martinique, à Saint-Domingue, à la Jamaïque.

18. LISERON du Malabar, *C. Malabaricus*, L. à feuilles en cœur, lisses; à tige vivace, velue.

Rheed. Mal. 11, p. 105, tab. 51.

Au Malabar. ♄

19. LISERON des Canaries, *C. Canariensis*, L. à feuilles en cœur, duvetées; à tige vivace, velue; à péduncules portant plusieurs fleurs.

Plukn. tab. 301, f. 3 (mauvaise), et tab. 325, f. 1.

Aux isles Canaries. ♄

20. LISERON tuberculeux, *C. muricatus*, L. à feuilles en cœur; à péduncules épaissis au sommet; à calices lisses; à tige tuberculeuse hérissée, ou garnie de poils en alêne, mous.

A Surate.

21. LISERON à deux tranchans, *C. anceps*, L. à feuilles en cœur; à tige carénée des deux côtés.

A Zeylan, à Java.

22. LISERON Turbith, *C. Turpethum*, L. à feuilles en cœur, anguleuses; à tige membraneuse, quadrangulaire; à péduncules portant plusieurs fleurs.

Turpetum Arabum, seu Turbit officinarum; Turpet des Arabes, ou Turbith des boutiques. *Bauh. Pin.* 149, n.° 1. *Lob. Ic.* 1, p. 371, f. 1. *Herman. Lugd.* 178 et 179.

1. *Turpethum*, Turbith. 2. Racine. 3. Un peu âcre, nauséabonde. 4. Extrait aqueux; extrait spiritueux âcre. 5. Maladies chroniques, hydropisie. Les Arabes ont les premiers fait mention du Turbith.

A Zeylan. ♃

23. LISERON en rondache, *C. peltatus*, L. à feuilles en rondaches à péduncules portant plusieurs fleurs.

Rumph. Amb. 5, tab. 157.

A Amboine.

24. LISERON Jalap, *C. Jalappa*, L. à feuilles difformes, en cœur, anguleuses, oblongues et lancéolées; à péduncules ne portant qu'une seule fleur.

Lugd. Hist. 1902, f. 2?

Cette espèce est le vrai *Jalap* des boutiques, selon *Miller*, qui en reçut les racines de *Houston*, et qui les vendit aux Pharmaciens de Londres.

1. *Jalappa*, Jalap. 2. Racine. 3. *Sèche*, nauséuse, âcre : *fraîche*, laiteuse. 4. Gomme, résine, extraits aqueux et spiritueux, en quantité inégale. 5. Cachexie froide, coqueluche des petits enfans, vers, glaires et viscosités des premières voies, hydropisie.

En Asie, en Amérique, à Véra-Crux, au Mexique, d'où il fut apporté, pour la première fois en Europe, au commencement du dix-septième siècle. ♃

25. LISERON soyeux, *C. sericeus*, L. à feuilles lancéolées, elliptiques, duvetées et soyeuses en dessous; à péduncules comme en ombelles; à calices garnis de poils.

Burm. Ind. 44, tab. 17, f. 1.

Dans l'Inde Orientale. ♄

26. LISERON duveté, *C. tomentosus*, L. à feuilles à trois lobes, duvetées; à tige laineuse.

Plukn. tab. 167, f. 4. *Sloan. Jam.* tab. 98, f. 2.

A la Jamaïque.

27. LISERON à feuilles de guimauve, *C. althæoïdes*, L. à feuilles en cœur, sinuées, soyeuses, à lobes peu sinués; à péduncules portant deux fleurs.

Convolvulus argenteus, althææ folio; Liseron argenté, à feuille de guimauve. *Bauh. Pin.* 295, n.° 9. *Lob. Ic.* 1, p. 623, f. 2. *Clus. Hist.* 2, p 49, f. 2. *Lugd. Hist.* 1426, f. 1. *Bauh. Hist.* 2, p. 159, f. 1. *Moris. Hist.* sect. 1, tab. 3, f. 10. *Barrel.* t. 312.

Cette espèce présente une variété à feuilles finement découpées.

En Provence. ♃

28. LISERON du Caire, *C. Cairicus*, L. à feuilles pinnées, palmées, à dents de scie; à péduncules filiformes, en panicule; à calices lisses.

Convolvulus foliis laciniatis, vel quinquefolius; Liseron à feuilles laciniées, ou à cinq feuilles. *Bauh. Pin.* 295, n.° 8. *Prod.*

134, n.° 3, f. 1. *Vesl. Ægyp.* 73 et 74. *Moris. Hist.* sect. 1, tab. 4, f. 5.

En Egypte.

29. LISERON d'Orient, *C. copticus*, L. à feuilles à pied roide, à dents de scie; à pédoncules en lame d'épée, portant deux fleurs; à calices tuberculeux hérissés.

En Orient.

30. LISERON à feuilles de vigne, *C. vitifolius*, L. à feuilles palmées, à cinq lobes, lisses, dentées; à tige garnie de poils; à pedoncules portant plusieurs fleurs.

Plukn. tab. 25, f. 3. *Burm. Ind.* tab. 18, f. 1.

Dans l'Inde Orientale.

31. LISERON disséqué, *C. dissectus*, L. à feuilles palmées, à sept divisions profondes, dentées, sinuées, lisses; à tige garnie de poils; à péduncules ne portant qu'une seule fleur.

Jacq. Obs. 2, p. 4, tab. 28. *Hort.* tab. 159.

Dans l'Amérique Méridionale. ☉

32. LISERON à semence épaisse, *C. macrocarpus*, L. à feuilles palmées, à pied roide, à cinq divisions profondes; à peduncules ne portant qu'une seule fleur.

Plum. Spec. 1. *Ic.* 91, f. 1.

Dans l'Amérique Méridionale.

33. LISERON paniculé, *C. paniculatus*, L. à feuilles palmées, à sept lobes, ovales, aiguës, très-entières; à péduncules en panicules.

Rheed. Mal. 11, p. 101, tab. 49.

Au Malabar, dans les sables.

34. LISERON à racine épaisse, *C. macrorhizos*, L. à feuilles digitées très-entières; à tige lisse; à péduncules portant trois fleurs.

Plum. Spec. 1, *Ic.* 90, f. 1.

Dans l'Amérique Méridionale.

35. LISERON digité, *C. quinquefolius*, L. à feuilles digitées, lisses, dentées; à péduncules lisses.

Plukn. tab. 167, f. 6.

Dans l'Amerique Méridionale. ☉

36. LISERON à cinq feuilles, *C. pentaphyllus*, L. à feuilles digitées, cinq à cinq, garnies de poils, très-entières; à tige garnie de poils.

Barrel. tab. 319.

Cette espèce présente une variété à feuilles lisses, dentées; à drageons velus, décrite dans *Plumier Amer.* tab. 91, f. 2.

Dans l'Amérique Méridionale.

* II. *LISERONS à tige couchée ou droite, mais non entortillée.*

37. **LISERON** de Sicile, *C. Siculus*, L. à feuilles en cœur, ovales, à péduncules ne portant qu'une seule fleur ; à bractées lancéolées ; à fleurs assises ou sans péduncules.

Boccon. Sic. 89, tab. 48. *Moris. Hist.* sect. 1, tab. 7, f. 5 ?

En Sicile. Cultivé dans les jardins. ⊙

38. **LISERON** à cinq divisions, *C. pentapetaloïdes*, L. à feuilles lancéolées, obtuses, nues, à nervures ; à rameaux inclinés ; à fleurs solitaires, à moitié divisées en cinq parties.

Dans l'isle de Mayorque. ⊙

39. **LISERON** nerveux, *C. lineatus*, L. à feuilles lancéolées, soyeuses, à nervures, pétiolées ; à péduncules portant deux fleurs ; à calices soyeux.

Lob. Ic. 1, p. 622, f. 2. *Moris. Hist.* sect. 1, tab. 4, f. 2 (mauvaise). *Barrel.* tab. 1132.

Aux environs de Montpellier, à Buzarin. ♃ Vernale.

40. **LISERON** argenté, *C. Cneorum*, L. à feuilles lancéolées, duvetées ; à fleurs en ombelles ; à calice hérissés ; à tige redressée.

Cneorum album, folio oleæ argenteo, molli ; Chameléé blanche, à feuille d'olivier argentée, molle. *Bauh. Pin.* 463, n.° 2. *Clus. Hist.* 2, p. 254, f. 2. *Lugd. Hist.* 1363, f. 1. *Bauh. Hist.* 1, P. 1, p. 597, f. 1. *Moris. Hist.* sect. 1, tab. 3, f. 1. *Barrel.* tab. 470?

En Espagne, en Syrie, dans l'isle de Crète. ♃

41. **LISERON** linaire, *C. Cantabrica*, L. à feuilles linéaires, lancéolées, aiguës ; à tige rameuse, redressée ; à calices garnis de poils ; à péduncules portant une ou deux fleurs.

Convolvulus linariæ folio ; Liseron à feuille de linaire. *Bauh. Pin.* 295, n.° 10. *Lob. Ic.* 1, p. 622, f. 1. *Clus. Hist.* 2, p. 49, f. 1. *Lugd. Hist.* 1425, f. 1, et 1426, f. 2. *Moris. Hist.* sect. 1, tab. 4, f. 3. *Jacq. Aust.* tab. 296.

Cette espèce présente une variété, à feuilles linéaires, soyeuses ; à péduncules portant deux ou trois fleurs ; à calices hérissés, piquans.

A Lyon, à Montpellier, en Dauphiné. ♃ Estivale.

42. **LISERON** d'Orient, *C. Dorycnium*, L. à feuilles presque linéaires, soyeuses ; à tige ligneuse, en panicule ; à calices presque nus, obtus.

En Orient. ♄

43. **LISERON** en corymbe, *C. corymbosus*, L. à feuilles en cœur ; à péduncules en ombelle ; à tige rampante.

Plum. Spec. 1, *Ic.* 89, f. 2.

Dans l'Amérique Méridionale.

44. **LISERON** spithame, *C. spithamaeus*, L. à feuilles en cœur, duvetées; à tige droite; à péduncules ne portant qu'une seule fleur.

En Virginie.

45. **LISERON** de Perse, *C. Persicus*, L. à feuilles ovales, duvetées; à péduncules ne portant qu'une seule fleur.

Gmel. Ic. 3, pag. 36, tab. 7.

En Perse, sur les bords de la mer Caspienne. ♃

46. **LISERON** à trois couleurs, *C. tricolor*, L. à feuilles lancéolées, ovales, lisses; à tige inclinée ou droite; à fleurs solitaires.

Convolvulus peregrinus caeruleus, folio oblongo; Liseron étranger à fleur bleue, à feuille oblongue. *Bauh. Pin.* 295, n.° 7. *Barrel.* tab. 321 et 322. *Moris. Hist.* sect. 1, tab. 4, f. 4.

En Espagne, en Sicile. Cultivé dans les jardins. ⊙

47. **LISERON** rampant, *C. repens*, L. à feuilles en fer de flèche, postérieurement obtuses; à tige rampante; à péduncules ne portant qu'une seule fleur.

Rheed. Mal. 11, p. 107, tab. 52.

Dans l'Amérique Méridionale, sur les bords de la mer. ♃

48. **LISERON** à oreillettes, *C. reptans*, L. à feuilles en fer de hallebarde, lancéolées, à oreillettes arrondies; à tige rampante; à péduncules ne portant qu'une seule fleur.

Rumph. Amb. 5, p. 419, tab. 155, f. 1.

Dans l'Inde Orientale.

49. **LISERON** hérissé, *C. hirtus*, L. à feuilles en cœur, presque en fer de hallebarde, velues; à tige et pétioles garnis de poils; à péduncules portant plusieurs fleurs.

Dans l'Inde Orientale.

50. **LISERON** Soldanelle, *C. Soldanella*, L. à feuilles en forme de reins; à péduncules ne portant qu'une seule fleur.

Soldanella maritima, minor; Soldanelle maritime, plus petite. *Bauh. Pin.* 295, n.° 2. *Dod. Pempt* 395, f. 1. *Lob. Ic.* 1, p. 602, f. 2. *Lugd. Hist.* 526, f. 1. *Camer. Epit.* 253. *Bauh. Hist.* 2, p. 166, f. 2. *Moris. Hist.* sect. 1, tab. 3, f. 2.

1. *Soldanella*, Soldanelle, Choux-marin. 2. Herbe. 3. Inodore; âcre, nauseuse. 4. Suc laiteux, qui annonce dans cette plante les principes des autres Liserons. 5. Hydropisie.

À Montpellier, en Provence, sur les bords de la mer. ♃ Vernale.

51. **LISERON** Pied de chèvre, *C. Pes caprae*, L. à feuilles à deux lobes; à péduncules ne portant qu'une seule fleur.

Plukn. tab. 24, f. 4. *Rheed. Mal.* 11, p. 117, tab. 57. *Rumph. Amb.* 5, p. 433, tab. 159, f. 1. *Herm. Lugd.* 174 et 175.

Dans l'Inde Orientale.

32. LISERON du Brésil, *C. Brasiliensis*, L. à feuilles échancrées, à deux glandes à leur base; à pédoncules portant trois fleurs.

Plum. Amer. p. 89, tab. 104.

Au Brésil, à Saint-Domingue, sur les bords de la mer.

33. LISERON des rivages, *C. littoralis*, L. à feuilles oblongues, lobées, palmées; à pédoncules ne portant qu'une seule fleur; à tige rampante.

Plum. Spec. 1. *Ic.* 90, f. 2.

Dans l'Amérique Méridionale.

34. LISERON de la Martinique, *C. Martinicensis*, L. à feuilles elliptiques, lisses; à pédoncules ne portant qu'une seule fleur, plus longs que la feuille; à tige rampante.

Jacq. Amer. 26, tab. 17.

A la Martinique, dans les lieux ombragés et inondés.

232. IPOMÉE, *IPOMŒA*. * *Lam. Tab. Encyclop.* pl. 104. QUAMOCLIT. *Tournef. Inst.* 116, tab. 39.

CAL. *Périanthe* à cinq segmens peu profonds, oblong, très-petit, persistant.

COR. Monopétale, en entonnoir. *Tube* comme cylindrique, très-long. *Limbe* ouvert, à cinq *divisions* peu profondes, oblongues, planes.

ÉTAM. Cinq *Filamens*, en alêne, presque aussi longs que la corolle. *Anthères* arrondies.

PIST. *Ovaire* arrondi. *Style* filiforme, de la longueur de la corolle. *Stigmate* en tête, arrondi.

PÉR. *Capsule* arrondie, à trois loges.

SEM. Quelques-unes, comme ovales.

OBS. *Ce genre qui a de l'affinité avec les* Liserons, *en diffère par le tube de la corolle alongé, et le stigmate en tête.*

Corolle en entonnoir. *Stigmate* en tête arrondie. *Capsule* à trois loges.

* I. *IPOMÉES à fleurs distinctes.*

1. IPOMÉE millefeuille, *I. Quamoclit*, L. à feuilles pinnatifides, linéaires; à fleurs le plus souvent solitaires.

Jasminum millefolii folio; Jasmin à feuille de millefeuille. *Bauh. Pin.* 398, n.° 6. *Colum. Aquat.* 72 et 73. *Camer. Hort.* 135, tab. 40. *Bauh. Hist.* 2, p. 177, f. 2. *Barrel.* tab. 60. *Rheed. Mal.* 11, pag. 123, tab. 60. *Rumph. Amb.* 5, pag. 421, tab. 155, f. 2. *Moris Hist.* sect. 1, tab. 4, f. 7.

Dans l'Inde Orientale. Introduite dans les jardins d'Europe, en 1580, par Cæsalpin. ⊙

2. IPOMÉE à fleur rouge, *I. rubra*, L. à feuilles pinnatifides, linéaires; à fleurs en grappes penchantes.

Dill. Elth. tab. 241, f. 312.

A la Caroline, dans les sables.

3. IPOMÉE ombellée, *I. umbellata*, L. à feuilles digitées, à sept folioles; à péduncules en ombelle, très-courts.

Plum. Spec. 3. *Ic.* 92, f. 2.

Dans l'Amérique Méridionale.

4. IPOMÉE de la Caroline, *I. Carolina*, L. à feuilles digitées; à folioles pétiolées; à péduncules ne portant qu'une seule fleur.

Catesb. Carol. 2, pag. et tab. 19.

A la Caroline.

5. IPOMÉE écarlatte, *I. coccinea*, L. à feuilles en cœur, aiguës, anguleuses à la base; à péduncules portant plusieurs fleurs.

Plukn. tab. 324, f. 3, et 383, f. 2. *Commel. Rar.* p. et t. 21.

A Saint-Domingue. Cultivée dans les jardins. ⊙

6. IPOMÉE étoilée, *I. lacunosa*, L. à feuilles en cœur, aiguës, creusées de petites fossettes, anguleuses à la base; à péduncules portant une ou deux fleurs, et plus courts que la fleur.

Dill. Elth. tab. 87, f. 102.

En Virginie, à la Caroline. ⊙

7. IPOMÉE à feuilles de Solanum, *I. Solanifolia*, L. à feuilles en cœur, aiguës, très-entières; à fleurs solitaires.

Plum. Spec. 3, *Ic.* 94, f. 1.

Dans l'Amérique Méridionale.

8. IPOMÉE tubéreuse, *I. tuberosa*, L. à feuilles palmées, à sept lobes lancéolés, pointus, très-entiers; à péduncules portant trois fleurs.

Plukn. tab. 276, f. 5. *Sloan. Jam.* 1, tab. 96, f. 2.

A la Jamaïque. ♃

9. IPOMÉE digitée, *I. digitata*, L. à feuilles palmées, à sept lobes lancéolés, obtus; à péduncules portant trois fleurs.

Plum. Spec. 3, *Ic.* 92, f. 1.

Dans l'Amérique Méridionale.

10. IPOMÉE bonne nuit, *I. bona nox*, L. à feuilles en cœur, pointues, très-entières; à tige garnie de piquans; à fleurs trois à trois; à corolles très-entières ou sans divisions.

Plukn. tab. 276, f. 3. *Rheed. Mal.* 11, p. 103, t. 50. *Sloan. Jam.* tab. 96, f. 1.

Le synonyme de *G. Bauhin*, *Smilax aspera Indiæ Occidentalis*, ou Smilax rude de l'Inde Occidentale, *Pin.* 296, n.° 3, appliqué par *Reichard* à l'Ipomée bonne nuit, a été rapporté par ce Botaniste au Smilax bonne nuit, ou *Smilax bona nox*, L.

Dans l'Inde Occidentale, où elle grimpe sur les arbres.

11. IPOMÉE en cloche, *I. campanulata*, L. à feuilles en cœur; à péduncules portant plusieurs fleurs; à périanthe ou calice extérieur arrondi; à corolles en cloche, lobées.

Rheed. Mal. 11, p. 175, tab. 56.

Dans l'Inde Orientale.

12. IPOMÉE violette, *I. violacea*, L. à feuilles en cœur, très-entières; à fleurs entassées; à corolles très-entières ou sans divisions.

Sloan. Jam. 1, tab. 98, f. 2.

Dans l'Amérique Méridionale.

13. IPOMÉE couleur de chair, *I. carnea*, L. à feuilles en cœur, lisses; à péduncules portant plusieurs fleurs; à corolles à bordure.

Jacq. Amer. 26, tab. 18.

Dans l'Amérique Méridionale.

14. IPOMÉE peu sinuée, *I. repanda*, L. à feuilles en cœur, oblongues, peu sinuées; à péduncules rameux, en cymier.

Jacq. Amer. 28, tab. 20.

Dans l'Amérique Méridionale.

15. IPOMÉE à feuilles en fer de hallebarbe, *I. hastata*, L. à feuilles en fer de hallebarde; à péduncules portant deux fleurs.

Burm. Ind. 50, tab. 18, f. 2.

Dans l'Inde Orientale.

16. IPOMÉE à feuilles glauques, *I. glaucifolia*, L. à feuilles en fer de flèche, postérieurement tronquées; à péduncules portant deux fleurs.

Dill. Elth. tab. 87, f. 101.

Au Mexique, dans les champs.

17. IPOMÉE à trois lobes, *I. triloba*, L. à feuilles à trois lobes, en cœur; à péduncules portant trois fleurs.

Sloan. Jam. tab. 97, f. 1.

Dans l'Amérique Méridionale. ☉

18. IPOMÉE à feuilles de lierre, *I. hederifolia*, L. à feuilles à trois lobes, en cœur; à péduncules portant plusieurs fleurs, en grappes.

Plum. Spec. 3, tab. 93, f. 2.

Dans l'Amérique Méridionale.

* II. *Ipomées à fleurs agrégées.*

19. IPOMÉE à feuilles d'hépatique, *I. hepaticifolia*, L. à feuilles à trois lobes; à fleurs agrégées.

Burm. Ind. 50, tab. 20, f. 2.

A Zeylan.

20. IPOMÉE à feuilles de tamne, *I. tamnifolia*, L. à feuilles en cœur, aiguës, garnies de poils; à fleurs agrégées.

Dill. Elth. tab. 318, f. 410.

A la Caroline.

21. IPOMÉE Pied de tigre, *I. Pes tigridis*, L. à feuilles palmées; à fleurs agrégées.

Plukn. tab. 166, f. 6. *Barrel.* tab. 856? *Rheed. Mal.* 11, p. 121, tab. 59. *Dill. Elth.* tab. 318, f. 411.

Dans l'Inde Orientale.

233. POLÉMOINE, *POLEMONIUM.* * *Tournef. Inst.* 146, tab. 61. *Lam. Tab. Encyclop.* pl. 106.

CAL. *Périanthe* d'un seul feuillet, inférieur, en gobelet, aigu, persistant, à moitié divisé en cinq segmens.

COR. Monopétale, en roue. *Tube* plus court que le calice, fermé par cinq valves placées à son sommet. *Limbe* plane, ample, à cinq *divisions* profondes, arrondies, obtuses.

ÉTAM. Cinq *Filamens*, insérés sur les valves du tube, filiformes, plus courts que la corolle, inclinés. *Anthères* arrondies.

PIST. *Ovaire* ovale, aigu, supérieur. *Style* filiforme, de la longueur de la corolle. *Stigmate* roulé en dedans, divisé peu profondément en trois parties.

PÉR. *Capsule* à trois côtés, ovale, couverte, à trois loges, à trois battans.

SEM. Plusieurs, irrégulières, un peu aiguës.

Corolle à cinq divisions profondes, dont la base est fermée par cinq valves qui portent les étamines. *Stigmate* divisé peu profondément en trois parties. *Capsule* supérieure, à trois loges.

1. POLÉMOINE bleue, *P. cæruleum*, L. à feuilles pinnées; à fleurs droites; à calices plus longs que le tube de la corolle.

Valeriana cærulea; Valériane bleue. *Bauh. Pin* 164, n.° 7. *Dod. Pempt.* 352, f. 1. *Lob. Ic.* 1, p. 716, f. 1. *Lugd. Hist.* 1043, f. 2. *Bauh. Hist.* 3, P. 2, p. 212, f. 3. *Sabbat. Hort. Rom.* 2, tab. 52. *Flor. Dan.* tab. 255.

Cette espèce varie par le nombre des feuilles, leurs dentelures, la couleur des fleurs bleues et blanches sur le même pied, par le calice velu.

Nutritive pour le Mouton, le Bœuf, la Chèvre.

En Lithuanie, dans les forêts. Cultivée dans les jardins ♃.

2. POLÉMOINE rampante, *P. reptans*, L. à feuilles pinnées; à fleurs terminales, penchées.

En Virginie. ♃

3. POLÉMOINE douteuse, *P. dubium*, L. à feuilles inférieures en fer de hallebarde: les supérieures lancéolées.

En Virginie.

234. CAMPANULE, *CAMPANULA.* * *Tournef. Inst.* 108, *tab.* 37. *Lam. Tab. Encyclop. pl.* 123.

CAL. *Périanthe* à cinq segmens profonds, aigu, droit, ouvert, supérieur.

COR. Monopétale, en cloche, imperforée à sa base, se flétrissant; à moitié divisée en cinq parties, larges, aiguës, ouvertes.

Nectaire, placé dans le fonds de la corolle, formé par cinq valves, aiguës, réunies, couvrant le réceptacle.

ÉTAM. Cinq *Filamens*, capillaires, très-courts, insérés sur le sommet des valves du nectaire. *Anthères* plus longues que les filamens, comprimées.

PIST. *Ovaire* anguleux, inférieur. *Style* filiforme, plus long que les étamines. *Stigmate* oblong, un peu épais, divisé peu profondément en trois parties roulées.

PÉR. *Capsule* arrondie, anguleuse, à trois ou cinq loges, laissant échapper les semences par autant d'ouvertures.

SEM. Nombreuses, petites. *Réceptacle* en colonne, adhérent.

OBS. *La figure du Péricarpe est indéterminée.*

Dans les Trachelii, *Raj. le péricarpe est velu, ridé, à trois loges.*

Dans les Rapunculi, *Raj. il est lisse, ovale, à trois loges.*

Dans le Medium, *Kn. il est couvert par cinq valves, et à cinq loges.*

Dans le Speculum-veneris, *Raj. il est en colonne, en prisme, à trois loges.*

Dans la C. pentagonia, *la corolle est en roue.*

Dans la C. erinus, *la corolle est inégale, le stigmate simple, et la capsule s'ouvre au sommet.*

La C. peregrina *diffère par les segmens du calice non-renversés, par sa corolle qui tient le milieu entre la corolle en cloche et en roue, et par son pistil plus court que les étamines.*

Corolle en entonnoir, dont la base est fermée par cinq valves qui portent les étamines. *Stigmate* divisé peu profondément en trois parties. *Capsule* inférieure, s'ouvrant par des pores latéraux.

* I. *CAMPANULES à feuilles lisses, étroites.*

1. CAMPANULE du Mont-Cénis, *C. Cenisia*, L. à tiges ne portant qu'une seule fleur ; à feuilles ovales, lisses, très-entières, un peu ciliées sur les bords.

Allion. Flor. Péd. 108, tab. 6, f. 2.

Sur les Alpes du Dauphiné, de Suisse. ♃ Estivale. *Alp.*

2. CAMPANULE à une fleur, *C. uniflora*, L. à tige ne portant qu'une seule fleur ; à calice de la longueur de la corolle.

Flor. Lapp. 53, tab. 9, f. 5 et 6.

Sur les Alpes de Lapponie. ♃

3. CAMPANULE enfumée, *C. pulla*, L. à tige ne portant qu'une seule fleur ; à feuilles de la tige ovales, crénelées ; à calices penchés.

Campanula Alpina latifolia, flore pullo ; Campanule des Alpes à larges feuilles, à fleur enfumée. *Bauh. Pin.* 93, n.° 18. *Prod.* 35, n.° 9. *Bellev.* tab. 26. *Jacq. Obs.* tab. 18. *Aust.* tab. 285.

En Autriche.

4. CAMPANULE à feuilles rondes, *C. rotundifolia*, L. à feuilles radicales en forme de rein : celles de la tige linéaires.

Campanula minor, rotundifolia, vulgaris ; Campanule plus petite, à feuilles rondes, vulgaire. *Bauh. Pin.* 93, n.° 20. *Dod. Pempt.* 167, f. 1. *Lob. Ic.* 1, p. 328, f. 1. *Clus. Hist.* 2, p. 173, f. 1. *Lugd. Hist.* 827, f. 2. *Bauh. Hist.* 2, p. 796, f. 1. *Moris. Hist.* sect. 5, tab. 2, f. 17. *Bul. Paris.* tab. 99.

On doit ramener à cette espèce, comme variétés, les figures de *G. Bauhin*, *Prod.* 34, f. 1 ; de *Magnol Monsp.* p. 47, tab. 4 ; de *Barellier* tab. 487 ; d'*Œder Flor. Dan.* tab. 189. La *Campanula caespitosa* de *Villars* et d'*Allioni*, n'est qu'une variété de la Campanule à feuilles rondes. On trouve une variété portant plusieurs fleurs au sommet. Les feuilles radicales qui varient pour la forme en rein ou en cœur, manquent le plus souvent.

La corolle colore en bleu.

Nutritive pour le Cheval, le Mouton, le Bœuf, la Chèvre.

En Europe, dans les haies, sur les murs ; les variétés sur les Alpes. ♃ Estivale.

5. CAMPANULE ouverte, *C. patula*, L. à feuilles roides : les radicales lancéolées ; ovales ; à panicule ouvert.

Campanula minor rotundifolia, flore in summis cauliculis ; Campanule plus petite, à feuilles rondes, à fleur au sommet des tiges. *Bauh. Pin.* 93, n.° 21. *Dill. Elth.* tab. 58, f. 68. *Flor. Dan.* tab. 373.

Cette

Cette espèce présente une variété à feuilles de la tige lancéolées, à dents de scie, décurrentes.

En Dauphiné, en Bourgogne, en Angleterre, en Suède. ♂

6. CAMPANULE Raiponce, *C. Rapunculus*, L. à feuilles ondulées : les radicales lancéolées, ovales ; à panicule resserré.

Rapunculus esculentus, Raiponce comestible. *Bauh. Pin.* 92, n.° 1. *Fuchs. Hist.* 214. *Dod. Pempt.* 165, f. 1. *Lob. Ic.* 1, p. 328, f. 2. *Lugd. Hist.* 640, f. 1, et 641, f. 1. *Camer. Epit.* 221. *Bauh. Hist.* 2, p. 795, f. 1. *Moris. Hist.* sect. 5, tab. 2, f. 13. *Bul. Paris.* tab. 100.

En Europe, dans les bois. ♂ Vernale.

7. CAMPANULE à feuilles de pêcher, *C. persicifolia*, L. à feuilles radicales, en ovale renversé : celles de la tige lancéolées, linéaires, un peu dentelées, assises ou sans péduncules, éloignées.

Rapunculus persicifolius, magno flore ; Raiponce à feuilles de pêcher, à grande fleur. *Bauh. Pin.* 93, n.° 10. *Dod. Pempt.* 166, f. 2. *Lob. Ic.* 1, p. 327, f. 1. *Clus. Hist.* 2, p. 171, f. 3. *Lugd. Hist.* 827, f. 1, et 1197, f. 2. *Bauh. Hist.* 2, p. 803, f. 2 et 3. *Moris. Hist.* sect. 5, t. 2, f. 2. *Theat. Flor.* t. 69, f. 1.

Cette espèce présente une variété à fleur blanche.

Nutritive pour le Cheval, la Chèvre.

En Europe, dans les bois. ♃ Estivale.

8. CAMPANULE pyramidale, *C. pyramidalis*, L. à feuilles lisses, à dents de scie, en cœur : celles de la tige lancéolées ; à tiges simples ; à fleurs en ombelles, assises, latérales.

Rapunculus hortensis, latiore folio, seu pyramidalis ; Raiponce des jardins, à large feuille, ou pyramidale. *Bauh. Pin.* 93, n.° 14. *Dod. Pempt.* 166, f. 1. *Lob. Ic.* 1, p. 327, f. 2. *Clus. Hist.* 2, p. 172, f. 3. *Lugd. Hist.* 642, f. 1, et 827, f. 3. *Bauh. Hist.* 2, p. 808, f. 2. *Moris. Hist.* sect. 5, t. 1, f. 1.

En Carniole. ♂

9. CAMPANULE Américaine, *C. Americana*, L. à feuilles en cœur et lancéolées ; à pétioles ciliés ; à fleurs tournées d'un seul côté ; à corolles à cinq divisions profondes, planes.

Dod. Mem. 4, pag. et tab. 111.

En Pensylvanie. ♂

10. CAMPANULE à feuilles de lis, *C. liliifolia*, L. à feuilles lancéolées : celles de la tige à dents de scie, aiguës ; à fleurs en panicule, penchées.

Gmel. Sibir. 3, tab. 26.

En Sibérie, en Tartarie. ♂

11. CAMPANULE rhomboïdale, *C. rhomboïdea*, L. à feuilles rhomboïdales, à dents de scie; à fleurs en épi, tournées d'un seul côté; à calices dentés.

Campanula Drabæ minoris foliis; Campanule à feuilles de Drave plus petite. *Bauh. Pin.* 94, n.° 6. *Bauh. Hist.* 2, p. 798, f. 1. *Bellev.* tab. 27. *Barrel.* tab. 567.

Cette espèce présente une variété, décrite dans *P. Alpin Exot.* 340.

Sur les Alpes du Dauphiné, de Provence. ♃ Vernale. *S-Alp.*

* II. *CAMPANULES à feuilles rudes, plus larges.*

12. CAMPANULE à larges feuilles, *C. latifolia*, L. à feuilles ovales; à tige très-simple, arrondie; à fleurs solitaires, pédunculées; à fruits penchés.

Campanula maxima, foliis latissimis; Campanule très-grande, à feuilles très-larges. *Bauh. Pin.* 94, n.° 1. *Lob. Ic.* 2, p. 278, f. 2. *Clus. Hist.* 2, p. 172, f. 1. *Bauh. Hist.* 2, p. 807, f. 2. *Flor. Dan.* tab. 85.

Nutritive pour le Cheval, le Mouton, la Chèvre.

A la grande Chartreuse. ♃

13. CAMPANULE fausse raiponce, *C. rapunculoïdes*, L. à feuilles en cœur, lancéolées; à tige rameuse; à fleurs tournées d'un seul côté, éparses; à calices renversés.

Campanula hortensis, Rapunculi radice; Campanule des jardins, à racine de Raiponce. *Bauh. Pin.* 94, n.° 2. *Bauh. Hist.* 2, p. 806 et 807, f. 1. *Moris. Hist.* sect. 5, tab. 3, f. 32.

En Europe, sur les bords des chemins et des fossés. ♃ Estivale.

14. CAMPANULE de Bologne, *C. Bononiensis*, L. à feuilles ovales, lancéolées, rudes en dessous, assises ou sans pétioles; à tige en panicule.

Bauh. Hist. 2, p. 806, f. 2. *Moris. Hist.* sect. 5, tab. 4, f. 38.

Sur le Mont-Baldo, à Bologne, en Carniole.

15. CAMPANULE graminée, *C. graminifolia*, L. à feuilles linéaires, en alêne; à fleurs ramassées en tête terminale.

Campanula Alpina, Tragopogi folio; Campanule des Alpes, à feuille de Barbe de bouc. *Bauh. Pin.* 94, n.° 16. *Bauh. Hist.* 2, p. 802, f. 2. *Barrel.* tab. 332. *Boccon. Sic.* 79, f. 42, 11.

En Bourgogne, en Italie.

16. CAMPANULE Trachelie, *C. Trachelium*, L. à tige anguleuse; à feuilles pétiolées; à calices ciliés; à pédoncules portant trois fleurs.

Campanula vulgatior foliis Urticæ, vel major et asperior; Campanule plus vulgaire à feuilles d'Ortie, ou plus grande et plus rude. *Bauh. Pin.* 94, n.° 7. *Dod. Pempt.* 164, f. 1. *Lob. Ic.* 1, pag. 326, f. 1. *Clus. Hist.* 2, pag. 170, f. 2. *Bauh. Hist.* 2, pag. 805, f. 2.

Nutritive pour le Bœuf.

En Europe, dans les bois. ♃ Estivale.

17. CAMPANULE glomérée, *C. glomerata*, L. à tige anguleuse, simple; à fleurs assises ou sans péduncules; à fleurs ramassées en tête terminale.

Campanula pratensis, flore conglomerato; Campanule des prés, à fleur congloméree. *Bauh. Pin.* 94, n.° 17. *Dod. Pempt.* 164, f. 2. *Lob. Ic.* 1, p. 326, f. 2. *Clus. Hist.* 2, p. 171, f. 1. *Lugd. Hist.* 830, f. 1. *Bauh. Hist.* 2, p. 801, f. 2. *Bellev.* tab. 30. *Barrel.* tab. 323, n.° 111. *Herm. Parad.* pag. et tab. 235. *Bul. Paris.* tab. 102 et 103.

Cette espèce présente une variété alpine, à feuille oblongue, gravée dans *Boccone Mus.* 70, tab. 58.

En Europe, dans les prés secs. ♃ Estivale.

18. CAMPANULE à feuilles de Vipérine, *C. Cervicaria*, L. à tige hérissée; à fleurs assises ou sans péduncules; à fleurs ramassées en tête terminale; à feuilles lancéolées, linéaires, ondulées.

Campanula foliis Echii; Campanule à feuilles de Vipérine. *G. Bauh. Prod.* 36, f. 2. *Bauh. Hist.* 2, p. 801, f. 3. *Moris. Hist.* sect. 5, tab. 4, f. 42.

A Lyon, en Suisse, en Allemagne, en Suède. Estivale.

19. CAMPANULE à thyrse, *C. thyrsoïdea*, L. à tige hérissée; à fleurs en grappe ovale, oblongue, terminant la tige; à tige très-simple; à feuilles lancéolées, linéaires.

Campanula foliis Echii; Campanule à feuilles de Vipérine. *Bauh. Pin.* 94, n.° 10. *Bauh. Hist.* 2, p. 809, f. 3. *Thal. Herc.* 32, tab. 4. *Bellev.* tab. 31. *Jacq. Obs.* 1, p. 33, tab. 21.

On trouve sur les Alpes des environs de Grenoble, au *Lautaret*, au *Mont de Lans*, deux variétés de cette plante, l'une à fleurs bleues; l'autre à fleurs jaunâtres portées sur de très-longs péduncules.

Sur les Alpes du Dauphiné, de Provence. ♂ Estivale. *Alp. et S-Alp.*

20. CAMPANULE des rochers, *C. petræa*, L. à tige anguleuse, simple; à fleurs assises ou sans péduncules, réunies en têtes glomerées; à feuilles duvetées en dessous.

Campanula Alpina, sphærocephalus; Campanule des Alpes, à fleurs en boule. *Bauh. Pin.* 94, n.° 15. *Bauh. Hist.* 2, p. 801 et 802, f. 1. *Pon. Bald.* 333, f. 1. *Barrel.* tab. 331? *Plukn.* tab. 152, fig. 5.

Sur le Mont-Baldo, à Naples.

21. CAMPANULE étrangère, *C. peregrina*, L. à feuilles ovales, ridées; à pétioles à bordure dilatée, à dents de scie; à tige simple, hérissée; à corolles ouvertes.

Au cap de Bonne-Espérance. ♂

* III. *CAMPANULES à capsules recouvertes par les segmens du calice, qui sont renversés.*

22. CAMPANULE dichotome, *C. dichotoma*, L. à capsules à cinq loges, recouvertes; à tige dichotome ou à bras ouverts; à fleurs penchées.

Boccon. Sic. 83, tab. 45, f. 1. *Moris. Hist.* sect. 5, tab. 3, f. 26. Ces deux synonymes de *Boccone* et de *Morison* sont rapportés par *Reichard*, à la variété dichotome de la Campanule molle, *Campanula mollis*, L. espèce 27.

En Syrie, en Sicile, à Naples.

23. CAMPANULE à grandes fleurs, *C. Medium*, L. à capsules à cinq loges, recouvertes; à tige simple ou sans divisions, droite, garnie de feuilles; à fleurs redressées.

Campanula hortensis, folio et flore oblongo; Campanule des jardins, à feuille et fleur oblongues. *Bauh. Pin.* 94, n.° 4. *Dod. Pempt.* 163, f. 1. *Lob. Ic.* 1, p. 324. *Clus. Hist.* 2, p. 172, f. 2. *Lugd. Hist.* 825, f. 1. *Camer. Epit.* 728. *Bauh. Hist.* 2, p. 804, f. 1 et 2.

A Lyon, en Dauphiné, en Provence. ♂ Estivale.

24. CAMPANULE barbue, *C. barbata*, L. à capsules à cinq loges, recouvertes; à tige très-simple, presque nue; à feuilles lancéolées; à corolles barbues.

Campanula foliis Echii, floribus villosis; Campanule à feuilles de Vipérine, à fleurs velues. *Bauh. Pin.* 94, n.° 11. *Prod.* 36, f. 1. *Bauh. Hist.* 2, p. 808, f. 4. *Plukn.* tab. 153, f. 6. *Jacq. Obs.* 2, p. 14, tab. 37.

Cette espèce présente une variété à fleurs blanches.

Sur les Alpes du Dauphiné, de Suisse, du Piémont, Estivale. *Alp.*

25. CAMPANULE en épi, *C. spicata*, L. à tige hérissée; à fleurs alternes, en épi lâche; à feuilles linéaires, très-entières.

Plukn. tab. 153, f. 3.

Reichard rapporte à cette espèce le synonyme et la figure de *J. Bauh. Hist.* 2, p. 801, f. 2, qui nous paroît mieux convenir à la Campanule à feuilles de Vipérine, *C. cervicaria*, L.

Sur les Alpes du Dauphiné, de Suisse. ♂

26. CAMPANULE des Alpes, *C. Alpina*, L. à tige simple; à pédoncules ne portant qu'une seule fleur, accompagnés de deux petites feuilles, axillaires.

Campanula Alpina pumila, lanuginosa; Campanule des Alpes naine, laineuse. *Bauh. Pin.* 94, n.° 13. *Jacq. Aust.* tab. 118.

Sur les Alpes de Suisse. ♃

27. CAMPANULE molle, *C. mollis*, L. à capsules à cinq loges, recouvertes, pédunculées; à tige couchée; à feuilles arrondies.

Reichard applique à une variété de cette espèce, gravée dans *Barrelier*, tab. 759, les synonymes de *Boccone* et de *Morison*, que *Linné* avoit rapportés à la Campanule dichotome, esp. 22.

En Syrie, en Sicile, en Espagne.

28. CAMPANULE des rochers, *C. Saxatilis*, L. à capsules carénées sur cinq côtés, recouvertes; à fleurs alternes, penchées; à feuilles en ovale renversé, crénelées.

Barrel. tab. 813.

Dans l'isle de Crète, sur les rochers.

29. CAMPANULE de Sibérie, *C. Sibirica*, L. à capsules à trois loges, recouvertes; à tige en panicule.

Gmel. Sibir. 3, p. 154, tab. 29. *Jacq. Aust.* tab. 200.

En Sibérie.

30. CAMPANULE à trois dents, *C. tridentata*, L. à capsule à cinq loges, recouverte; à tige ne portant qu'une seule fleur; à feuilles radicales à trois dents.

Schreb. Dec. 3, tab. 2.

En Orient.

31. CAMPANULE laciniée, *C. laciniata*, L. à capsules recouvertes, pédunculées; à feuilles à dents de scie: les radicales lyrées: celles de la tige lancéolées.

Viola mariana laciniatis foliis, peregrina; Campanule à feuilles laciniées, étrangère. *Bauh. Pin.* 94, n.° 5. *Moris. Hist.* sect. 5, tab. 3, f. 31. *Tournef. Voy. au Levant* 1, pag. et tab. 260.

En Grèce, au Mont-Liban.

32. CAMPANULE roide, *C. stricta*, L. à capsules recouvertes; à feuilles hérissées: celles de la tige lancéolées, à dents de scie; à tige très-simple; à fleurs assises ou sans pédoncules.

Dans la Syrie, la Palestine.

33. CAMPANULE ligneuse, *C. fruticosa*, L. à capsules en colonnes, à cinq loges, à tige ligneuse; à feuilles linéaires, en alêne; à péduncules très-longs.

Au cap de Bonne-Espérance. ♄

34. CAMPANULE Miroir de Vénus, *C. Speculum*, L. à tige très-rameuse; à rameaux ouverts; à feuilles oblongues, un peu crénelées; à fleurs solitaires; à capsules prismatiques.

Onobrychis arvensis, vel Campanula arvensis, erecta; Onobrychis des champs, ou Campanule des champs, droite. *Bauh. Pin.* 215, n.° 2. *Dod. Pempt.* 168, f. 1. *Lob. Ic.* 1, p. 418. *Lugd. Hist.* 490, f. 1. *Bauh. Hist.* 2, p. 800, f. 1. *Bul. Paris.* tab. 104.

En Europe, dans les terres à blé. ⊙ Estivale.

35. CAMPANULE hybride, *C. hybrida*, L. à tige comme rameuse à la base, roide; à feuilles oblongues, crénelées; à calices agrégés, plus longs que les corolles; à capsules prismatiques.

Moris. Hist. sect. 5, tab. 2, f. 22.

Reichard cite pour cette espèce, le synonyme de *Lobel*, que *G. Bauhin* rapporte à la Campanule Miroir de Vénus.

En Europe, dans les terres à blé. ⊙ Estivale.

36. CAMPANULE à feuilles de behen, *C. limonifolia*, L. à rameaux très-ouverts, entiers ou sans divisions; à feuilles radicales elliptiques, lisses, très-entières; à fleurs trois à trois, assises ou sans péduncules.

En Orient.

37. CAMPANULE pentagone, *C. pentagonia*, L. à tige un peu divisée, très-rameuse; à feuilles linéaires, aiguës.

Dans la Thrace. ⊙

38. CAMPANULE perfoliée, *C. perfoliata*, L. à tige simple; à feuilles en cœur, dentées, embrassantes; à fleurs assises ou sans péduncules, agrégées.

Moris. Hist. sect. 5, tab. 2, f. 23. *Barrel.* tab. 1133.

En Virginie, à Naples. ⊙

39. CAMPANULE du Cap, *C. Capensis*, L. à feuilles lancéolées, dentées, hérissées; à péduncules très-longs; à capsules en râpe.

Commel. Hort. 2, p. 69, tab. 35.

Au cap de Bonne-Espérance. ⊙

40. CAMPANULE élatine, *C. elatines*, L. à feuilles en cœur, dentées, duvetées, pétiolées; à tiges couchées; à péduncules capillaires, portant plusieurs fleurs.

En Europe, sur les Alpes.

41. CAMPANULE à feuilles de lierre, *C. hederacea*, L. à feuilles en cœur, à cinq lobes, pétiolées, lisses; à tige lâche.

Campanula cymbalariæ foliis, vel folio hederaceo; Campanule à feuilles de cymbalaire, ou à feuilles de lierre. *Bauh. Pin.* 93, n.° 24. *Bauh. Hist.* 2, p. 797, f. 1. *Moris. Hist.* sect. 5, t. 2, f. 18. *Plukn.* tab. 23, f. 1. *Flor. Dan.* tab. 330.

A Paris, en Bourgogne, sur les bords des bois. Estivale.

42. CAMPANULE à feuilles d'érine, *C. erinoïdes*, L. à tiges diffuses;

à feuilles lancéolées, légèrement dentées, prolongées sur une ligne rude; à fleurs pédunculées, solitaires.

En Afrique.

43. CAMPANULE hétérophylle, *C. heterophylla*, L. à feuilles presque ovales, lisses, très-entières; à tiges diffuses.

Tournef. Voy. au Levant 1, pag. et tab. 243.

En Orient. ♃

44. CAMPANULE érine, *C. erinus*, L. à tige dichotome; à feuilles sans pétioles : les supérieures opposées, à trois dents.

Rapunculus minor, foliis incisis; Raiponce plus petite, à feuilles incisées. *Bauh. Pin.* 92, n.° 2. *Column. Phyt.* tab. 28. *Bauh. Hist.* 2, p. 799, f. 2. *Moris. Hist.* sect. 5, tab. 3, f. 25.

A Montpellier, à Lyon, en Dauphiné. ⊙ Vernale.

235. ROELLE, *ROELLA*. * *Lam. Tab. Encyclop.* pl. 123.

CAL. *Périanthe* d'un seul feuillet, en toupie, supérieur, persistant, à cinq *segmens* profonds, lancéolés, aigus, dentés, grands.

COR. Monopétale, en entonnoir, caduque-tardive. *Tube* un peu plus court que le calice. *Limbe* droit, ouvert, plus long que le calice; à cinq divisions profondes.

Nectaire : cinq écailles conniventes, placées dans le fond de la corolle.

ETAM. Cinq *Filamens*, en alêne, insérés sur le nectaire. *Anthères* en alêne, réunies, de la longueur des filamens, de la hauteur du calice.

PIST. *Ovaire* oblong, inférieur. *Style* filiforme, de la longueur des étamines. Deux *Stigmates*, oblongs, déprimés, ouverts.

PÉR. *Capsule* comme cylindrique, plus courte que le calice, couronnée par le calice ouvert et qui devient plus grand, à deux loges.

SEM. Plusieurs, anguleuses.

Corolle en entonnoir, dont la base est fermée par cinq valves qui portent les étamines. *Stigmate* divisé peu profondément en deux parties. *Capsule* à deux loges, cylindrique, inférieure.

1. ROELLE ciliée, *R. ciliata*, L. à feuilles ciliées, terminées en pointe droite.

Plukn. tab. 252, f. 4. *Hort. Cliff.* 492, tab. 35.

Dans l'Éthiopie et la Mauritanie. ♃

2. ROELLE à réseau, *R. reticulata*, L. à feuilles ciliées, terminées en pointe recourbée.

Petiv. Mus. 21, f. 157.

Au cap de Bonne-Espérance. ♃

236. RAIPONCE, *PHYTEUMA.* * *Lam. Tab. Encyclop.* pl. 124. RAPUNCULUS. *Tournef. Instit.* 115, tab. 38.

CAL. *Périanthe* d'un seul feuillet, à cinq segmens profonds, aigu, droit, ouvert, supérieur.

COR. Monopétale, en roue, ouverte, à cinq *divisions* profondes, linéaires, aiguës, recourbées.

ÉTAM. Cinq *Filamens*, plus courts que la corolle. *Anthères* oblongues.

PIST. *Ovaire* inférieur. *Style* filiforme, recourbé, de la longueur de la corolle. *Stigmate* oblong, roulé en dedans, divisé peu profondément en deux ou trois parties.

PÉR. *Capsule* arrondie, à deux ou trois loges.

SEM. Plusieurs, petites, arrondies.

Corolle en roue, à cinq divisions profondes, linéaires. *Stigmate* divisé peu profondément en deux ou trois parties. *Capsule* inférieure, à deux ou trois loges.

1. RAIPONCE à fleurs peu nombreuses, *P. pauciflora*, L. à fleurs ramassées en tête garnie d'un petit nombre de feuilles; toutes les feuilles lancéolées.

Bauh. Hist. 2, p. 811, f. 1.

Sur les Alpes du Dauphiné, de Suisse. Estivale. *Alp.*

2. RAIPONCE hémisphérique, *P. hemispharica*, L. à fleurs ramassées en tête arrondie; à feuilles linéaires, à peine crénelées.

Rapunculus umbellatus, gramineo folio; Raiponce ombellée, à feuille graminée. *Bauh. Pin.* 92, n.° 9. *Thal. Herc.* 94, t. 8, f. 3. *Column. Ecphras.* 2, pag. 25 et 26, f. 1. *Bauh. Hist.* 2, p. 810, f. 2. *Moris. Hist.* sect. 5, tab. 5, f. 53.

Sur les Alpes du Dauphiné, de Provence. ♃ Estivale. *Alp.*

3. RAIPONCE colletée, *P. comosa*, L. à fleurs en faisceaux, assis, terminant la tige; à feuilles dentées: les radicales en cœur.

Rapunculus Alpinus corniculatus; Raiponce des Alpes corniculée. *Bauh. Pin.* 93, n.° 17. *Prod.* 33, n.° 2, f. 1. *Pon. Bald.* 326, f. 1. *Bauh. Hist.* 2, p. 811, f. 2. *Plukn.* tab. 152, f. 6. *Barrel.* tab. 889.

Sur les Alpes du Dauphiné. ♂ Vernale. *S-Alp.*

4. RAIPONCE orbiculaire, *P. orbicularis*, L. à fleurs ramassées en tête arrondie; à feuilles à dents de scie: les radicales en cœur.

Rapunculus folio oblongo, spicâ orbiculari; Raiponce à feuille oblongue, à épi arrondi. *Bauh. Pin.* 92, n.° 4. *Column. Ecphras.* 1, p. 223 et 224. *Bellev.* tab. 34. *Moris. Hist.* sect. 5, tab. 5, f. 47. *Barrel.* tab. 526. *Bul. Paris.* tab. 105.

Cette espèce présente deux variétés décrites dans *G. Bauhin*, sous le nom de *Rapunculus umbellatus, lati et angustifolius*;

Raiponce ombellée, à feuilles larges et étroites. *Pin.* 92, n.os 7 et 8. *Thal. Herc.* 94, tab. 8, f. 1 et 2.

Sur les Alpes du Dauphiné, de Provence. Vernale. *S-Alp.*

5. RAIPONCE en épi, *P. spicata*, L. à fleurs ramassées en épi alongé; à capsules à deux loges; à feuilles radicales en cœur.

Rapunculus spicatus; Raiponce en épi. *Bauh. Pin.* 92, n.° 3. *Prod.* 32, f. 1. *Dod. Pempt.* 165, f. 2. *Lob. Ic.* 1, p. 329, f. 1. *Clus. Hist.* 2, p. 171, f. 2. *Lugd. Hist.* 641, f. 2. *Bauh. Hist.* 2, p. 809, f. 1 et 2. *Moris. Hist.* sect. 5, tab. 5, f. 46. *Barrel.* tab. 892. *Flor. Dan.* tab. 362.

Cette espèce présente une variété à fleurs blanches.

En Europe, dans les bois. Vernale.

6. RAIPONCE pinnée, *P. pinnata*, L. à fleurs éparses; à feuilles pinnées.

Rapunculus Creticus, seu pyramidalis altera; Raiponce de Crète, ou autre pyramidale. *Bauh. Pin.* 93, n.° 15. *Bauh. Hist.* 2, p. 811 et 812, f. 1.

Dans l'isle de Crète.

237. GANTELÉE, *TRACHELIUM.* * *Tournef. Inst.* 130, tab. 50. *Lam. Tab. Encyclop.* pl. 126.

CAL. *Périanthe* à cinq segmens profonds, très-petit, supérieur.

COR. Monopétale, en entonnoir. *Tube* comme cylindrique, très-long, très-grêle. *Limbe* ouvert, petit, à cinq *divisions* profondes, ovales, concaves.

ÉTAM. Cinq *Filamens*, capillaires, de la longueur de la corolle. *Anthères* simples.

PIST. *Ovaire* à trois côtés arrondis, inférieur. *Style* filiforme, deux fois plus long que la corolle. *Stigmate* arrondi.

PÉR. *Capsule* arrondie, à trois lobes obtus, à trois loges, à trois battans.

SEM. Nombreuses, très-petites.

Corolle en entonnoir. *Stigmate* arrondi. *Capsule* inférieure, à trois loges.

1. GANTELÉE bleue, *T. cæruleum*, L. à feuilles ovales, à dents de scie; à tige terminée par une ombelle.

Cervicaria valerianoïdes, cærulea; Cervicaire valérianoïde, à fleur bleue. *Bauh. Pin.* 95, n.° 20. *Barrel.* tab. 683 et 684.

En Italie, en Orient, dans les endroits ombragés. ♂

238. SAMOLE, *SAMOLUS.* * *Tournef. Inst.* 143, tab. 60. *Lam. Tab. Encyclop.* pl. 101.

CAL. *Périanthe* obtus à sa base, supérieur, à cinq *segmens* profonds, droits, persistans.

COR. Monopétale, en soucoupe. *Tube* très-court, de la longueur du calice, ouvert. *Limbe* plane, obtus, à cinq divisions profondes : *petites écailles* très-courtes, réunies, placées à la base des divisions du limbe.

ÉTAM. Cinq *Filamens*, courts, garnis des écailles de la corolle. *Anthères* réunies, couvertes.

PIST. *Ovaire* inférieur. *Style* filiforme, de la longueur des étamines. *Stigmate* en tête.

PÉR. *Capsule* ovale, environnée par le calice, à une loge, à cinq demi-battans.

SEM. Plusieurs, ovales, petites. *Réceptacle* globuleux, grand.

Corolle en soucoupe. *Étamines* réunies aux écailles de la corolle. *Capsule* à une loge, inférieure.

1. **SAMOLE** aquatique, *S. valerandi*, L. à feuilles pétiolées, ovales, obtuses, très-lisses.

Anagallis aquatica, rotundo folio non crenato ; Mouron aquatique, à feuille arrondie non crénelée. *Bauh. Pin.* 252, n.° 6. *Lob. Ic.* 1, p. 467, f. 1. *Lugd. Hist.* 1090, f. 3. *Bauh. Hist.* 3, P. 2, p. 791 et 792, f. 1. *Moris. Hist.* sect. 3, t. 24, f. 26. *Flor. Dan.* tab. 198. *Bul. Paris.* tab. 106.

Cette espèce présente une variété gravée dans *Walth. Hort.* 162, tab. 23.

Nutritive pour le Mouton, le Bœuf, la Chèvre.

En Europe, en Asie, en Amérique, sur les bords des fontaines, des ruisseaux. ♂ Estivale.

239. **NAUCLEE**, *NAUCLEA*. † *Lam. Tab. Encyclop.* pl. 153.

CAL. Nul. *Réceptacle commun* globuleux, comme velu, tout couvert de fleurs.

COR. Monopétale, en entonnoir. *Tube* filiforme, plus long. *Limbe* court, à cinq *divisions* profondes, ovales, obtuses, recourbées.

ÉTAM. Cinq *Filamens*, tres-courts, dans la gorge de la corolle. *Anthères* ovales, de la longueur du tube.

PIST. *Ovaire* inférieur, oblong. *Style* capillaire, droit, plus long que la corolle. *Stigmate* comme ovale.

PÉR. Nul.

SEM. Solitaires, oblongues, à trois côtés peu saillans, amincies à la base, obtuses au sommet, à deux loges.

Corolle en entonnoir. Une *Semence* inférieure, à deux loges. *Réceptacle* commun arrondi.

1. **NAUCLEE** orientale, *N. orientalis*, L. à feuilles opposées.

Rheed. Malab. 3, p. 29, tab. 33.

Dans l'Inde Orientale. ♄

240. RONDELÈTE, *RONDELETIA*. † *Plum. G.n.* 15, tab. 12. *Lam. Tab. Encyclop.* pl. 162.

CAL. *Périanthe* d'un seul feuillet, supérieur, à cinq segmens profonds, aigu, persistant.

COR. Monopétale, en entonnoir. *Tube* comme cylindrique, plus long que le calice, un peu ventru au sommet. *Limbe* renversé, plane, à cinq *divisions* profondes, arrondies.

ÉTAM. Cinq *Filamens*, en alêne, presque aussi longs que la corolle. *Anthères* simples.

PIST. *Ovaire* arrondi, inférieur. *Style* filiforme, de la longueur de la corolle. *Stigmate* divisé peu profondément en deux parties.

PÉR. *Capsule* arrondie, couronnée, à deux loges.

SEM. Plusieurs, ou plus rarement solitaires.

Corolle en entonnoir. *Capsule* à deux loges, inférieure, arrondie, couronnée, renfermant plusieurs semences.

1. RONDELÈTE d'Amérique, *R. Americana*, L. à feuilles sans pétioles; à panicule dichotome ou à bras ouvert.

Plum. Ic. 342, f. 1.

Dans l'Amérique Méridionale. ♄

2. RONDELETE d'Asie, *R. Asiatica*, L. à feuilles pétiolées, oblongues, pointues.

Plukn. tab. 140, f. 2.

Au Malabar, à Zeylan. ♄

3. RONDELÈTE en ovale renversé, *R. obovata*, L. à feuilles pétiolées, en ovale renversé, obtuses.

Dans l'Amérique Méridionale. ♃

4. RONDELÈTE à trois feuilles, *R. trifoliata*, L. à feuilles trois à trois.

Jacq. Amer. 60, tab. 43.

Dans l'Amérique Méridionale. ♄

241. MACROCNÈME, *MACROCNEMUM*. †

CAL. *Périanthe* d'un seul feuillet, supérieur, en toupie, à cinq dents, persistant.

COR. Monopétale, en cloche, à cinq *divisions* peu profondes, ovales, droites.

ÉTAM. Cinq *Filamens*, en alêne, velus, plus courts que la corolle. *Anthères* ovales, comprimées, dans la gorge de la corolle.

PIST. *Ovaire* inférieur, conique. *Style* simple, de la longueur des étamines. *Stigmate* un peu épais, à deux lobes.

PÉR. *Capsule* oblongue, en toupie, à deux loges.

SEM. Plusieurs, en recouvrement.

Corolle en cloche. *Capsule* inférieure, à deux loges. *Semences* en recouvrement.

1. MACROCNÈME de la Jamaïque, *M. Jamaïcensis*, L. à feuilles opposées, lancéolées, ovales, très-entieres, lisses; à pétioles très-courts.

A la Jamaïque.

242. BELLONE, *BELLONIA*. *Plum. Gen.* 19, tab. 31. *Lam. Tab. Encyclop.* pl. 149.

CAL. *Périanthe* d'un seul feuillet, supérieur, persistant, divisé à moitié en cinq *segmens*, lancéolés, aigus.

COR. Monopétale, en roue. *Tube* très-court. *Limbe* plane, obtus, grand, à moitié divisé en cinq parties.

ÉTAM. Cinq *Filamens*, en alêne, droits, très-courts. *Anthères* droites, réunies, courtes.

PIST. *Ovaire* inférieur. *Style* en alêne, droit, plus long que les étamines. *Stigmate* aigu.

PÉR. *Capsule* en toupie, ovale, enveloppée par le calice, présentant un bec par la réunion de ses battans, à une loge.

SEM. Nombreuses, arrondies, petites.

Corolle en roue. *Capsule* inférieure, à une seule loge, renfermant plusieurs semences.

1. BELLONE rude, *B. aspera*, L. à tige ligneuse; à feuilles opposées, ovales, à dents de scie, rudes en dessous; à pétioles très-courts; à fleurs en corymbe.

Plum. Gen. 19, tab. 31.

Dans l'Amérique Méridionale. ♄

243. PORTLANDE, *PORTLANDIA*. † *Lam. Tab. Encyclop.* pl. 162.

CAL. *Périanthe* supérieur, à cinq *feuillets*, oblongs, lancéolés, persistans.

COR. Monopétale. *Tube* long, en entonnoir et ventru. *Limbe* plus court que le tube, aigu, à cinq divisions profondes.

ÉTAM. Cinq *Filamens*, en alêne, inclinés, presque aussi longs que la corolle, s'élevant du fond du tube. *Anthères* linéaires, droites, de la longueur de la corolle.

PIST. *Ovaire* à cinq côtés, arrondi, inférieur. *Style* simple, de la longueur des étamines. *Stigmate* oblong, obtus.

PÉR. *Capsule* en ovale renversé, à cinq stries, à cinq angles, émoussée, à deux loges, à deux battans, s'ouvrant au sommet, à cloison opposée.

SEM. Plusieurs, arrondies, comprimées, en recouvrement.

Corolle en massue, en entonnoir. *Anthères* longitudinales. *Capsule* à cinq côtés, mousse, à deux loges, renfermant plusieurs semences, couronnée par le calice à cinq feuillets.

1. PORTLANDE à grande fleur, *P. grandiflora*, L. à fleurs pentandres ou à cinq étamines.

Jacq. Amer. 62, tab. 44.

A la Jamaïque. ♄

2. PORTLANDE à six étamines, *P. hexandra*, L. à fleurs hexandres ou à six étamines.

Jacq. Amer. 63, tab. 182, f. 20.

A Carthagène, dans les forêts. ♄

244. SCÉVOLE, *SCÆVOLA.* † *Lam. Tab. Encyclop.* pl. 124. LOBELIA. *Plum. Gen.* 21, tab. 31.

CAL. *Périanthe* supérieur, très-court, à cinq segmens peu profonds, persistant.

COR. Monopétale, inégale. *Tube* long, présentant une fente dans sa longueur. *Limbe* ascendant, à cinq *divisions* peu profondes, tournées d'un seul côté, lancéolées, membraneuses sur les bords.

ÉTAM. Cinq *Filamens*, courts, capillaires, insérés sur le réceptacle. *Anthères* distinctes, droites, oblongues, obtuses.

PIST. *Ovaire* inférieur, ovale. *Style* filiforme, un peu épaissi dans sa partie supérieure, plus long que les étamines, sortant de la fente longitudinale du tube, recourbé vers le limbe. *Stigmate* un peu aplati, obtus, à orifice ouvert.

PÉR. *Drupe* arrondie, à ombilic ponctué, à une loge.

SEM. *Noix* ovale, ridée, aiguë, à deux loges.

Corolle monopétale, dont le tube est fendu dans sa longueur, et le limbe est à cinq divisions peu profondes, latérales. *Drupe* inférieure, renfermant un noyau à deux loges.

1. SCÉVOLE Lobelie, *S. Lobelia*, L. à tige ligneuse; à feuilles ovales, oblongues, très-entières.

Jacq. Amer. 219, tab. 179, f. 88.

Dans les deux Indes. ♃

245. QUINQUINA, *CHINCHONA.* † *Lam. Tab. Encyclop.* pl. 164.

CAL. *Périanthe* d'un seul feuillet, supérieur, en cloche, à cinq dents, persistant.

COR. Monopétale, en entonnoir, à cinq *divisions* profondes, oblongues, plus courtes que le tube, laineuses au sommet. *Tube* long,

ÉTAM. Cinq *Filamens*, très-petits. *Anthères* oblongues, dans la gorge de la corolle.

PIST. *Ovaire* arrondi, inférieur. *Style* de la longueur de la corolle. *Stigmate* un peu épais, oblong, simple.

PÉR. *Capsule* oblongue, couronnée par le calice, divisible en deux parties, s'ouvrant en deux parties qui s'ouvrent elles-mêmes intérieurement, à cloison parallèle.

SEM. Plusieurs, oblongues, comprimées, échancrées.

Corolle en entonnoir, cotonneuse au sommet. *Capsule* inférieure, à deux loges, à cloison parallèle.

1. QUINQUINA officinal, *C. officinalis*, L. à fleurs en panicule en croix.

Icon. Pl. Medic. tab. 292.

1. *Chinae*, *Cortex*, *Chinchina*, *Cortex Peruvianus*, Quinquina, Écorce du Pérou. 2. Écorce. 3. Odeur aromatique, qui lui est propre; saveur amère, austère, persistante, qu'il transmet aux substances animales, qu'on fait infuser dans sa décoction. 4. Principe volatil, foible; substance fixe, gomméo-résineuse. La mixtion des principes gommeux et résineux est si parfaite, qu'on ne peut extraire pur ni l'un ni l'autre. La substance gommeuse est en plus grande proportion que la résineuse. 5. Fievres intermittentes, inappétence, calcul, édème, cachexie froide, gangrène, cancer, ulcères putrides, hystéricie, toux, petite vérole, phthisie, toux convulsive, toutes les affections périodiques, scrophules, fievres remittentes, vers, débilité sénile, sueurs colliquatives.

Quelques voyageurs ont fait mention de trois espèces de Quinquina, le *Rouge*, le *Jaune*, le *Blanc*, parmi lesquelles il en est une, connue sous le nom de *Quinquina pithon*, qui fait vomir d'abord, et paroît agir ensuite à la manière du Quinquina ordinaire. Dans quelques circonstances, on préfère ce dernier en Amérique. On sophiste le *Quinquina* de tant de manières, qu'il ne faut le recevoir en poudre que de la main d'un Pharmacien instruit et probe.

Au Pérou; sur les montagnes de Loxa. Notre respectable ami Dombey, nous a dit l'avoir découvert à la source du fleuve des Amazones. ♄

2. QUINQUINA des Caribes, *C. Caribaea*, L. à péduncules ne portant qu'une seule fleur.

Plukn. tab. 103, f. 3. *Jacq. Amer.* 61, tab. 179, f. 95.

Dans les isles Caribes.

246. PSYCHOTRE, *PSYCHOTRIA*. † *Lam. Tab. Encyclop.* pl. 161.

CAL. *Périanthe* très-petit, à cinq dents, supérieur, persistant.

COR. Monopétale, en soucoupe. *Tube* long. *Limbe* court, à cinq *divisions* peu profondes, comme ovales, aiguës.

ÉTAM. Cinq *Filamens*, capillaires. *Anthères* linéaires, ne dépassant point le tube.

PIST. *Ovaire* inférieur. *Style* filiforme. *Stigmate* divisé peu profondément en deux parties, un peu épaisses, obtuses.

PÉR. *Baie* arrondie, à une loge, couronnée par le calice.

SEM. Deux, hémisphériques, convexes et à cinq sillons d'un côté, aplaties de l'autre.

Calice à cinq dents, couronnant le fruit. *Corolle* tubulée. *Baie* arrondie, renfermant deux semences hémisphériques, sillonnées.

1. PSYCHOTRE d'Asie, *P. Asiatica*, L. à stipules échancrées; à feuilles lancéolées, ovales.

Jacq. Amer. 65, tab. 174, f. 22.

A la Jamaïque, dans l'Inde Orientale.

2. PSYCHOTRE rampante, *P. serpens*, L. à tige presque herbacée, rampante; à feuilles ovales, pointues aux deux extrémités.

Dans l'Inde Orientale. ♃

3. PSYCHOTRE herbacée, *P. herbacea*, L. à tige herbacée, rampante; à feuilles en cœur, pétiolées.

Jacq. Amer. 66, tab. 46.

Dans les deux Indes.

247. CAFFÉYER, *COFFEA*. * *Lam. Tab. Encyclop.* pl. 160.

CAL. *Périanthe* à quatre dents, très-petit, supérieur.

COR. Monopétale, en soucoupe. *Tube* comme cylindrique, grêle, surpassant plusieurs fois le calice en longueur. *Limbe* plane, plus long que le tube, à cinq *divisions* profondes, lancéolées, roulées sur les côtés.

ÉTAM. Cinq *Filamens*, en alêne, insérés sur le tube de la corolle. *Anthères* linéaires, couchées, de la longueur des filamens.

PIST. *Ovaire* arrondi, inférieur. *Style* simple, de la longueur de la corolle. Deux *Stigmates*, renversés, en alêne, un peu épais.

PÉR. *Baie* arrondie, à ombilic ponctué.

SEM. Deux, elliptiques, arrondies, bossuées d'un côté, aplaties de l'autre, enveloppées par un arille.

Corolle en soucoupe. *Étamines* insérées sur le tube de la corolle. *Baie* inférieure, renfermant deux semences enveloppées par un arille.

1. CAFFÉYER d'Arabie, *C. Arabica*, L. à fleurs à cinq divisions peu profondes; à baies à deux semences.

Evonymo similis Ægyptiaca, fructu baccis Lauri similis; Plante d'Égypte semblable au Fusain, à fruit semblable aux baies du Laurier. *Bauh. Pin.* 428, n.° 4. *Alp. Ægypt.* 2, p 36, tab. 16. *Pluka.* tab. 272, f. 1. *Till. Pis.* 87, t. 32. *Juss. Mém. de l'Acad.* 1713, p. 388, tab. 7. *Icon. Pl. Med.* tab. 375.

1. *Coffea*, Café. 2. Semences. *Fèves.* 4 Extraits aqueux et spiritueux en quantité inégale. 5. Embonpoint excessif, somnolence, cardialgie, céphalalgie; on croit qu'il nuit aux personnes maigres, très-irritables, aux hypocondriaques, aux femmes hystériques, aux vices des yeux. 6. Toute l'Europe use aujourd'hui de son infusion après le dîner : pris le matin, étendu dans beaucoup de lait, il est moins salubre.

Dans l'Arabie heureuse, l'Éthiopie ; transporté et cultivé en Amérique, depuis le commencement du dix-huitième siècle. ♄

2. CAFFÉYER d'Occident, *C. Occidentalis*, L. à fleurs à quatre divisions peu profondes ; à baies à une seule semence.

Jacq. Amer. pag. 67, tab. 47.

Dans l'Amérique Méridionale. ♄

248. CHIOCOQUE, *CHIOCOCCA.* † *Lam. Tab. Encyclop.* pl. 160.

CAL. *Périanthe* à cinq dents, supérieur, persistant.

COR. Monopétale, en entonnoir. *Tube* long, ouvert. *Limbe* à cinq *divisions* profondes, égales, aiguës, renversées.

ÉTAM. Cinq *Filamens*, filiformes, de la longueur de la corolle. *Anthères* oblongues, droites.

PIST. *Ovaire* inférieur, arrondi, comprimé. *Style* filiforme, de la longueur des étamines. *Stigmate* simple, obtus.

PÉR. *Baie* arrondie, comprimée, couronnée par le calice, à une loge.

SEM. Deux, arrondies, comprimées ; distantes.

Corolle en entonnoir, égale. *Baie* inférieure, à une seule loge, renfermant deux semences.

1. CHIOCOQUE à grappes, *C. racemosa*, L. à feuilles opposées.

Dill. Elth. tab. 228, f. 295. *Sloan. Jam.* tab. 188, f. 3.

A la Jamaïque, aux Barbades. ♄

2. CHIOCOQUE nocturne, *C. nocturna*, L. à feuilles alternes.

A Saint-Domingue, dans les forêts. ♄

249. DUHAMÈLE, *HAMELLIA.* † *Lam. Tab. Encyclop.* pl. 155.

CAL. *Périanthe* à cinq segmens profonds, aigu, très-petit, supérieur, droit, persistant.

COR. Monopétale. *Tube* à cinq angles, très-long. *Limbe* à cinq divisions profondes, égal, petit, aigu.

ÉTAM.

ÉTAM. Cinq *Filamens*, en alêne, insérés sur le milieu de la corolle. *Anthères* oblongues, linéaires, de la longueur de la corolle.

PIST. *Ovaire* ovale, terminé en cône, inférieur. *Style* filiforme, de la longueur de la corolle. *Stigmate* linéaire, obtus.

PÉR. *Baie* ovale, sillonnée, couronnée, à cinq loges.

SEM. Plusieurs, arrondies, comprimées, très-petites.

Corolle à cinq divisions peu profondes. *Baie* inférieure, à cinq loges, renfermant plusieurs semences.

1. **DUHAMÈLE** ouverte, *H. patens*, L. à rameaux très-ouverts.
   Jacq. Amer. pag. 72, tab. 50.
   Dans l'Amérique Méridionale. ♄

250. **CHÈVRE-FEUILLE**, *LONICERA*. * *Lam. Tab. Encyclop.* pl. 150. CAPRIFOLIUM. *Tournef. Inst.* 608, tab. 378. PERICLYMENUM. *Tournef. Inst.* 608, tab. 378. CHAMÆCERASUS. *Tournef. Inst.* 609, tab. 379. XYLOSTEON. *Tournef. Inst.* 609, tab. 379. SYMPHORICARPOS. *Dill. Elth.* tab. 278

CAL. *Périanthe* à cinq segmens profonds, supérieur, petit.

COR. Monopétale, tubulée. *Tube* oblong, bossué. *Limbe* à cinq *divisions* profondes, roulées, dont une plus profondément séparée.

ÉTAM. Cinq *Filamens*, en alêne, presque aussi longs que la corolle. *Anthères* oblongues.

PIST. *Ovaire* arrondi, inférieur. *Style* filiforme, de la longueur de la corolle. *Stigmate* obtus, en tête.

PÉR. *Baie* a ombilic, à deux loges.

SEM. Arrondies, comprimées.

OBS. Caprifolium : *Division inférieure de la corolle, deux fois plus profonde, séparée. Baies distinctes.*

Periclymenum : *Divisions de la corolle presque également profondes: Baies distinctes.*

Chamæcerasus : *Division inférieure de la corolle, divisée deux fois plus profondément. Deux baies reposant sur la même base.*

Xylosteum : *Divisions de la corolle presque également profondes. Deux baies reposant sur la même base.*

Symphoricarpos : *Corolle presque en cloche. Fruit à deux loges, à semences solitaires.*

L. Alpigena et Cærulea : *Un seul ovaire pour deux fleurs, comme dans la* Mitchelle.

Corolle monopétale, irrégulière. *Baie* inférieure, à deux loges, renfermant plusieurs semences.

* I. *CHÈVRE-FEUILLES PÉRICLYMÈNES, à tige entortillée.*

1. CHÈVRE-FEUILLE cultivé, *L. caprifolium*, L. à fleurs en anneaux, assises ou sans péduncules, terminant la tige; les feuilles supérieures réunies par la base, et enfilées par la branche.

Periclymenum perfoliatum; Periclymène perfolié. *Bauh. Pin.* 302, n.° 2. *Dod. Pempt.* 411, f. 2. *Lob. Ic.* 1, p. 632, f. 2. *Lugd. Hist.* 1427, f. 1. *Camer. Epit.* 713. *Bauh. Hist.* 2, pag. 104, f. 2. *Bul. Paris.* tab. 108.

En Languedoc. Cultivé dans les jardins. ♃

2. CHÈVRE-FEUILLE toujours vert, *L. sempervirens*, L. à fleurs en anneaux, sans feuilles, terminant la tige; à feuilles supérieures réunies par la base, et enfilées par la branche.

Herm. Lugd. 484 et 483.

En Virginie, au Mexique. Cultivé dans les jardins. ♄

3. CHÈVRE-FEUILLE dioïque, *L. dioica*, L. à fleurs en anneaux, sans feuilles; terminant la tige; toutes les feuilles réunies par la base, et enfilées par la branche.

On ignore son climat natal.

4. CHÈVRE-FEUILLE des bois, *L. periclymenum*, L. à fleurs en têtes ovales, en recouvrement, terminant la tige; toutes les feuilles distinctes.

Periclymenum non perfoliatum, Germanicum; Périclymène non perfolié, d'Allemagne. *Bauh. Pin.* 302, n.° 1. *Dod. Pempt.* 411, f. 1. *Lob. Ic.* 1, p. 633, f. 1. *Bauh. Hist.* 2, p. 104, f. 1. *Bul. Paris.* tab. 107. *Icon. Pl. Med.* tab. 243.

Cette espèce présente plusieurs variétés relativement à la couleur des fleurs, rouges, blanches, à la forme des feuilles sinuées.

Nutritive pour le Mouton, le Bœuf, la Chèvre.

Dans l'Europe Méridionale. ♄

* II. *CHÈVRE-FEUILLES FAUX-CERISIERS, à tige droite, à péduncules portant deux fleurs.*

5. CHÈVRE-FEUILLE noir, *L. nigra*, L. à péduncules portant deux fleurs; à baies distinctes; à feuilles elliptiques, très-entières.

Chamaecerasus Alpina, fructu nigro, gemino; Faux-Cerisier des Alpes, à fruit noir, double. *Bauh. Pin.* 451, n.° 2. *Clus. Hist.* 1, p. 58, f. 1. *Lugd. Hist.* 273, f. 2. *Bauh. Hist.* 2, p. 107, f. 1. *Jacq. Aust.* tab. 314.

Le synonyme de *G. Bauhin* cité pour cette espèce, est appliqué par *Reichard* au Chèvre-Feuille des buissons, *L. Xylosteum*, L. espèce 7.

En Dauphiné, en Suisse.

6. CHÈVRE-FEUILLE de Tartarie, *L. Tartarica*, L. à péduncules portant deux fleurs; à baies distinctes; à feuilles en cœur, obtuses.

Les feuilles sont quelquefois disposées en anneaux trois à trois. Les fleurs ordinairement roses, sont quelquefois blanches.

En Tartarie. Cultivé dans les jardins. ♄ Vernale.

7. CHÈVRE-FEUILLE des buissons, *L. Xylosteum*, L. à péduncules portant deux fleurs; à baies distinctes; à feuilles très-entières, duvetées.

Chamæcerasus dumetorum, fructu gemino, rubro; Faux-Cerisier des buissons, à fruit double, rouge. *Bauh. Pin.* 451, n.° 4. *Dod. Pempt.* 412, f. 1. *Lob. Ic.* 1, p. 633, f. 2. *Lugd. Hist.* 273, f. 1. *Bauh. Hist.* 2, p. 106, f. 1. *Barrel.* tab. 511?

Nutritive pour le Mouton, la Chèvre, le Canard, le Dindon, l'Oie.

En Europe, dans les buissons. ♄ Vernale.

8. CHÈVRE-FEUILLE des Pyrénées, *L. Pyrenaïca*, L. à péduncules portant deux fleurs; à baies distinctes; à feuilles oblongues, lisses.

Magn. Hort. 209, tab. 21.

Aux Pyrénées, en Sibérie. ♄

9. CHÈVRE-FEUILLE des Alpes, *L. alpigena*, L. à péduncules portant deux fleurs; à baies réunies, deux à deux; à feuilles ovales, lancéolées.

Chamæcerasus Alpina, fructu rubro, gemino, duobus punctis notato; Faux-Cerisier des Alpes, à fruit rouge, double, marqué de deux points. *Bauh. Pin.* 451, n.° 1. *Dod. Pempt.* 412, f. 2. *Lob. Ic.* 2, p. 173. *Clus. Hist.* 1, p. 59, f. 2. *Lugd. Hist.* 200, f. 1, et 201, f. 2. *Bauh. Hist.* 2, p. 107, f. 1 et 3. *Jacq. Aust.* tab. 274.

Sur les Alpes de Suisse, du Dauphiné, des Pyrénées. ♃ Vernale. *S-Alp.*

10. CHÈVRE-FEUILLE bleu, *L. cærulea*, L. à péduncules portant deux fleurs; à baies réunies, globuleuses; à styles sans divisions.

Chamæcerasus montana, fructu singulari, cæruleo; Faux-Cerisier des montagnes, à fruit solitaire, bleu. *Bauh. Pin.* 451, n.° 3. *Clus. Hist.* 1, p. 58, f. 2. *Bauh. Hist.* 2, p. 108, f. 1. *Bellev.* tab. 5.

En Suisse, à Naples. ♄

* III. *CHÈVRE-FEUILLES à tige droite; à péduncules portant plusieurs fleurs.*

11. CHÈVRE FEUILLE de Virginie, *L. Symphoricarpos*, L. à fleurs en têtes latérales, pédunculées; à feuilles petiolées.

Plukn. tab. 420, f. 6. *Dill. Elth.* tab. 278, f. 360.

1. *Symphoricarpum.* 3. Styptique. 5. Fievres intermittentes, contre lesquelles *Clayton* dit que cette plante est un remede sûr, et presque infaillible.

A la Caroline, à la Virginie. ♄

12. CHÈVRE-FEUILLE d'Acadie, *L. Diervilla*, L. à fleurs en grappes terminant les rameaux; à feuilles à dents de scie.

Hort. Cliff. 63, tab. 7. *Icon. Pl. Med.* tab. 424.

1. *Diervilla.* 2. Sommités, jeunes pousses. 3. Nauseuse. 5. Dysurie, gonorrhée, vérole.

Dans l'Acadie. Cultivé dans les jardins. ♄

13. CHÈVRE-FEUILLE en corymbe, *L. corymbosa*, L. à fleurs en corymbes terminant la tige; à feuilles ovales, pointues.

Feuil. Peruv. 1, p. 750, tab. 45.

Au Pérou. ♄

251. TRIOSTE, *TRIOSTEUM.* † *Lam. Tab. Encyclop.* pl. 150. TRIOSTEOSPERMUM. *Dill. Elth.* tab. 293.

CAL. *Périanthe* supérieur, ouvert, de la longueur de la corolle, à cinq *segmens* profonds, lancéolés, persistans.

COR. Monopétale, tubulée. *Limbe* plus court que le tube, droit, à cinq divisions profondes : à *lobes* arrondis, les inférieurs plus petits.

ÉTAM. Cinq *Filamens*, filiformes, de la longueur de la corolle. *Anthères* oblongues.

PIST. *Ovaire* arrondi, inférieur. *Style* cylindrique, de la longueur des étamines. *Stigmate* un peu épais.

PÉR. *Baie* en ovale renversé, à trois côtés peu saillans, obtuse, sillonnée.

SEM. . . . .

Corolle monopétale, presque égale. *Calice* de la longueur de la corolle. *Baie* inférieure, à trois loges, renfermant une seule semence.

1. TRIOSTE perfolié, *T. perfoliatum*, L. à fleurs en anneaux, assises ou sans péduncules.

Dill. Elth. tab. 293, f. 378.

Dans l'Amérique Septentrionale. ♄

2. TRIOSTE à feuilles étroites, *T. angustifolium*, L. à fleurs opposées, pédunculées.

Plukn. tab. 104, f. 2.

En Virginie. ♃

252. MORINDE, *MORINDA*. † *Lam. Tab. Encyclop.* pl. 153. ROYOC. *Plum. Gen.* 12, tab. 26.

CAL. *Réceptacle commun* arrondi, supportant des fleurs assises, réunies en globe.

——*Périanthe* à cinq dents, supérieur, à peine visible.

COR. Monopétale, en entonnoir. *Tube* comme cylindrique. *Limbe* très-ouvert, aigu, à cinq *divisions* peu profondes, lancéolées, planes.

ÉTAM. Cinq *Filamens*, très-courts, insérés sur la partie supérieure du tube. *Anthères* linéaires, droites, presque aussi longues que le tube.

PIST. *Ovaire* inférieur. *Style* simple. *Stigmate* un peu épais, divisé peu profondément en deux parties.

PÉR. *Baie* comme ovale, anguleuse, comprimée de tous côtés par celles qui l'entourent, tronquée, à une loge.

SEM. Deux, convexes d'un côté, aplaties de l'autre.

Fleurs monopétales, agrégées. *Stigmate* divisé peu profondément en deux parties. *Drupes* agrégées.

1. MORINDE ombellée, *M. umbellata*, L. à tige droite; à feuilles lancéolées, ovales; à péduncules entassés.

Rumph. Amb. 3, p. 157, tab. 98.

Dans l'Inde Orientale. ♄

2. MORINDE à feuilles de citron, *M. citrifolia*, L. à tige en arbre; à péduncules solitaires.

Rheed. Mal. 1, p. 97, tab. 52. *Rumph. Amb.* 2, p. 158, t. 99.

Dans l'Inde Orientale. ♄

3. MORINDE Royoc, *M. Royoc*, L. à tige couchée.

Plukn. tab. 212, f. 4. *Jacq. Hort.* tab. 16.

Dans l'Amérique Méridionale. ♄

253. MANGLIER, *CONOCARPUS*. † *Lam. Tab. Encyclop.* pl. 126.

CAL. *Périanthe* d'un seul feuillet, supérieur, très-petit, aigu, droit, à cinq segmens profonds, en alêne.

COR. Cinq *Pétales*, réunis ou nuls.

ÉTAM. Cinq ou dix *Filamens*, en alêne, droits. *Anthères* globuleuses.

PIST. *Ovaire* grand, comprimé, obtus, inférieur. Un seul *Style*, court. *Stigmate* obtus.

PÉR. Aucun séparé de la semence.

SEM. Une seule, en ovale renversé, à *marge* membraneuse, épaisse, saillante des deux côtés.

Corolle à cinq pétales ou nulle. *Semences* nues, inférieures, solitaires. *Fleurs* agrégées.

1. MANGLIER droit, *C. erecta*, L. à tige droite; à feuilles lancéolées.

Plukn. tab. 240, f. 3. *Sloan. Jam.* tab. 161, f. 2. *Jacq. Amer.* 78, tab. 52, f. 1.

A la Jamaique, au Brésil, sur les bords de la mer. ♄

2. MANGLIER couché, *C. procumbens*, L. à tige couchée; à feuilles en ovale renversé.

Jacq. Amer. 79, tab. 52, f. 2.

A Cuba.

3. MANGLIER à grappes, *C. racemosa*, L. à feuilles lancéolées, ovales, un peu obtuses; à fruits séparés.

Sloan. Jam. tab. 187, f. 1. *Jacq. Amer.* 80, tab. 53.

Dans les isles Caribes, sur les bords de la mer. ♄

254. KUHNIE, *KUHNIA*. * *Lam. Tab. Encyclop.* pl. 126.

CAL. *Périanthe commun* oblong, à plusieurs *écailles*, en recouvrement, lancéolées, bossuées, persistantes.

COR. *Commune* égale : fleurons de dix à quinze.

—— *Corollule*, Monopétale, en entonnoir, deux fois plus longue que le calice. *Limbe* droit, à cinq divisions peu profondes.

ÉTAM. Cinq *Filamens*, capillaires, très-courts. *Anthères* comme cylindriques, plus courtes que le tube des corollules, s'ouvrant au sommet par une lèvre.

PIST. *Ovaire* inférieur. *Style* de la longueur des étamines. Deux *Stigmates*, en massue.

PÉR. Le *Calice* qui ne change point, renferme les semences.

SEM. Solitaires, oblongues, couronnées par une aigrette plumeuse, plus longue que le calice.

RÉC. Nu.

Fleur composée, flosculeuse. *Semences* solitaires, à aigrette en plume. *Réceptacle* nu.

1. KUHNIE à feuilles d'eupatoire, *K. eupatorioïdes*, L. à feuilles alternes; à calice renfermant plusieurs fleurs; à aigrette en plume.

Plukn. tab. 87, f. 2? *Ard. Spec.* 2, pag. 40, tab. 20. *Linn. Fil. Dec.* 21, tab. 11.

En Pensylvanie, d'où elle a été apportée par Kuhn. ♃

255. ÉRITHALE, *ERITHALIS*. † *Lam. Tab. Encyclop.* pl. 159.

CAL. D'un seul feuillet, supérieur, en godet, à cinq dents, persistant.

COR. Monopétale, à cinq *divisions* profondes, lancéolées, longues, recourbées. *Tube* très-court.

ÉTAM. Cinq *Filamens*, en alêne, ouverts, égalant à peine la corolle en longueur. *Anthères* oblongues.

PIST. *Ovaire* inférieur, arrondi. *Style* filiforme, comprimé dans sa partie supérieure, de la longueur des étamines. *Stigmate* aigu.

PÉR. *Baie* arrondie, couronnée, à dix loges.

SEM. Petites.

Calice en godet. *Corolle* à cinq divisions profondes, recourbées. *Baie* inférieure, à dix loges.

1. ERITHALE ligneuse, *E. fruticosa*, L. à feuilles opposées; à fleurs en corymbes composés.

Jacq. Amer. tab. 173, f. 23.

A la Jamaïque, à la Martinique. ♄

256. MENAIS, *MENAIS*.

CAL. *Périanthe* à trois *feuillets*, concaves, peu serrés, pointus, petits, persistans.

COR. Monopétale, en soucoupe. *Tube* cylindrique, plus long que le calice. *Limbe* plane, à cinq *divisions* profondes, arrondies.

ÉTAM. Cinq *Filamens*, très-courts, insérés sur le tube. *Anthères* en alêne, dans la gorge de la corolle.

PIST. *Ovaire* arrondi. *Style* filiforme, de la longueur du tube. Deux *Stigmates*, oblongs.

PÉR. *Baie* arrondie, à quatre loges.

SEM. Solitaires, comme ovales, aiguës d'un côté.

Calice à trois feuillets. *Corolle* en soucoupe. *Baie* à quatre loges. *Semences* solitaires.

1. MENAIS d'Amérique, *M. topiaria*, L. à tiges arrondies, un peu velues; à feuilles alternes, ovales, entières, rudes.

Dans l'Amérique Méridionale. ♄

257. MUSSENDE, *MUSSÆNDA*. † *Lam. Tab. Encyclop.* pl. 157.

CAL. *Périanthe* supérieur, inégal, à cinq *segmens* profonds, linéaires, pointus, persistans.

COR. Monopétale, en entonnoir. *Tube* long, filiforme, velu. *Limbe* égal, à cinq *divisions* profondes, ovales.

ÉTAM. Cinq *Filamens*, de la longueur de la corolle, adhérens intérieurement au tube de la corolle. *Anthères* linéaires, sétacées, longues, enfermées dans le tube de la corolle.

PIST. *Ovaire* inférieur, ovale. *Style* filiforme. Deux *Stigmates* simples, un peu épais.

PÉR. *Baie* oblongue, couronnée.

SEM. Nombreuses, disposées sur quatre rangs.

Corolle en entonnoir. Deux *Stigmates*, un peu épais. *Baie* inférieure, alongée. *Semences* disposées sur quatre rangs.

1. MUSSENDE feuillée, *M. frondosa*, L. à fleurs en panicule; à feuilles colorées.

Rheed. Mal. 2, p. 27, tab. 18. *Rumph. Amb.* 4, p. 111, t. 51. *Burm. Zeyl.* 165, tab. 76.

Dans l'Inde Orientale. ♄

2. MUSSENDE belle, *M formosa*, L. à tiges sans épines; à fleurs assises ou sans péduncules, solitaires.

Jacq. Amer. 70, tab. 48.

A Carthagène, dans les forêts. ♃

3. MUSSENDE épineuse, *M. spinosa*, L. à tige épineuse; à fleurs assises ou sans péduncules, agrégées.

Jacq. Amer. 70, tab. 49.

A Carthagène, à la Martinique, dans les forêts. ♄

258. MATTHIOLE, *MATTHIOLA*. *Plum. Gen.* 16, tab. 6.

CAL. *Périanthe* comme cylindrique, très-entier, droit, court, persistant.

COR. Un seul *Pétale*, très-long, qui d'un *Tube* grêle se termine en un *Limbe* entier, à *orifice* peu sinué.

ÉTAM. Cinq *Filamens*, en alêne, plus courts que la corolle. *Anthères* simples.

PIST. *Ovaire* arrondi, inférieur. *Style* filiforme, de la longueur de la corolle. *Stigmate* un peu épais, obtus.

PÉR. *Drupe* arrondie, couronnée par le calice, à une loge.

SEM. *Noix* arrondie. *Noyau* arrondi.

Calice entier. *Corolle* tubulée, supérieure, très-entière ou sans divisions. *Drupe* renfermant un noyau arrondi.

1. MATTHIOLE rude, *M. scabra*, L. à feuilles éparses, ovales; à bractées pinnées.

Plum. Amer. tab. 173, f. 2.

Dans l'Amérique Méridionale. ♄

259. BELLE-DE-NUIT, *MIRABILIS*. *Lam. Tab. Encyclop.* pl. 105. JALAPA. *Tournef. Inst.* 129, tab. 50.

CAL. *Périanthe* droit, ventru, inférieur, à cinq *feuillets*, ovales, lancéolés, persistans.

COR. Monopétale, en entonnoir. *Tube* grêle, long, épaissi au sommet, placé sur le nectaire. *Limbe* droit, ouvert, entier, à cinq *divisions* peu profondes, obtuses, plissées.

Nectaire arrondi, placé sous la corolle, persistant.

ÉTAM. Cinq *Filamens*, filiformes, s'élevant du réceptacle, adhérens à la corolle et non au nectaire, de la longueur de la corolle, inclinés, inégaux. *Anthères* arrondies, droites.

PIST. *Ovaire* arrondi, placé dans le nectaire. *Style* filiforme, ayant la longueur et la situation des étamines. *Stigmate* arrondi, ponctué, droit.

PÉR. Nul.

SEM. *Noix* ovale, à cinq côtés, formée par le nectaire qui s'endurcit, caduque-tardive.

Calice inférieur. *Corolle* en entonnoir, supérieure. *Nectaire* arrondi, enveloppant l'ovaire.

1. BELLE-DE-NUIT dichotome, *M. dichotoma*, L. à fleurs sans pédoncules, axillaires, droites, solitaires.

Solanum Mexicanum, flore parvo; Morelle du Mexique, à petite fleur. *Bauh. Pin.* 168, n.° 4.

1. *Jalappæ radix*, Jalap. 2. Racine. 4. Partie gommeuse et résineuse, extraits aqueux et spiritueux, en quantité inégale. 5 Affections vermineuses, hydropisie, œdème, leucophlegmatie, fièvres quartes automnales.

Les Botanistes ne sont pas d'accord sur la plante qui fournit la drogue appelée *Racine de Jalap.* D'abord *Linné* la rapportoit à la *Mirabilis dichotoma*; dans la suite, d'après *Miller*, il la rendit au *Convolvulus jalappa*. *Bergius* persiste dans l'opinion abandonnée par *Linné*.

Cette question intéressante pour les Botanistes, l'est fort peu pour les Praticiens; parce que, d'où que provienne la racine appelée *Jalap*, elle a constamment le même degré d'énergie, toutes les fois qu'elle est saine, et non cariée ou vermoulue.

Au Mexique. Cultivée dans les jardins. ♃

2. BELLE-DE-NUIT Jalap, *M. Jalapa*, L. à fleurs terminant les tiges, droites, entassées.

Solanum Mexicanum, flore magno; Morelle du Mexique, à grande fleur. *Bauh. Pin.* 168, n.° 3. *Lob. Ic.* 2, p. 262, f. 2. *Clus. Hist.* 2, p. 90, f. 1. *Lugd. Hist.* 1433, f. 1. *Bauh. Hist.* 2, p. 814, f. 2. *Theat. Flor.* 62, f. 1. *Icon. Pl. Med.* tab. 241.

Cette espèce présente plusieurs variétés, relativement à la couleur des fleurs.

Dans les deux Indes. Cultivée dans les jardins. ♃

3. BELLE-DE-NUIT à longue fleur, *M. longiflora*, L. à fleurs terminant les tiges, entassées, très-longues, légèrement inclinées; à feuilles un peu velues.

Herm. Mex. 170, f. 2. *Icon. Pl. Med.* tab. 242.

Au Mexique. Cultivée dans les jardins. ♃

260. CORIS, *CORIS*. *Tournef. Inst.* 652, tab. 423. *Lam. Tab. Encyclop.* pl. 101.

CAL. *Périanthe* d'un seul feuillet, ventru, réuni, à cinq dents, couronné extérieurement par cinq *Épines*, supérieures, simples : les inférieures dentées.

COR. Monopétale, irrégulière. *Tube* de la longueur du calice, comme cylindrique. *Limbe* plane, à cinq *divisions* profondes, oblongues, échancrées, obtuses ; *deux inférieures* plus courtes et plus écartées.

ÉTAM. Cinq *Filamens* sétacés, de la longueur de la corolle, inclinés. *Anthères* simples.

PIST. *Ovaire* arrondi, supérieur. *Style* filiforme, de la longueur des étamines, incliné. *Stigmate* un peu épais.

PÉR. *Capsule* arrondie, placée dans le fond du calice, à une loge, à cinq battans.

SEM. Plusieurs, comme ovales, petites.

Calice épineux. *Corolle* monopétale, irrégulière. *Capsule* supérieure, à cinq battans.

1. CORIS de Montpellier, *C. Monspeliensis*, L. à feuilles alternes, linéaires, un peu épaisses, très-étalées ; à fleurs en épi.

Coris cærulea, maritima ; Coris à fleur bleue, maritime. *Bauh. Pin.* 280, n.° 2. *Lob. Ic.* 1, p. 402. *Clus. Hist.* 2, p. 174, f. 1. *Lugd. Hist.* p. 1158, f. 2. *Camer. Epit.* 699. *Bauh. Hist.* 3, P. 2, p. 434, f. 1.

1. *Coris*, Coris. 2. Herbe. 3. Très-austère, nauseuse. 5. Maladie syphillitique. Les Arabes en font grand usage, et la considèrent comme spécifique de la vérole; mais on la connoît à peine dans la plus grande partie de l'Europe comme anti-vénérienne.

A Montpellier, en Provence, en Dauphiné. ♃ Vernale.

261. BROSSÉE, *BROSSÆA*. † *Plum. Gen.* 5, tab. 17. *Lam. Tab. Encyclop.* pl. 111.

CAL. *Périanthe* d'un seul feuillet, à cinq *segmens* profonds, terminés en pointes aiguës, droites, de la longueur de la corolle.

COR. Monopétale, conique, tronquée au sommet, entière.

ÉTAM. Cinq.

PIST. *Ovaire* à cinq coques. *Style* en alêne, plus court que la corolle. *Stigmate* simple.

PÉR. *Capsule* arrondie, divisée en cinq sillons, à cinq loges, couverte par le calice, grand, dont les segmens sont réunis, charnu, succulent, s'ouvrant sur les côtés.

SEM. Plusieurs, très-petites.

Calice charnu. *Corolle* tronquée. *Capsule* à cinq loges, renfermant plusieurs semences.

1. BROSSÉE écarlate, *B. coccinea*, L. à feuilles alternes, ovales, à dents de scie, pétiolées.

Plum. Ic. 64, f. 2.

Dans l'Amérique Méridionale. ♄

261. MOLÈNE, *VERBASCUM.* * *Tournef. Inst.* 146, tab. 61. *Lam. Tab. Encyclop.* pl. 117. BLATTARIA. *Tournef. Inst.* 147, tab. 61.

CAL. *Périanthe* d'un seul feuillet, petit, persistant, à cinq *segmens* profonds, droits, aigus.

COR. Monopétale, en roue, comme inégale. *Tube* comme cylindrique, très-court. *Limbe* ouvert, à cinq *divisions* profondes, ovales, obtuses.

ÉTAM. Cinq *Filamens*, en alêne, plus courts que la corolle. *Anthères* arrondies, comprimées, droites.

PIST. *Ovaire* arrondi. *Style* filiforme, incliné, de la longueur des étamines. *Stigmate* un peu épais, obtus.

PÉR. *Capsule* arrondie, à deux loges, à deux battans, s'ouvrant dans sa partie supérieure. *Réceptacles* tournés d'un seul côté, ovales, attachés à la cloison.

SEM. Nombreuses, anguleuses.

OBS. *Dans la plupart des espèces, les* Étamines *sont inclinées, inégales, et garnies à leur base de poils colorés.*

Corolle en roue, un peu irrégulière. *Filamens* velus. *Capsule* à deux loges, à deux battans.

1. MOLÈNE Bouillon blanc, *V. Thapsus*, L. à feuilles courantes sur la tige qui est simple, cotonneuses sur les deux surfaces.

Verbascum mas, latifolium, luteum; Bouillon mâle, à large feuille, à fleur jaune. *Bauh. Pin.* 239, n.° 1. *Dod. Pempt.* 143, f. 1. *Lob. Ic.* 1, p. 561, f. 2. *Lugd. Hist.* 1293, f. 1. *Camer. Epit.* 878. *Bauh. Hist.* 3, P. 2, p. 871, f. 1. *Moris. Hist.* sect. 5, tab. 9, f. 1. *Sabbat. Hort.* 2, tab. 53. *Flor. Dan.* tab. 631. *Bul. Paris.* tab. 109. *Icon. Pl. Med.* tab. 197.

1. *Verbascum*, Bouillon blanc, Molène. 2. Herbe, Fleurs. 3. Odeur des fleurs balsamique, fatigante; saveur de la plante, un peu amère, visqueuse. 4. Les fleurs donnent un peu d'esprit recteur, et des vestiges d'huile essentielle; elles fournissent la moitié de leur poids d'extrait aqueux, agréable à l'odorat et au goût; les feuilles donnent à peu près un troisième d'extrait amer. 5. Hémoptysie, phthisie, hémorrhagie, hémorrhoïdes. 6. Ses semences enivrent le poisson.

En Europe, dans les endroits secs, sablonneux, les champs. ♂ Estivale.

2. MOLÈNE thapsoïde, *V. thapsoïdes*, L. à feuilles courantes sur la tige qui est rameuse.

Dod. Pempt. 143, f. 2? *Lugd. Hist.* 1301, f. 1?

A Paris, en Dauphiné, à Naples. ♂ Estivale.

3. MOLÈNE de Boerrhaave, *V. Boerrhaavii*, L. à feuilles presque lyrées; à fleurs assises ou sans péduncules.

Till. Pis. tab. 50? *Mill. Ic.* 273.

Dans l'Europe Méridionale.

4. MOLÈNE cotonneuse, *V. phlomoïdes*, L. à feuilles ovales, cotonneuses sur les deux surfaces : les inférieures pétiolées.

Verbascum fœmina, flore luteo magno; Bouillon femelle, à grande fleur jaune. *Bauh. Pin.* 239, n.° 3. *Lob. Ic.* 1, p. 561, f. 1. *Bauh. Hist.* 3, P. 2, p. 872, f. 1 et 2.

A Paris, en Dauphiné, en Allemagne, à Naples. ♂ Estivale.

5. MOLÈNE Lychnite, *V. Lychnitis*, L. à feuilles en forme de coin, oblongues.

Verbascum mas, angustioribus foliis, floribus pallidis; Bouillon mâle, à feuilles plus étroites, à fleurs pâles. *Bauh. Pin.* 239, n.° 2. *Lugd. Hist.* 1299, f. 1. *Camer. Epit.* 879? *Bauh. Hist.* 3, P. 2, p. 873, f. 1.

Cette espece présente une variété à fleur blanche.

Verbascum Lychnitis, flore albo, parvo; Bouillon Lychnite, à fleur blanche, petite. *Bauh. Pin.* 240, n.° 5. *Fusch. Hist.* 847. *Lob. Ic.* 562, f. 1. *Bul. Paris.* tab. 110.

A Paris, en Dauphiné, dans les endroits secs. ♂ Estivale.

6. MOLÈNE noire, *V. nigrum*, L. à feuilles en cœur, oblongues, pétiolées.

Verbascum nigrum, flore ex luteo purpurascente; Bouillon noir, à fleur d'un jaune pourpré. *Bauh. Pin.* 240, n.° 7. *Dod. Pempt.* 144, f. 1. *Lob. Ic.* 1, p. 562, f. 2. *Lugd. Hist.* 1299, f. 2. *Camer. Epit.* 880. *Bauh. Hist.* 3, P. 2, p. 873, f. 3. *Bul. Paris.* tab. 111. *Icon. Pl. Med.* tab. 25.

1. *Verbascum*, Bouillon noir. 2. Racine, Fleurs, Feuilles. 5. Panaris. Moins usité que le Bouillon blanc.

Nutritive pour le Cochon.

En Europe, sur les bords des chemins. ♃

7. MOLÈNE pourpre, *V. phœniceum*, L. à feuilles radicales, ovales, nues, crénelées; à tige presque nue, rameuse, à grappe.

Blattaria purpurea; Herbe aux mites pourpre. *Bauh. Pin.* 241, n.° 4. *Dod. Pempt.* 145, f. 2. *Lob. Ic.* 1, p. 565, f. 1. *Bauh. Hist.* 3, P. 2, p. 875, f. 3. *Jacq. Aust.* tab. 125. *Bul. Paris.* tab. 112.

A Paris, à Naples, en Allemagne. ♂ Vernale.

8. MOLÈNE Herbe aux mites, *V. blattaria*, L. à feuilles embrassant la tige, oblongues, lisses ; à pédoncules solitaires.

Blattaria lutea, folio longo, laciniato ; Herbe aux mites à fleur jaune, à feuille longue, laciniée. *Bauh. Pin.* 240, n.° 1. *Dod. Pempt.* 145, f. 1. *Lob. Ic.* 1, p. 564, f. 2. *Lugd. Hist.* 1305, f. 1. *Camer. Epit.* 885. *Bauh. Hist.* 3, P. 2, p. 874, f. 1. *Moris. Hist.* sect. 5, tab. 10, f. 6. *Sabbat. Hort. Rom.* 2, tab. 56. *Bul. Paris*, tab. 113.

Cette espèce présente une variété à fleur blanche.

Blattaria alba ; Herbe aux mites à fleur blanche. *Bauh. Pin.* 241, n.° 2. *Lob. Ic.* 563, f. 1.

Dans l'Europe Méridionale. ☉ Estivale.

9. MOLÈNE sinuée, *V. sinuatum*, L. à feuilles radicales pinnatifides, peu sinuées, cotonneuses : celles de la tige embrassantes, peu velues ; les premiers rameaux opposés : les autres alternes.

Verbascum nigrum, foliis papaveris corniculati ; Bouillon noir, à feuilles de pavot cornu. *Bauh. Pin.* 240, n.° 6. *Lugd. Hist.* 1302, f. 2. *Camer. Epit.* 882. *Bauh. Hist.* 3, P. 2, p. 872, fig. 4.

Cette espèce présente une variété décrite par *Tournefort* dans son Voyage au Levant, tom. 1, pag. et tab. 335.

A Montpellier, en Provence, en Dauphiné. ♂

10. MOLÈNE d'Osbeck, *V. Osbeckii*, L. à feuilles incisées, nues ; à tige garnie de feuilles ; à calices laineux ; à pédoncules portant deux fleurs.

Tournef. Voy. au Levant, 2, pag. et tab. 181.

En Espagne, dans l'Orient.

11. MOLÈNE épineuse, *V. spinosum*, L. à tige garnie de feuilles, épineuse, ligneuse.

Leucoïum Creticum, spinosum, incanum, luteum ; Leucoi de Crète, épineux, blanchâtre, à fleur jaune. *Bauh. Pin.* 201, n.° 4. *Clus. Hist.* 1, p. 299, f. 2. *Alp. Exot.* 36 et 37.

Dans l'isle de Crète. ♄

12. MOLÈNE de Myconio, *V. Myconi*, L. à feuilles radicales couvertes d'un duvet couleur de rouille ; à hampe nue.

Sanicula Alpina, foliis borraginis, villosa ; Sanicule des Alpes, à feuilles de bourrache, velue. *Bauh. Pin.* 243, n.° 9. *Lugd. Hist.* 837, f. 3. *Bauh. Hist.* 3, P. 2, p. 869, f. 2.

Aux Pyrénées. ♃

263. ENDORMIE, *DATURA*.* *Lam. Tab. Encyclop.* pl. 113. STRAMONIUM. *Tournef. Inst.* 118, tab. 43 et 44.

CAL. *Périanthe* d'un seul feuillet, oblong, tubulé, ventru, à cinq angles, à cinq dents, s'affaissant horizontalement près de la base, la partie qui ne s'affaisse pas, arrondie, persistante.

COR. Monopétale, en entonnoir. *Tube* comme cylindrique, presque plus long que le calice. *Limbe* droit, ouvert, à cinq angles, à cinq plis, presque entier, à cinq dents aiguës.

ÉTAM. Cinq *Étamens*, en alêne, de la longueur du calice. *Anthères* oblongues, comprimées, obtuses.

PIST. *Ovaire* ovale. *Style* filiforme, droit. *Stigmate* un peu épais, obtus, à deux lames.

PÉR. *Capsule* presque ovale, à deux loges, à quatre battans, attachée à la base du calice. *Réceptacles* convexes, grands, ponctués, attachés à la cloison.

SEM. Nombreuses, en forme de rein.

OBS. *Les* Capsules *varient dans ce genre; elles sont lisses ou garnies de piquans.*

Calice tubulé, anguleux, caduc-tardif. *Corolle* en entonnoir, plissée. *Capsule* à quatre battans.

1. ENDORMIE féroce, *D. ferox*, L. à capsules épineuses, droites, ovales; les épines du sommet beaucoup plus grandes, convergentes.

Moris. Hist. sect. 15, tab. 2, f. 4. *Boccon. Sic.* 50, tab. 26, c. *, c. *. *Barrel.* tab. 1172.

A la Chine. ⊙

2. ENDORMIE commune, *D. Stramonium*, L. à capsules épineuses, droites, ovales; à feuilles ovales, lisses.

Solanum fœtidum, pomo spinoso oblongo, flore albo; Morelle fétide, à pomme épineuse oblongue, à fleur blanche. *Bauh. Pin.* 168, n.° 5. *Camer. Epit.* 175. *Bauh. Hist.* 3, P. 2, p. 624, f. 3. *Flor. Dan.* tab. 436. *Bul. Paris.* tab. 114. *Icon. Pl. Med.* tab. 286.

1. *Stramonium*, Pomme épineuse, Endormie. 2. Toute la plante: verte, seche; feuilles, tige, racine, capsule, graines. 3. Odeur narcotique; saveur amère, vireuse, vénéneuse; semences presque insipides et néanmoins narcotiques. 5. Convulsions, folie, manie, épilepsie, maladies convulsives, carcinome, hémorrhoïdes, brûlure, panaris, anthrax, etc. 6. Abus qu'en ont fait les *Endormeurs*, si vigoureusement poursuivis, si sévérement punis, et si promptement extirpés en France.

En Europe, dans les terrains gras; originaire d'Amérique. ⊙

3. ENDORMIE Tatule, *D. Tatula*, L. à capsules épineuses, droites, ovales; à feuilles en cœur, lisses, dentées.

On ignore son climat natal. ⊙

4. ENDORMIE fastueuse, *D. fastuosa*, L. à capsules tuberculeuses, penchées, arrondies; à feuilles ovales, anguleuses.

Solanum fœtidum, pomo spinoso rotundo, semine pallido; Morelle fétide, à pomme épineuse ronde, à semence pâle. *Bauh. Pin.* 168, f. 6. *Camer. Epit.* 175. *Rumph. Amb.* 5, tab. 243, f. 2. *Sabbat. Hort. Rom.* 1, tab. 93.

Cette espèce présente une variété à fleur double, triple.

En Egypte. ⊙

5. ENDORMIE Metel, *D. Metel*, L. à capsules épineuses, penchées, arrondies; à feuilles en cœur, presque entières, un peu cotonneuses.

Solanum pomo spinoso rotundo, longo flore; Morelle à pomme épineuse ronde, à longue fleur. *Bauh. Pin.* 168, n.° 4. *Dod. Pempt.* 460, f. 1. *Lob. Ic.* 1, p. 264, f. 2. *Lugd. Hist.* 629, f. 1. *Bauh. Hist.* 3, P. 2, p. 624, f. 1 et 2. *Rheed. Malab.* 2, p. 47, tab. 28. *Icon. Pl. Med.* tab. 364.

En Asie, en Afrique. Cultivée dans les jardins. ⊙

6. ENDORMIE ligneuse, *D. arborea*, L. à capsules lisses, non épineuses, penchées; à tige ligneuse.

Feuill. Per. 2, p. 761, tab. 46.

Au Pérou. ♄

264. JUSQUIAME, *HYOSCYAMUS*. * *Tournef. Inst.* 117, tab. 42. *Lam. Tab. Encyclop.* pl. 117.

CAL. *Périanthe* d'un seul feuillet, tubulé, ventru dans sa partie inférieure, persistant, à *orifice* à cinq dents, aigu.

COR. Monopétale, en entonnoir. *Tube* comme cylindrique, court. *Limbe* droit, ouvert, à moitié divisé en cinq *parties* obtuses, dont une plus large.

ÉTAM. Cinq *Filamens*, en alêne, inclinés. *Anthères* arrondies.

PIST. *Ovaire* arrondi. *Style* filiforme, de la longueur des étamines. *Stigmate* en tête.

PÉR. *Capsule* ovale, obtuse, marquée d'une ligne des deux côtés, à deux loges, formée de deux capsules étroitement réunies, partagée par un opercule qui s'ouvre horizontalement. *Réceptacles* tournés d'un seul côté, ovales, attachés à la cloison.

SEM. Nombreuses, inégales.

OBS. H. scopolia, *diffère par son calice à cinq segmens peu profonds, en cloche, sans dents, et par sa corolle en cloche, à cinq divisions peu profondes.*

Corolle en entonnoir, obtuse. *Étamines* inclinées. *Capsule* à deux loges, fermée au sommet par un opercule.

1. JUSQUIAME noire, *H. niger*, L. à feuilles embrassantes, sinuées; à fleurs assises ou sans péduncules.

Hyosciamus vulgaris et niger; Jusquiame vulgaire et noire. *Bauh. Pin.* 169, n.° 1. *Fusch. Hist.* 832. *Dod. Pempt.* 450, f. 1. *Lob. Ic.* 1, p. 268, f. 2. *Clus. Hist.* 2, p. 83, f. 1. *Lugd. Hist.* 1716, f. 1. *Camer. Epit.* 807. *Bauh. Hist.* 3, P. 2, p. 627, f. 1. *Moris. Hist.* sect. 5, tab. 11, f. 1. *Bul. Paris.* tab. 115. *Icon. Pl. Med.* tab. 84.

1. *Hyosciamus*, Jusquiame. 2. Racine, Herbe, Semences. 3. Mucilagineuse, presque insipide : sa racine est un peu sucrée; odeur vireuse, vénéneuse, nauséabonde. 5. Convulsions, épilepsie, manie, douleur de dents, palpitation, toux, hémoptysie, douleurs en général, tumeurs douloureuses non critiques, hémorrhoïdes, squirrhe, cancer. 6. La *Jusquiame* tue les oiseaux, les poissons, tous les insectes, même quelques quadrupèdes; cependant les chèvres en mangent une assez grande quantité, sans en être incommodées; les rats en fuient l'odeur.

En Europe, sur les bords des chemins, dans les endroits pierreux. ♂

2. JUSQUIAME à réseau, *H. reticulatus*, L. à feuilles de la tige, pétiolées, en cœur, sinuées, pointues; à bractées très-entières; à corolles veinues.

Hyosciamus rubello flore, et H. cauliculis spinosissimis, Ægyptiacus; Jusquiame à fleur rougeâtre, et J. à tige très-épineuse, d'Égypte. *Bauh. Pin.* 169, n.os 6 et 7. *Clus. Hist.* 2, p. 83, f. 2. *Camer. Hort.* 77, tab. 22. *Bauh. Hist.* 3, P. 2, p. 628, f. 2. *Moris. Hist.* sect. 5, tab. 11, f. 7.

Dans l'isle de Crète, en Égypte, en Syrie. ☉

3. JUSQUIAME blanche, *H. albus*, L. à feuilles pétiolées, sinuées, obtuses; à fleurs assises ou sans péduncules.

Hyosciamus albus, major; Jusquiame blanche, plus grande. *Bauh. Pin.* 169, n.° 2. *Dod. Pempt.* 451, f. 1. *Lob. Ic.* 1, p. 269, f. 1. *Lugd. Hist.* 1717, f. 1. *Camer. Epit.* 808. *Bauh. Hist.* 3, P. 2, p. 627, f. 2. *Sabbat. Hort. Rom.* 1, tab. 91. *Icon. Pl. Med.* tab. 218.

Cette espèce présente une variété.

Hyosciamus albus, minor; Jusquiame blanche, plus petite. *Bauh. Pin.* 169, n.° 3. *Lob. Ic.* 2, p. 261, f. 2. *Clus. Hist.* 2, p. 84, f. 1. *Bauh. Hist.* 3, P. 2, p. 628, f. 1. *Moris. Hist.* sect. 5, tab. 11, f. 3.

A Montpellier, en Provence. ☉ Estivale.

JUSQUIAME

4. JUSQUIAME dorée, *H. aureus*, L. à feuilles pétiolées, dentées, pointues; à fleurs pédunculées; à fruits penchés.

Hyosciamus Creticus, luteus, major; Jusquiame de Crète, à fleur jaune, plus grande. *Bauh. Pin.* 169, n.° 5. *Prod.* 92, f. 1. *Clus. Hist.* 2, p. 84, f. 2. *Bauh. Hist.* 3, p. 2, p. 628, f. 3. *Moris. Hist.* sect. 5, tab. 11, f. 4. *Barrel.* tab. 247.

Cette espèce présente une variété.

Hyosciamus Creticus, luteus, minor; Jusquiame de Crète, à fleur jaune, plus petite. *Bauh. Pin.* 169, n.° 4. *Alp. Exot.* 98 et 99. *Moris. Hist.* sect. 5, tab. 11, f. 5.

Dans l'isle de Crète, en Orient, à Naples.

5. JUSQUIAME sans piquans, *H. muticus*, L. à feuilles pétiolées, ovales, à angles aigus; à calices sans piquans; à bractées très-entières.

Alp. Ægypt. 2, p. 204, tab. 63. *Exot.* 193 et 192 ?

En Egypte, en Arabie. ♂

6. JUSQUIAME naine, *H. pusillus*, L. à feuilles lancéolées, dentées; à bractées inférieures deux à deux; à calices piquans.

Pluka. tab. 37, f. 5.

En Perse, à Naples. Cultivée dans les jardins. ⊙

7. JUSQUIAME coqueret, *H. physaloïdes*, L. à feuilles ovales, très-entières; à calices enflés, presque arrondis.

Amœnit. Acad. 7, p. 436, tab. 6, f. 1.

En Sibérie. ♃

8. JUSQUIAME de Scopoli, *H. Scopolia*, L. à feuilles ovales, entières; à calices enflés, en cloche, lisses.

Solanum somniferum, bacciferum; Morelle somnifère, à baie. *Bauh. Pin.* 166, n.° 5. *Lugd. Hist.* 1720, f. 2. *Camer. Epit.* 816. *Jacq. Obs.* 1, p. 32, tab. 20.

En Carniole. ♃

265. NICOTIANE, *NICOTIANA.* * *Tournef. Inst.* 117, tab. 41. *Lam. Tab. Encyclop.* pl. 113.

CAL. *Périanthe* d'un seul feuillet, ovale, persistant, à moitié divisé en cinq segmens.

COR. Monopétale, en entonnoir. *Tube* plus long que le calice. *Limbe* ouvert, à cinq plis, à moitié divisé en cinq parties.

ÉTAM. Cinq *Filamens*, en alêne, ascendans, presque aussi longs que la corolle. *Anthères* oblongues.

PIST. *Ovaire* ovale. *Style* filiforme, de la longueur de la corolle; *Stigmate* en tête, échancré.

PÉR. *Capsule* comme ovale, marquée des deux côtés d'une ligne, à deux loges, à deux battans, s'ouvrant au sommet. *Réceptacles* ovales, ponctués, attachés à la cloison.

SEM. Nombreuses, en forme de rein, ridées.

Corolle en entonnoir, à limbe plissé. *Étamines* inclinées. *Capsule* à deux battans, à deux loges.

1. NICOTIANE Tabac, *N. Tabacum*, L. à feuilles lancéolées, ovales, assises, mais à pétiole courant sur la tige; à fleurs aiguës.

Nicotiana major, latifolia; Nicotiane plus grande, à larges feuilles. *Bauh. Pin.* 169, n.° 1. *Dod. Pempt.* 452, f. 1. *Lob. Ic.* 584, f. 2. *Lugd. Hist.* 1895, f. 1. *Camer. Epit.* 810. *Bauh. Hist.* 3, P. 2, p. 629, f. 1, et 630, f. 2. *Sabb. Hort. Rom.* 1, tab. 89. *Icon. Pl. Med.* tab. 252.

1. *Tabacum*, Tabac. 2. Herbe, Semences. 3. Toute la plante, nauseuse, vireuse, vénéneuse, âcre; odeur particulière. 4. Substance résino-gommeuse; esprit recteur; sel très-approchant du nitre; extraits aqueux et spiritueux : ce dernier est très-amer et très-brûlant; huile empyreumatique. 5. Ulcères, gale, teigne, pous, édème, toux, fièvre tierce, asthme (son sirop), colique, hystéricie, dyssenterie, ictère, ozène, phimosis (sa décoction), submersion, asphixie mofétique (sa fumée en lavement), constipations, hernies étranglées par engouement. 6. Sur toute la surface du globe, des hommes mâchent, fument ou prennent par le nez le tabac : c'est un grand argument en sa faveur, et contre ceux qui en disent du mal.

Au Pérou. Cultivé dans une partie de l'Europe, connu en France depuis 1550, époque à laquelle il y fut envoyé par Nicot, ambassadeur auprès de la cour de Portugal.

2. NICOTIANE ligneuse, *N. fruticosa*, L. à feuilles lancéolées, embrassantes; à pétioles très-courts; à fleurs aiguës; à tige ligneuse.

Au cap de Bonne-Espérance, à la Chine. ♄

3. NICOTIANE rustique, *N. rustica*, L. à feuilles pétiolées, ovales, très-entières; à fleurs obtuses.

Nicotiana minor; Nicotiane plus petite. *Bauh. Pin.* 170, n.° 3. *Dod. Pempt.* 450, f. 2. *Lob. Ic.* 1, p. 269, f. 2. *Lugd. Hist.* 1717, f. 2, et 1718, f. 1. *Camer. Epit.* 809. *Bauh. Hist.* 3, P. 2, p. 630, f. 1. *Icon. Pl. Med.* tab. 33.

En Amérique. Cultivée dans les jardins. ⊙

4. NICOTIANE paniculée, *N. paniculata*, L. à feuilles pétiolées, en cœur, très-entières; à fleurs en panicule; à corolles en massue, obtuses.

Feuill. Per. 1, p. 717, tab. 10.

Au Pérou. ⊙

5. NICOTIANE brûlante, *N. urens*, L. à feuilles en cœur, crénelées; à rameaux recourbés; à tige hérissée de piquans qui excitent des démangeaisons.

Plum. Spec. 3, *Ic.* 211.

Dans l'Amérique Méridionale. ♄

6. NICOTIANE glutineuse, *N. glutinosa*, L. à feuilles pétiolées, en cœur, très-entières; à fleurs en grappes, tournées d'un seul côté, comme en masque.

Act. Holm. 1753, p. 41, tab. 2.

Au Pérou. ☉

7. NICOTIANE naine, *N. pusilla*, L. à feuilles radicales oblongues, ovales; à fleurs en grappes, aiguës.

Mill. Ic. 185, f. 2.

A Vera-Cruz.

266. ATROPE, *ATROPA.* * *Lam. Tab. Encyclop.* pl. 114. BELLADONA. *Tournef. Inst.* 77, tab. 13. MANDRAGORA. *Tournef. Inst.* 76, tab. 12.

CAL. *Périanthe* d'un seul feuillet, bossué, persistant, à cinq *segmens* profonds, aigus.

COR. Monopétale, en cloche. *Tube* très-court. *Limbe* ventru, ovale, plus long que le calice, à *orifice* petit, ouvert, à cinq divisions peu profondes, presque égales.

ÉTAM. Cinq *Filamens*, en alêne, s'élevant de la base de la corolle qu'ils égalent en longueur, réunis à leur base, divergens supérieurement en dehors, voûtés en arc. *Anthères* un peu épaisses, droites.

PIST. *Ovaire* à moitié ovale. *Style* filiforme, incliné, de la longueur des étamines. *Stigmate* en tête, droit, transversalement oblong.

PÉR. *Baie* arrondie, reposant sur le calice grand, à deux loges. *Réceptacle* charnu, convexe des deux côtés, en forme de rein.

SEM. Plusieurs, en forme de rein.

Corolle en cloche. *Étamines* distantes. *Baie* arrondie, à deux loges.

1. ATROPE Mandragore, *A. Mandragora*, L. sans tige; à hampes ne portant qu'une seule fleur.

Mandragora fructu rotundo; Mandragore à fruit rond. *Bauh. Pin.* 169, n.° 1. *Dod. Pempt.* 457, f. 1. *Lob. Ic.* 1, p. 267, f. 2. *Clus. Hist.* 2, p. 87, f. 1. *Lugd. Hist.* 1726, f. 1 et 2. *Camer. Epit.* 818 et 819. *Bauh. Hist.* 3, P. 2, p. 617, f. 1. *Barrel.* tab. 29. *Moris. Hist.* sect. 13, tab. 2, f. 1. *Sabb. Hort. Rom.* 1, tab. 1. *Icon. Pl. Med.* tab. 208.

1. *Mandragora*, Mandragore. 2. Racine, Écorce de la racine, Baies. 3. Vireuse, vénéneuse; odeur narcotique, enivrante; saveur amère, âcre, nauseuse. 5. *Intérieurement* : hystéricie, épilepsie; *extérieurement* : goutte, squirrhe, écrouelles, engorgemens glanduleux en général. 6. La magie, chez nos bons aïeux, et de nos jours encore, parmi les peuples ignorans et crédules.

A Montpellier, en Italie, en Suisse, en Espagne, en Russie.

2. ATROPE Belladone, *A. Belladona*, L. à tige herbacée; à feuilles ovales, entieres.

Solanum melano-cerasus; Morelle cerisier. *Bauh. Pin.* 166, n.° 4. *Dod. Pempt.* 456, f. 1. *Lob. Ic.* 1, p. 263, f. 1. *Clus. Hist.* 2, p. 86, f. 1. *Lugd. Hist.* 1721, f. 1. *Camer. Epit.* 817. *Bauh. Hist.* 3, P. 2, p. 611. *Bul. Paris.* tab. 116. *Icon. Pl. Medic.* tab. 21.

1. *Belladona*, Belle-dame, Belladone. 2. Baies, Feuilles. 3. Odeur presque nulle; saveur des feuilles, herbacée, un peu âcre et un peu narcotique; saveur des baies, un peu styptique, douceâtre, nauseuse. 4. Esprit recteur foible; substance extractive, résino-gommeuse. 5. Dyssenterie, ulcères malins, inflammations laiteuses des mamelles, cancer, fistules, chûte de l'anus, convulsions, épilepsie. 6. Cosmétique.

Linné, dans la première édition de ses ouvrages, avoit séparé la *Mandragore* comme genre, de la *Belladone*. *Haller* a trouvé assez de différence dans les seules parties de la fructification, pour en former deux genres. Mais *Linné* a cru, dans la suite, devoir les réunir avec quelques autres espèces sous la dénomination d'*Atropa*.

Sur les montagnes du Dauphiné, du Bugey, des Cévennes, à Paris. ♃

3. ATROPE coqueret, *A. physaloides*, L. à tige herbacée; à feuilles sinuées, anguleuses; à calices fermés, à angles aigus.

Feuill. Per. pag. 724, tab. 16. *Jacq. Obs.* 4, tab. 98.

Cette espèce, comme l'a très-bien remarqué *Linné*, unit le genre des *Atropa* et des *Physalis*; mais elle diffère du *Coqueret* par sa corolle en cloche, à cinq divisions peu profondes, obtuses; par ses étamines écartées; par son calice à cinq segmens profonds, et par son fruit à plusieurs loges.

Au Pérou. ☉

4. ATROPE morelle, *A. solanacea*, L. à tige ligneuse; à pédoncules solitaires; à corolles en cloche; à feuilles presque ovales.

Commel. Hort. 2, p. 191, tab. 96.

Au cap de Bonne-Espérance, sur les bords de la mer. ♄

5. ATROPE en arbre, *A. arborescens*, L. à tige ligneuse ; à péduncules entassés ; à corolles roulées ; à feuilles oblongues.

Plum. Spec. 1, *Ic.* 46, f. 1.

Dans l'Amérique Méridionale. ♄

6. ATROPE ligneuse, *A. frutescens*, L. à tige ligneuse ; à péduncules entassés ; à feuilles en cœur, ovales, obtuses.

Barrel. tab. 1173.

En Espagne. ♄

267. COQUERET, *PHYSALIS.** *Lam. Tab. Encyclop.* pl. 116. ALKEKENGI. *Tournef. Inst.* 150, tab. 64.

CAL. *Périanthe* d'un seul feuillet, ventru, petit, à cinq côtés, persistant, à moitié divisé en cinq *segmens* aigus.

COR. Monopétale, en roue. *Tube* très-court. *Limbe* grand, plissé, à moitié divisé en cinq *parties*, larges, aiguës.

ÉTAM. Cinq *Filamens*, en alêne, très-petits, réunis. *Anthères* droites, conniventes.

PIST. *Ovaire* arrondi. *Style* filiforme, en quelque sorte plus long que les étamines. *Stigmate* obtus.

PÉR. *Baie* comme arrondie, à deux loges, petite, enfermée dans le *Calice* très-grand, boursouflé, dont les segmens sont réunis, à cinq côtés, coloré.

Réceptacle en forme de rein, double.

SEM. Plusieurs, en forme de rein, comprimées.

Corolle en roue. *Étamines* réunies. *Baie* à deux loges, renfermée dans le calice vésiculaire, renflé.

* I. *COQUERETS vivaces.*

1. COQUERET somnifère, *P. somnifera*, L. à tige ligneuse ; à rameaux droits ; à fleurs entassées.

Solanum somniferum, verticillatum ; Morelle somnifère, verticillée. *Bauh. Pin.* 166, n.° 7. *Dod. Pempt.* 455, f. 2. *Lob. Ic.* 1, p. 263, f. 2. *Clus. Hist.* 2, p. 85, f. 1. *Lugd. Hist.* 1720, f. 1. *Camer. Epit.* 815. *Bauh. Hist.* 3, P. 2, p. 610, f. 1. *Barrel.* tab. 149.

Au Mexique, en Espagne, dans l'isle de Crète. ♃

2. COQUERET sarmenteux, *P. flexuosa*, L. à tige ligneuse ; à rameaux sarmenteux ; à fleurs entassées.

Rheed. Mal. 4, pag. 113, tab. 55.

Dans l'Inde Orientale. ♄

3. COQUERET en arbre, *P. arborescens*, L. à tige ligneuse; à feuilles ovales, garnies de poils; à fleurs solitaires; à corolles roulées.

Mill. Dict. tab. 206, f. 2.

A Campêche. ♄

4. COQUERET de Curaçao, *P. Curassavica*, L. à tige ligneuse; à feuilles ovales, duvetées.

Plukn. tab. 111, f. 5.

A Curaçao. ♄

5. COQUERET visqueux, *P. viscosa*, L. à feuilles deux à deux, peu sinuées, obtuses, un peu duvetées; à tige herbacée, terminée en panicule.

Dill. Elth. tab. 10, f. 10.

En Virginie. ♃

6. COQUERET de Pensylvanie, *P. Pensylvanica*, L. à feuilles ovales, très-peu sinuées, obtuses, presque nues; à fleurs deux à deux; à tige herbacée.

En Virginie. ♃

7. COQUERET officinal, *P. Alkekengi*, L. à feuilles deux à deux, entières, pointues; à tige herbacée, garnie inférieurement d'un petit nombre de feuilles.

Solanum vesicarium; Morelle à vessie. *Bauh. Pin.* 166, n.° 2. *Dod. Pempt.* 454, n.° 2. *Lob. Ic.* 1, p. 262, f. 2. *Lugd. Hist.* 597, f. 2. *Camer. Epit.* 813. *Bauh. Hist.* 3, P. 2, p. 609, f. 1. *Moris. Hist.* sect. 13, tab. 3, f. 16. *Sabbat. Hort. Rom.* 2, tab. 63. *Bul. Paris.* tab. 117. *Icon. Pl. Med.* tab. 234.

1. *Alkekengi*, Alkekenge, Coqueret. 2. Herbe, Baies, Semences. 3. Baies acidules, douces, pourvu qu'on les cueille sans toucher au calice, car par le simple contact, elles contractent de l'amertume; calice amer, semences un peu amères et âcres. 4. Mucilage acide, un peu résineux. 5. Goutte, dysurie, néphrétique, hydropisie.

A Lyon, Paris, en Italie, en Allemagne, au Japon. ♃

8. COQUERET du Pérou, *P. Peruviana*, L. à tige duvetée; à feuilles en cœur, très-entières.

A Lima. ♃ ♄

* II. *COQUERETS annuels.*

9. COQUERET anguleux, *P. angulata*, L. à tige très-rameuse; à rameaux anguleux, lisses; à feuilles ovales, dentées.

Solanum vesicarium, Indicum; Morelle à vessie, des Indes. *Bauh. Pin.* 166, n.° 3. *Camer. Hort.* 70, tab. 17. *Bauh. Hist.* 3, P. 2, p. 609, f. 2.

Cette espèce présente une variété, gravée dans *Dillen Elth.* tab. 11, f. 11.

Dans les deux Indes. ⊙

10. COQUERET duveté, *P. pubescens*, L. à tige très-rameuse; à feuilles duvetées, visqueuses; à fleurs pendantes.

Moris. Hist. sect. 13, tab. 3, f. 24. *Barrel.* tab. 152.

Dans les deux Indes, en Virginie. Cultivé dans les jardins. ⊙

11. COQUERET très-petit, *P. minima*, L. à tige très-rameuse; à péduncules portant les fruits, plus longs que la feuille qui est velue.

Rheed. Mal. tab. 140, f. 71. *Sabbat. Hort.* 2, tab. 64.

Dans l'Inde Orientale. ⊙

12. COQUERET brûlant, *P. pruinosa*, L. à tige très-rameuse; à feuilles velues; à péduncules roides.

Dill. Elth. tab. 9, f. 9?

Dans l'Amérique Méridionale. ⊙

268. MORELLE, *SOLANUM.* * *Tournef. Inst.* 148, tab. 62. *Lam. Tab. Encyclop.* pl. 115. MELONGENA. *Tournef. Inst.* 151, tab. 65. LYCOPERSICON. *Tournef. Inst.* 150, tab. 63.

CAL. *Périanthe* d'un seul feuillet, droit, aigu, persistant, à moitié divisé en cinq segmens.

COR. Monopétale, en roue. *Tube* très-court. *Limbe* grand, renversé, plane, plissé, à moitié divisé en cinq parties.

ÉTAM. Cinq *Filamens*, en alène, très-petits. *Anthères* oblongues, rapprochées, comme collées, s'ouvrant au sommet par deux pores.

PIST. *Ovaire* arrondi. *Style* filiforme, plus long que les étamines. *Stigmate* obtus.

PÉR. *Baie* arrondie, lisse, ponctuée au sommet, à deux loges. *Réceptacle* convexe des deux côtés, charnu.

SEM. Plusieurs, arrondies, nidulées.

Corolle en roue. *Anthères* comme collées, offrant deux pores béans à leur sommet. *Baie* à deux loges.

* I. *MORELLES sans piquans.*

1. MORELLE à feuilles de bouillon blanc, *S. verbascifolium*, L. à tige sans piquans, ligneuse; à feuilles ovales, duvetées, très-entières; à fleurs en ombelles composées.

Pluka. tab. 316, f. 1. *Jacq. Hort.* tab. 13.

Dans l'Amérique Méridionale. ♄

2. MORELLE Faux-Poivrier, *S. Pseudo-Capsicum*, L. à tige sans piquans, ligneuse; à feuilles lancéolées, peu sinuées; à ombelles assises ou sans péduncules.

Solanum fruticosum, bacciferum; Morelle ligneuse, baccifère. *Bauh. Pin.* 166, n.° 9. *Dod. Pempt.* 718, f. 1. *Lob. Ic.* 1, p. 265, f. 1. *Lugd. Hist.* 5 9, f. 1.

A Madère. Cultivée dans les jardins. ♄

3. MORELLE à deux feuilles, *S. diphyllum*, L. à tige sans piquans, ligneuse; à feuilles deux à deux, dont une plus petite; à fleurs en cymier.

Plukn. tab. 111, *f.* 4.

Dans l'Amérique Méridionale. ♄

4. MORELLE Douce-amère, *S. Dulcamara*, L. à tige sans piquans, ligneuse, sarmenteuse; à feuilles supérieures en fer de hallebarde; à fleurs en grappes au sommet des tiges.

Solanum scandens seu Dulcamara; Morelle grimpante ou Douce-amère. *Bauh. Pin.* 167, n.° 12. *Dod. Pempt.* 402, f. 2. *Lob. Ic.* 1, p. 266, f. 1. *Lugd. Hist.* 1413, f. 1. *Camer. Epit.* 916. *Bauh. Hist.* 2, P. 1, p. 109, f. 1. *Bul. Paris.* tab. 118. *Icon. Pl. Med.* tab. 43.

Cette espèce présente une variété à feuilles épaisses velues, gravée dans *Dillen Elth.* tab. 273, f. 352.

1. *Dulcamara*, Douce-amère, Vigne de Judée, Vigne sauvage, Vigne vierge. 2. Jeunes pousses. 3. Douceâtre, nauseuse. 5. Lochies et mois retenus, rhumatisme, sciatique, goutte, ictère, pleurésie, péripneumonie, toux, asthme, scorbut, gale, dartres, coups et chûtes, vieilles affections vénériennes, douleurs astéocopes.

Nutritive pour le Mouton, la Chèvre, le Coq.

En Europe, dans les haies, les buissons, les lieux humides. ♄ Estivale.

5. MORELLE à feuilles de chêne, *S. quercifolium*, L. à tige sans piquans, presque herbacée, anguleuse, sarmenteuse, rude; à feuilles pinnatifides; à fleurs en grappes au sommet des tiges.

Feuil. Per. 722, tab. 15.

Au Pérou. ♃

6. MORELLE à radicules, *S. radicans*, L. à tige sans piquans, herbacée, lisse, un peu arrondie, couchée, à radicules; à feuilles pinnatifides; à fleurs en grappes au sommet des tiges.

Linn. Fil. Dec. 1, tab. 10.

Au Pérou. ♃

7. MORELLE de la Havane, *S. Havanense*, L. à tige sans piquans, ligneuse; à feuilles lancéolées, luisantes, très-entières; à pédun-cules portant une ou deux fleurs.

Jacq. Amer. 49, tab. 35.

A la Martinique, dans les forêts.

8. MORELLE à grappes, *S. racemosum*, L. à tige presque sans piquans, ligneuse; à feuilles lancéolées, peu sinuées, ondulées; à fleurs en grappe, longues, droites.

Jacq. Amer. 50, tab. 36.

A la Martinique, à Surinam. ♄.

9. MORELLE de Buénos-Aires, *S. Bonoriense*, L. à tige sans piquans, ligneuse; à feuilles ovales, oblongues, sinuées, rudes.

Dill. Elth. tab. 272, f. 351.

A Buenos-Aires, dans les champs. ♄

10. MORELLE à semence épaisse, *S. macrocarpon*, L. à tige sans piquans, ligneuse; à feuilles en forme de coin, peu sinuées, lisses.

Plum. Spec. 4, ic. 224, f. 2. *Mill. Ic.* 294.

Au Pérou. ♄

11. MORELLE Pomme de terre, *S. tuberosum*, L. à tige herbacée, sans piquans; à feuilles pinnées, très-entières; à péduncules sous-divisés.

Solanum tuberosum, esculentum; Morelle tubéreuse, commestible. *Bauh. Pin.* 167, n.° 13. *Prod.* 89, n.° 1, f. 1 et 2. *Bauh. Hist.* 3, P. 2, p. 622, f. 1. *Moris. Hist.* sect. 13, tab. 1, f. 19.

Au Pérou, d'où elle a été introduite en Europe en 1590, par. G. Bauhin. ⊙ ♃ Estivale.

12. MORELLE à feuilles de pimprenelle, *S. pimpinellifolium*, L. à tige sans piquans, herbacée; à feuilles pinnées, tres-entières; à fleurs en grappes simples.

Au Pérou. ♄

13. MORELLE Pomme d'amour, *S. lycopersicum*, L. à tige sans piquans, herbacée; à feuilles pinnées, découpées; à fleurs en grappes simples.

Solanum pomiferum, fructu rotundo, striato, molli; Morelle pomifere, à fruit rond, strié, mou. *Bauh. Pin.* 167, n.° 1. *Dod. Pempt.* 458, f. 1. *Lob. Ic.* 1, p. 270, f. 1. *Camer. Epit.* 821. *Bauh. Hist.* 3, P. 2, p. 620, f. 2. *Moris. Hist.* sect. 13, tab. 1, fig. 7.

Cette espèce présente plusieurs variétés relativement à la forme du fruit rond ou long, strié ou sans stries.

Dans l'Amérique Méridionale. Cultivée dans les jardins. ⊙

14. MORELLE du Pérou, *S. Peruvianum*, L. à tige sans piquans, herbacée; à feuilles pinnées, découpées, duvetées; à rameaux divisés profondément en deux parties, garnis de feuilles; à baies garnies d'un petit nombre de poils.

Feuil. Per. 3, p. 37, tab. 25.

Au Pérou. ♃

25. **MORELLE** des montagnes, *S. montanum*, L. à tige sans piquans, herbacée; à feuilles presque en cœur, peu sinuées.

Feuil. Per. 3, tab. 46.

Au Pérou. ♃

26. **MORELLE** rouge, *S. rubrum*, L. à tige sans piquans, presque vivace; à feuilles deux à deux, ovales, très-entieres; à pédun-cules comme en ombelles.

On ignore son climat natal.

27. **MORELLE** noire, *S. nigrum*, L. à tige sans piquans, herbacée; à feuilles ovales, dentées, anguleuses; à fleurs en grappes sur deux rangs, inclinées.

Solanum officinarum; Morelle officinale. *Bauh. Pin.* 166, n.° 1. *Dod. Pempt.* 454, f. 1. *Lob. Ic.* 1, p. 262, f. 1. *Lugd. Hist.* 597, f. 1. *Camer. Epit.* 812. *Bauh. Hist.* 3, P. 2, p. 608, f. 1. *Moris. Hist.* sect. 13, tab. 1, f. 1. *Sabbat. Hort. Rom.* 2, tab. 60. *Flor. Dan.* tab. 460. *Bul. Paris.* tab. 119. *Icon. Pl. Med.* tab. 44.

1. *Solanum*, Morelle. 2. Herbe, en pulpe, cuite ou crue; suc; eau distillée : extérieurement. 3. Légérement vireuse, olétacée. 4. Esprit recteur, foible; substance extractive, amère, douceâtre. 5. Phlegmon, panaris, brûlure, ulceres douloureux, hémorrhoïdes, squirrhe, cancer : extérieurement. 6. Son suc chasse les rats.

Cette espèce présente cinq variétés :

1.° Morelle étalée, *S. patulum*, L. à rameaux arrondis, lisses; à feuilles très-entières, lisses.

Dill. Elth. tab. 275, f. 355.

2.° Morelle velue, *S. villosum*, L. à rameaux arrondis, velus; à feuilles anguleuses, un peu velues.

Dill. Elth. tab. 274, f. 353.

3.° Morelle de la Guiane, *S. Guineense*, L. à rameaux anguleux, dentés; à feuilles très-entières, lisses.

Dill. Elth. tab. 274, f. 354.

4.° Morelle de Virginie, *S. Virginicum*, L. à rameaux anguleux, dentés; à feuilles peu sinuées, lisses.

Dill. Elth. tab. 275, f. 356.

5.° Morelle de Judée, *S. Judaïcum*, L. à rameaux garnis de piquans, recourbés; à feuilles peu sinuées, nues.

Dans les terres cultivées des quatre parties du Monde. ⊙ Estivale.

28. Morelle d'Ethiopie, *S. Æthiopicum*, L. à tige sans piquans, herbacée; à feuilles ovales, sinuées, anguleuses; à péduncules portant une seule fleur, penchés.

Solanum pomiferum, fructu rotundo, striato, duro; Morelle pomifère, à fruit rond, strié, dur. *Bauh. Pin.* 167, n.° 2. *Dod. Pempt.* 459. f. 1. *Lob. Ic.* 1, p. 264, f. 1. *Lugd. Hist.* 633, f. 1, et 1730, f. 1. *Plukn.* tab. 226, f. 4. *Barrel.* tab. 1108. *Jacq. Hort.* tab. 12.

En Ethiopie, à la Chine. ☉

19. MORELLE Aubergine, *S. Melongena*, L. à tige sans piquans, herbacée; à feuilles ovales, duvetées; à péduncules renversés, renflés au sommet; à calices sans épines.

Solanum pomiferum, fructu oblongo; Morelle pomifère, à fruit oblong. *Bauh. Pin.* 167, n.° 4. *Dod. Pempt.* 458, f. 2. *Lob. Ic.* 1, p. 268, f. 1. *Lugd. Hist.* 627, f. 1. *Camer. Epit.* 820. *Bauh. Hist.* 3, P. 2, p. 618, f. 1. *Moris. Hist.* sect. 13, tab. 2, f. 1. *Pluk.* tab. 226, f. 2. *Barrel.* tab. 30 et 1109.

Aux Indes. Cultivée dans les départemens méridionaux de la France. ☉ Estivale.

* II. *MORELLES piquantes.*

20. MORELLE folle, *S. insanum*, L. à tige piquante, herbacée; à feuilles ovales, duvetées; à péduncules renversés, renflés au sommet; à calices garnis de piquans.

Solanum spinosum, fructu rotundo; Morelle épineuse, à fruit rond. *Bauh. Pin.* 167, n.° 2. *Moris. Hist.* sect. 13, tab. 2, f. 23 *Plukn.* tab. 226, f. 3.

Aux Indes. ☉

21. MORELLE féroce, *S. ferox*, L. à tige piquante, herbacée; à feuilles en cœur, anguleuses, duvetées, piquantes; à baies hérissées, enveloppées par le calice.

Au Malabar.

22. MORELLE de Campêche, *S. Campechiense*, L. à tige piquante, hérissée; à feuilles en cœur, oblongues, à cinq lobes; à sinus obtus, élevés.

Dill. Elth. tab. 268, f. 347.

Cette espèce présente une variété, à tige piquante, ligneuse; à feuilles ovales, à lobes obtus; à piquans droits des deux côtés : les supérieurs colorés.

Dans l'Amérique Méridionale. ☉

23. MORELLE mammelonée, *S. mammosum*, L. à tige piquante, herbacée; à feuilles en cœur, anguleuses, lobées, velues et piquantes sur les deux surfaces.

Plukn. tab. 226, f. 1.

En Virginie, aux Barbades. ☉

24. **MORELLE** paniculée, *S. paniculatum*, L. à tige et pétioles piquans; à feuilles sinuées, anguleuses, lisses en dessus; à fleurs en panicules.

Au Brésil.

25. **MORELLE** de Virginie, *S. Virginianum*, L. à tige piquante, anguleuse; à feuilles pinnatifides, épineuses sur les deux surfaces; à divisions sinuées, obtuses; à calices garnis de piquans.

Plukn. tab. 62, f. 3. *Dill. Elth.* tab. 267, f. 346.

Dans l'Amérique Méridionale. ☉

26. **MORELLE** des Indes, *S. Indicum*, L. à tige piquante, ligneuse; à feuilles en forme de coin, anguleuses, un peu velues, tres-entières, garnies sur les deux surfaces de piquans redressés.

Plukn. tab. 225, f. 6. *Dilth. Elth.* tab. 270, f. 349.

Dans les deux Indes. ♄

27. **MORELLE** de la Caroline, *S. Carolinense*, L. à tige piquante, annuelle; à feuilles en fer de hallebarde, anguleuses, garnies sur les deux surfaces de piquans redressés; à fleurs en grappes lâches.

Dill. Elth. tab. 269, f. 348.

A la Caroline. ☉

28. **MORELLE** de Sodome, *S. Sodomeum*, L. à tige piquante, ligneuse, arrondie; à feuilles pinnatifides, sinuées, nues, garnies çà et là de piquans; à calices garnis de piquans.

Plukn. tab. 316, f. 4. *Moris. Hist.* sect. 13, tab. 1, f. 15.

En Afrique, à Naples. ♄

29. **MORELLE** de la Palestine, *S. sanctum*, L. à tige piquante, ligneuse; à feuilles duvetées, peu sinuées; à calices piquans.

Plukn. tab. 316, f. 2.

En Palestine. ♄

30. **MORELLE** duvetée, *S. tomentosum*, L. à tige piquante, ligneuse; à piquans roides; à feuilles en cœur, sans épines, presque sinuées: les jeunes couvertes d'une poussière pourpre.

Boccon. Sic. 8, tab. 5, f. 1.

En Ethiopie. ♄

31. **MORELLE** de Bahama, *S. Bahamense*, L. à tige piquante, ligneuse; à feuilles lancéolées, sinuées, obtuses, repliées sur les bords; à fleurs en grappes simples.

Dill. Elth. tab. 271, f. 350.

En Amérique dans l'isle de la Providence. ♄

32. **MORELLE** rouge, *S. igneum*, L. à tige piquante, ligneuse;

à feuilles lancéolées, aiguës, roulées des deux côtés à la base; à fleurs en grappes simples.

Plukn. tab. 225, f. 5. *Jacq. Hort.* tab. 14.

Dans l'Amérique Méridionale. ♄

33. MORELLE à trois lobes, *S. trilobatum*, L. à tige piquante, ligneuse; à feuilles en forme de coin, à deux ou trois lobes, lisses, obtuses, sans piquans.

Plukn. tab. 316, f. 5.

A la Jamaïque, au cap de Bonne-Espérance. ♄

* III. *Morelle épineuse.*

34. MORELLE lycioïde, *S. lycioïdes*, L. à tige épineuse, ligneuse; à feuilles elliptiques.

Au Pérou? ♄

269. CAPSIQUE, *CAPSICUM.* * *Tournef. Inst.* 152, tab. 66. *Lam. Tab. Encyclop.* pl. 116.

CAL. *Périanthe* d'un seul feuillet, droit, persistant, à cinq segmens profonds.

COR. Monopétale, en roue. *Tube* très-court. *Limbe* ouvert, plissé, à moitié divisé en cinq *parties*, larges, aiguës.

ÉTAM. Cinq *Filamens*, en alêne, très-petits. *Anthères* oblongues, rapprochées.

PIST. *Ovaire* ovale. *Style* filiforme, plus long que les étamines. *Stigmate* obtus.

PÉR. *Baie* sans pulpe, se rapprochant de la forme ovale, à deux loges, creuse, colorée. *Réceptacles* adhérens à la cloison, sans suc.

SEM. Plusieurs, en forme de rein, comprimées.

Corolle en roue. *Baie* sèche.

1. CAPSIQUE annuel, *C. annuum*, L. à tige herbacée; à péduncules solitaires.

Piper Indicum vulgatissimum; Poivre des Indes très-vulgaire. *Bauh. Pin.* 102, n.° 1. *Dod. Pempt.* 716, f. 2. *Lob. Ic.* 1, p. 316, f. 2. *Lugd. Hist.* 632, f. 1. *Camer. Epit.* 347. *Bauh. Hist.* 2, p. 943, f. 1. *Rheed. Mal.* 2, tab. 35. *Icon. Pl. Med.* tab. 300.

1. *Piper Indicum*, Piment, Corail des jardins. 2. Fruit, Semences. 3. Odeur forte, narcotique, approchant de celle du tabac; saveur très-âcre, brûlante, enflammante, tirant sur celle du Poivre ordinaire. Le fruit desséché, réduit en poudre, produit à peu près l'effet du tabac. 4. Esprit recteur, fugace, qui est détruit par l'action du feu. Infusé dans l'esprit-de-vin, le piment lui communique son âcreté; mais le principe dont elle dépend, ne monte pas avec lui dans la distillation.

5. Asthme, inappétance, coryza, fièvres intermittentes. 6. Condiment, même aliment utile pour plusieurs peuples méridionaux. Les Péruviens, les Espagnols du continent, les Italiens, et même les François des départemens du midi, en usent ordinairement dans leurs repas. Il donne de la force au vinaigre dans lequel on le fait macérer.

Au Brésil, au Mexique, aux Barbades. Cultivé par-tout dans les jardins. ⊙ Estivale.

2. CAPSIQUE à baie, *C. baccatum*, L. à tige sous-ligneuse, lisse; à péduncules deux à deux.

Bauh. Hist. 2, p. 944, f. 1. *Rumph. Amb.* 5, tab. 88, f. 2. *Sloan. Jam.* tab. 146, f. 2.

Aux Indes. ♄

3. CAPSIQUE à grand fruit, *C. grossum*, L. à tige ligneuse; à fruits très-grands, de forme diverse.

Piper Indicum, siliquis surrectis, rotundis, maximum; Poivre des Indes, à siliques droites, arrondies, très-grand. *Bauh. Pin.* 103, n.° 7. *Dod. Pempt.* 717, f. 2. *Lob. Ic.* 1, p. 317, f. 1. *Plukn.* tab. 227, f. 1.

La forme du fruit varie.

Dans l'Inde Orientale. Cultivé dans les jardins. ♃ ♄

4. CAPSIQUE ligneux, *C. frutescens*, L. à tige ligneuse, un peu rude; à péduncules solitaires.

Clus. Exot. 340, f. 2. *Rumph. Amb.* 5, p. 245, tab. 88, f. 1, 3 et 4.

Dans les deux Indes. ♄

270. VOMIQUE, *STRYCHNOS*. *Lam. Tab. Encyclop.* pl. 119.

CAL. *Périanthe* à cinq segmens profonds, très-petit, caduc-tardif.

COR. Monopétale. *Tube* comme cylindrique. *Limbe* ouvert, aigu, à cinq divisions peu profondes.

ÉTAM. Cinq *Filamens*, de la longueur de la corolle. *Anthères* simples.

PIST. *Ovaire* arrondi. *Style* simple, plus long que les étamines. *Stigmate* un peu épais.

PÉR. *Baie* fragile, arrondie, lisse, très-grande, à une loge, remplie de pulpe.

SEM. Arrondies, déprimées, garnies de poils disposés en rayons vers leur circonférence.

Corolle à cinq divisions peu profondes. *Baie* à une seule loge, enveloppée par une écorce ligneuse.

1. VOMIQUE Noix vomique, *S. Nux vomica*, L. à feuilles ovales; à tige sans épines.

Nux vomica in officinis; Noix vomique des boutiques. *Bauh. Pin.* 511, n.° 2. *Rheed. Malab.* 1, tab. 37. *Icon. Pl. Med.* tab. 343.

1. *Nux vomica*, Noix vomique. 2. Fruit. 3. Saveur très-âcre, vireure. 4. Plus gommeuse que résineuse; extraits aqueux et spiritueux, en quantité inégale. 5. Colique, cardialgie, gonorrhée, fièvres intermittentes, morsure des serpens, dyssenterie, *tænia*. 6. Poison assuré contre tout le genre du Chien, le Loup, le Renard.

A Malabar, à Zeylan. ♄

2. VOMIQUE Bois de couleuvre, *S. colubrina*, L. à feuilles ovales, pointues; à vrilles simples

Clematis Indica spinosa, floribus luteis; Clématite des Indes épineuse, à fleurs jaunes. *Bauh. Pin.* 405, n.° 2. *Rheed. Mal.* 7, p. 10, tab. 7. *Rumph. Amb.* 2, tab. 37.

1. *Colubrini vulgaris lignum*, Bois de couleuvre ou Bois couleuvre. 2. Bois. 3. Sans odeur, d'un goût âcre et amer. 4. Esprit recteur; peu d'huile essentielle; substance gomméo-résineuse. Extrait aqueux très-amer; extrait spiritueux amer. 5. Morsure des animaux venimeux, fièvre-quarte.

Les Indiens appellent en général *Bois de couleuvre*, tous les bois qui donnent de l'amertume à l'eau dans laquelle on les fait infuser; infusions qu'ils regardent comme autant d'antidotes. De là, la diversité des bois qu'on donne dans les Boutiques, sous le nom de *Bois de couleuvre*. Ce Bois de couleuvre fut apporté pour la première fois en France, vers la fin du seizième siècle.

Au Malabar, Timor, Zeylan. ♄.

271. GÉNIPAYER, *GENIPA*. *Tournef. Inst.* 658, tab. 436 et 437.

CAL. *Périanthe* formé par la marge de l'ovaire, entier, supérieur.

COR. Monopétale, en roue. *Tube* très-court, en entonnoir. *Limbe* grand, ouvert, à cinq *divisions* profondes, ovales, aiguës.

ÉTAM. Cinq *Filamens*, en alêne, renversés, plus courts que la corolle. *Anthères* arrondies, rapprochées.

PIST. *Ovaire* ovale, inférieur. *Style* simple, court. *Stigmate* en massue, grand, de la longueur des étamines.

PÉR. *Baie* charnue, ovale, amincie des deux côtés, tronquée, à deux loges.

SEM. Plusieurs, en cœur, nidulées.

Corolle en roue. *Stigmate* en massue. *Baie* à deux loges. *Semences* en cœur, nidulées.

1. GÉNIPAYER d'Amérique, *G. Americana*, L. à feuilles denses, pétiolées, oblongues, arrondies, lisses, veinées, luisantes, d'un

vert-noirâtre en dessus, plus pâles en dessous ; à fleurs en grappes.

Plum. Spec. 20, ic. 136.

La baie colore en noir.

Dans l'Amérique Méridionale. ♄

272. CESTRE, *CESTRUM.* * *Lam. Tab. Encyclop.* pl. 112.

CAL. *Périanthe* d'un seul feuillet, tubulé, arrondi, obtus, très-court : à *orifice* à cinq segmens peu profonds, droit, irrégulier.

COR. Monopétale, en entonnoir. *Tube* comme cylindrique, très-long, grêle. *Gorge* arrondie. *Limbe* plane, plissé, à cinq *divisions* peu profondes, ovales, égales.

ÉTAM. Cinq *Filamens*, filiformes, adhérens dans leur longueur au tube, garnis intérieurement à leur partie moyenne d'une dent. *Anthères* arrondies, à quatre côtés, dans la gorge de la corolle.

PIST. *Ovaire* comme en cylindre, ovale, de la longueur du calice. *Style* filiforme, de la longueur des étamines. *Stigmate* un peu épais, obtus, à peine échancré.

PÉR. *Baie* ovale, à une loge, oblongue.

SEM. Plusieurs, arrondies.

Corolle en entonnoir. *Étamines* garnies d'une dent dans leur partie moyenne. *Baie* à une seule loge, renfermant plusieurs semences.

1. CESTRE nocturne, *C. nocturnum*, L. à fleurs pédunculées ; à feuilles presque en cœur, ovales.

Plukn. tab. 64, f. 3, et 95, f. 1 ? *Sloan. Jam.* tab. 204, f. 2. *Dill. Elth.* tab. 153, f. 185.

A la Jamaïque, au Chili. ♄.

2. CESTRE du soir, *C. vespertinum*, L. à fleurs comme en épi ; latérales ; à feuilles elliptiques.

Murray. Nov. Comm. Goett. vol. 5, p. 41, tab. 8.

Dans l'Amérique Méridionale. ♄.

3. CESTRE diurne, *C. diurnum*, L. à fleurs sans pédoncules.

Plukn. tab. 95, f. 1. *Dill. Elth.* tab. 154, f. 186.

Au Chili, à la Havane. ♄

273. LYCIET, *LYCIUM.* * *Lam. Tab. Encyclop.* pl. 112.

CAL. *Périanthe* obtus, droit, très-petit, persistant, comme à cinq segmens peu profonds.

COR. Monopétale, en entonnoir. *Tube* comme cylindrique, ouvert, recourbé. *Limbe* obtus, ouvert, petit, à cinq divisions profondes.

ÉTAM.

ÉTAM. Cinq *Filamens*, en alêne, insérés sur le milieu du tube, plus courts que la corolle, fermant par des poils le tube de la corolle. *Anthères* droites.

PIST. *Ovaire* arrondi. *Style* simple, plus long que les étamines. *Stigmate* un peu épais, divisé peu profondément en deux parties.

PÉR. *Baie* arrondie, à deux loges.

SEM. Plusieurs, en forme de rein. *Réceptacles* convexes, attachés à la cloison.

Corolle tubulée, à gorge fermée par la barbe des filamens. *Baie* à deux loges, renfermant plusieurs semences.

1. LYCIET d'Afrique, *L. Afrum*, L. à feuilles linéaires.

Rhamnus alter, foliis salsis, flore purpureo; autre Nerprun, à feuilles salées, à fleur pourpre. *Bauh. Pin.* 477, n.° 2. *Dod. Pempt.* 754, f. 2. *Lob. Ic.* 2, p. 180, f. 2. *Clus. Hist.* 1, p. 109, f. 2. *Lugd. Hist.* 141, f. 2. *Bauh. Hist.* 1, P. 2, p. 32, f. 1. *Michel. Gen.* tab. 105, f. 2. *Icon. Pl. Med.* tab. 159.

En Afrique, en Espagne dans le royaume de Valence. ♄

2. LYCIET de Barbarie, *L. Barbarum*, L. à feuilles lancéolées; à calices à moitié divisés en deux parties.

Plukn. tab. 322, f. 2 (mauvaise). *Michel. Gen.* tab. 105, f. 1. *Duham. Arb.* 1, p. 306, tab. 121, f. 4.

En Europe, en Asie, en Afrique. ♄

3. LYCIET d'Europe, *L. Europaeum*, L. à feuilles obliques; à rameaux sarmenteux, arrondis.

Rhamnus spinis oblongis, flore candicante; Nerprun à épines oblongues, à fleur blanchâtre. *Bauh. Pin.* 477, n.° 1. *Dod. Pempt.* 754, f. 1. *Lob. Ic.* 2, p. 181, f. 1. *Clus. Hist.* 1, p. 109, f. 1. *Lugd. Hist.* 140, f. 1 et 4. *Camer. Epit.* 78. *Bauh. Hist.* 1, P. 2, p. 31, f. 1.

Dans l'Europe Méridionale. ♄ Estivale.

4. LYCIET à capsule, *L. capsulare*, L. à feuilles lancéolées, grêles, lisses; à péduncules et calices duvetés; à fruits à capsules.

Au Mexique. ♄.

274. JACQUINE, *JACQUINIA.* † *Lam. Tab. Encyclop.* pl. 121.

CAL. *Périanthe* à cinq *feuilles* arrondis, concaves, persistans.

COR. Monopétale. *Tube* en cloche, ventru, plus long que le calice. *Limbe* à dix *divisions* peu profondes, arrondies, dont cinq intérieures, plus courtes.

ÉTAM. Cinq *Filamens*, en alêne, s'élevant du réceptacle. *Anthères* en fer de hallebarde.

PIST. *Ovaire* ovale. *Style* de la longueur des étamines. *Stigmate* en tête.

PÉR. *Baie* arrondie, pointue, à une loge.

SEM. Une seule, arrondie, cartilagineuse.

Corolle à dix divisions peu profondes. *Étamines* insérées sur le réceptacle. *Baie* renfermant une seule semence.

1. JACQUINE armillaire, *J. armillaris*, L. à feuilles obtuses et terminées en pointe.

Jacq. Amer. 53, tab. 39.

Dans l'Amérique Méridionale. ♄

2. JACQUINE à feuilles de fragon, *J. ruscifolia*, L. à feuilles lancéolées, pointues.

Dill. Elth. tab. 123, f. 149.

Dans l'Amérique Méridionale. ♄

3. JACQUINE linéaire, *J. linearis*, L. à feuilles linéaires, pointues.

Jacq. Amer. 54, tab. 40, f. 1.

Dans l'Amérique Méridionale. ♄

275. CHIRONE, *CHIRONIA.* † *Lam. Tab. Encyclop.* pl. 108.

CAL. *Périanthe* d'un seul feuillet, droit, aigu, persistant, à cinq segmens profonds, oblongs.

COR. Monopétale, égale. *Tube* rétréci. *Limbe* ouvert, à cinq *divisions* profondes, ovales, égales.

ÉTAM. Cinq *Filamens*, larges, courts, s'élevant du sommet du tube. *Anthères* oblongues, droites, grandes, réunies, contournées en spirale après la fécondation.

PIST. *Ovaire* ovale. *Style* filiforme, incliné, un peu plus long que les étamines. *Stigmate* en tête, droit.

PÉR. Ovale, à deux loges.

SEM. Nombreuses, petites.

Corolle en roue. *Pistil* incliné. *Étamines* insérées sur le tube de la corolle. *Anthères* roulées en spirale. *Fruit* à deux loges.

1. CHIRONE à trois nervures, *C. trinervia*, L. à tige herbacée; à segmens du calice membraneux, carénés.

Burm. Zeyl. 145, tab. 67.

Au cap de Bonne-Espérance. ☉

2. CHIRONE à feuilles de jasmin, *C. jasminoïdes*, L. à tige herbacée; à feuilles lancéolées; à tige à quatre côtés.

Au cap de Bonne-Espérance.

3. CHIRONE à feuilles de lychnis, *C. lychnoïdes*, L. à tige simple; à feuilles linéaires, lancéolées.

Au cap de Bonne-Espérance.

4. CHIRONE en cloche, *C. campanulata*, L. à tige herbacée; à feuilles presque linéaires; à calices de la longueur de la corolle.

Au Canada.

5. CHIRONE anguleuse, *C. angularis*, L. à tige herbacée, anguleuse; à feuilles ovales, embrassant la tige.

En Virginie.

6. CHIRONE à feuilles de lin, *C. linoïdes*, L. à tige herbacée; à feuilles linéaires.

Au cap de Bonne-Espérance. ♃

7. CHIRONE baccifère, *C. baccifera*, L. à tige ligneuse, baccifère.

Commel. Rar. pag. et tab. 9.

En Éthiopie. ♄

8. CHIRONE ligneuse, *C. frutescens*, L. à tige ligneuse; à feuilles lancéolées, comme duvetées; à calices en cloche.

Commel. Rar. pag. et tab. 8. *Burm. African.* 205, tab. 74, f. 1.

En Éthiopie. ♄

276. SEBESTIER, *CORDIA*. *Plum. Gen.* 13, tab. 14. *Lam. Tab. Encyclop.* pl. 96. SEBESTENA. *Dill. Elth.* tab. 255.

CAL. *Périanthe* d'un seul feuillet, tubulé, denté au sommet, persistant.

COR. Monopétale; en entonnoir. *Tube* ouvert, de la longueur du calice. *Limbe* droit, ouvert, à cinq ou six *divisions* peu profondes, obtuses.

ÉTAM. Cinq *Filamens*, en alêne. *Anthères* oblongues, de la longueur du tube.

PIST. *Ovaire* arrondi, aigu. *Style* simple, de la longueur des étamines, divisé supérieurement en deux parties peu profondes, divisées elles-mêmes en deux *Stigmates* obtus.

PÉR. *Drupe* arrondie, aiguë, adhérente au calice.

SEM. *Noix* sillonnée, à quatre loges.

Corolle en entonnoir. *Style* dichotome ou à bras ouverts. *Drupe* renfermant une noix à quatre loges.

1. SEBESTIER Myxa, *C. Myxa*, L. à feuilles ovales, lisses en dessus; à fleurs en corymbes latéraux; à calices à dix stries.

Sebestena domestica et sylvestris; Sébeste domestique et sauvage. *Bauh. Pin.* 446, n°s 1 et 2. *Camer. Epit.* 166. *Pluka.* tab. 217, f. 3. *Icon. Pl. Med.* tab. 344.

1. *Sebesten*, Sébestes. 2. Fruits. 3. Mucilagineux, doux. 5. Rancité, toux, strangurie. 6. On prétend que la glu, connue

dans le commerce sous le nom de *Glu d'Alexandrie*, est tirée des sébestes.

En Egypte, au Malabar. ♄

2. SEBESTIER épineux, *C. spinescens*, L. à feuilles ovales, pointues, à dents de scie, rudes; à pétioles un peu épineux.

Dans l'Inde Orientale. ♄

3. SEBESTIER Sebestena, *C. Sebestena*, L. à feuilles oblongues, ovales, peu sinuées, rudes.

Rumph. Amb. tab. 2, p. 226, f. 75. *Dill. Elth.* tab. 255, f. 331.

Dans l'Inde Orientale. ♄

4. SEBESTIER de la Jamaïque, *C. Gerascanthus*, L. à feuilles lancéolées, ovales, rudes; à fleurs en panicule terminant; à calices à dix stries.

Jacq. Amer. 43, tab. 175, f. 16.

A la Jamaïque. ♄

5. SEBESTIER à feuilles épaisses, *C. macrophylla*, L. à feuilles ovales, velues.

Sloan. Jam. tab. 221, f. 1.

A la Jamaïque. ♄

6. SEBESTIER Callococca, *C. Callococca*, L. à feuilles en cœur, ovales, très-entières; à fleurs en corymbes; à calices duvetés intérieurement.

Plukn. tab. 158, f. 1. *Sloan. Jam.* tab. 203, f. 2.

A la Jamaïque. ♄

277. PATAGONULE, *PATAGONULA*. *Lam. Tab. Encyclop.* pl. 96. PATAGONICA. *Dill. Elth.* tab. 226.

CAL. *Périanthe* très-petit, à cinq dents, persistant.

COR. Monopétale, en roue. *Tube* à peine visible. *Limbe* plane, à cinq *divisions* profondes, ovales, aiguës.

ÉTAM. Cinq *Filamens*, de la longueur de la corolle. *Anthères* simples.

PIST. *Ovaire* ovale, aigu. *Style* filiforme, à moitié divisé en deux parties, divisées elles-mêmes en deux parties peu profondes, de la longueur des étamines, persistant. *Stigmate* simple.

PÉR. *Capsule* ovale, aiguë, portée sur le *Calice* qui est très-grand, à divisions oblongues, échancrées.

SEM. . . . . . .

Calice renfermant le fruit, très-grand. *Corolle* en roue. *Style* dichotome ou à bras ouverts.

1. PATAGONULE d'Amérique, *P. Americana*, L. à feuilles lisses sur les deux surfaces, velues sur les bords; à fleurs en grappes terminales.

Dill. Elth. tab. 226, f. 293.

Dans l'Amérique Méridionale. ♄

278. ÉHRÉTHIE, *ERETHIA*. *Lam. Tab. Encyclop.* pl. 96.

CAL. *Périanthe* d'un seul feuillet, en cloche, à moitié divisé en cinq segmens, obtus, très-petit, persistant.

COR. Monopétale. *Tube* plus long que le calice. *Limbe* à cinq *divisions* peu profondes, comme ovales, planes.

ÉTAM. Cinq *Filamens*, en alêne, étalés, de la longueur de la corolle. *Anthères* arrondies, couchées.

PIST. *Ovaire* arrondi. *Style* filiforme, épaissi dans sa partie supérieure, de la longueur des étamines. *Stigmate* obtus, échancré.

PÉR. *Baie* arrondie, à une loge.

SEM. Quatre, convexes d'un côté, anguleuses de l'autre.

Baie à deux loges. *Semences* solitaires, à deux loges. *Stigmate* échancré.

1. ÉHRÉTHIE à feuilles de laurier-tin, *E. tinifolia*, L. à feuilles oblongues, ovales, très-entières, lisses; à fleurs en panicule.
   Sloan. Jam. tab. 203, f. 1.
   A la Jamaïque. ♄

2. ÉHRÉTHIE épineuse, *E. spinosa*, L. à tige épineuse.
   Jacq. Amer. 46, tab. 80, f. 18.
   Dans l'Amérique Méridionale. ♄

3. ÉHRÉTHIE Bourrerie, *E. Bourreria*, L. à feuilles ovales, très-entières, lisses; à fleurs presque en corymbes; à calices lisses.
   Sloan. Jam. tab. 204, f. 1. *Jacq. Obs.* 2, p. 2, tab. 26.
   A la Jamaïque. ♄

4. ÉHRÉTHIE sèche, *E. exsucca*, L. à feuilles en forme de coin, lancéolées, repliées sur les bords.
   Jacq. Amer. 45, tab. 173, f. 17.
   Dans l'Amérique Méridionale. ♄

279. VARRONE, *VARRONIA*. *Lam. Tab. Encyclop.* pl. 95.

CAL. *Périanthe* d'un seul feuillet, tubulé, à cinq *dents* recourbées; persistant.

COR. Monopétale, tubulée, cylindrique. *Limbe* ouvert, à cinq divisions profondes.

ÉTAM. Cinq *Filamens*, en alêne, de la longueur de la corolle. *Anthères* oblongues, couchées.

PIST. *Ovaire* ovale. *Style* filiforme, de la longueur de la corolle. Quatre *Stigmates*, sétacés.

PÉR. *Drupe* ovale, à une loge, enfermée dans le calice, libre.

SEM. *Noix* à quatre loges, arrondies.

Corolle à cinq divisions peu profondes. *Drupe* renfermant un noyau à quatre loges.

1. VARRONE à lignes, *V. lineata*, L. à feuilles lancéolées, marquées par des lignes; à péduncules latéraux, adhérens au pétiole; à fleurs en épis arrondis.

Plukn. tab 328, f. 5.

Dans l'Amérique Méridionale. ♄

2. VARRONE à bulles, *V. bullata*, L. à feuilles ovales, veinées, ridées; à fleurs en épis arrondis.

Jacq. Amer. 41, tab. 33.

Dans l'Amérique Méridionale. ♄

3. VARRONE de la Martinique, *V. Martinicensis*, L. à feuilles ovales, pointues; à fleurs en épis oblongs.

Jacq. Amer. 41, tab. 32.

A la Martinique. ♄

4. VARRONE globuleuse, *V. globosa*, L. à feuilles lancéolées, oblongues; à tige dichotome; à péduncules axillaires, alongés, nus; à fleurs en épis globuleux.

Dans l'Amérique Méridionale. ♄

5. VARRONE de Curaçao, *V. Curassavica*, L. à feuilles lancéolées; à fleurs en epis oblongs.

Plukn. tab 221, f. 3.

Dans l'Amérique Méridionale. ♄

6. VARRONE blanche, *V. alba*, L. à feuilles en cœur; à fleurs en cymier.

Commel. Hort. 1, p. 155, tab. 80.

Dans l'Amérique Méridionale. ♄

280. LAUGÈRE, *LAUGERIA*. †

CAL. *Périanthe* d'un seul feuillet, tubulé, supérieur, à *orifice* inégal, petit, caduc-tardif.

COR. Monopétale, en soucoupe. *Tube* très-long. *Limbe* à cinq *divisions* peu profondes, comme ovales.

ÉTAM. Cinq *Filamens*, très-courts. *Anthères* linéaires, longues, insérées sous la gorge de la corolle.

PIST. *Ovaire* comme ovale, inférieur. *Style* filiforme, un peu plus long que le tube. *Stigmate* en tête.

PÉR. *Drupe* arrondie, à ombilic ponctué.

SEM. *Noix* arrondie, à cinq sillons, à cinq loges.

Corolle à cinq divisions peu profondes. *Drupe* renfermant un noyau à cinq loges.

1. LAUGÈRE odorante, *L. odorata*, L. à feuilles opposées, presque ovales, aiguës, très-entières, lisses; à fleurs en grappes axillaires, paniculées, lâches.

Jacq. Amer. tab. 177, f. 21.

Dans l'Amérique Méridionale. ♄

281. BRUNSFELSE, *BRUNSFELSIA.* † *Plum. Gen.* 12, tab. 22. *Lam. Tab. Encyclop.* pl. 548.

CAL. *Périanthe* d'un seul feuillet, en cloche, à cinq dents, obtus, très-petit, persistant.

COR. Monopétale, en entonnoir. *Tube* très-long. *Limbe* plane, à cinq *divisions* peu profondes, obtuses.

ÉTAM. Cinq *Filamens*, de la longueur du tube sur lequel ils sont insérés. *Anthères* oblongues.

PIST. *Ovaire* arrondi, petit. *Style* filiforme, de la longueur du tube. *Stigmate* un peu épais.

PÉR. *Baie* arrondie, à une loge.

SEM. Nombreuses, appliquées sur l'enveloppe de la baie, arrondies.

Corolle en entonnoir, très-longue. *Baie* à une seule loge, renfermant plusieurs semences.

1. BRUNSFELSE d'Amérique, *B. Americana*, L. à feuilles oblongues, obtuses, très-entieres, pétiolées.

Plum. Amer. tab. 65.

Dans l'Amérique Méridionale. ♄

282. CAÏMITIER, *CHRYSOPHYLLUM.* † *Lam. Tab. Encycl.* pl. 120. CAINITO. *Plum. Gen.* 9, tab. 9.

CAL. *Périanthe* petit, à cinq *segmens* profonds, arrondis, obtus, persistans.

COR. Monopétale, en cloche. *Limbe* à cinq *divisions* profondes, arrondies, très-ouvertes, plus courtes que le tube.

ETAM. Cinq *Filamens*, en alêne, insérés sur le tube, rapprochés. *Anthères* arrondies, didymes.

PIST. *Ovaire* arrondi. *Style* très-court. *Stigmate* obtus, comme divisé en cinq parties peu profondes.

PÉR. *Baie* arrondie, à dix loges, grande.

SEM. Solitaires, osseuses, comprimées, luisantes, marquées d'une petite cicatrice.

Corolle en cloche, à dix divisions peu profondes, dont les alternes sont très-étalées. *Baie* renfermant dix semences.

1. CAÏMITIER Cainito, *C. Cainito*, L. à feuilles ovales, à stries parallèles, duvetées et luisantes en dessous.

Plukn. tab. 262, f. 4. *Jacq. Amer.* 51, tab. 37, f. 1.

Cette espèce présente trois variétés :

1.° A feuilles oblongues ovales, lisses en dessus, ferrugineuses en dessous ; à fleurs axillaires, en corymbe.

2.° A fruit pourpre. *Sloan. Jam.* tab. 229.

3.° A fruit bleuâtre. *Jacq. Amer.* 52, tab. 37.

A la Martinique. ♄

2. CAIMITIER lisse, *C. glabrum*, L. à feuilles très-li[illegible] les deux surfaces.

Jacq. Amer. 53, tab. 38, f. 2.

A la Martinique.

283. ARGAN, *SIDEROXYLON*. *Dill. Elth.* tab. 265. *Lam. Tab. Encyclop.* pl. 120.

CAL. *Périanthe* à cinq segmens peu profonds, petit, droit, persistant.

COR. Monopétale, en roue, à cinq *divisions*, arrondies, concaves, droites ; une petite dent en pointe, à dent de scie, à la base de chaque division de la corolle, tournée en dedans.

ÉTAM. Cinq *Filamens*, en alêne, de la longueur de la corolle, alternes avec les dents. *Anthères* oblongues.

PIST. *Ovaire* arrondi. *Style* en alêne, de la longueur des étamines. *Stigmate* simple, obtus.

PÉR. *Drupe* arrondie, à une loge, terminée par un ombilic en étoile.

SEM. *Noix* ovale, à une loge.

Corolle à dix divisions peu profondes, dont les alternes sont recourbées. *Stigmate* simple. *Baie* renfermant cinq semences.

1. ARGAN doux, *S. mite*, L. à tige sans épines ; à fleurs sans péduncules.

En Afrique. ♄

2. ARGAN sans épines, *S. inerme*, L. à tige sans épines ; à feuilles persistantes, en ovale renversé ; à péduncules arrondis.

Dill. Elth. tab. 265, f. 344.

En Éthiopie. ♄

3. ARGAN du Cap, *S. melanophleus*, L. à tige sans épines ; à feuilles persistantes, lancéolées ; à péduncules anguleux.

Burm. Afric. p. 238, tab. 84, f. 2. *Jacq. Hort.* tab. 71.

Au cap de Bonne-Espérance. ♄

4. **ARGAN** tenace, *S. tenax*, L. à tige peu épineuse ; à feuilles caduques-tardives, lancéolées, un peu duvetées ; à péduncules filiformes.

Jacq. Obs. 3, p. 3, tab. 54.

A la Caroline, dans les terrains secs. ♄

5. **ARGAN** lyciet, *S. lycioïdes*, L. à tige épineuse ; à feuilles caduques-tardives.

Duham. Arb. 2, p. 260, tab. 68.

Au Canada. ♄

6. **ARGAN** à dix étamines, *S. decandrum*, L. à tige épineuse ; à feuilles caduques-tardives, elliptiques.

Dans l'Amérique Septentrionale. ♄

7. **ARGAN** épineux, *S. spinosum*, L. à tige épineuse ; à feuilles persistantes.

Plukn. tab. 202, f. 2.

Au Malabar. ♄

8. **ARGAN** très-fétide, *S. fœtidissimum*, L. à tige sans épines ; à feuilles presque opposées ; à fleurs très-ouvertes.

A Saint-Domingue, dans les forêts. ♄

281. NERPRUN, *RHAMNUS*. * *Tournef. Inst.* 593, tab. 366. *Lam. Tab. Encyclop.* pl. 128. FRANGULA. *Tournef. Inst.* 612, tab. 383. PALIURUS. *Tournef. Inst.* 616, tab. 387. *Lam. Tab. Encyclop.* pl. 210. ALATERNUS. *Tournef. Inst.* 595, tab. 366. ZIZIPHUS. *Tournef. Inst.* 627, tab. 403. *Lam. Tab. Encyclop.* pl. 185.

CAL. Nul, (à moins qu'on ne prenne la corolle pour calice).

COR. *Pétale* imperforé, rude au dehors, coloré au dedans, en entonnoir. *Tube* en toupie, comme cylindrique. *Limbe* ouvert, divisé, aigu.

Cinq *Écailles*, très-petites, à la base de chaque division de la corolle, réunies intérieurement.

ÉTAM. *Filamens* en nombre égal à celui des divisions de la corolle, en alêne, insérés sur le pétale au-dessous des écailles. *Anthères* petites.

PIST. *Ovaire* arrondi. *Style* filiforme, de la longueur des étamines. *Stigmate* obtus, offrant un nombre de divisions moindre que celui des divisions de la corolle.

PÉR. *Baie* arrondie, nue, offrant un nombre de divisions internes, moindre que celui des divisions de la corolle.

SEM. Solitaires, arrondies, bossuées d'un côté, comprimées de l'autre.

OBS. R. FRANGULA : Stigmate *échancré*. Baie *à quatre semences*. Corolle *à cinq divisions peu profondes*.

R. CATHARTICUS : Stigmate *divisé peu profondément en quatre parties. Baie à quatre semences.* Corolle *à quatre divisions peu profondes. Dioïque, Tétrandre.*

R. PALIURUS : *Trois* Styles. Noyau *à trois loges.* Corolle *à cinq divisions peu profondes : bordure membraneuse ceignant la baie.*

R. ALATERNUS : Stigmate *divisé peu profondément en trois parties.* Baie *à trois semences.* Corolle *à cinq divisions peu profondes. Polygame Dioïque par ses fleurs mâles et hermaphrodites. Les* Écailles *du calice manquent.*

R. ZIZIPHUS : *Deux* Styles. *Noyau de la* Baie *à deux loges.* Corolle *à cinq divisions peu profondes.*

Calice tubulé, enveloppant des écailles qui accompagnent les étamines. *Corolle* nulle. *Baie.*

* I. *NERPRUNS épineux.*

1. NERPRUN cathartique, *R. catharticus*, L. à épines terminant les rameaux ; à fleurs à quatre divisions peu profondes, dioïques ; à feuilles ovales.

Rhamnus catharticus ; Nerprun cathartique. *Bauh. Pin.* 478, n.° 6. *Dod. Pempt.* 756, f. 2. *Lob. Ic.* 2, p. 181, f. 2. *Lugd. Hist.* 146, f. 1. *Camer. Epit.* 82. *Bauh. Hist.* 1, P. 2, p. 55, f. 1. *Bul. Paris*, tab. 120. *Icon. Pl. Medic.* tab. 203.

1. *Spina cervina*, Nerprun, Noirprun. 2. Baies, le sirop des baies. 3. Baies : amères, nauseuses, un peu styptiques. 5. Cachexie, goutte, gale, hydropisie, asthme humide, hémorrhoïdes, vérole. 6. Le *Nerprun* fournit une sorte d'extrait, connu sous le nom de *Vert de vessie*, employé dans la peinture en détrempe. L'écorce colore en jaune, et la baie en écarlate. Le *Nerprun* fournit de bonnes haies.

Nutritive pour le Cheval, le Mouton, la Chèvre.

En Europe, dans les haies et le long des rivières. ♄ Vernale.

2. NERPRUN graine d'Avignon, *R. infectorius*, L. à épines terminant les rameaux ; à fleurs à quatre divisions peu profondes, dioïques ; à branches couchées.

Rhamnus catharticus, minor, et Lycium gallicum ; Nerprun cathartique plus petit, et Lyciet françois. *Bauh. Pin.* 478, n.os 8 et 6. *Clus. Hist.* 1, p. 111, f. 1. *Lugd. Hist.* 151, f. 1.

1. *Grana Avenionensia* ; Graine d'Avignon. 2. Baies. 6. Peu usitée. Les baies fournissent une belle couleur jaune, avec laquelle on teint les cuirs appelés Maroquins jaunes.

A Montpellier, en Dauphiné, en Provence. ♄

3. NERPRUN lyciet, *R. lycioïdes*, L. à épines terminant les rameaux ; à feuilles linéaires.

Rhamnus tertius, flore herbaceo, baccis nigris; Nerprun troisième, à fleur herbacée, à baies noires. *Bauh. Pin.* 477, n.° 3. *Dod. Pempt.* 755, f. 2. *Lob. Ic.* 2, p. 129, f. 2. *Clus. Hist.* 1, p. 110, f. 2. *Lugd. Hist.* 141, f. 3. *Bauh. Hist.* 1, P. 2, p. 35, f. 1.

En Espagne. ♄

4. NERPRUN à feuilles d'olivier, *R. oleoïdes*, L. à épines terminant les rameaux; à feuilles oblongues, très-entières.

En Espagne. ♄

5. NERPRUN des rochers, *R. saxatilis*, L. à épines terminant les rameaux; à fleurs à quatre divisions peu profondes, hermaphrodites.

Lycium facie pruni sylvestris seu italicum; Lyciet ressemblant au prunier sauvage ou d'Italie. *Bauh. Pin.* 478, n.° 2. *Clus. Hist.* 1, p. 112, f. 1. *Lugd. Hist.* 148, f. 1? et 2. *Camer. Epit.* 100. *Bauh. Hist.* 1, P. 2, p. 59, f. 1.

Sur les Alpes du Dauphiné, de Suisse, d'Italie. ♄ Vernale. *S-Alp.*

6. NERPRUN thé, *R. theezans*, L. à épines terminant les rameaux; à feuilles ovales, un peu dentées; à rameaux écartés.

A la Chine, où il remplace le thé pour le peuple. ♄

7. NERPRUN à cinq feuilles, *R. pentaphyllus*, L. à épines latérales; à feuilles solitaires et cinq à cinq.

Boccon Sic. 43, tab. 21.

En Sicile, à Naples, en Afrique. ♄

* II. *NERPRUNS sans épines.*

8. NERPRUN sarcomphale, *R. sarcomphalus*, L. à rameaux sans épines; à feuilles ovales, coriaces, très-entières, échancrées.

Dans l'Amérique Méridionale. ♄

9. NERPRUN à petite fleur, *R. micranthus*, L. à rameaux sans épines; à feuilles ovales, lancéolées, obliques, duvetées; à stipules lancéolées, aiguës, caduques-tardives.

Brown. Jam. tab. 12, f. 2.

Dans l'Amérique Méridionale. ♄

10. NERPRUN de Cuba, *R. Cubensis*, L. à rameaux sans épines; à fleurs hermaphrodites; à capsules à trois loges; à feuilles ridées, très-entières, duvetées.

A Cuba. ♄

11. NERPRUN serpent, *R. colubrinus*, L. à rameaux sans épines; à fleurs monogynes, hermaphrodites, droites; à capsules à trois coques; à pétioles couverts d'un duvet couleur de rouille.

Commel. Hort. 1, p. 175, tab. 90.

Dans l'Amérique Méridionale. ♄

12. NERPRUN des Alpes, *R. Alpinus*, L. à rameaux sans épines ; à fleurs dioïques ; à feuilles à double crénelure.

Alnus nigra, polycarpos ; Aulne noir, à plusieurs semences. *Bauh. Pin.* 428, n.° 3. *Bauh. Hist.* 1, P. 1, p. 562, f. 1. *Hall. Helvet.* n.° 825, tab. 40.

Sur les Alpes du Dauphiné, dans les Cévennes, en Bourgogne. ♄ Vernale. *S-Alp.*

13. NERPRUN nain, *R. pumilus*, L. sans épines, rampant ; à fleurs hermaphrodites ; à feuilles à dents de scie.

Sur le Mont-Baldo en Italie. ♄

14. NERPRUN Bourdaine, *R. Frangula*, L. à rameaux sans épines ; à fleurs monogynes, hermaphrodites ; à feuilles très-entières.

Alnus nigra, baccifera ; Aulne noir, baccifère. *Bauh. Pin.* 428, n.° 1. *Dod. Pempt.* 784, f. 1. *Lob. Ic.* 2, p. 175. *Lugd. Hist.* 97, f. 2, et 200, f. 2. *Camer. Epit.* 978. *Bauh. Hist.* 1, P. 1, p. 560, f. 2. *Flor. Dan.* tab. 278. *Icon. Pl. Med.* t. 260.

1. *Frangula*, Bourdaine ou Bourgène. 2. Écorce. 3. Sans odeur ; saveur nauseuse, un peu amère. 5. Hydropisie, asthme humide, gale, fièvre quarte, hémorrhoïdes. 6. Les baies et les feuilles teignent les laines en vert ; le bois fournit un charbon qui entre dans la composition de la poudre à canon.

Nutritive pour le Mouton, la Chèvre.

En Europe, dans les bois humides. ♄

15. NERPRUN à lignes, *R. lineatus*, L. à rameaux sans piquans ; à fleurs hermaphrodites ; à feuilles ovales, à lignes, peu sinuées, à réseaux sur leur surface inférieure.

Plukn. tab. 122, f. 4.

A la Chine, à Zeylan, dans les lieux élevés. ♄

16. NERPRUN Alaterne, *R. Alaternus*, L. à rameaux sans épines ; à fleurs dioïques ; à stigmate à trois cornes ; à feuilles à dents de scie.

Philyca elatior et humilior ; Philyque plus élevée et plus naine. *Bauh. Pin.* 476, n.° 1, et 477, n.° 2. *Lob. Ic.* 2, p. 134, f. 1 et 2. *Clus. Hist.* 1, p. 50, f. 1 et 2. *Lugd. Hist.* 158, f. 1, et 159, f. 1. *Bauh. Hist.* 1, P. 1, p. 542, f. 1 et 2.

A Montpellier, Lyon, Grenoble.

* III. NERPRUNS *à piquans.*

17. NERPRUN Porte-Chapeau, *R. Paliurus*, L. à piquans deux à deux, l'inférieur recourbé ; à fleurs trigynes.

Dod. Pempt. 756, f. 1. *Lob. Ic.* 2, p. 179, f. 1. *Lugd. Hist.* 143, f. 1. *Camer. Epit.* 80. *Bauh. Hist.* 1, P. 2, p. 35, f. 2.

Cet arbrisseau forme des haies impénétrables.

A Montpellier, en Provence. ♄ Estivale.

18. NERPRUN Lotus, *R. Lotus*, L. à piquans deux à deux, dont un recourbé; à feuilles ovales, oblongues.

Dans le Royaume de Tunis. ♄

19. NERPRUN d'Amérique, *R. iguaneus*, L. à piquans deux à deux; dont un étalé; à rameaux axillaires; à fleurs monoïques; à feuilles nues.

Commel. Hort. 1, p. 141, tab. 73.

Dans l'Amérique Méridionale. ♄

20. NERPRUN Napeca, *R. Napeca*, L. à piquans un à un, ou deux à deux, recourbés; à péduncules en corymbe; à fleurs le plus souvent digynes; à feuilles à dents de scie, lisses sur les deux surfaces.

Plukn. tab. 216, f. 2.

Dans l'Inde Orientale. ♄

21. NERPRUN Jujuba, *R. Jujuba*, L. à piquans solitaires, recourbés; à péduncules agrégés; à fleurs à deux styles; à feuilles émoussées, duvetées en dessous.

Plukn. tab. 197, f. 2.

Dans l'Inde Orientale, à Naples. ♄

22. NERPRUN Œnoplia, *R. Œnoplia*, L. à piquans solitaires, recourbés; à péduncules agrégés, presque assis; à feuilles comme en cœur, duvetées en dessous.

Plukn. tab. 197, f. 1. *Burm. Zeyl.* p. 131, tab. 61.

A Zeylan. ♄

23. NERPRUN Jujubier, *R. Zizyphus*, L. à piquans deux à deux; dont un recourbé; à fleurs à deux styles; à feuilles ovales, oblongues.

Jujuba sylvestris; Jujubier sauvage. *Bauh. Pin.* 446, n.° 2. *Camerl Epit.* 167.

Cette espèce présente une variété dans la forme du fruit.

Jujuba majores, oblonga; Jujubes plus grandes, oblongues. *Bauh. Pin.* 446, n.° 1. *Dod. Pempt* 807, f. 1. *Lob. Ic.* 2, p. 178, f. 2. *Clus. Hist.* 1, p. 28, f. 1. *Lugd. Hist.* 356, f. 1. *Bauh. Hist.* 1, P. 2, p. 40, f. 1.

1. *Jujuba*, Jujubes. 2. Fruits. 3. Douces, mucilagineuses, inodores. 4. Mucilage sucré. 5. Toux, strangurie, toutes les affections acrimonieuses. 6. Aliment agréable et sain. A Montpellier on vend des jujubes dans les marchés; les enfans en mangent beaucoup. Ce fruit est assez doux, un peu visqueux, nutritif, adoucissant; on en consomme beaucoup pour les tisanes communes, faites avec la Réglisse et le Chiendent,

Cet arbrisseau a été introduit en Europe du temps d'*Auguste*; il fut apporté de Syrie en Italie, par *Sextus Pampinius.*

En Languedoc, en Italie. ♄ Estivale.

24. NERPRUN Épine du Christ, *R. Spina Christi*, L. à piquans deux à deux, droits; à feuilles ovales.

Œnoplia spinosa; Œnoplie épineuse. *Bauh. Pin.* 477, n.° 2. *Clus. Hist.* 1, p. 27, f. 1. *Bauh. Hist.* 1, P. 2, p. 39, f. 1 et 2. *Alp. Ægypt.* 2, p. 10, tab. 4. *Plukn.* tab. 197, f. 3.

En Éthiopie, dans la Palestine. ♄

205. PHYLIQUE, *PHYLICA.* * *Lam. Tab. Encyclop.* pl. 127.

CAL. *Réceptacle commun* de la fructification, réunissant les fleurs en disque.

——*Périanthe propre* d'un seul feuillet, à cinq segmens peu profonds, en toupie, à *orifice* velu, persistant.

COR. Nulle. Cinq *Écailles*, aiguës, dont une à la base de chaque segment du périanthe, réunies intérieurement.

ÉTAM. Cinq *Filamens*, très-petits, insérés au-dessous des écailles. *Anthères* simples.

PIST. *Ovaire* placé dans le fond de la corolle. *Style* simple. *Stigmate* obtus.

PÉR. *Capsule* arrondie, à trois coques, à trois loges, à trois battans.

SEM. Solitaires, arrondies, bossuées d'un côté, anguleuses de l'autre.

Calice à cinq segmens profonds, en toupie. *Corolle* nulle. Cinq *Écailles* accompagnant les étamines. *Capsule* inférieure, à trois coques.

1. PHYLIQUE à feuilles de bruyère, *P. ericoïdes*, L. à feuilles linéaires, en anneaux.

Commel Hort. 2, p. 1, tab. 1.

En Éthiopie. ♄

2. PHYLIQUE à deux couleurs, *P. bicolor*, L. à feuilles linéaires, duvetées; à calices communs plus courts que la corolle.

Au cap de Bonne-Espérance, dans les champs sablonneux. ♄

3. PHYLIQUE plumeuse, *P. plumosa*, L. à feuilles linéaires, en alêne: les supérieures hérissées.

Plukn. tab. 342, f. 3. *Commel. Prælud.* 63, tab. 13.

En Éthiopie. ♄

4. PHYLIQUE sans barbe, *P. imberbis*, L. à feuilles linéaires, obtuses, rudes; à fleurs terminales, duvetées.

Seb. Mus. 2, tab. 49, f. 5.

Au cap de Bonne-Espérance. ♄

5. PHYLIQUE à stipules, *P. stipularis*, L. à feuilles linéaires, garnies de stipules; à fleurs à cinq cornes.

Burm. Afric. 117, tab. 43, f. 2.

Au cap de Bonne-Espérance. ♄

6. PHYLIQUE dioïque, *P. dioica*, L. à feuilles en cœur; à fleurs dioïques.

Au cap de Bonne-Espérance.

7. PHYLIQUE à feuilles de buis, *P. buxifolia*, L. à feuilles ovales, éparses et trois à trois, duvetées en dessous.

Burm. Afric. p. 119, tab. 44, f. 1.

En Éthiopie. ♄

8. PHYLIQUE à grappe, *P. racemosa*, L. à feuilles ovales, lisses; à fleurs simples, en panicules à grappes.

Au cap de Bonne-Espérance.

9. PHYLIQUE à petite fleur, *P. parviflora*, L. à feuilles en alêne, pointues, rudes, un peu velues; à rameaux en panicule à plusieurs fleurs.

Au cap de Bonne-Espérance, dans les champs sablonneux. ♄

10. PHYLIQUE en cœur, *P. cordata*, L. à feuilles en cœur, ovales, ouvertes; à tige prolifère.

Commel. Rar. pag. 62, tab. 12.

Au cap de Bonne-Espérance. ♄

286. CÉANOTHE, *CEANOTHUS*. * *Lam. Tab. Encyclop.* pl. 129.

CAL. *Périanthe* d'un seul feuillet, en toupie. *Limbe* à cinq *segmens* profonds, aigus, rapprochés et fermés, persistans.

COR. Cinq *Pétales*, égaux, arrondis, en voûte, en forme de sac, comprimés, très-obtus, ouverts, plus petits que le calice, reposant sur des onglets aussi longs que les pétales, s'élevant entre les segmens du calice.

ÉTAM. Cinq *Filamens*, en alêne, droits, opposés aux pétales, de la longueur de la corolle. *Anthères* arrondies.

PIST. *Ovaire* à trois côtés. *Style* cylindrique, de la longueur des étamines, à moitié divisé en trois parties. *Stigmate* obtus.

PÉR. *Baie* sèche, à trois coques, à trois loges, obtuse, mousse, garnie de tubercules.

SEM. Solitaires, ovales.

Corolle à cinq pétales, en forme de sac, réunis en voûte.

Baie sèche, à trois loges, renfermant les semences.

1. CÉANOTHE d'Amérique, *C. Americanus*, L. à feuilles à trois nervures.

Plukn. tab. 28, f. 6. *Icon. Pl. Med.* tab. 167.

1. *Ceanothus*. 2. Jeunes pousses. 3. Rouges. 5. Maladies siphyllitiques, (en décoction).

En Virginie, *à la Caroline*. ♃ ♄

2. CÉANOTHE d'Asie, *C. Asiaticus*, L. à feuilles ovales, sans nervures.

Pluk. tab. 63, f. 2? *Burm. Zeyl.* 111, tab. 48.

A Zeylan. ♄

3. CÉANOTHE d'Afrique, *C. Africanus*, L. à feuilles lancéolées; sans nervures; à stipules arrondies.

Plukn. tab. 126, f. 1. *Commel. Præl.* pag. 61, tab. 11.

En Éthiopie. ♄

287. ARDUINE, *ARDUINA*. †

CAL. *Périanthe* à quatre segmens profonds, droit, aigu, petit, persistant.

COR. Monopétale, en entonnoir. *Tube* cylindrique, comme courbé dans sa partie supérieure. *Limbe* à cinq segmens profonds, aigu, ouvert.

ÉTAM. Cinq *Filamens*, simples, insérés sur la partie inférieure du tube, et plus courts que lui. *Anthères* oblongues, enfermées dans la gorge de la corolle.

PIST. *Ovaire* supérieur, ovale. *Style* filiforme, de la longueur du tube. *Stigmate* un peu épais, divisé peu profondément en deux parties.

PÉR. *Baie* arrondie, ovale, à deux loges.

SEM. Solitaires, oblongues, dures.

Corolle monopétale. *Stigmate* divisé peu profondément en deux parties. *Baie* à deux loges, renfermant des semences solitaires.

1. ARDUINE à deux épines, *A. bispinosa*, L. à feuilles en cœur, ovales, opposées, sans pétioles, persistantes; à épines épaisses, deux à deux; à fleurs entassées.

Mill. Ic. tab. 300.

Au cap de Bonne-Espérance. ♄

288. BUTTNÈRE; *BUTTNERIA*. *Lam. Tab. Encyclop.* pl. 140.

CAL. *Périanthe* d'un seul feuillet, caduc-tardif, à cinq *segmens* profonds, ovales, aigus, très-ouverts.

COR. Cinq *Pétales*, oblongs, courts, rapprochés, un peu élargis dans leur partie supérieure, concaves, terminés par une soie en alêne, longue, couchée premièrement sur la base du nectaire, ensuite relevée, ouverte, plus longue que le calice, et se divisant en deux autres soies latérales, courtes, renversées.

Nectaire:

Nectaire : ventru en cloche, plus court que le calice, à cinq *feuillets*, comme ovales, obtus, planes, droits, à moitié réunis par les filamens.

ÉTAM. Cinq *Filamens*, en alêne, situés au-delà du nectaire, formés chacun par ses deux feuillets les plus rapprochés. *Anthères* doubles, distinctes, arrondies, divisées peu profondément en deux parties.

PIST. *Ovaire* arrondi, à cinq angles. *Style* en alêne, court. *Stigmate* obtus, divisé peu profondément en cinq parties irrégulières.

PÉR. *Capsule* arrondie, déprimée, à cinq coques, à cinq battans, tuberculeuse-hérissée

SEM. Solitaires, ovales, comprimées.

Corolle à cinq pétales. *Filamens* réunis par leur sommet aux pétales. *Capsule* tuberculeuse-hérissée, à cinq coques.

1. BUTTNÈRE rude, *B. scabra*, L. à côtes des feuilles, et à pétioles épineux.

Dans l'Amérique Méridionale. ♄

2. BUTTNÈRE à petites feuilles, *B. microphylla*, L. à rameaux tortueux, lisses; à feuilles sans piquans.

Jacq. Hort. tab. 39.

Dans l'Amérique Méridionale. ♄

289. MYRSINE, *MYRSINE.* * *Lam. Tab. Encyclop.* pl. 122.

CAL. *Périanthe* petit, à cinq *segmens* profonds, comme ovales, persistans.

COR. Monopétale, à moitié divisée en cinq *parties*, demi-ovales, réunies, obtuses.

ÉTAM. Cinq *Filamens*, à peine visibles, insérés sur le milieu de la corolle. *Anthères* en alêne, droites, plus courtes que la corolle.

PIST. *Ovaire* comme arrondi, remplissant presque la corolle. *Style* comme cylindrique, plus long que la corolle, persistant. *Stigmate* grand, garni d'un duvet laineux, pendant au dehors de la fleur.

PÉR. *Baie* arrondie, déprimée, à cinq loges.

SEM. Solitaires.

Corolle à moitié divisée en cinq parties, réunies. *Ovaire* remplissant la corolle. *Baie* renfermant une seule semence ou un noyau à cinq loges.

1. MYRSINE d'Afrique, *M. Africana*, L. à fleurs axillaires, trois à trois, portées sur des péduncules très-courts.

Plukn. tab. 80, f. 5.

En Éthiopie. ♄

290. CÉLASTRE, *CELASTRUS.* *

CAL. *Périanthe* d'un seul feuillet, plane, très-petit, à moitié divisé en cinq *segmens*, obtus, inégaux.

COR. Cinq *Pétales*, ovales, ouverts, assis, égaux, renversés sur les bords.

ÉTAM. Cinq *Filamens*, en alêne, de la longueur de la corolle. *Anthères* très-petites.

PIST. *Ovaire* très-petit, niché dans le réceptacle, grand, plane, marqué de dix stries. *Style* en alêne, plus court que les étamines. *Stigmate* obtus, divisé peu profondément en trois parties.

PÉR. *Capsule* colorée, ovale, à trois côtés obtus, bossuée, à trois loges, à trois battans.

SEM. En petit nombre, ovales, colorées, lisses, à moitié enveloppées par un arille, à orifice à quatre divisions peu profondes, inégal, coloré.

Corolle à cinq pétales, ouverte. *Capsule* triangulaire, à trois loges. *Semences* enveloppées par un arille.

1. CÉLASTRE à bulles, *C. bullatus*, L. sans épines; à feuilles ovales très-entières.

Plukn. tab. 28, f. 5.

En Virginie. ♄

2. CÉLASTRE grimpant, *C. scandens*, L. sans épines; à tige roulée en spirale; à feuilles un peu dentées.

Duham. Arb. 1, p. 223, tab. 95.

Au Canada. ♄

3. CÉLASTRE à feuilles de myrte, *C. myrtifolius*, L. sans épines; à feuilles ovales, un peu dentées; à fleurs en grappes; à tige droite.

Sloan. Jam. tab. 193, f. 1.

En Virginie, à la Jamaïque.

4. CÉLASTRE à feuilles de buis, *C. buxifolius*, L. à épines feuillées; à rameaux anguleux; à feuilles obtuses.

Plukn. tab. 202, f. 3.

En Éthiopie. ♄

5. CÉLASTRE à feuilles de buisson ardent, *C. pyracanthus*, L. à épines nues; à rameaux arrondis; à feuilles pointues.

Plukn. tab. 126, f. 2 et 3, et 280, f. 5.

En Éthiopie. ♄

6. CÉLASTRE luisant, *C. lucidus*, L. à feuilles ovales, luisantes, très-entières, à bordure.

Plukn. tab. 280, f. 3.

Au cap de Bonne-Espérance. ♄

291. FUSAIN, *EVONYMUS.* * *Tournef. Inst.* 617, tab. 388. *Lam. Tab. Encyclop.* pl. 131.

CAL. *Périanthe* d'un seul feuillet, plane, à cinq segmens profonds, arrondis, concaves.

COR. Cinq *Pétales*, ovales, planes, ouverts, plus longs que le calice.

ÉTAM. Cinq *Filamens*, en alêne, droits, plus courts que la corolle, insérés sur l'ovaire qui leur sert comme de réceptacle. *Anthères* didymes.

PIST. *Ovaire* aigu. *Style* court, simple. *Stigmate* obtus.

PÉR. *Capsule* succulente, colorée, à cinq côtés, à cinq angles, à cinq loges, à cinq battans.

SEM. Solitaires, ovales, enveloppées par un *Arille* en baie.

OBS. *Dans quelques espèces le nombre des parties de la fructification offre une unité de moins.*

Corolle à cinq pétales. *Capsule* colorée, à cinq côtés, à cinq loges, à cinq battans, renfermant des semences enveloppées par un arille.

1. FUSAIN d'Europe, *E. Europaeus*, L.

Cette espèce présente trois variétés :

1.° Le Fusain à feuilles étroites, *E. tenuifolius*, L. à fleurs le plus souvent à quatre pétales ; à feuilles assises ou sans pétioles.

Evonymus vulgaris, granis rubentibus ; Fusain vulgaire, à graines rougeâtres. *Bauh. Pin.* 428, n.° 1. *Dod. Pempt.* 783, f. 1. *Lob. Ic.* 2, p. 168, f. 1. *Lugd. Hist.* 272, la description seulement, la figure qui est transposée, représente le *Lonicera xylosteum*, L. *Camer. Epit.* 102. *Bauh. Hist.* 1, P. 2, p. 201, f. 1. *Bul. Paris.* tab. 121.

2.° Le Fusain à larges feuilles, *E. latifolius*, L. à fleurs pour la plupart à cinq pétales ; à capsules ciliées, anguleuses, portées par des péduncules plus longs que les feuilles.

Evonymus latifolius ; Fusain à larges feuilles. *Bauh. Pin.* 428, n.° 3. *Clus. Hist.* 2, p. 56, f. 2. *Bauh. Hist.* 1, P. 2, p. 202, f. 1. *Jacq. Aust.* tab. 289.

3.° Le Fusain dartreux, *E. verrucosus*, L. à fleurs toutes à quatre pétales ; à rameaux chargés de verrues.

Clus. Hist. 1, p. 57, f. 1. *Jacq. In. Litt. Fl. Aust.* V, 1, tab. 49.

On prépare avec les branches du *Fusain*, des charbons pour les Dessinateurs ; le bois qui est très-dense, est recherché pour les ouvrages de tour et de marqueterie. Le fruit séché et mis en poudre, fait périr les poux ; sa décoction a les mêmes propriétés. On se sert du bois pour faire des lardoires, l'enveloppe des graines fournit une teinture jaune. La capsule imite, dans sa forme, un bonnet de prêtre.

La première variété se trouve en Europe dans les haies, les bois taillis; la seconde, dans les montagnes du Dauphiné, de Suisse, d'Autriche; la troisième, en Lithuanie. ♄ Vernales.

2. FUSAIN d'Amérique, *E. Americanus*, L. à fleurs toutes à cinq pétales; à feuilles sans pétioles.

Plukn. tab. 115, f. 5.

En Virginie. ♄

3. FUSAIN Colpoon, *E. Colpoon*, L. à fleurs toutes à quatre pétales; à feuilles pétiolées, ovales, obtuses.

Burm. Afric. 240, tab. 86.

Au cap de Bonne-Espérance, sur les bords de la mer. ♄

292. DIOSME, *DIOSMA*. * *Lam. Tab. Encyclop.* pl. 127.

CAL. *Périanthe* à cinq *feuillets*, ovales, aigus, persistans.

COR. Cinq *Pétales*, ovales, obtus, assis, droits, ouverts.

Cinq *Nectaires*, insérés sur l'ovaire.

ÉTAM. Cinq *Filamens*, en alêne. *Anthères* comme ovales, droites.

PIST. *Ovaire* couronné par le nectaire. *Style* simple, de la longueur des étamines. *Stigmate* irrégulier.

PÉR. Cinq *Capsules*, ovales, aiguës, comprimées, réunies intérieurement par leurs bords, écartées au sommet, s'ouvrant par une suture longitudinale.

SEM. Solitaires, oblongues, ovales, déprimées, pointues au sommet. *Arille* élastique, s'ouvrant d'un côté, enveloppant chaque semence.

OBS. *Ce genre polymorphe, par le sexe, la forme des nectaires, le nombre des capsules, avoit d'abord fait présumer qu'on devoit le séparer en deux, savoir: Diosmata et Hartogias, mais des observations postérieures les ont fait réunir en un seul.*

Corolle à cinq pétales. Cinq *Nectaires* au-dessus de l'ovaire. Trois ou cinq *Capsules*, réunies, renfermant des semences enveloppées par un arille.

1. DIOSME à feuilles opposées, *D. oppositifolia*, L. à feuilles en alêne, pointues, opposées.

Commel. Rar. pag. et tab. 1.

Au cap de Bonne-Espérance. ♄

2. DIOSME hérissée, *D. hirsuta*, L. à feuilles linéaires, hérissées.

Commel. Rar. pag. et tab. 3.

Au cap de Bonne-Espérance. ♄

3. DIOSME rouge, *D. rubra*, L. à feuilles linéaires, pointues, lisses, carenées, marquées de deux points sur leur surface inférieure.

Plukn. tab. 347, f. 4. *Commel. Rar.* pag. et tab. 2.

En Éthiopie. ♄

4. DIOSME à feuilles de bruyère, *D. ericoïdes*, L. à feuilles linéaires, lancéolées, réunies par leur surface inférieure, en recouvrement sur deux côtés.

Plukn. tab. 279, f. 5.

En Éthiopie. ♄

5. DIOSME du Cap, *D. Capensis*, L. à feuilles linéaires, à trois faces, ponctuées sur leur surface inférieure.

Au cap de Bonne-Espérance. ♄

6. DIOSME en tête, *D. capitata*, L. à feuilles linéaires, en recouvrement, rudes, ciliées; à fleurs en têtes à épis.

Au cap de Bonne-Espérance. ♄

7. DIOSME à feuilles de cyprès, *D. cupressina*, L. à feuilles ovales, à trois faces, en recouvrement; à fleurs solitaires terminales, assises ou sans péduncules.

Plukn. tab. 279, f. 2.

Au cap de Bonne-Espérance. ♄

8. DIOSME en recouvrement, *D. imbricata*, L. à feuilles ovales, pointues, en recouvrement, ciliées.

Au cap de Bonne-Espérance. ♄

9. DIOSME lancéolée, *D. lanceolata*, L. à feuilles elliptiques, obtuses, lisses.

En Éthiopie. ♄

10. DIOSME ciliée, *D. ciliata*, L. à feuilles lancéolées, ciliées, ridées.

Plukn. tab. 411, f. 3.

Au cap de Bonne-Espérance. ♄

11. DIOSME crénelée, *D. crenata*, L. à feuilles lancéolées, ovales, opposées, glanduleuses, crénelées; à fleurs solitaires.

Au cap de Bonne-Espérance. ♄

12. DIOSME à une fleur, *D. uniflora*; L. à feuilles ovales, oblongues; à fleurs solitaires, terminales.

Plukn. tab. 342, f. 5.

Au cap de Bonne-Espérance. ♄

13. DIOSME belle, *D. pulchella*, L. à feuilles ovales, obtuses; glanduleuses, crénelées; à fleurs deux à deux, axillaires.

Au cap de Bonne-Espérance. ♄

293. BRUNIE, *BRUNIA.* * *Lam. Tab. Encyclop.* pl. 126.

CAL. *Périanthe commun* arrondi, à plusieurs fleurs, à *feuillets* en recouvrement, étroits, aigus.

—— *Périanthe* propre à cinq *feuillets*, oblongs, velus, plus courts que la corolle.

COR. Cinq *Pétales. Onglets* grêles, de la longueur du calice. *Limbe* ouvert, à lames arrondies.

ÉTAM. Cinq *Filamens*, capillaires, flasques, plus longs que la corolle, insérés sur les onglets des pétales.

PIST. *Ovaire* très-petit, supérieur. *Style* simple, de la longueur de la corolle. *Stigmate* divisé peu profondément en deux parties.

PÉR. Nul. Le *Réceptacle* commun de la fructification sépare par des écailles velues, les périanthes propres.

SEM. Solitaires, un peu velues, à deux loges.

Fleurs agrégées. *Filamens* insérés sur les onglets des pétales. *Stigmate* divisé peu profondément en deux parties. *Semences* solitaires, à deux loges.

1. BRUNIE nodiflore, *B. nodiflora*, L. à feuilles en recouvrement, à trois faces, pointues.

Plukn. tab. 346, f. 4.

En Éthiopie. ♄

2. BRUNIE à paillettes, *B. paleacea*, L. à feuilles en recouvrement sur cinq côtés, appliquées contre la tige; à fleurs en corymbe terminant; à paillettes des têtes, saillantes.

Au cap de Bonne-Espérance. ♄

3. BRUNIE laineuse, *B. lanuginosa*, L. à feuilles linéaires, étalées, calleuses au sommet.

Plukn. tab. 318, f. 4.

En Éthiopie. ♄

4. BRUNIE à feuilles d'auronne, *B. abrotanoïdes*, L. à feuilles linéaires, lancéolées, très-ouvertes, à trois faces, calleuses au sommet.

Plukn. tab. 346, f. 7. *Burm. Afric.* tab. 100, f. 1.

En Éthiopie. ♄

5. BRUNIE ciliée, *B. ciliata*, L. à feuilles ovales, pointues, ciliées.

En Éthiopie. ♄

6. BRUNIE radiée, *B. radiata*, L. à feuilles linéaires, à trois faces, à calice radié, dont les feuillets intérieurs sont colorés.

Moris. Hist. sect. 6, tab. 3, f. 43. *Plukn.* tab. 454, f. 7.

Au cap de Bonne-Espérance. ♄

7. BRUNIE gluante, *B. glutinosa*, L. à feuilles linéaires, à trois faces; à calice radié, dont tous les feuillets sont colorés.

Pluk. tab. 431, f. 3?

Au cap de Bonne-Espérance. ♄

294. CYRILLE, *CYRILLA*.

CAL. *Périanthe* d'un seul feuillet, à cinq *segmens* profonds, lancéolés, aigus, persistans.

COR. Cinq *Pétales*, insérés sur le réceptacle, lancéolés, aigus, ouverts, velus dans leur disque longitudinal.

ÉTAM. Cinq *Filamens*, en alêne, droits, de la longueur de la corolle. *Anthères* comme en cœur, couchées.

PIST. *Ovaire* ovale. *Style* filiforme, un peu épaissi dans sa partie supérieure, comprimé, divisé peu profondément au sommet en deux parties, persistant. *Stigmates* écartés, glanduleux.

PÉR. *Capsule* arrondie, ovale, obtuse, terminée par un style en pointe, à deux loges, à deux battans.

SEM. Plusieurs, anguleuses, petites.

Corolle à cinq pétales aigus, insérés sur le réceptacle. *Capsule* à deux loges. *Style* divisé peu profondément en deux parties, persistant.

1. CYRILLE à fleurs en grappe, *C. racemiflora*, L. à feuilles alternes, pétiolées, lancéolées, très-entières.

A la Caroline. ♄

295. ITÉE, *ITEA*. † *Lam. Tab. Encyclop.* pl. 147.

CAL. *Périanthe* d'un seul feuillet, droit, pointu, très-petit, persistant, à cinq *segmens* peu profonds, aigus, colorés.

COR. Cinq *Pétales*, lancéolés, longs, insérés sur le calice.

ÉTAM. Cinq *Filamens*, en alêne, droits, de la longueur de la corolle, insérés sur le calice. *Anthères* arrondies, couchées.

PIST. *Ovaire* ovale. *Style* comme cylindrique, persistant, de la longueur des étamines. *Stigmate* obtus.

PÉR. *Capsule* ovale, surpassant plusieurs fois le calice en longueur, terminée par un style en pointe, à une loge, à deux battans, formée de deux capsules réunies, s'ouvrant au sommet.

SEM. Nombreuses, très-petites, oblongues, luisantes.

Corolle à cinq pétales longs, insérés sur le calice. *Capsule* à une seule loge, à deux battans.

1. ITÉE de Virginie, *I. Virginica*, L. à feuilles alternes, pétiolées, ovales, à dents de scie.

En Virginie. ♄

296. GALAX, *GALAX*.

CAL. *Périanthe* à dix *feuillets* : les *extérieurs*, alternes, plus courts, lancéolés, renversés : les *intérieurs* plus longs, lancéolés, aigus, droits.

COR. Monopétale, en soucoupe. *Tube* cylindrique, de la longueur du calice. *Limbe* plane, à cinq *divisions* peu profondes, obtuses.

ÉTAM. Cinq *Filamens*, courts. *Anthères* arrondies, réunies dans la gorge de la corolle.

PIST. *Ovaire* ovale, velu. *Style* filiforme, de la longueur des étamines, à moitié divisé en deux parties. *Stigmates* arrondis.

PÉR. *Capsule* ovale, à une loge, à deux battans, colorée, élastique.

SEM. Deux, grandes, convexes, ovales, calleuses, à deux lobes, paroissant ne former qu'une seule semence.

Calice à deux feuillets. *Corolle* en soucoupe. *Capsule* élastique, à une seule loge, à deux battans.

1. GALAX sans feuilles, *G. aphylla*, L. à tige simple, nue; à fleurs en épi lâche.

En Virginie. ♄

297. CÉDRÈLE, *CEDRELA*. † *Lam. Tab. Encyclop.* pl. 137.

CAL. *Périanthe* d'un seul feuillet, en cloche, très-petit, à cinq dents, se flétrissant.

COR. En entonnoir, à tube ventru dans sa partie inférieure, à cinq *Pétales*, linéaires, oblongs, obtus, droits, adhérens inférieurement au réceptacle.

ÉTAM. Cinq *Filamens*, en alêne, insérés sur le réceptacle, plus courts que la corolle. *Anthères* oblongues, courbées en dehors au sommet.

PIST. *Réceptacle* propre, à cinq angles. *Ovaire* globuleux. *Style* cylindrique, de la longueur de la corolle. *Stigmate* en tête, déprimé.

PÉR. *Capsule* ligneuse, arrondie, à cinq loges, à cinq battans caducs-tardifs.

SEM. Nombreuses, charnues, placées en dehors en recouvrement les unes sur les autres, terminées par une aile membraneuse. *Réceptacle* ligneux, à cinq angles, libre.

OBS. *Comparez ce genre avec le* Swietenia.

Calice se flétrissant. *Corolle* à cinq pétales, en entonnoir, adhérente au réceptacle par le tiers de sa base. *Capsule* ligneuse, à cinq loges, à cinq battans. *Semences* placées extérieurement en recouvrement, terminées par une aile membraneuse.

1. CÉDRÈLE odorante, *C. odorata*, L. à fleurs en panicule.

Plukn. tab. 157, f. 1. *Sloan. Jam.* tab. 220, f. 2.

Dans l'Amérique Méridionale. ♄

298. MANGUIER, *MANGIFERA.* † *Lam. Tab. Encyclop.* pl. 138.

CAL. *Périanthe* à cinq *segmens* profonds, lancéolés.

COR. Cinq *Pétales*, lancéolés, plus longs que le calice.

ÉTAM. Cinq *Filamens*, en alène, ouverts, de la longueur de la corolle. *Anthères* comme en cœur.

PIST. *Ovaire* arrondi. *Style* filiforme, de la longueur du calice. *Stigmate* simple.

PÉR. *Drupe* en forme de rein, oblongue, bossuée, comprimée.

SEM. *Noyau* oblong, comprimé, laineux.

Corolle à cinq pétales. *Drupe* en forme de rein.

1. MANGUIER des Indes, *M. Indica*, L. à feuilles denses, nerveuses, lisses; à fleurs en grappe composée, en croix.

Persica similis, putamine villoso; Plante semblable au pêcher, à fruit velu. *Bauh. Pin.* 440, n.° 2. *Lugd. Hist.* 1870, f. 1. *Rheed. Mal.* 4, p. 1, tab. 1 et 2. *Rumph. Amb.* 1, pag. 93, tab. 25.

Dans l'Inde Orientale. ♄

299. HIRTELLE, *HIRTELLA.* † *Lam. Tab. Encyclop.* pl. 138.

CAL. *Périanthe* d'un seul feuillet, à cinq *segmens* profonds, comme ovales, renversés, égaux, persistans.

COR. Cinq *Pétales*, arrondis, concaves.

ÉTAM. Cinq *Filamens*, sétacés, un peu aplatis, très-longs, persistans, contournés en spirale.

PIST. *Ovaire* arrondi, comprimé, incliné, velu. *Style* filiforme, presque aussi long que les étamines, s'élevant sur le côté déprimé de l'ovaire. *Stigmate* simple.

PÉR. *Baie* ovale, plus large dans sa partie supérieure, un peu comprimée, à trois côtés irréguliers, à la base de laquelle restent l'ancien ovaire velu, et le style.

SEM. Une seule, grande, ayant la forme du péricarpe.

Corolle à cinq pétales. *Filamens* très-longs, persistans, contournés en spirale. *Baie* renfermant une seule semence. *Style* placé sur un des côtés de l'ovaire.

1. HIRTELLE d'Amérique, *H. Americana*, L. à feuilles alternes, pétiolées, ovales, oblongues, aiguës, très-entières, luisantes, couvertes en dessous d'un duvet grisâtre.

Jacq. Amer. p. 8, tab. 8.

Au Brésil, à la Martinique. ♄

300. PLECTRONIE, *PLECTRONIA*. *Lam. Tam. Encyclop.* pl. 146.

CAL. *Périanthe* d'un seul feuillet, en toupie, à cinq dents irrégulières, persistant, fermé par cinq sinuosités ou *écailles* velues.

COR. Cinq *Pétales*, lancéolés, assis, insérés sur la gorge de la corolle.

ÉTAM. Cinq *Filamens*, très-courts. *Anthères* doubles, arrondies, couvertes chacune par les écailles du calice.

PIST. *Ovaire* inférieur. *Style* filiforme, plus court que le calice. *Stigmate* ovale.

PÉR. *Baie* oblongue, à deux loges.

SEM. Solitaires, oblongues, comprimées.

Corolle à cinq pétales insérés sur la gorge du calice. *Baie* inférieure, renfermant deux semences.

1. PLECTRONIE venteuse, *P. ventosa*, L. à feuilles opposées, pétiolées, lancéolées, ovales, très-entières, lisses, plus longues que les entre-nœuds.

Burm. Afric. 257, tab. 94.

Au cap de Bonne-Espérance. ♄

301. GROSEILLIER, *RIBES*. * *Lam. Tab. Encyclop.* pl. 146. GROSSULARIA. *Tournef. Inst.* 639, tab. 409.

CAL. *Périanthe* d'un seul feuillet, ventru, à moitié divisé en cinq *segmens*, oblongs, concaves, colorés, renversés, persistans.

COR. Cinq *Pétales*, petits, obtus, droits, insérés sur les bords du calice.

ÉTAM. Cinq *Filamens*, en alêne, droits, insérés sur le calice. *Anthères* couchées, comprimées, s'ouvrant sur les bords.

PIST. *Ovaire* arrondi, inférieur. *Style* divisé peu profondément en deux parties. *Stigmate* obtus.

PÉR. *Baie* arrondie, à ombilic, à une loge : deux *Réceptacles* latéraux, opposés, longitudinaux.

SEM. Plusieurs, arrondies, comme comprimées.

OBS. *Le* R. Alpinum *est dioïque.*

Cinq *Pétales* et cinq *Étamines* insérés sur le calice. *Style* divisé peu profondément en deux parties. *Baie* inférieure ou couronnée par le calice, renfermant plusieurs semences.

* I. *GROSEILLIERS* (*Ribesia*) *sans piquans.*

1. GROSEILLIER rouge, *R. rubrum*, L. sans piquans ; à grappes lisses, pendantes ; à fleurs aplaties.

Grossularia multiplici acino, seu non spinosa hortensis rubra, sive ribes officinarum ; Groseillier à plusieurs grains, ou groseillier rouge non épineux des jardins, ou groseillier des boutiques. *Bauh. Pin.* 455, n.° 5. *Dod. Pempt.* 749, f. 1. *Lob. Ic.* 2, p. 202, f. 1. *Lugd. Hist.* 132, f. 1. *Camer. Epit.* 88. *Bauh. Hist.* 2, p. 97, f. 1. *Bul. Paris.* tab. 125. *Icon. Pl. Medic.* tab. 78.

Cette espèce présente deux variétés relativement à la couleur des fleurs et la forme du fruit.

1. *Ribium rubrorum baccæ*; Groseillier rouge. 2. Fruits. 3. Acides, mucilagineux. 4. Mucilage acide, inodore, agréable. 5. Fièvres inflammatoires, putrides, soif immodérée, chaleur, âcreté galeuse, dartreuse des humeurs. 6. On en fait une sorte de limonade, un sirop, une gelée, une confiture.

Le *Groseillier rouge* se multiplie aisément de plans enracinés. On ne le cultive que pour ses baies; cependant il ne dépare pas les jardins, sur-tout lorsqu'on le réduit, par la taille, en buisson.

Nutritive pour le Mouton, le Bœuf, la Chèvre.

A Lyon, Paris, Grenoble, dans les haies. ♄ Vernale.

2. GROSEILLIER des Alpes, *R. Alpinum*, L. sans piquans; à grappes redressées; à bractées plus longues que la fleur.

Grossularia vulgaris, fructu dulci; Groseillier vulgaire, à fruit doux. *Bauh. Pin.* 455, n.° 9. *Bauh. Hist.* 2, p. 98, f. 1. *Jacq. Aust.* tab. 47.

Nutritive pour le Cheval, le Mouton, le Bœuf, la Chèvre, le Canard, le Coq, le Dindon, l'Oie.

Sur les montagnes du Dauphiné, du Lyonnois. ♄ Vernale.

3. GROSEILLIER noir, *R. nigrum*, L. sans piquans; à grappes velues; à fleurs oblongues.

Grossularia non spinosa, fructu nigro; Groseillier non épineux, à fruit noir. *Bauh. Pin.* 455, n.° 11. *Dod. Pempt.* 749, f. 2. *Lob. Ic.* 2, p. 202, f. 2. *Lugd. Hist.* 133, f. 1. *Bauh. Hist.* 2, p. 99, f. 1. *Flor. Dan.* tab. 556. *Bul. Paris.* tab. 122. *Icon. Pl. Med.* tab. 305.

Cette espèce présente une variété gravée dans *Dillen Elth.* tab. 244, f. 315.

1. *Ribium nigrorum stipites*; Cassis. 2. Jeunes pousses; Feuilles tendres; Baies en conserve, sèches. 3. Odeur particulière, se rapprochant de celle de la punaise, du bois de Ste.-Lucie, (*Prunus mahaleb*, L.); saveur un peu austère; celle des baies, douce; sucrée, acide. 4. Arome ou esprit recteur; extrait aqueux et résineux, d'une saveur particulière. 5. Angine, fièvres exanthématiques, dyssenterie, rhumatisme, morsure des animaux venimeux, hydrophobie. 6. Les feuilles infusées

comme du thé, sont bonnes dans les indigestions : le ratafia fait avec les baies, est stomachique.

Nutritive pour le Cheval, la Chèvre.

En Suède, en Suisse, en Allemagne, en Sibérie, en Languedoc. Cultivé dans les jardins. ♄

* II. *GROSEILLIERS (Grossulariæ) à piquans.*

4. GROSEILLIER incliné, *R. reclinata*, L. à rameaux inclinés, garnis d'un petit nombre de piquans ; à bractées des péduncules formées par trois feuillets.

Grossularia spinosa sativa altera, foliis latioribus ; Autre groseillier épineux cultivé, à feuilles plus larges. *Bauh. Pin.* 455, n.° 3. *Clus. Hist* 1, p. 120.

En Allemagne, en Suisse. ♄

5. GROSEILLIER blanc, *R. Grossularia*, L. à rameaux à piquans ; à pétioles chargés de poils ciliés ; à baies velues.

1. *Grossularia*, Groseille à maquereau. 2. Baies. 3 Rafraîchissantes, adoucissantes, anti-putrides. 6. Aliment. On en peut faire du vin.

En Europe, dans les haies. ♄ Vernale.

6. GROSEILLIER des haies, *R. Uva crispa*, L. à rameaux à piquans ; à baies lisses ; à pédicules ornés d'une bractée d'une seule pièce.

Grossularia simplici acino, vel spinosa, sylvestris ; Groseillier à un seul grain, ou groseillier épineux, sauvage. *Bauh. Pin.* 455, n.° 1. *Dod. Pempt.* 748, f. 1. *Lob. Ic.* 2, p. 206, f. 1. *Lugd. Hist.* 131, f. 1. *Camer. Epit.* 87. *Bauh. Hist.* 1, P. 2, p. 47, f. 1. *Bul. Paris.* tab. 124.

Nutritive pour le Cheval, la Chèvre.

En Europe, dans les haies. ♄ Vernale.

7. GROSEILLIER aubépine, *R. oxyacanthoïdes*, L. à rameaux garnis de piquans des deux côtés.

Dill. Elth. tab. 139, f. 116.

Au Canada. ♄

8. GROSEILLIER du Canada, *R. Cynosbati*, L. à piquans presque axillaires ; à baies garnies de piquans, à grappes.

Jacq. Hort. tab. 123.

Au Canada. ♄

302. GRONOVE, *GRONOVIA*. † *Lam. Tab. Encyclop.* pl. 144.

CAL. *Périanthe* d'un seul feuillet, en cloche, coloré, persistant, à cinq *segmens* profonds, à moitié lancéolés, droits.

COR. Cinq *Pétales*, très-petits, arrondis, insérés entre les segmens du calice.

ÉTAM. Cinq *Filamens*, capillaires, de la longueur de la corolle, insérés sur le calice, alternes avec les pétales. *Anthères* droites, didymes.

PIST. *Ovaire* inférieur. *Style* filiforme, plus long que les étamines. *Stigmate* obtus.

PÉR. *Baie* sèche, arrondie, colorée, à une loge.

SEM. Une seule, arrondie, grande.

Cinq *Pétales* et cinq *Étamines* insérés sur le calice en cloche. *Baie* sèche, inférieure, renfermant une seule semence.

1. GRONOVE grimpante, *G. scandens*, L. à tige grimpante, très-ramifiée.

A Véra-Cruz.

303. AQUILICE, *AQUILICIA.* † *Lam. Tab. Encyclop.* pl. 139.

CAL. *Périanthe* d'un seul feuillet, en toupie, à cinq dents, très-court.

COR. Cinq *Pétales*, ovales, assis.

Nectaire en godet, plus court que la corolle, composé de cinq écailles doubles, et de cinq autres simples plus petites, placées entre les premières.

ÉTAM. Cinq *Filamens*, de la longueur du calice, insérés sur la base intérieure du nectaire. *Anthères* en cœur, aiguës.

PIST. *Ovaire* comme ovale. *Style* cylindrique, de la longueur du nectaire. *Stigmate* obtus.

PÉR. *Baie* arrondie, à cinq bosses, à cinq loges.

SEM. Solitaires.

Calice à cinq segmens peu profonds. *Corolle* à cinq pétales. *Nectaire* en godet, formé par quinze écailles. *Baie* à cinq loges, renfermant des semences solitaires.

1. AQUILICE sureau, *A. sambucina*, L. à feuilles alternes, pétiolées, pinnées; à folioles ovales, oblongues, aiguës, à dents de scie.

Burm. Ind. 73, tab. 24, f. 2.

A Java. ♄

304. LIERRE, *HEDERA.* * *Tournef. Inst.* 612, tab. 384. *Lam. Tab. Encyclop.* pl. 145.

CAL. *Collerette* de l'ombelle simple, très-petite, à plusieurs dents.

—— *Périanthe* très-petit, à cinq dents, ceignant l'ovaire.

COR. Cinq *Pétales*, oblongs, ouverts, courbés au sommet.

ÉTAM. Cinq *Filamens*, en alêne, droits, de la longueur de la corolle. *Anthères* couchées, divisées peu profondément à la base en deux parties.

PIST. *Ovaire* en toupie, ceint par le réceptacle. *Style* simple, très-court. *Stigmate* simple.

PÉR. *Baie* arrondie, à une loge.

SEM. Cinq, grandes, bossuées d'un côté, anguleuses de l'autre.

OBS. H. Quinquefolia *diffère un peu de la description du genre dans le nombre des parties de la fructification.*

Corolle à cinq pétales oblongs. *Baie* à cinq semences, enveloppée par le calice.

1. LIERRE rampant, *H. Helix*, L. à feuilles des rameaux à fruits, ovales : celles des tiges stériles, à trois lobes.

Hedera arborea; Lierre en arbre. *Bauh. Pin.* 305, n.° 1. *Dod. Pempt.* 413, f. 1. *Lob. Ic.* 1, p. 614, f. 1. *Lugd. Hist.* 1418, f. 1. *Camer Epit.* 399. *Bauh. Hist.* 2, p. 111, f. 1 et 2. *Bal. Paris.* tab. 125. *Icon. Pl. Med.* tab. 250.

Cette espèce présente trois variétés :

1.° *Hedera poetica*; Lierre poétique. *Bauh. Pin.* 305, n.° 2. *Lugd. Hist.* 1419, f. 2.

2.° *Hedera major*, *sterilis*; Lierre plus grand, stérile. *Bauh. Pin.* 305, n.° 3. *Dod. Pempt.* 413, f. 2. *Lob. Ic.* 1, p. 614, f. 2. *Lugd. Hist.* 1419, f. 1.

3.° *Hedera humi repens*; Lierre rampant sur terre. *Bauh. Pin.* 305, n.° 4.

1. *Hedera arborea*, Lierre à cautère. 2. Bois, Feuilles, Baies, Résine. 3. *Feuilles* amères, nauseuses; *Baies*, acides-amères. 4. Esprit recteur balsamique; extraits aqueux et résineux, en quantité inégale. 5. Atrophie, teigne des enfans, tænia, rachitis, ozène. 6. Le bois fournit des boules pour mettre dans les cautères, et les feuilles servent à les penser. Le bois, assez spongieux, peut se plier au tour; on en fait différens ustensiles. La gomme-résine du *Lierre*, brûlée, répand une odeur d'encens.

Nutritive pour le Cheval, le Mouton, la Chèvre.

En Europe, sur le tronc des arbres, sur les vieux murs. ♄ Automnale.

2. LIERRE à cinq feuilles, *H. quinquefolia*, L. à feuilles digitées, à cinq folioles ovales, à dents de scie.

Cornuti Canad. 99 et 100. *Barrel.* tab. 227.

Au Canada. Cultivé dans les jardins. ♄ Estivale.

305. VIGNE, *VITIS*. * *Tournef. Inst.* 613, tab. 384. *Lam. Tab. Encyclop.* pl. 145.

CAL. *Périanthe* à cinq dents, très-petit.

COR. Cinq *Pétales*, rudes, petits, promptement-caducs.

ÉTAM. Cinq *Filamens*, en alêne, droits, ouverts, promptement caducs. *Anthères* simples.

PIST. *Ovaire* ovale. *Style* nul. *Stigmate* en tête, obtus.

PÉR. *Baie* arrondie, grande, à une loge.

SEM. Cinq, osseuses, en toupie, en cœur, étranglées à la base, à deux demi-loges.

Corolle à cinq pétales réunis au sommet, promptement caducs. *Baie* supérieure, renfermant cinq semences.

1. VIGNE cultivée, *V. vinifera*, L. à feuilles lobées, sinuées, nues. *Vitis vinifera*; Vigne cultivée. *Bauh. Pin.* 299, n.° 1. *Dod. Pempt.* 415, f. 1. *Lob. Ic.* 2, p. 620, n.° 2. *Lugd. Hist.* 1402, f. 1. *Camer. Epit.* 1003. *Barrel.* tab. 702. *Bul. Paris.* tab. 126. *Icon. Pl. Med.* tab. 276.

1. *Vinifera*, Vigne, Raisin. 2. Baies. 3. Rafraîchissantes, laxatives, anti-putrides, sucrées. 4. Mucilage acide, sucre, tartre, vin, vinaigre, lie, cendres gravelées. 5. Bile, engorgemens du foie, de la rate, du mésenthère, chaleur d'entrailles, diarrhée bilieuse.

Le premier degré de la fermentation du suc de Raisin accumulé en grande masse, fournit la liqueur spiritueuse connue sous le nom de *Vin*, qui varie par ses propriétés, suivant l'espèce de raisin, le terrain, la chaleur de l'année, etc. Le second degré produit le *Vinaigre*. On retire par la distillation du vin une liqueur spiritueuse, appelée *Eau de vie*, et *Esprit de vin*, lorsqu'elle est très-rectifiée. L'*Eau de vie* ou l'*Esprit de vin*, saturé avec les aromates, fournit les *Elixirs*, les *Eaux aromatiques*, les *Liqueurs*, etc., les semences des raisins donnent par expression une huile bonne à brûler, utile pour les teintures et les manufactures de savon.

Le *Marc* de Raisin fournit par la fermentation, en y ajoutant de l'eau, une liqueur agréable, qu'on nomme *Buvande* ou *Petit vin*. Le vin, après sa fermentation, dépose un sel acide qu'on appelle *Crême de tartre* (tartrite acidule de potasse).

La *Vigne* offre une foule de variétés, principalement déduites de la grosseur, de la couleur, de la forme et du goût du fruit; à baies rondes, ovales, grosses, petites; à baies rouges, noires, blanches; à baies acidules, douces, aromatisées ou à odeur de muscat.

Nutritive pour le Cheval, le Mouton, le Bœuf, la Chèvre.

Dans les climats tempérés des quatre parties du Monde. ♄ Vernale.

2. VIGNE des Indes, *V. Indica*, L. à feuilles en cœur, dentées, velues sur leur surface inférieure; à vrilles portant les grappes.

Rheed. Mal. 7, tab. 6.

Dans l'Inde Orientale. ♄

3. VIGNE d'Amérique, *V. Labrusca*, L. à feuilles en cœur, à deux ou trois lobes, dentées, cotonneuses sur leur surface inférieure.

Vitis sylvestris Virginiana; Vigne sauvage de Virginie. *Bauh. Pin.* 299, n.° 7. *Plukn.* tab. 249, f. 1. *Sloan. Jam.* tab. 210, fig. 4.

Dans l'Amérique Septentrionale. ♄

4. VIGNE de Virginie, *V. Vulpina*, L. à feuilles en cœur, dentées à dents de scie, nues sur leurs deux surfaces.

En Virginie.

5. VIGNE à trois feuilles, *V. trifolia*, L. à feuilles trois à trois; à folioles arrondies, à dents de scie.

Rumph. Amb. 5, p. 450, tab. 166, f. 2.

Dans l'Inde Orientale. ♄

6. VIGNE laciniée, *V. laciniosa*, L. à feuilles digitées, à cinq folioles, à plusieurs divisions peu profondes.

Bauh. Hist. 2, p. 73, f. 1. *Cornut. Canad.* 182 et 183. *Barrel.* tab. 701.

On ignore son climat natal. ♄

7. VIGNE à sept feuilles, *V. heptaphylla*, L. à feuilles sept à sept, ovales, très-entières.

Dans l'Inde Orientale. ♄

8. VIGNE en arbre, *V. arborea*, L. à feuilles surdécomposées; à folioles latérales pinnées.

Plukn. tab. 412, f. 2.

A la Caroline, à la Virginie. ♄

306. LAGOECIE, *LAGOECIA.* * *Lam. Tab. Encyclop.* pl. 142. CUMINOIDES. *Tournef. Inst.* 300, tab. 155.

CAL. *Collerette universelle* à huit *feuillets*, en plume, dentés, ciliés, renversés, renfermant l'ombellule.

—— *Collerette propre* à quatre *feuillets*, capillaires, en barbe de plume, entourant un seul péduncule plus court que le feuillet.

—— *Périanthe propre* à cinq feuillets, à plusieurs segmens capillaires, supérieur.

COR. Cinq *Pétales*, à deux cornes, plus courts que le périanthe.

ÉTAM. Cinq *Filamens*, capillaires, de la longueur de la corolle. *Anthères* arrondies.

PIST. *Ovaire* arrondi, placé au-delà du réceptacle du périanthe. *Style* de la longueur des étamines. *Stigmate* simple.

PÉR. Nul.

SEM. Solitaires, ovales, oblongues, couronnées par le périanthe.

Collerette

Collerette universelle et partielle. *Corolle* à cinq pétales cornus. *Semences* solitaires, inférieures.

1. LAGOÉCIE faux cumin, *L. cuminoïdes*, L. à feuilles pinnées, terminées par une foliole impaire; écartées, plus larges vers le bas.

Cuminum sylvestre, capitulis globosis; Cumin sauvage, à têtes globuleuses. *Bauh. Pin.* 146, n.° 3. *Dod. Pempt.* 300, f. 2. *Lob. Ic.* 1, p. 743, f. 1. *Lugd. Hist.* 697, f. 1. *Camer. Epit.* 519. *Bauh. Hist.* 3, P. 2, p. 23, f. 1. *Icon. Pl. Med.* t. 156.

1. *Ammi veterum*; Ammi de Candie. 2. Herbe, Semences. 3 Semences aromatiques. 4. Huile essentielle; substance oléo-résineuse; extraits aqueux et spiritueux, en quantité égale. 5. Vices de la digestion, affections du bas-ventre.

Dans l'isle de Crète, de Lemnos.

307. RORIDULE, *RORIDULA. Lam. Tab. Encyclop.* pl. 141.

CAL. *Périanthe* à cinq *feuillets*, lancéolés, égaux, persistans.

COR. Cinq *Pétales*, oblongs, égaux, plus grands que le calice.

Nectaire formé par la base de l'anthère en forme de scrotum; saillante en dehors.

ÉTAM. Cinq *Filamens*, en alêne, moitié plus courts que la corolle. *Anthères* insérées sur la base de la corolle, en alêne, à moitié divisées en deux parties, s'ouvrant au sommet.

PIST. *Ovaire* oblong. *Style* filiforme, de la longueur des étamines. *Stigmate* tronqué, à trois lobes peu saillans.

PÉR. *Capsule* oblongue, à trois côtés, à trois battans.

SEM. Plusieurs.

Calice à cinq feuillets. *Corolle* à cinq pétales. *Capsule* à trois battans. *Anthères* en forme de scrotum à la base.

1. RORIDULE dentée, *R. dentata*, L. à feuilles en alêne, garnies de dents filiformes.

Au cap de Bonne-Espérance. ♄

308. SAUVAGE, *SAUVAGESIA.* † *Lam. Tab. Encyclop.* pl. 140.

CAL. *Périanthe* à cinq *segmens* profonds, lancéolés, aigus, concaves, ouverts, persistans.

COR. Cinq *Pétales*, obtus, égaux, rhomboïdaux, ovales, de la longueur du calice.

Nectaire : cinq feuillets, plus petits, alternes avec les pétales, oblongs, droits, ceints de plusieurs *poils* plus courts.

ÉTAM. Cinq *Filamens*, en alêne, très-courts. *Anthères* oblongues, aiguës, courtes.

PIST. *Ovaire* ovale. *Style* simple, de la longueur des étamines. *Stigmate* simple, obtus.

PÉR. *Capsule* ovale, aiguë, à une loge, à trois battans au sommet.

SEM. Plusieurs, très-petites, attachées dans une série longitudinale.

Calice à cinq feuillets. *Corolle* à cinq pétales frangés. *Nectaire* à cinq feuillets alternes avec les pétales. *Capsule* à une seule loge.

1. SAUVAGE droite, *S. erecta*, L. à feuilles alternes, ovales, lancéolées, à dents de scie, obtuses.

Brown. Jam. 77, tab. 12, f. 2. *Jacq. Amer.* tab. 51, f. 3.

A Saint-Domingue, à la Jamaïque, à Surinam. ⊙

309. CLAYTONE, *CLAYTONIA*. * *Lam. Tab. Encyclop.* pl. 144.

CAL. *Périanthe* à deux valves, ovale, reposant transversalement sur sa base.

COR. Cinq *Pétales*, en cœur renversé, à onglets, échancrés.

ÉTAM. Cinq *Filamens*, en alône, recourbés, un peu plus courts que la corolle, insérés chacun sur les onglets des pétales. *Anthères* oblongues, couchées.

PIST. *Ovaire* arrondi. *Style* simple, de la longueur des étamines. *Stigmate* divisé peu profondément en trois parties.

PÉR. *Capsule* arrondie, à trois loges, à trois battans, élastique.

SEM. Trois, rondes.

Calice à deux valves. *Corolle* à cinq pétales. *Stigmate* divisé peu profondément en trois parties. *Capsule* à une seule loge, à trois battans, renfermant trois semences.

1. CLAYTONE de Virginie, *C. Virginica*, L. à feuilles linéaires.

Plukn. tab. 102, f. 3.

En Virginie, en Sibérie. ♃

2. CLAYTONE de Sibérie, *C. Sibirica*, L. à feuilles ovales.

En Sibérie. ♃

3. CLAYTONE pourpier, *C. portulacaria*, L. à tige ligneuse, droite.

Dill. Elth. tab. 101, f. 120.

En Éthiopie. ♄

310. HÉLICONE, *HELICONIA*. *Lam. Tab. Encyclop.* pl. 148. BIHAI. *Plum. Gen.* 50, tab. 3.

CAL. *Spathes communs et partiels* alternes, distincts, à fleurs hermaphrodites.

—— *Périanthe* nul.

COR. Trois *Pétales*, oblongs, creusés en gouttière, droits, aigus, égaux.

Nectaire : deux feuillets, dont un presque semblable aux pétales, l'autre très-court, creusé en gouttière, en crochet, opposé.

ÉTAM. Cinq *Filamens*, filiformes. *Anthères* longues, droites.

PIST. *Ovaire* inférieur, oblong. *Style* plus court que les étamines; *Stigmate* long, grêle, courbé, terminé par une tête.

PÉR. *Capsule* oblongue, tronquée, à trois faces, à trois loges.

SEM. Solitaires, oblongues.

Spathe universel et partiel. *Calice* nul. *Corolle* à trois pétales. *Nectaire* à deux feuillets. *Capsule* à trois coques.

1. HÉLICONE Bihai, *H. Bihai*, L. à spadice droit, persistant.

Cette espèce présente deux variétés.

Dans l'Amérique Méridionale.

311. ACHYRANTHE, *ACHYRANTHES.* * *Lam Tab. Encyclop.* pl. 168. ACHYRANTHA. *Dill. Elth.* tab. 7.

CAL. *Périanthe extérieur* à trois feuillets, lancéolé, aigu, persistant.

—— *Périanthe intérieur* à cinq feuillets, persistant.

COR. Nulle.

Nectaire : cinq valves, ceignant l'ovaire, barbues au sommet, concaves, promptement-caduques.

ÉTAM. Cinq *Filamens*, filiformes, de la longueur de la corolle. *Anthères* ovales.

PIST. *Ovaire* en toupie. *Style* filiforme, de la longueur des étamines. *Stigmate* velu, divisé peu profondément en deux parties.

PÉR. *Capsule* arrondie, à une loge, ne s'ouvrant point.

SEM. Une seule, oblongue.

OBS. *Le caractère du genre souffre des exceptions dans quelques espèces.*

Calice à cinq feuillets. *Corolle* nulle. *Stigmate* divisé peu profondément en deux parties. *Semences* solitaires.

1. ACHYRANTHE rude, *A. aspera*, L. à tige ligneuse, droite; à calices renversés, appliqués contre l'épi.

Cette espèce présente deux variétés.

1.° Achyrante de Sicile, *A. Sicula*, L.

Boccon. Sic. 16, tab. 9, f. B. *Plukn.* tab. 260, f. 2.

2.° Achyranthe des Indes, *A. Indica*, L.

Plukn. tab. 10, f. 4. *Burm. Zeyl.* 16, tab. 5, f. 3.

Dans la Sicile, à Naples, à Zeylan, à la Jamaïque.

2. ACHYRANTHE à crochets, *A. lappacea*, L., à tige ligneuse, diffuse, couchée; à épis interrompus; à fleurs latérales garnies de chaque côté, d'un faisceau de poils en crochet.

Plukn. tab. 82, f. 2. *Burm. Zeyl.* 47, tab. 18, f. 1.

Dans l'Inde Orientale.

3. ACHYRANTHE tuberculeuse, *A. muricata*, L. à tige ligneuse, étalée; à feuilles alternes; à fleurs en épis, éloignés, ovales; à calices secs et rudes.

Rumph. Amb. 5, p. 235, tab. 83, f. 2.

Cette espèce présente une variété.

1.° Achyranthe à feuilles alternes, *A. alternifolia*, L. à tige herbacée, droite; à feuilles alternes; à fleurs en épis, éloignées; à calices rudes, ouverts.

Plukn. tab. 260, f. 1.

En Egypte, l'espèce. ♃ *En Arabie, la variété.* ⊙

4. ACHYRANTHE en corymbe, *A. corymbosa*, L. à feuilles quatre à quatre, linéaires; à fleurs en panicule dichotome, en corymbe.

Plukn. tab. 86, f. 6. *Burm. Zeyl.* p. 184, tab. 65, f. 2.

A Zeylan.

5. ACHYRANTHE dichotome, *A. dichotoma*, L. à tiges ligneuses; à feuilles opposées, linéaires, planes, aiguës; à fleurs en cymier dichotome ou à bras ouverts.

En Virginie.

6. ACHYRANTHE couchée, *A. prostrata*, L. à tiges couchées, ligneuses; à épis oblongs; à fleurs deux à deux, garnies des deux côtés d'un faisceau de poils en crochet.

Rumph. Amb. 6, p. 26, tab. 11.

Dans l'Inde Orientale. ♃

312. CÉLOSIE, *CELOSIA*. * *Lam. Tab. Encyclop.* pl. 168.

CAL. *Périanthe* à trois *feuillets*, lancéolés, arides, aigus, persistans, semblables à la corolle.

COR. Cinq *Pétales*, lancéolés, aigus, droits, persistans, un peu roides, imitant le calice.

Nectaire : bordure ceignant l'ovaire, très-petite, à cinq divisions peu profondes.

ÉTAM. Cinq *Filamens*, en alêne, réunis par leur base au nectaire plissé, de la longueur de la corolle. *Anthères* versatiles.

PIST. *Ovaire* arrondi. *Style* en alêne, droit, de la longueur des étamines. *Stigmate* simple.

PÉR. *Capsule* arrondie, ceinte par la corolle, à une loge, s'ouvrant horizontalement.

SEM. Assez nombreuses, arrondies, échancrées.

Calice à trois feuillets, ressemblant une corolle à cinq pétales. *Étamines* réunies par la base au nectaire plissé. *Capsule* s'ouvrant horizontalement ou en boîte à savonnette.

1. CÉLOSIE argentée, *C. argentea*, L. à feuilles lancéolées; à stipules presque en faucille; à péduncules anguleux; à épis secs et roides.

Plukn. tab. 118, f. 1.

A la Chine. ☉

2. CÉLOSIE perlée, *C. margaritacea*, L. à feuilles ovales; à stipules en faucilles; à péduncules anguleux; à épis secs et roides.

Amaranthus simplici paniculâ, Amaranthe à panicule simple. *Bauh. Pin.* 121, n.° 4. *Lob. Ic.* 1, p. 251, f. 1. *Lugd. Hist.* 871, f. 2. *Camer. Epit.* 791. *Bauh. Hist.* 2, p. 968, f. 2. *Rheed. Mal.* 10, p. 75, tab. 38.

Au Malabar. ☉

3. CÉLOSIE à crête, *C. cristata*, L. à feuilles oblongues, ovales; à péduncules arrondis, comme striés; à épis oblongs.

Amaranthus paniculâ conglomeratâ; Amaranthe à panicule congloméré. *Bauh. Pin.* 121, n.° 3. *Dod. Pempt.* 185, f. 1, et 618, f. 1. Cette figure est citée deux fois pour les *C. margaritacea* et *cristata*, L. mais nous croyons devoir les rapporter à cette dernière espèce. *Lob. Ic.* 1, p. 250, f. 2. *Lugd. Hist.* 871, f. 1. *Camer. Epit.* 792. *Barrel.* tab. 478.

En Asie. ☉

4. CÉLOSIE paniculée, *C. paniculata*, L. à feuilles ovales, oblongues; à tige redressée, en panicule; à épis alternes, terminans, éloignés.

Sloan Jam. tab. 91, f. 2.

A la Jamaïque.

5. CÉLOSIE écarlate, *C. coccinea*, L. à feuilles ovales, roides, sans oreillettes; à tige sillonnée; à plusieurs épis à crête.

Amaranthus paniculâ incurvâ; Amaranthe à panicule courbé. *Bauh. Pin.* 121, n.° 2. *Lob. Ic.* 1, p. 252, f. 1. *Lugd. Hist.* 871, f. 3. *Bauh. Hist.* 2, p. 969, f. 1. *Barrel.* tab. 672.

Dans l'Inde Orientale.

6. CÉLOSIE des Indes, *C. castrensis*, L. à feuilles lancéolées, ovales, très-pointues; à stipules en faucille; à épis à crête.

Barrel. tab. 1195.

Dans l'Inde Orientale.

7. CÉLOSIE trigyne, *C. trigyna*, L. à feuilles ovales, oblongues; à fleurs en grappe lâche; à pistil terminé par trois styles.

Au Sénégal. ⊙

8. CÉLOSIE laineuse, *C. lanata*, L. à feuilles lancéolées, duvetées, obtuses; à épis entassés; à étamines laineuses.

Plukn. tab. 10, f. 1.

A Zeylan.

9. CÉLOSIE nodiflore, *C. nodiflora*, L. à feuilles en forme de coin, un peu aiguës; à épis arrondis, latéraux.

Plukn. tab. 133, f. 2. *Burm. Zeyl.* p. 16, tab. 5, f. 2. *Jacq. Hort.* tab. 98.

A Zeylan.

313. PARONIQUE, *ILLECEBRUM.* * PARONYCHIA. *Tournef. Inst.* 507, tab. 288. *Lam. Tab. Encyclop.* pl. 180.

CAL. *Périanthe* cartilagineux, à cinq angles, à cinq *feuillets*, colorés, aigus, écartés au sommet, persistans.

COR. Nulle.

ÉTAM. Cinq *Filamens*, capillaires, enfermés dans le calice. *Anthères* simples.

PIST. *Ovaire* ovale, pointu, terminé par un *Style* court, divisé peu profondément en deux parties. *Stigmate* simple, obtus.

PÉR. *Capsule* arrondie, aiguë aux deux extrémités, à une loge, à cinq battans, couverte par le calice.

SEM. Une seule, arrondie, pointue aux deux extrémités, très-grande.

OBS. *Le caractère du genre ne convient pas parfaitement à toutes les espèces.*

Calice à cinq feuillets cartilagineux. *Corolle* nulle. *Stigmate* simple. *Capsule* à cinq battans, renfermant une seule semence.

1. PARONIQUE en croix, *I. brachiatum*, L. à tige droite, herbacée, en croix; à feuilles opposées, lisses.

Plukn. tab. 334, pl. 5.

Dans l'Inde Orientale. ⊙

2. PARONIQUE sanguinolente, *I. sanguinolentum*, L. à tige ligneuse; à feuilles opposées; à épis composés, entassés.

Rumph. Amb. 7, p. 60, tab. 27, f. 2.

Dans l'Inde Orientale. ♃

3. PARONIQUE laineuse, *I. lanatum*, L. à tige presque herbacée, droite; à fleurs latérales; à feuilles alternes.

Plukn. tab. 75, f. 8. *Burm. Zeyl.* p. 60, tab. 26, f. 1.

Dans l'Inde Orientale.

4. PARONIQUE de Java, *I. Javanicum*, L. à tige herbacée, droite, couverte d'un duvet blanchâtre; à feuilles alternes.

La figure de *Pluknet*, tab. 10, f. 1, citée pour cette espèce, est rapportée au *Celosia lanata*, L.

On ignore son climat natal.

5. PARONIQUE verticillée, *I. verticillatum*, L. à fleurs en anneaux, nues; à tiges couchées.

Polygala repens, nivea; Polygale rampant, à fleur couleur de neige. *Bauh. Pin.* 215, n.° 5. *Lob. Ic.* 1, p. 416, f. 1. *Lugd. Hist.* 489, f. 2. *Vaill. Paris.* 157, tab. 15, f. 7. *Flor. Dan.* tab. 335. *Bul. Paris.* tab. 127.

A Lyon, Montpellier, Paris, en Bourgogne. Estivale.

6. PARONIQUE sous-ligneuse, *I. suffruticosum*, L. à fleurs latérales, solitaires; à tiges sous-ligneuses.

Lugd. Hist. 1124? f. 2.

En Espagne.

7. PARONIQUE en cymier, *I. cymosum*, L. à fleurs en cymier, tournées d'un seul côté; à tige diffuse.

Bocson. Sic. 40, tab. 20.

A Montpellier, en Provence.

8. PARONIQUE argentée, *I. paronychia*, L. à fleurs enveloppées de bractées luisantes, argentées; à tiges couchées; à feuilles lisses.

Polygonum minus, candicans; Persicaire plus petite, blancheâtre. *Bauh. Pin.* 281, n.° 5. *Lob. Ic.* 2, p. 420, f. 2. *Clus. Hist.* 2, p. 183, f. 1. *Lugd. Hist.* 1125, f. 1. *Bauh. Hist.* 3, P. 2, p. 374, f. 2. *Barrel.* tab. 726?

A Montpellier.

9. PARONIQUE capitée, *I. capitatum*, L. à fleurs terminant les tiges, ramassées en tête et cachées par des bractées luisantes, argentées; à tiges assez droites; à feuilles ciliées, velues en dessous.

Lob. Ic. 1, p. 420, f. 1. *Lugd. Hist.* 1124, f. 1.

A Montpellier, en Provence, en Dauphiné. ♃

10. PARONIQUE du Bengale, *I. Bengalense*, L. à tige droite, herbacée; à feuilles alternes et opposées, lancéolées, duvetées.

Dans l'Inde Orientale, au Bengale, à Java. ☉

11. PARONIQUE d'Arabie, *I. Arabicum*, L. à feuilles éparses, entassées, de la longueur des bractées qui sont brillantes; à tiges couchées.

En Arabie.

12. PARONIQUE Achyranthe, *I. Achyrantha*, L. à tiges rampantes, garnies de poils; à feuilles ovales, piquantes.

Dill. Elth. tab. 7, f. 7.

En Turquie. ☉

13. PARONIQUE à feuilles de persicaire, *I. polygonoïdes*, L. à tiges rampantes, hérissées; à feuilles larges, lancéolées, pétiolées; à fleurs en têtes arrondies, nues.

Sloan. Jam. tab. 86, f. 2.

Dans l'Amérique Méridionale.

14. PARONIQUE ficoïde, *I. ficoïdeum*, L. à tiges rampantes, lisses; à feuilles larges, lancéolées, pétiolées; à fleurs en têtes arrondies, duvetées.

Jacq. Amer. 88, tab. 60, f. 4.

Dans l'Amérique Méridionale, en Espagne. ♃

15. PARONIQUE assise, *I. sessile*, L. à tiges rampantes, duvetées sur deux côtés; à feuilles lancéolées, presque assises ou à pétioles très-courts; à fleurs en têtes oblongues, lisses.

Plukn. tab. 133, f. 1, et 132, f. 6. *Burm. Zeyl.* 17, t. 4, f. 2.

Dans l'Inde Orientale.

16. PARONIQUE vermiculaire, *I. vermiculatum*, L. à tiges rampantes, lisses; à feuilles presque arrondies, charnues; à fleurs en têtes oblongues, lisses, terminales.

Plukn. tab. 75, f. 9. *Herm. Parad.* pag. et tab. 15.

Au Brésil, à Curaçao.

17. PARONIQUE à feuilles d'Alsine, *I. Alsinefolium*, L. à tiges diffuses; à feuilles ovales; à fleurs entassées; à bractées brillantes.

En Espagne, à Naples.

314. GLAUCE, *GLAUX.* * *Tournef. Inst.* 88, tab. 60. *Lam. Tab. Encyclop.* pl. 141.

CAL. Nul, (à moins qu'on ne prenne le calice pour corolle.)

COR. Un seul *Pétale*, en cloche, droit, persistant, à cinq *segmens* profonds, obtus, roulés.

ÉTAM. Cinq *Filamens*, en alêne, droits, de la longueur de la corolle. *Anthères* arrondies.

PIST. *Ovaire* ovale. *Style* filiforme, de la longueur des étamines. *Stigmate* en tête.

PÉR. *Capsule* arrondie, aiguë, à une loge, à cinq battans.

SEM. Cinq, un peu arrondies. *Réceptacle* très-grand, arrondi, creusé par les semences.

Calice d'un seul feuillet. *Corolle* nulle. *Capsule* à une seule loge, à cinq battans, renfermant cinq semences.

1. GLAUCE maritime, *G. maritima*, L. à feuilles conjuguées ou à folioles reunies deux à deux : les supérieures alternes : toutes assises ou sans pétioles, linéaires, lancéolées, très-entières, un peu obtuses et charnues, lisses.

Glaux maritima; Glauce maritime. *Bauh. Pin.* 215, n.° 1. *Lob. Ic.* 1, p. 415, f. 2. *Lugd. Hist.* 487, f. 2. *Loesel. Pruss.* 23, n.° 3. *Flor. Dan.* tab. 548.

Nutritive pour le Bœuf.

A Montpellier. ♃

315. THÉSIE, *THESIUM.* * *Lam. Tab. Encyclop.* pl. 142.

CAL. *Périanthe* d'un seul feuillet, en toupie, persistant, à moitié divisé en cinq *segmens*, demi-lancéolés, droits, obtus.

COR. Nulle, (à moins qu'on ne prenne pour corolle le calice coloré intérieurement.)

ÉTAM. Cinq *Filamens*, en alêne, insérés à la base des divisions du calice, plus courts que le calice. *Anthères* arrondies.

PIST. *Ovaire* inférieur, inséré à la base du calice. *Style* filiforme, de la longueur des étamines. *Stigmate* un peu épais, obtus.

PÉR. Nul. Le *Calice* renferme les semences, et ne s'ouvre point.

SEM. Une seule, arrondie, couverte.

OBS. *Le* T. Alpinum *présente une unité de moins dans les parties de la fructification.*

Calice d'un seul feuillet, sur lequel sont insérées les étamines. Une *Semence* inférieure ou nidulée dans le calice.

1. THÉSIE à feuilles de lin, *T. Linophyllum*, L. à fleurs en panicule feuillé; à feuilles linéaires.

Linaria montana, flosculis albicantibus; Linaire des montagnes, à fleurons blancheâtres. *Bauh. Pin.* 213, n.° 15. *Clus. Hist.* 1, p. 324, f. 1. *Lugd. Hist.* 1150, f. 1. *Bauh. Hist.* 3, P. 2, p. 461, f. 2. *Moris. Hist.* sect. 15, tab. 1, f. 3.

En Europe, dans les lieux secs et arides. ♄ Estivale.

2. THÉSIE des Alpes, *T. Alpinum*, L. à fleurs en grappe feuillée; à feuilles linéaires.

Ger. Flor. Gallop. 422, tab. 17, f. 1.

Les fleurs sont à quatre divisions peu profondes, et offrent quatre et quelquefois trois étamines.

Sur les Alpes du Dauphiné, de Provence. ☉ Vernale. *S-Alp.*

3. THÉSIE Frisea, *T. Frisea*, L. à fleurs comme en épi, tournées d'un seul côté, ciliées, laineuses; à feuilles en alêne.

Au cap de Bonne-Espérance.

4. THÉSIE du Cap, *T. funale*, L. à fleurs en épis; à corolles ciliées; à tige ligneuse; à feuilles en alêne, très-courtes.

Au cap de Bonne-Espérance. ♄

5. THÉSIE en épi, *T. spicatum*, L. à fleurs en épis, lisses; à feuilles en alêne, très-courtes, éloignées.

Au cap de Bonne-Espérance.

6. THÉSIE en tête, *T. capitatum*, L. à fleurs en têtes, sessiles, terminales; à feuilles à trois côtés, lisses; à bractées ovales.

En Éthiopie. ♄

7. THÉSIE roide, *T. strictum*, L. à fleurs en ombelles; à feuilles linéaires, courantes sur la tige.

Au cap de Bonne-Espérance.

8. THÉSIE ombellée, *T. umbellatum*, L. à fleurs en ombelles; à feuilles oblongues.

Plukn. tab. 342, f. 1.

En Virginie, en Pensylvanie, dans les pâturages secs. ♃

9. THÉSIE rude, *T. scabrum*, L. à fleurs en tête, pédunculées; à feuilles à trois faces, très-rudes sur la carène et les bords.

Au cap de Bonne-Espérance. ♄

10. THÉSIE paniculée, *T. paniculatum*, L. à tige toute paniculée.

Au cap de Bonne-Espérance.

11. THÉSIE embrassante, *T. amplexicaule*, L. à fleurs comme en épis, tournées d'un seul côté, ciliées, laineuses.

Au cap de Bonne-Espérance.

12. THÉSIE à feuilles d'euphorbe, *T. euphorbioïdes*, L. à péduncules portant trois fleurs, terminans; à feuilles presque ovales, charnues.

Au cap de Bonne-Espérance.

316. RAUWOLFE, *RAUWOLFIA.* * *Plum. Gen.* 19, tab. 40. *Lam. Tab. Encyclop.* pl. 172.

CAL. *Périanthe* à cinq dents, très-petit, persistant.

COR. Monopétale, en entonnoir. *Tube* comme cylindrique, globuleux à la base. *Limbe* plane, à cinq *divisions* profondes, arrondies, échancrées.

ÉTAM. Cinq *Filamens*, plus courts que le tube. *Anthères* droites, simples, pointues.

PIST. *Ovaire* arrondi. *Style* très-court. *Stigmate* en tête.

PÉR. *Drupe* comme arrondie, à une loge, sillonnée d'un côté.

SEM. *Noix* convexe à la base, déprimée au sommet, à deux loges.

Corolle tordue. *Baie* succulente, renfermant deux semences.

1. RAUWOLFE luisante, *R. nitida*, L. très-lisse et très-luisante.
Hort. Cliff. 75, tab. 9.
Dans l'Amérique Méridionale. ♄

2. RAUWOLFE blanchâtre, *R. canescens*, L. presque duvetée.
Pluk. tab. 266, f. 2. *Sloan. Jam.* tab. 211, f. 1.
A la Jamaïque. ♄

3. RAUWOLFE duvetée, *R. tomentosa*, L. duvetée.
Jacq. Obs. 2, tab. 35.
A Carthagène, sur les rochers. ♄

317. PÉDÈRE, *PÆDERIA*. *Lam. Tab. Encyclop.* pl. 166.

CAL. *Périanthe* d'un seul feuillet, en toupie, à cinq dents, persistant.

COR. Monopétale, en entonnoir, velue intérieurement. *Limbe* petit, à cinq divisions peu profondes.

ÉTAM. Cinq *Filamens*, en alêne, très-courts, insérés sur le milieu du tube. *Anthères* oblongues, plus courtes que la corolle.

PIST. *Ovaire* arrondi. *Style* capillaire, de la longueur de la corolle, divisé peu profondément en deux parties. *Stigmates* simples.

PÉR. *Baie* fragile, ovale, boursouflée.

SEM. Deux, ovales.

Corolle tordue. *Baie* enflée, fragile, renfermant deux semences. *Style* divisé peu profondément en deux parties.

1. PÉDÈRE fétide, *P. fœtida*, L. à feuilles opposées, pétiolées, en cœur, oblongues, très-entières, lisses.
Rumph. Amb. 6, p. 436, tab. 160.
Dans l'Inde Orientale. ♃

318. CARISSE, *CARISSA*. *Lam. Tab. Encyclop.* pl. 118.

CAL. *Périanthe* à cinq segmens profonds, pointu, très-petit, persistant.

COR. Monopétale, en entonnoir. *Tube* cylindrique, plus ventru à la gorge, plus long que le limbe. *Limbe* plane, à cinq *divisions* profondes, oblongues.

ÉTAM. Cinq *Filamens*, très-courts, insérés au sommet du tube. *Anthères* oblongues, enfermées dans la gorge de la corolle.

PIST. *Ovaire* arrondi. *Style* filiforme, de la longueur des étamines. *Stigmate* simple.

PÉR. Deux *baies*, oblongues, à deux loges.

SEM. Sept ou huit, ovales, comprimées.

Corolle tordue. Deux *Baies* renfermant plusieurs semences.

1. CARISSE Carandras, *C. Carandras*, L. à feuilles elliptiques, obtuses.

Plukn. tab. 305, f. 4.

Dans l'Inde Orientale. ♄

2. CARISSE des épines, *C. spinarum*, L. à feuilles ovales, pointues.

Rumph. Amb. 7, p. 76, tab. 19, f. 1.

Dans l'Inde Orientale. ♄

319. CERBÈRE, *CERBERA.* † *Lam. Tab. Encyclop.* pl. 170. AHOUAI. *Tournef. Inst.* 657, tab. 434.

CAL. *Périanthe* ouvert, aigu, à cinq *feuilles*, ovales, lancéolés.

COR. Monopétale, en entonnoir. *Tube* en massue. *Limbe* grand, à cinq *divisions* profondes, obliques, obtuses, plus hossuées d'un côté : *Orifice* du tube à cinq angles, à cinq dents réunies en étoile.

ÉTAM. Cinq *Filamens*, en alêne, insérés sur le milieu du tube. *Anthères* droites, réunies.

PIST. *Ovaire* arrondi. *Style* filiforme, court. *Stigmate* en tête, à deux lobes.

PÉR. *Drupe* très-grande, arrondie, charnue, creusée latéralement par un sillon longitudinal et par deux points.

SEM. *Noix* à deux loges, à quatre battans, émoussée.

Corolle tordue. *Drupe* renfermant une seule semence.

1. CERBÈRE Ahouai, *C. Ahouai*, L. à feuilles ovales.

Arbor Americana, foliis pomi, fructu triangulo; Arbre d'Amérique, à feuilles de pomier, à fruit triangulaire. *Bauh. Pin.* 434, n.° 14.

Au Brésil. ♄

2. CERBÈRE Manghas, *C. Manghas*, L. à feuilles lancéolées; à nervures transversales.

Manghas fructu venenato; Manghas à fruit vénéneux. *Bauh. Pin.* 440, n.° 4. *Burm. Zeyl.* 151, tab. 70, f. 1.

Aux Indes, dans les lieux aquatiques. ♄

3. CERBÈRE Thevetie, *C. Thevetia*, L. à feuilles linéaires, très-longues, entassées.

Plukn. tab. 207, f. 3. *Jacq. Amer.* 48, tab. 34.

A Cuba, à la Martinique. ♄

320. GARDÈNE, *GARDENIA.* * *Lam. Tab. Encyclop.* pl. 158.

CAL. *Périanthe* d'un seul feuillet, à cinq angles, à cinq *segmens* profonds, droits, roides, en lame d'épée, verticaux, éloignés, persistans.

COR. Monopétale, en soucoupe. *Tube* cylindrique, plus long que le calice. *Limbe* plane, à cinq *divisions* profondes, en ovale renversé, de la longueur du tube, à bordure, la marge tournée du côté du soleil, plus droite.

ÉTAM. *Filamens* nuls. Cinq *Anthères*, linéaires, insérées sur l'orifice de la gorge au-dessus de sa base, de la longueur de la moitié du limbe, alongées dans la gorge en bas.

PIST. *Ovaire* inférieur. *Style* filiforme, de la longueur du tube, en massue, terminé par un *Stigmate* saillant, à deux lobes, ovale, obtus, grand.

PÉR. *Baie* seche, à deux loges?

SEM. Plusieurs.

Segmens du calice, verticaux. *Corolle* tordue. *Baie* inférieure, renfermant plusieurs semences. *Style* saillant, à deux lobes.

1. GARDÈNE fleurie, *G. florida*, L. à feuilles lancéolées, opposées, tres-entières; à fleurs à trois étamines.

Rumph. Amb. 7, p. 26, tab. 14, f. 2.

Dans l'Inde Orientale. ♄

321. ALLAMANDE, *ALLAMANDA*. *Lam. Tab. Encyclop.* pl. 171.

CAL. *Périanthe* à cinq *feuillets*, ovales, aigus.

COR. Monopétale, en entonnoir. *Tube* comme cylindrique. *Limbe* ventru, à moitié divisé en cinq parties, ouvertes, obtuses.

ÉTAM. *Filamens* à peine visibles. Cinq *Anthères*, en fer de flèche, rapprochées, enfermées dans la gorge du tube.

PIST. *Ovaire* ovale, ceint à sa base d'une bordure en anneau. *Style* filiforme, de la longueur du tube. *Stigmate* en tête, étranglé dans sa partie intermédiaire.

PÉR. *Capsule* arrondie, comprimée, en forme de lentille, hérissonnée, à une loge, à deux battans.

SEM. Plusieurs, en recouvrement, arrondies, planes, à aile membraneuse sur ses bords.

Corolle tordue. *Capsule* en forme de lentille, droite, hérissonnée, à une seule loge, à deux battans, renfermant plusieurs semences.

1. ALLAMANDE cathartique, *A. cathartica*, L. à feuilles quatre à quatre, presque assises ou à pétioles très-courts, ovales, oblongues, luisantes, obtuses et terminées en pointe.

Plum. Amer. tab. 29.

1. *Allamanda*. 2. Feuilles. 3. Laiteuses, amères. 5. Coliques des peintres.

A la Guiane, à Surinam.

322. PERVENCHE, *VINCA*. *Lam. Tab. Encyclop.* pl. 172. PERVINCA. *Tournef. Inst.* 119, tab. 45.

CAL. *Périanthe* à cinq segmens profonds, droit, aigu, persistant.

COR. Monopétale, en soucoupe. *Tube* plus long que le calice, comme cylindrique dans sa partie inférieure, élargi dans sa partie supérieure, marqué de cinq lignes, à *orifice* à cinq côtés. *Limbe* horizontal, à cinq divisions profondes, adhérentes au sommet du tube, plus larges en dehors, tronquées obliquement.

ÉTAM. Cinq *Filamens*, très-courts, courbés, tournés en arrière. *Anthères* membraneuses, obtuses, droites, farineuses sur les deux bords.

PIST. Deux *Ovaires*, arrondis, sur les côtés desquels sont placés deux *petits corps* arrondis. Un seul *Style* commun aux deux ovaires, comme cylindrique, de la longueur des étamines. Deux *Stigmates*: l'*inférieur* arrondi, plane: le *supérieur* en tête, concave.

PÉR. Deux *Follicules*, arrondis, longs, aigus, droits, à un seul battant, s'ouvrant dans leur longueur.

SEM. Nombreuses, oblongues, comme cylindriques, sillonnées, nues.

Corolle tordue. Deux *Follicules*, droits, renfermant des semences nues ou sans soie.

1. PERVENCHE mineure, *V. minor*, L. à tige couchée; à feuilles lancéolées, ovales; à fleurs pédunculées.

Clematis daphnoïdes, minor; Clématite daphnoïde, plus petite. *Bauh. Pin.* 301, n.° 1. *Dod. Pempt.* 405, f. 2. *Lob. Ic.* 1, p. 635, f. 2. *Camer. Epit.* 694. *Bauh. Hist.* 2, p. 131, f. 1. *Bul. Paris.* tab. 128. *Icon. Pl. Medic.* tab. 67.

1. *Pervinca*, Pervenche. 2. Feuilles. 5. Paralysie, diarrhée, digestion laborieuse, migraine dépendante d'un relâchement d'estomac.

Cette espèce présente plusieurs variétés, à fleurs blanches, violettes; à fleurs doubles; à feuilles très-larges, panachées. Aucun Botaniste n'ignore que la petite Pervenche, étoit la plante favorite de *J. J. Rousseau*.

En France, en Allemagne, en Angleterre, dans les bois. ♄ Vernale.

2. PERVENCHE majeure, *V. major*, L. à tige droite; à feuilles ovales; à fleurs pédunculées.

Clematis daphnoïdes, major; Clématite daphnoïde, plus grande. *Bauh. Pin.* 302, n.° 2. *Dod. Pempt.* 406, f. 1. *Lob. Ic.* 1, p. 636, f. 1. *Clus. Hist.* 1, p. 121, f. 2. *Lugd. Hist.* 833, f. 1. *Bauh. Hist.* 2, p. 132, f. 1. *Bul. Paris.* tab. 129.

Quelques Botanistes ne regardent cette espèce que comme une variété de la petite Pervenche, produite par le sol. Les échantillons de la petite Pervenche à feuilles très-larges, semblent confirmer cette opinion.

En Europe dans les haies, les buissons. ♄ Vernale.

3. PERVENCHE jaune, *V. lutea*, L. à tige entortillée; à feuilles oblongues.

Catesb. Carol. 2, pag. et tab. 53.

A la Caroline. ♄

4. PERVENCHE de Madagascar, *V. rosea*, L. à tige ligneuse, droite; à fleurs deux à deux, assises ou sans péduncules; à feuilles ovales, oblongues; à pétioles garnis de deux dents à la base.

Mill. Dict. tab. 186.

Cette espèce présente une variété à fleur blanche.

A Madagascar, à Java. ♄

323. LAURIER-ROSE, *NERIUM.* * *Tournef. Inst.* 604, tab. 374. *Lam. Tab. Encyclop.* pl. 174.

CAL. *Périanthe* à cinq segmens profonds, aigu, très-petit, persistant.

COR. Monopétale, en entonnoir. *Tube* comme cylindrique, plus court que le limbe. *Limbe* très-grand, à cinq *divisions* profondes, larges, obtuses, obliques.

Nectaire : couronne terminant le tube, courte, déchirée en segmens capillaires.

ÉTAM. Cinq *Filamens*, en alêne, très-courts, enfermés dans le tube de la corolle. *Anthères* en fer de flèche, rapprochées, terminées par une longue soie.

PIST. *Ovaire* arrondi, divisé peu profondément en deux parties. *Style* cylindrique, de la longueur du tube. *Stigmate* tronqué, assis ou reposant sur une base arrondie.

PÉR. Deux *Follicules*, arrondis, longs, aigus, droits, à un seul battant, s'ouvrant dans leur longueur.

SEM. Nombreuses, oblongues, couronnées par une aigrette, placées en recouvrement les unes sur les autres.

Corolle tordue. Deux *Follicules* droits, renfermant des semences aigretées. *Tube* de la corolle terminé par une corolle frangée.

1. LAURIER-ROSE commun, *N. oleander*, L. à feuilles linéaires; lancéolées; à corolles couronnées.

Nerium floribus rubescentibus; Nérion à fleurs roses. *Bauh. Pin.* 464, n.° 1. *Dod. Pempt.* 851, f. 1. *Lob. Ic.* 1, p. 364, f. 2. *Lugd. Hist.* 245, f. 1, et 246, f. 1. *Camer. Epit.* 843. *Bauh. Hist.* 2, p. 141, f. 1. *Theat. Flor.* tab. 57, f. 2 et 3. *Burm. Zeyl.* tab. 77?

Cette espèce présente plusieurs variétés à feuilles larges et étroites, à fleurs pleines. Le *Laurier-rose* se multiplie de bouture.

• *Dans l'Inde Orientale. Spontanée en Provence, en Languedoc.* ♄ Estivale.

2. LAURIER-ROSE de Zeylan, *N. Zeylanicum*, L. à feuilles lancéolées, opposées; à rameaux droits.

Burm. Zeyl. 21, tab. 12, f. 2.

Dans l'Inde Orientale.

3. LAURIER-ROSE étalé, *N. divaricatum*, L. à feuilles lancéolées, ovales; à rameaux étalés.

Dans l'Inde Orientale. ♂

4. LAURIER ROSE antidyssentérique, *N. antidyssentericum*, L. à feuilles ovales, aiguës, pétiolées.

Burm. Zeyl. 167, tab. 77.

1. *Profluvii cortex*, Écorce au dévoiement. 2. Écorce. 3. Laiteuse, amère. 5. Diarrhée, dyssenterie, vers.

Au Malabar, à Zeylan, en Russie. ♄

324. ÉCHITE, *ECHITES*. † *Lam. Tab. Encyclop.* pl. 174.

CAL. *Périanthe* à cinq segmens profonds, aigu, petit.

COR. Monopétale en entonnoir. *Limbe* plane, très-ouvert, à cinq divisions peu profondes.

Nectaire : cinq glandes entourant l'ovaire.

ÉTAM. Cinq *Filamens*, grêles, droits. *Anthères* roides, oblongues, aiguës, convergentes.

PIST. Deux *Ovaires*. *Style* filiforme, de la longueur des étamines. *Stigmate* oblong, en tête, à deux lobes, collé aux anthères par une espèce de gluten.

PÉR. Deux *Follicules*, très-longs, à une loge, à un seul battant.

SEM. Plusieurs, placées en recouvrement les unes sur les autres, couronnées par une longue aigrette.

Corolle tordue. Deux *Follicules* longs, droits, renfermant des semences aigretées.

1. ÉCHITE à deux fleurs, *E. biflora*, L. à péduncules portant deux fleurs.

Jacq. Amer. 30, tab. 21.

Dans l'Amérique Méridionale. ♄

2. ÉCHITE à cinq angles, *E. quinquangularis*, L. à péduncules à grappes; à feuilles ovales, aiguës.

Jacq. Amer. 32, tab. 25.

Dans l'Amérique Méridionale.

3. ÉCHITE presque droite, *E. subirecta*, L. à péduncules à grappes; à feuilles presque ovales, obtuses, pointues.

Sloan. Jam. tab. 130, f. 2. *Jacq. Amer.* 32, tab. 26.

A la Jamaïque. ♄

4. ÉCHITE agglutinée, *E. agglutinata*, L. à péduncules à grappes; à feuilles ovales, échancrées, aiguës.

Jacq. Amer. 31, tab. 23.

A Saint-Domingue. ♃

5. ÉCHITE bossuée, *E. torulosa*, L. à péduncules presque à grappes; à feuilles lancéolées, aiguës.

Jacq. Amer. 33, tab. 27.

A la Jamaïque. ♄

6. ÉCHITE ombellée, *E. umbellata*, L. à péduncules en ombelles; à feuilles ovales, obtuses, pointues; à tige entortillée ou roulée en spirale.

Sloan. Jam. tab. 131, f. 2. *Jacq. Amer.* 30, tab. 22.

A la Jamaïque.

7. ÉCHITE à trois divisions, *E. trifida*, L. à péduncules à trois divisions peu profondes, portant plusieurs fleurs; à feuilles ovales, oblongues, aiguës.

Jacq. Amer. 31, tab. 24.

Dans l'Amérique Méridionale. ♄

8. ÉCHITE en corymbe, *E. corymbosa*, L. à grappes en corymbes; à étamines saillantes; à feuilles lancéolées, ovales.

Jacq. Amer. 34, tab. 30.

A Saint-Domingue, dans les forêts. ♄

9. ÉCHITE en épi, *E. spicata*, L. à épis axillaires, courts; à étamines saillantes; à feuilles presque ovales.

Jacq. Amer. 34, tab. 29.

A Carthagène, dans les forêts. ♄

10. ÉCHITE à queue, *E. caudata*, L. à corolles en entonnoir, à divisions linéaires, très-longues.

Burm. Ind 68, tab. 26.

Dans l'Inde Orientale. ♄

11. ÉCHITE scholaire, *E. scholaris*, L. à feuilles presque en anneaux, oblongues; à follicules filiformes, très-longs; à ombelles composées.

Rumph. Amb. 2, p. 246, tab. 80.

Dans l'Inde Orientale. ♄

325. PLUMIÈRE, *PLUMERIA.* * *Tournef. Inst.* 659, tab. 439. *Lam. Tab. Encyclop.* pl. 173.

CAL. *Périanthe* à cinq segmens profonds, obtus, très-petit.

COR. Monopétale, en entonnoir. *Tube* long, dilaté insensiblement. *Limbe* droit, ouvert, à cinq *divisions* profondes, ovales, oblongues, obliques.

ÉTAM. Cinq *Filamens*, en alêne, insérés sur le milieu du tube. *Anthères* rapprochées.

PIST. *Ovaire* oblong, divisé peu profondément en deux parties. *Styles* à peine visibles. Deux *Stigmates*, aigus.

PÉR. Deux *Follicules*, longs, aigus, ventrus, courbés en dehors, inclinés, à une loge, a un seul battant.

SEM. Nombreuses, oblongues, insérées à la base d'une grande membrane ovale, placées en recouvrement les unes sur les autres.

Corolle tordue. Deux *Follicules* renversés, renfermant des semences insérées sur une membrane propre.

1. PLUMIÈRE rouge, *P. rubra*, L. à feuilles ovales, oblongues; à pétioles à deux glandes.

Plukn. tab. 207, f. 2. *Sloan. Jam.* tab. 185, f. 1, et 186, f. 1.

A la Jamaïque, à Surinam. ♄

2. PLUMIÈRE blanche, *P. alba*, L. à feuilles lancéolées, roulées; à pédoncules tubéreux supérieurement.

Jacq. Amer. 36, tab. 174, f. 12.

1. *Plumeria alba.* 2. Racine. 3. Laiteuse. 5. Maladies vénériennes: sa décoction annoncée comme *spécifique* par *Jacquin.*

A la Jamaïque.

3. PLUMIÈRE obtuse, *P. obtusa*, L. à feuilles lancéolées, pétiolées, obtuses.

Catesb. Carol. 2, pag. et tab. 93.

Dans l'Amérique Méridionale. ♄

4. PLUMIÈRE pudique, *P. pudica*, L. à limbe des corolles, fermé.

Dans l'Amérique Méridionale? ♄

326. CAMÉRIER, *CAMERARIA.* † *Plum. Gen.* 18, tab. 29. *Lam. Tab. Encyclop.* pl. 173.

CAL. *Périanthe* à cinq *segmens* peu profonds, aigus, rapprochés, très-petits.

COR. Monopétale, en entonnoir. *Tube* comme cylindrique, long, ventru à la base et au sommet. *Limbe* plane, à cinq *divisions* profondes, lancéolées, obliques.

ÉTAM. Cinq *Filamens*, très-petits, s'élevant du milieu du tube. *Anthères* conniventes.

PIST. Deux *Ovaires*, garnis d'appendices sur les côtés. *Styles* à peine visibles. *Stigmates* irréguliers.

PÉR. Deux *Follicules*, renversés horizontalement, oblongs, obtus aux deux extrémités, formant des deux côtés à leur base un lobe, à une loge, à un seul battant.

SEM. Nombreuses, ovales, insérées à la base d'une grande membrane ovale, placées en recouvrement les unes sur les autres.

Corolle tordue. Deux *Follicules* horizontaux, renfermant des semences insérées sur une membrane propre.

1. CAMÉRIER à larges feuilles, *C. latifolia*, L. à feuilles ovales, pointues aux deux extrémités, marquées par des stries transversales.

Jacq. Amer. 37, tab. 182, f. 86.

Dans l'Amérique Méridionale. ♄

2. CAMÉRIER à feuilles étroites, *C. angustifolia*, L. à feuilles linéaires.

Plum. Amer. tab. 72, f. 2.

Dans l'Amérique Méridionale. ♄

327. TABERNÉMONTANE, *TABERNÆMONTANA.* † *Plum. Gen.* 18, tab. 30. *Lam. Tab. Encyclop.* pl. 170.

CAL. *Périanthe* à cinq *segmens* peu profonds, aigus, réunis, très-petits.

COR. Monopétale, en entonnoir. *Tube* comme cylindrique, long. *Limbe* plane, à cinq *divisions* profondes, obtuses, obliques.

Nectaire : cinq glandes, divisées peu profondément en deux parties, entourant l'ovaire.

ÉTAM. Cinq *Filamens*, très-petits, insérés sur le milieu du tube. *Anthères* rapprochées.

PIST. Deux *Ovaires*, simples. *Style* en alêne. *Stigmate* oblong, en tête.

PÉR. Deux *Follicules*, renversés horizontalement, ventrus, aigus, à une loge, à un battant.

SEM. Nombreuses, ovales, oblongues, obtuses, ridées, nidulées dans une pulpe, placées en recouvrement les unes sur les autres.

Corolle tordue. Deux *Follicules* horizontaux, renfermant des semences nidulées dans une pulpe.

1. TABERNÉMONTANE à feuilles de citron, *T. citrifolia*, L. à feuilles opposées, ovales; à fleurs latérales, glomérées, en ombelles.

Jacq. Amer. 38, tab. 175, f. 13.

Dans l'Amérique Méridionale. ♄

2. TABERNÉMONTANE à feuilles de laurier, *T. laurifolia*, L. à feuilles opposées, ovales, un peu obtuses.

Sloan. Jam. tab. 186, f. 2.

A la Jamaïque, sur les bords des fleuves. ♄

3. TABERNÉMONTANE à grande fleur, *T. grandiflora*, L. à feuilles opposées; à tige dichotome; à calices inégaux, très-lâches.

Jacq. Amer. 40, tab. 31.

A Carthagène. ♄

4. TABERNÉMONTANE en cymier, *T. cymosa*, L. à feuilles opposées; à fleurs en cymier.

Jacq. Amer. 39, tab. 181, f. 14.

A Carthagène. ♄

5. TABERNÉMONTANE à feuilles alternes, *T. alternifolia*, L. à feuilles alternes; à tige ligneuse.

Rheed. Mal. 1, p. 83, tab. 43.

Au Malabar. ♄

6. TABERNÉMONTANE Amsonie, *T. Amsonia*, L. à feuilles alternes; à tige presque herbacée.

Plukn. tab. 115, f. 3.

En Virginie. ♄

528. CÉROPÉGE, *CEROPEGIA.* † *Lam. Tab. Encyclop.* pl. 179.

CAL. *Périanthe* très-petit, à cinq dents, pointu, persistant.

COR. Monopétale, grande à la *base*, arrondie, terminée par un *tube* presque cylindrique, oblong. *Limbe* très-petit, à cinq dents, pointu, réuni au sommet, s'ouvrant sur les côtés.

ÉTAM. Cinq *Filamens*, à la base de la corolle, très-petits, recourbés, rapprochés. *Anthères* petites.

PIST. *Ovaire* très-petit. *Style* à peine visible. Deux *Stigmates*.

PÉR. Deux *Follicules*, comme cylindriques, aigus, très-longs, droits, à une loge, à un seul battant.

SEM. Nombreuses, oblongues, placées en recouvrement les unes sur les autres, couronnées par une aigrette.

Corolle tordue. Deux *Follicules* droits, renfermant des semences couronnées par une aigrette. *Divisions* du limbe de la corolle, réunies par leurs sommets.

1. CÉROPÉGE Candelabre, *C. Candelabrum*, L. à ombelles pendantes; à fleurs redressées.

Rheed. Mal. 9, p. 27, tab. 16.

Au Malabar. ♃

2. CÉROPÉGE à deux fleurs, *C. biflora*, L. à péduncules portans deux fleurs.

A Zeylan. ♃

3. CÉROPÉGE en fer de flèche, *C. sagittata*, L. à ombelles assises; à feuilles en fer de flèche.

Burm. Afric. 36, tab. 15?

Au cap de Bonne-Espérance, dans les sables. ♃

4. CÉROPÉGE à feuilles menues, *C. tenuifolia*, L. à feuilles linéaires, lancéolées.

Plukn. tab. 335, f. 5.

Au cap de Bonne-Espérance.

II. DIGYNIE.

329. PERGULAIRE, *PERGULARIA*. *Lam. Tab. Encyclop.* pl. 176.

CAL. *Périanthe* d'un seul feuillet, à cinq segmens peu profonds, droit, aigu, persistant.

COR. Monopétale, en soucoupe. *Tube* cylindrique, plus long que le calice. *Limbe* plane, à cinq *divisions* profondes, oblongues.

Cinq *Nectaires*, en demi-fer de flèche, droits, comprimés, amincis en aiguillon, recourbés, garnis à leur base extérieure d'une dent recourbée en dehors.

ÉTAM. *Filamens* à peine visibles. Cinq *Anthères*, nidulées dans le petit corps tronqué du *Stigmate*.

PIST. Deux *Ovaires*, ovales, aigus. *Styles* nuls. *Stigmate* remplacé par un petit corps tronqué.

PÉR. Deux *Follicules*.

SEM. . . . . .

Corolle tordue. Cinq *Nectaires* en fer de flèche, environnant les étamines.

1. PERGULAIRE lisse, *P. glabra*, L. à feuilles ovales, lisses.

Rumph. Amb. 5, p. 51, tab. 29, f. 2.

Dans l'Inde Orientale. ♃

2. PERGULAIRE duvetée, *P. tomentosa*, L. à feuilles en cœur, duvetées.

Burm. Ind. 72, tab. 27, f. 2.

Dans l'Arabie. ♄

330. PÉRIPLOQUE, *PERIPLOCA*. * *Tournef. Inst.* 93, tab. 22. *Lam. Tab. Encyclop.* pl. 177.

CAL. *Périanthe* très-petit, persistant, à cinq *segmens* peu profonds, ovales.

COR. Monopétale, en roue, plane, à cinq divisions profondes, oblongues, linéaires, tronquées, échancrées.

Nectaire très-petit, à cinq divisions peu profondes, entourant les étamines et les pistils. Cinq *Filamens* recourbés, plus courts que la corolle, et alternes avec ses divisions.

ÉTAM. *Filamens* courts, recourbés, rapprochés, velus. *Anthères* droites, doubles, latérales.

PIST. *Ovaire* très-petit, divisé peu profondément en deux parties. *Style* cylindrique. *Stigmate* en tête, à cinq côtés, supportant cinq glandes en ovale renversé, portées sur un pédicule.

PÉR. Deux *Follicules*, grands, oblongs, ventrus, à une loge, à un battant.

SEM. Plusieurs, placées en recouvrement les unes sur les autres, couronnées par une aigrette. *Réceptacle* longitudinal, filiforme.

Corolle tordue. *Nectaire* qui entoure les étamines produisant cinq filamens.

1. PÉRIPLOQUE Grecque, *P. Græca*, L. à fleurs terminales; à corolles hérissées intérieurement de poils.

Apocynum folio oblongo; Apocin à feuille oblongue. *Bauh. Pin.* 303, n.° 2. *Dod. Pempt.* 408, f. 2. *Lob. Ic.* 1, p. 631, f. 2. *Clus. Hist.* 1, p. 125, f. 1. *Lugd. Hist.* 1731, f. 2. *Camer. Epit.* 842.

En Syrie, en Sibérie. ♃ *Cultivée dans les jardins.*

2. PÉRIPLOQUE Sécamone, *P. Secamone*, L. à fleurs en panicules; à corolles hérissées intérieurement de poils; à feuilles lancéolées, elliptiques.

Bauh. Hist. 2, p. 134, f. 1. *Alp. Ægypt.* 2, p. 63, tab. 48.

En Egypte. ♄

3. PÉRIPLOQUE des Indes, *P. Indica*, L. à fleurs en épis en recouvrement.

Plukn. tab. 359, f. 2. *Burm. Zeyl.* 187, tab. 83, f. 1.

A Zeylan. ♄

4. PÉRIPLOQUE d'Afrique, *P. Africana*, L. à tige hérissée.

Moris. Hist. sect. 15, tab. 3, f. 62. *Plukn.* tab. 137, f. 4 et 5. *Commel. Rar.* pag. et tab. 18.

Cette espèce présente une variété à feuilles planes, sinuées; à fleur d'un vert pâle; à fruit épais, lisse, vert.

Burm. Afric. 34, tab. 14, f. 2.

En Afrique. ♃

331. CYNANCHE, *CYNANCHUM*. * *Lam. Tab. Encyclop.* pl. 177.

CAL. *Périanthe* d'un seul feuillet, à cinq dents, droit, très-petit, persistant.

COR. Monopétale. *Tube* à peine visible. *Limbe* plane, à cinq *segmens* profonds, linéaires, longs.

Nectaire placé au centre de la fleur, de la longueur de la corolle, droit, comme cylindrique : à *orifice* à cinq dents.

ÉTAM. Cinq *Filamens*, de la longueur du nectaire, parallèles. *Anthères* dans l'orifice de la corolle.

PIST. *Ovaire* oblong, divisé peu profondément en deux parties. *Style* à peine visible. Deux *Stigmates*, obtus.

PÉR. Deux *Follicules*, oblongs, aigus, à une loge, s'ouvrant dans leur longueur.

SEM. Nombreuses, oblongues, couronnées par une aigrette, placées en recouvrement les unes sur les autres.

OBS. *Le C.* viminale *diffère un peu du caractère générique.*

Corolle tordue. *Nectaire* cylindrique, à cinq dents.

1. CYNANCHE osier, *C. viminale*, L. à tige entortillée ou se roulant en spirale, ligneuse, sans feuilles.

Dans le *Species*, cette plante est décrite sous le nom d'Euphorbe ozier, *Euphorbia viminalis*, L. à tige sans piquans, nue, ligneuse, filiforme, entortillée; à cicatrices opposées.

En Afrique, sur les bords de la mer. ♄

2. CYNANCHE aiguë, *C. acutum*, L. à tige se roulant en spirale, herbacée; à feuilles en cœur, oblongues, lisses.

Scammonia Monspeliaca affinis, foliis acutioribus; Congénère de la Scammonée de Montpellier, à feuilles plus aiguës. *Bauh. Pin.* 294, n.° 3. *Dod. Pempt.* 408, f. 1. *Lob. Ic.* 1, p. 621. *Clus. Hist.* 1, p. 125, f. 2. *Camer. Epit.* 972. *Bauh. Hist.* 2, p. 135, f. 1.

En Espagne, en Sicile. ♄

3. CYNANCHE à fleurs aplaties, *C. planiflorum*, L. à tige se roulant; à feuilles en cœur, lisses, duvetées en dessous; à péduncules comme à grappes.

Jacq. Amer. 82, tab. 55.

A Carthagène. ♃

4. CYNANCHE à grappes, *C. racemosum*, L. à tige se roulant; à feuilles en cœur, lisses, pointues; à grappes simples.

Plukn. tab. 137, f. 2. *Jacq. Amer.* 81, tab. 54.

A Carthagène. ♃

5. CYNANCHE maritime, *C. maritimum*, L. à tige se roulant; à feuilles en cœur, hérissées, duvetées en dessous; à péduncules agrégés.

Plukn. tab. 137, f. 3? *Jacq. Amer.* 83, tab. 56.

Dans l'Amérique Méridionale. ♄

6. CYNANCHE spongieuse, *C. suberosum*, L. à tige se roulant, divisée dans sa partie inférieure, molle et spongieuse comme du liége; à feuilles en cœur, aiguës.

Dill. Elth. tab. 229, f. 296.

Dans l'Amérique Méridionale.

7. CYNANCHE hérissée, *C. hirtum*, L. à tige se roulant, ligneuse.

Moris Hist. sect. 15, tab. 3, f. 61.

Dans l'Amérique Méridionale. ♄

8. CYNANCHE de Montpellier, *C. Monspeliacum*, L. à tige se roulant, herbacée; à feuilles en forme de rein, en cœur, pointues.

Scammonia Monspel'aca, foliis rotundioribus; Scammonée de Montpellier, à feuilles arrondies. *Bauh. Pin.* 294, n.° 2. *Lob. Ic.* 1, p. 620, f. 2. *Clus. Hist.* 1, p. 126, f. 1. *Lugd. Hist.* 1662, f. 1. *Bauh. Hist.* 2, p. 132, f. 1.

A Montpellier, en Provence, sur les bords de la mer. ♄

9. CYNANCHE ondulée, *C. undulatum*, L. à tige se roulant; à feuilles lancéolées, ovales, lisses; à fleurs en ombelles, arrondies.

Jacq. Amer. 85, tab. 58.

A Carthagène. ♄

10. CYNANCHE droite, *C. erectum*, L. à tige droite, à bras ouverts; à feuilles en cœur, lisses.

Apocynum folio subrotundo; Apocyn à feuille arrondie. *Bauh. Pin.* 302, n.° 1. *Lob. Ic.* 1, p. 631, f. 1. *Clus. Hist.* 1, p. 124, f. 2. *Lugd. Hist.* 1731, f. 1. *Camer. Epit.* 841. *Bauh. Hist.* 2, p. 134, f. 2. *Jacq. Hort.* tab. 38.

En Syrie. ♃

332. APOCIN, *APOCYNUM.* * *Tournef. Inst.* 91, tab. 20. *Lam. Tab. Encyclop.* pl. 176.

CAL. *Périanthe* d'un seul feuillet, à moitié divisé en cinq segmens, droit, aigu, très-petit, persistant.

COR. Monopétale, en cloche, arrondie, à moitié divisé en cinq *parties* roulées.

Nectaire : cinq petits corps, glanduleux, ovales, entourant l'ovaire.

ÉTAM. Cinq *Filamens*, très-courts. Cinq *Anthères*, oblongues, droites, aiguës, réunies, divisées peu profondément à la base en deux parties.

PIST. Deux *Ovaires*, ovales. *Styles* à peine visibles. *Stigmate* arrondi, en quelque sorte plus grand que les ovaires.

PÉR. Deux *Follicules*, longs, aigus, à une loge, à un seul battant.

SEM. Nombreuses, très-petites, couronnées par une longue aigrette. *Réceptacle* en alêne, très-long, rude, libre.

Corolle en cloche. Cinq *Filamens* alternes avec les étamines.

1. APOCIN à feuilles d'androsème, *A. androsæmifolium*, L. à tige redressée, herbacée; à feuilles ovales, lisses sur les deux surfaces; à fleurs en cymier, terminales.

Boccon. Sic. 35, tab. 16, f. 3. *Moris. Hist.* sect. 15, tab. 3, f. 16.

Les fleurs de l'Apocin à feuilles d'androsème, renferment une liqueur mielleuse dont les mouches sont très-avides. Mais lorsqu'elles viennent la sucer, leur trompe s'engage entre les filamens, et elles se trouvent prises, pour ainsi dire, comme dans un piége, malgré les efforts qu'elles font pour la retirer.

En Virginie, au Canada. ♃

2. APOCIN chanvre, *A. cannabinum*, L. à tige redressée, herbacée; à feuilles oblongues; à fleurs en panicules, terminales.

Moris. Hist. sect. 15, tab. 3, f. 14. *Plukn.* tab. 13, f. 1, et 260, f. 4.

En Virginie, au Canada. ♃

3. APOCIN de Venise, *A Venetum*, L. à tige redressée, herbacée; à feuilles ovales, lancéolées.

Tithymalus maritimus, purpurascentibus floribus; Tithymale maritime, à fleurs pourpres. *Bauh. Pin.* 291, n.° 4. *Lob. Ic.* 1, p. 372, f. 1, mauvaise, et 2, bonne. *Lugd. Hist.* 1655, f. 2. *Bauh. Hist.* 3, P. 2, p. 676, f. 2.

Dans les isles de la mer Adriatique, à Naples, en Sibérie.

4. APOCIN ligneux, *A. frutescens*, L. à tige redressée, ligneuse; à feuilles lancéolées, ovales; à corolles aiguës, velues à la gorge.

Plukn. tab. 96, f. 7.

A Zeylan. ♄

5. APOCIN veiné, *A. reticulatum*, L. à tige se roulant, vivace; à feuilles veinées.

Rumph. Amb. 5, p. 75, tab. 40.

Dans l'Inde Orientale. ♃

333. ASCLÉPIADE, *ASCLEPIAS.* * *Tournef. Inst.* 93, tab. 22. *Lam. Tab. Encyclop.* pl. 175. APOCYNUM. *Tournef. Inst.* 91, tab. 21.

CAL. *Périanthe* à cinq segmens peu profonds, aigu, très-petit, persistant.

COR. Monopétale, plane ou renversée, à cinq *divisions* profondes, ovales, pointues, légèrement inclinées vers le soleil.

Cinq *Nectaires*, ceignant les étamines et les pistils, dont chacun, garni extérieurement d'une oreillette ovale, oblique, produit de sa base une petite corne aiguë, recourbée vers les étamines et les pistils.

Un *petit corps* tronqué couvrant les étamines et les pistils, formé par cinq écailles, roulé vers les côtés, s'ouvrant sur les côtés par autant de crevasses.

ÉTAM. *Filamens* à peine visibles. Cinq *Anthères*, pointues, insérées parmi les écailles sur le corps tronqué du nectaire.

PIST. Deux *Ovaires*, ovales, aigus. *Styles* à peine visibles. *Stigmates* simples.

PÉR. Deux *Follicules*, grands, oblongs, aigus, ventrus, à une loge, a un seul battant.

SEM. Nombreuses, couronnées par une aigrette, placées en recouvrement les unes sur les autres. *Réceptacle* membraneux, libre.

Corolle tordue. Cinq *Nectaires* ovales, concaves, produisant chacun une petite corne.

* I. *ASCLÉPIADES à feuilles opposées, planes.*

1. ASCLÉPIADE ondulée, *A. undulata*, L. à feuilles sans pétioles, oblongues, lancéolées, ondulées, lisses; à pétales ciliés.

Plukn. tab. 241, f. 2. *Commel. Rar.* pag. et tab. 16.

En Afrique. ♃

2. ASCLÉPIADE frisée, *A. crispa*, L. à feuilles lancéolées, frisées, hérissées; à pétales velus extérieurement.

Commel. Rar. pag. et tab. 17. Ce synonyme de *Commelin* est appliqué à l'*A. repanda*, L. espèce 18.

Au cap de Bonne-Espérance.

3. ASCLÉPIADE duvetée, *A. pubescens*, L. à feuilles ovales, veinées, nues; à tige ligneuse; à péduncules velus.

Moris. Hist. sect. 15, tab. 3, f. 35. *Plukn.* tab. 139, f. 1.

Au cap de Bonne-Espérance. ♄

4. ASCLÉPIADE gigantesque, *A. gigantea*, L. à feuilles embrassantes, oblongues, ovales, garnies de poils à la base.

Alp. Ægypt. 2, p. 43, tab. 26 et 27. *Plukn.* tab. 175, f. 3. *Jacq. Obs.* 3, p. 17, tab. 69.

En Egypte, dans l'Inde Orientale. ♃

5. ASCLÉPIADE de Syrie, *A. Syriaca*, L. à feuilles ovales, duvetées en dessous; à tige très-simple; à ombelles inclinées.

Clus. Hist. 2, p. 87, f. 2. *Vesl. Ægypt.* 2, p. 187. *Cornut. Canad.* 90 et 91. *Theat. Flor.* tab 63, f. 2.

Cette espèce présente une variété à feuilles lancéolées, elliptiques, à tige simple, lisses, à cornes du nectaire réunies; désignée sous le nom d'Asclépiade élevée, *A. exaltata*, L.

En Virginie. ♃

6. ASCLÉPIADE douce, *A. amœna*, L. à feuilles ovales, un peu velues en dessous; à tige simple; à ombelles et nectaires redressés.

Dill. Elth. tab. 27, f. 30.

Dans l'Amérique Septentrionale. ♃

7. ASCLÉPIADE pourpre, *A. purpurascens*, L. à feuilles ovales, velues en dessous; à tiges simples; à ombelles droites; à nectaires renversés.

Dill. Elth. tab. 28, f. 31.

A la Caroline. ♃

8. ASCLÉPIADE marquetée, *A. variegata*, L. à feuilles ovales, ridées, nues; à tige simple; à ombelles portées sur des péduncules très-courts, cotonneux.

Asclepias ex Virginiâ; Asclépiade de Virginie. *Bauh. Pin.* 303, n.° 4. *Plukn.* tab. 77, f. 1.

Dans l'Amérique Méridionale. ♃

9. ASCLÉPIADE de Curaçao, *A. Curassavica*, L. à feuilles lancéolées, pétiolées, lisses, luisantes; à tige simple; à ombelles redressées, latérales, solitaires.

Plukn. tab. 137, f. 3. *Herm. Parad.* pag. et tab. 36. *Dill. Elth.* tab. 30, f. 33.

A Curaçao. ♃ ♄

10. ASCLÉPIADE blanche, *A. nivea*, L. à feuilles ovales, lancéolées, un peu lisses; à tige simple; à ombelles redressées, latérales, solitaires.

Dill. Elth. tab. 29, f. 32.

Dans l'Amérique Méridionale, en Virginie. ♂

11. ASCLÉPIADE incarnate, *A. incarnata*, L. à feuilles lancéolées; à tige rameuse supérieurement; à ombelles droites, terminant chaque rameau.

Plukn. tab. 335, pl. 6? *Barrel.* tab. 72. *Jacq. Hort.* tab. 107.

Au Canada, en Virginie. ♃

12. ASCLÉPIADE couchée, *A. decumbens*, L. à feuilles velues; à tige couchée.

En Virginie. ♃

13. ASCLÉPIADE laiteuse, *A. lactifera*, L. à feuilles ovales; à tige redressée; à ombelles prolifères, très-courtes.

A Zeylan. ♃

14. ASCLÉPIADE Dompte-venin, *A. Vincetoxicum*, L. à feuilles ovales, barbues à la base; à tige droite; à ombelles prolifères.

Asclepias albo flore; Asclépiade à fleur blanche. *Bauh. Pin.* 303, n.° 1. *Dod. Pempt.* 407, f. 1. *Lob. Ic.* 1, p. 630, f. 1. *Lugd.*

Hist. 1144, f. 1 et 2. *Camer. Epit.* 559. *Bauh. Hist.* 2, p. 138 et 139, f. 1. *Bul. Paris.* tab. 130. *Icon. Pl. Med.* tab. 265.

Cette espèce présente une variété à fleur jaunâtre.

1. *Hirundinaria*, Dompte-venin. 2. Racine, Plante entière. 3. Laiteuse, un peu vénéneuse, légèrement amère; odeur désagréable. 4. Extraits aqueux et spiritueux en quantité inégale. 5. Petite vérole, hydropisie, écrouelles, dartres, anasarques, chlorose, suppression des règles.

Nutritive pour la Chèvre.

En Europe, dans les bois, les haies. ♃ Estivale.

15. ASCLÉPIADE noire, *A. nigra*, L. à feuilles ovales, barbues à la base; à tige se roulant à l'extrémité.

Asclepias nigro flore; Asclépiade à fleur noire. *Bauh. Pin.* 303, n.o 2. *Lob. Ic.* 1, p. 630, f. 2. *Lugd. Hist.* 1145, f. 1. *Camer. Epit.* 560. *Bauh. Hist.* 2, p. 140, f. 1.

A Montpellier, en Provence. ♃ Estivale.

* II. *ASCLÉPIADES à feuilles roulées sur les côtés.*

16. ASCLÉPIADE en arbre, *A. arborescens*, L. à feuilles roulées, ovales; à tige ligneuse, un peu velue.

Plukn. tab. 320, f. 1. *Burm. Afric.* pag. et tab. 31.

Au cap de Bonne-Espérance. ♄

17. ASCLÉPIADE arbrisseau, *A. fruticosa*, L. à feuilles roulées, linéaires, lancéolées; à tige ligneuse.

Plukn. tab. 138, f. 2. *Herm. Parad.* pag. et tab. 24.

Cette espèce présente une variété à feuilles épaisses.

En Éthiopie. ♂

18. ASCLÉPIADE peu sinuée, *A. repanda*, L. à feuilles roulées, peu sinuées, garnies de poils.

Le synonyme de *Commelin. Rar.* pag. et tab. 17, appliqué à cette espèce, est également cité pour l'*Asclepias crispa*, L.

On ignore son climat natal.

19. ASCLÉPIADE de Sibérie, *A. Sibirica*, L. à feuilles roulées, linéaires, lancéolées, opposées et trois à trois; à tige couchée.

En Sibérie. ♃

20. ASCLÉPIADE en anneau, *A. verticillata*, L. à feuilles roulées, linéaires, en anneaux; à tige droite.

Plukn. tab. 336, f. 4.

En Virginie. ♃

* III. *ASCLÉPIADES à feuilles alternes.*

21. ASCLÉPIADE rouge, *A. rubra*, L. à feuilles alternes, ovales; à plusieurs ombelles sortant d'un même péduncule commun.

En Virginie.

22. ASCLEPIADE tubéreuse, *A. tuberosa*, L. à feuilles alternes, lancéolées; à tige étalée, garnie de poils.

Dill. Elth. tab. 30, f. 34.

Dans l'Amérique Septentrionale. ♃

334. STAPELIE, *STAPELIA.* * *Lam. Tab. Encyclop.* pl. 178.

CAL. *Périanthe* d'un seul feuillet, à cinq segmens peu profonds; aigu, petit, persistant.

COR. Monopétale, plane, grande, à cinq *divisions* prolongées au-delà de sa partie intermédiaire, larges, planes, aiguës.

Nectaire : Petite étoile plane, à cinq *divisions* peu profondes, linéaires, déchirées au sommet, entourant les étamines et les pistils. Une autre *Petite étoile* plane, à cinq *divisions* peu profondes, pointues, entières, couvrant les étamines et les pistils.

ÉTAM. Cinq *Filamens*, planes, droits, larges. *Anthères* linéaires, adhérentes aux deux côtés des filamens.

PIST. Deux *Ovaires*, ovales, planes en dedans. *Styles* nuls. *Stigmates* irréguliers.

PÉR. Deux *Follicules*, oblongs, en alêne, à une loge, à un seul battant.

SEM. Nombreuses, comprimées, couronnées par une aigrette, placées en recouvrement les unes sur les autres.

Corolle tordue. Deux *Nectaires* en étoile, couvrant les étamines.

1. STAPELIE marquetée, *S. variegata*, L. à rameaux chargés de dentelures renversées en dehors.

Moris. Hist. sect. 15, tab. 3, f. 4.

Au cap de Bonne-Espérance. Cultivée dans les jardins. ♄

2. STAPELIE hérissée, *S. hirsuta*, L. à rameaux chargés de dentelures redressées.

Commel. Rar. pag. et tab. 19.

Au cap de Bonne-Espérance. Cultivée dans les jardins. ♄

3. STAPELIE mammillaire, *S. mammillaris*, L. à rameaux chargés de dentelures obtuses, piquantes.

Burm. Afric. 27, tab. 11.

Au cap de Bonne-Espérance. ♄

335. LINCONE, *LINCONIA.* †

CAL. *Périanthe* inférieur, à quatre *feuillets*, ovales, persistans, dont deux inférieurs, plus courts, opposés.

COR. Cinq *Pétales*, lancéolés, assis, droits.

Nectaire : fossette creusée à la base des pétales, ceinte à sa base d'une bordure.

ÉTAM. Cinq *Filamens*, en alêne, à bordure, droits, d'une longueur médiocre. *Anthères* obtuses, en fer de flèche, à oreillettes penchées, ouvertes.

PIST. *Ovaire* à moitié inférieur quant à la corolle, mais supérieur quant au calice. Deux *Styles*, filiformes, striés. *Stigmates* simples.

PÉR. *Capsule* à deux loges.

SEM. Deux ?

Corolle à cinq pétales. *Nectaire* formé par une petite fossette creusée à la base de chaque pétale. *Capsule* à deux loges.

1. LINCONE queue de renard, *L. alopecuroïdes*, L. à feuilles éparses, de cinq à six à chaque anneau, presque assises ou à pétioles très-courts, linéaires, à trois faces, un peu roides, luisantes.

Au cap de Bonne-Espérance. ♄.

336. HERNIAIRE, *HERNIARIA*. *Tournef. Inst.* 507, tab. 288. *Lam. Tab. Encyclop.* pl. 180.

CAL. *Périanthe* d'un seul feuillet, à cinq segmens profonds, aigu, ouvert, coloré intérieurement, persistant.

COR. Nulle.

ÉTAM. Cinq *Filamens*, en alêne, très-petits, insérés entre les segmens du calice. *Anthères* simples.

Cinq autres *Filamens*, stériles, alternes avec les segmens du calice.

PIST. *Ovaire* ovale. *Style* à peine visible. Deux *Stigmates* aigus, de la longueur du style.

PÉR. *Capsule* petite, placée dans le fond du calice, couverte, s'ouvrant à peine.

SEM. Solitaire, ovale, pointue, luisante.

OBS. *L'*H. fruticosa *a une unité de moins dans les segmens du calice, et le nombre des étamines. L'*H. lenticulata *diffère un peu par son caractère, des autres espèces de ce genre.*

Calice à cinq segmens profonds. *Corolle* nulle. Cinq *Étamines* stériles. *Capsule* renfermant une seule semence.

1. HERNIAIRE lisse, *H. glabra*, L. à feuilles lisses; à fleurs nombreuses, entassées.

Polygonum minus, seu Millegrana major, glabra ; Persicaire plus petite, ou Millegraine plus grande, lisse. *Bauh. Pin.* 281, n.° 11. *Dod. Pempt.* 114, f. 1. *Lob. Ic.* 1, p. 421, f. 2. *Lugd. Hist.* 1126, fig 1. *Camer. Epit.* 690. *Bauh. Hist.* 3, P. 2, p. 378, f. 3. *Flor. Dan.* tab. 529. *Bul. Paris.* tab. 131. *Icon. Pl. Med.* tab. 382.

1. *Herniaria*, Herniaire, Turquette. 2. Herbe entière 3. Inodore, insipide. 5. Vertige, hydropisie, calcul, cancer, hernie, ophthalmie.

Nutritive pour le Cheval, le Mouton, le Bœuf.

En Europe, dans les lieux secs, sablonneux. ☉ Estivale.

2. HERNIAIRE velue, *H. hirsuta*, L. à feuilles hérissées de poils; à fleurs peu nombreuses, entassées.

Polygonum minus, seu Millegrana major, hirsuta; Persicaire plus petite, ou Millegraine plus grande, velue. *Bauh. Pin.* 281, n.° 11. *Bauh. Hist.* 3, P. 2, p. 379, f. 1. *Bul. Paris.* t. 132.

Cette espèce est si ressemblante à l'*Herniaire lisse*, qu'on est tenté de ne la regarder que comme une simple variété. Ce qui confirme cette opinion, c'est que nous trouvons à Lyon des individus à feuilles lisses et velues, sur le même pied. Le voisinage des eaux pourroit bien contribuer à faire disparoître les poils des feuilles, et établir une différence qui nous paroît tenir du sol, mais que nous ne croyons pas exister réellement.

En Europe, dans les lieux secs, sablonneux. ☉ Estivale.

3. HERNIAIRE ligneuse, *H. fruticosa*, L. à tiges ligneuses; à fleurs dont le calice est à quatre segmens peu profonds.

Herniaria fruticosa, viticulis lignosis; Herniaire ligneuse, à drageons ligneux. *Bauh. Pin.* 282, à la suite du n.° 11. *Lob. Ic.* 2, p. 85, f. 1.

En Espagne. ♄

4. HERNIAIRE lenticulaire, *H. lenticulata*, L. à tige sous-ligneuse; à feuilles ovales, oblongues, velues.

Polygonum minus, tenuifolium; Persicaire plus petite, à feuilles menues. *Bauh. Pin.* 281, n.° 9. *Plukn.* tab. 53, f. 3. *Buxb. Cent.* 1, p. 18, tab. 28, f. 2.

A Montpellier, en Espagne.

337. CHÉNOPODE, *CHENOPODIUM.* * *Tournef. Inst.* 506, tab. 288. *Lam. Tab. Encyclop.* pl. 181.

CAL. *Périanthe* concave, persistant, à cinq *feuillets*, ovales, concaves, membraneux sur les bords.

COR. Nulle.

ÉTAM. Cinq *Filamens*, en alêne, opposés aux feuillets du calice et les égalant en longueur. *Anthères* arrondies, didymes.

PIST. *Ovaire* arrondi. *Style* court, divisé profondément en deux parties. *Stigmates* obtus.

PÉR. Nul. Le *Calice* dont les feuillets sont réunis, à cinq côtés, à cinq angles comprimés, caduc-tardif, renferme les semences.

SEM. Une seule, en forme de lentille, supérieure.

OBS. *Dans quelques espèces on a observé que le style étoit divisé peu profondément en trois parties.*

Calice à cinq feuillets, pentagone. *Corolle* nulle. Une *Semence* en forme de lentille, placée dans le calice.

* I. *CHÉNOPODES à feuilles anguleuses.*

1. CHÉNOPODE Bon Henri, *C. Bonus Henricus*, L. à feuilles triangulaires, en fer de flèche, très entières; à épis composés, placés aux aisselles des feuilles, sans petites feuilles interposées.

Lapathum unctuosum, folio triangulo; Patience onctueuse, à feuille triangulaire. *Bauh. Pin.* 115, n.° 6. *Trag.* 317. *Dod. Pempt.* 651, f. 1. *Lob. Ic.* 1, p. 256, f. 2. *Lugd. Hist.* 602, f. 2. *Camer. Epit.* 368. *Bauh. Hist.* 2, p. 965, f. 2. *Bellev.* tab. 279 et 280. *Moris. Hist.* sect. 5, tab. 30, f. 1. *Flor. Dan.* t. 579. *Bul. Paris.* tab. 133. *Icon. Pl. Med.* tab. 90.

Dans les montagnes on mange les feuilles au lieu d'épinards; et dans le nord, au rapport de *Linné*, on fait cuire les tiges comme celles des asperges.

En Europe, dans les terrains incultes. ♃ Estivale.

2. CHÉNOPODE des villes, *C. urbicum*, L. à feuilles triangulaires, légèrement dentées; à fleurs en grappes, entassées, très-serrées, rapprochées de la tige, très-longues.

Nutritive pour le Mouton, la Chèvre, le Canard, l'Oie.

En Europe, parmi les décombres dans les villes. ⊙ Estivale.

3. CHÉNOPODE rougeâtre, *C. rubrum*, L. à feuilles en cœur, triangulaires, un peu obtuses, dentées; à fleurs en grappes, droites, composées, séparées par de petites feuilles plus courtes que la tige.

Atriplex sylvestris, latifolia; Aroche sauvage, à larges feuilles. *Bauh. Pin.* 119, n.° 3. *Fusch. Hist.* 653. *Dod. Pempt.* 616, f. 1. *Lob. Ic.* 1, p. 254, f. 2. *Lugd. Hist.* 536, f. 4, et 542, f. 2. *Bauh. Hist.* 2, p. 975, f. 2.

Nutritive pour le Mouton, le Cochon, la Chèvre.

En Europe, dans les terrains cultivés. ⊙ Estivale.

4. CHÉNOPODE des murailles, *C. murale*, L. à feuilles ovales, luisantes, dentées, aiguës; à fleurs en grappes, nues.

Atriplex sylvestris, latifolia, acutiore folio; Aroche sauvage, à feuilles larges, plus aiguës. *Bauh. Pin.* 119, n.° 4. *Bauh. Hist.* 2, p. 975, f. 1. *Bul. Paris.* tab. 134.

En Europe, parmi les décombres. ⊙ Estivale.

5. CHÉNOPODE

5. **CHÉNOPODE** tardif, *C. serotinum*, L. à feuilles delthoïdes, sinuées, dentées, ridées, lisses, uniformes; à fleurs en grappes, terminales.

A Lyon, en Espagne, à Naples. ⊙ Estivale.

6. **CHÉNOPODE** blanc, *C. album*, L. à feuilles rhomboïdales; triangulaires, rongées, très-entières : les supérieures oblongues; à fleurs en grappes, droites.

Atriplex sylvestris, folio sinuato, candicante; Aroche sauvage, à feuille sinuée, blancheâtre. *Bauh. Pin.* 119, n.° 1. *Fuschs. Hist.* 119. *Lob. Ic.* 1, p. 254, f. 1. *Dod. Pempt.* 615, f. 2. *Lugd. Hist.* 536, f. 3. *Camer. Epit.* 242. *Bauh. Hist.* 2, p. 972, f. 1 et 2. *Bul. Paris.* tab. 135.

Nutritive pour le Mouton, le Bœuf, la Chèvre.

En Europe, dans les champs. ⊙ Estivale.

7. **CHÉNOPODE** vert, *C. viride*, L. à feuilles rhomboïdales, dentées, sinuées; à fleurs en grappes, garnies de quelques feuilles.

Lugd. Hist. 536, f. 1. *Vaill. Bot.* 36, tab. 7, f. 1.

Nutritive pour le Mouton, le Cochon, la Chèvre.

En Europe, dans les terrains cultivés. ⊙ Estivale.

8. **CHÉNOPODE** hybride, *C. hybridum*, L. à feuilles en cœur; anguleuses, aiguës; à fleurs en grappes composées, nues.

Barrel. tab. 540. *Vaill. Bot.* 36, tab. 7, f. 2.

Nutritive pour le Mouton, le Bœuf.

En Europe, dans les terrains cultivés. ⊙ Estivale.

9. **CHÉNOPODE** botride, *C. botrys*, L. à feuilles oblongues, sinuées; à grappes nues, à plusieurs divisions peu profondes.

Botrys ambrosioïdes, vulgaris; Piment ambroisie, vulgaire. *Bauh. Pin.* 138, n.° 1. *Fusch. Hist.* 179. *Dod. Pempt.* 34, f. 1. *Lob. Ic.* 1, p. 228, f. 1. *Lugd. Hist.* 952, f. 1. *Camer. Epit.* 598. *Icon. Pl. Med.* tab. 225.

1. *Botrys*, Botryé. 2. Plante entière, Semences. 4. Odeur aromatique, forte, stimulante, un peu âcre au goût. 5. Asthme, difficulté de respirer, phthisie, toux convulsive, hystéricie, colique venteuse. 6. On la prend comme le Thé, en infusion aqueuse ou vineuse.

A Lyon, à Montpellier. ⊙ Estivale.

10. **CHÉNOPODE** ambrosie, *C. ambrosioïdes*, L. à feuilles lancéolées, dentées; à fleurs en grappes, garnies de feuilles, simples.

Botrys ambrosioïdes, Mexicana; Piment ambroisie, du Mexique. *Bauh. Pin.* 138, n.° 2. *Moris. Hist.* sect. 5, tab. 35, f. 2. *Barrel.* tab. 1185.

Au Mexique, en Portugal. Cultivé dans les jardins. ⊙

11. CHÉNOPODE divisé, *C. multifidum*, L. à feuilles à plusieurs divisions peu profondes, linéaires; à fleurs axillaires, assises.

Dill. Elth. tab. 66, f. 77.

A Buénos-Aires.

12. CHÉNOPODE anthelminthique, *C. anthelminticum*, L. à feuilles ovales, oblongues, dentées; à fleurs en grappes, sans petites feuilles interposées.

Dill. Elth. tab. 66, f. 77.

1. *Anthelminthicum.* 2. Semences. 3. Odeur forte, fatigante. 5. Vers.

En Pensylvanie, à Buénos-Aires.

13. CHÉNOPODE glauque, *C. glaucum*, L. à feuilles ovales, oblongues, peu sinuées; à fleurs en grappes, nues, simples, glomerées.

Bul. Paris. tab. 136.

Nutritive pour le Cheval, le Bœuf.

En Bourgogne. ☉ Estivale.

* II. *CHÉNOPODES à feuilles entières.*

14. CHÉNOPODE fétide, *C. vulvaria*, L. à feuilles très-entières, rhomboïdales, ovales; à fleurs conglomérées, axillaires.

Atriplex fœtida; Aroche fétide. *Bauh. Pin.* 119, n.° 8. *Dod. Pempt.* 616, f. 2. *Lob. Ic.* 1, p. 255, f. 2. *Lugd. Hist.* 542, f. 1. *Bauh. Hist.* 2, p. 974 et 975, f. 1. *Bul. Paris.* tab. 137.

1. *Vulvaria*, Vulvaire, Aroche puante. 2. Toute la plante. 3. Sentant le bouc, fétide, amère. 5. Affections nerveuses, convulsives; spasmes hystériques.

Nutritive pour le Cheval, le Mouton, le Bœuf, la Chèvre.

En Europe, dans les jardins. ☉ Estivale.

15. CHÉNOPODE à plusieurs semences, *C. polyspermum*, L. à feuilles très-entières, ovales; à tige droite ou couchée; à fleurs en grappes, dichotomes, axillaires, sans feuilles.

Blitum polyspermum; Blite à plusieurs semences. *Bauh. Pin.* 118, n.° 3. *Lob. Ic.* 1, p. 256, f. 1. *Lugd. Hist.* 537, f. 2. *Camer. Epit.* 237. *Bauh. Hist.* 2, p. 967, f. 2. *Moris. Hist.* sect. 5, tab. 30, f. 6.

Nutritive pour le Mouton, le Bœuf.

En Europe, dans les lieux cultivés. ☉ Estivale.

16. CHÉNOPODE Belvedère, *C. Scoparia*, L. à feuilles linéaires, lancéolées, planes, très-entières.

Linaria Scoparia; Linaire Belvedère. *Bauh. Pin.* 212, n.° 1. *Dod. Pempt.* 101, f. 2. *Lob. Ic.* 1, p. 409, f. 2. *Lugd. Hist.* 1333, f. 1 et 2. *Bauh. Hist.* 3, P. 2, p. 462, f. 1 et 3.

En Grèce, à Naples, à la Chine, au Japon, en Carniole. ☉

17. CHÉNOPODE maritime, *C. maritimum*, L. à feuilles en alêne, demi-cylindriques.

Kali minus album, semine splendente; Kali blanc plus petit, à semence brillante. *Bauh. Pin.* 289, n.° 2. *Dod. Pempt.* 81, f. 2. *Lob. Ic.* 1, p. 394, f. 2. *Lugd. Hist.* 1377, f. 2. *Moris. Hist.* sect. 5, tab. 33, f. 3. *Flor. Dan.* tab. 489.

A Montpellier.

18. CHÉNOPODE à arêtes, *C. aristatum*, L. à feuilles lancéolées, un peu charnues, très-entières; à fleurs en corymbes dichotomes, à arêtes, axillaires.

Gmel. Sibir. 3, p. 83, tab. 15, f. 1.

Cette espèce présente une variété, à feuilles linéaires, obtuses, presque creusées en gouttière; à péduncules axillaires, dichotomes, sans arêtes, désignée dans le *Species*, sous le nom de Chénopode de Virginie.

En Sibérie, *l'espèce*; *en Virginie*, *la variété*.

338. BETTE, *BETA*. * *Tournef. Inst.* 501, tab. 286. *Lam. Tab. Encyclop.* pl. 182.

CAL. *Périanthe* concave, persistant, à cinq *feuillets*, ovales, oblongs, obtus.

COR. Nulle.

ÉTAM. Cinq *Filamens*, en alêne, opposés aux feuillets du calice, et les égalant en longueur. *Anthères* arrondies.

PIST. *Ovaire* en quelque sorte au-dessous du réceptacle. Deux *Styles* très-courts, droits. *Stigmates* aigus.

PÉR. *Capsule* dans le fond du calice, à une loge, caduque-tardive.

SEM. Une seule, en forme de rein, comprimée, enveloppée par le calice.

Calice à cinq feuillets. *Corolle* nulle. *Semences* en forme de rein, nidulées dans la substance de la base du calice.

1. BETTE vulgaire, *B. vulgaris*, L. à fleurs entassées.

Cette espèce présente cinq variétés.

1.° *Beta rubra, vulgaris*; Bette rouge, vulgaire. *Bauh. Pin.* 118, n.° 3. *Dod. Pempt.* 620, f. 2. *Lob. Ic.* 1, p. 248, f. 2. *Lugd. Hist.* 532, f. 2 et 3. *Bauh. Hist.* 2, p. 961, f. 3.

2.° *Betta rubra, major*; Bette rouge, plus grande. *Bauh. Pin.* 118, n.° 2.

3.° *Betta rubra, radice rapæ*; Bette rouge, à racine de rave. *Bauh. Pin.* 118, n.° 4. *Dod. Pempt.* 620, f. 3. *Lob. Ic.* 1, p. 248, f. 1. *Lugd. Hist.* 533, f. 1 et 2. *Camer. Epit.* 256.

4.° *Beta lutea, major*; Bette jaune, plus grande. *Bauh. Pin.* 118, n.° 3.

5.° *Beta pallide virens, major*; Bette d'un vert pâle, plus grande. *Bauh. Pin.* 118, n.° 1.

La *Bette-rave* est purement oléracée : elle formoit autrefois une partie de la nourriture des pauvres gens de Rome. On la cultive en grand, comme fourrage, dans les environs de Paris. Cette plante contient dans sa racine un principe mucilagineux sucré, qui la rend assez nourrissante. Une demi-livre de racine de Bette-rave rouge, séchée et mise en digestion dans l'esprit-de-vin, fournit deux gros et demi de sucre; la racine de Bette blanche en donne encore une plus grande quantité.

En Europe, sur les bords de la mer. Cultivée dans les jardins potagers. ♂ Estivale.

2. BETTE blanche, *B. Cicla*, L. à fleurs trois à trois.

Beta alba vel pallescens, quæ Cicla officinarum; Bette blanche ou pâle, ou Bette des boutiques. *Bauh. Pin.* 118, n.° 2. *Dod. Pempt.* 620, f. 1. *Lob. Ic.* 1, p. 247, f. 2. *Lugd. Hist.* 532, f. 1. *Camer. Epit.* 255.

En Portugal. Cultivée dans les jardins. ☉

3. BETTE maritime, *B. maritima*, L. à fleurs deux à deux.

Beta sylvestris, maritima; Bette sauvage, maritime. *Bauh. Pin.* 118, n.° 7.

A Montpellier, sur les bords de la mer.

339. SOUDE, *SALSOLA*. * *Lam. Tab. Encyclop.* pl. 181. KALI. *Tournef. Inst.* 247, tab. 128.

CAL. *Périanthe* à cinq *feuillets*, ovales, concaves, persistans.

COR. Nulle, (à moins qu'on ne prenne le calice pour corolle.)

ÉTAM. Cinq *Filamens*, très-courts, insérés sur les segmens du calice.

PIST. *Ovaire* arrondi. *Style* court, divisé peu profondément en deux ou trois parties. *Stigmates* recourbés.

PÉR. *Capsule* ovale, enveloppée par le calice, à une loge.

SEM. Une seule, très-grande, en coquille d'escargot.

OBS. *Quelques espèces ont trois* Styles.

Calice à cinq feuillets. *Corolle* nulle. *Capsule* renfermant une seule semence contournée en coquille d'escargot.

1. SOUDE Kali, *S. Kali*, L. à tige herbacée, couchée; à feuilles en alêne, épineuses; à calices axillaires, dont les marges des feuillets sont membraneuses.

Kali spinosa affinis; Congénère de la Soude épineuse. *Bauh. Pin.*

289, n.° 2. *Lob. Ic.* 1, p. 797, f. 2. *Lugd. Hist.* 1477, f. 1. *Moris. Hist.* sect. 5, tab. 33, f. 11. *Icon. Pl. Med.* tab. 258.

En Europe, sur les bords de la Méditerranée. ⊙

2. **SOUDE** épineuse, *S. Tragus*, L. à tige herbacée, droite; à feuilles en alêne, épineuses, lisses; à calices ovales.

Kali spinosum, cochleatum; Soude épineuse, à coquille d'escargot. *Bauh. Pin.* 289, n.° 1.

Cette espèce ressemble beaucoup à la précédente.

A Montpellier, sur les bords de la Méditerranée, à Lyon. ⊙

3. **SOUDE** rosacée, *S. rosacea*, L. à tige herbacée; à feuilles en alêne, piquantes; à calices aplatis.

Buxb. Cent. 1, p. 9, tab. 14, f. 2.

En Asie, à Naples. ⊙

4. **SOUDE** Soda, *S. Soda*, L. à tige herbacée, étalée; à feuilles non piquantes.

Kali majus, cochleato semine; Soude plus grande, à semence en coquille d'escargot. *Bauh. Pin.* 289, n.° 2. *Dod. Pempt.* 81, f. 1. *Lob. Ic.* 1, p. 394, f. 1. *Lugd. Hist.* 1377, f. 1, et 1378, f. 2. *Jacq. Hort.* tab. 68. *Icon. Pl. Med.* tab. 355.

En Provence, sur les bords de la Méditerranée. ⊙

5. **SOUDE** cultivée, *S. sativa*, L. à tige herbacée, diffuse; à feuilles arrondies, lisses; à fleurs conglomérées.

Kali minus alterum; autre Soude plus petite. *Bauh. Pin.* 289; n.° 3.

Cette espèce fournit le meilleur sel de Soude.

A Montpellier, sur les bords de la Méditerranée. ⊙

6. **SOUDE** très-élevée, *S. altissima*, L. à tige herbacée, droite, très-rameuse; à feuilles filiformes, un peu aiguës, à la base desquelles sont insérés les péduncules.

Kali gramineo folio; Soude à feuille graminée. *Bauh. Pin.* 289, n.° 5. *Buxb. Cent.* 1, p. 21, tab. 31, f. 2.

Cette espèce présente une variété à feuilles filiformes, piquantes; à tige très-rameuse.

En Italie.

7. **SOUDE** salée, *S. salsa*, L. à tige herbacée, droite; à feuilles linéaires, un peu charnues, sans piquans; à calices succulens, diaphanes.

Buxb. Cent. 1, p. 21, tab. 31, f. 1.

A Astracan. ⊙

8. **SOUDE** velue, *S. hirsuta*, L. à tige herbacée, diffuse; à feuilles arrondies, obtuses, duvetées.

Kali minus, villosum; Kali plus petit, velu. *Bauh. Pin.* 289, n.° 4. *Bauh. Hist.* 3, p. 702, f. 1. *Flor. Dan.* tab. 187.

A Montpellier, en Dannemarck, sur les bords de la mer. ⊙

9. SOUDE d'Espagne, *S. polyclonos*, L. à tige sous-ligneuse, diffuse; à feuilles oblongues; à calices glomérés, dont les marges des feuillets sont colorés.

Barrel. tab. 275.

En Sicile, en Espagne, sur les bords de la mer.

10. SOUDE couchée, *S. prostrata*, L. à tige ligneuse; à feuilles linéaires, garnies de poils, sans piquans.

Buxb. Cent. 1, p. 7 et 9, tab. 15 et tab. 11, f. 2. *Jacq. Aust.* tab. 294.

En Asie, en Espagne, en Autriche, en Suisse, en Sibérie. ♄

11. SOUDE vermiculaire, *S. vermiculata*, L. à tige ligneuse; à feuilles ovales, pointues, charnues.

Barrel. tab. 215? *Buxb. Cent.* 1, p. 8, tab. 14, f. 1?

En Espagne. ♄

12. SOUDE arbrisseau, *S. fruticosa*, L. à tige droite, ligneuse; à feuilles filiformes, un peu obtuses.

Anthyllis chamæpityides frutescens; Anthyllide chamépityide ligneuse. *Bauh. Pin.* 282, n.° 4. *Lob. Ic.* 1, p. 381, f. 2. *Lugd. Hist.* 1160, f. 2. *Bauh. Hist.* 3, P. 2, p. 704, f. 3.

A Montpellier, en Espagne. ♄

13. SOUDE hérissée, *S. muricata*, L. à tige ligneuse, étalée; à rameaux hérissés; à calices épineux.

Buxb. Cent. 3, p. 27, tab. 39.

Dans l'Europe Méridionale, en Egypte. ♄

Obs. Toutes les Soudes fournissent plus ou moins abondamment l'alkali fixe du sel marin, qui forme la base de plusieurs sels précieux en médecine, comme le sel de Saignette (tartride de soude), le sel de Glauber (sulphate de soude).

340. ANABASE, *ANABASIS*. † *Lam. Tab. Encyclop.* pl. 182.

CAL. *Périanthe* à trois *feuillets*, arrondis, concaves, obtus, ouverts.

COR. Cinq *Pétales*, ovales, égaux, plus petits que le calice, persistans.

ÉTAM. Cinq *Filamens*, filiformes, plus longs que la corolle. *Anthères* arrondies.

PIST. *Ovaire* arrondi, aigu, terminé par deux *Styles*. *Stigmates* obtus.

PÉR. *Baie* arrondie, ceinte par le calice dilaté.

SEM. Une seule, en coquille d'escargot.

Calice à trois feuillets. *Corolle* à cinq pétales. *Baie* renfermant une seule semence, enveloppée par le calice.

1. ANABASE sans feuilles, *A. aphylla*, L. sans feuilles; à articulations échancrées.

Buxb. Cent. 1, p. 11, tab. 18, f. 1.

Le synonyme de *G. Bauhin*, *Kali geniculatum alterum seu minus*; autre Soude genouillée ou plus petite, citée pour cette espèce, a été appliqué par *Rejchard* à la Salicorne d'Arabie, *S. Arabica*, L.

Sur les bords de la mer Caspienne. ♄

2. ANABASE feuillée, *A foliosa*, L. à feuilles comme en massue.

Buxb. Cent. 1, p. 12, tab. 19, f. 1.

Sur les bords de la mer Caspienne. ☉

3. ANABASE à feuilles de tamarin, *A. tamariscifolia*, L. à feuilles en alène; à baies sèches.

En Espagne. ♄

341. CRESSE, *CRESSA.* † *Lam. Tab. Encyclop.* pl. 183.

CAL. *Périanthe* à cinq *feuillets*, ovales, obtus, couchés, persistans.

COR. Monopétale, en soucoupe. *Tube* de la longueur du calice, ventru inférieurement. *Limbe* à cinq *divisions* profondes, ovales, aiguës, ouvertes.

ÉTAM. Cinq *Filamens*, capillaires, longs, insérés sur le tube de la corolle. *Anthères* arrondies.

PIST. *Ovaire* ovale. Deux *Styles*, filiformes, de la longueur des étamines. *Stigmates* simples.

PÉR. *Capsule* ovale, à une loge, à deux battans, un peu plus longue que le calice.

SEM. Une seule, ovale, oblongue.

Calice à cinq feuillets. *Corolle* en soucoupe. *Filamens* insérés sur le tube de la corolle. *Capsule* à deux battans, renfermant une seule semence.

1. CRESSE de Crète, *C. Cretica*, L. à tige couchée, rameuse; à feuilles petites, alternes, assises, ovales ou lancéolées.

Chamæpithys incana, exiguo folio; Chamépithys blanchâtre, à feuille menue. *Bauh. Pin.* 249, n.° 1. *Dod. Pempt.* 46, f. 3. *Lob. Ic.* 1, p. 383. *Lugd. Hist.* 1160, f. 1. *Alp. Exot.* 157 et 156. *Plukn.* tab. 43, f. 6.

A Montpellier, en Provence, dans l'isle de Crète.

342. STERIS, *STERIS*.

CAL. *Périanthe* d'un seul feuillet, à cinq *segmens* profonds, oblongs, pointus, persistans.

COR. Monopétale, en roue, ouverte, à cinq *divisions* profondes, un peu plus longue que le calice.

ÉTAM. Cinq *Filamens*, en alêne, droits, de la longueur du calice. *Anthères* en fer de flèche.

PIST. *Ovaire* arrondi. Deux *Styles*, filiformes, de la longueur des étamines. *Stigmates* obtus.

PÉR. *Baie* arrondie, à une loge.

SEM. Plusieurs, oblongues.

Calice à cinq segmens profonds. *Corolle* en roue. *Baie* à une seule loge, renfermant plusieurs semences.

1. STERIS de Java, *S. Javana*, L. à feuilles alternes, pétiolées, ovales, oblongues, très-entières, un peu aiguës, lisses.

Dans l'Inde Orientale. ♃

343. AMARANTHINE, *GOMPHRENA*. * *Lam. Tab. Encyclop.* pl. 180. AMARANTHOÏDES. *Tournef. Inst.* 654, tab. 429.

CAL. *Périanthe* coloré extérieurement, à trois *feuillets*, dont deux rapprochés, en carêne.

COR. Cinq *Pétales*, droits, en alêne, persistans, rudes, velus.

Nectaire : Tube comme cylindrique, de la longueur de la corolle, à *orifice* à cinq dents, ouvert.

ÉTAM. Cinq *Filamens*, à peine visibles, dans l'orifice du nectaire. *Anthères* droites, fermant l'orifice du nectaire.

PIST. *Ovaire* ovale et terminé en pointe. *Style* filiforme, à moitié divisé en deux parties. *Stigmates* simples, de la longueur des étamines.

PÉR. *Capsule* arrondie, s'ouvrant horizontalement.

SEM. Une seule, grande, arrondie, terminée obliquement au sommet.

Calice coloré, extérieurement à trois feuillets, dont deux sont réunis en carêne. *Corolle* à cinq pétales, rudes, velus. *Nectaire* cylindrique, à cinq dents. *Capsule* renfermant une seule semence. *Style* à moitié divisé en deux parties.

1. AMARANTHINE globuleuse, *G. globosa*, L. à tige droite; à feuilles ovales, lancéolées; à fleurs en tête, solitaires; à pédoncules garnis de deux feuilles.

Rheed. Mal. 10, p. 73, tab. 37. *Rumph. Amb.* 5, p. 289, tab. 100, f. 2. *Commel. Hort.* 1, p. 85, tab. 45. *Bul. Paris.* tab. 138.

Dans l'Inde Orientale. ☉

2. AMARANTHINE vivace, *G. perennis*, L. à feuilles lancéolées; à fleurs en tête, garnies de deux feuilles; à fleurons séparés par un calice particulier.

Dill. Elth. tab. 20, f. 22.

A Buénos-Aires. ♄

3. AMARANTHINE hérissée, *G. hispida*, L. à tige droite; à fleurs en tête, à deux feuilles; à feuilles crénelées.

Rheed. Mal. 9, p. 141, tab. 72.

Au Malabar.

4. AMARANTHINE du Brésil, *G. Brasiliensis*, L. à tige droite; à feuilles ovales, oblongues; à fleurs en tête, pédunculées, arrondies, sans feuilles.

Breyn. Cent. tab. 52.

Au Brésil.

5. AMARANTHINE à dents de scie, *G. serrata*, L. à tige droite, en croix; à fleurs en tête, solitaires, terminales, sans pédunculés; à calices à dents de scie.

Dans l'Amérique Méridionale.

6. AMARANTHINE interrompue, *G. interrupta*, L. à tige droite; à fleurs en épi interrompu.

Dans l'Amérique Méridionale.

7. AMARANTHINE jaune, *G. flava*, L. à péduncules opposés, divisés peu profondément en deux parties; à fleurs à trois têtes: l'intermédiaire sans péduncule.

A Vera-Cruz.

344. BOSÉE, *BOSEA. Lam. Tab. Encyclop.* pl. 182.

CAL. *Périanthe* à cinq *feuillets*, égaux, arrondis, concaves, droits, grêles sur les bords.

COR. Nulle.

ETAM. Cinq *Filamens*, en alêne, plus longs que le calice. *Anthères* simples.

PIST. *Ovaire* ovale, oblong, pointu. *Style* nul. Deux *Stigmates.*

PÉR. *Baie* arrondie, à une loge.

SEM. Une seule, arrondie, pointue.

Calice à cinq feuillets. *Corolle* nulle. *Baie* renfermant une seule semence.

1. BOSÉE Yervamora, *B. Yervamora*, L. à feuilles blanchâtres en dessous; à nervures pourpres.

Sloan. Jam. tab. 158, f. 3.

Aux isles Canaries. ♄

341. ORME, *ULMUS*. * *Tournef. Inst.* 601, tab. 372. *Lam. Tab. Encyclop.* pl. 185.

CAL. *Périanthe* d'un seul feuillet, en toupie, ridé. *Limbe* à cinq segmens peu profonds, droit, coloré intérieurement, persistant.

COR. Nulle.

ÉTAM. Cinq *Filamens*, en alêne, deux fois plus longs que le calice. *Anthères* à quatre sillons, droites, courtes.

PIST. *Ovaire* arrondi, droit. Deux *Styles*, plus courts que les étamines, renversés. *Stigmates* duvetés.

PÉR. *Baie* ovale, grande, sèche, comprimée, membraneuse.

SEM. Une seule, arrondie, légèrement comprimée.

Calice à cinq segmens peu profonds. *Corolle* nulle. *Baie* sèche, comprimée, entourée par une membrane.

1. ORME vulgaire, *U. campestris*, L. à feuilles à dents de scie elles-mêmes dentées, inégales à la base.

Ulmus campestris et Theophrasti; Orme champêtre et de Théophraste. *Bauh. Pin.* 426, n.° 1. *Dod. Pempt.* 837, f. 1. *Lob. Ic.* 2, p. 189, f. 1. *Lugd. Hist.* 80, f. 1. *Camer. Epit.* 70. *Bauh. Hist.* 1, P. 2, p. 139, f. 1. *Flor. Dan.* tab. 632. *Bul. Paris.* tab. 139. *Icon. Pl. Med.* tab. 426.

1. *Ulmus*, Orme, Ormeau. 2. Écorce moyenne; eau qui se trouve dans les excroissances en forme de vessie, qu'on trouve fréquemment sur les feuilles, et qui sont occasionnées par la piqûre des pucerons. 3. *Écorce* : styptique, austère. 4. Suc de l'écorce très-gluant, ainsi que sa décoction. 5. Ascite, gale, affections cutanées, hémoptysie, pertes, fièvres intermittentes, coliques avec diarrhées, ardeurs d'urine, tenesmes; ophthalmie, l'*eau des vessies*. 6. L'*Orme* teint en jaune, il sert au charronnage. Les Tourneurs en font des vis de pressoir; on en fait de bons tuyaux pour la conduite des eaux, parce qu'il se corrompt difficilement. Le bois est très-bon pour le chauffage, et fournit un bon charbon.

L'Orme offre plusieurs variétés, à feuilles plus ou moins rudes, plus ou moins grandes, panachées; à branches plus ou moins étalées.

Nutritive pour le Cheval, le Mouton, le Bœuf, le Cochon, la Chèvre.

Dans toute l'Europe. ♄ Vernale.

2. ORME d'Amérique, *U. Americana*, L. à feuilles également dentées, à dents de scie inégales à la base.

En Virginie. ♄

3. ORME nain, *U. pumila*, L. à feuilles également dentées, à dents de scie égales à la base.

En Sibérie. ♄

346. NAME, *NAMA.* † *Lam. Tab. Encyclop.* pl. 184.

CAL. *Périanthe* à cinq *feuillets*, lancéolés, droits, ouverts, persistans.

COR. Cinq *Pétales*, ovales, plus courts que le calice, ouverts.

ÉTAM. Cinq *Filamens*, capillaires, de la longueur de la corolle. *Anthères* un peu alongées.

PIST. *Ovaire* ovale. Deux *Styles*, capillaires, droits, de la longueur des étamines. *Stigmates* obtus, ouverts.

PÉR. *Capsule* ovale, à une loge, à deux battans, de la longueur du calice.

SEM. Nombreuses, très-petites. *Réceptacle* ovale, adhérent par sa base à la capsule.

Calice à cinq feuillets. *Corolle* à cinq divisions profondes. *Capsule* à une seule loge, à cinq battans.

1. NAME de Zeylan, *N. Zeylanica*, L. à tige droite, lisse; à feuilles linéaires; à fleurs en grappes.

Plukn. tab. 130, f. 2.

Dans l'Inde Orientale. ☉

2. NAME de la Jamaïque, *N. Jamaïcensis*, L. à tige couchée; à feuilles en ovale renversé; à fleurs solitaires.

Brown. Jam. 185, tab. 18, f. 2.

A la Jamaïque.

347. HYDROLE, *HYDROLEA. Lam. Tab. Encyclop.* pl. 184.

CAL. *Périanthe* à cinq *feuillets*, en alêne, droits.

COR. Monopétale, en roue et en cloche. *Tube* plus court que le calice. *Limbe* ouvert, à cinq *divisions* profondes, ovales, couchées.

ÉTAM. Cinq *Filamens*, en alêne, en cœur à la base. *Anthères* oblongues, courbées, couchées.

PIST. *Ovaire* ovale. Deux *Styles*, filiformes, ouverts. *Stigmates* tronqués.

PÉR. *Capsule* ovale, à deux loges, à deux battans.

SEM. Plusieurs, très-petites, placées en recouvrement les unes sur les autres. *Réceptacle* grand.

Calice à cinq feuillets. *Corolle* en roue. *Filamens* en cœur à la base. *Capsule* à deux loges, à deux battans.

1. HYDROLE épineuse, *H. spinosa*, L. à feuilles lancéolées, sans pétioles, presque ondulées, visqueuses; à épines axillaires, étalées.

Dans l'Amérique Méridionale. ♄

348. SCHREBÈRE, *SCHREBERA.* †

CAL. *Périanthe* à cinq *segmens* profonds, ovales, égaux, moitié plus courts que la corolle.

COR. Monopétale, en entonnoir, à cinq *divisions* peu profondes, oblongues, obtuses.

Nectaire : cinq écailles, arrondies, comme ciliées, très-petites, placées à la base intérieure des filamens.

ÉTAM. Cinq *Filamens*, filiformes, insérés sur la gorge de la corolle, plus courts que les divisions de la corolle. *Anthères* arrondies.

PIST. *Ovaire* arrondi, à deux lobes. Deux *Styles*, filiformes, plus courts que les étamines. *Stigmates* en massue, de la longueur des styles.

PÉR. *Drupe* à deux coques? à deux loges, déprimée.

SEM. Solitaires.

Calice à cinq segmens profonds. *Corolle* en entonnoir. *Filamens* insérés sur la gorge de la corolle, garnis chacun à leur base d'une écaille.

1. SCHREBÈRE schinoïde, *S. schinoïdes*, L. à feuilles alternes, entassées, lancéolées, presque nues, à trois ou quatre dentelures vers le sommet; à pétioles très-courts, presque duvetés.

Au cap de Bonne-Espérance. ♄

349. HEUCHÈRE, *HEUCHERA.* * *Lam. Tab. Encyclop.* pl. 184.

CAL. *Périanthe* d'un seul feuillet, arrondi, rétréci, à moitié divisé en cinq *segmens*, obtus.

COR. Cinq *Pétales*, insérés sur les bords du calice, ovales, linéaires, de la longueur du calice.

ÉTAM. Cinq *Filamens*, en alêne, droits, deux fois plus longs que le calice. *Anthères* arrondies.

PIST. *Ovaire* arrondi, à moitié divisé en deux parties, terminé par deux *Styles*, droits, de la longueur des étamines. *Stigmates* obtus.

PÉR. *Capsule* ovale, aiguë, à moitié divisée en deux parties, à deux loges, à deux becs renversés.

SEM. Nombreuses, petites.

Corolle à cinq pétales. *Capsule* à deux becs, à deux loges.

1. HEUCHÈRE d'Amérique, *H. Americana*, L. à feuilles lobées; à fleurs en grappes à rameaux dichotomes ou à bras ouverts, alternes.

Plukn. tab. 58, f. 3. *Herm. Parad.* 131 et 130.

En Virginie.

350. VELÈZE, *VELEZIA.* * *Lam. Tab. Encyclop.* pl. 186.

CAL. *Périanthe* d'un seul feuillet, filiforme, à cinq côtés, persistant, à *orifice* à cinq dents, aigu, droit, très-petit.

Cor. Cinq *Pétales*, très-courts, échancrés, à deux dents : *onglets* filiformes, de la longueur du calice.

Étam. Cinq, souvent six *Filamens*, capillaires, égalant à peine le calice en longueur. *Anthères* en cœur.

Pist. *Ovaire* cylindrique, court, terminé par le réceptacle des styles. Deux *Styles*, filiformes, de la longueur des étamines. *Stigmates* simples.

Pér. *Capsule* cylindrique, couverte, à une loge.

Sem. Plusieurs, disposées sur un simple rang.

Obs. *Le nombre des* Étamines *est souvent de six, mais dans l'état naturel, il n'est ordinairement que de cinq, ainsi qu'on s'en est assuré par des observations postérieures.*

Calice filiforme, à cinq dents. *Corolle* à cinq pétales, petits. *Capsule* à une seule loge, renfermant plusieurs *Semences* disposées sur un seul rang.

1. VÉLÈZE roide, *V. rigida*, L. à feuilles réunies, en alêne, très-entières, velues; à fleurs axillaires, solitaires, assises.

Lychnis sylvestris minima, exiguo flore ; Lamprète sauvage très-petite, à fleur menue. *Bauh. Pin.* 206, n.° 5. *Bauh. Hist.* 3, P. 2, p. 352, f. 2. *Barrel.* tab. 1017 et 1018. *Buxb. Cent.* 2, p. 41, tab. 47.

A Montpellier, en Provence. ⊙

351. SWERSE, *SWERTIA.* * *Lam. Tab. Encyclop.* pl. 109.

Cal. *Périanthe* plane, persistant, à cinq *segmens* profonds, lancéolés.

Cor. Monopétale, en roue. *Limbe* plane, à cinq *divisions* profondes, lancéolées, plus grandes que le calice.

Dix *Nectaires*, formés comme par deux points situés sur la partie interne de la base de chaque division de la corolle, creux, ceints par de petites soies droites.

Étam. Cinq *Filamens*, en alêne, droits, ouverts, plus courts que la corolle. *Anthères* couchées.

Pist. *Ovaire* ovale, oblong. *Style* nul. Deux *Stigmates* simples.

Pér. *Capsule* arrondie, aiguë aux deux extrémités, à une loge, à deux battans.

Sem. Nombreuses, petites.

Obs. *Les quatrième et cinquième espèces ont les corolles à quatre divisions peu profondes. Dans une espece on trouve au-dessous du nectaire quatre petites cornes.*

Corolle en roue. Deux *Pores nectarifères* à la base intérieure de chaque division de la corolle. *Capsule* à une seule loge, à deux battans.

1. SWERSE vivace, *S. perennis*, L. à corolles à cinq divisions peu profondes; à feuilles radicales, ovales.

Gentiana palustris latifolia, flore punctato; Gentiane des marais à larges feuilles, à fleur ponctuée. *Bauh. Pin.* 188, n.° 2. *Clus. Hist.* 1, p. 316, f. 2. *Moris. Hist.* sect. 12, tab. 5, f. 11. *Barrel.* tab. 91.

Sur les Alpes de Suisse, du Dauphiné, de Bavière, d'Autriche. ♃ Estivale. *Alp.*

2. SWERSE difforme, *S. difformis*, L. à corolles à cinq divisions peu profondes, la plus élevée à six divisions peu profondes; à pédoncules très-longs; à feuilles linéaires.

En Virginie.

3. SWERSE en roue, *S. rotata*, L. à corolles à cinq divisions peu profondes; à feuilles lancéolées, linéaires.

Gmel. Sibir. 4, p. 112, tab. 52, f. 2.

En Sibérie, en Islande.

4. SWERSE à cornes, *S. corniculata*, L. à corolles à quatre divisions peu profondes, terminées par quatre cornes.

Gmel. Sibir. 4, p. 114, tab. 53, f. 4.

En Sibérie, au Canada. ⊙

5. SWERSE dichotome, *S. dichotoma*, L. à corolles à quatre divisions peu profondes, sans cornes.

Gmel. Sibir. 4, p. 113, tab. 53, f. 3.

En Sibérie. ⊙

352. GENTIANE, *GENTIANA*. * *Tournef. Inst.* 80, tab. 40. *Lam. Tab. Encyclop.* pl. 109. CENTAURIUM MINUS. *Tournef. Inst.* 122, tab. 48.

CAL. *Périanthe* à cinq *segmens* profonds, pointus, oblongs, persistans.

COR. Un seul *Pétale*, tubulé dans sa partie inférieure, imperforé, à cinq divisions peu profondes dans sa partie supérieure, plane, se flétrissant, variant quant à sa forme.

ÉTAM. Cinq *Filamens*, en alêne, plus courts que la corolle. *Anthères* simples.

PIST. *Ovaire* oblong, comme cylindrique, de la longueur des étamines. *Styles* nuls. Deux *Stigmates*, ovales.

PÉR. *Capsule* oblongue, arrondie, aiguë, légèrement divisée en deux parties peu profondes, à une loge, à deux battans.

SEM. Nombreuses, petites. Deux *Réceptacles*, adhérens chacun dans leur longueur aux battans.

OBS. *La forme du* Fruit *est constante, mais le nombre et la forme des parties de la* Fleur, *varient.*

Il est des espèces qui présentent une unité de moins dans le nombre des divisions de la corolle.

Il en est une qui a trois unités de plus dans le nombre des parties de la fleur.

Il est une espèce dont le cou de la corolle est ouvert; une autre dont le cou est fermé par des poils; une troisième dont les divisions de la corolle sont ciliées; une quatrième dont le limbe est en cloche, droit, plissé; une cinquième dont le limbe est en étoile, à lanières interposées entre les divisions; une sixième dont la corolle est en cloche; une septième enfin dont la corolle est en entonnoir.

Corolle monopétale. *Capsule* à une seule loge, à deux battans. Deux *Réceptacles* longitudinaux.

* I. *GENTIANES à corolles à cinq divisions peu profondes, en roue ou en cloche.*

1. GENTIANE jaune, *G. lutea*, L. à corolles à cinq divisions peu profondes, en roue; à fleurs en anneaux; à calices en forme de spathe ou de gaine.

Gentiana major, lutea; Gentiane plus grande, à fleur jaune. *Bauh. Pin.* 187, n.° 1. *Dod. Pempt.* 342, f. 1. *Lob. Ic.* 1, p. 308, f. 2. *Clus. Hist.* 1, pag. 311, f. 1. *Lugd. Hist.* 1258, f. 1. *Camer. Epit.* 415. *Bauh. Hist.* 3, P. 2, p. 520, f. 1. *Barrel.* tab. 63. *Moris. Hist.* sect. 12, tab. 4, f. 1. *Reneal. Spec.* 64 et 63. *Sabbat. Hort. Rom.* 1, tab. 13. *Icon. Pl. Med.* t. 257.

1. *Gentiana lutea*; Gentiane, grande Gentiane. 2. Racine. 3. Odeur foible, saveur très-amère. 4. Extrait aqueux, extrait spiritueux, plus âcre et plus amer, en quantité inégale. 5. Cachexie froide, vers, ulcères putrides et scrophuleux, fièvres intermittentes, empâtement des viscères, langueur d'estomac avec glaires, relâchement, chlorose, maladies cutanées, dartres, gale. 6. On assure que les habitans des Alpes, en faisant fermenter dans l'eau cette racine, en retirent un esprit ardent, dont ils font grand usage.

Les bestiaux ne touchent point à cette plante, c'est pourquoi on la trouve en grande quantité sur les hautes montagnes: on l'élève difficilement dans les jardins, vu que ses semences sont presque toutes stériles.

En Europe, sur les Alpes de Suisse, du Dauphiné, des Pyrénées, au Mont-Pilat près de Lyon. ♃ S-Alp.

2. GENTIANE pourprée, *G. purpurea*, L. à corolles à cinq divisions peu profondes, en cloche; à fleurs en anneaux; à calices tronqués.

Gentiana major, purpurea; Gentiane plus grande, à fleur pourpre. *Bauh. Pin.* 187, n.° 2. *Moris. Hist.* sect. 12, tab. 4, f. 3. *Barrel.* tab. 64. *Flor. Dan.* tab. 50. *Icon. Pl. Med.* tab. 211.

Cette espèce présente deux variétés à fleurs blanches et roses.

Sur les Alpes de Suisse, du Dauphiné, des Pyrénées, de Norvège. ♃ Estivale. *Alp.* et *S-Alp.*

3. GENTIANE ponctuée, *G. punctata*, L. à corolles à cinq divisions peu profondes, en cloche, ponctuées; à calices terminés par cinq dents.

Gentiana major, flore punctato; Gentiane plus grande, à fleur ponctuée. *Bauh. Pin.* 187, n.° 3. *Bauh. Hist.* 3, P. 2, p. 521, f. 1. *Moris. Hist.* sect. 12, tab. 4, f. 2? *Barrel.* tab. 69. *Jacq. Obs.* 2, p. 17, tab. 39.

Cette espèce ne diffère de la précédente, selon quelques Botanistes, que par la couleur de sa fleur.

Sur les Alpes de Suisse, du Dauphiné. ♃ Estivale. *Alp.*

4. GENTIANE asclépiade, *G. asclepiadea*, L. à corolles à cinq divisions peu profondes, en cloche, opposées, sans péduncules; à feuilles embrassantes.

Gentiana Asclepiadis folio; Gentiane à feuille d'Asclépiade. *Bauh. Pin.* 187, n.° 4. *Clus. Hist.* 1, p. 312, f. 2. *Bauh. Hist.* 3, P. 2, p. 523, f. 1. *Bellev.* tab. 22. *Barrel.* tab. 70. *Reneal. Spec.* 67 et 68, f. 1. *Jacq. Aust.* tab. 328.

Cette espèce présente une variété à fleurs blanches.

Sur les Alpes du Dauphiné. ♃ Automnale. *Alp.*

5. GENTIANE linaire, *G. pneumonanthe*, L. à corolles à cinq divisions peu profondes, en cloche, opposées, pédunculées; à feuilles linéaires.

Gentiana angustifolia autumnalis, major, et G. palustris angustifolia; Gentiane automnale à feuilles étroites, plus grande, et Gentiane des marais à feuilles étroites. *Bauh. Pin.* 188, n°s 6 et 1. *Dod. Pempt.* 168, f. 2. *Lob. Ic.* 1, p. 309, f. 2. *Clus. Hist.* 1, p. 313, f. 2. *Lugd. Hist.* 824, f. 1, et 1259, f. 2. *Camer. Epit.* 418. *Bauh. Hist.* 3, P. 2, p. 524, f. 1. *Bellev.* tab. 23. *Barrel.* tab. 51, fig. 1 et 2, tab. 52, fig. 2, et tab. 122, f. 1. *Reneal. Spec.* 69, tab. 68, f. H. *Flor. Dan.* tab. 269. *Bul. Paris.* tab. 140. *Icon. Pl. Med.* tab. 268.

En Europe, dans les prés. ♃ Automnale.

6. GENTIANE Saponaire, *G. Saponaria*, L. à corolles à cinq divisions peu profondes, en cloche, ventrues; à fleurs en anneaux; à feuilles à trois nervures.

Moris. Hist. sect. 1, tab. 5, f. 4? *Plukn.* tab. 186, f. 1.

En Virginie. ♃

7. GENTIANE velue, *G. villosa*, L. à corolles à cinq divisions peu profondes, en cloche, ventrues; à feuilles velues.

En Virginie. ♃

8. GENTIANE

8. GENTIANE sans tige, *G. acaulis*, L. à corolles à cinq divisions peu profondes, en cloche, plus longues que la tige.

Gentianella Alpina latifolia, magno flore; Gentianelle des Alpes à larges feuilles, à grande fleur. *Bauh. Pin.* 187, n.° 1. *Barrel.* tab. 105 et 106.

Cette espece présente une variété.

Gentianella Alpina, angustifolia, magno flore; Petite Gentiane des Alpes, à feuilles étroites, à grande fleur. *G. Bauhin Pin.* 187, n.° 2. *Lob. Ic.* 1, p. 310, f. 1. *Clus. Hist.* 1, p. 314, f. 1. *Lugd. Hist.* 828, f. 2. *Bauh. Hist.* 3, P. 2, p. 523, f. 2. *Barrel.* tab. 47, 105, 106 et 110. *Reneal. Spec.* 70 et 68, f. 3.

Cette Gentiane, lorsqu'elle croît sur les sommets des Alpes, forme une variété désignée sous le nom de *Gentiana Alpina*, par quelques Auteurs qui en ont fait une espece; mais elle ne diffère de la Gentiane sans tige, que par le raccourcissement de ses feuilles et de ses corolles. Nous avons cueilli sur les Alpes des échantillons qui confirment cette assertion.

En Europe, sur les Alpes de Suisse, du Dauphiné, des Pyrénées. Vernale *sur les montagnes sous-Alpines* : Estivale *sur les Hautes Alpes.*

9. GENTIANE élevée, *G. exaltata*, L. à corolles à cinq divisions peu profondes, couronnées, crénelées; à péduncule très-long, dichotome, terminal.

Plum. Spec. 3, tab. 81, f. 1.

Dans l'Amérique Méridionale. ⊙

* II. *GENTIANES à corolles à cinq divisions peu profondes, en entonnoir.*

10. GENTIANE printannière, *G. verna*, L. à corolle à cinq divisions peu profondes, en entonnoir, plus longue que la tige; à feuilles radicales entassées, plus larges.

Gentianella Alpina, verna, major; Petite Gentiane des Alpes, printannière, plus grande. *Bauh. Pin.* 188, n.° 3. *Lob. Ic.* 1, p. 310, f. 2. *Clus. Hist.* 1, p. 315, f. 1. *Lugd. Hist.* 829, f. 1. *Bauh. Hist.* 3, P. 2, p. 527, f. 3. *Moris. Hist.* sect. 12, tab. 5, f. 13. *Bellev.* tab. 24. *Barrel.* tab. 109, f. 1. *Reneal. Spec.* 75 et 68, fig. 2.

Sur les Alpes du Dauphiné, de Suisse, des Pyrénées. ♃ Vernale. *S-Alp.*

11. GENTIANE des Pyrénées, *G. Pyrenaïca*, L. à corolle à cinq divisions peu profondes, en entonnoir, égales, les extérieures plus rudes.

Gouan. Illust. 7, tab. 2, f. 2.

Aux Pyrénées. ♃

12. GENTIANE naine, *G. pumila*, L. à corolle à cinq divisions peu profondes, en entonnoir, à peine dentelée; à feuilles lancéolees, linéaires.

Bellev. tab. 25. *Jacq. Obs.* 2, p. 29, tab. 49.

Sur les Alpes de Suisse, d'Autriche.

13. GENTIANE Bavaroise, *G. Bavarica*, L. à corolle à cinq divisions peu profondes, en entonnoir, dentée à dents de scie, à feuilles ovales, obtuses.

Camer. Hort. 65, tab. 15, f. 2. *Barrel.* tab. 101, f. 1. *Jacq. Obs.* 3, p. 19, tab. 71.

Cette espèce présente une variété à fleur blanche.

Sur les Alpes du Dauphiné, de Suisse, de Bavière. Estivale. *Alp.*

14. GENTIANE dorée, *G. aurea*, L. à corolle à cinq divisions peu profondes, en entonnoir, très-aiguës; à gorge sans appendices intermédiaires; à rameaux opposés.

Barrel. tab. 104.

Sur les Alpes de Laponie. ⊙

15. GENTIANE des neiges, *G. nivalis*, L. à corolles à cinq divisions peu profondes, en entonnoir; à rameaux alternes portant une seule fleur.

Gentianella Alpina æstiva, Centaureæ minoris foliis; Petite Gentiane Alpine estivale, à feuilles de Centaurée mineure. *Bauh. Pin.* 188, n.° 5. *Lob. Ic.* 1, p. 310, f. 3. *Clus. Hist.* 1, p. 316, f. 1. *Lugd. Hist.* 824, f. 2? *Bauh. Hist.* 3, P. 2, p. 527, f. 1 et 2. *Barrel.* tab. 103, f. 3. *Flor. Dan.* tab. 17.

Sur les Alpes du Dauphiné, de Provence, de Suisse, de Laponie, des Pyrénées. ⊙ Estivale. *Alp.*

16. GENTIANE aquatique, *G. aquatica*, L. à corolles à cinq divisions peu profondes, en entonnoir, terminales, sans péduncules; à feuilles membraneuses sur les bords.

Amm. Ruth. 4, tab. 1, f. 1. *Gmel. Sibir.* 4, p. 100, t. 53, f. 1.

En Sibérie. ⊙

17. GENTIANE à utricules, *G. utriculosa*, L. à corolles à cinq divisions peu profondes, en soucoupe; à calices plissés, carenés.

Gentiana utriculis ventricosis; Gentiane à utricules ventrus. *Bauh. Pin.* 188, n.° 5. *Colum. Ecphras.* 220 et 221, f. 2. *Moris. Hist.* sect. 12, tab. 5, f. 6. *Barrel.* tab. 48.

Cette espèce présente une variété à fleur blanche.

Sur les Alpes de Suisse, d'Autriche, d'Italie, d'Allemagne. ⊙

18. GENTIANE du Cap, *G. exacoïdes*, L. à corolles à cinq divisions

peu profondes, en soucoupe ; à calices membraneux, carenés ; à tige dichotome ; à feuilles en cœur.

Pluka. tab. 275, f. 4. *Burm. Afric.* 208, tab. 74, f. 5.

Au cap de Bonne-Espérance. ⊙

19. GENTIANE Centaurée, *G. Centaurium*, L. à corolles à cinq divisions peu profondes, en entonnoir ; à tige dichotome ; à style simple.

Centaurium minus ; Centaurée plus petite. *Bauh. Pin.* 278, n.° 1. *Dod. Pempt.* 336, f. 1. *Lob. Ic.* 1, p. 401, f. 1. *Lugd. Hist.* 1289, f. 1. *Camer. Epit.* 426. *Bauh. Hist.* 3, P. 2, p. 353, f. 2. *Barrel.* tab. 1242? *Reneal. Spec.* 77 et 76, f. 1. *Bul. Paris.* tab. 141. *Icon. Pl. Med.* tab. 154.

1. *Centaurium minus ;* Petite Centaurée. 2. Herbe, Sommités fleuries. 3. Presque sans odeur, très-ameres. 4. Extraits aqueux et spiritueux en quantité inégale. 5. Cachexie froide, ictère, fièvre tierce, (quarte), hypocondrie, scrophules, gale, dartres. 6. L'herbe colore en jaune.

Cette espèce présente deux variétés, gravées dans *Vaillant. Bot.* tab. 6, f. 1 et 2.

En Europe, dans les bois, les prairies. ⊙ Estivale.

20. GENTIANE maritime, *G. maritima*, L. à corolles à cinq divisions peu profondes, en entonnoir ; à styles deux à deux ; à tige dichotome, portant un petit nombre de fleurs.

Cette espece varie dans ses feuilles, larges ou étroites, ce qui constitue les deux variétés gravées dans *Barrelier*, tab. 467 et 468.

A Montpellier, en Provence, en Italie, sur les bords de la mer. ⊙

21. GENTIANE en épi, *G. spicata*, L. à corolles à cinq divisions peu profondes, en entonnoir ; à fleurs alternes, sans péduncules.

Centaurium minus, spicatum, album ; Centaurée plus petite, en épi, à fleur blanche. *Bauh. Pin.* 278, n.° 2. *Bauh. Hist.* 3, p. 353, f. 2.

Cette espèce présente une variété à fleur rouge.

A Montpellier, à Naples. ⊙

22. GENTIANE verticillée, *G. verticillata*, L. à corolles à cinq divisions peu profondes, en entonnoir ; à fleurs en anneaux ; à tige très-simple.

Plum. Spec. 3, tab. 81, f. 2.

Dans l'Amérique Méridionale.

23. GENTIANE à cinq feuilles, *G. quinquefolia*, L. à corolles à cinq divisions peu profondes, en entonnoir ; à tige à angles aigus ; à feuilles ovales embrassantes.

Flor. Dan. tab. 344.

En Pensylvanie, en Danemarck.

24. GENTIANE sans feuilles, *G. aphylla*, L. à corolle à cinq divisions peu profondes, en soucoupe; à tige sans feuilles.

Jacq. Amer. 87, tab. 60, f. 3.

A la Martinique. ⨀

25. GENTIANE Amarelle, *G. Amarella*, L. à corolles à cinq divisions peu profondes, en soucoupe, barbues à la gorge.

Gentiana autumnalis, ramosa; Gentiane d'automne, rameuse. *Bauh. Pin.* 188, n.° 2. *Bauh. Hist.* 3, P. 2, p. 526, f. 2. *Flor. Dan.* tab. 328. *Icon. Pl. Med.* tab. 392.

Cette espèce présente une variété à fleur blanche.

Nutritive pour le Mouton.

En Europe, dans les prés. ⨀ Automnale.

* III. *GENTIANES à corolles à quatre divisions peu profondes.*

26. GENTIANE des champs, *G. campestris*, L. à corolles à quatre divisions peu profondes, barbues à la gorge.

Gentianella Alpina, verna, minor; Gentianelle des Alpes, printannière, plus petite. *Bauh. Pin.* 188, n.° 4. *Colum. Ecphras.* 1, p. 223 et 221, f. 1. *Barrel.* tab. 97, f. 2, 102, 509 ? 510 ? *Flor. Dan.* tab. 367.

Cette espèce présente une variété à corolles à quatre divisions peu profondes sans barbes; à péduncules tétragones, gravée dans *Œder*, tab. 318. On la trouve à fleur blanche. Cette plante diffère si peu de la précédente, que plusieurs Auteurs n'en font qu'une variété.

En Europe, dans les prés secs. ⨀ Vernale.

On trouve sur les Alpes granitiques des environs de Grenoble, (au Lautaret) une espèce de Gentiane, désignée par *Abraham Thomas*, botaniste, sous le nom de *G. glacialis*, et qui se rapproche beaucoup de la *Gentiana campestris*, L. à côté de laquelle *Haller* l'a placée avec raison. Nous l'avons décrite ainsi qu'il suit : Gentiane à calice d'un seul feuillet, à quatre segmens inégaux, lancéolés, à oreillettes à leur base; à corolle monopétale, à quatre ou cinq divisions peu profondes; à tube renflé, de la longueur du calice; à gorge de la corolle velue; à quatre ou cinq étamines insérées sur la corolle, opposées à ses divisions; à anthères oblongues; à ovaire oblong. (Voy. *Haller Historia*, n.° 652, et *Villars* tom. 2, p. 532.)

27. GENTIANE ciliée, *G. ciliata*, L. à corolles à quatre divisions peu profondes, ciliées sur toute leur marge.

Gentiana angustifolia, autumnalis, minor, floribus ad latera pilosis; Gentiane à feuilles étroites, d'automne, plus petite, à fleurs velues sur les côtés. *Bauh. Pin.* 188, n.° 7. *Colum. Ecphras.* 1,

p. 222 et 221, f. 1. *Bauh. Hist.* 3, P. 2, p. 525, f. 1. *Flor. Dan.* tab. 317. *Jacq. Aust.* tab. 113.

A Lyon, Grenoble. Automnale.

28. GENTIANE Croisette, *G. Cruciata*, L. à corolles à quatre divisions peu profondes sans barbes; à fleurs en anneaux, assises.

Gentiana Cruciata; Gentiane Croisette. *Bauh. Pin.* 188, n.° 1. *Dod. Pempt.* 343, f. 1. *Lob. Ic.* 1, p. 309, f. 1. *Clus. Hist.* 1, p. 313, f. 1. *Lugd. Hist.* 1259, f. 1. *Bauh. Hist.* 3, P. 2, p. 522, f. 1. *Moris. Hist.* sect. 12, tab. 5, f. 16. *Barrel.* tab. 65. *Reneal. Spec.* 74 et 73.

A Lyon, Grenoble, Paris. ♃ Estivale.

29. GENTIANE assise, *G. sessilis*, L. à corolles à quatre divisions peu profondes; à fleurs sans péduncules; à feuilles ovales.

Feuill. Per. 3, p. 20, tab. 14.

Au Chili.

30. GENTIANE filiforme, *G. filiformis*, L. à corolles à quatre divisions peu profondes, sans barbe; à tige dichotome, filiforme.

Centaurium luteum, pusillum; Centaurée jaune, naine. *Bauh. Pin.* 278, n.° 4. *Vaill. Paris.* tab. 6, f. 3. *Flor. Dan.* tab. 324.

A Lyon, Paris, Montpellier, en Provence. ⊙

31. GENTIANE hétéroclite, *G. heteroclita*, L. à fleurs à quatre divisions peu profondes, irrégulières; à tige en croix.

Au Malabar, dans les champs. ⊙

Obs. Le genre naturel des *Gentianes* a été divisé par *Linné* en trois genres, *Swertia*, *Gentiana*, *Chlora*. *Haller*, considérant l'ensemble de tous ses attributs, n'en a formé qu'un seul genre.

353. PHYLLIS, *PHYLLIS*. * *Lam. Tab. Encyclop.* pl. 186.

CAL. *Ombelle* nulle, remplacée par un panicule.

—— *Périanthe* très-petit, supérieur, à deux feuillets, irrégulier.

COR. Cinq *Pétales*, lancéolés, obtus, roulés, à peine réunis à leur base.

ÉTAM. Cinq *Filamens*, plus courts que la corolle, capillaires, flasques. *Anthères* simples, oblongues.

PIST. *Ovaire* inférieur, sans *Style*. Deux *Stigmates*, en alêne, duvetés, renversés.

PÉR. Nul. *Fruit* en toupie oblong, obtus, anguleux.

SEM. Deux, parallèles, convexes-anguleuses d'un côté, aplaties de l'autre, élargies dans leur partie supérieure.

Stigmates hérissés. *Fructifications* éparses.

1. PHYLLIS des Canaries, *P. nobla*, L. à stipules dentées.

Dill. Elth. tab. 299, f. 386.

Aux isles Canaries. ♄

354. PANICAUD, *ERYNGIUM*. *Tournef. Inst.* 327, tab. 173. *Lam. Tam. Encyclop.* pl. 187.

CAL. *Réceptacle commun*, conique, garni de *paillettes* qui séparent les fleurons assis.

—— *Collerète du réceptacle*, à plusieurs feuillets, plane, surpassant les fleurons.

—— *Périanthe propre* à cinq feuillets, droit, aigu, surpassant la corolle, reposant sur l'ovaire.

COR. *Universelle* uniforme, arrondie : tous les *fleurons* fertiles.

—— *Propre*, à cinq *Pétales*, oblongs, courbés de la base au sommet, et resserrés par une ligne longitudinale.

ÉTAM. Cinq *Filamens*, capillaires, droits, surpassant les fleurons. *Anthères* oblongues.

PIST. *Ovaire* velu, inférieur. Deux *Styles*, filiformes, droits, de la longueur des étamines. *Stigmates* simples.

PÉR. *Fruit* ovale, divisible en deux parties.

SEM. Oblongues, arrondies.

OBS. *Dans quelques espèces, les semences s'échappent de la croute du péricarpe, dans d'autres elles y demeurent renfermées.*

Fleurs ramassées en têtes. *Réceptacle* garni de paillettes.

1. PANICAUD fétide, *E. fœtidum*, L. à feuilles radicales, lancéolées, dentées à dents de scie ; à feuilles florales à plusieurs divisions peu profondes ; à tige dichotome.

Sloan. Jam. tab. 156, f. 3 et 4.

1. *Eryngium fœtidum*, Chardon Roland fétide. 2. Herbe entière. 3. Odeur fétide, tenace. 5. Hystéricie, hydropisie, fièvres ardentes : remède divin, à Surinam, selon *Dahlberg*.

En Virginie, à la Jamaïque, au Mexique, à Surinam. ♃

2. PANICAUD aquatique, *E. aquaticum*, L. à feuilles en lame d'épée, dentées à dents de scie, épineuses ; à feuilles florales très-entières ou sans division ; à tige simple.

Moris. Hist. sect. 7, tab. 37, f. 21. *Plukn.* tab. 175, f. 4.

Cette espèce présente une variété gravée dans *Plukn.* tab. 396, fig. 3.

En Virginie. ♃

3. PANICAUD plane, *E. planum*, L. à feuilles radicales ovales, planes, crenelées ; à fleurs ramassées en tête, pédunculées.

Eryngium latifolium, planum ; Panicaud à larges feuilles, planes. *Bauh. Pin.* 386, n.° 7. *Dod. Pempt.* 732, f. 1. *Clus. Hist.* 2, p. 158, f. 1. *Lugd. Hist.* 1460, f. 2. *Camer. Epit.* 449. *Bauh. Hist.* 3, P. 1, p. 88, f. 1. *Moris. Hist.* sect. 7, tab. 35, f. 9. *Barrel.* tab. 1174.

En Russie, en Pologne, en Autriche. ♃

4. PANICAUD nain, *E. pusillum*, L. à feuilles radicales oblongues, découpées; à tige dichotome; à fleurs ramassées en tête, sans péduncules.

Eryngium planum, minus; Panicaud plane, plus petit. *Bauh. Pin.* 386, n.° 8. *Lob. Ic.* 2, p. 22, f. 2. *Clus. Hist.* 2, p. 158, f. 2. *Lugd. Hist.* 1461, f. 2. *Bauh. Hist.* 3, P. 1, p. 87, f. 2. *Barrel.* tab. 1247?

En Espagne, à Naples, en Orient. ♂

5. PANICAUD à trois pointes, *E. tricuspidatum*, L. à feuilles radicales en cœur : celles de la tige palmées, à oreillettes, courbées en arrière; à paillettes du réceptacle terminées par trois pointes.

Lugd. Hist. 1461, f. 1. *Boccon. Sic.* 87, tab. 47. *Moris. Hist.* sect. 7, tab. 37, f. 13.

En Espagne, en Sicile, à Naples, en Orient. ♂

6. PANICAUD maritime, *E. maritimum*, L. à feuilles radicales arrondies, plissées, épineuses; à fleurs ramassées en tête, péduncules; à paillettes du réceptacle terminées par trois pointes.

Eryngium maritimum; Panicaud maritime. *Bauh. Pin.* 386, n.° 1. *Dod. Pempt.* 730, f. 1. *Lob. Ic.* 2, p. 21, f. 2. *Clus. Hist.* 2, p. 159, n.° 2. *Lugd. Hist.* 1459, f. 2. *Camer. Epit.* 448. *Bauh. Hist.* 3, P. 1, p. 86, f. 2. *Moris. Hist.* sect. 7, tab. 36, f. 6.

A Montpellier, en Provence, sur les bords de la mer. Estivale.

7. PANICAUD commun, *E. campestre*, L. à feuilles radicales embrassantes, pinnées, lancéolées.

Eryngium vulgare; Panicaud commun. *Bauh. Pin.* 386, n.° 2. *Dod. Pempt.* 730, f. 2. *Lob. Ic.* 2, p. 22, f. 1. *Clus. Hist.* 2, p. 157, f. 2. *Lugd. Hist.* 1459, f. 1. *Camer. Epit.* 447. *Bauh. Hist.* 3, P. 1, p. 85, f. 1. *Moris. Hist.* sect. 7, tab. 36, f. 1. *Bul. Paris.* tab. 142. *Icon. Pl. Med.* tab. 135.

1. *Eryngium*, Panicaud, Chardon Roland, Chardon à cent têtes. 2. Racine. 3. Odeur de la racine, légèrement aromatique; saveur douceâtre : *sèche*, plus amère, plus odorante, moins douceâtre. 5. Hypochondrie, phthisie pulmonaire, fièvre quarte, calcul, maladies cutanées, empâtement des viscères, scorbut. 6. La racine est alimenteuse : du temps de *Dioscoride*, on la mangeoit confite.

En Europe, dans les lieux stériles. ♃ Estivale.

8. PANICAUD améthyste, *P. amethystinum*, L. à feuilles radicales à trois divisions peu profondes, presque pinnées à la base.

Eryngium montanum, amethystinum; Panicaud de montagne, améthyste. *Bauh. Pin.* 386, n.° 3. *Bauh. Hist.* 3, P. 1, p. 86, la description; et P. 2, p. 307, f. 2, la gravure. *Moris. Hist.* sect. 7, tab. 35, f. 2.

Cette espèce présente une variété gravée dans *Barrellier*, tab. 36 et 376, fig. 3, dont le caractère consiste dans les folioles de la collerette divisées profondément en trois parties.

Dans la Syrie, sur les montagnes. ♃

9. PANICAUD des Alpes, *E. Alpinum*, L. à feuilles digitées, laciniées, arrondies, à fleurs ramassées en têtes oblongues, à plusieurs feuilles; à paillettes sétacées, à trois divisions peu profondes.

Eryngium Alpinum, cæruleum, capitulis Dipsaci; Panicaut des Alpes, bleu, à têtes de Cardere. *Bauh. Pin.* 386, n.° 6. *Dod. Pempt.* 732, f. 2. *Lob. Ic.* 2, p. 23, t. 2. *Lugd. Hist.* 1460, f. 1, et 1462, f. 1. *Bauh. Hist.* 3, P. 1, p. 88, f. 2. *Barrelier.* tab. 203 et 204.

On rapporte à cette espèce comme variété, l'*E. spinâ albâ*, de *Villars*, *Hist. des Pl. du Dauphiné*, tom. 2, p. 660, tab. 17.

Sur les Alpes du Dauphiné, de Suisse, d'Italie. ♃ Estivale. *Alp.*

355. HYDROCOTYLE, *HYDROCOTYLE.* * *Tournef. Inst.* 328, tab. 173. *Lam. Tab. Encyclop.* pl. 188.

CAL. *Ombelle* simple.

——*Collerette* petite, le plus souvent à quatre feuillets.

——*Périanthe* à peine visible.

COR. *Universelle* uniforme quant à sa figure, mais non point quant à sa situation. Tous les *Fleurons* fertiles.

——*Propre*, à cinq *Pétales*, ovales, pointus, ouverts, entiers.

ÉTAM. Cinq *Filamens*, en alêne, plus courts que la corolle. *Anthères* très-petites.

PIST. *Ovaire* droit, comprimé, arrondi, inférieur, propre, en rondache. Deux *Styles*, en alêne, très-courts. *Stigmates* simples.

PÉR. Nul. *Fruit* arrondi, comprimé, transversalement divisible en deux parties.

SEM. Deux, à moitié arrondies, comprimées.

Ombelle simple. *Collerette* à quatre feuillets. *Pétales* entiers. *Semences* arrondies, comprimées.

1. HYDROCOTYLE commune, *H. vulgaris*, L. à feuilles en bouclier; à ombelle de cinq fleurs.

Ranunculus aquaticus, Cotyledonis folio; Renoncule aquatique, à feuille de Cotyledon. *Bauh. Pin.* 180, n.° 4. *Dod. Pempt.* 133, f. 1. *Lob. Ic.* 387, f. 1. *Lugd. Hist.* 1091, f. 1. *Lindern. Als.* p. 266, tab. 12. *Flor. Dan.* tab. 90. *Bul. Paris.* tab. 143.

En Europe, dans les lieux aquatiques. ♃ Estivale.

2. HYDROCOTYLE ombellée, *H. umbellata*, L. à feuilles en bouclier; à ombelles de plusieurs fleurs.

Dans l'Amérique Méridionale.

3. HYDROCOTYLE d'Amérique, *H. Americana*, L. à feuilles en forme de rein, comme lobées, crénelées.

Dans l'Amérique Méridionale.

4. HYDROCOTYLE d'Asie, *H. Asiatica*, L. à feuilles en forme de rein, dentées, crenelées.

Rheed. Malab. 10, p. 91, tab. 46. *Rumph. Amb.* 5, p. 455, tab. 169, f. 1. *Plukn.* tab. 106, f. 5. *Herm. Parad.* pag. et tab. 238.

A la Jamaïque.

5. HYDROCOTYLE de la Chine, *H. Chinensis*, L. à feuilles linéaires; à ombelles de plusieurs fleurs.

A la Chine.

356. SANICLE, *SANICULA.* * *Tournef. Inst.* 326, tab. 173. *Lam. Tab. Encyclop.* pl. 191.

CAL. *Ombelle universelle* le plus souvent à quatre rayons.

——*Partielle*, à plusieurs rayons, entassés, comme en tête.

Collerette universelle tournée du côté extérieur de l'ombelle.

——*Partielle*, environnante de tous côtés, plus courte que les fleurons.

Périanthe à peine visible.

COR. *Universelle* uniforme : *Fleurons* du disque avortant.

——*Propre*, cinq *Pétales*, comprimés, courbés en dedans, fermant la fleur.

ÉTAM. Cinq *Filamens*, simples, deux fois plus longs que les corollules, droits. *Anthères* arrondies.

PIST. *Ovaire* hérissé, inférieur. Deux *Styles*, en alêne, renversés. *Stigmates* pointus.

PÉR. Nul. *Fruit* ovale, pointu, rude, divisible en deux parties.

SEM. Deux, convexes et tubercules-hérissées d'un côté, aplaties de l'autre.

Ombelles entassées en têtes. *Fruit* rude. *Fleurs* du disque avortantes.

1. SANICLE d'Europe, *S. Europaea*, L. à feuilles radicales, simples; tous les fleurons assis.

Sanicula officinarum; Sanicle des boutiques. *Bauh. Pin.* 319. *Dod. Pempt.* 140, f. 1. *Lob. Ic.* 1, p. 663, f. 1. *Lugd. Hist.* 1268, f. 1. *Camer. Epit.* 763. *Column. Phyt.* 71 et 72. *Flor. Dan.* tab. 283. *Bul. Paris.* tab. 144. *Icon. Pl. Med.* tab. 109.

En Europe, dans les bois. ♃ Vernale.

2. SANICLE du Canada, *S. Canadensis*, L. à feuilles radicales composées; à folioles ovales.

En Virginie. ♃

3. SANICLE de Mariland, *S. Marilandica*, L. à fleurons mâles pédunculés : à fleurons hermaphrodites assis.

Au Mariland, en Virginie. ♃

357. RADIAIRE, *ASTRANTIA. Tournef. Inst.* 314, tab. 166. *Lam. Tab. Encyclop.* pl. 191.

CAL. *Ombelle universelle* le plus souvent à trois rayons.

——*Partielle*, à rayons nombreux.

Collerette universelle à doubles feuillets aux rayons.

——*Partielle*, environ à vingt *feuillets*, lancéolés, ouverts, égaux, colorés, plus longs que l'ombelle.

Périanthe propre à cinq dents, pointu, droit, persistant.

COR. *Universelle* uniforme. *Fleurons* du rayon avortans.

——*Propre*, cinq *Pétales*, droits, courbés en dedans, à deux divisions peu profondes.

ÉTAM. Cinq *Filamens*, simples, de la longueur des corollules. *Anthères* simples.

PIST. *Ovaire* oblong, inférieur. Deux *Styles*, droits, filiformes. *Stigmates* simples, ouverts.

PÉR. Nul. *Fruit* ovale, obtus, couronné, strié, divisible en deux parties.

SEM. Deux, ovales, oblongues, couvertes par la croûte du péricarpe, ridées.

Collerettes particlles lancéolées, ouvertes, égales, colorées, plus longues que les fleurs dont plusieurs avortent.

1. RADIAIRE majeure, *A. major*, L. à feuilles découpées en cinq lobes, dont chacun est divisé peu profondément en trois parties.

Helleborus niger, Saniculæ folio, major; Hellébore noir, à feuilles de Sanicle, plus grand. *Bauh. Pin.* 186, n.° 5. *Dod. Pempt.* 387, f. 1. *Lob. Ic.* 1, p. 681, f. 2. *Lugd. Hist.* 1269, f. 1. *Bauh. Hist.* 3, P. 2, p. 638, f. 1.

Sur les Alpes du Dauphiné, de Provence. ♃ Vernale. *S-Alp.*

2. RADIAIRE mineure, *A. minor*, L. à feuilles digitées, dentées à dents de scie.

Helleborine Saniculæ folio, minor; Hellébotine à feuilles de Sanicle, plus petite. *Bauh. Pin.* 186, n.° 6. *Boccon. Sicul.* 10, tab. 5, f. 111. *Scopol. Carn.* ed. 2, n.° 305, tab. 7.

Sur les Alpes du Dauphiné, de Provence, de Suisse, des Pyrénées. ♃ Estivale. *Alp.*

358. BUPLÈVRE, *BUPLEVRUM.* * *Tournef. Inst.* 309, tab. 163. *Lam. Tab. Encyclop.* pl. 189.

CAL. *Ombelle universelle* environ à dix rayons.

——*Partielle*, à peine à dix rayons, droite, ouverte.

Collerette universelle à plusieurs feuillets.
——*Partielle*, plus grande, à cinq *feuillets*, ouverts, ovales, aigus.
Périanthe propre irrégulier.

COR. *Universelle* uniforme. Tous les *Fleurons* fertiles.
——*Propre*, cinq *Pétales*, roulés en dedans, entiers, très-courts.

ÉTAM. Cinq *Filamens*, simples. *Anthères* arrondies.

PIST. *Ovaire* inférieur. Deux *Styles*, renversés, petits. *Stigmates* très-petits.

PÉR. Nul. *Fruit* arrondi, comprimé, strié, divisible en deux parties.

SEM. Deux, ovales, oblongues, convexes, striées d'un côté, aplaties de l'autre.

OBS. *Dans la plupart des espèces, les involucelles apparens, surpassent souvent la corolule. Les collerettes varient pour le nombre des feuillets.*

Collerettes partielles très-grandes, formées par cinq feuillets. *Pétales* roulés en dedans. *Fruit* arrondi, comprimé, strié.

* I. *BUPLÈVRES à tige herbacée.*

1. BUPLÈVRE perce-feuille, *B. rotundifolium*, L. à ombelle sans collerette générale; à feuilles traversées par la tige.

Perfoliata vulgatissima, sive arvensis; Perfoliée très-commune, ou des champs. *Bauh. Pin.* 277, n.° 1. *Dod. Pempt.* 104, n.° 1. *Lob. Ic.* 1, p. 396, f. 1. *Lugd. Hist.* 1321, f. 1. *Camer. Epit.* 888. *Bauh. Hist.* 3, P. 2, p. 198, f. 1. *Barrel.* tab. 1128. *Bul. Paris.* tab. 145. *Icon. Pl. Med.* tab. 376.

Cette espèce présente deux variétés, 1.° à rameaux courbés; 2.° à fleur pleine.

En Europe, dans les champs. ☉

2. BUPLÈVRE étoilé, *B. stellatum*, L. à collerettes partielles réunies par la base: la collerette générale de trois feuillets.

Perfoliata Alpina, angustifolia, media; Perfoliée des Alpes, à feuilles étroites, moyenne. *Bauh. Pin.* 277, n.° 7. *Bauh. Hist.* 3, P. 2, p. 199, f. 1. *Hall. Helv.* n.° 771, tab. 18.

Sur les Alpes du Dauphiné, de Suisse. Estivale. *Alp.*

3. BUPLÈVRE des rochers, *B. petræum*, L. à collerettes partielles réunies par la base: la collerette générale de cinq feuillets.

Perfoliata Alpina, gramineo folio, sive Buplevron angustifolium, Alpinum; Perfoliée des Alpes, à feuille graminée, ou Buplèvre à feuilles étroites, des Alpes. *Bauh. Pin.* 277, n.° 9. *Pon. Bald.* 347, f. 1. *Bellev.* tab. 206.

Sur les Alpes du Dauphiné, de Provence, d'Italie. ♃

4. BUPLÈVRE anguleux, *B. angulosum*, L. à collerettes partielles de cinq feuillets, arrondis: la collerette universelle de trois feuillets, ovales; à feuilles embrassant la tige, en cœur, lancéolées.

Perfoliata Alpina, angustifolia, major, sive folio anguloso; Perfoliée des Alpes, à feuilles étroites, plus grande, ou à feuille anguleuse. *Bauh. Pin.* 277, n.° 6.

Sur les Alpes du Dauphiné. ♃ Alp.

5. BUPLÈVRE à longues feuilles, *B. longifolium*, L. à collerettes partielles de cinq feuillets, ovales : la collerette universelle de trois feuillets ; à feuilles embrassant la tige.

Perfoliata montana, latifolia; Perfoliée des montagnes, à larges feuilles. *Bauh. Pin.* 277, n.° 3. *Camer. Hort.* 120, tab. 38. *Bauh. Hist.* 3, P. 2, p. 198, n.° 2.

Sur les Alpes du Dauphiné. ♃. Estivale. *Alp.*

6. BUPLÈVRE en faucille, *B. falcatum*, L. à collerettes partielles de cinq feuillets, aigus : la collerette universelle de trois feuillets ; à feuilles lancéolées ; à tige tortueuse.

Bupleuron folio subrotundo, sive vulgatissimum; Buplèvre à feuille arrondie, ou très-commun. *Bauh. Pin.* 278, n.° 2. *Trag.* 451. *Dod. Pempt.* 633, f. 1. *Lob. Ic.* 1, p. 456, f. 1. *Lugd. Hist.* 436, f. 1. *Bauh. Hist.* 3, P. 2, p. 200, f. 1. *Jacq. Aust.* tab. 158.

En Europe, dans les haies, les buissons. ♃ Estivale.

7. BUPLÈVRE étalé, *B. odontites*, L. à collerettes partielles de cinq feuillets, aigus : la collerette générale de trois feuillets ; le fleuron central beaucoup plus élevé que les autres ; à rameaux très-écartés.

Perfoliata minor, angustifolia, Bupleuri folio; Perfoliée plus petite, à feuilles étroites, à feuille de Buplèvre. *Bauh. Pin.* 277, n.° 10. *Lugd. Hist.* 1068, f. 3. *Column. Ecphras.* 1, p. 84, et 247, f. 1. *Bauh. Hist.* 3, P. 2, p. 201, f. 1. *Moris. Hist.* sect. 9, tab. 12, f. 7. *Plukn.* tab. 50, f. 6.

En Dauphiné, en Provence, à Montpellier. ☉ Vernale.

8. BUPLÈVRE demi-composé, *B. semi-compositum*, L. à ombelles terminales et axillaires, composées et simples.

Gouan. Illust. 9, tab. 7, f. 1.

A Montpellier, en Espagne. ☉

9. BUPLÈVRE renoncule, *B. ranunculoïdes*, L. à collerettes partielles de cinq feuillets, lancéolés, plus longs : la collerette universelle de trois feuillets ; à feuilles de la tige lancéolées.

Perfoliata Alpina, angustifolia, minima; Perfoliée des Alpes, à feuilles étroites, très-petite. *Bauh. Pin.* 277, n.° 11. *Bauh. Hist.* 3, P. 2, p. 199, f. 2. *Bellev.* tab. 207.

Sur les Alpes du Dauphiné, de Suisse, des Pyrénées. ♃ Estivale. *Alp.*

10. BUPLÈVRE roide, *B. rigidum*, L. à tige dichotome, presque nue ; à collerettes très-petites, aiguës.

Buplevron folio rigido; Buplèvre à feuille roide. *Bauh. Pin.* 278, n.° 1. *Dod. Pempt.* 633, f. 2. *Lob. Ic.* 1, p. 436, f. 2. *Lugd. Hist.* 436, f. 2, et 741, f. 1. *Bauh. Hist.* 3, P. 2, p. 200, f. 2. *Moris. Hist.* sect. 9, tab. 12, f. 2.

A Montpellier, en Provence. ♃ Estivale.

11. BUPLÈVRE très-menu, *B. tenuissimum*, L. à ombelles simples; alternes, de cinq feuillets, le plus souvent à trois fleurs.

Buplevron angustissimo folio; Buplèvre à feuille très-étroite. *Bauh. Pin.* 278, n.° 3. *Column. Ecphras.* 1, p. 83, tab. 247, f. 2. *Bauh. Hist.* 3, P. 2, p. 201, f. 2. *Moris. Hist.* sect. 9, tab. 12, f. 4. *Barrel.* tab. 1248.

A Lyon, Montpellier, Paris, en Provence. ⊙ Estivale.

12. BUPLÈVRE joncier, *B. junceum*, L. à tige droite, en panicule; à feuilles linéaires, à collerettes générales de trois feuillets : les partielles à cinq feuillets.

Gerard Gallo-Prov. 233, tab. 9.

A Paris, en Dauphiné, en Provence, à Montpellier. ♃ Estivale.

* II. *BUPLÈVRES à tige ligneuse.*

13. BUPLÈVRE arbrisseau, *B. fruticosum*, L. à tige ligneuse; à feuilles en ovale renversé, très-entières.

Seseli Æthiopicum, Salicis folio; Seseli d'Ethiopie, à feuille de Saule. *Bauh. Pin.* 161, n.° 7. *Dod. Pempt.* 312, f. 1. *Lob. Ic.* 1, p. 634, f. 1. *Lugd. Hist.* 750, f. 1. *Camer. Epit.* 512. *Bauh. Hist.* 3, P. 2, p. 197, f. 1. *Moris. Hist.* sect. 9, tab. 7, f. 1.

A Montpellier. ♄ Estivale.

14. BUPLÈVRE ligneux, *B. frutescens*, L. à tige ligneuse; à feuilles linéaires; à collerettes universelle et partielle.

Barrel. tab. 1255.

En Espagne, sur les collines. ♄

15. BUPLÈVRE difforme. *B. difforme*, L. à tige ligneuse; à feuilles vernales décomposées, planes, découpées : à feuilles estivales filiformes, anguleuses, à trois divisions peu profondes.

Burm. Afric. 195, tab. 71, f. 1?

En Ethiopie. ♄

359. ÉCHINOPHORE, *ECHINOPHORA*. † *Tournef. Inst.* 656, tab. 423. *Lam. Tab. Encyclop.* pl. 190.

CAL. *Ombelle universelle* à plusieurs rayons, les intermédiaires plus courts.
——*Partielle*, à plusieurs fleurons, assis : celle du centre assise.

Collerette universelle à plusieurs rayons, pointus.
——*Partielle*, en toupie, d'un seul feuillet, pointue, inégale, à six segmens peu profonds.

Périanthe propre à cinq dents, persistant, très-petit.

COR. *Universelle* difforme, radiée. *Fleurons* mâles, avortans : les femelles au centre de l'ombelle.

——*Propre*, à cinq *Pétales*, inégaux, ouverts.

ÉTAM. Cinq *Filamens*, simples. *Anthères* arrondies.

PIST. *Ovaire* oblong, inférieur, couvert par l'involucelle. Deux *Styles*, simples. *Stigmates* simples.

PÉR. Nul, remplacé par la *Collerette* endurcie, piquante.

SEM. Une seule, ovale, oblongue.

Fleurs latérales mâles, celle du centre hermaphrodite. Une *Semence* nidulée dans la collerette partielle.

1. ÉCHINOPHORE épineuse, *E. spinosa*, L. à folioles en alêne, épineuses, très-entières.

Crithmum maritimum, spinosum; Crithme maritime, épineux. *Bauh. Pin.* 288, n.° 4. *Dod. Pempt.* 705, f. 2. *Lob. Ic.* 1, p. 710, f. 2. *Lugd. Hist.* 1367, f. 1, 1396, f. 2. *Camer. Epit.* 273. *Bauh. Hist.* 3, P. 2, p. 196, f. 2. *Moris. Hist.* sect. 9, tab. 1, f. 1.

A Montpellier, en Provence, sur les bords de la mer. ♃ Estivale.

2. ÉCHINOPHORE à feuilles menues, *E. tenuifolia*, L. à folioles découpées, sans épines.

Pastinaca sylvestris, angustifolia, fructu echinato; Panais sauvage, à feuilles étroites, à fruit hérissonné. *Bauh. Pin.* 151, n.° 4. *Columna. Ecphras.* 1, p. 98 et 101.

Dans la Pouille, sur les bords de la mer. ♃.

360. HASSELQUISTE, *HASSELQUISTIA*. *

CAL. Ombelle ouverte. Dix *Ombellules*, dont cinq au rayon.

Le rudiment de l'*Ombelle centrale* est un petit corps vicié, porté sur un pédicule, à trois côtés peu prononcés, charnu, déprimé, noirâtre, garni en dessus de poils blanchâtres.

Collerette très-petite, à cinq *feuillets*, en alêne, renversés. Demi-*Involucelles* : les extérieurs à trois feuillets, en alêne, inclinés, plus courts que l'ombelle.

Ombelle fructifère, rapprochée.

COR. *Fleurs* radiées, même celles des ombellules intérieures. *Fleurons radiés* hermaphrodites. *Pétales* inégaux, recourbés et divisés peu profondément en deux parties ; pétale extérieur à deux divisions, et le voisin à une seule, toutes grandes, (de sorte que chaque corolle est composée de quatre grandes divisions et de six petites.)

Fleurons du disque intérieur, mâles ; pétales comme égaux, recourbés, à deux divisions, (toutes les divisions petites.)

ÉTAM. Cinq *Filamens* à tous les fleurons, plus longs que les pétales. *Anthères* arrondies.

PIST. *Ovaire* inférieur. *Styles* filiformes, persistans. *Stigmates* obtus.

PÉR. Nul.

SEM. Les *Extérieures* deux à deux, ovales, lisses, à bordure épaisse, crénelée : les *Intérieures* solitaires, hémisphériques, penchées, en godet, creuses sur les côtés, garnies de deux styles.

—— *Du disque intérieur*, nulles.

Corolles radiées : celles du disque mâles. *Semences* du rayon deux à deux, crénelées sur les bords : celles du disque solitaires, en godet, hémisphériques.

1. HASSELQUISTE d'Égypte, *H. Ægyptiaca*, L. à feuilles alternes, éloignées, pétiolées, pinnées.

Buxb. Cent. 3, p. 16, tab. 27? *Jacq. Hort.* tab. 87.

En Arabie. ⊙

361. TORDYLIER, *TORDYLIUM.* * *Tournef. Inst.* 320, tab. 170; *Lam. Tab. Encyclop.* pl. 193.

CAL. *Ombelle universelle* inégale, multiple.

——*Partielle*, inégale, multiple, très-courte, plane.

Collerette universelle, à feuillets grêles, sans divisions, le plus souvent de la longueur de l'ombelle.

—— *Partielle*, tournée du côté extérieur de l'ombelle, extérieurement plus longue que l'ombelle.

Périanthe propre, à cinq dents.

COR. *Universelle* difforme, radiée. Tous les *Fleurons* fertiles.

—— *Propre du disque*, à cinq *pétales*, roulés en dedans en cœur, égaux.

—— *Propre du rayon*, semblable à celle du disque, mais le pétale extérieur très-grand, à deux divisions profondes.

ÉTAM. Cinq *Filamens*, à tous les fleurons, capillaires. *Anthères* simples.

PIST. *Ovaire* arrondi à tous les fleurons, inférieur. Deux *Styles*, petits. *Stigmates* obtus.

PÉR. *Fruit* comme arrondi, comprimé, crénelé sur les bords, divisible en deux parties.

SEM. Deux, arrondies, presque aplaties : à *bordure* élevée, crénelée.

OBS. *Dans le* T. Antriscus, *l'ombelle est comme radiée, et les fleurons des ombellules du disque, mâles.*

Corolles radiées, toutes hermaphrodites. *Fruit* arrondi, crénelé sur les bords. *Collerettes* longues, formées par des feuillets entiers.

1. TORDYLIER de Syrie; *T. Syriacum*, L. à collerettes générales plus longues que l'ombelle.

Gingidium foliis Pastinacæ latifolia; Gingide à feuilles de Panais à larges feuilles. *Bauh. Pin.* 151, n.° 4. *Dod. Pempt.* 702, f. 1. *Lob. Ic.* 1, p. 725, f. 2. *Lugd. Hist.* 710, f. 2. *Bauh. Hist.* 3, P. 2, p. 86, f. 2. *Moris. Hist.* sect. 9, tab. 16, f. 7. *Jacq. Hort.* tab. 54.

En Syrie, à Naples.

2. TORDYLIER officinal, *T. officinale*, L. à collerettes partielles, de la longueur des fleurs; à folioles ovales, laciniées.

Seseli Creticum, minus; Seseli de Crète, plus petit. *Bauh. Pin.* 161, n.° 4. *Dod. Pempt.* 314, f. 1. *Lob. Ic.* 1, p. 736, f. 2. *Lugd. Hist.* 752, f. 1. *Bauh. Hist.* 3, P. 2, p. 84, f. 2. *Icon. Pl. Med.* tab. 278.

En Provence, en Italie, en Sicile. ⊙

3. TORDYLIER étranger, *T. peregrinum*, L. à semences sillonnées, ridées, plissées; à collerette universelle d'un seul feuillet, à trois divisions peu profondes.

Caucalis peregrina, semine rugoso; Caucalier étranger, à semence ridée. *Bauh. Pin.* 153, n.° 9. *Camer. Hort.* 37, tab. 11.

En Orient.

4. TORDYLIER de la Pouille, *T. Apulum*, L. à ombellules éloignées; à feuilles pinnées; à folioles arrondies, laciniées.

Seseli Creticum, minimum; Seseli de Crète, très-petit. *Bauh. Pin.* 161, n.° 6. *Column. Ecphras.* 1, p. 122, tab. 124, f. 1. *Jacq. Hort.* tab. 53.

En Italie, à Naples, dans la Pouille.

5. TORDYLIER très-grand, *T. maximum*, L. à ombelles entassées, radiées; à feuilles lancéolées, découpées, dentées à dents de scie.

Seseli Creticum, majus; Seseli de Crète, plus grand. *Bauh. Pin.* 161, n.° 3. *Lob. Ic.* 1, p. 737, f. 1. *Clus. Hist.* 2, p. 201, f. 1. *Lugd. Hist.* 752, f. 2. *Bauh. Hist.* 3, p. 85 et 86, f. 1. *Jacq. Aust.* tab. 142.

En Provence, à Paris, à Montpellier.

6. TORDYLIER âpre, *T. anthriscus*, L. à ombelles entassées; à folioles ovales, lancéolées, pinnatifides.

Caucalis semine aspero, flosculis rubentibus; Caucalier à semence rude, à fleurons rougeâtres. *Bauh. Pin.* 153, n.° 7. *Prod.* 80, f. 1. *Bauh. Hist.* 3, P. 2, p. 83, f. 1. *Jacq. Aust.* tab. 261.

En Europe, sur les bords des chemins. ♂ Estivale.

7. TORDYLIER noueux, *T. nodosum*, L. à ombelles simples, assises; à semences extérieures hérissées.

Caucalis

Caucalis nodoso, echinato, semine; Caucalier à semence noueuse, hérissonnée. *Bauh. Pin.* 153, n.° 8. *Bauh. Hist.* 3, P. 2, p. 83, f. 2.

A Montpellier, à Lyon, sur les bords des chemins. ⊙ Estivale.

362. CAUCALIER, *CAUCALIS.* * *Tournef. Inst.* 323, tab. 171. *Lam. Tab. Encyclop.* pl. 192.

CAL. *Ombelle universelle* inégale, à rayons peu nombreux.

——*Partielle*, inégale, à rayons plus nombreux, dont cinq extérieurs plus grands.

Collerette universelle à feuillets en nombre égal à celui des rayons; sans divisions, lancéolés, membraneux sur les bords, ovales, courts.

——*Partielle*, à feuillets semblables à ceux de la collerette universelle, à rayons plus longs, le plus souvent au nombre de cinq.

Périanthe propre à cinq dents, saillant.

COR. *Universelle* difforme, radiée. *Fleurons* du rayon, avortans.

——*Propre du disque*, mâle, petite, à cinq *pétales* roulés en dedans, en cœur, égaux.

——*Propre du rayon*, hermaphrodite, à cinq *pétales* roulés en dedans, en cœur, inégaux, l'extérieur très-grand, à deux divisions peu profondes.

ÉTAM. Cinq *Filamens* à tous les fleurons, capillaires. *Anthères* petites.

PIST. *Ovaire du rayon* oblong, rude, inférieur. Deux *Styles*, en alène. Deux *Stigmates*, ouverts, obtus.

PÉR. *Fruit* ovale, oblong, à stries longitudinales, hérissé de soies roides.

SEM. Deux, oblongues, convexes d'un côté, aplaties de l'autre; armées de pointes en alène dans la longueur des stries.

OBS. *La collerette générale manque dans quelques espèces.*

Corolles radiées : celles du disque mâles. *Pétales* roulés en dedans, échancrés. *Fruit* hérissé de soies roides. *Collerettes* composées de feuillets entiers.

1. CAUCALIER à grande fleur, *C. grandiflora*, L. toutes les collerettes de cinq feuillets, dont un est deux fois plus long.

Caucalis arvensis, echinata, magno flore; Caucalier des champs, hérissonné, à grande fleur. *Bauh. Pin.* 152, n.° 4. *Dod. Pempt.* 700, f. 1. *Lob. Ic.* 1, p. 728, f. 1. *Clus. Hist.* 2, p. 201, f. 2. *Lugd. Hist.* 715, f. 1 ? et 761, f. 3. *Column. Ecphras.* 1, p. 91, tab. 94. *Bauh. Hist.* 3, P. 2, p. 79, f. 2.

Dans l'Europe Méridionale, dans les champs. Estivale.

2. CAUCALIER fausse-carotte, *C. daucoïdes*, L. à ombelles à trois divisions peu profondes, sans feuillets; à ombellules à trois semences, à trois feuillets.

Column. Ecphras. 1, p. 96 et 97, f. 2. *Jacq. Aust.* tab. 157.

En Europe, dans les champs. ⊙ Vernale.

3. CAUCALIER à larges feuilles, *C. latifolia*, L. à ombelle universelle à trois divisions peu profondes : les partielles à cinq feuillets; à feuilles pinnées; à folioles dentées, à dents de scie.

Caucalis arvensis, echinata, latifolia; Caucalier des champs, hérissonné, à larges feuilles. *Bauh. Pin.* 152, n.° 3. *Column. Ecphras.* 1, p. 97 et 98, f. 1. *Bauh. Hist.* 3, P. 2, pag. 80, f. 2. *Jacq. Hort.* tab. 128.

A Montpellier, en Provence, à Lyon, Paris. ⊙ Estivale.

4. CAUCALIER de Mauritanie, *C. Mauritanica*, L. à collerette universelle d'un seul feuillet : les partielles de trois feuillets.

Dans la Mauritanie.

5. CAUCALIER Oriental, *C. Orientalis*, L. à ombelles étalées; à folioles partielles sur-décomposées, laciniées; à divisions linéaires.

Moris. Hist. sect. 9, tab. 14, f. 5.

Dans l'Orient. ♂

6. CAUCALIER à crochets, *C. leptophylla*, L. à collerette universelle comme nulle; à ombelle à deux divisions peu profondes; à collerettes partielles de cinq feuillets.

Caucalis arvensis, echinata, parvo flore et fructu; Caucalier des champs, hérissonné, à fleur et fruit petits. *Bauh. Pin.* 152, n.° 5. *Bauh. Hist.* 3, P. 2, p. 80, f. 1.

A Montpellier, en Provence, dans les lieux arides. ♂

363. ARTEDIE, *ARTEDIA.* * *Lam. Tab. Encyclop.* pl. 193.

CAL. *Ombelle universelle* ouverte, plane, multiple.

——*Partielle*, petite, semblable à l'ombelle universelle.

Collerette universelle environ à dix feuillets, ovales, oblongs, garnis de trois soies au sommet, presque aussi longs que l'ombelle.

——*Partielle*, tournée en dehors, à deux ou trois *feuillets*, linéaires, pinnés, plus longs que l'ombellule.

COR. *Universelle* difforme, radiée. *Fleurons* du disque avortans.

—— *Propre du disque*, mâle, à cinq *pétales*, roulés en dedans, en cœur, droits.

—— *Propre du rayon*, hermaphrodite, à *pétales* semblables à ceux de la corolle propre du disque, mais l'extérieur plus grand.

ÉTAM. Cinq *Filamens* à tous les fleurons, capillaires. *Anthères* simples, arrondies.

PIST. *Ovaire* du rayon petit, inférieur. Deux *Styles*, renversés. *Stigmates* simples.

PÉR. Nul. *Fruit* arrondi, comprimé, à feuillets écailleux sur les bords, divisible en deux parties.

SEM. Deux, oblongues, garnies sur les bords d'écailles arrondies, étalées.

Collerettes pinnatifides. *Fleurons* du disque mâles. *Fruit* hérissé d'écailles.

1. ARTEDIE écailleuse, *A. squamata*, L. à semences écailleuses.

Gingidium foliis fœniculi; Gingide à feuilles de fenouil. *Bauh. Pin.* 151, n.° 1. *Camer. Hort.* 67, tab. 16.

Sur le Mont-Liban. ⊙

364. CAROTTE, *DAUCUS*. * *Tournef. Inst.* 307, tab. 161. *Lam. Tab. Encyclop.* pl. 192.

CAL. *Ombelle universelle* multiple, ouverte dans le temps de la floraison, concave, rapprochée dans le temps de la maturité.

——*Partielle*, multiple, semblable à l'ombelle universelle.

Collerette universelle, de la longueur de l'ombelle, à plusieurs *feuillets*, linéaires, pinnatifides.

——*Partielle*, plus simple, de la longueur de l'ombellule.

Périanthe propre à peine visible.

COR. *Universelle* difforme, comme radiée. *Fleurons* du disque avortans.

——*Propre*, à cinq *pétales*, roulés en dedans, en cœur, les extérieurs plus grands.

ÉTAM. Cinq *Filamens*, capillaires. *Anthères* simples.

PIST. *Ovaire* inférieur, petit. Deux *Styles*, renversés. *Stigmates* obtus.

PÉR. Nul. *Fruit* ovale, souvent hérissé en tous sens de poils roides, divisible en deux parties.

SEM. Deux, comme ovales, convexes d'un côté, hérissées et aplaties de l'autre.

Corolles comme radiées. *Fleurons* du disque avortans. *Fruit* hérissé de poils roides. *Collerette* composée de feuillets pinnés.

1. CAROTTE commune, *D. Carotta*, L. à semences hérissées de poils roides; à pétioles chargés de nervures en dessous.

Pastinaca tenuifolia, sylvestris Dioscoridis, vel Daucus officinarum; Panais sauvage de Dioscoride, à feuilles menues, ou Carotte des boutiques. *Bauh. Pin.* 151, n.° 1. *Dod. Pempt.* 679, f. 1. *Lob. Ic.* 1, p. 722, f. 2. *Lugd. Hist.* 720, f. 1. *Camer. Epit.* 508. *Bauh. Hist.* 3, P. 2, p. 64, f. 1? *Bul. Paris.* tab. 147. *Icon. Pl. Med.* tab. 471.

La Carotte sauvage offre plusieurs variétés.

1.° *Pastinaca tenuifolia sativa, radice luteâ vel albâ*; Panais cultivé à feuilles menues, à racine jaune ou blanche. *Bauh. Pin.* 151, n.° 5. *Dod. Pempt.* 678, f. 2. *Lob. Ic.* 1, p. 723, f. 1.

2.° *Pastinaca tenuifolia sativa, radice atro-rubente*; Panais cultivé à feuilles menues, à racine rougeâtre. *Bauh. Pin.* 151, n.° 6. *Dod. Pempt.* 678, f. 3. *Lob. Ic.* 1, p. 723, f. 2.

Cette espèce varie pour les feuilles plus ou moins larges; étroites, velues; pour les ombelles roses, à taches pourpres, noires, safranées.

1. *Daucus sylvestris*, Carotte, Carotte sauvage, cultivée. 2. Semences, Racine. 3. Racine, aqueuse, sucrée : feuilles, fortement aromatiques. 4. Arome, huile essentielle : la racine de la Carotte cultivée, contient un mucilage sucré, du vrai sucre. 5. Strangurie, gravelle, vers, scrophules, phthisie, aphthes, cancer. (La racine râpée de la Carotte cultivée.) 6. La racine de la Carotte cultivée est un aliment excellent et fort salubre. On peut en retirer du sucre. Les habitans de la Thuringe en épaississent le suc, et s'en servent pour remplacer le miel et le sucre. Elle fournit un bon fourrage. Les semences aromatiques, âcres, rendent la bière plus agréable.

Nutritive pour le Cheval, le Mouton, le Bœuf, la Chèvre.

En Europe, dans les prés, les champs arides. Cultivée dans les potagers. ♂ Estivale.

2. CAROTTE de Mauritanie, *D. Mauritanicus*, L. à semences hérissées; le fleuron du centre stérile, charnu; à réceptacle commun hémisphérique.

Pastinaca tenuifolia, sylvestris, umbellâ majore; Panais sauvage, à feuilles menues, à ombelle plus grande. *Bauh. Pin.* 151, n.° 2. *Moris. Hist.* sect. 9, tab. 13, f. 3 et 5.

En Italie, à Naples, en Espagne, en Mauritanie. ☉

3. CAROTTE Visnague, *D. Visnaga*, L. à semences lisses; à ombelle générale dont les rayons sont réunis vers la base.

Gingidium umbellâ oblongâ; Gingide à ombelle oblongue. *Bauh. Pin.* 151, n.° 2. *Dod. Pempt.* 702, f. 2. *Lob. Ic.* 1, p. 726, f. 1. *Lugd. Hist.* 710, f. 3. *Camer. Epit.* 303. *Bauh. Hist.* 3, P. 2, p. 31, f. 1.

En Provence. ☉

4. CAROTTE Gingide, *D. Gingidium*, L. à feuillets de la collerette aplatis, dont les divisions sont recourbées.

Gingidium foliis chærefolii; Gingide à feuilles de cerfeuil. *Bauh. Pin.* 151, n.° 3. *Camer. Epit.* 301. *Boccon. Sic.* 74, tab. 40, f. 111.

En Provence. ☉

5. CAROTTE hérissonnée, *D. muricatus*, L. à semences dont les piquans sont disposés sur trois rangs.

Caucalis Monspeliaca, echinato, magno fructu; Caucalier de Montpellier, à fruit grand, herissonné. *Bauh. Pin.* 153, n.° 6. *Lugd. Hist.* 762, f. 1. *Column. Ecphras.* 1, p. 91 et 94, f. 2. *Moris. Hist.* sect. 9, tab. 14, f. 4. *Herm. Parad.* p. et t. 111.

Cette espèce présente une variété, qui est la Carotte maritime, *D. maritimus*, L.

Caucalis pumila maritima; Carotte naine maritime. *Bauh. Pin.* 153, n.° 11. *Bauh. Hist.* 3, p. 81, f. 1. *Gerard. Flor. Galloprov.* 237, t. 10.

En Mauritanie, ☉

365. AMMI, *AMMI.* * *Tournef. Inst.* 304, tab. 159. *Lam. Tab. Encyclop.* pl. 193.

CAL. *Ombelle universelle* multiple, souvent à cinquante rayons.

——*Partielle*, courte, entassée.

Collerette universelle à plusieurs *feuillets*, linéaires, pinnatifides, aigus, à peine de la longueur de l'ombelle.

——*Partielle*, à plusieurs *feuillets*, linéaires, aigus, simples, plus courts que l'ombelle.

Périanthe propre à peine visible.

COR. *Universelle* uniforme. Tous les *Fleurons* fertiles.

——*Propre*, à cinq *pétales*, roulés en dedans, en cœur, d'une grandeur inégale au rayon, presque égale au disque.

ÉTAM. Cinq *Filamens*, capillaires. *Anthères* arrondies.

PIST. *Ovaire* inférieur. Deux *Styles*, renversés. *Stigmates* obtus.

PÉR. Nul. *Fruit* arrondi, lisse, strié, petit, divisible en deux parties.

SEM. Deux, convexes et striées d'un côté, aplaties de l'autre.

OBS. *L'A.* copticum, *a le fruit tuberculeux hérissé.*

Collerettes pinnatifides. *Corolles* radiées, toutes hermaphrodites. *Fruit* lisse.

1. AMMI majeur, *A. majus*, L. à feuilles inférieures pinnées; à folioles lancéolées, dentées à dents de scie : les supérieures à plusieurs divisions peu profondes, linéaires.

Ammi majus; Ammi majeur. *Bauh. Pin.* 159, n.° 1. *Dod. Pempt.* 301, f. 1. *Lob. Ic.* 1, p. 721, f. 1. *Lugd. Hist.* 695, f. 1. *Bauh. Hist.* 3, P. 2, p. 27, f. 1. *Icon. Pl. Med.* tab. 231.

En Europe, dans les champs. Estivale.

2. AMMI coptique, *A. copticum*, L. à feuilles sur-décomposées; à folioles linéaires; à semences tuberculeuses-hérissonnées.

Jacq. Hort. tab. 196.

En Egypte. ☉

3. AMMI à feuilles glauques, *A. glaucifolium*, L. toutes les divisions des feuilles lancéolées.

En Dauphiné, à Paris, en Suisse. ♃

366. TERRE-NOIX, *BUNIUM.* † *Lam. Tab. Encyclop. pl.* 197. BULBOCASTANUM. *Tournef. Inst.* 307, tab. 161.

CAL. *Ombelle universelle* multiple, à moins de vingt rayons.
——*Partielle*, très-courte, entassée.
Collerette universelle à plusieurs feuillets, linéaire, courte.
——*Partielle*, sétacée, de la longueur de l'ombellule.
Périanthe propre à peine visible.

COR. *Universelle* uniforme. Tous les *Fleurons* fertiles.
—— *Propre*, à cinq *pétales*, roulés en dedans, en cœur, égaux.

ÉTAM. Cinq *Filamens*, plus courts que la corolle, simples. *Anthères* simples.

PIST. *Ovaire* oblong, inférieur. Deux *Styles*, renversés. *Stigmates* obtus.

PÉR. Nul. *Fruit* ovale, divisible en deux parties.

SEM. Deux, ovales, convexes d'un côté, aplaties de l'autre.

Corolles uniformes. *Ombelle* à fleurs entassées. *Fruit* ovale.

1. TERRE-NOIX bulbeuse, *B. bulbocastanum*, L. à collerette formée par plusieurs feuillets.

Bulbocastanum majus, folio apii; Terre-noix plus grande, à feuilles d'ache. *Bauh. Pin.* 162, n.° 1. *Dod. Pempt.* 334, f. 1. *Lob. Ic.* 1, p. 745, f. 1. *Lugd. Hist.* 773, f. 1, 774, f. 1, et 782, f. 2. *Camer. Epit.* 609. *Bauh. Hist.* 3, P. 2, p. 30, f. 1. *Moris. Hist.* sect. 9, tab. 2, f. 1. *Barrel.* tab. 244. *Flor. Dan.* tab. 220. *Bul. Paris.* tab. 148.

Gouan distingue deux espèces de *Terre-noix*, l'une plus petite, à feuilles uniformes; à collerette formée par plusieurs feuillets; à fruits presque cylindriques, épaissis au sommet; à styles renversés, caducs-tardifs: l'autre plus grande, à feuilles de la tige très-étroites; à collerette générale nulle; à fruits ovales, aigus; à styles persistans. *Voy. Illust.* pag. 10.

En Europe, dans les champs, les prés. Estivale.

2. TERRE-NOIX aromatique, *B. aromaticum*, L. à collerette formée par trois feuillets.

Ammi alterum semine apii; autre Ammi à semence d'ache. *Bauh. Pin.* 159, n.° 2. *Bauh. Hist.* 3, P. 2, p. 25, f. 1.

Dans l'isle de Crète, en Syrie. ☉

367. CONIE, *CONIUM.* CICUTA. *Tournef. Inst.* 306, tab. 160.

CAL. *Ombelle universelle* à plusieurs rayons ouverts.
——*Partielle*, semblable à l'ombelle universelle.

Collerette universelle à plusieurs feuillets, très-courte, inégale.
—— *Partielle*, tournée du côté extérieur de l'ombelle, à trois feuillets.
Périanthe propre à peine visible.

COR. *Universelle* uniforme.
—— *Propre*, à cinq *pétales*, roulés en dedans, en cœur, inégaux.

ETAM. Cinq *Filamens*, simples. *Anthères* arrondies.

PIST. *Ovaire* inférieur. Deux *Styles*, renversés. *Stigmates* obtus.

PÉR. Nul. *Fruit* comme globuleux, à cinq stries, crénelé, divisible en deux parties.

SEM. Deux, convexes, presque hémisphériques, striées d'un côté, aplaties de l'autre.

Collerettes partielles placées d'un seul côté, formées par deux ou trois feuillets. *Fruit* arrondi, à cinq stries, crénelé de chaque côté.

1. CONIE tachetée, *C. maculatum*, L. à semences striées.

Cicuta major; Ciguë plus grande. *Bauh. Pin.* 160, n.° 1. *Dod. Pempt.* 461, f. 1. *Lob. Ic.* 1, p. 732, f. 1. *Clus. Hist.* 2, p. 200, f. 2. *Lugd. Hist.* 788, f. 1. *Camer. Epit.* 839. *Bauh. Hist.* 3, P. 2, p. 175, f. 3. *Jacq. Aust.* tab. 156. *Icon. Pl. Med.* tab. 48.

1. *Conium*, *Cicuta vulgaris*, *Cicuta terrestris*; Ciguë ordinaire, grande Ciguë. 2. Herbe, son extrait, son suc. 3. Odeur spécifique, vireuse, nauseuse; saveur foiblement amère, désagréable. 4. Huile essentielle; résine, dans les racines vieilles; sel essentiel, sel ammoniacal, dont on dégage l'alkali volatil par l'alkali fixe; extrait aqueux salin; extrait spiritueux insipide et presque inerte. 5. Squirrhe, cancer, scrophules, ulcères malins, gale, fleurs blanches, rhumatismes chroniques, phimosis, paraphimosis, gonorrhée, seins douloureux des femmes.

On croit que notre *Conium* est la même plante que la ciguë des Athéniens, par le suc de laquelle périrent *Socrate*, *Phocion*, etc.

En Europe, dans les terrains aquatiques. On la cultive et elle se multiplie facilement. ♂

2. CONIE roide, *C. rigens*, L. à semences tuberculeuses-hérissées; à péduncules sillonnés; à folioles creusées en gouttière, obtuses.

Au cap de Bonne-Espérance, sur les bords de la mer. ♄

3. CONIE d'Afrique, *C. Africanum*, L. à semences tuberculeuses-hérissées; à pétioles et péduncules lisses.

Boerrha. Lugd. 1, pag. et tab. 63. *Jacq. Hort.* tab. 104.

En Afrique. ☉

4. CONIE de Royen, *C. Royeni*, L. à semences en rayons, épineuses.

Buxb. Cent. 3, p. 16, tab. 28.

En Egypte.

368. SELIN, *SELINUM.* * *Lam. Tab. Encyclop.* pl. 200. THYSSELINUM. *Tournef. Inst.* 319.

CAL. *Ombelle universelle* multiple, plane, ouverte.

——*Partielle*, semblable à l'ombelle universelle.

Collerette universelle à plusieurs feuillets, lancéolés, linéaires, renversés.

——*Partielle*, semblable à la corolle universelle, ouverte, de la longueur de la corollule.

Périanthe propre à peine visible.

COR. *Universelle* uniforme. Tous les *Fleurons* fertiles.

——*Propre*, à cinq *pétales*, en cœur, égaux.

ÉTAM. Cinq *Filamens*, capillaires. *Anthères* arrondies.

PIST. *Ovaire* inférieur. Deux *Styles*, renversés. *Stigmates* simples.

PÉR. Nul. *Fruit* comprimé, aplati, ovale, oblong, strié des deux côtés au milieu, divisible en deux parties.

SEM. Deux, ovales, oblongues, aplaties des deux côtés, striées au milieu, membraneuses sur les bords.

OBS. *Les* Semences *varient dans leur forme*, *et les* Collerettes *dans le nombre de leurs feuillets.*

Fruit ovale, oblong, comprimé, plane, strié au milieu. *Collerette* renversée. *Pétales* en cœur, égaux.

1. SELIN sauvage, *S. sylvestre*, L. à racine en fuseau, divisée.

Apium sylvestre, lacteo succo turgens; Ache sauvage, remplie de suc laiteux *Bauh. Pin.* 153, n.° 7. *Dod. Pempt.* 699, f. 1. *Lob. Ic.* 1, p 711, f. 1. *Lugd. Hist.* 701, f. 1. *Bauh. Hist.* 3, P. 2, p. 183, f. 1. *Flor. Dan.* tab. 412.

Dans la forêt d'Hercynie, en France. ♃

2. SELIN des marais, *S. palustre*, L. à tige un peu laiteuse; à une seule racine.

Seseli palustre, lactescens; Seseli de marais, laiteux. *Bauh. Pin.* 162, n.° 11. *Flor. Dan.* tab. 257. *Icon. Pl. Med.* tab. 259.

Nutritive pour le Cheval, le Bœuf, la Chèvre.

En Europe, dans les prés humides. Estivale.

3. SELIN à feuilles de chervi, *S. carvifolia*, L. à tige sillonnée, à angles aigus; à collerette générale nulle; à pistils des fruits, renversés.

Carvifolia; Chervi. *Bauh. Pin* 158, n.° 3. *Lugd. Hist.* 689, f. 2. *Vaill.* tab. 5, f. 3. *Hall. Helv.* n.° 802, tab. 20. *Jacq. Aust.* tab. 16. *Flor. Dan.* tab. 667.

En Dauphiné, à Lyon, à Paris. Estivale.

4. SELIN de Séguier, *S. Seguieri*, L. à feuilles partielles disposées en sautoir; à collerette générale, nulle.

Till. Pis. tab. 39, f. 2? *Seguier. Ver.* 2, p. 41, tab. 13. *Jacq. Hort.* tab. 61.

En Suisse, en Italie, en Autriche. ♃

5. SELIN de Monnier, *S. Monnieri*, L. à ombelles entassées; à collerette générale, nulle, renversée; à semences à cinq côtes, membraneuses.

Jacq. Hort. tab. 62.

Cette plante ressemble aux Lasers pour les semences, mais elle a le port des Selins.

A Montpellier.

369. ATHAMANTE, *ATHAMANTA.* * *Lam. Tab. Encyclop.* pl. 194. OREOSELINUM. *Tourn. f. Inst.* 318, tab. 169.

CAL. *Ombelle universelle* multiple, ouverte.

——*Partielle*, moins tournie.

Collerette universelle à plusieurs feuillets, linéaire, un peu plus courte que les rayons.

——*Partielle*, linéaire, à rayons égaux.

Périanthe propre, irrégulier.

COR. *Universelle* uniforme. Tous les *Fleurons* fertiles.

—— *Propre*, à cinq *pétales*, roulés en dedans, échancrés, un peu inégaux.

ÉTAM. Cinq *Filamens*, capillaires, de la longueur de la corolle. *Anthères* arrondies.

PIST. *Ovaire* inférieur. Deux *Styles*, écartés. *Stigmates* obtus.

PÉR. Nul. *Fruit* ovale, oblong, strié, divisible en deux parties.

SEM. Deux, ovales, convexes et striées d'un côté, aplaties de l'autre.

Fruit ovale, oblong, strié. *Pétales* roulés en dedans, échancrés.

1. ATHAMANTE Libanote, *A. Libanotis*, L. à feuilles deux fois pinnées, planes; à ombelle hémisphérique; à semences hérissées.

Libanotis minor, apii folio; Libanote plus petite, à feuilles d'ache. *Bauh. Pin.* 157, n.° 4. *Prod.* 77, n.° 1, f. 1. *Lob. Ic.* 1, p. 705, f. 1. *Bauh. Hist.* 3, P. 2, p. 105, f. 1. *Plukn.* tab. 173, f. 1. *Jacq. Aust.* tab. 392.

Nutritive pour le Mouton, le Cochon.

Sur les montagnes du Bugey, du Dauphiné, en Allemagne, en Suède, dans les terrains sablonneux et marécageux. ♃

2. ATHAMANTE Cervaire, *A. Cervaria*, L. à feuilles pinnées; à folioles disposées en sautoir, découpées, anguleuses; à semences nues.

Daucus montanus, apii folio, major; Carotte de montagne, à feuille d'ache, plus grande. *Bauh. Pin.* 150, n.° 5. *Fusch. Hist.* 233. *Lob. Ic.* 1, p. 720, f. 2. *Clus. Hist.* 2, p. 193, f. 2. *Lugd. Hist.* 716, f. 2. *Camer. Epit.* 537. *Bauh. Hist.* 3, P. 2, p. 16r f. 3. *Jacq. Aust.* tab. 69. *Icon. Pl. Med.* tab. 390.

En Europe, dans les bois. ♃ Estivale.

3. ATHAMANTE de Sibérie, *A. Sibirica*, L. à feuilles pinnées; à folioles découpées, anguleuses.

Gmel. Sibir. 1, p. 186, n.° 3, tab. 40, f. 1 et 2.

En Sibérie. ♃

4. ATHAMANTE serré, *A. condensata*, L. à feuilles presque deux fois pinnées; à folioles en recouvrement au dehors; à ombelle en forme de lentille.

En Sibérie. ♃

5. ATHAMANTE Oréosélin, *A. Oreoselinum*, L. à folioles étalés.

Apium montanum, folio ampliore et A. nigrum; Ache de montagne, à feuille plus grande et A. noire. *Bauh. Pin.* 153, n.° 6 et 8. *Dod. Pempt.* 696, f. 1. *Lob. Ic.* 1, p. 707, f. 2. *Clus. Hist.* 2, p. 195, f. 2. *Lugd. Hist.* 702, f. 1. *Bauh. Hist.* 3, P. 2, p. 103 et 104, f. 1. *Jacq. Aust.* tab. 68. *Icon. Pl. Med.* tab. 366.

Nutritive pour le Cheval, le Mouton.

En Europe, dans les terrains sablonneux. ♃ Estivale.

6. ATHAMANTE de Sicile, *A. Sicula*, L. à feuilles inférieures, luisantes; les premières ombelles presque sessiles; à semences garnies de poils.

En Sicile, à Naples. ♃

7. ATHAMANTE de Crète, *A. Cretensis*, L. à folioles linéaires, planes, velues; à pétales divisés profondément en deux parties; à semences oblongues, hérissées.

Daucus foliis fœniculi, tenuissimis; Carotte à feuilles de fenouil, très-menues. *Bauh. Pin.* 150, n.° 1. *Lob. Ic.* 1, p. 722, f. 1. *Lugd. Hist.* 716, f. 1. *Camer. Epit.* 536. *Bauh. Hist.* 3, P. 2, p. 56, f. 2. *Bellev.* tab. 213. *Jacq. Aust.* tab. 62. *Icon. Pl. Med.* tab. 400.

1. *Daucus Creticus*, Daucus de Crète, Daucus de Candie. 2. Semences. 3. Odeur aromatique, agréable, approchant de celle de l'origan; saveur également aromatique, un peu chaude.

4. Huile essentielle rouge; partie gommeuse, peu copieuse et peu active. 5. Toux, vents, gravelle.

Sur les Alpes du Dauphiné, de Suisse, d'Autriche. ♃ Estivale. *Alp.* et *S-Alp.*

8. ATHAMANTE annuel, *A. annua*, L. à feuilles à plusieurs divisions profondes, linéaires, arrondies, aiguës.

Dans l'isle de Crète. ☉

9. ATHAMANTE de la Chine, *A. Chinensis*, L. à semences membraneuses, striées; à feuilles sur-décomposées, lisses, à plusieurs divisions peu profondes.

A la Chine.

370. PEUCÉDAN, *PEUCEDANUM.* * *Tournef. Inst.* 318, tab. 119.

CAL. *Ombelle universelle* multiple, très-longue, grêle.
—— *Partielle*, ouverte.

Collerette universelle à plusieurs feuillets, linéaire, petite, renversée.
—— *Partielle*, plus petite.

Périanthe propre à cinq dents, très-petit.

COR. *Universelle* uniforme. *Fleurons* du disque avortans.
—— *Propre*, à cinq *pétales*, égaux, oblongs, recourbés en dedans, entiers.

ÉTAM. Cinq *Filamens*, capillaires. *Anthères* simples.

PIST. *Ovaire* oblong, inférieur. Deux *Styles*, petits. *Stigmates* obtus.

PÉR. Nul. *Fruit* ovale, ceint par une aile, strié des deux côtés, divisible en deux parties.

SEM. Deux, ovales, oblongues, comprimées, plus convexes d'un côté, marquées de trois stries élevées, ceintes sur les bords par une membrane large, entière, échancrée au sommet.

Fruit ovale, strié sur les deux faces, entouré d'un rebord ou aile. *Collerettes* très-courtes.

1. PEUCÉDAN officinal, *P. officinale*, L. à feuilles cinq fois divisées profondément par trois; à folioles filiformes, linéaires.

Peucedanum Germanicum; Peucédan d'Allemagne. *Bauh. Pin.* 149, n.° 2. *Dod. Pempt.* 317. *Lob. Ic.* 1, pag. 781. *Clus. Hist.* 2, p. 196, f. 1. *Lugd. Hist.* 746, f. 2. *Camer. Epit.* 550. *Bauh. Hist.* 3, P. 2, p. 36, f. 1. *Barrel.* tab. 78.

Cette espece présente une variété à feuilles divisées profondément en trois parties, filiformes, plus longues; à ombelles difformes.

1. *Peucedanum*, Queue de Pourceau, Fenouil de Porc. 2. Racine. 3. Aromatique. 5. Ulcères, affections soporeuses, migraine.

A Lyon, Paris, dans les prairies humides. ♃ Estivale.

2. PEUCÉDAN des Alpes, *P. Alpestre*, L. à folioles linéaires, rameuses.

On ignore son climat natal.

3. PEUCÉDAN petit, *P. minus*, L. à feuilles pinnées; à folioles pinnatifides; à divisions linéaires, opposées; à tige très-rameuse, étalée.

Peucedanum minus; Peucédan plus petit. *Bauh. Pin.* 149, n.° 3. *Lob. Ic.* 1, p. 745, f. 2. *Lugd. Hist.* 1112, f. 3. *Camer. Epit.* 718. *Bauh. Hist.* 3, P. 2, p. 17 et 18, f. 1.

En Angleterre.

4. PEUCÉDAN des prés, *P. silaus*, L. à folioles pinnatifides; à divisions opposées; à collerette générale, de deux feuillets.

Seseli pratense; Seseli des prés. *Bauh. Pin.* 162, n.° 12. *Dod. Pempt.* 310, f. 2. *Lob. Ic.* 1, p. 738, f. 1. *Lugd. Hist.* 752, f. 3. *Bauh. Hist* 3, P. 2, p. 170, f. 1. *Crantz. Aust.* p. 209, tab. 6, f. 1.

En Europe, dans les prés humides. Estivale.

5. PEUCÉDAN d'Alsace, *P. Alsaticum*, L. à folioles pinnatifides; à découpures divisées peu profondément en trois et un peu obtuses.

Daucus Alsaticus; Carotte d'Alsace. *Bauh. Prod.* 77, n.° 3, f. 2. *Bauh. Hist.* 3, P. 2, p. 106, f. 2. *Jacq. Aust.* tab. 70.

En Alsace, en Autriche, en Dauphiné.

6. PEUCÉDAN noueux, *P. nodosum*, L. à folioles divisées alternativement peu profondément.

Dans l'isle de Crète.

371. CHRITHME, *CRITHMUM.* * *Tournef. Inst.* 317, pl. 169. *Lam. Tab. Encyclop.* pl. 197.

ÇAL. *Ombelle universelle* multiple, hémisphérique.

—— *Partielle*, semblable à l'ombelle universelle.

Collerette universelle à plusieurs *feuillets*, lancéolés, obtus, renversés.

—— *Partielle*, lancéolée, linéaire, de la longueur de l'ombellule.

Périanthe propre à peine visible.

COR. *Universelle* uniforme. Tous les *Fleurons* fertiles.

—— *Propre*, à cinq *pétales*, ovales, roulés en dedans, égaux.

ÉTAM. Cinq *Filamens*, simples, plus longs que la corolle. *Anthères* arrondies.

PIST. *Ovaire* inférieur. Deux *Styles*, renversés. *Stigmates* obtus.

PÉR. Nul. *Fruit* ovale, comprimé, divisible en deux parties.

SEM. Deux, elliptiques, comprimées, aplaties, striées d'un côté.

Fruit ovale, comprimé. *Fleurons* égaux.

1. CHRITHME maritime, *C. maritimum*, L. à folioles lancéolées, charnues.

Crithmum sive fœniculum maritimum, minus; Chrithme ou fenouil de mer, plus petit. *Bauh. Pin.* 288, n.° 2. *Dod. Pempt.* 705, f. 1. *Lob. Ic.* 1, p. 392, f. 2. *Lugd. Hist.* 768, f. 1. *Camer. Epit.* 272. *Bauh. Hist.* 3, P. 2, p. 194, f. 1. *Jacq. Hort.* t. 187. *Icon. Pl. Med.* tab. 384.

A Montpellier, en Provence, sur les bords de la mer. ♄ Estivale.

2. CHRITHME des Pyrénées, *C. Pyranaïcum*, L. à folioles latérales deux fois divisées en trois.

Haller regarde cette espèce comme l'*Athamante Libanote*, dans un état très-avancé.

Aux Pyrénées.

372. ARMARINTHE, *CACHRYS*.* *Tournef. Inst.* 325, t. 172. *Lam. Tab. Encyclop.* pl. 205.

CAL. *Ombelle universelle* multiple.

—— *Partielle*, semblable à l'ombelle universelle.

Collerette universelle à plusieurs *feuillets*, linéaires, lancéolés.

—— *Partielle*, semblable à la collerette universelle.

Périanthe propre à peine visible.

COR. *Universelle* uniforme. Tous les *Fleurons* fertiles.

—— *Propre*, à cinq *pétales*, lancéolés, un peu relevés, égaux, légèrement aplatis.

ÉTAM. Cinq *Filamens*, simples, de la longueur de la corolle. *Anthères* simples.

PIST. *Ovaire* en toupie, inférieur. Deux *Styles* simples, de la longueur de la corolle. *Stigmates* en tête.

PÉR. Nul. *Fruit* comme ovale, anguleux, obtus, très-grand, à écorce qui peut se détacher, divisible en deux parties.

SEM. Deux, très-grandes, très-convexes d'un côté, aplaties de l'autre, fongueuses, remplies de Noyaux solitaires, ovales, oblongs.

Fruit presque ovale, anguleux, enveloppé par une écorce fongueuse.

1. ARMARINTHE Libanote, *C. Libanotis*, L. à feuilles deux fois pinnées; à folioles aiguës, à plusieurs divisions peu profondes; à semences sillonnées, lisses.

Libanotis ferulæ folio, semine anguloso; Libanote à feuille de férule, à semence anguleuse. *Bauh. Pin.* 158, n.° 1. *Dod. Pempt.* 306, f. 1. *Lob. Ic.* 1, p. 783, f. 2. *Lugd. Hist.* 764, f. 1 et 2? *Camer. Epit.* 544. *Bauh. Hist.* 3, P. 2, p. 40, f. 1. *Moris. Hist.* sect. 9, tab. 1, f. 6. *Barrel.* tab. 835.

A Montpellier, en Sicile. ♃

2. ARMARINTHE de Sicile, *C. Sicula*, L. à feuilles deux fois pinnées; à folioles linéaires, aiguës; à semences sillonnées, hérissées.

Hippomarathrum Creticum; Hippomarathre de Crète. *Bauh. Pin.* 147, n.° 6. *Moris. Hist.* sect. 9, tab. 1, f. 3.

En Sicile, en Espagne.

373. FÉRULE, *FERULA.* * *Tournef. Inst.* 321, tab. 170. *Lam. Tab. Encyclop.* pl. 205.

CAL. *Ombelle universelle* multiple, globuleuse.

—— *Partielle*, semblable à l'ombelle universelle.

Collerette universelle promptement caduque.

—— *Partielle*, à plusieurs feuillets, linéaire, petite.

Périanthe propre à peine visible.

COR. *Universelle* uniforme. Tous les *Fleurons* fertiles.

—— *Propre*, à cinq *pétales*, oblongs, un peu relevés, presque égaux.

ÉTAM. Cinq *Filamens*, de la longueur de la corolle. *Anthères* simples.

PIST. *Ovaire* en toupie, inférieur. Deux *Styles*, renversés. *Stigmates* obtus.

PÉR. *Fruit* ovale, plane, comprimé, marqué des deux côtés de trois lignes saillantes, divisible en deux parties.

SEM. Deux, très-grandes, elliptiques, aplaties des deux côtés, marquées de trois stries distinctes.

Fruit ovale, comprimé, aplati, à trois stries sur chaque face.

1. FÉRULE commune, *F. communis*, L. à folioles linéaires, très-longues, simples.

Ferula fœmina Plinii; Férule femelle de Pline. *Bauh. Pin.* 148, f. 1. *Dod. Pempt.* 321, f. 1. *Lob. Ic.* 1, p. 778, f. 2. *Lugd. Hist.* 754, f. 1. *Camer. Epit* 549. *Bauh. Hist.* 3, P. 2, p. 43, fig. 1.

En Provence. ♃

2. FÉRULE glauque, *F. glauca*, L. à feuilles sur-décomposées; à folioles lancéolées, linéaires, planes.

Bauh. Hist. 3, P. 2, p. 45, f. 2.

En Sicile, en Italie. ♃

3. FÉRULE de Barbarie, *F. Tingitana*, L. à folioles laciniées; à divisions à trois dents, inégales, luisantes.

Herm. Parad. pag. et tab. 165.

En Espagne, en Barbarie. ♂

4. FÉRULE Férulago, *F. Ferulago*, L. à feuilles pinnatifides; à pinnules linéaires, planes, à trois divisions peu profondes.

Ferulago latiore folio; Férule à feuille plus large. *Bauh. Pin.* 148, n.° 2. *Dod. Pempt.* 321, f. 2. *Lob. Ic.* 1, p. 779, f. 1. *Lugd. Hist.* 755, f. 1. *Bauh. Hist.* 3, P. 2, p. 53, f. 1. *Moris. Hist.* sect. 9, tab. 15, f. 1.

En Sicile.

5. FÉRULE Orientale, *F. Orientalis*, L. à pinnules des feuilles nues à la base; à folioles sétacées.

Tournef. Voy. au Lev. 2, pag. et tab. 286.

En Orient.

6. FÉRULE à feuilles de méum, *F. meoïdes*, L. à pinnules des folioles garni des deux côtés d'une oreillette; à folioles sétacées.

En Orient.

7. FÉRULE nodiflore, *F. nodiflora*, L. à folioles garnies d'une oreillette; à ombelles presque assises.

Libanotis ferulæ folio et semine; Libanote à feuille et semence de férule. *Bauh. Pin.* 158, n.° 2. *Dod. Pempt.* 308, f. 1. *Lob. Ic.* 1, p. 783, f. 1. *Bauh. Hist.* 3, P. 2, p. 41, f. 1.

Dans l'Europe Méridionale, en Istrie. ♃

8. FÉRULE du Canada, *F. Canadensis*, L. luisante.

En Virginie. ♃

9. FÉRULE Assa fœtida, *F. Assa fœtida*, L. à feuilles alternativement sinuées, obtuses.

Kæmpf. Amœn. 535 et 536.

1. *Assa fœtida*, Assa fœtida. 2. Gomme résine. 3. Odeur très-fétide tirant un peu sur celle de l'ail; saveur amère, âcre, mordante, persistante. 4. Extraits aqueux et spiritueux en quantité inégale; huile essentielle ou légère. 5. Hystéricie, tympanite, asthme, sphacèle, panaris, bubon, fièvre tierce, ulcères avec carie. 6. Certains peuples de l'Inde en assaisonnent leurs mets: l'usage de l'Ail rend le fait moins incroyable. On présume que le *Silphium* des anciens Grecs, le *Laser* des Romains, et l'*Assa fœtida*, sont la même substance.

En Perse. ♃

374. LASER, *LASERPITIUM.* * *Tournef. Inst.* 324, tab. 172. *Lam. Tab. Encyclop.* pl. 199.

CAL. *Ombelle universelle* très-grande, composée d'environ quarante rayons.

—— *Partielle*, plane, à plusieurs rayons.

Collerette universelle à plusieurs feuillets, petite.

—— *Partielle*, petite, à plusieurs feuillets.

Périanthe propre à cinq dents, irrégulier.

COR. *Universelle* uniforme. Tous les *Fleurons* fertiles.
—— *Propre*, cinq *pétales*, roulés en dedans, échancrés, presque égaux, ouverts.

ÉTAM. Cinq *Filamens*, soyeux, de la longueur de la corolle. *Anthères* simples.

PIST. *Ovaire* arrondi, inférieur. Deux *Styles*, un peu épais, aigus, écartés. *Stigmates* obtus, ouverts.

PÉR. Nul. *Fruit* oblong, garni de huit membranes longitudinales anguleuses, divisible en deux parties.

SEM. Deux, très-grandes, oblongues, demi-cylindriques, aplaties d'un côté, garnies de l'autre sur les bords et le dos, de quatre membranes.

Fruit oblong, à angles membraneux. *Pétales* ouverts, repliés, échancrés.

1. LASER à larges feuilles, *L. latifolium*; L. à feuilles pinnées; à folioles en cœur, incisées, dentées à dents de scie.

Libanotis latifolia, major, et Libanotis latifolia altera sive vulgatior; Libanote à larges feuilles plus grande, et autre Libanote à larges feuilles ou plus commune. *Bauh. Pin.* 157, n.os 1 et 2. *Dod. Pempt.* 312, f. 2. *Lob. Ic.* 1, p. 704, f. 1. *Clus. Hist.* 2, p. 194, f. 1. *Lugd. Hist.* 748, f. 2; 765, f. 2, et 766, f. 1. *Camer. Epit.* 513. *Bauh. Hist.* 3, P. 2, p. 164 ? et 165, f. 2. *Icon. Pl. Med.* tab. 428.

1. *Gentiana alba*; Turbith bâtard, Turbith des montagnes, Tapsie. 2. Racine. 3. Odeur forte, presque semblable à celle de l'Angélique; saveur très-amère, très-chaude, inhérente. 4. Suc laiteux, âcre, amer, un peu corrosif. 5. Fièvre tierce, dartres, anorexie, chlorose, suppression des règles. 6. En certains pays, on emploie communément cette racine pour les maladies des bestiaux.

Nutritive pour le Cheval, le Mouton, le Bœuf, le Cochon, la Chèvre.

En Europe, dans les forêts. ♃

2. LASER à trois lobes, *L. trilobum*, L. à feuilles pinnées; à folioles à trois lobes, incisées.

Libanotis latifolia, aquilegia folio; Libanote à larges feuilles, à feuille d'ancolie. *Bauh. Pin.* 157. n.° 6. *Bauh. Hist.* 3, P. 2, p. 148, f. 1. *Plukn.* tab. 223, f. 7. *Jacq. Aust.* tab. 147.

En Provence, en Lithuanie, en Autriche. ♃

3. LASER François, *L. Gallicum*, L. à feuilles pinnées; à folioles en forme de coin, fourchues.

Laserpitium Gallicum; Laser François. *Bauh. Pin.* 156, n.° 2. *Lob. Ic.* 1, p. 702, f. 2. *Lugd. Hist.* 731, f. 1 ? *Plukn.* tab. 198, f. 5.

A Lyon, en Dauphiné. ♃

4. LASER

4. LASER à feuilles étroites, *L. angustifolium*, L. à feuilles pinnées; à folioles lancéolées, très-entières, sans pétioles.

Moris. Hist. sect. 9, tab. 19, f. 9. *Plukn.* tab. 198, f. 4.

En Languedoc, en Dauphiné. ♃

5. LASER de Prusse, *L. Prutenicum*, L. à feuilles pinnées; à folioles lancéolées, très-entières, dont les dernières sont réunies.

Jacq. Aust. tab. 153.

En Prusse, à Leipsig, en Lithuanie, en Dauphiné. ♃

6. LASER à feuilles de peucédan, *L. peucedanoïdes*, L. à feuilles pinnées; à folioles linéaires, lancéolées, veinées, striées, distinctes.

Plukn. tab. 96, f. 1. *Seg. Ver.* 3, p. 227, tab. 17.

Au Mont-Baldo. ♃

7. LASER des montagnes, *L. Siler*, L. à feuilles pinnées; à folioles ovales, lancéolées, très-entières, pétiolées.

Ligusticum quod Seseli officinarum; Livêche Seseli des boutiques. *Bauh. Pin.* 162, n.° 1. *Dod. Pempt.* 310, f. 1. *Lob. Ic.* 1, p. 737, f. 2. *Clus. Hist.* 2, p. 195, f. 1. *Lugd. Hist.* 744, f. 1. *Camer. Epit.* 505. *Bauh. Hist.* 3, P. 2, p. 168, f. 1. *Moris. Hist.* sect. 9, tab. 3, f. 2. *Jacq. Aust.* tab. 145. *Icon. Pl. Med.* tab. 429.

1. *Siler montanum*, Seseli des boutiques. 2. Semences. 3. Saveur chaude, aromatique, amère; odeur aromatique, forte. 4. Huile essentielle, résine. 5. Tranchées des femmes en couche.

En Dauphiné, en Suisse, en Autriche. ♃

8. LASER Chiron, *L. Chironium*, L. à feuilles pinnées; à folioles taillées obliquement en cœur; à pétioles hérissés.

Panax Pastinacæ folio; Panax à feuille de Panais. *Bauh. Pin.* 156, n.° 1. *Dod. Pempt.* 309, f. 1. *Lob. Ic.* 1, p. 702, f. 1. *Lugd. Hist.* 741, f. 2. *Moris. Hist.* sect. 9, tab. 17, f. 1.

Suivant *Gouan*, cette plante est la même que le *Pastinaca opoponax*, L.

A Montpellier. ♃

9. LASER férule, *L. ferulaceum*, L. à feuilles pinnées; à folioles linéaires.

Tournef. Voy. au Lev. 2, pag. et tab. 286.

A Montpellier. ♃

10. LASER simple, *L. simplex*, L. à hampe nue, sans feuilles, simple; à feuilles pinnées; à folioles à plusieurs divisions peu profondes, aiguës, linéaires; à ombelle demi-arrondie.

Sur les Alpes de Suisse, du Dauphiné. Estivale. *Alp.*

975. BERCE, *HERACLEUM.* * Lam. Tab. Encyclop. pl. 200. SPHONDYLIUM. Tournef. Inst. 319, tab. 170.

CAL. *Ombelle universelle* multiple, très-grande.

—— *Partielle*, plane.

Collerette universelle à plusieurs feuilles, promptement-caduque.

—— *Partielle*, tournée du côté extérieur de l'ombelle, composée de trois à sept *folioles*, linéaires, lancéolés : les extérieurs plus longs.

Périanthe propre irrégulier.

COR. *Universelle* difforme, radiée. Les *Fleurons* presque tous fertiles.

—— *Propre du disque*, égale, à cinq *pétales*, courbés en dedans, en crochets, échancrés.

—— *Propre du rayon*, inégale, à cinq *pétales*, les extérieurs plus grands, et divisés plus profondément en deux parties, oblongs, en crochet.

ÉTAM. Cinq *Filamens*, plus longs que les corollules. *Anthères* petites.

PIST. *Ovaire* comme ovale, inférieur. Deux *Styles* rapprochés, courts. *Stigmates* simples.

PÉR. Nul. *Fruit* elliptique, comprimé, échancré, strié des deux côtés au milieu, à bordure.

SEM. Deux, ovales, comprimées et feuillées.

OBS. *Quelques espèces d'Heracleum ont les fleurons du rayon femelles et fertiles; ceux du disque stériles, par le défaut des stigmates.*

Fruit elliptique, échancré, comprimé, strié, à bordure saillante. *Corolles* difformes. *Pétales* échancrés, repliés en dedans. *Collerette* promptement-caduque.

1. BERCE Branc-ursine, *H. Sphondylium*, L. à feuilles pinnées; à folioles pinnatifides, lisses; à fleurs uniformes.

Sphondylium vulgare hirsutum; Branc-ursine vulgaire velue. *Bauh. Pin.* 157, n.° 1. *Dod. Pempt.* 307, n.° 1. *Lob. Ic.* 1, p. 701, f. 2. *Lugd. Hist.* 732, f. 1. *Camer. Epit.* 548. *Bauh. Hist.* 3, P. 2, p. 160, f. 1. *Moris. Hist.* sect. 9, tab. 17, f. 1. *Barrel.* tab. 56 et 371. *Bul. Paris.* tab. 149. *Icon. Pl. Med.* tab. 337.

1. *Sphondylium*, *Branca-ursi*; Berce, fausse Branc-ursine ou Branche-ursine, Sphondyle. 2. Herbe, Racine. 3. Douceâtre, un peu aromatique. 5. Dyssenterie, tumeurs douloureuses. 6. Quelques peuples septentrionaux font le même usage de la *Berce*, que des autres plantes potagères. En Lithuanie, on la fait entrer dans une boisson enivrante, faite avec le son et la racine de froment. En Russie, on en retire une sorte de suc farineux sucré. Ce suc fermenté, donne une liqueur très-enivrante.

Nutritive pour le Mouton, le Bœuf, le Cochon, la Chèvre.

En Europe, dans les prés. ♂

2. BERCE à feuilles étroites, *H. angustifolium*, L. à feuilles pinnées; à folioles se croisant sur le pétiole, linéaires; à corolles uniformes, flosculeuses.

Sphondylium hirsutum, foliis angustioribus; Branc-ursine velue, à feuilles plus étroites. *Bauh. Pin.* 157, n.° 2. *Plukn.* tab. 63, f. 3.

En Dauphiné, en Suède, en Angleterre. ♃

3. BERCE de Sibérie, *H. Sibiricum*, L. à feuilles pinnées; à folioles cinq à cinq: les intermédiaires sans pétioles; à corolles uniformes.

En Sibérie. ♂

4. BERCE Panace, *H. Panaces*, L. à feuilles pinnées; à folioles cinq à cinq: les intermédiaires sans pétioles, à fleurs radiées.

Panax Sphondylii folio, sive Heracleum; Panax à feuilles de Branc-ursine, ou Berce. *Bauh. Pin.* 157, n.° 3. *Dod. Pempt.* 307, f. 2. *Lob. Ic.* 1, p. 702, f. 2. *Lugd. Hist.* 739, f. 1, et 740, f. 1. *Camer. Epit.* 499. *Bauh. Hist.* 3, P. 2, p. 161, f. 1. *Barrel.* tab. 707.

Sur les Apennins, en Sibérie. ♂

5. BERCE d'Autriche, *H. Austriacum*, L. à feuilles pinnées, ridées sur les deux surfaces, rudes; à fleurs presque radiées.

Sphondylium Alpinum, parvum; Branc-ursine des Alpes, petite. *Bauh. Pin.* 157, n.° 5. *Crantz. Aust.* p. 153, tab. 1, f. 1. *Jacq. Aust.* tab. 61.

Sur les Alpes d'Autriche.

6. BERCE des Alpes, *H. Alpinum*, L. à feuilles simples; à fleurs radiées.

Sphondylium Alpinum, glabrum; Branc-ursine des Alpes, lisse. *Bauh. Pin.* 157, n.° 4. *Prod.* 83, n.° 3, f. 1. *Barrel.* tab. 55.

Sur les Alpes du Dauphiné, de Suisse. Découverte en 1595 par G. Bauhin.

376. LIVÊCHE, *LIGUSTICUM.* * *Tournef. Inst.* 323, tab. 171. *Lam. Tab. Encyclop.* pl. 198. CICUTARIA. *Tournef. Inst.* 322, tab. 171.

CAL. *Ombelle universelle* multiple.

——*Partielle*, multiple.

Collerette universelle membraneuse, à sept feuillets, inégale.

——*Partielle*, à peine à quatre feuillets, membraneuse.

Périanthe propre à cinq dents, irrégulier.

COR. *Universelle* uniforme. Tous les *Fleurons* fertiles.

——*Propre*, à cinq *Pétales*, égaux, roulés en dedans, planes, entiers, carenés intérieurement.

ÉTAM. Cinq *Filamens*, capillaires, plus courts que la corolle. *Anthères* simples.

PIST. *Ovaire* inférieur. Deux *Styles*, rapprochés. *Stigmates* simples.

PÉR. Nul. *Fruit* oblong, anguleux, à cinq sillons des deux côtés, divisible en deux parties.

SEM. Deux, oblongues, lisses, marquées d'un côté de cinq stries relevées, aplaties de l'autre.

Fruit oblong, offrant cinq sillons sur chaque face. *Corolles* égales. *Pétales* entiers, roulés en dedans.

1. LIVÊCHE officinale, *L. Levisticum*, L. à feuilles multipliées; à folioles incisées au sommet.

Ligusticum vulgare; Livêche commune. *Bauh. Pin.* 157, n.° 7. *Dod. Pempt.* 311, n.° 1. *Lob. Ic.* 1, p. 703, f. 1. *Lugd. Hist.* 703, f. 2. *Camer. Epit.* 529. *Moris. Hist.* sect. 9, tab. 3, f. 1. *Bul. Paris.* tab. 250. *Icon. Pl. Med.* tab. 233.

1. *Levisticum*, Livêche ou Levêche, Ache de montagne, Seseli de montagne, Sermontaine. 2. Racine, Herbe, Semences. 3. Odeur forte, désagréable; saveur chaude, désagréable, tirant sur celle de l'angélique, âcre. On dit que les semences teignent les urines en noir. 4. Huile essentielle; extrait aqueux un peu douceâtre; extrait spiritueux, en quantité inégale. 5. Hystéricie, suppression des règles. 6. Mêlée avec d'autres fourrages, on prétend qu'elle guérit la toux des bestiaux.

Sur les Alpes du Dauphiné, de Provence, à l'Espeyou. ♃ *Cultivée dans les jardins.*

2. LIVÊCHE scotique, *L. scoticum*, L. à feuilles deux fois, trois à trois.

Pluk. tab. 96, f. 2. *Herm. Parad.* pag. et tab. 227. *Flor. Dan.* tab. 207.

Nutritive pour le Cheval, le Mouton, la Chèvre.

En Angleterre, en Suède, en Canada, en Danemarck, sur les bords de la mer. ♃.

3. LIVÊCHE du Péloponnèse, *L. Peloponnesiacum*, L. à feuilles multipliées, pinnées; à folioles comme pinnées.

Cicutaria latifolia, fœtida; Ciguë à larges feuilles, fétide. *Bauh. Pin.* 161, n.° 3. *Lob. Ic.* 1, p. 733, f. 1 et 2. *Lugd. Hist.* 750, f. 2, et 790, f. 1, 2 et 3. *Camer. Epit.* 514. *Bauh. Hist.* 3, P. 2, p. 184, f. 2.

En Sibérie, en Carniole. ♂.

4. LIVÊCHE d'Autriche, *L. Austriacum*, L. à feuilles deux fois pinnées; à folioles confluentes, découpées, très-entières.

Seseli montanum, Cicutæ folio, glabrum; Seseli de montagne, à feuille de Ciguë, glabre. *Bauh. Pin.* 161, n.° 1. *Lob. Ic.* 1, p. 786, f. 1. *Clus. Hist.* 2, p. 193, f. 1. *Lugd. Hist.* 744, f. 2. *Bauh. Hist.* 3, P. 2, p. 168, f. 1. *Jacq. Aust.* tab. 151.

Sur les Alpes d'Italie, d'Autriche.

5. LIVÊCHE de Cornouaille, *L. Cornubiense*, L. à feuilles décomposées, découpées : celles de la racine trois à trois, lancéolées, très-entières.

En Angleterre.

6. LIVÊCHE étrangère, *L. peregrinum*, L. à collerette de l'ombelle principale, souvent nue ; celle des ombelles latérales, à base membraneuse ; à rayons un peu ramifiés.

Apium hortense, latifolium ; Ache des jardins, à larges feuilles. *Bauh. Pin.* 153, n.° 4. *Prod.* 81, f. 1. *Bauh. Hist.* 3, P. 2, p. 99, f. 1.

En Portugal. ♂

7. LIVÊCHE des isles Baléares, *L. Balearicum*, L. à feuilles pinnées : les folioles inférieures augmentées d'une foliole.

Aux isles Baléares, à Rome, à Naples.

377. ANGÉLIQUE, *ANGELICA.* * *Tournef. Inst.* 313, tab. 163. *Lam. Tab. Encyclop.* pl. 198.

CAL. *Ombelle universelle* multiple, arrondie.

—— *Partielle*, au moment de la floraison, parfaitement globuleuse.

Collerette universelle petite, à trois ou cinq feuillets.

—— *Partielle*, petite, à huit feuillets.

Périanthe propre à cinq dents, à peine visible.

COR. *Universelle* uniforme. Tous les *Fleurons* fertiles.

—— *Propre*, à cinq *Pétales*, égaux, lancéolés.

ÉTAM. Cinq *Filamens*, simples, plus longs que la corolle. *Anthères* simples.

PIST. *Ovaire* inférieur. Deux *Styles*, renversés. *Stigmates* obtus.

PÉR. Nul. *Fruit* arrondi, anguleux, solide, divisible en deux parties.

SEM. Deux, ovales, aplaties et bordées d'un côté, convexes de l'autre, sillonnées par trois lignes.

Fruit arrondi, anguleux, solide, terminé par les styles renversés. Corolles égales. Pétales repliés en dedans.

1. ANGÉLIQUE officinale, *A. Archangelica*, L. à feuilles pinnées ; la foliole impaire, lobée.

Angelica sativa ; Angélique cultivée. *Bauh. Pin.* 155, n.° 1. *Dod. Pempt.* 318, f. 1. *Lob. Ic.* 1, p. 698, f. 2. *Lugd. Hist.* 724, f. 2. *Camer. Epit.* 899. *Bauh. Hist.* 3, P. 2, p. 140, f. 2. *Flor. Dan.* tab. 206. *Icon. Pl. Med.* tab. 273.

1. *Angelica sativa*, Angélique cultivée. 2. Racine, Herbe, Semences. 3. Odeur aromatique, forte, agréable ; saveur aromatique, amère. 4. Huile essentielle ; extrait aqueux un peu âcre, douceâtre ; extrait spiritueux, en quantité inégale,

5. Maladies aiguës, fièvres intermittentes, hémitritées; maladies chroniques, anorexie, paralysie, rhumatisme, douleurs de tête causées par relâchement de l'estomac, chlorose, suppression des règles, dartres. 6. On prétend que la racine d'*Angélique*, convenablement fermentée, donne un esprit ardent, qui a la même odeur que la plante. Les Lapons, les Islandois, la mangent diversement apprêtée : ils la donnent aussi aux bestiaux, pour les guérir de l'hydropisie. Par-tout on la confit : elle est alors un bon aliment médicamenteux, pour certains convalescens.

Linné a ramené à cette espèce, l'*Angelica de Rayn...*, de Gouan, à feuilles deux fois ciliées; à folioles lancéolées, dentées à dents de scie, decurrentes. (*Voyez Illust. Bot.* p. 13, tab. 6.)

Sur les Alpes de Suisse, d'Autriche, de Laponie. Cultivée dans les jardins. ♂ Estivale.

2. ANGÉLIQUE sauvage, *A. sylvestris*, L. à feuilles pinnées; à folioles égales, ovales, lancéolées, à dents de scie.

Angelica sylvestris, major; Angélique sauvage, plus grande. *Bauh. Pin.* 155, n.° 2. *Dod. Pempt.* 318, f. 2. *Lob. Ic.* 1, p. 699, f. 1. *Lugd. Hist.* 725, f. 1, 2 et 3. *Camer. Epit.* 900. *Bauh. Hist.* 3, P. 2, p. 144, f. 1.

1. *Angelica sylvestris*; Angélique des bois, Angélique sauvage. Elle jouit des mêmes vertus que l'Angélique officinale, mais dans un moindre degré.

Nutritive pour le Bœuf, le Cochon, la Chèvre.

A Lyon, en Lithuanie, dans les forêts froides et humides, sur les bords des ruisseaux.

3. ANGÉLIQUE verticillée, *A. verticillaris*, L. à feuilles très-étalées; à folioles ovales, à dents de scie; à péduncules disposés en anneaux autour de la tige.

Angelica sylvestris, montana; Angélique sauvage, des montagnes. *Bauh. Pin.* 156, n.° 5. *Bauh. Hist.* 3, P. 2, p. 147, f. 1. *Plukn.* tab. 134, f. 1? *Jacq. Hort.* tab. 130.

En Italie? ♂

4. ANGÉLIQUE noire-pourpre, *A. atro-purpurea*, L. à feuilles pinnées; les folioles extérieures réunies deux à deux : celle qui termine la feuille, pétiolée.

Cornut. Canad. 198 et 199. *Barrel.* tab. 1319.

Au Canada.

5. ANGÉLIQUE luisante, *A. lucida*, L. à folioles égales, ovales, incisées, à dents de scie.

Cornut. Canad. 196 et 197. *Moris. Hist.* sect. 9, tab. 3, f. 8. *Barrel.* tab. 1320.

Au Canada. ♂

378. BERLE, *SIUM*. * *Tournef. Inst.* 308, tab. 162. *Lam. Tab. Encyclop.* pl. 197. SISARUM. *Tournef. Inst.* 308, tab. 163.

CAL. *Ombelle universelle* différente selon les espèces.
—— *Partielle*, ouverte, plane.
Collerette universelle à plusieurs *feuilles* lancéolés, renversée, plus courte que l'ombelle.
—— *Partielle*, à plusieurs feuillets, linéaire, petite.
Périanthe propre à peine visible.

COR. *Universelle* uniforme. Tous les *Fleurons* fertiles.
—— *Propre*, à cinq *Pétales*, roulés en dedans, en cœur, égaux.

ÉTAM. Cinq *Filamens*, simples. *Anthères* simples.

PIST. *Ovaire* très-petit, inférieur. Deux *Styles*, renversés. *Stigmates* obtus.

PÉR. Nul. *Fruit* comme ovale, strié, petit, divisible en deux parties.

SEM. Deux, comme ovales, convexes et striées d'un côté, aplaties de l'autre.

Fruit presque ovale, strié. *Collerette* de plusieurs feuillets. *Pétales* en forme de cœur.

1. BERLE à larges feuilles, *S. latifolium*, L. à feuilles pinnées; à ombelles terminales.

Sium latifolium; Berle à larges feuilles. *Bauh. Pin.* 154, n.° 2. *Bauh. Hist.* 3, P. 2, p. 174, f. 1, et 175, f. 2. *Flor. Dan.* tab. 246.

Nutritive pour le Cochon.

En Europe, sur les bords des ruisseaux. ♃ Estivale.

2. BERLE à feuilles étroites, *S. angustifolium*, L. à feuilles pinnées; à ombelles aux aisselles des feuilles, pédunculées; à collerette générale pinnatifide.

Sion sive Apium palustre, foliis oblongis; Berle ou Ache des marais, à feuilles oblongues. *Bauh. Pin.* 154, n.° 1. *Dod. Pempt.* 589, f. 2. *Lob. Ic.* 1, p. 208, f. 1. *Lugd. Hist.* 1092, f. 1 et 3. *Camer. Epit.* 265. *Bauh. Hist.* 3, P. 2, p. 172, f. 1. *Flor. Dan.* tab. 247. *Jacq. Aust.* tab. 67.

En Europe, sur les bords des ruisseaux. ♃ Estivale.

3. BERLE nodiflore, *S. nodiflorum*, L. à feuilles pinnées; à ombelles aux aisselles des feuilles, sans pédunculés.

Moris. Hist. sect. 9, tab. 5, f. 3.

Souvent la collerette générale manque.

En Europe, sur les bords des fleuves.

4. BERLE Chervi, *S. Sisarum*, L. à feuilles pinnées: les florales trois à trois.

Sisarum Germanorum; Chervi des Allemands. *Bauh. Pin.* 155, n.° 1. *Dod. Pempt.* 681, f. 1. *Lob. Ic.* 1, p. 710, f. 1. *Lugd. Hist.* 723, f. 1. *Camer. Epit.* 226. *Bauh. Hist.* 3, P. 2, p. 153, f. 1 et 2.

A la Chine. Cultivée dans les jardins. ♃

5. BERLE Ninsi, *S. Ninsi*, L. à feuilles pinnées; à folioles à dents de scie: celles des rameaux trois à trois.

Kæmpf. Amænit. 817 et 818. *Burm. Ind.* tab. 29, f. 1.

1. *Ninsi*, *Ninzem*, *Nisi*, *Ginseng*; Ninsi, Ninsem, Nisi, Ginseng. 2. Racine. 3. Douceâtre, un peu amère, agréable, aromatique. 5. Impuissance, foiblesse, marasme, vieillesse.

A la Chine. ♃

6. BERLE roide, *S. rigidius*, L. à feuilles pinnées; à folioles lancéolées, presque entières.

Moris. Hist. sect. 9, tab. 7, f. 1.

En Virginie. ♃

7. BERLE faucille, *S. falcaria*, L. à feuilles linéaires, décurrentes, réunies.

Eryngium arvense, foliis serræ similibus; Panicaud des champs, à feuilles semblables à une scie. *Bauh. Pin.* 386, n.° 9. *Dod. Pempt.* 732, f. 4. *Lob. Ic.* 2, p. 24, f. 1. *Lugd. Hist.* 696, f. 2. *Camer. Epit.* 275. *Bauh. Hist.* 3, P. 2, p. 195 et 196, f. 1. *Moris. Hist.* sect. 9, tab. 8, f. 1. *Jacq. Aust.* tab. 257.

En Allemagne, en Suisse, en Dauphiné, en Lithuanie. ♃

8. BERLE Grecque, *S. Græcum*, L. toutes les feuilles deux fois pinnées.

En Grèce.

9. BERLE de Sicile, *S. Siculum*, L. à feuilles radicales trois à trois: celles de la tige deux fois pinnées.

Jacq. Hort. tab. 133.

En Sicile.

379. SISON, *SISON.* *

CAL. *Ombelle universelle* environ de six rayons inégaux.

—— *Partielle*, environ à dix rayons inégaux.

Collerette universelle le plus souvent à quatre feuillets, inégale.

—— *Partielle*, semblable à la collerette universelle.

Périanthe propre à peine visible.

COR. *Universelle* uniforme. Tous les *Fleurons* fertiles.

—— *Propre*, égale, à cinq *Pétales*, lancéolés, roulés en dedans, légèrement aplatis.

ÉTAM. Cinq *Filamens*, capillaires, de la longueur de la corolle. *Anthères* simples.

PIST. *Ovaire* comme ovale, inférieur. Deux *Styles*, renversés. *Stigmates* obtus.

PÉR. Nul. *Fruit* ovale, strié, divisible en deux parties.

SEM. Deux, ovales, striées et convexes d'un côté, aplaties de l'autre.

Fruit ovale, strié. *Collerettes* le plus souvent formées par quatre feuillets.

1. SISON odorant, *S. Amomum*, L. à feuilles pinnées; à ombelles droites.

Sison quod Amomum officinis nostris; Sison appelé Amomum dans nos boutiques. *Bauh. Pin.* 154. *Dod. Pempt.* 697, f. 1. *Lugd. Hist.* 709, f. 1. *Bauh. Hist.* 3, P. 2, p. 107, f. 1. *Icon. Pl. Med.* tab. 411.

En Languedoc, en Dauphiné.

2. SISON des blés, *S. segetum*, L. à feuilles pinnées; à ombelles inclinées.

Moris. Hist. sect. 9, tab. 5, f. 6. *Jacq. Hort.* tab. 134.

A Paris, en Angleterre, en Suisse, dans les champs.

3. SISON du Canada, *S. Canadense*, L. à feuilles trois à trois.

Moris. Hist. sect. 9, tab. 11, f. 4. *Plukn.* tab. 383, f. 2.

Dans l'Amérique Septentrionale. ♃

4. SISON Ammi, *S. Ammi*, L. à feuilles trois fois pinnées; à folioles des feuilles radicales, linéaires : celles de la tige sétacées : celles qui terminent les stipules plus longues que les feuilles de la tige.

Ammi parvum, foliis fœniculi; Ammi petit, à feuilles de fenouil. *Bauh. Pin.* 159, n.° 3. *Dod. Pempt.* 301, f. 2. *Lob. Ic.* 725, f. 1. *Lugd. Hist.* 695, f. 2, et 696, f. 1. *Bauh. Hist.* 3, P. 2, p. 26, f. 1. *Icon. Pl. Med.* tab. 256.

1. *Ammi veterum*, Ammi. 2. Semences. 3. Odeur aromatique, agréable; saveur aromatique, amère, chaude. 4 Huile essentielle, en petite quantité; extraits aqueux et spiritueux en quantité à peu près égale. 5. Stérilité par froideur.

En Portugal, en Egypte. Cultivé dans les jardins. ☉

5. SISON inondé, *S. inundatum*, L. à tige rampante; à ombelle à deux ou trois rayons.

Plukn. tab. 61, f. 3. *Flor. Dan.* tab. 89.

En Europe, dans les terrains inondés.

6. SISON verticillé, *S. verticillatum*, L. à feuilles pinnées; à folioles en anneaux, capillaires.

Daucus pratensis, millefolii palustris folio; Carotte des prés, à feuilles de millefeuille des marais. *Bauh. Pin.* 150, n.° 13. *Lugd. Hist.* 718, f. 1. *Bauh. Hist.* 3, P. 2, p. 9, la description; et p. 189, la figure.

Au Mont-Pilat près de Lyon, à Montpellier. ♃ Estivale.

880. BUBON, *BUBON*. * *Lam. Tab. Encyclop.* pl. 194.

CAL. *Ombelle universelle*, environ à dix rayons, les *intermédiaires* plus courts.

—— *Partielle*, de quinze à vingt rayons.

Collerette universelle à cinq *feuilles*, lancéolés, aigus, ouverts, égaux, beaucoup plus courts que l'ombelle, persistans.

—— *Partielle*, à feuillets un peu plus nombreux, de la longueur de l'ombellule.

Périanthe propre à cinq dents, très-petit, persistant.

COR. *Universelle* uniforme. Tous les *Fleurons* fertiles.

—— *Propre*, à cinq *pétales*, lancéolés, roulés en dedans.

ÉTAM. Cinq *Filamens*, simples, de la longueur de la corollule. *Anthères* simples.

PIST. *Ovaire* ovale, inférieur. Deux *Styles* sétacés, persistans, à peine de la longueur de la corollule, renversés, ouverts. *Stigmates* obtus.

PÉR. Nul. *Fruit* ovale, strié, velu, couronné, divisible en deux parties.

SEM. Deux, ovales, aplaties d'un côté, convexes de l'autre, striées, velues.

OBS. *Dans le* B. galbanum, *les collerettes sont à plusieurs feuillets.*

Fruit ovale, strié, velu.

1. BUBON de Macédoine, *B. Macedonicum*, L. à feuilles pinnées; à folioles rhomboïdales, ovales, crénelées; à ombelles très-nombreuses.

Apium Macedonicum; Persil de Macédoine. *Bauh. Pin.* 154, n.° 12. *Dod. Pempt.* 697, f. 2. *Lob. Ic.* 1, p. 708, f. 1. *Lugd. Hist.* 703, f. 1. *Camer. Epit.* 528. *Bauh. Hist.* 3, p. 102, f. 1.

1. *Petroselinum Macedonicum*; Persil de Macédoine. 2 Semences. 3. Douceâtres, aromatiques. 4. Huile essentielle pesante, en très-petite quantité. 5. Épaississemens de la lymphe, froids, engorgemens laiteux des mammelles, petite verole.

Dans la Syrie, à Smyrne, en Macédoine, d'où il fut apporté en Italie au quinzième siècle.

2. BUBON galbanifère, *B. Galbanum*, L. à feuilles pinnées; à folioles rhomboïdales, dentées, lisses, striées; à ombelles peu nombreuses.

Plukn. tab. 12, f. 2. *Herm. Parad.* pag. et tab. 163. *Icon. Pl. Med.* tab. 416.

1. *Galbani gummi commune*; Galbanum. 2. Gomme-résine. 3. Odeur forte, approchant de celle de la gomme ammoniac; saveur amère, désagréable. 4. Huile essentielle; résine insipide et inodore; extrait aqueux, amer et âcre. 5. Asthme, toux, hystéricie, tumeurs froides, squirrheuses.

En Ethiopie. Cultivé dans les jardins. ♄

3. BUBON gummifère, *B. gummiferum*, L. à feuilles pinnées; à folioles lisses: les inférieures rhomboïdales à dents de scie, les supérieures pinnatifides, terminées par trois dents.

Commel Hort. 2, tab. 58.

En Ethiopie. ♄

4. BUBON roide, *B. rigidius*, L. à feuilles pinnées; à folioles linéaires.

En Sicile. ♃

381. CUMIN, *CUMINUM.* * *Lam. Tab. Encyclop.* pl. 194.

CAL. *Ombelle universelle* et *partielle* le plus souvent divisée profondément en quatre parties.

Collerette universelle à autant de *feuillets*, très-longs, très-entiers, dont quelques-uns sont à trois segmens peu profonds.

—— *Partielle*, semblable à la collerette générale.

Périanthe propre à peine visible. Tous les *Fleurons* fertiles.

COR. *Universelle* uniforme.

—— *Propre*, à cinq *pétales*, roulés en dedans, échancrés, comme inégaux.

ÉTAM. Cinq *Filamens*, simples. *Anthères* simples.

PIST. *Ovaire* ovale, plus grand que la fleur, inférieur. Deux *Styles* très-petits. *Stigmates* simples.

PÉR. Nul. *Fruit* ovale, strié.

SEM. Deux, ovales, convexes, striées d'un côté, aplaties de l'autre.

Fruit ovale, strié. *Ombellules*, au nombre de quatre. *Collerettes* à quatre divisions peu profondes.

1. CUMIN officinal, *C. cyminum*, L. à feuilles capillacées, linéaires, à deux divisions peu profondes; la foliole impaire à trois divisions peu profondes.

Cuminum semine longiore; Cumin à semence plus longue. *Bauh. Pin.* 146, n.° 1. *Dod. Pempt.* 300, f. 1. *Lob. Ic.* 1, p. 742, f. 2. *Lugd. Hist.* 697, f. 1. *Camer. Epit.* 518. *Bauh. Hist.* 3, P. 2, p. 22, f. 1.

1. *Cuminum*, Cumin. 2. Semences. 3. Odeur forte et fatigante; saveur âcre, piquante, désagréable. 4. Huile essentielle; extrait aqueux, extrait spiritueux plus aromatique, en quantité inégale. 5. Colique venteuse, hystéricie, tympanite; tumeurs froides, tumeurs des mammelles, extérieurement.

En Egypte, *en Ethiopie*. ☉

382. ŒNANTHE, *ŒNANTHE.* * *Tournef. Inst.* 312, tab. 166. *Lam. Tab. Encyclop.* pl. 203.

CAL. *Ombelle universelle* à rayons peu nombreux.

—— *Partielle*, entassée, à plusieurs rayons, très-courts.

Collerette universelle à plusieurs feuillets, simple, plus courte que l'ombelle.

—— *Partielle*, à plusieurs feuillets, petite.

Périanthe propre à cinq dents, en alêne, persistans.

COR. *Universelle* difforme, radiée. *Fleurons* du rayon avortans.

—— *Propre du disque*, hermaphrodite, à cinq *pétales*, roulés en dedans, en cœur, presque égaux.

—— *Propre du rayon*, mâle, à cinq *pétales*, très-grands, inégaux, roulés en dedans, à deux divisions peu profondes.

ÉTAM. Cinq *Filamens*, simples. *Anthères* arrondies.

PIST. *Ovaire* inférieur. Deux *Styles*, en alêne, persistans. *Stigmates* obtus.

PÉR. Nul. *Fruit* comme ovale, couronné par le périanthe et le pistil, divisible en deux parties.

SEM. Deux, comme ovales, convexes, striées d'un côté; aplaties de l'autre, dentées au sommet.

OBS. *Le* Périanthe *dans ce genre, est plus apparent que dans les autres genres des ombellifères.*

Fleurons difformes, assis et stériles dans le disque. *Fruit* couronné par le calice et les styles.

1. ŒNANTHE fistuleuse, *Œ. fistulosa*, L. stolonifère; à feuilles de la tige pinnées; à folioles filiformes, fistuleuses.

Œnanthe aquatica; Œnanthe aquatique. *Bauh. Pin.* 162, n.° 4. *Dod. Pempt.* 590, f. 1. *Lob. Ic.* 1, p. 731. *Lugd. Hist.* 724, f. 1, 773, f. 2, et 783, f. 3. *Camer. Epit.* 611, f. 2. *Bauh. Hist.* 3, P. 2, p. 191 et 192, f. 1. *Moris. Hist.* sect. 9, t. 7, f. 8. *Bul. Paris.* tab. 151.

En Europe, dans les marais. ♃ Estivale.

2. ŒNANTHE safranée, *Œ. crocata*, L. toutes les feuilles à plusieurs divisions peu profondes, obtuses, presque égales.

Œnanthe Chærophylli foliis; Œnanthe à feuilles de Cerfeuil. *Bauh. Pin.* 162, n.° 3. *Lob. Ic.* 1, p. 730, f. 2. *Lugd. Hist.* 783, f. 2. *Camer. Epit.* 610, f. 2. *Bauh. Hist.* 3, P. 2, p. 193, fig. 2.

Nutritive pour le Mouton.

En Europe, dans les marais. ♃ Estivale.

3. ŒNANTHE prolifère, *Œ. prolifera*, L. à fleurs du disque assises; celles du rayon portées par des péduncules ramifiés.

Œnanthe prolifera, Apula; Œnanthe prolifère, de la Pouille. *Bauh. Pin.* 163, n.° 6. *Moris. Hist.* sect. 9, tab. 7, f. 5.

En Sicile, dans la Pouille. ♃

4. ŒNANTHE globuleuse, *Œ. globulosa*, L. à fruits arrondis.

Gouan. Illust. 18, tab. 9.

Cette espèce a les racines semblables à celles de la Filipendule.

En Portugal.

5. ŒNANTHE pimprenelle, *Œ. pimpinelloides*, L. à feuilles radicales en forme de coin : celles de la tige entières, linéaires, très-longues, simples.

Œnanthe Apii folio; Œnanthe à feuille de Persil. *Bauh. Pin.* 162, n.° 2. *Lob. Ic.* 1, p. 729, f. 2. *Lugd. Hist.* 783, f. 1, et 785, f. 1. *Camer. Epit.* 610, f. 1. *Bauh. Hist.* 3, P. 2, p. 190 et 191, f. 1. *Bul. Paris.* tab. 152.

A Montpellier, à Lyon.

383. PHELLANDRE, *PHELLANDRIUM.* * *Tournef. Inst.* 306, tab. 161.

CAL. *Ombelle universelle* multiple.

—— *Partielle*, semblable à l'ombelle universelle.

Collerette universelle nulle.

—— *Partielle*, à sept *feuilles*, pointus, de la longueur de l'ombellule.

Périanthe propre à cinq dents, persistant.

COR. *Universelle* presque uniforme. Tous les *Fleurons* fertiles, ceux du disque plus petits.

—— *Propre*, inégale, à cinq *pétales*, aigus, roulés en dedans, en cœur.

ÉTAM. Cinq *Filamens*, capillaires, plus longs que la corolle. *Anthères* arrondies.

PIST. *Ovaire* inférieur. Deux *Styles*, en alêne, droits, persistans. *Stigmates* obtus.

PÉR. Nul. *Fruit* ovale, lisse, couronné par le périanthe et les pistils, divisible en deux parties.

SEM. Deux, ovales, lisses.

Fleurons du disque plus petits. *Fruit* ovale, lisse, couronné par le calice et les styles.

1. PHELLANDRE aquatique, *P. aquaticum*, L. à ramifications des feuilles, étalées.

Cicutaria palustris, tenuifolia, Ciguë des marais, à feuilles menues. *Bauh. Pin.* 161, n.° 7. *Dod. Pempt.* 591., f. 1. *Lob. Ic.* 1, p. 735, f. 1. *Lugd. Hist.* 1093, f. 1. *Bauh. Hist.* 3, P. 2, p. 183 et 184, f. 1.

Cette espèce présente une variété.

Millefolium aquaticum, umbellatum, capillaceo brevique folio; Mille-feuille aquatique, ombellé, à feuille capillacée et courte.

Bauh. Pin. 141, n.° 2. *Dod. Pempt.* 384, f. 1. *Lob. Ic.* 2, p. 789, f. 2. *Lugd. Hist.* 770, f. 1.

1. *Phellandrium, semen fæniculi aquatici*; Ciguë aquatique, Phellandrie. 2. Semences, Herbe, Racine. 3. Odeur forte, nauséabonde; saveur aromatique, désagréable, chaude, amère. 4. Peu d'huile essentielle, dont l'odeur tient le milieu entre celle de l'Angélique et celle de Livêche; extraits aqueux et spiritueux en quantité à peu près égale; résine vraie. 5. Toutes sortes de plaies, contusions et meurtrissures, vents, hystéricie, fièvres intermittentes, phthisie, asthme, obstructions du foie, de la rate, gangrène, carcinome.

Nutritive pour le Cheval, le Bœuf, le Mouton, la Chèvre.

En Europe, dans les fossés aquatiques. ♂ Estivale.

2. PHELLANDRE Mutelline, *P. Mutellina*, L. à tige presque dénuée de feuilles; à feuilles deux fois pinnées.

Meum Alpinum, umbella purpurascente; Méum des Alpes, à ombelle pourpre. *Bauh. Pin.* 148, n.° 3. *Camer. Epit.* 8. *Bauh. Hist.* 3, P. 2, p. 66, f. 1. *Jacq. Aust.* 1, tab. 56.

En Suisse, en Autriche, en Sibérie. ♃

384. CIGUË, *CICUTA*. * *Lam. Tab. Encyclop.* pl. 195.

CAL. *Ombelle universelle* arrondie, à plusieurs rayons, égaux.

—— *Partielle*, arrondie, à plusieurs rayons, égaux, sétacés.

Collerette universelle nulle.

—— *Partielle*, à plusieurs feuillets, sétacés, courts.

Périanthe propre à peine visible.

COR. *Universelle* uniforme. Tous les *Fleurons* fertiles.

—— *Propre*, à cinq *pétales*, ovales, roulés en dedans, presque égaux.

ÉTAM. Cinq *Filamens*, capillaires, plus longs que la corolle. *Anthères* simples.

PIST. *Ovaire* inférieur. Deux *Styles* filiformes, plus longs que la corolle, persistans. *Stigmates* en tête.

PÉR. Nul. *Fruit* comme ovale, sillonné, divisible en deux parties.

SEM. Deux, comme ovales, convexes, striées d'un côté, aplaties de l'autre.

Fruit presque ovale, sillonné.

1. CIGUË virulente, *C. virosa*, L. à ombelles opposées aux feuilles; à pétioles à bordure, obtus.

Sium Erucæ folio; Berle à feuille de Roquette. *Bauh. Pin.* 154, n.° 3. *Dod. Pempt.* 589, f. 3. *Lob. Ic.* 1, p. 208, f. 2. *Lugd. Hist.* 1094, f. 1. *Bauh. Hist.* 3, P. 2, p. 175, f. 2. *Flor. Dan.* tab. 208. *Icon. Pl. Med.* tab. 266.

1. *Cicuta aquatica*, Ciguë vireuse, Ciguë aquatique. 2. Herbe. 3. Odeur approchant de celle de l'Ache, plus piquante;

saveur tirant sur celle du Persil, point désagréable. 5. Bubon, squirrhe, engorgemens du foie, de la rate, toutes les tumeurs inflammatoires non critiques.

Nutritive pour le Cheval, le Mouton, la Chèvre.

A Lyon, en Lithuanie. ♃ Estivale.

2. CIGUË bulbifere, *C. bulbifera*, L. à rameaux bulbifères.

En Virginie, au Canada.

3. CIGUË tachetée, *C. maculata*, L. à dentelures des feuilles pointues, à pétioles membraneux, terminés au sommet par deux lobes.

Pluken. tab. 76, f. 1.

En Virginie, dans les lieux aquatiques.

385. ÉTHUSE, *ÆTHUSA.* * *Lam. Tab. Encyclop.* pl. 196. MEUM. *Tournef. Inst.* 312, tab. 165.

CAL. *Ombelle universelle* ouverte, les rayons intérieurs graduellement plus courts, les extérieurs très-courts.

—— *Partielle*, petite, ouverte.

Collerette universelle nulle.

—— *Partielle*, tournée du côté extérieur de l'ombelle, à trois ou cinq *feuillets* très-longs, linéaires, pendans.

Périanthe propre à peine visible.

COR. *Universelle* presque uniforme. Tous les *Fleurons* fertiles.

—— *Partielle*, à cinq *pétales*, roulés en dedans, en cœur, inégaux.

ÉTAM. Cinq *Filamens*, simples. *Anthères* arrondies.

PIST. *Ovaire* inférieur. Deux *Styles*, renversés. *Stigmates* obtus.

PÉR. Nul. *Fruit* ovale, arrondi, strié, divisible en deux parties.

SEM. Deux, arrondies, striées, aplaties dans les trois quarts de leur longueur.

Collerettes partielles, composées de trois feuillets renversés, placés d'un seul côté. *Fruit* strié.

1. ÉTHUSE petite ciguë, *Æ. cynapium*, L. toutes les feuilles semblables.

Cicutaria minor, Petroselino similis; Ciguë plus petite, semblable au Persil. *Bauh. Pin.* 160, n.° 2. *Lob. Ic.* 2, p. 230, f. 2. *Bauh. Hist.* 3, P. 2, p. 179, f. 1. *Bul. Paris.* tab. 154.

1. *Æthusa*, petite Ciguë. 2. Herbe. On pourroit, en cas de besoin, la substituer à la grande Ciguë.

Nutritive pour le Cheval, le Mouton, le Bœuf, le Cochon, la Chèvre.

En Europe, dans les jardins, où elle ne se mêle que trop souvent avec les herbes potagères. On l'a quelquefois cueillie pour le Persil.

2. ÉTHUSE Buniade, *Æ. Bunius*, L. à feuilles radicales pinnées : celles de la tige à plusieurs divisions profondes, sétacées.

Daucus Petroselini vel Coriandri folio ; Carotte à feuille de Persil ou de Coriandre. *Bauh. Pin.* 150, n.° 11. *Lugd. Hist.* 774, f. 2. *Bauh. Hist.* 3, P. 2, p. 29, f. 1. *Moris. Hist.* sect. 9, tab. 2, f. 16. *Jacq. Hort.* tab. 198.

Aux Pyrénées.

3. ÉTHUSE Méum, *Æ. Meum*, L. toutes les feuilles à plusieurs divisions profondes, sétacées.

Meum foliis Anethi ; Méum à feuilles d'Aneth. *Bauh. Pin.* 148, n.° 1. *Dod. Pempt.* 305, f. 1. *Lob. Ic.* 1, p. 777. *Clus. Hist.* 2, pag. 198, f. 2. *Lugd. Hist.* 719, f. 1. *Camer. Epit.* 7. *Bauh. Hist.* 3, P. 2, p. 11, f. 1. *Jacq. Aust.* tab. 303. *Icon. Pl. Med.* tab. 499.

1. *Meu*, *Meum*, *Athamanticum*, Méum. 2. Racine. 3. Acre, aromatique, chaude. 5. Fièvre tierce, asthme, fleurs blanches.

Linné avoit ramené cette plante aux *Athamanta*, ensuite il l'a placée dans les *Æthusa*. Suivant *Crantz*, c'est un *Ligusticum* ; suivant *Scopoli*, c'est un *Seseli* ; suivant *Jacquin*, un *Meum*. Cet exemple prouve combien les genres des Ombellifères sont arbitraires.

Sur le Mont-Pilat près de Lyon, à la grande Chartreuse, sur les montagnes du Dauphiné, de Suisse, d'Italie. ♃ *Alp. et S-Alp.*

386. CORIANDRE, *CORIANDRUM*. * *Tournef. Inst.* 316, tab. 168. *Lam. Tab. Encyclop.* pl. 196.

CAL. *Ombelle universelle* à peu de rayons.

—— *Partielle*, à plusieurs rayons.

Collerette universelle à peine d'un seul feuillet.

—— *Partielle*, à trois feuillets, linéaire, tournée du côté extérieur de l'ombelle.

Périanthe propre à cinq dents, saillant.

COR. *Universelle* difforme, radiée. *Fleurons* du disque avortans.

—— *Propre du disque*, hermaphrodite, à cinq *pétales*, roulés en dedans, échancrés, égaux.

—— *Propre du rayon*, hermaphrodite, à cinq *pétales*, roulés en dedans, en cœur, inégaux, dont l'extérieur très-grand, à deux divisions profondes : les latéraux à une division très-grande.

ÉTAM. Cinq *Filamens*, simples. *Anthères* arrondies.

PIST. *Ovaire* inférieur. Deux *Styles*, écartés. *Stigmates* du rayon en tête.

PÉR. Nul. *Fruit* sphérique, divisible en deux parties.

SEM. Deux, hémisphériques, concaves.

OBS.

OBS. *Le C. testiculatum, est peut-être d'un genre différent, en ce que sa collerette universelle est d'un seul feuillet, qu'il n'a point de collerette partielle, que sa corolle universelle est uniforme, et son fruit didyme.*

Corolle radiée. *Pétales* repliés en dedans, échancrés. *Collerette* générale d'un seul feuillet. *Collerettes* partielles tournées d'un seul côté. *Fruit* sphérique.

1. CORIANDRE cultivée, *C. sativum*, L. à fruits arrondis.

Coriandrum majus; Coriandre plus grande. *Bauh. Pin.* 158, n.° 1. *Dod. Pempt.* 302, f. 1. *Lob. Ic.* 1, p. 705, f. 2. *Lugd. Hist.* 735, f. 1. *Camer. Epit.* 523. *Bauh. Hist.* 3, P. 2, p. 89, f. 1. *Icon. Pl. Med.* tab. 363.

1. *Coriandrum*, Coriandre. 2. Semences. 3. Odeur forte, fétide, sentant la punaise, ayant d'abord quelque chose d'agréable; saveur aromatique. 5. Hystéricie, fièvre tierce, même quarte. 6. On confit en dragées les semences de Coriandre: quelques médecins font manger de ces dragées aux malades, qui prennent les eaux minérales froides, pour relever un peu le ton de l'estomac.

A Paris, en Italie, dans les champs. ⊙

2. CORIANDRE didyme, *C. testiculatum*, L. à fruits didymes ou deux à deux.

Coriandrum minus, testiculatum; Coriandre plus petite, à fruits deux à deux. *Bauh. Pin.* 158, n.° 2. *Dod. Pempt.* 302, f. 2. *Lob. Ic.* 1, p. 706, f. 1. *Lugd. Hist.* 735, f. 2. *Bauh. Hist.* 3, P. 2, p. 91, f. 1. *Plukn.* tab. 170, f. 1?

Cette espèce présente une variété.

Coriandrum sylvestre, fœtidissimum; Coriandre sauvage, très-fétide. *Bauh. Pin.* 158, n.° 3. *Lugd. Hist.* 736, f. 1.

Dans l'Europe Méridionale, dans les champs. ⊙

387. SCANDIX, *SCANDIX.* * *Tournef. Inst.* 326, tab. 173. *Lam. Tab. Encyclop.* pl. 201, fig. 6.

CAL. *Ombelle universelle* longue, à peu de rayons.

—— *Partielle*, à rayons plus nombreux.

Collerette universelle nulle.

—— *Partielle*, à cinq feuillets, de la longueur de l'ombelle.

Périanthe propre, irrégulier.

COR. *Universelle* difforme, radiée. *Fleurons* du disque avortans.

—— *Propre*, à cinq *pétales*, roulés en dedans, échancrés, les intérieurs plus petits, l'extérieur plus grand.

ÉTAM. Cinq *Filamens*, capillaires. *Anthères* arrondies.

PIST. *Ovaire* oblong, inférieur. Deux *Styles*, en alêne, de la longueur du pétale le plus petit, écartés, persistans. *Stigmates* des fleurons du rayon, obtus.

PÉR. Nul. *Fruit* très-long, en alêne, divisible en deux parties.

SEM. Deux, en alêne, convexes, sillonnées d'un côté, aplaties de l'autre.

OBS. *Dans quelques espèces les fleurons du disque avortent.*

Corolle radiée. *Fruit* en alêne. *Pétales* échancrés. *Fleurons* du disque, souvent mâles.

1. SCANDIX odorant, *S. odorata*, L. à semences sillonnées, anguleuses.

Myrrhis major, vel Cicutaria odorata; Cerfeuil plus grand, ou Ciguë odorante. *Bauh. Pin.* 160, n.° 1. *Dod. Pempt.* 701, f. 1. *Lob. Ic.* 1, p. 734, f. 1. *Lugd. Hist.* 760, f. 1. *Camer. Epit.* 898. *Bauh. Hist.* 3, P. 2, p. 77, f. 1. *Moris. Hist.* sect. 9, tab. 10, f. 1. *Icon. Pl. Med.* tab. 195.

Sur les Alpes de Suisse, d'Italie, à la grande Chartreuse. Vernale.

2. SCANDIX Peigne de Vénus, *S. Pecten*, L. à semences terminées par un bec très-long.

Scandix semine rostrato, vulgaris; Scandix à semence en forme de bec, vulgaire. *Bauh. Pin.* 152, n.° 2. *Dod. Pempt.* 701, f. 2. *Lob. Ic.* 1, p. 726, f. 2. *Lugd. Hist.* 713, f. 1. *Camer. Epit.* 304. *Bauh. Hist.* 3, P. 2, p. 71, f. 2. *Bul. Paris.* t. 155.

En Europe, dans les champs. ⊙ Vernale.

3. SCANDIX Cerfeuil, *S. Cerefolium*, L. à semences luisantes, ovales, en alêne; à ombelles assises, latérales.

Chærophyllum sativum; Cerfeuil cultivé. *Bauh. Pin.* 152, n.° 1. *Dod. Pempt.* 700, f. 2. *Lob. Ic.* 2, p. 280, f. 1. *Lugd. Hist.* 711, f. 2. *Camer. Epit.* 312. *Bauh. Hist.* 3, P. 2, p. 75, f. 1. *Jacq. Aust.* tab. 390. *Icon. Pl. Med.* tab. 192.

1. *Cerefolium*, Cerfeuil. 2. Herbe, semences. 3 Oléracées, douceâtres, aromatiques. 4. Peu d'huile essentielle; extraits aqueux et spiritueux en quantité à peu près égale. 5. Hydropisie, toux, hémoptysie, phthisie, vertige, hémorrhoïdes, obstructions de la rate, du mésentère, asthme, ictère, fièvres lentes, tumeurs dolentes des mamelles, dépôts laiteux, écrouelles, dartres. 6. Condiment de cuisine. En Allemagne on fait entrer la semence de Cerfeuil dans le pain.

Nutritive pour le Mouton, la Chèvre.

En Europe, dans les jardins potagers. ⊙

4. SCANDIX hérissé, *S. Anthriscus*, L. à semences ovales, hérissées; à corolles uniformes; à tige lisse.

Myrrhis sylvestris, seminibus asperis; Cerfeuil sauvage, à semences hérissées. *Bauh. Pin.* 160, n.° 4. *Column. Ecphras.* 1, p. 110 et 112. *Jacq. Aust.* tab. 154.

Nutritive pour le Mouton, le Bœuf, la Chèvre.

En Europe, dans les champs. ⊙

5. SCANDIX Austral, *S. Australis*, L. à semences en alêne, hérissées; à fleurs radiées; à tiges lisses.

Scandix Cretica, minor; Scandix de Crète, plus petit. *Bauh. Pin.* 152, n.° 4. *Prod.* 78, f. 2. *Clus. Hist.* 2, p. 199, f. 1. *Lugd. Hist.* 700, f. 2? *Colum. Ecphras.* 1, p. 89 et 90. *Bauh. Hist.* 3, P. 2, p. 73, f. 1.

Gerard regarde cette espèce comme une variété du S. Peigne de Vénus, à bec plus court, produite par la stérilité du sol.

A Montpellier, en Provence, en Italie; dans l'isle de Crète. ⊙ Vernale.

6. SCANDIX noueux, *S. nodosa*, L. à semences presque cylindriques, hérissées; à tige hérissée; à nœuds enflés.

Moris. Hist. sect. 9, tab. 10, f. 4.

A Lyon, en Sicile. ⊙

7. SCANDIX d'Égypte, *S. trichosperma*, L. à semences très-hérissées de poils deux fois plus longs que la semence.

En Egypte. ⊙

8. SCANDIX nuisible, *S. infesta*, L. à semence extérieure hérissée; à ombellules très-entassées, hémisphériques.

On ignore son climat natal. ⊙.

9. SCANDIX à grande fleur, *S. grandiflora*, L. à semences plus courtes que le péduncule qui est velu.

En Orient.

10. SCANDIX couché, *S. procumbens*, L. à semences luisantes; ovales, en alêne, à feuilles décomposées.

Moris. Hist. sect. 9, tab. 11, f. 3.

En Virginie.

358. CERFEUIL, *CHÆROPHYLLUM.* * *Tournef. Inst.* 314, t. 166; *Lam. Tab. Encyclop.* pl. 201.

CAL. *Ombelle universelle* ouverte.

—— *Partielle*, à rayons à peu près en nombre égal à celui de l'ombelle universelle.

Collerette universelle nulle.

—— *Partielle*, le plus souvent à cinq *feuillets*, lancéolés, concaves, renversés, presque aussi longs que l'ombelle.

Périanthe propre irrégulier.

COR. *Universelle* presque uniforme. *Fleurons* du disque avortans.

—— *Propre*, à cinq *pétales*, roulés en dedans, en cœur, légèrement aplatis, terminés en pointe, roulés en dedans: les *extérieurs* un peu plus grands.

ÉTAM. Cinq *Filamens*, simples, de la longueur de l'ombellule. *Anthères* arrondies.

PIST. *Ovaire* inférieur. Deux *Styles*, renversés. *Stigmates* obtus.

PÉR. Nul. *Fruit* oblong, aigu, lisse, divisible en deux parties.

SEM. Deux, oblongues, amincies au sommet, convexes d'un côté, aplaties de l'autre.

OBS. *Les semences du disque avortent souvent. La forme du fruit varie.*

Collerette renversée, concave. *Pétales* repliés et en cœur. *Fruit* oblong, lisse.

1. CERFEUIL sauvage, *C. sylvestre*, L. à tige striée; à nœuds un peu enflés.

Myrrhis sylvestris, seminibus lævibus; Cerfeuil sauvage, à semences lisses. *Bauh. Pin.* 160, n.° 3. *Lugd. Hist.* 761, f. 1. *Bauh. Hist.* 3, P. 2, p. 181 et 182, f. 1. *Dal. Paris.* tab. 156. *Icon. Pl. Med.* tab. 412.

1. *Cicutaria*, Persil d'âne. 2. Herbe. 3. Un peu amère, fétide. 5. Gangrène, (extérieurement). 6. On emploie en Suède ses fleurs pour teindre les laines en jaune, et sa tige pour les teindre en vert.

En Europe, dans les vergers, les lieux cultivés. ♃ Vernale.

2. CERFEUIL bulbeux, *C. bulbosum*, L. à tige lisse, enflée à chaque nœud, hérissée à la base.

Cicutaria bulbosa; Ciguë bulbeuse. *Bauh. Pin.* 161, n.° 8. *Bauh. Hist.* 3, P. 2, p. 183, f. 1. *Plukn.* tab. 206, f. 2. *Jacq. Aust.* tab. 63. *Icon. Pl. Med.* tab. 409.

En Allemagne, en Suisse, en Norvège, en Lithuanie, dans les prairies. ♂

3. CERFEUIL penché, *C. temulum*, L. à tige rude, dont les nœuds sont enflés.

Chærophyllum sylvestre; Cerfeuil sauvage. *Bauh. Pin.* 152, n.° 2. *Lugd. Hist.* 791, f. 2. *Bauh. Hist.* 3, P. 2, p. 70, f. 2. *Moris. Hist.* sect. 9, tab. 10, f. 7. *Jacq. Aust.* tab. 65.

A Paris. ♂ Estivale.

4. CERFEUIL hérissé, *C. hirsutum*, L. à tige égale; à feuilles pinnées; à folioles découpées, aiguës; à fruits terminés par deux arêtes.

Cicutaria palustris, latifolia, alba et rubra; Ciguë des marais, à larges feuilles, blanche et rouge. *Bauh. Pin.* 161, n.os 5 et 6. *Lugd. Hist.* 789, f. 1 et 2. *Bauh. Hist.* 3, P. 2, p. 182, f. 2. *Moris. Hist.* sect. 9, tab. 10, f. 6. *Jacq. Aust.* tab. 148.

Sur les Alpes du Dauphiné. ♃ Estivale. *S-Alp.*

5. CERFEUIL aromatique, *C. aromaticum*, L. à tige égale; à feuilles pinnées; à folioles en cœur, à dents de scie, entières; à fruits terminés par deux arêtes.

Angelica sylvestris, hirsuta, inodora; Angélique sauvage, hérissée, inodore. *Bauh. Pin.* 156, n.° 4. *Barrel.* tab. 243. *Jacq. Aust.* tab. 150.

En Autriche, en Silésie. ♃

6. CERFEUIL coloré, *C. coloratum*, L. à tige égale; à feuilles surdécomposées; à collerettes partielles colorées.

Moris. Hist. sect. 9, tab. 10, f. 6. *Plukn.* tab. 100, f. 5? *Jacq. Hort.* tab. 51.

Dans l'Illyrie.

7. CERFEUIL doré, *C. aureum*, L. à tige égale; à feuilles pinnées; à folioles découpées; à semences colorées, sillonnées, sans arêtes.

Myrrhis minor; Cerfeuil plus petit. *Bauh. Pin.* 160, n.° 2. *Lob. Ic.* 1, p. 734, f. 2. *Lugd. Hist.* 761, f. 2. *Jacq. Aust.* tab. 64.

Sur les montagnes du Dauphiné, de Suisse. ♃ Estivale.

8. CERFEUIL en arbre, *C. arborescens*, L. à tige ligneuse.

En Virginie. ♄

389. IMPÉRATOIRE, *IMPERATORIA*. * *Tournef. Inst.* 316, tab. 168. *Lam. Tab. Encyclop.* pl. 199.

CAL. *Ombelle universelle* ouverte, plane.

—— *Partielle*, inégale.

Collerette universelle nulle.

—— *Partielle*, à un ou deux feuillets, très-grêle, presque aussi longue que l'ombellule.

Périanthe propre irrégulier.

COR. *Universelle* uniforme. Tous les *Fleurons* fertiles.

—— *Propre*, à cinq *pétales*, roulés en dedans, en cœur, presque égaux.

ÉTAM. Cinq *Filamens*, capillaires. *Anthères* arrondies.

PIST. *Ovaire* inférieur. Deux *Styles*, renversés. *Stigmates* obtus.

PÉR. Nul. *Fruit* arrondi, comprimé, bossué au milieu, à bordure, divisible en deux parties.

SEM. Deux, ovales, à deux sillons d'un côté, ceinte d'une bordure large.

Fruit arrondi, comprimé, bossué au milieu, entouré d'un large rebord. *Pétales* repliés, échancrés.

1. IMPÉRATOIRE officinale, *I. Ostruthium*, L. à feuilles divisées et sous-divisées trois à trois.

Imperatoria major; Impératoire plus grande. *Bauh. Pin.* 156, n.° 1. *Dod. Pempt.* 320, f. 1. *Lob. Ic.* 1, p. 700, f. 1. *Clus. Hist.* 2, p. 194, f. 2. *Lugd. Hist.* 727, f. 1. *Camer. Epit.* 532. *Bauh. Hist.* 3, P. 2, p. 137, f. 2. *Icon. Pl. Med.* tab. 24.

1. *Imperatoria*, Impératoire. 2. Racine. 3. Acre, amère, aro-

matique, chaude, piquante, un peu désagréable. 4. Peu d'huile essentielle; extraits aqueux et spiritueux en quantité inégale. 5. Flatuosités, hystéricie, colique, démangeaisons, affections cutanées, stérilité, paralysie, fièvre tierce, toutes les fièvres intermittentes.

Sur les Alpes du Dauphiné, de Suisse, d'Auvergne. ♃ Estivale. *Alp.*

390. SESELI, *SESELI.* * *Lam. Tab. Encyclop.* pl. 202.

CAL. *Ombelle universelle* roide.

—— *Partielle*, très-courte, multiple, globuleuse.

Collerette universelle nulle.

—— *Partielle*, à un ou deux feuillets, linéaire, aiguë, de la longueur de l'ombellule.

Périanthe à peine visible.

COR. *Universelle* uniforme. Tous les *Fleurons* fertiles.

—— *Propre*, à cinq *pétales*, roulés en dedans, en cœur, légèrement aplatis.

ÉTAM. Cinq *Filamens*, en alêne. *Anthères* simples.

PIST. *Ovaire* inférieur. Deux *Styles*, écartés. *Stigmates* obtus.

PÉR. Nul. *Fruit* ovale, petit, strié, divisible en deux parties.

SEM. Deux, ovales, convexes, striées d'un côté, aplaties de l'autre.

Ombelles arrondies. *Collerette* formée par un ou deux feuillets. *Fruit* ovale, strié.

1. SESELI à feuilles de pimprenelle, *S. pimpinelloïdes*, L. à tige inclinée; à ombelles inclinées avant la floraison.

Dans l'Europe Méridionale. ♃

2. SESELI des montagnes, *S. montanum*, L. à pétioles au-dessus des rameaux, membraneux, oblongs, entiers; à feuilles de la tige très-étroites.

Meum latifolium, adulterinum; Méum à larges feuilles, adultérin. *Bauh. Pin.* 148, n.° 4. *Lob. Ic.* 1, p. 778, f. 1. *Lugd. Hist.* 759, f. 2. *Bauh. Hist.* 3, P. 2, p. 18, f. 2? *Bul. Paris.* t. 157.

A Lyon, à Paris, en Dauphiné. ♃ Estivale.

3. SESELI glauque, *S. glaucum*, L. à pétioles au-dessus des rameaux, membraneux, oblongs, entiers; à folioles une à une, ou deux à deux, creusées en gouttière, lisses, plus longues que le pétiole.

Bauh. Hist. 3, P. 2, p. 16, f. 2. *Jacq. Aust.* tab. 144. *Bul. Paris.* tab. 158.

A Montpellier, à Paris, en Dauphiné. ♃ Estivale.

4. SESELI annuel, *S. annuum*, L. à pétioles au-dessus des rameaux, membraneux, ventrus, échancrés.

Libanotis tenuifolia, Germanica; Libanote à feuilles menues, d'Allemagne. *Bauh. Pin.* 158, n.° 8. *Bellev.* tab. 211. *Vaill. Bot.* pag. 54, tab. 9, f. 4.

A Paris, en Dauphiné. ☉ Estivale.

5. SESELI à feuilles d'Ammi, *S. Ammoïdes*, L. à feuilles pinnées; à folioles des feuilles radicales en recouvrement.

Ammoïdes, Ammoïde. *Bauh. Pin.* 159, n.° 4. *Jacq. Hort.* t. 52.

En Portugal, en Italie. ☉

6. SESELI tortueux, *S. tortuosum*, L. à tige élevée, roide; à feuilles pinnées; à folioles linéaires, ramassées en faisceau.

Seseli Massiliense, Fæniculi folio, quod Dioscorides censetur; Seseli de Marseille, à feuille de Fenouil, qu'on croit être celui de Dioscoride. *Bauh. Pin.* 161, n.° 9. *Lob. Ic.* 1, p. 785, f. 1. *Lugd. Hist.* 748, f. 1; et 749, f. 1. *Camer. Epit.* 511. *Bauh. Hist.* 3, P. 2, p. 16, f. 1.

A Montpellier, en Provence. ♃ Estivale.

7. SESELI Turbith, *S. Turbith*, L. à collerette générale d'un seul feuillet, à semences striées, velues, terminées par les styles.

Thapsia Fæniculi folio; Thapsie à feuille de Fenouil. *Bauh. Pin.* 148, n.° 4. *Lob. Ic.* 1, p. 779, f. 2. *Lugd. Hist.* 756, f. 2. *Bellev.* tab. 212.

Dans l'Europe Méridionale. ♃

8. SESELI Hippomarathre, *S. Hippomarathrum*, L. à collerettes partielles réunies, d'un seul feuillet.

Daucus montanus, multifido brevique folio; Carotte de montagne, à feuille courte et divisée peu profondément. *Bauh. Pin.* 150, n.° 3. *Crantz. Aust.* p. 205, tab. 5, f. 1 et 2. *Jacq. Aust.* tab. 143.

Gouan et *Scopoli* rapportent ce synonyme de *G. Bauhin*, à la Boucage glauque, *Pimpinella glauca*, L.

En Autriche, en Carniole.

9. SESELI des Pyrénées, *S. Pyrenaïcum*, L. à feuilles deux fois pinnées; à folioles découpées, aiguës; à collerettes partielles formées par des feuillets séparés, plus longs que les ombellules.

Carvi Alpinum; Carvi des Alpes. *Bauh. Pin.* 158, n.° 2. *Moris. Hist.* sect. 9, tab. 9, f. a. *Gouan. Illust.* p. 11, tab. 5.

Aux Pyrénées, au Mont-Pilat près de Lyon. Estivale.

10. SESELI saxifrage, *S. saxifragum*, L. à tige filiforme, étalée; à feuilles deux fois trois à trois, linéaires; à ombelles à six divisions peu profondes.

Pimpinella saxifraga, tenuifolia; Pimpinelle saxifrage, à feuilles menues. *Bauh. Pin.* 160, n.° 5.

Près du lac de Genève, en Allemagne.

11. SESELI élevé, *S. elatum*; L. à tige alongée; à nœuds calleux, durs; à feuilles deux fois pinnées; à folioles linéaires, éloignées.

Apium montanum, folio tenuiore; Ache des montagnes, à feuille plus menue. *Bauh. Pin.* 153, n.° 5. *Lugd. Hist.* 702, f. 2. *Gouan. Illust.* 16, tab. 8.

A Montpellier, en Provence, en Dauphiné. ♃ Estivale.

391. THAPSIE, *THAPSIA.* * *Tournef. Inst.* 321, tab. 171. *Lam. Tab. Encyclop.* pl. 206.

CAL. *Ombelle universelle* grande, composée environ de vingt rayons, d'une longueur presque égale.

—— *Partielle*, à autant de rayons, presque égaux.

Collerette universelle et partielle nulles.

Périanthe propre, à peine visible.

COR. *Universelle* uniforme. Tous les *Fleurons* fertiles.

—— *Propre*, à cinq *pétales*, lancéolés, recourbés.

ÉTAM. Cinq *Filamens*, capillaires, de la longueur de la corolle: *Anthères* simples.

PIST. *Ovaire* oblong, inférieur. Deux *Styles*, courts. *Stigmates* obtus.

PÉR. Nul. *Fruit* oblong, ceint par une membrane longitudinale, divisible en deux parties.

SEM. Deux, très-grandes, oblongues, convexes, aiguës aux deux extrémités, ceintes par une *bordure* aplatie des deux côtés, entière, grande, échancrée à la base et au sommet.

OBS. *La* T. trifoliata *a le fruit du* Selinum carvifolia de Monnier, *mais il n'a point de collerette.*

Fruit oblong, entouré d'un rebord large, mince et feuillé.

1. THAPSIE velue, *T. villosa*, L. à feuilles pinnées; à folioles dentées, velues, réunies par la base.

Thapsia latifolia, villosa; Thapsie à larges feuilles, velue. *Bauh. Pin.* 148, n.° 2. *Dod. Pempt.* 313, t. 1. *Lob. Ic.* 1, p. 736, f. 1. *Clus. Hist.* 2, p. 192, f. 1. *Lugd. Hist.* 751, f. 1. *Bauh. Hist.* 3, P. 2, p. 185, f. 1.

Les fleurs colorent en jaune.

A Assas près de Montpellier, en Provence, en Espagne. ♃ Estivale.

2. THAPSIE fétide, *T. fœtida*, L. à feuilles pinnées; à folioles à plusieurs divisions peu profondes, étroites à la base.

Thapsia Carotæ folio; Thapsie à feuille de Carotte. *Bauh. Pin.* 149, n.° 5. *Lob. Ic.* 1, p. 780, f. 1 et 2. *Lugd. Hist.* 756, f. 1. *Camer. Epit.* 948. *Bauh. Hist.* 3, P. 2, pag. 187, f. 1. *Moris. Hist.* sect. 9, tab. 18, f. 7. *Barrel.* tab. 556.

En Espagne. ♃

3. THAPSIE Asclepium, *T. Asclepium*, L. à feuilles digitées; à folioles deux fois pinnées, sétacées, à plusieurs divisions peu profondes.

Panax Asclepium, semine folioso; Panax Asclepium, à semence feuillée. *Bauh. Pin.* 158, n.° 6. *Column. Ecphras.* 1, p. 87 et 86. *Moris. Hist.* sect. 9, tab. 18, f. 9.

Dans la Pouille, en Orient. ♃

4. THAPSIE du Mont Gargan, *T. Garganica*, L. à feuilles pinnées; à folioles pinnatifides, dont les divisions sont lancéolées.

Bauh. Hist. 3, P. 2, p. 50, f. 1. *Plukn.* tab. 67, f. 2. *Magnol. Bot.* p. 287, tab. 23. *Gouan. Illust.* 18, tab. 10.

En Barbarie, au mont Gargan, dans la Pouille. ♃

5. THAPSIE à trois feuilles, *T. trifoliata*, L. à feuilles trois à trois, ovales.

En Virginie.

392. PANAIS, *PASTINACA.* * *Tournef. Inst.* 319, tab. 170. *Lam. Tab. Encyclop.* pl. 206.

CAL. *Ombelle universelle* multiple, plane.

—— *Partielle*, multiple.

Collerette universelle et partielle nulles.

Périanthe propre irrégulier.

COR. *Universelle* uniforme. Tous les *Fleurons* fertiles.

—— *Propre*, à cinq *pétales*, lancéolés, roulés en dedans, entiers.

ÉTAM. Cinq *Filamens*, capillaires. *Anthères* arrondies.

PIST. *Ovaire* inférieur. Deux *Styles*, renversés. *Stigmates* obtus.

PÉR. Nul. *Fruit* comprimé, plane, elliptique, divisible en deux parties.

SEM. Deux, elliptiques, à bordure, presque aplaties des deux côtés.

Fruit elliptique, comprimé, plane. *Pétales* roulés en dedans, entiers.

1. PANAIS luisant, *P. lucida*, L. à feuilles simples, en cœur, lobées, luisantes, à crénelures aiguës.

Gouan. Illust. pag. 19, tab. 11 et 12. *Jacq. Hort.* tab. 199.

Aux isles Baléares. ♃ ♂

2. PANAIS cultivé, *P. sativa*, L. à feuilles simplement pinnées.

Pastinaca sylvestris, latifolia; Panais sauvage, à larges feuilles. *Bauh. Pin.* 155, n.° 2. *Dod. Pempt.* 680, f. 2. *Lugd. Hist.* 721, f. 1. *Bauh. Hist.* 3, P. 2, p. 149; f. 1.

Cette espèce présente une variété.

Pastinaca sativa, latifolia; Panais cultivé, à larges feuilles. *Bauh. Pin.* 155, n.° 1. *Dod. Pempt.* 680, f. 1. *Lob. Ic.* 1,

p. 709, f. 2. *Lugd. Hist.* 719, f. 1, et 721, f. 2. *Camer. Epit.* 307. *Bauh. Hist.* 3, P. 2, p. 150, f. 1.

1. *Pastinaca*, Panais cultivé. 2. Racine, Semences. 3. Odeur forte, aromatique; saveur sucrée, douce, fatigante. 4. Un peu d'huile légère, sucre, mucilage. 5. Fièvre tierce (semences). 6. La racine, qui est nourrissante, venteuse, est employée dans la cuisine; on l'a abandonnée en médecine.

En Europe, dans les pâturages et les jardins potagers. Estivale.

3. PANAIS Opoporax, *P. Opoponax*, L. à feuilles pinnées; à folioles découpées antérieurement à la base.

Panax costinum; Panax cossin. *Bauh. Pin.* 156, n.° 2. *Lugd. Hist.* 758, f. 1. *Bauh. Hist.* 3, P. 2, p. 157, f. 1. *Camer. Epit.* 28. *Moris. Hist.* sect. 9, tab. 17, f. 2. *Gouan. Illust.* 19, tab. 13 et 14.

1. *Opoponax*, Opoponax. 2. Gomme résine. 3. Odeur forte, désagréable, approchant de celle du *Galbanum*; saveur amère, nauseuse, inhérente. 4. Gomme; extraits aqueux et spiritueux en quantité inégale. 5. Toux humorale, asthme humide, paralysie, tumeurs froides.

Cette plante, selon *Gouan*, est la même que le *Laserpitium chironium*, L.

A Montpellier, en Italie, en Sicile. ♃

393. MACÉRON, *SMYRNIUM.* * *Tournef. Inst.* 315, tab. 168. *Lam. Tab. Encyclop.* pl. 204.

CAL. *Ombelle universelle* inégale, devenant de jour en jour plus grande.
—— *Partielle*, droite.

Collerette universelle et partielle nulles.

Périanthe propre à peine visible.

COR. *Universelle* uniforme. *Fleurons* du disque avortans.
—— *Propre*, à cinq *pétales*, lancéolés, légèrement roulés en dedans, carénés.

ÉTAM. Cinq *Filamens*, simples, de la longueur de la corolle. *Anthères* simples.

PIST. *Ovaire* inférieur. Deux *Styles*, simples. Deux *Stigmates*, simples.

PÉR. Nul. *Fruit* oblong, strié, divisible en deux parties.

SEM. Deux, en croissant, convexes d'un côté, marquées de trois angles, aplaties de l'autre.

Fruit oblong, strié. *Pétales* aigus, carénés.

1. MACÉRON perfolié, *S. perfoliatum*, L. à feuilles de la tige, simples, embrassantes.

Smyrnium peregrinum, rotundo seu oblongo folio; Macéron étranger, à feuille ronde ou oblongue. *Bauh. Pin.* 154, n.° 14. *Dod.*

Pempt. 698, f. 2. *Lob. Ic.* 1, p. 709, f. 1. *Lugd. Hist.* 707, f. 2 et 3. *Camer. Epit.* 531. *Bauh. Hist.* 3, P. 2, p. 125, f. 1. *Moris. Hist.* sect. 9, tab. 4, f. 2.

En Italie, dans l'Isle de Crète. Cultivé dans les jardins. ♂

2. MACÉRON d'Egypte, *S. Ægyptiacum*, L. à feuilles florales deux à deux, simples, en cœur, très-entières.

En Egypte.

3. MACÉRON commun, *S. Olusatrum*, L. à feuilles de la tige trois à trois, pétiolées, à dents de scie.

Hipposelinum Theophrasti, seu Smyrnium Dioscoridis; Hipposelin de Théophraste, ou Macéron de Dioscoride. *Bauh. Pin.* 154, n.° 13. *Dod. Pempt.* 698, f. 1. *Lob. Ic.* 1, p. 708, f. 2. *Lugd. Hist.* 707, f. 1. *Camer. Epit.* 530. *Bauh. Hist.* 3, P. 2, p. 126, f. 1.

A Montpellier, à Paris, en Espagne. ♂

4. MACÉRON doré, *S. aureum*, L. à feuilles pinnées, à dents de scie, les postérieures trois à trois; tous les fleurons fertiles.

Dans l'Amérique Septentrionale.

5. MACÉRON à feuilles très-entières, *S. integerrimum*, L. à feuilles de la tige deux fois trois à trois, très-entières.

En Virginie. ♃

394. ANETH, *ANETHUM.* * *Tournef. Inst.* 317, tab. 169. *Lam. Tab. Encyclop.* pl. 204. FŒNICULUM. *Tournef. Inst.* 311, t. 164.

CAL. *Ombelle universelle et partielle* multiples.

Collerette universelle et partielle nulles.

Périanthe propre irrégulier.

COR. *Universelle* uniforme. Tous les *Fleurons* fertiles.

—— *Propre*, à cinq *pétales*, roulés en dedans, entiers, très-courts.

ÉTAM. Cinq *Filamens*, capillaires. *Anthères* arrondies.

PIST. *Ovaire* inférieur. Deux *Styles* rapprochés, irréguliers. *Stigmates* obtus.

PÉR. Nul. *Fruit* comme ovale, comprimé, strié, divisible en deux parties.

SEM. Deux, comme ovales, à bordure, convexes, striées d'un côté, aplaties de l'autre.

OBS. *Les* Aneths *de Tournefort ont les semences ceintes d'une bordure membraneuse; les* Fenouils *de Tournefort ont les semences sans bordure membraneuse.*

Fruit presque ovale, comprimé, strié. *Pétales* roulés en dedans, entiers.

1. ANETH des jardins, *A. graveolens*, L. à fruits comprimés.

Anethum hortense; Aneth des jardins. *Bauh. Pin.* 147, n.° 1. *Dod. Pempt.* 298, f. 1. *Lob. Ic.* 1, p. 776, f. 1. *Lugd. Hist.* 691, f. 1. *Camer. Epit.* 517. *Bauh. Hist.* 3, P. 2, p. 6, f. 1.

1. *Anethum*, Fenouil puant, Aneth. 2. Herbe, Fleurs, Semences. 3. Balsamique, puant. 4. Huile légère. 5. Insomnie, colique, hoquet, vomissement, maladies de poitrine. 6. Assaisonnement, chez les Anciens; l'herbe cuite avec le poisson, lui donne un goût agréable et en facilite la digestion.

En Espagne, en Italie. Cultivé dans les jardins. ☉

2. ANETH des blés, *A. segetum*, L. à trois feuilles sur la tige; à fruits ovales.

Anethum sylvestre, minus; Aneth sauvage, plus petit. *Bauh. Pin.* 147, n.° 3. *Jacq. Hort.* tab. 132.

En Portugal. ☉

3. ANETH fenouil, *A. fæniculum*, L. à fruits ovales.

Fæniculum dulce; Fenouil doux. *Bauh. Pin.* 147, n.° 3. *Dod. Pempt.* 297, f. 1. *Lob. Ic.* 1, p. 775, f. 2. *Camer. Epit.* 534. *Bauh. Hist.* 3, P. 2, p. 2 et 3, f. 1. *Icon. Pl. Med.* tab. 63.

Cette espèce présente plusieurs variétés.

1.° *Fæniculum vulgare, Germanicum*; Fenouil vulgaire, d'Allemagne. *Bauh. Pin.* 147, n.° 1.

2.° *Fæniculum vulgare, Italicum, semine oblongo, gustu acuto*; Fenouil vulgaire, d'Italie, à semence oblongue, piquante au goût. *Bauh. Pin.* 147, n.° 2. *Lugd. Hist.* 689, f. 1.

3.° *Fæniculum sylvestre*; Fenouil sauvage. *Bauh. Pin.* 147, n.° 5.

1. *Fæniculum*, Fenouil, Anis doux. 2. Racine, Herbe, Semences. 3. Aromatique, douceâtre. 4. Les racines donnent un extrait spiritueux, doux, mêlé d'un peu d'amertume; une petite quantité d'extrait aqueux insipide. Les semences donnent une huile essentielle, huile exprimée verte; extraits aqueux et résineux, en quantité inégale. 5. Colique, colique des petits enfans, fièvre tierce, vomissement, maladies vénériennes. 6. On mange ses racines tendres et ses dragеons, en Italie, et dans les départemens méridionaux de la France, crus ou préparés comme les asperges. Les habitans du Nord aiment le pain aromatisé avec les semences de Fenouil.

En Languedoc, dans les vignes. Cultivé dans les jardins. ♂

395. CARVI, *CARUM*. * CARVI. *Tournef. Inst.* 306, tab. 160.

CAL. *Ombelle universelle* longue, à dix rayons, le plus souvent inégaux.
—— *Partielle*, entassée.

Collerette universelle souvent d'un seul feuillet.
—— *Partielle*, nulle.

Périanthe à peine visible.

COR. *Universelle* uniforme. *Fleurons* du disque avortans.

—— *Propre*, inégale, à cinq *pétales*, inégaux, obtus, en carène, roulés en dedans, échancrés.

ÉTAM. Cinq *Filamens*, capillaires, de la longueur de la corolle, promptement-caducs. *Anthères* arrondies, très-petites.

PIST. *Ovaire* inférieur. Deux *Styles*, très-petits. *Stigmates* simples.

PÉR. Nul. *Fruit* ovale, oblong, strié, divisible en deux parties.

SEM. Deux, convexes, ovales, oblongues, striées d'un côté, aplaties de l'autre.

OBS. *On trouve dans le disque quelques fleurons stériles.*

Fruit ovale, oblong, strié. *Collerette* d'un seul feuillet. *Pétales* carenés, repliés en dedans, échancrés.

1. CARVI officinal, *C. Carvi*, L. à feuilles pinnées; à folioles opposées, se croisant sur le pétiole.

Cuminum pratense, Carvi officinarum; Cumin des prés, Carvi des boutiques. *Bauh. Pin.* 158, n.° 1. *Dod. Pempt.* 299, f. 2. *Lob. Ic.* 1, p. 724, f. 1. *Lugd. Hist.* 694, f. 1. *Camer. Epit.* 516. *Bauh. Hist.* 3, P. 2, p. 69, f. 1. *Moris. Hist.* sect. 9, tab. 9, f. 1. *Jacq. Aust.* tab. 393. *Bul. Paris.* tab. 159. *Icon. Pl. Med.* tab. 597.

1. *Carvi*, Carvi. 2. Semences. 3. Odeur aromatique, un peu forte; saveur chaude, assez agréable. 4. L'infusion spiritueuse tire des semences de *Carvi* plus de saveur; l'infusion aqueuse plus d'odeur: extrait spiritueux aromatique; extrait gommeux insipide, huile essentielle. 5. Coliques spasmodiques, venteuses; affections hypocondriaque et hystérique, fièvres intermittentes vernales. 6. Les Allemands mettent les semences de Carvi dans le pain. Les Distillateurs d'eau de vie de grain y ajoutent la graine de Carvi, pour la rendre plus piquante. Certaines hordes Tartares s'en nourrissent dans le besoin, seules ou bouillies dans le lait. Les Circassiens en font une sorte de pain. On en assaisonne les alimens venteux. Les jeunes racines se mangent en salade. Les semences infusées dans l'eau, l'impreignent d'un aromat très-agréable. La plante du Carvi cultivé, produit de plus grosses semences dont l'aromat est plus agréable; elles sont moins âcres que celles du Carvi sauvage.

Nutritive pour le Mouton, le Cochon, la Chèvre.

En Suisse, en Dauphiné, en Lithuanie, dans les prés. ♂

396. BOUCAGE, *PIMPINELLA.* * *Lam. Tab. Encyclop.* pl. 203. TRAGOSELINUM. *Tournef. Inst.* 163, tab. 163.

CAL. *Ombelle universelle et partielle* à plusieurs rayons.

Collerette universelle et partielle nulles.

Périanthe propre à peine visible.

COR. *Universelle* comme uniforme. Tous les *Fleurons* fertiles.

—— *Propre*, à cinq *pétales*, roulés en dedans, en cœur, presque égaux.

ÉTAM. Cinq *Filamens*, simples, plus longs que les corollules. *Anthères* arrondies.

PIST. *Ovaire* inférieur. Deux *Styles*, très-courts. *Stigmates* comme globuleux.

PÉR. Nul. *Fruit* ovale, oblong, divisible en deux parties.

SEM. Deux, oblongues, plus étroites au sommet, convexes-striées d'un côté, aplaties de l'autre.

OBS. *La* P. dichotoma, *a le Fruit comme globuleux*.

La P. dioïca (*autrefois* Seseli pumilum), *a les Pétales non échancrés*.

Fruit ovale, oblong. *Pétales* repliés en dedans. *Stigmates* arrondis.

1. BOUCAGE mineure, *P. saxifraga*, L. à feuilles pinnées; à folioles radicales arrondies: les supérieures linéaires.

Pimpinella saxifraga, minor; Pimpinelle saxifrage, plus petite. *Bauh. Pin.* 160, n.° 4. *Dod. Pempt.* 315, f. 2. *Lob. Ic.* 1, p. 719, f. 2. *Clus. Hist.* 2, p. 197, f. 2. *Lugd. Hist.* 717, f. 2, et 787, f. 2. *Bauh. Hist.* 3, P. 2, p. 111, f. 1 et 2. *Barrel.* tab. 241 et 338. *Jacq. Aust.* 4, tab. 395.

Cette espèce présente une variété.

Pimpinella saxifraga, major, altera; autre Pimpinelle saxifrage, plus grande. *Bauh. Pin.* 159, n.° 2.

1. *Pimpinella nostras*, *Pimpinella alba*; petite Boucage, petite Saxifrage. 2. Racine, Herbe, Semences. 3. Très-âcre, chaude, sentant le bouc. 4. Esprit recteur; huile essentielle en très-petite quantité et très-active; extraits aqueux et spiritueux en quantité inégale. 5. Ozène, dyspnée, angine séreuse, hystéricie, maladies vénériennes. 6. Bon fourrage.

Nutritive pour le Cheval, le Mouton, le Bœuf, le Cochon, la Chèvre.

En Europe dans les pâturages secs, sur les bords des chemins. ♃

2. BOUCAGE majeure, *P. magna*, L. à feuilles pinnées; toutes les folioles lobées: l'impaire à trois lobes.

Pimpinella saxifraga, major, umbellâ candidâ; Pimpinelle saxifrage, plus grande, à ombelle blanche. *Bauh. Pin.* 159, n.° 1. *Dod. Pempt.* 315, f. 1. *Lob. Ic.* 1, p. 720, f. 1. *Clus. Hist.* 2, p. 197, f. 1. *Lugd. Hist.* 787, f. 1. *Camer. Epit.* 775. *Bauh. Hist.* 3, P. 2, p. 109, f. 1. *Icon. Pl. Med.* tab. 108.

Cette espèce présente une variété.

Pimpinella saxifraga, major, umbellâ rubente; Pimpinelle saxifrage, plus grande, à ombelle rougeâtre. *Bauh. Pin.* 159, n.° 3.

1. *Pimpinella nigra*, Boucage, grande Pimprenelle, grande Saxifrage. Cette plante possède les mêmes vertus que le Boucage mineure, mais dans un degré plus éminent.

A Paris, en Dauphiné. ♃

3. BOUCAGE glauque, *P. glauca*, L. à feuilles sur-décomposées; à tige anguleuse très-rameuse.

A Paris, en Italie, à Naples.

4. BOUCAGE étrangère, *P. peregrina*, L. à feuilles radicales, pinnées, crénelées: les supérieures en forme de coin, découpées; à ombelles inclinées avant la floraison.

Apium peregrinum, foliis subrotundis; Ache étrangère, à feuilles arrondies. *Bauh. Pin.* 153, n.° 9. *Prod.* 81, f. 2. *Column. Ecphras.* 1, p. 108 et 109 *Barrelier* tab. 1184. *Jacq. Hort.* tab. 131.

En Italie, à Naples, dans les pâturages stériles. ♃

5. BOUCAGE Anis, *P. Anisum*, L. à feuilles radicales découpées peu profondément en trois parties.

Anisum Herbariis; Anis des Herboristes. *Bauh. Pin.* 159, n.° 1. *Lob. Ic.* 1, p. 721, f. 2. *Clus. Hist.* 2, p. 201, f. 2. *Lugd. Hist.* 692, f. 1. *Camer. Epit.* 315. *Bauh. Hist.* 3, P. 2, p. 92, f. 2. *Icon. Pl. Med.* tab. 128.

Cette espèce présente une variété.

Cuminum semine rotundiore et minore; Cumin à semence ronde et plus petite. *Bauh. Pin.* 146, n.° 2.

1. *Anisum*, Anis. 2. Semences. 3. Aromatiques, un peu chaudes, douceâtres, agréables. 4. L'esprit de vin (alchool), enlève à ces semences toute leur odeur et leur saveur. On en retire une huile essentielle, et une huile par expression; un extrait aqueux inerte, et un extrait spiritueux actif. 5. Toux, colique venteuse, tranchées des enfans nouveaux-nés, anorexie causée par des glaires accumulées, affections hypochondriaques et hystériques. 6. Condiment de cuisine et d'office. Dans le nord, on aime le pain pétri avec des semences d'Anis. L'huile essentielle retient très-bien l'odeur de la semence; elle est si pénétrante, que des femmes qui en avoient pris quelques gouttes, rendoient un lait vraiment anisé. On prétend que cette huile tue un Pigeon, donnée à quelques gouttes, ou simplement appliquée en onction autour de sa tête.

En Syrie, en Egypte. Cultivé dans les jardins. ☉

6. BOUCAGE dichotome, *P. dichotoma*, L. à pédoncules opposés aux feuilles; à feuilles opposées aux pédoncules, divisées peu profondément en deux ou trois parties; à pétioles ailés, membraneux.

En Espagne.

7. BOUCAGE dioïque, *P. dioïca*, L. petite ; à ombelles très-nombreuses, composées et simples.

Daucus montanus, multifido folio, Selini semine ; Carotte de montagne, à feuille divisée peu profondément, à semence de Selin. *Bauh. Pin.* 150, n.° 4. *Clus. Hist.* 2, p. 200, f. 1. *Jacq. Aust.* 1, tab. 28.

Dans le *Species plantarum*, cette espèce est désignée sous le nom de Seseli nain, *S. pumilum*, L. à pétioles des rameaux membraneux, oblongs, entiers; à feuilles pinnées; à folioles trois à trois, linéaires, un peu charnues, de la longueur du pétiole.

A Lyon, à Grenoble, en Suisse. Estivale.

397. ACHE, *APIUM.* * *Tournef. Inst.* 305, tab. 160. *Lam. Tab. Encyclop.* pl. 196.

CAL. *Ombelle universelle* à rayons peu nombreux.
—— *Partielle*, à plusieurs rayons.
Collerette universelle petite, à un ou plusieurs feuillets.
—— *Partielle*, semblable à la collerette universelle.
Périanthe propre irrégulier.

COR. *Universelle* uniforme. Les *Fleurons* presque tous fertiles.
—— *Propre*, à cinq *pétales* arrondis, roulés en dedans, égaux.

ÉTAM. Cinq *Filamens*, simples. *Anthères* arrondies.

PIST. *Ovaire* inférieur. Deux *Styles*, renversés. *Stigmates* obtus.

PÉR. Nul. *Fruit* ovale, strié, divisible en deux parties.

SEM. Deux, ovales, striées d'un côté, aplaties de l'autre.

OBS. L'A. petroselinum, *a les involucelles très-petits.*

Fruit ovale, strié. *Collerette* d'un seul feuillet. *Pétales* égaux.

1. ACHE Persil, *A. Petroselinum*, L. à feuilles pinnées; à folioles de la tige linéaires ; à collerettes partielles très-petites.

Apium hortense seu Petroselinum vulgò ; Ache des jardins, vulgairement nommée Persil. *Bauh. Pin.* 153, n.° 1. *Dod. Pempt.* 694, f. 1. *Lob. Ic.* 1, p. 706, f. 2. *Camer. Epit.* 526. *Bauh. Hist.* 3, P. 2, p. 97, f. 1.

Cette espèce présente une variété.

Apium vel Petroselinum crispum ; Ache ou Persil frisé. *Bauh. Pin.* 153, n.° 2. *Camer. Epit.* 526. *Bauh. Hist.* 2, P. 2, p. 97, f. 2.

1. *Petroselinum*, Persil. 2. Herbe, Racine. 3. Racine aromatique, un peu douce. 4. Arome, huile essentielle butiracée, en fort petite quantité. 5. Ictère, dysurie, contusion, piqûre des abeilles, chlorose, jaunisse, œdématie. 6. Les feuilles de *Persil* sont fréquemment employées dans les salades, les ragoûts ; c'est un assaisonnement très-salubre. La poudre des semences est contraire aux poux.

En Sardaigne, dans les terrains humides. Cultivé dans les jardins. ♂

2. ACHE

2. ACHE des marais, *A. graveolens*, L. à feuilles de la tige en forme de coin.

Apium palustre et Apium officinarum; Ache des marais et Ache des boutiques, *Bauh. Pin.* 154. n.° 11. *Dod. Pempt.* 695, f. 1. *Lob. Ic.* 1, p. 707, f. 1. *Lugd. Hist.* 701, f. 2 et 3. *Camer. Epit.* 527. *Bauh. Hist.* 3, P. 2, p. 100, f. 1. *Bul. Paris.* tab. 160. *Icon. Pl. Med.* tab. 464.

L'Ache céleri, *A. dulce*, à feuilles droites; à pétioles très-longs; à folioles découpées en cinq lobes et à dents de scie, n'est qu'une variété de l'Ache des marais.

1. *Apium*, Ache des marais, Céleri ou Persil des marais. 2. Racine, Herbe, Semences. 3. Odeur un peu désagréable, douceâtre. 4. Extrait aqueux, doux et sans odeur; extrait spiritueux. L'esprit de vin (alchool), infusé sur la racine desséchée, en extrait un peu de sucre. 5. Fièvres intermittentes. *Lind* dit que cette plante est nuisible aux apoplectiques, épileptiques, vertigineux, aux vieillards, hypochondriaques, hystériques. 6. On mange les feuilles et les racines en salade; dans ce cas, elles sont souvent aphrodisiaques. En Allemagne, on mange avec le *rôti* la racine de Céleri, coupée par tranches et confite dans l'huile et le vinaigre. On peut aussi manger les pieds de Céleri comme les asperges. Dans le nord, malgré la culture la plus soignée, les racines et les feuilles de Céleri n'acquièrent pas le tiers de la grosseur qu'elles ont en France. Les semences du Céleri sauvage, sont plus énergiques que celles du cultivé.

Nutritive pour le Mouton, la Chèvre.

En Europe dans les terrains humides, marécageux. Cultivé dans les jardins potagers, où l'on blanchit ses tiges par la culture. ♂ Estivale.

398. PODAGRAIRE, *ÆGOPODIUM.* *

CAL. *Ombelle universelle* multiple, convexe.

—— *Partielle*, semblable à la collerette universelle, plane.

Collerette universelle et *partielle* nulles.

Périanthe propre à peine visible.

COR. *Universelle* uniforme. Tous les *Fleurons* fertiles.

—— *Propre*, à cinq *pétales*, en ovale renversé, concaves, roulés en dedans au sommet, égaux.

ÉTAM. Cinq *Filamens*, simples, deux fois plus longs que la corolle. *Anthères* arrondies.

PIST. *Ovaire* inférieur. Deux *Styles*, simples, droits, de la longueur des corollules. *Stigmates* en tête.

PÉR. Nul. *Fruit* ovale, oblong, strié, divisible en deux parties.

SEM. Deux, ovales, oblongues, striées et convexes d'un côté, aplaties de l'autre.

Fruit ovale, oblong, strié.

1. PODAGRAIRE Gérarde, *Æ. Podagraria*, L. à feuilles de la tige supérieures, trois a trois.

Angelica sylvestris, minor sive erratica; Angélique des bois, plus petite ou sauvage. *Bauh. Pin.* 155, n.° 3. *Dod. Pempt.* 320, f. 2. *Lob. Ic.* 1, p. 702, f. 2. *Bauh. Hist.* 3, P. 2, p. 145, f. 1. *Flor. Dan.* tab. 607.

Les Anciens, qui prétendoient avoir guéri des gouteux avec cette plante, lui avoient donné le nom de *Podagraire*. *Tournefort* a placé la *Podagraire* avec ses Angéliques; *Crantz* en fait un *Ligusticum*; *Scopoli*, un *Seseli*; *Lamarck*, un *Tragoselinum*. La *Podagraire* peu aromatique, se recueille dans le nord au printemps, pour être mangée en salade.

Nutritive pour le Bœuf, le Mouton, la Chèvre.

En Europe dans les haies, sur les bords des vignes. ♃ Estivale.

III. TRIGYNIE.

399. SUMAC, *RHUS*. *Tournef. Inst.* 611, tab. 381. *Lam. Tab. Encyclop.* pl. 207. TOXICODENDRON. *Tournef. Inst.* 610, tab. 381. COTINUS. *Tournef. Inst.* 610, tab. 380.

CAL. *Périanthe* à cinq segmens profonds, inférieur, droit, persistant.

COR. Cinq *Pétales*, ovales, droits, ouverts.

ÉTAM. Cinq *Filamens*, très-courts. *Anthères* petites, plus courtes que la corolle.

PIST. *Ovaire* supérieur, arrondi, de la grandeur de la corolle. *Styles* comme nuls. Trois *Stigmates*, en cœur, petits.

PÉR. *Baie* arrondie, à une loge.

SEM. Une seule, arrondie, osseuse.

OBS. *Les* Rhus *de* Tournefort : *Baie velue, noyau globuleux.*

Toxicodendron : *Baie lisse, striée; noyau comprimé, sillonné.*

R. *Vernix, radicans, Toxicodendron : dioïques.*

Calice à cinq segmens profonds. *Corolle* à cinq pétales. *Baie* renfermant une seule semence.

1. SUMAC des Corroyeurs, *R. Coriaria*, L. à feuilles pinnées; à folioles ovales, velues en dessous, à dents de scie obtuses.

Rhus folio Ulmi; Sumac à feuilles d'Ormeau. *Bauh. Pin.* 414, n.° 1. *Dod. Pempt.* 779, f. 1. *Lob. Ic.* 2, p. 98, f. 1. *Clus. Hist.* 1, p. 17, f. 1. *Lugd. Hist.* 107, f. 1. *Camer. Epit.* 121.

1. *Sumach*, Sumac. 2. Feuilles, Fleurs, Baies. 3. Feuilles et fleurs, styptiques; baies austères, acidules, suspectes. 5. Diarrhée, dyssenterie. 6. Les Tanneurs se servent des jeunes tiges pour tanner les cuirs. On employoit anciennement

les baies comme assaisonnement des viandes : les Turcs ont seuls conservé cet usage. L'écorce des tiges teint en jaune ; celle de la racine, en beau brun.

A Montpellier, en Provence. ♄ Vernale.

2. SUMAC typhin, *R. typhinum*, L. à feuilles pinnées ; à folioles à dents de scie aiguës, lancéolées, duvetées sur la surface inférieure.

Rhus Virginianum ; Sumac de Virginie. *Bauh. Pin.* 517.

En Virginie. ♄

3. SUMAC de Java, *R. Javanicum*, L. à feuilles pinnées ; à folioles ovales, aiguës, à dents de scie, duvetées sur la surface inférieure.

A la Chine.

4. SUMAC lisse, *R. glabrum*, L. à feuilles pinnées ; à folioles à dents de scie, lancéolées, nues sur les deux surfaces.

Rhus angustifolium ; Sumac à feuilles étroites. *Bauh. Pin.* 414, n.° 2. *Dill. Elth.* tab. 243, f. 314.

Dans l'Amérique Septentrionale. ♄

5. SUMAC Vernix, *R. Vernix*, L. à feuilles pinnées ; à folioles très-entières, annuelles, opaques ; à pétiole entier, égal.

Kamph. Amœn. 791 et 792. *Plukn.* tab. 145, f. 1. *Dill. Elth.* tab. 292, f. 377.

Dans l'Amérique Septentrionale, au Japon. ♄

6. SUMAC succédané, *R. succedaneum*, L. à feuilles pinnées ; à folioles très-entières, durables, luisantes ; à pétiole entier, égal.

Kampf. Amœn. 794 et 795.

Au Japon, à la Chine. ♄

7. SUMAC Copollin, *R. Copollinum*, L. à feuilles pinnées ; à folioles très-entières ; à pétiole membraneux, articulé.

Plukn. tab. 55, f. 1.

Dans l'Amérique Septentrionale. ♄

8. SUMAC Métopium, *R. Metopium*, L. à feuilles pinnées ; à cinq folioles, très-entières, arrondies, lisses.

Sloan. Jam. tab. 199, f. 3.

Dans l'Amérique Méridionale. ♄

9. SUMAC à radicules, *R. radicans*, L. à feuilles trois à trois ; à folioles pétiolées, ovales, nues, très-entières ; à tige à radicules.

Cette espèce présente une variété, gravée dans *Dillen Elth.* tab. 291, f. 375.

En Virginie, au Canada. ♄

10. SUMAC vénéneux, *R. Toxicodendron*, L. à feuilles trois à trois ; à folioles pétiolées, anguleuses, duvetées ; à tige à radicules.

Cornut. Canad. 96 et 97. *Barrel.* tab. 228.

Une seule goutte de suc de ce *Sumac*, appliquée sur la peau, cause un érysipèle effrayant; aussi ne doit-on jamais se porter les mains au visage quand on a touché les feuilles de cet arbre, sans avoir la précaution de les laver. Cette espèce est dioïque.

En Virginie, au Canada. Cultivé dans les jardins. ♄

11. SUMAC Cominia, *R. Cominia*, L. à feuilles trois à trois; à folioles pétiolées, ovales, à dents de scie très-éloignées, duvetées.

Sloan. Jam. tab. 208, f. 1.

Aux Indes Orientales. ♄

12. SUMAC Cobbe, *R. Cobbe*, L. à feuilles trois à trois; à folioles ovales, aiguës, à dents de scie; à péduncules duvetés.

A Zeylan. ♄

13. SUMAC duveté, *R. tomentosum*, L. à feuilles trois à trois; à folioles à pétioles très-courts, rhomboïdales, anguleuses, duvetées en dessous.

Plukn. tab. 219, f. 7.

Au cap de Bonne-Espérance. ♄

14. SUMAC à feuilles étroites, *R. angustifolium*, L. à feuilles trois à trois; à folioles pétiolées, linéaires, lancéolées, très-entières, duvetées en dessous.

Plukn. tab. 219, f. 6. *Burm. Afric.* 251, tab. 91, f. 1.

En Ethiopie. ♄

15. SUMAC lisse, *R. lævigatum*, L. à feuilles trois à trois; à folioles assises ou sans pétioles, lancéolées, lisses.

Au cap de Bonne-Espérance. ♄

16. SUMAC luisant, *R. lucidum*, L. à feuilles trois à trois; à folioles sans pétioles, en forme de coin, lisses.

Plukn. tab. 219, f. 9. *Burm. Afric.* tab. 91, f. 2. *Commel. Hort.* 2, p. 181, tab. 93.

Au cap de Bonne-Espérance. ♄

17. SUMAC Fustet, *R. Cotinus*, L. à feuilles simples, en ovale renversé.

Cotinus. Fustet. *Bauh. Pin.* 415. *Dod. Pempt.* 780, f. 1. *Lob. Ic.* 2, p. 99, f. 1. *Clus. Hist.* 1, p. 16, f. 1. *Lugd. Hist.* 193, f. 2. *Camer. Epit.* 123. *Bauh. Hist.* 1, P. 1, p. 494, f. 1. *Barrel.* tab. 527. *Jacq. Aust.* tab. 210.

A Grenoble, en Suisse, en Autriche. ♄ Vernale.

400. VIORNE, *VIBURNUM*. * *Tournef. Inst.* 607, tab. 377. *Lam. Tab. Encyclop.* pl. 211. TINUS. *Tournef. Inst.* 607, tab. 377. OPULUS. *Tournef. Inst.* 607, tab. 376.

CAL. *Périanthe* à cinq segmens profonds, supérieur, très-petit, persistant.

COR. Monopétale, en cloche, à cinq *divisions* peu profondes, obtuses, renversées.

ÉTAM. Cinq *Filamens*, en alêne, de la longueur de la corolle. *Anthères* arrondies.

PIST. *Ovaire* inférieur, arrondi. *Style* nul, remplacé par une glande en toupie. Trois *Stigmates*.

PÉR. *Baie* arrondie, à une loge.

SEM. Une seule, osseuse, arrondie.

Calice supérieur, à cinq segmens profonds. *Corolle* à cinq divisions peu profonds. *Baie* renfermant une seule semence.

1. VIORNE Laurier-Tin, *V. Tinus*, L. à feuilles très-entières, ovales; à ramifications des veines velues et glanduleuses en dessous.

Laurus sylvestris, Corni fœmina foliis subhirsutis; Laurier sauvage, à feuilles un peu hérissées du Cornouiller femelle. *Bauh. Pin.* 461, n.° 1. *Lob. Ic.* 2, p. 142, f. 1. *Clus. Hist.* 1, p. 49, f. 1. *Lugd. Hist.* 204, f. 1. *Camer. Epit.* 61. *Bauh. Hist.* 1, P. 1, p. 418, f. 1.

Cette espèce présente deux variétés.

1.° *Laurus sylvestris, foliis venosis*; Laurier sauvage, à feuilles veinées. *Bauh. Pin.* 461, n.° 2. *Dod. Pempt.* 850, f. 1. *Lob. Ic.* 2, p. 142, f. 2. *Lugd. Hist.* 204, f. 2. *Bauh. Hist.* 1, P. 1, p. 419, f. 1.

2.° *Laurus sylvestris, folio minore*; Laurier sauvage, à feuille plus petite. *Bauh. Pin.* 461, n.° 3. *Lugd. Hist.* 204, f. 3.

A Montpellier, en Provence, en Espagne. ♄ Vernale.

2. VIORNE nue, *V. nudum*, L. à feuilles très-entières, lancéolées, ovales.

En Virginie. ♄

3. VIORNE à feuilles de Prunier, *V. Prunifolium*, L. à feuilles arrondies, crénelées, à dents de scie, lisses.

Plukn. tab. 46, f. 2.

En Virginie, au Canada. ♄

4. VIORNE dentée, *V. dentatum*, L. à feuilles ovales, dentées à dents de scie, plissées.

Jacq. Hort. tab. 36.

En Virginie. ♄

5. VIORNE Lantane, *V. Lantana*, L. à feuilles en cœur, à dents de scie, veinées, cotonneuses en dessous.

Viburnum vulgo; Viorne vulgaire. *Bauh. Pin.* 428. *Dod. Pempt.* 781, f. 1. *Lob. Ic.* 2, p. 168, f. 2. *Lugd. Hist.* 256, f. 1. *Camer. Epit.* 122. *Bauh. Hist.* 1, P. 1, p. 557 et 558, f. 1. *Jacq. Aust.* tab. 341. *Bul. Paris.* tab. 161.

A Lyon, Grenoble, Paris. ♄

6. VIORNE à feuilles d'Erable, *V. acerifolium*, L. à feuilles lobées; à pétioles lisses.

Lugd. Hist. 201, f. 1?

En Virginie. ♄

7. VIORNE Obier, *V. Opulus*, L. à feuilles lobées; à pétioles glanduleux.

Sambucus aquatica, flore simplici; Sureau aquatique, à fleur simple. *Bauh. Pin.* 456, n.° 7. *Dod. Pempt.* 846, f. 1. *Lob. Ic.* 2, p. 201, f. 2. *Lugd. Hist.* 270, f. 1. *Camer. Epit.* 977. *Bauh. Hist.* 1, P. 1, p. 553, f. 1. *Flor. Dan.* tab. 661.

Cette espèce présente une variété.

Sambucus aquatica, flore globoso, pleno; Sureau aquatique, à fleur en boule, pleine. *Bauh. Pin.* 456, n.° 8. *Lob. Ic.* 2, p. 201, f. 3.

Cette variété ne diffère de l'*Obier*, qu'en ce que ses fleurs, au lieu d'être en espèce d'ombelles, sont disposées en boule, et toutes stériles; ce qui l'a fait appeler aussi *Pelotte de neige*, *Pain blanc*, *Caillebote*, *Obier stérile*, *Rose de Gueldres*.

En Europe, dans les prés humides. Cultivé dans les jardins. ♄

8. VIORNE Lentago, *V. Lentago*, L. à feuilles à dentelures ovales, aiguës, lisses; à pétioles à bordure, ondulés.

Au Canada. ♄

9. VIORNE cassinoïde, *V. cassinoïdes*, L. à feuilles ovales, crénelées, lisses; à pétioles carenés, sans glandes.

Mill. Dict. tab. 83, f. 1.

Dans l'Amérique Septentrionale. ♄

401. CASSINE, *CASSINE.* * *Lam. Tab. Encyclop.* pl. 130.

CAL. *Périanthe* à cinq segmens profonds, inférieur, très-petit, obtus, persistant.

COR. Ouverte, à cinq *divisions* profondes, comme ovales, obtuses, plus grandes que le calice.

ÉTAM. Cinq *Filamens*, en alêne, ouverts. *Anthères* simples.

PIST. *Ovaire* supérieur, conique, sans *Style*. Trois *Stigmates*, renversés, obtus.

PÉR. *Baie* arrondie, à trois loges, à ombilic formé par les stigmates.

SEM. Solitaires, comme ovales.

Calice à cinq segmens profonds. *Corolle* à cinq pétales. *Baie* renfermant trois semences.

1. CASSINE du Cap, *C. Capensis*, L. à feuilles pétiolées, à dents de scie, ovales, obtuses; à rameaux tétragones ou à quatre côtés.

Dill. Elth. tab. 236, f. 305. *Burm. Afric.* p. 239, tab. 85.

Au cap de Bonne-Espérance. ♄

2. CASSINE Péragua, *C. Peragua*, L. à feuilles pétiolées, à dents de scie, elliptiques, un peu aiguës; à rameaux arrondis.

Mill. Ic. tab. 83, f. 1.

1. *Peragua*, Péragua. 2. Feuilles. 3. Amères, acerbes; odeur urineuse. 5. Diabétès? colique calculeuse. 6. Les habitans du Paraguay et du Pérou usent de la Cassine comme les Chinois usent du Thé : ils la croient nourrissante comme le Chocolat : quelquefois ils l'acidulent avec le suc de Citron. Elle fait prodigieusement uriner.

A la Caroline, en Virginie. ♄

3. CASSINE d'Afrique, *C. Barbara*, L. à feuilles sans pétioles, dentées, à dents de scie, en cœur, oblongues; à rameaux quadrangulaires.

Au cap de Bonne-Espérance. ♄

4. CASSINE d'Éthiopie, *C. Maurocenia*, L. à feuilles sans pétioles, très-entières, coriaces, en ovale renversé.

Plukn. tab. 158, f. 2. *Dill. Elth.* tab. 121, f. 147.

En Éthiopie.

402. SUREAU, *SAMBUCUS*. * *Tournef. Inst.* 606, tab. 376. *Lam. Tab. Encyclop.* pl. 211.

CAL. *Périanthe* d'un seul feuillet, supérieur, à cinq segmens profonds, très-petit, persistant.

COR. Monopétale, en roue, concave, obtuse, à cinq *divisions* peu profondes, renversées.

ÉTAM. Cinq *Filamens*, en alêne, de la longueur de la corolle. *Anthères* arrondies.

PIST. *Ovaire* inférieur, ovale, obtus. *Style* nul, remplacé par une glande ventrue. Trois *Stigmates*, obtus.

PÉR. *Baie* arrondie, à une loge.

SEM. Trois, convexes d'un côté, anguleuses de l'autre.

Calice à cinq segmens profonds. *Corolle* à cinq divisions peu profondes. *Baie* renfermant trois semences.

1. SUREAU Yeble, *S. Ebulus*, L. à fleurs en cymier ou disposées en manière d'ombelles, à cinq rayons ou divisées peu profondément en cinq parties; à stipules feuillées; à tige herbacée.

Sambucus humilis sive Ebulus; Sureau nain ou Yèble. *Bauh. Pin.* 456, n.° 5. *Fusch. Hist.* 65. *Dod. Pempt.* 381, f. 1. *Lob. Ic.* 2, p. 164, f. 2. *Lugd. Hist.* 269, f. 1. *Camer. Epit.* 979. *Bauh. Hist.* 1, P. 1, p. 549, f. 1. *Bul. Paris.* tab. 162. *Icon. Pl. Med.* tab. 40.

Cette espèce présente une variété, à tige herbacée, rameuse; à folioles linéaires, lancéolées, à dents de scie aiguës. Elle est désignée par *G. Bauhin*, sous le nom de *Sambucus humilis seu Ebulus laciniato folio*; Sureau nain ou Yèble à feuille laciniée. *Pin.* 456, n.° 6.

1. *Ebulus*, Yèble, petit Sureau. 2. Racine, écorce intérieure, feuilles, fleurs, baies, grains ou semences. 3. Toute la plante amère, âcre, exhalant une odeur fétide et désagréable, nauseuse, qui chasse les rats des greniers. En général, toutes les parties de l'Yèble paroissent plus énergiques que celles du sureau. 4. Peu d'huile essentielle (les fleurs); huile par expression (les semences); suc résineux. 5. Hydropisie, fleurs blanches, gale, dartres, épilepsie. 6. Dans le Nord on sait préparer une espèce de vin assez agréable avec le suc des baies, édulcoré avec le sucre ou le miel. On peut en retirer une bonne eau de vie. Les baies cuites avec le vinaigre, teignent le fil, même les peaux, en violet.

En Europe, dans les champs, les terres labourables. ♃

2. SUREAU du Canada, *S. Canadensis*, L. à fleurs disposées en maniere d'ombelles, à cinq rayons ou divisées profondément en cinq parties; à feuilles comme deux fois pinnées; à tige ligneuse.

Au Canada. ♃

3. SUREAU noir, *S. nigra*, L. à fleurs disposées en manière d'ombelles, à cinq rayons ou divisées profondément en cinq parties; à tige ligneuse.

Sambucus fructu in umbellâ nigro; Sureau à baie noire. *Bauh. Pin.* 456, n.° 1. *Dod. Pempt.* 845, f. 1. *Lob. Ic.* 2, p. 161, f. 2. *Lugd. Hist.* 266, f. 1. *Camer. Epit.* 975. *Bauh. Hist.* 1, P. 1, p. 544, f. 1. *Flor. Dan.* tab. 545. *Bul. Paris,* tab. 163. *Icon. Pl. Med.* tab. 334.

Le Sureau noir offre des corolles à quatre divisions, d'autres à cinq et à sept étamines; rarement trois semences dans les baies, souvent deux.

Cette espèce présente deux variétés.

1.° *Sambucus fructu in umbellâ viridi*; Sureau à baies vertes. *Bauh. Pin.* 456, n.° 2. *Lob. Ic.* 2, p. 162, f. 1.

2.° *Sambucus laciniato folio*; Sureau à feuille laciniée. *Bauh. Pin.* 456, n.° 4. *Dod. Pempt.* 845, f. 2. *Lob. Ic.* 2, p. 164, f. 1. *Lugd. Hist.* 268, f. 1. *Bauh. Hist.* 1, P. 1, p. 549, f. 2.

1. *Sambucus*, Sureau. 2. Racine, écorce intérieure, feuilles, fleurs, baies, grains ou semences. 3. Toute la plante a une odeur désagréable et presque nauseuse. 4. Huile essentielle, (les grains de la baie). 5. Œdèmes, rhumatisme, angine, péripneumonie. Le *Sureau* et l'*Yèble* ont été regardés avec raison comme présentant les plus grandes ressources pour la médecine populaire. En effet, ils nous fournissent un émétique, un purgatif, un sudorifique, un expectorant et un cordial. Les

fleurs du *Sureau* sont très-usitées ; on ne se sert presque pas de celles de l'*Yèble* : la préférence est sans motif. 6. On emploie les fleurs de *Sureau* pour donner aux vins blancs un faux goût de vin muscat. Les baies sont un poison pour les poules : elles teignent d'un brun verdâtre, le lin préparé avec le bain d'alun, lorsqu'on le plonge dans leur décoction. Le bois des vieux pieds est assez dur pour être travaillé au tour. Le *Sureau* garnit nos haies sans les défendre. La moëlle des rameaux desséchée est si légère, sous un assez grand volume, qu'elle obéit au fluide électrique.

Nutritive pour le Mouton.

En Europe, dans les terrains gras et humides. ♄

4. SUREAU à grappe, *S. racemosa*, L. à fleurs en grappes composées, ovales, à tige ligneuse.

Sambucus racemosa, rubra; Sureau à grappe, rouge. *Bauh. Pin.* 456, n.° 3. *Lob. Ic.* 2, p. 163, f. 1 et 2. *Lugd. Hist.* 98, f. 1. *Camer. Epit.* 976. *Bauh. Hist.* 1, P. 1, p. 551, f. 1.

A la grande Chartreuse, sur les montagnes du Beaujolois. ♄ Vernale.

403. SPATHELIE, *SPATHELIA*. *Lam. Tab. Encyclop.* pl. 209.

CAL. *Périanthe* à cinq *feuillets*, oblongs, colorés.

COR. Cinq *Pétales*, oblongs, égaux.

ÉTAM. Cinq *Filamens*, en alêne, ascendans, garnis à leur base d'une dent. *Anthères* ovales.

PIST. *Ovaire* ovale, plus court que les étamines. *Style* nul. Trois *Stigmates* arrondis.

PÉR. *Capsule* oblongue, à trois côtés, à trois loges.

SEM. Solitaires, oblongues, à trois côtés.

Calice à cinq feuillets. *Corolle* à cinq pétales. *Capsule* à trois côtés, à trois loges. *Semences* solitaires.

1. SPATHELIE simple, *S. simplex*, L. à fleurs en grappes très-simples, lâches, terminales.

Sloan. Jam. tab. 171.

A la Jamaïque. ♄

404. STAPHYLIER, *STAPHYLEA*. * *Lam. Tab. Encyclop.* pl. 210. STAPHYLODENDRON. *Tournef. Inst.* 616, tab. 386.

CAL. *Périanthe* à cinq segmens profonds, concave, arrondi, coloré, presque aussi grand que la corolle.

COR. Cinq *Pétales*, oblongs, droits, semblables au calice.

Nectaire formé par le réceptacle de la fructification, dans le fond de la fleur, concave, en godet.

ÉTAM. Cinq *Filamens*, oblongs, droits, de la longueur du calice. *Anthères* simples.

PIST. *Ovaire* un peu épais, divisé profondément en trois parties. Trois *Styles* simples, un peu plus longs que les étamines. *Stigmates* obtus, contigus.

PÉR. Trois *Capsules*, boursouflées, flasques, réunies dans leur longueur par une suture, s'ouvrant intérieurement au sommet, terminées en pointe.

SEM. Deux, osseuses, arrondies, à pointe oblique, à fossette arrondie sur les côtés du sommet.

OBS. *Dans le* S. pinnata *les pistils et les péricarpes sont au nombre de deux.*

Calice à cinq segmens profonds. *Corolle* à cinq pétales. *Capsules* boursouflées, réunies, renfermant deux semences arrondies, marquées par une cicatrice.

1. STAPHYLIER pinné, *S. pinnata*, L. à feuilles pinnées.

Pistacia sylvestris; Pistachier sauvage. *Bauh. Pin.* 401, n.° 3. *Dod. Pempt.* 818, f. 1. *Lob. Ic.* 2, p. 103, f. 1 et 2. *Lugd. Hist.* 102, f. 1. *Camer. Epit.* 171. *Bauh. Hist.* 1, P. 1, p. 274, fig. 1.

Cette espèce a deux ou trois styles; une capsule à trois loges, le plus souvent deux semences, la troisième avortant.

Le *Staphylier* nommé aussi *Nez coupé*, se multiplie aisément de marcottes et de semences; il vient très-bien, même dans les terres médiocres. Les enfans mangent les amandes du *Nez coupé*, qui ont cependant un goût assez désagréable. On fait des chapelets avec les noyaux du *Nez coupé*, qui ressemblent au bois du Coco.

En Languedoc. Cultivé dans les jardins. ♄ Vernale.

2. STAPHYLIER à trois feuilles, *S. trifoliata*, L. à feuilles trois à trois.

Cette espèce a trois styles.

En Virginie. Cultivé dans les jardins. ♄ Vernale.

405. TAMARISQUE, *TAMARIX.* * *Lam. Tab. Encyclop.* pl. 213. TAMARISCUS. *Tournef. Inst.* 661.

CAL. *Périanthe* à cinq segmens profonds, obtus, droit, persistant, moitié plus court que la corolle.

COR. Cinq *Pétales*, ovales, concaves, obtus, ouverts.

ÉTAM. Cinq *Filamens*, capillaires. *Anthères* arrondies.

PIST. *Ovaire* pointu. *Style* nul. Trois *Stigmates* oblongs, roulés, plumeux.

PÉR. *Capsule* oblongue, pointue, à trois côtés, plus longue que le calice, à une loge, à trois battans.

SEM. Plusieurs, très-petites, à aigrettes.

OBS. *Le* T. Germanica *a dix étamines, dont les cinq extérieures alternes, plus petites, sont toutes réunies à leur base.*

Calice à cinq segmens profonds. *Corolle* à cinq pétales. *Capsule* à une seule loge, à trois battans, renfermant des semences aigrettées.

1. TAMARISQUE François, *T. Gallica*, L. à fleurs à cinq étamines.

Tamarix altera, folio tenuiore, sive Gallica; Autre Tamarisque, à feuille plus menue, ou Tamarisque François. *Bauh. Pin.* 485, n.° 2. *Lob. Ic.* 2, p. 218, f. 2. *Clus. Hist.* 1, p. 40, f. 1. *Lugd. Hist.* 180, f. 2. *Bauh. Hist.* 1, P. 2, p. 350, f. 1. *Icon. Pl. Med.* tab. 312.

1. *Tamariscus*, Tamarix. 2. Écorce de la racine et des tiges, bois, feuilles. 3. Saveur amère, styptique. 4. Sel de Glauber (sulfate de soude) de ses cendres. 5. Hypocondrie, écoulemens blancs. 6. On emploie l'écorce pour tanner les cuirs.

A Montpellier, en Provence, dans les marais salans. ♄ Vernale.

2. TAMARISQUE Allemand, *T. Germanica*, L. à fleurs à dix étamines.

Tamarix fruticosa, folio crassiore, seu Germanica; Tamarisque ligneux, à feuille plus épaisse, ou Tamarisque d'Allemagne. *Bauh. Pin.* 485, n.° 1. *Dod. Pempt.* 766, f. 1. *Lob. Ic.* 2, p. 218, f. 3. *Clus. Hist.* 1, p. 40, f. 2. *Lugd. Hist.* 179, f. 1. *Camer. Epit.* 74, f. 2? *Bauh. Hist.* 1, P. 2, p. 351, f. 1. *Bellev.* tab. 141. *Flor. Dan.* tab. 234. *Icon. Pl. Med.* tab. 170.

A Lyon, dans les isles du Rhône, à Grenoble, dans les isles du Drac. ♄ Vernale.

Les *Tamarisques* s'élèvent très-bien dans nos jardins; on les multiplie de boutures; ils aiment les terres légères; celui d'Allemagne préfere les lieux humides.

406. XYLOPHYLLE, *XYLOPHYLLA*. † *Lam. Tab. Encyclop.* pl. 855.

CAL. *Périanthe* coloré, à cinq *segmens* profonds, ovales.

COR. Nulle, (à moins qu'on ne prenne le calice pour corolle.)

ÉTAM. Cinq *Filamens*, très-courts. *Anthères* plus courtes que la fleur.

PIST. *Ovaire* arrondi. Trois *Styles*, courts. *Stigmates* déchirés.

PÉR. *Capsule* arrondie, à trois loges.

SEM. Deux.

Calice à cinq segmens profonds, colorés. *Corolle* nulle. *Stigmates* déchirés. *Capsule* à trois loges renfermant chacune deux semences.

2. XYLOPHYLLE à longues feuilles, *X. longifolia*, L. à feuilles linéaires; à rameaux tétragones ou à quatre côtés.

Rumph. Amb. 7, p. 19, tab. 12.

Dans l'Inde Orientale. ♄

3. XYLOPHYLLE à larges feuilles, *X. latifolia*, L. à feuilles lancéolées; à rameaux arrondis.

Plukn. tab. 36, f. 7, et 247, f. 4.

Dans l'Amérique Méridionale, à Surinam, à la Jamaïque, à la Caroline. ♄

407. TURNÈRE, *TURNERA*. *Plum. Gen.* 15, tab. 12. *Lam. Tab. Encyclop.* pl. 212.

CAL. *Périanthe* d'un seul feuillet, en entonnoir, caduc-tardif. *Tube* oblong, droit, en cylindre, anguleux. *Limbe* droit, à cinq *segmens* profonds, lancéolés, de la longueur du tube.

COR. Cinq *Pétales*, en cœur renversé, pointus, planes, droits, ouverts. *Onglets* étroits, insérés sur le tube du calice.

ÉTAM. Cinq *Filamens*, en alêne, plus courts que la corolle, insérés sur le tube du calice. *Anthères* pointues, droites.

PIST. *Ovaire* conique. Trois *Styles*, filiformes, de la longueur des étamines. *Stigmates* à plusieurs divisions capillacées.

PÉR. *Capsule* ovale, à une loge, à trois battans. *Réceptacles* linéaires, annexés dans leur longueur aux battans.

SEM. Plusieurs, oblongues, obtuses.

Calice à cinq segmens peu profonds, en entonnoir. *Corolle* à cinq pétales, insérés sur le calice. *Stigmates* divisés profondément en plusieurs parties. *Capsule* à une seule loge, à trois battans.

1. TURNÈRE à feuilles d'ormeau, *T. ulmifolia*, L. à fleurs assises; à pétioles florifères; à feuilles garnies à la base de deux glandes.

Sloan. Jam. tab. 127, f. 4 et 5. *Hort. Cliff.* 112, tab. 10.

Cette espèce présente une variété, décrite et gravée par *Miller Ic.* tab. 268, f. 2.

Dans l'Amérique Méridionale, à la Jamaïque. ♂

2. TURNÈRE Pumilea, *T. Pumilea*, L. à fleurs assises; à pétioles florifères; à feuilles sans glandes.

Sloan. Jam. tab. 127, f. 6.

A la Jamaïque. ⊙

3. TURNÈRE à feuilles de side, *T. sidoïdes*, L. à péduncules aux aisselles des feuilles, garnis de deux soies; à feuilles en ovale renversé, en forme de coin, à dents de scie.

Au Brésil.

4. TURNÈRE à feuilles de ciste, *T. cistoïdes*, L. à péduncules aux aisselles des feuilles, nus; à feuilles à dents de scie au sommet.

Sloan. Jam. tab. 127, f. 7.

Dans l'Amérique Méridionale, à la Jamaïque, à Surinam. ⊙

408. TÉLÈPHE, *TELEPHIUM.* * *Tournef. Inst.* 248, tab. 128. *Lam. Tab. Encyclop.* pl. 213.

CAL. *Périanthe* à cinq *feuillets*, oblongs, obtus, concaves, en carène, de la longueur de la corolle, persistans.

COR. Cinq *Pétales*, oblongs, obtus, rétrécis à la base, droits; insérés sur le réceptacle.

ÉTAM. Cinq *Filamens*, en alêne, plus courts que la corolle. *Anthères* couchées.

PIST. *Ovaire* à trois côtés, aigu, sans *Style*. Trois *Stigmates* aigus; ouverts.

PÉR. *Capsule* courte, à trois côtés, à une loge, à trois battans. *Réceptacle* libre, moitié plus court que la capsule.

SEM. Plusieurs, arrondies.

Calice à cinq feuillets. *Corolle* à cinq pétales insérés sur le réceptacle. *Capsule* à une seule loge, à trois battans.

1. TÉLÈPHE d'Imperati, *T. Imperati*, L. à feuilles alternes.

Telephium repens, folio non deciduo; Télèphe rampant, à feuille persistante. *Bauh. Pin.* 287, n.° 6. *Clus. Hist.* 2, p. 67, f. 3.

Cistus folio Majorana; Ciste à feuille de Marjolaine. *Bauh. Pin.* 465, n.° 8. *Lugd. Hist.* 869, f. 2.

A Lyon, en Dauphiné, en Suisse. ♃ Estivale.

2. TÉLÈPHE à feuilles opposées, *T. oppositifolium*, L. à feuilles opposées.

Shaw. Afric. pag. et tab. 572.

En Barbarie.

409. CORRIGIOLE, *CORRIGIOLA.* * *Lam. Tab. Encyclop.* pl. 213.

CAL. *Périanthe* à cinq *feuillets*, ovales, concaves, persistans, de la grandeur de la corolle, membraneux sur les bords, persistans.

COR. Cinq *Pétales*, ovales, ouverts, à peine plus grands que le calice.

ÉTAM. Cinq *Filamens*, en alêne, petits. *Anthères* simples.

PIST. *Ovaire* ovale, à trois côtés. *Style* nul. Trois *Stigmates*, obtus.

PÉR. Nul. Le calice dont les feuillets sont réunis, renferme les semences.

SEM. Une seule, ovale, à trois faces.

Calice à cinq feuillets. *Corolle* à cinq pétales. Une *Semence*, à trois faces.

1. CORRIGIOLE des rivages, *C. littoralis*, L. à tiges très-rameuses, couchées et disposées en rond sur la terre; à fleurs terminant les rameaux, ramassées en bouquet.

Polygonum littorum, minus, flosculis spadiceo-albicantibus; Renouée des rivages, plus petite, à fleurs châtain-blanchâtres. *Bauh. Pin.* 281, n.° 8. *Bauh. Hist.* 3, P. 2, p. 379, f. 2. *Beller.* tab. 147. *Barrel.* tab. 532. *Flor. Dan.* tab. 334.

A Paris, à Lyon, sur les bords de la Saône. ⊙ Estivale.

410. PHARNACE, *PHARNACEUM.* * *Lam. Tab. Encyclop.* pl. 214.

CAL. *Périanthe* à cinq *feuillets*, comme ovales, concaves, ouverts, égaux, persistans, colorés intérieurement, amincis sur les bords.

COR. Nulle, (à moins qu'on ne prenne pour corolle les bords amincis du calice, et le calice qui est coloré intérieurement.)

ÉTAM. Cinq *Filamens*, en alêne, de la longueur du calice. *Anthères* divisées peu profondément à leur base en deux parties.

PIST. *Ovaire* ovale, à trois côtés. Trois *Styles*, filiformes, de la longueur des étamines. *Stigmates* obtus.

PÉR. *Capsule* ovale, à trois côtés irréguliers, couverte, à trois loges, à trois battans.

SEM. Nombreuses, luisantes, arrondies, déprimées, ceintes par une marge aiguë.

Calice à cinq feuillets. *Corolle* nulle. *Capsule* à trois loges renfermant chacune plusieurs semences.

1. PHARNACE Cerviana, *P. Cerviana*, L. à péduncules comme en ombelles, latéraux, égalant en longueur les feuilles qui sont linéaires.

Plukn. tab. 332, pl. 11. *Buxb. Cent.* 3, p. 33, tab. 62, f. 3.

En Russie, en Espagne, en Asie. ⊙

2. PHARNACE Mollugo, *P. Mollugo*, L. à péduncules latéraux, portant une seule fleur, aussi longue que les feuilles; à tige déprimée.

Plukn. tab. 304, f. 4, et 331, f. 4. *Burm. Zeyl.* 13, tab. 7.

Dans l'Inde Orientale. ⊙

3. PHARNACE déprimé, *P. depressum*, L. à péduncules latéraux; portant une seule fleur; à feuilles lancéolées, duvetées.

Dans l'Inde Orientale.

4. PHARNACE blanchâtre, *P. incanum*, L. à péduncules communs, très-longs; à feuilles linéaires.

En Afrique.

5. PHARNACE distique, *P. distictum*, L. à rameaux tortueux, divisés profondément en deux parties; à feuilles presque linéaires, duvetées.

Pluk. tab. 130, f. 6.

Dans l'Inde Orientale.

6. PHARNACE à feuilles en cœur, *P. cordifolium*, L. à rameaux terminans, divisés profondément en deux parties; à feuilles en cœur renversé.

Au cap de Bonne-Espérance.

411. MORGELINE, *ALSINE*. * *Lam. Tab. Encyclop.* pl. 214.

CAL. *Périanthe* à cinq *feuillets*, concaves, oblongs, aigus.

COR. Cinq *Pétales*, égaux, plus longs que le calice.

ÉTAM. Cinq *Filamens*, capillaires. *Anthères* arrondies.

PIST. *Ovaire* comme ovale. Trois *Styles*, filiformes. *Stigmates* obtus.

PÉR. *Capsule* ovale, à une loge, à trois battans, couverte par le calice.

SEM. Plusieurs, arrondies.

Calice à cinq feuillets. *Corolle* à cinq pétales égaux. *Capsule* à une seule loge, à trois battans.

1. MORGELINE des oiseaux, *A. media*, L. à pétales divisés profondément en deux parties; à feuilles ovales, en cœur.

Alsine media; Morgeline moyenne. *Bauh. Pin.* 250, n.° 11. *Dod. Pempt.* 29, f. 2. *Lob. Ic.* 1, p. 460, f. 2. *Lugd. Hist.* 1232, f. 1. *Camer. Epit.* 8 0. *Bauh. Hist.* 3, P. 2, p. 363, f. 1. *Bul. Paris.* tab. 164. *Flor. Dan.* tab. 438 et 525. *Icon. Pl. Medic.* tab. 445.

Nutritive pour le Cheval, le Bœuf.

En Europe, dans les jardins, les cours, les chemins. ☉ Vernale.

2. MORGELINE des blés, *A. segetalis*, L. à pétales entiers; à feuilles en alêne.

Vaill. Bot. 8, tab. 3, f. 3.

A Paris, à Lyon. ☉ Estivale.

3. MORGELINE piquante, *A. mucronata*, L. à pétales entiers, courts; à feuilles sétacées; à feuillets du calice pointus.

Hall. Hist. n.° 870, tab. 17.

Cette espèce ressemble beaucoup à la Sablière en faisceau, *Arenaria fasciculata*, L. et à la Minuarte des montagnes, *Minuartia montana*, L. mais ces deux plantes ont la tige plus droite.

A Montpellier, à Grenoble, en Suisse.

412. DRYPIS, *DRYPIS*. † *Mich. Gen.* 24, tab. 23. *Lam. Tab. Encyclop.* pl. 214.

CAL. *Périanthe* d'un seul feuillet, tubulé, à *orifice* à cinq dents, persistant.

COR. Cinq *Pétales*. *Onglets* étroits, de la longueur du calice. *Limbe* plane, à *Lames* à deux *divisions* profondes, linéaires, obtuses. *Gorge* couronnée par les deux dentelures de chaque pétale.

ÉTAM. Cinq *Filamens*, de la longueur de la corolle. *Anthères* simples, oblongues, couchées.

PIST. *Ovaire* comme ovale, comprimé. Trois *Styles*, simples, étalés. *Stigmates* simples.

PÉR. *Capsule* arrondie, petite, couverte par le calice, à une loge, s'ouvrant horizontalement.

SEM. Une seule, en forme de rein, luisante.

Calice à cinq dents. *Corolle* à cinq pétales. *Capsule* s'ouvrant horizontalement ou en boîte à savonnette, renfermant une seule semence.

1. DRYPIS épineuse, *D. spinosa*, L. à feuilles en alêne, le plus souvent à trois côtés, piquantes.

Drypis; Drypis. *Bauh. Pin.* 388. *Lob. Ic.* 789, f. 1. *Lugd. Hist.* 1480, f. 1. *Moris. Hist.* sect. 7, tab. 32, f. 8. *Jacq. Hort.* tab. 49.

En Italie, *en Mauritanie.* ♂

413. BASELLE, *BASELLA*. * *Lam. Tab. Encyclop.* pl. 215.

CAL. Nul.

COR. En godet, à sept *divisions* peu profondes, dont deux extérieures plus larges, une parmi les cinq autres, rapprochée supérieurement, charnue à sa base.

ÉTAM. Cinq *Filamens*, en alêne, égaux, adhérens à la corolle, un peu plus courts que la corolle. *Anthères* arrondies.

PIST. *Ovaire* comme arrondi. Trois *Styles*, filiformes, de la longueur des étamines. *Stigmates* oblongs, s'élevant d'un des côtés du sommet des styles.

PÉR. Nul. La corolle, dont les divisions sont réunies, charnue, imitant une baie, renferme la semence.

SEM. Une seule, arrondie.

Calice nul. *Corolle* à sept divisions peu profondes, dont deux plus larges opposées, imitant une baie, et renfermant une seule semence.

1. BASELLE rouge, *B. rubra*, L. à feuilles planes; à péduncules simples. Le suc des baies colore en violet.

Dans l'Inde Orientale. ♂ ⊙

2. BASELLE

2. BASELLE blanche, *B. alba*, L. à feuilles ovales, ondulées; à péduncules simples, plus longs que la feuille.

Plukn. tab. 63, f. 1.

A la Chine, à Amboine. ♂

3. BASELLE luisante, *B. lucida*, L. à feuilles presque en cœur; à péduncules entassés, rameux.

Dans l'Inde Orientale. ☉

414. SAROTHRE, *SAROTHRA.* † *Lam. Tab. Encyclop.* pl. 215.

CAL. *Périanthe* d'un seul feuillet, droit, persistant, à cinq *segmens* profonds, linéaires, aigus.

COR. Le plus souvent à cinq *Pétales*, lancéolés, linéaires, obtus, ouverts, un peu plus longs que le calice, caduci-tardifs.

ÉTAM. Cinq *Filamens*, filiformes, de la longueur de la corolle. *Anthères* arrondies.

PIST. *Ovaire* ovale. Trois *Styles*, filiformes, de la longueur de l'ovaire. *Stigmates* simples.

PÉR. *Capsule* oblongue, aiguë, colorée, à une loge, à trois battans.

SEM. Plusieurs, en forme de rein, très-petites.

Calice à cinq segmens profonds. *Corolle* à cinq pétales. *Capsule* à une seule loge, à trois battans, colorée.

1. SAROTHRE à feuilles de gentiane, *S. gentianoides*, L. à tige très-ramifiée; à feuilles en alêne, très-petites.

Plukn. tab. 342, f. 4.

En Virginie, en Pensylvanie.

IV. TÉTRAGYNIE.

415. PARNASSIE, *PARNASSIA.* * *Tournef. Inst.* 246, tab. 127. *Lam. Tab. Encyclop.* pl. 216.

CAL. *Périanthe* à cinq *segmens* profonds, oblongs, aigus, ouverts, persistans.

COR. Cinq *Pétales*, arrondis, échancrés, striés, concaves, ouverts. Cinq *Nectaires*, composés chacun d'une *écaille* en forme de cœur, concave, garnie sur les bords de treize cils graduellement plus élevés, sur lesquels repose un petit globe.

ÉTAM. Cinq *Filamens*, en alêne, de la longueur de la corolle. *Anthères* déprimées, couchées.

PIST. *Ovaire* ovale, grand. *Style* nul, remplacé par une cavité. Quatre *Stigmates*, obtus, persistans, grossissant avec le fruit.

PÉR. *Capsule* à quatre côtés, ovales, à une loge, à quatre battans. *Réceptacle* quadruple, adhérant aux battans.

SEM. Plusieurs, oblongues.

OBS. *Le caractère essentiel de ce genre consiste dans le nectaire.*

Calice à cinq segmens profonds. *Corolle* à cinq pétales. Cinq *Nectaires*, en cœur, entourés de cils terminés par de petits pelotons arrondis. *Capsule* à quatre battans.

1. PARNASSIE des marais, *P. palustris*, L. à feuilles radicales pétiolées, en cœur, lisses; au milieu de la tige une seule feuille assise ou sans pétiole, l'embrassant.

Gramen Parnassi, flore albo, simplici; Gazon du Parnasse, à fleur blanche, simple. *Bauh. Pin.* 309, n.° 1. *Dod. Pempt* 564, f. 3. *Lob. Ic.* 1, p. 603, f. 1. *Lugd. Hist.* 1005, f. 1. *Bauh. Hist.* 3, P. 2, p. 537, f. 2. *Moris. Hist.* sect. 12, tab. 10, f. 3. *Flor. Dan.* tab. 584. *Icon. Pl. Med.* tab. 123.

La hampe est quelquefois un peu tordue.

Cette espèce présente une variété.

Gramen Parnassi, flore albo, pleno; Gazon du Parnasse, à fleur blanche, pleine. *Bauh. Pin.* 309, n.° 2. *Lob. Ic.* 1, p. 603, f. 2. *Lugd. Hist.* 1005, f. 2.

A Lyon, Paris, Grenoble, dans les marais. Automnale.

416. LISERET, *EVOLVULUS*. * *Lam. Tab. Encyclop.* pl. 216.

CAL. *Périanthe* à cinq *feuillets*, lancéolés, aigus, persistans.

COR. Monopétale, en roue, à cinq divisions peu profondes.

ÉTAM. Cinq *Filamens*, capillaires, ouverts, presque aussi longs que la corolle. *Anthères* légèrement alongées.

PIST. *Ovaire* comme arrondi. Quatre *Styles*, capillaires, divergens, de la longueur des étamines. *Stigmates* simples.

PÉR. *Capsule* comme arrondie, à quatre loges, à quatre battans.

SEM. . . . . .

OBS. *Ce genre a de l'affinité avec les* Liserons.

Calice à cinq feuillets. *Corolle* en roue, à cinq divisions peu profondes. *Capsule* à quatre loges renfermant chacune des semences solitaires.

1. LISERET à feuilles de nummulaire, *E. nummularius*, L. à feuilles arrondies; à tige rampante; à fleurs à péduncules très-courts.

Sloan. Jam. tab. 99, f. 2.

A la Jamaïque, aux isles Barbades, dans les prés.

2. LISERET des Indes, *E. Gangeticus*, L. à feuilles en cœur, obtuses, piquantes, pétiolées, velues; à tige étalée; à péduncules ne portant qu'une seule fleur.

Dans l'Inde Orientale.

3. LISERET à feuilles de morgeline, *E. alsinoïdes*, L. à feuilles en cœur renversé, obtuses, petiolées, velues; à tige étalée; à pédoncules portant trois fleurs.

Plukn. tab. 9, f. 1. *Burm. Zeyl.* 11, tab. 6, f. 1, et 19, t. 9.

Au Malabar, à Zeylan, à Bahama. ⊙

4. LISERET à feuilles de lin, *E. linifolius*, L. à feuilles lancéolées, velues, sans pétioles; à tige droite; à péduncules longs, portant trois fleurs.

Brow. Jam. 152, tab. 10, f. 2.

A la Jamaïque. ⊙

5. LISERET à trois dents, *E. tridentatus*, L. à feuilles linéaires, en forme de coin, terminées par trois pointes, dilatées à la base, dentées; à péduncules ne portant qu'une seule fleur.

Plukn. tab. 167, f. 5.

Cette espèce présente une variété, à folioles terminées en forme de croissant, gravée dans *Pluknet* tab. 276, f. 6.

Dans l'Inde Orientale.

V. PENTAGYNIE.

417. ARALIE, *ARALIA.* * *Tournef. Inst.* 300, tab. 154. *Lam. Tab. Encyclop.* pl. 217.

CAL. *Collerette* très-petite d'une ombellule arrondie.

——*Périanthe* à cinq dents, très-petit, supérieur.

COR. Cinq *Pétales*, ovales, aigus, assis, renversés.

ÉTAM. Cinq *Filamens*, en alêne, de la longueur de la corolle. *Anthères* arrondies.

PIST. *Ovaire* arrondi, inférieur. Cinq *Styles*, très-courts, persistans. *Stigmates* simples.

PÉR. *Baie* arrondie, striée, couronnée, à cinq loges.

SEM. Solitaires, dures, oblongues.

Collerette de l'ombellule, très-petite. *Calice* supérieur, à cinq dents. *Corolle* à cinq pétales. *Baie* renfermant cinq semences.

1. ARALIE en arbre, *A. arborea*, L. à tige ligneuse; à feuilles simples; à rayons de l'ombelle générale à une seule glande.

Plum. Spec. 18, tab. 148.

A la Jamaïque. ♄

2. ARALIE épineuse, *A. spinosa*, L. à tige ligneuse; à tige et feuilles armées d'aiguillons.

En Virginie. ♄

3. ARALIE de la Chine, *A. Chinensis*, L. à tige et pétioles armés d'aiguillons ; à feuilles sans piquans, velues.

Rheed. Mal. 2, p. 43, tab. 26. *Rumph. Amb.* 4, p. 105, t. 44?

A la Chine. ♄

4. ARALIE à grappes, *A. racemosa*, L. à tige feuillée, herbacée, lisse.

Cornut. Canad. 74 et 75. *Moris. Hist.* sect. 1, tab. 2, f. 9. *Barrel.* tab. 705.

Au Canada. ♃

5. ARALIE à tige nue, *A. nudicaulis*, L. à tige presque nue, à feuilles deux à deux, ou trois à trois.

Plukn. tab. 238, f. 5.

En Virginie. ♃

418. STATICE, *STATICE*. * *Tournef. Inst.* 341, tab. 177. *Lam. Tab. Encyclop.* pl. 219. LIMONIUM. *Tournef. Inst.* 341, tab. 177.

CAL. *Périanthe commun* variant quant à sa figure, selon les espèces.

——*Périanthe propre* d'un seul feuillet, en entonnoir. *Tube* étroit. *Limbe* entier, plissé, sec et roide.

COR. En entonnoir. Cinq *Pétales*, rétrécis à la base, plus larges au sommet, obtus, ouverts.

ÉTAM. Cinq *Filamens*, en alêne, plus courts que la corolle, insérés par leurs onglets sur la corolle. *Anthères* couchées.

PIST. *Ovaire* très-petit. Cinq *Styles*, filiformes, écartés. *Stigmates* aigus.

PÉR. Nul. Le *Calice propre* dont l'orifice est resserré, et le limbe ouvert, renferme la semence.

SEM. Une seule, très-petite, arrondie, couronnée par le calice propre.

OBS. Le Statice *des Auteurs a le* Calice commun *triple, et présente une fleur arrondie.*

Le Limonium *des Auteurs a le* Calice commun *en recouvrement, et présente ses fleurons disposés en longueur.*

S. monopetala *ne doit point être séparé de ce genre, parce que dans les fleurs à cinq pétales les filamens des étamines sont insérés sur les onglets des pétales.*

Calice d'un seul feuillet, entier, plissé, sec et roide. *Corolle* à cinq pétales. Une seule *Semence*, nidulée dans le calice.

1. STATICE en gazon, *S. Armeria*, L. à hampe simple, terminée par des fleurs ramassées en tête ; à feuilles linéaires.

Caryophyllus montanus, major, flore globoso : Œillet de montagne, plus grand, à fleur globuleuse. *Bauh. Pin.* 211, n.° 1. *Dod.*

Pempt. 564, f. 2. *Lob. Ic.* 1, p. 452, f. 2. *Lugd. Hist.* 1190, f. 2. *Bauh. Hist.* 3, P. 2, p. 336, f. 2. *Moris. Hist.* sect. 15, tab. 1, f. 29. *Bul. Paris.* tab. 166.

Cette espèce présente une variété.

Caryophyllus montanus, minor; Œillet de montagne, plus petit. *Bauh. Pin.* 211, n.° 2. *Dod. Pempt.* 564, f. 1. *Lob. Ic.* 1, p. 452, f. 1. *Lugd. Hist.* 1594, f. 3. *Bauh. Hist.* 3, P. 2, p. 336, f. 3.

Nutritive pour le Cheval, la Chèvre.

A Lyon, Grenoble, Paris. ♃ Estivale. *La variété à l'Espérou.*

2. STATICE Behen, *S. Limonium*, L. à hampe paniculée, arrondie; à feuilles lisses, sans nervures.

Limonium maritimum, majus; Behen maritime, plus grand. *Bauh. Pin.* 192, n.° 1. *Dod. Pempt.* 351, f. 2. *Lob. Ic.* 1, p. 295, f. 1. *Lugd. Hist.* 1024, f. 1. *Bauh. Hist.* 3, P. 2, p. 876, f. 3. *Flor. Dan.* tab. 315. *Icon. Pl. Med.* tab. 325.

Cette espèce présente une variété.

Limonium maritimum, minus, Olea folio; Behen maritime, plus petit, à feuille d'Olivier. *Bauh. Pin.* 192, n.° 3. *Lob. Ic.* 1, p. 295, f. 2. *Lugd. Hist.* 1025, f. 1. *Bauh. Hist.* 3, P. 2, p. 877, f. 1. *Camer. Epit.* 721. *Barrel.* tab. 793.

1. *Behen rubrum*, Behen rouge. 2. Racine, Semences, Feuilles. 3. Racine foiblement odorante, un peu amère. 5. Foiblesse, hémorrhagie du nez.

Nutritive pour le Mouton, la Chèvre.

A Montpellier, en Provence, sur les bords de la mer. ♃ Vernale.

3. STATICE blanchâtre, *S. incana*, L. à hampe paniculée; à feuilles lancéolées, à trois nervures, presque ondulées, piquantes au sommet; à rameaux du panicule à trois côtés.

En Arabie. ♃

4. STATICE en cœur, *S. cordata*, L. à hampe paniculée; à feuilles en spathe, mousses au sommet.

Limonium maritimum, minus, foliis cordatis; Behen maritime, plus petit, à feuilles en cœur. *Bauh. Pin.* 192, n.° 5. *Barrel.* tab. 805 et 806.

Cette espèce est très-ressemblante au Statice Behen, mais elle est plus petite dans toutes ses parties.

A Montpellier, en Provence, sur les bords de la mer. ♃

5. STATICE à réseau, *S. reticulata*, L. à hampe paniculée, couchée; à rameaux stériles nus, repliés, entrelacés de manière à former un réseau; à feuilles en coin, mousses au sommet.

Boccon. Sic. 82, tab. 44, f. 1. *Plukn.* tab. 42, f. 4. *Barrel.* tab. 790.

A Malte.

6. STATICE rude, *S. echioïdes*, L. à hampe paniculée, arrondie, articulée; à feuilles rudes.

Bellev. tab. 142? *Magnol. Bot.* 157, tab. 12. *Gouan. Illust.* 22, tab. 2, f. 4.

A Montpellier, en Provence, sur les bords de la mer. ☉

7. STATICE spécieuse, *S. speciosa*, L. à hampe dichotome, arrondie; à feuilles ovales, terminées en pointe; à fleurs agrégées.

Gmel. Sibir. 2, p. 221, tab. 91, f. 1.

En Tartarie. ♂

8. STATICE de Tartarie, *S. Tatarica*, L. à hampe dichotome; à feuilles lancéolées, terminées en pointe; à fleurs alternes, distantes.

Boerh. Lugd. 1, p. et tab. 76.

En Tartarie. ♂

9. STATICE hérisson, *S. echinus*, L. à hampe paniculée; à feuilles en alêne, terminées en pointe.

Buxb. Cent. 2, p. 18, tab. 10.

Cette espèce présente une variété, gravée dans *Alpin Exot.* 56 et 57.

En Grèce, en Médie, dans les déserts.

10. STATICE tortueuse, *S. flexuosa*, L. à hampe rameuse, tortueuse; à fleurs en corymbes terminans; à feuilles nerveuses.

Gmel. Sibir. 2, p. 217, tab. 89, f. 1.

En Sibérie.

11. STATICE pourpre, *S. purpurata*, L. à tige garnie d'un petit nombre de feuilles; à feuilles en ovale renversé, en coin, à trois nervures, terminées en pointe.

Au cap de Bonne-Espérance. ♃

12. STATICE naine, *S. minuta*, L. à tige sous-ligneuse, feuillée; à feuilles entassées, en coin, lisses, mousses au sommet; à hampe portant un petit nombre de fleurs.

Boccon. Sic. 64, tab. 34, f. A, B. *Plukn.* tab. 200, f. 3. *Barrel.* tab. 789.

Sur les bords de la Méditerranée. ♄

13. STATICE sous-ligneuse, *S. suffruticosa*, L. à tige ligneuse, nue dans sa partie supérieure, rameuse; à fleurs ramassées en tête, assises; à feuilles lancéolées, vaginales ou en gaine à leur base.

Gmel. Sibir. 2, p. 216, tab. 88, f. 2 et 3.

En Sibérie. ♄

14. STATICE monopétale, *S. monopetala*, L. à tige ligneuse, feuillée; à fleurs solitaires; à feuilles lancéolées, vaginales ou en gaine à leur base.

Boccon, Sic. 34, tab. 16, f. 11; et 35, tab. 17, f. A, B. *Plukn.* tab. 59, f. 4?

En Sicile.

15. STATICE dorée, *S. aurea*, L. à tige ligneuse, feuillée, rameuse; à feuilles en alêne.

Amm. Ruth. n.° 132, tab. 28, f. 2.

En Daurie, dans les champs.

16. STATICE à feuilles de férule, *S. ferulacea*, L. à tige ligneuse, rameuse; à rameaux en recouvrement; à paillettes terminées au sommet par un poil.

Moris. Hist. sect. 15, tab. 1, f. 23. *Plukn.* tab. 28, f. 3 et 4.

En Barbarie, en Espagne, en Portugal.

17. STATICE cristalline, *S. pruinosa*, L. à tige tortueuse, ramifiée, furfuracée.

Dans la Palestine.

18. STATICE sinuée, *S. sinuata*, L. à tige herbacée; à feuilles radicales alternativement pinnées et sinuées : celles de la tige trois à trois, à trois faces, en alêne, décurrentes.

Limonium peregrinum, foliis Asplenii; Behen étranger, à feuilles de Doradille. *Bauh. Pin.* 192, n.° 7. *Bauh. Hist.* 3, P. 2, p. 878, f. 1. *Barrel.* tab. 1124.

Cette espèce présente deux variétés.

En Sicile, en Afrique, dans la Palestine. ♂

419. LIN, *LINUM*. *Tournef. Inst.* 339, tab. 176. *Lam. Tab. Encycl.* pl. 219. LINOKARPON. *Mich. Gen.* 22, tab. 21.

CAL. *Périanthe* à cinq *feuillets*, lancéolés, droits, petits, persistans.

COR. En entonnoir. Cinq *Pétales*, oblongs, s'élargissant insensiblement au sommet, obtus, ouverts, grands.

ÉTAM. Cinq *Filamens*, en alêne, droits, de la longueur du calice. (En outre, cinq rudimens de filamens, alternes). *Anthères* simples, en fer de flèche.

PIST. *Ovaire* ovale. Cinq *Styles*, filiformes, droits, de la longueur des étamines. *Stigmates* simples, renversés.

PÉR. *Capsule* arrondie, à cinq côtés rudes, à dix loges, à cinq battans.

SEM. Solitaires, ovales, un peu aplaties, pointues, lisses.

OBS. *Le* L. radiola *présente une unité de moins dans les parties de la fructification.*

Calice à cinq feuillets. *Corolle* à cinq pétales. *Capsule* à trois battans, à dix loges renfermant chacune des semences solitaires.

* I. LINS à feuilles alternes.

1. LIN d'usage, *L. usitatissimum*, L. à calices et capsules terminés en pointe; à pétales crénelés; à feuilles lancéolées, alternes; à tige souvent solitaire.

Linum arvense; Lin des champs. *Bauh. Pin.* 214, n.° 2.

Cette espèce présente trois variétés.

1.° *Linum sativum*; Lin cultivé. *Bauh. Pin.* 214, n.° 1. *Dod. Pempt.* 533, f. 1. *Lob. Ic.* 1, p. 412, f. 1. *Lugd. Hist.* 494, f. 1. *Camer. Epit.* 200. *Bauh. Hist.* 3, P. 2, p. 450, f. 1. *Bul. Paris.* tab. 167. *Icon. Pl. Med.* tab. 251.

2.° *Linum humile*; Lin nain, à calices et capsules terminés en pointe; à pétales échancrés; à feuilles lancéolées, alternes; à tige rameuse. *Mill. Dict.* n.° 2.

3.° Lin cultivé, à larges feuilles, d'Afrique, à fruit plus grand. *Tournef. Inst.* 339, esp. 2.

1. *Linum sativum*, Lin. 2. Semences. 3. Grasses, mucilagineuses, huileuses, fades. 4. Huile grasse, mucilage. 5. Décoction des semences, dans la goutte, calcul, passion iliaque, constipation, ischurie, hernie étranglée, dyssenterie, ardeur d'urine, inflammation de la gorge, de l'estomac, des intestins, dartres : huile récemment tirée par expression, dans la pleurésie, péripneumonie, rhumatisme, colique appelée *miserere*, trousse-galant, colique des peintres, néphrétique : l'huile en onction, contre les crampes, l'atrophie, la morsure de la vipère. 6. Le *Lin* est devenu très-précieux pour les usages économiques. Il fournit comme le Chanvre, une filasse précieuse avec laquelle, après l'avoir cardée, on forme des fils assez fins pour entrer dans le tissu des plus fines dentelles; et assez grossiers pour les cables et les voiles des vaisseaux. Les toiles de *Lin* sont plus douces, plus unies que celles du Chanvre. On fait rouir le *Lin* comme le Chanvre, c'est-à-dire, macérer dans l'eau, pour en obtenir plus aisément la filasse ou l'écorce qui est collée à la tige par un mucilage soluble dans l'eau; on obtient de la meilleure filasse, en mouillant souvent le *Lin* à l'arrosoir, et en le laissant exposé à l'ardeur du soleil. Le pain de graines de *Lin* engraisse très-bien les moutons, mais en temps de disette, il a fourni une nourriture très-indigeste pour les hommes; elle leur a causé l'hydropisie et l'anorexie. On prépare avec les vieux chiffons de toile de *Lin* bouillis, une pâte qui, coulée sur des claies de fil de laiton, forme du papier. L'huile de *Lin* est recherchée des peintres, comme plus dessicative.

La tige du *Lin* varie beaucoup; le plus souvent elle est simple, on la trouve cependant quelquefois ramifiée. Suivant la bonté du terrain, elle s'élève même jusqu'à quatre pieds.

En Europe, dans les champs. On le cultive dans les terres fortes et un peu humides. ⊙

2. LIN vivace, *L. perenne*, L. à calices et capsules obtus; à feuilles alternes, lancéolées, très-entières.

A Montpellier, Lyon, Paris, Grenoble. Automnale.

3. LIN visqueux, *L. viscosum*, L. à feuilles lancéolées, velues, à cinq nervures.

Linum sylvestre, latifolium, caule viscoso, flore rubro; Lin sauvage, à larges feuilles, à tige visqueuse, à fleur rouge. *Bauh. Pin.* 214, n.° 6.

A Boulogne, au Mont-Saman. ♃

4. LIN hérissé, *L. hirsutum*, L. à calices hérissés, aigus, assis, alternes; à feuilles alternes; à rameaux opposés.

Linum sylvestre, latifolium, hirsutum, cæruleum; Lin sauvage, à larges feuilles, hérissé, à fleur bleue. *Bauh Pin.* 214, n.° 3. *Lob. Ic.* 414, f. 1. *Clus. Hist.* 1, p. 317, f. 1. *Moris. Hist.* sect. 5, tab. 26, f. 5. *Jacq. Aust.* tab. 31.

En Autriche, en Tartarie.

5. LIN de Narbonne, *L. Narbonense*, L. à calices aigus; à feuilles lancéolées, éparses, un peu roides, rudes, aiguës; à tige arrondie, rameuse à la base.

Linum sylvestre, cæruleum, folio acuto; Lin sauvage, bleu, à feuille aiguë. *Bauh. Pin.* 214, n.° 7.

En Provence, à Montpellier, d'où Burser le porta à G. Bauhin. ♃

6. LIN à feuilles étroites, *L. tenuifolium*, L. à calices aigus; à feuilles éparses, linéaires, sétacées, rudes sur les bords.

Linum sylvestre, angustifolium, flore magno; Lin sauvage, à feuilles étroites, à grande fleur. *Bauh. Pin.* 214, n.° 1. *Lob. Ic.* 1, p. 413, f. 1. *Clus. Hist.* 1, p. 318, f. 2. *Lugd. Hist.* 494, f. 3. *Camer. Epit.* 202. *Jacq. Aust.* tab. 215.

Cette espèce présente sept variétés.

1.° *Linum sylvestre, angustifolium, flore magno intensè cæruleo*; Lin sauvage, à feuilles étroites, à grande fleur bleuâtre. *Tournef. Inst.* 340, esp. 19.

2.° *Linum sylvestre, angustifolium, flore magno violaceo*; Lin sauvage, à feuilles étroites, à grande fleur violette. *Tourn. Inst.* 340, esp. 20.

3.° *Linum sylvestre, angustifolium, flore magno lineis purpuris distincto*; Lin sauvage, à feuilles étroites, à grande fleur parsemée de lignes pourpres. *Tournef. Inst.* 340, esp. 21. *Bauh. Hist.* 3, P. 2, p. 453, f. 2?

4.° *Linum sylvestre, angustifolium, floribus dilutè purpurascentibus vel carneis*; Lin sauvage, à feuilles étroites, à fleurs couleur de pourpre ou de chair. *Bauh. Pin.* 214, n.° 2. *Boccon. Mus.* 2, p. 169, tab. 125.

5.° *Linaria, capillaceo folio, altera*; autre Linaire, à feuille capillacée. *Bauh. Pin.* 213, n.° 12.

6.° *Linum angustifolium, album, ramusculis per terram sparsis*; Lin à feuilles étroites, blanc, à rameaux couchés par terre. *Tourn. Inst.* 340, esp. 24.

7.° *Linum sylvestre, angustis et densioribus foliis, flore minore*; Lin sauvage, à feuilles étroites et plus épaisses, à fleur plus petite. *Bauh. Pin.* 214, n.° 3. *Lob. Ic.* 1, p. 413, f. 2. *Lugd. Hist.* 495, f. 1.

En Europe, dans les terrains arides. ♃ Estivale.

7. LIN François, *L. Gallicum*, L. à calices en alêne, aigus; à feuilles linéaires, lancéolées, alternes; à péduncules du panicule portant chacun deux fleurs presque sans péduncules.

Linum sylvestre, minus, flore luteo; Lin sauvage, plus petit, à fleur jaune. *Bauh. Pin.* 214, n.° 5. *Lob. Ic.* 1, p. 415, f. 1. *Clus. Hist.* 1, p. 319, f. 1. *Lugd. Hist.* 495, f. 2. *Gerard Flor. Galloprov.* 421, tab. 15, f. 1.

A Montpellier, Lyon, Paris. ⊙ Estivale.

8. LIN maritime, *L. maritimum*, L. à calices ovales, aigus; à feuilles lancéolées: les inférieures opposées.

Linum maritimum, luteum; Lin maritime, à fleur jaune. *Bauh. Pin.* 214, n.° 12. *Dod. Pempt.* 534, f. 1. *Lob. Ic.* 1, p. 412, f. 2. *Lugd. Hist.* 494, f. 2. *Camer. Epit.* 201. *Bauh. Hist.* 3, P. 2, p. 454, f. 2. *Jacq. Hort.* tab. 154.

A Montpellier, en Provence, en Dauphiné. Estivale.

9. LIN des Alpes, *L. Alpinum*, L. à calices arrondis, obtus; à feuilles linéaires, un peu aiguës; à tiges inclinées.

Jacq. Aust. tab. 321.

Sur les Alpes d'Autriche, du Dauphiné. ♃ Estivale. *Alp.* et *S-Alp.*

10. LIN d'Autriche, *L. Austriacum*, L. à calices arrondis, obtus; à feuilles linéaires, aiguës, un peu relevées.

Linum sylvestre, angustifolium, foliis rarioribus; Lin sauvage, à feuilles étroites, plus rares. *Bauh. Pin.* 214, n.° 4.

En Autriche, dans le Palatinat.

11. LIN de Virginie, *L. Virginianum*, L. à calices aigus, alternes; à capsules mousses; à panicule filiforme; à feuilles alternes lancéolées: les radicales ovales.

En Virginie, en Pensylvanie.

12. LIN jaune, *L. flavum*, L. à calices presque sans péduncules, lancéolés, rudes par de petites dentelures sur les marges; à panicule formé par des rameaux dichotomes.

Linum sylvestre, latifolium, luteum; Lin sauvage, à larges feuilles, jaune. *Bauh. Pin.* 214, n.° 8. *Clus. Hist.* 1, p. 317, f. 2; *Bauh. Hist.* 3, p. 454, f. 1. *Jacq. Aust.* tab. 214.

En Autriche.

13. LIN roide, *L. strictum*, L. à calices en alêne; à feuilles lancéolées, roides, pointues, rudes sur la marge.

Lithospermum Linariæ folio, Monspeliacum; Herbe aux perles à feuilles de Linaire, de Montpellier. *Bauh. Pin.* 259, n.° 9. *Lob. Ic.* 1, p. 411, f. 2. *Lugd. Hist.* 1152, f. 3. *Bauh. Hist.* 3, P. 2, p. 455, f. 3.

A Assas près de Montpellier, en Provence. ☉ Vernale.

14. LIN sous-ligneux, *L. suffruticosum*, L. à feuilles linéaires, aiguës, rudes; à tiges sous-ligneuses.

En Espagne, dans le royaume de Valence. ♄

15. LIN en arbre, *L. arboreum*, L. à feuilles en forme de coin; à tiges ligneuses.

Alp. Exot. 19, tab. 13.

Dans l'isle de Crète, en Italie. ♃

16. LIN campanulé, *L. campanulatum*, L. à base des feuilles marquée des deux côtés d'un point glanduleux.

Linum sylvestre, luteum, foliis subrotundis; Lin sauvage, jaune, à feuilles arrondies. *Bauh. Pin.* 214, n.° 9. *Lob. Ic.* 1, p. 414, f. 2. *Lugd. Hist.* 828, f. 1. *Barrel.* tab. 810.

A Montpellier, en Provence. ♄ Estivale.

* II. *Lins à feuilles opposées.*

17. LIN d'Afrique, *L. Africanum*, L. à feuilles opposées, linéaires, lancéolées; à fleurs terminales, pédunculées.

En Afrique.

18. LIN nodiflore, *L. nodiflorum*, L. à feuilles florifères, opposées, lancéolées; à fleurs alternes, sans péduncules; à calices de la longueur des feuilles.

Linum luteum, ad singula genicula floridum; Lin jaune, portant des fleurs à chaque nœud. *Bauh. Pin.* 214, n.° 10. *Colum. Ecphras.* 2, p. 79 et 80, f. 1. *Moris. Hist.* sect. 5, tab. 26, f. 11.

En Italie.

19. LIN cathartique, *L. catharticum*; L. à feuilles opposées, ovales, lancéolées; à tige dichotome; à corolles aiguës.

Linum pratense, flosculis exiguis; Lin des prés, à fleurs petites. *Bauh. Pin.* 214, n.° 7. *Bauh. Hist.* 3, P. 2, p. 455, f. 1. *Bellev.* tab. 148 et 149. *Barrel.* tab. 1165, n.° 1. *Loes. Pruss.* 261, n.° 80. *Icon. Pl. Med.* tab. 210.

1. *Lin catharticum*, Lin purgatif. 2. Herbe. 3. Presque inodore, amère, âcre, nauseuse. 5. Dartres, fièvres intermittentes.

Cette espèce varie dans le nombre des étamines et des pistils. Nutritive pour le Cheval, le Mouton, la Chèvre.

En Europe, dans les prés, les pâturages humides. ⊙ Vernale.

20. LIN Radiole, *L. Radiola*, L. à feuilles opposées; à tige dichotome; à fleurs à quatre étamines.

Polygonum minimum sive Millegrana minima; Polygonum très-petit ou Millegraine très-petite. *Bauh. Pin.* 282, n.° 13. *Lob. Ic.* 1, p. 422, f. 1. *Vaill. Bot.* tab. 4, f. 6. *Michel. Gener.* tab. 21. *Flor. Dan.* tab. 178.

A Lyon, à Paris, dans les terrains inondés. ⊙ Automnale.

21. LIN à quatre feuilles, *L. quadrifolium*, L. à feuilles quatre à quatre.

En Éthiopie.

22. LIN verticillé, *L. verticillatum*, L. à feuilles en anneaux.

Bartel. tab. 1226.

En Italie. ⊙

420. ALDROVANDE, *ALDROVANDA.* † *Lam. Tab. Encyclop.* pl. 220.

CAL. *Périanthe* à cinq segmens profonds, droit, égal, persistant.

COR. Cinq *Pétales*, oblongs, pointus, de la longueur du calice, persistans.

ÉTAM. Cinq *Filamens*, de la longueur de la fleur. *Anthères* simples.

PIST. *Ovaire* arrondie. Cinq *Styles*, très-courts. *Stigmates* obtus.

PÉR. *Capsule* arrondie, à cinq côtés irréguliers, à une loge, à cinq battans.

SEM. Dix, légèrement alongées, attachées à la paroi interne du péricarpe.

Calice à cinq segmens profonds. *Corolle* à cinq pétales. *Capsule* à cinq battans, à une seule loge, renfermant dix semences.

1. ALDROVANDE vésiculaire, *A. vesiculosa*, L. à fleurs solitaires, axillaires, péduncullées; à feuilles verticillées, six à six ou huit à huit autour de chaque anneau, en forme de coin, très-étroites vers la partie qui tient à la tige, s'élargissant vers l'autre extrémité, terminées par cinq ou six barbes vertes resserrées par leur base en pinceau, divergentes au sommet, au milieu desquelles est nidulée une vésicule diaphane, arrondie, enflée d'un côté et entourée d'un bord aplati et connivent de l'autre.

Plukn. tab. 41, f. 6. *Monti. Act. Bonon.* 2, P. 3, p. 404, t. 12.

Nous invitons nos lecteurs à se procurer une notice très-intéressante sur l'*Aldrovande*, publiée par un de nos collègues, le docteur *Laudun*, médecin, et imprimée à Lyon chez *Reymann*, libraire, rue Saint Dominique. Nous regrettons de ne pouvoir l'insérer ici en entier.

En Italie. Découverte en France par M. Artaud, *botaniste, dans l'étang ou marais situé entre la montagne de Mont-majour et celle de Corde, aux environs d'Arles.*

421. DROSÈRE, *DROSERA.* * *Lam. Tab. Encyclop.* pl. 220. ROSSOLIS. *Tournef. Inst.* 245, tab. 127.

CAL. *Périanthe* d'un seul feuillet, à cinq segmens peu profonds, aigu, droit, persistant.

COR. En entonnoir. Cinq *Pétales*, comme ovales, obtus, un peu plus grands que le calice.

ÉTAM. Cinq *Filamens*, en alêne, de la longueur du calice. *Anthères* petites.

PIST. *Ovaire* arrondi. Cinq *Styles*, simples, de la longueur des étamines. *Stigmates* simples.

PÉR. *Capsule* comme ovale, à une loge, à cinq battans au sommet.

SEM. Plusieurs, très-petites, comme ovales.

OBS. *La D.* Lusitanica *a dix étamines.*

Calice à cinq segmens peu profonds. *Corolle* à cinq pétales. *Capsule* à une seule loge, renfermant plusieurs semences, s'ouvrant au sommet par cinq battans.

1. DROSÈRE à feuilles rondes, *D. rotundifolia*, L. à hampes partant de la racine; à feuilles arrondies.

Ros Solis folio rotundo; Rossolis à feuille ronde. *Bauh. Pin.* 357, f. 1. *Lob. Ic.* 1, p. 811, f. 3. *Bauh. Hist.* 3, P. 2, p. 761, f. 2. *Thal. Herc.* p. 116, tab. 9, f. 1. *Barrel.* tab. 251, f. 1. *Icon. Pl. Med.* tab. 470.

1. *Ros Solis*, Rossolis, Rosée du Soleil, Herbe à la goutte. 2. Herbe. 3. Un peu acide, amère, âcre, styptique. 5. Suc, extérieurement contre les verrues, les cors. 6. On croit que le Rossolis tue les brebis qui le broutent.

En Europe, en Asie, en Amérique, dans les marais. Estivale.

2. DROSÈRE à feuilles longues, *D. longifolia*, L. à hampes partant de la racine; à feuilles ovales, oblongues.

Ros Solis folio oblongo; Rossolis à feuille oblongue. *Bauh. Pin.* 357, n.° 2. *Dod. Pempt.* 474, f. 2. *Lob. Ic.* 1, p. 811, f. 2. *Lugd. Hist.* 1212, f. 2. *Bauh. Hist.* 3, P. 2, p. 761, f. 1. *Thal. Herc.* p. 116, tab. 9, f. 2. *Moris. Hist.* sect. 15, tab. 4, f. 2. *Barrel.* tab. 251, n.° 2.

En Europe, dans les marais, où on la trouve presque toujours avec l'espèce précédente.

3. DROSÈRE du Cap, *D. Capensis*, L. à hampes partant de la racine ; à feuilles lancéolées, rudes en dessous.

Burm. Afric. tab. 73, f. 1.

En Ethiopie.

4. DROSÈRE du Portugal, *D. Lusitanica*, L. à hampes partant de la racine ; à feuilles en alêne, convexes en dessous ; à fleurs à dix étamines.

Moris. Hist. sect. 15, tab. 4, f. 4. *Plukn.* tab. 117, f. 2.

En Portugal.

5. DROSÈRE à fleur de ciste, *D. cistiflora*, L. à tige simple, feuillée ; à feuilles lancéolées.

Burm. Afric. 210, tab. 73, f. 2.

Au cap de Bonne-Espérance.

6. DROSÈRE des Indes, *D. Indica*, L. à tige rameuse, feuillée ; à feuilles linéaires.

Burm. Zeyl. 207, tab. 94, f. 1.

Dans l'Inde Orientale.

422. GISECKE, *GISECKIA.* * *Lam. Tab. Encyclop.* pl. 221.

CAL. *Périanthe* à cinq *feuillets*, ovales, concaves, obtus, persistans, secs et roides sur les bords.

COR. Nulle.

ÉTAM. Cinq *Filamens*, en alêne, ovales à la base, courts. *Anthères* arrondies.

PIST. *Ovaire* supérieur, arrondi, émoussé, divisé profondément en cinq parties. Cinq *Styles*, courts, recourbés. *Stigmates* obtus.

PÉR. Cinq *Capsules*, arrondies, un peu comprimées, rudes, obtuses, rapprochées.

SEM. Solitaires, ovales, lisses.

Calice à cinq feuillets. *Corolle* nulle. Cinq *Capsules* rapprochées, arrondies, renfermant chacune une seule semence.

1. GISECKE des Indes, *G. pharnacioïdes*, L. à feuilles opposées, pétiolées, elliptiques, lancéolées, très-entières, obtuses, lisses, étalées.

Plukn. tab. 130, f. 5, et 257, f. 4.

Dans l'Inde Orientale. ☉

423. CRASSULE, *CRASSULA.* * *Dill. Elth.* tab. 96 et suiv. *Lam. Tab. Encyclop.* pl. 220.

CAL. *Périanthe* à cinq *feuillets*, lancéolés, en gouttière, concaves, droits, aigus, réunis en tube, persistans.

COR. Cinq *Pétales*, à *onglets* longs, linéaires, droits, rapprochés, réunis à leur base par les bractées ovales du limbe, renversées en dehors et ouvertes.

Cinq *Nectaires*, formés chacun par une *écaille* très-petite, échancrée, annexée extérieurement à la base de l'ovaire.

ÉTAM. Cinq *Filamens*, en alêne, de la longueur du tube, insérés sur les onglets de la corolle. *Anthères* simples.

PIST. Cinq *Ovaires*, oblongs, aigus, terminés par des *Styles* en alêne, de la longueur des étamines. *Stigmates* obtus.

PÉR. Cinq *Capsules*, oblongues, aiguës, droites, comprimées, s'ouvrant intérieurement dans leur longueur.

SEM. Plusieurs, petites.

OBS. *Ce genre a beaucoup d'affinité avec les* Sedum, *mais il en diffère par le nombre des étamines. Dans quelques espèces le* Calice *est d'un seul feuillet, et la* Corolle *monopétale.*

Calice à cinq feuillets. *Corolle* à cinq pétales. Cinq *Écailles* nectarifères, à la base de l'ovaire. Cinq *Capsules*.

* I. CRASSULES ligneuses.

1. CRASSULE écarlatte, *C. coccinea*, L. à feuilles ovales, planes, cartilagineuses, ciliées, réunies à leur base par une gaine.

Commel. Rar. pag. et tab. 24.

En Éthiopie. ♄

2. CRASSULE en cymier, *C. cymosa*, L. à feuilles linéaires, cartilagineuses, ciliées, réunies à leur base par une gaine; à fleurs disposées en cymier ou en manière d'ombelle.

Au cap de Bonne-Espérance. ♃

3. CRASSULE jaune, *C. flava*, L. à feuilles planes, réunies, perfoliées, lisses; à fleurs en corymbe paniculé.

Plukn. tab. 314, f. 2. *Burm. Afric.* 57, tab. 23, f. 2.

Au cap de Bonne-Espérance. ♄

4. CRASSULE cristalline, *C. pruinosa*, L. à feuilles en alêne, luisantes, rudes; à fleurs en corymbe.

Au cap de Bonne-Espérance. ♄

5. CRASSULE rude, *C. scabra*, L. à feuilles opposées, étalées, réunies, rudes, ciliées; à tige rude extérieurement.

Dill. Elth. tab. 99, f. 117.

Au cap de Bonne-Espérance.

6. CRASSULE perfoliée, *C. perfoliata*, L. à feuilles lancéolées, en alêne, sans pétioles, réunies, creusées en gouttière, convexes en dessous.

Commel. Prælud. p. 74, tab. 23. *Dill. Elth.* tab. 96, f. 113.

Le synonyme de *Commelin* est cité pour une variété de l'*Aloë perfoliata*, L.

En Éthiopie. ♄

7. CRASSULE ligneuse, *C. fruticulosa*, L. à feuilles opposées, en alêne, aiguës, étalées, un peu recourbées; à tige ligneuse.

Cette espece présente une variété à tige sous-ligneuse; à feuilles opposées, en alêne, recourbées.

Au cap de Bonne-Espérance. ♄

8. CRASSULE à quatre côtés, *C. tetragona*, L. à feuilles en alêne, un peu courbées, à quatre cotés irréguliers, étalees; à tige droite, ligneuse, à radicules.

En Éthiopie.

9. CRASSULE enveloppée, *C. obvallata*, L. à feuilles opposées, presque lancéolées, en couteau, rapprochées.

Au cap de Bonne-Espérance. ♄

10. CRASSULE en couteau, *C. cultrata*, L. à feuilles opposées, obtuses, ovales, très-entieres, comme en couteau, obliques, réunies deux à deux, éloignées.

Dill. Elth. tab. 97, f. 114.

En Éthiopie. ♄

* II. *Crassules herbacées.*

11. CRASSULE épineuse, *C. spinosa*, L. à tige très-simple; à feuilles terminées en pointe; à fleurs sans péduncules, latérales.

Gmel. Sibir. 4, p. 173, tab. 67, f. 2.

En Sibérie.

12. CRASSULE à feuilles de centaurée, *C. centauroïdes*, L. à tige herbacée, en croix; à feuilles en cœur, sans pétioles; à péduncules ne portant qu'une seule fleur.

En Ethiopie. ☉

13. CRASSULE dichotome, *C. dichotoma*, L. à tige herbacée, dichotome ou à bras ouverts; à feuilles ovales, lanceolees; à péduncules ne portant qu'une seule fleur.

Herm. Lugd. pag. 550, tab. 553.

En Ethiopie. ☉

14. CRASSULE glomérée, *C. glomerata*, L. à tige herbacée, dichotome, rude; à feuilles lancéolees; les dernières fleurs réunies en faisceau.

Au cap de Bonne-Espérance, ☉.

15. CRASSULE

15. CRASSULE en râpe, *C. strigosa*, L. à tige herbacée, droite, dichotome; à feuilles en ovale renversé, en râpe; à péduncules ne portant qu'une seule fleur.

En Ethiopie.

16. CRASSULE mousseuse, *C. muscosa*, L. à tige herbacée, couchée; à feuilles opposées, ovales, bossuées, en recouvrement; à fleurs sans péduncules, solitaires.

En Ethiopie. ⊙

17. CRASSULE ciliée, *C. ciliata*, L. à feuilles opposées, ovales, un peu aplaties, distinctes, ciliées; à fleurs en corymbes terminans.

Dill. Elth. tab. 98, f. 116.

En Ethiopie. ♃

18. CRASSULE ponctuée; *C. punctata*, L. à feuilles opposées, ovales, ponctuées, ciliées: les inférieures oblongues.

En Ethiopie.

19. CRASSULE en alêne, *C. subulata*, L. à feuilles en alêne, arrondies, étalées; à tige herbacée.

Petiv. Gaz. tab. 89, f. 8. *Herm. Lugd.* 550 et 552.

Au cap de Bonne-Espérance.

20. CRASSULE à feuilles alternes, *C. alternifolia*, L. à feuilles dentées à dents de scie, planes, alternes; à tige très-simple; à fleurs penchées.

Burm. Afric. 58, tab. 24, f. 1.

En Ethiopie.

21. CRASSULE rougeâtre, *C. rubens*, L. à feuilles en fuseau, un peu déprimées; à fleurs assises, en cymier feuillé, et divisé peu profondément en quatre parties; à étamines renversées.

Sedum saxatile, atro-rubentibus floribus; Orpin des rochers, à fleurs rougeâtres. *Bauh. Pin.* 284, n.° 9. *Flor. Dan.* tab. 82.

Cette espèce présente une variété, à feuilles cylindriques, obtuses, alternes; à tige droite; à fleurs en cymier horizontal.

A Lyon, Paris, Grenoble. ⊙ Estivale.

22. CRASSULE verticillée, *C. verticillaris*, L. à tige herbacée; à feuilles étalées; à fleurs en anneaux, terminées par des arêtes.

Moris. Hist. sect. 12, tab. 8, f. 50. *Magn. Bot.* 238, tab. 18.

A Montpellier. ⊙ Vernale.

23. CRASSULE à tige nue, *C. nudicaulis*, L. à feuilles radicales en alêne; à tige nue.

Dill. Elth. tab. 98, f. 115.

En Ethiopie. ♃

24. CRASSULE arrondie, *C. orbicularis*, L. à tiges sarmenteuses, prolifères, feuillées d'une manière déterminée ; à feuilles très-étalées, en recouvrement.

Dill. Elth. tab. 100, f. 118.

En Ethiopie. ♃

25. CRASSULE transparente, *C. pellucida*, L. à tige flasque, rampante ; à feuilles opposées.

Dill. Elth. tab. 100, f. 119.

En Ethiopie.

424. MAHERNE, *MAHERNIA. Lam. Tab. Encyclop.* pl. 218.

CAL. *Périanthe* d'un seul feuillet, à cinq segmens peu profonds, en cloche, persistant, à *dents* en alêne, longues.

COR. Cinq *Pétales*, en cœur, portés sur un pédicule, ceignant l'ovaire, plus courts que le calice.

ÉTAM. Cinq *Filamens*, capillaires, insérés sur le calice, plus courts que le calice. *Anthères* oblongues, aiguës, droites.

PIST. *Ovaire* comme porté sur un pédicule, en ovale renversé, à cinq angles. Cinq *Styles*, sétacés, droits, de la longueur des pétales. *Stigmates* simples.

PÉR. *Capsule* ovale, à cinq loges, à cinq battans.

SEM. Quelques-unes, en forme de rein.

Calice à cinq dents. *Corolle* à cinq pétales. Cinq *Nectaires* en cœur renversé, supportés par les filamens des étamines. *Capsule* à cinq loges.

1. MAHERNE verticillée, *M. verticillata*, L. à feuilles en anneaux, linéaires.

Au cap de Bonne-Espérance. ♄

2. MAHERNE pinnée, *M. pinnata*, L. à feuilles à trois divisions profondes, pinnatifides.

Plukn. tab. 344, f. 3. *Commel. Rar.* pag. et tab. 7.

En Ethiopie. ♄

425. SIBBALDIE, *SIBBALDIA.* * *Lam. Tab. Encyclop.* pl. 221.

CAL. *Périanthe* d'un seul feuillet, droit à la base, à moitié divisé en cinq *segmens* demi-lancéolés, égaux, ouverts : les alternes plus étroits, persistans.

COR. Cinq *Pétales*, ovales, insérés sur le calice.

ÉTAM. Cinq *Filamens*, capillaires, plus courts que la corolle, insérés sur le calice. *Anthères* petites, obtuses.

PIST. Cinq *Ovaires*, ovales, très-courts. *Styles* s'élevant sur le côté moyen des ovaires, de la longueur des étamines. *Stigmates* en tête.

PÉR. Nul. Le *Calice* dont les segmens sont réunis, renferme les semences.

SEM. Cinq, un peu alongées.

Calice à dix segmens profonds. *Corolle* à cinq pétales insérés sur le calice. Cinq *Styles* naissant sur les côtés de l'ovaire. Cinq *Semences* nues.

1. SIBBALDIE couchée, *S. procumbens*, L. à tige couchée; à folioles terminées par trois dents.

Fragaria affinis, sericea, incana; Congénère du frasier, soyeuse, blanchâtre. *Bauh. Pin.* 327, n.° 8. *Plukn.* tab. 212, fig. 3. *Flor. Dan.* tab. 32.

Le synonyme de *G. Bauhin*, cité pour cette espèce, est rapporté par *Reichard* à la Potentille à tige très-courte, *Potentilla subacaulis*, L.

Sur les Alpes du Dauphiné. ♃ Estivale. *Alp.*

2. SIBBALDIE droite, *S. erecta*, L. à tige droite; à folioles linéaires, divisées peu profondément en plusieurs parties.

Amm. Ruth. n.° 112, tab. 15.

Haller a ramené ce genre de *Linné*, à ses fraisiers.

En Sibérie.

VI. POLYGYNIE.

426. MYOSURE, *MYOSURUS.* * *Lam. Tab. Encyclop.* pl. 221.

CAL. *Périanthe* à cinq *feuillets*, demi-lancéolés, obtus, renversés, réunis au-dessus de leur base, colorés, caducs-tardifs.

COR. Cinq *Pétales*, plus courts que le calice, très-petits, tubulés à la base, s'ouvrant obliquement en dedans.

ÉTAM. Cinq ou plusieurs *Filamens*, de la longueur du calice. *Anthères* oblongues, droites.

PIST. *Ovaires* nombreux, portés sur le réceptacle conique, oblong. *Styles* nuls. *Stigmates* simples.

PÉR. Nul. *Réceptacle* très-long, en forme de style, couvert par les semences placées en recouvrement les unes sur les autres.

SEM. Nombreuses, oblongues, aiguës.

OBS. *Le nombres des* Étamines *varie considérablement dans ce genre qui a beaucoup d'affinité avec les* Renoncules.

Calice à cinq feuillets réunis par la base. Cinq *Nectaires* en languette, tenant lieu de pétales. *Semences* nombreuses.

1. MYOSURE très-petite, *M. minimus*, L. à feuilles très-entières.

Holosteo affinis, caudâ muris; Congénère de l'Holoste, à queue de rat. *Bauh. Pin.* 190, n.° 9. *Dod. Pempt.* 112, fig. 1. *Lob. Ic.* 1, p. 440, f. 1. *Lugd. Hist.* 1189, f. 1, et 1328, f. 3. *Bauh. Hist.* 3, P. 2, p. 512, f. 1. *Moris. Hist.* sect. 8, t. 17, f. 12. *Flor. Dan.* tab. 406. *Bul. Paris.* tab. 169.

On trouve de cinq à huit feuillets au calice, et autant de pétales. Le nombre des étamines varie de cinq à vingt. L'épi des ovaires s'alonge beaucoup après la chûte du calice et des pétales, et imite une queue de rat.

La *Myosure* appelée *Renoncule minture*, *Ratuncule*, unique dans son genre, a été placée par *Tournefort* parmi les Renoncules; mais elle en diffère trop par les parties de la fructification, pour ne pas constituer un genre particulier.

A Montpellier, *Lyon*, *Paris*, *Grenoble*. ⊙ Estivale.

FIN du Tome premier.

www.ingramcontent.com/pod-product-compliance
Lightning Source LLC
Chambersburg PA
CBHW060821220326
41599CB00017B/2250